Eberhard Sauppe

Wörterbuch des Bibliothekswesens

Mit einer Auswahl der bibliothekarisch
wichtigen Terminologie des Informations-
und Dokumentationswesens, des Buchwesens,
der Reprographie, des Hochschulwesens
und der Datenverarbeitung

Deutsch – Italienisch
Italienisch – Deutsch

K · G · Saur
München 2001

Eberhard Sauppe

Dizionario di Biblioteconomia

Con una scelta della terminologia
dell' informazione e documentazione,
della reprografia, bibliologia
istruzione universitaria
e informatica

Tedesco – Italiano
Italiano – Tedesco

K · G · Saur
München 2001

Anschrift des Verfassers:
Prof. Dr. Eberhard Sauppe
Stöltinghof 5c
30455 Hannover

Die Deutsche Bibliothek – CIP-Einheitsaufnahme

Sauppe, Eberhard :
Dizionario di biblioteconomia :
con una scelta della terminologia
dell' informazione e documentazione, della reprografia,
bibliologia istruzione universitaria e informatica;
tedesco-italiano, italiano-tedesco /
Eberhard Sauppe. – München : Saur, 2001

ISBN 3-598-11396-x

Gedruckt auf säurefreiem Papier

Printed in the Federal Republic of Germany

Wörterbuchsoftware (DIOLIBIT): Udo Eberhardt, Ulrike Schramm, Hannover
Datenübernahme und Satz: bsix information exchange GmbH, Braunschweig
Druck: Strauss Offsetdruck, Mörlenbach
Binden: Buchbinderei Schaumann, Darmstadt

ISBN 3-598-11396-x

Inhalt - Indice

Vorwort

Mit diesem Wörterbuch setzen Verlag und Autor die Reihe ihrer Wörterbücher des Bibliothekswesens fort.[1]

In letzter Zeit haben sich die Kontakte zwischen deutschen und italienischen Bibliothekarinnen und Bibliothekaren verstärkt, so dass es nützlich erschien, die bibliothekarische Wörterbuchreihe um eine italienische Version zu vermehren, als ein weiteres Mittel zur Förderung der bibliothekarischen Fachkommunikation auf internationaler Ebene. Grundlage war wiederum das für die englische Version vom Verfasser erarbeitete Vokabular. Der praktischen Zielsetzung des Wörterbuches folgend war bei dessen Auswahl die ganze Breite der bibliothekarischen Kommunikationspraxis zugrunde gelegt worden, unter Einschluss der in der Titelfassung genannten Randgebiete. Auch in seinem wesentlichen Aufbau folgt dieses italienische Wörterbuch den in der englischen Version vorgegebenen Strukturen. Die Zufügung von Sachgebietsbezeichnungen wurde jedoch auf die Fälle beschränkt, bei denen deren Angabe als zweckmäßig für die Erläuterung des sachlichen Zusammenhangs erachtet wurde. Im deutsch-italienischen Teil sind die Definitionsnachweise aus dem englischen Wörterbuch übernommen worden, um dem Benutzer auch diese Quellen für eine weitergehende Information anzubieten. Im italienischen Teil konnten nur die in den RICA enthaltenen Definitionen sowie die Definitionen der von UNI veranlassten italienischen Übersetzungen von ISO 51 27 nachgewiesen werden, soweit sie dem Verfasser zugänglich waren.

Der Datenbestand umfasst im deutsch-italienischen Teil 10 901 Stichwörter, im italienisch- deutschen Teil sind es 9 722.

Grundlage für die eingesetzte Software war das für die 2. Auflage des englischen Wörterbuches von Dipl.-Dok Udo Eberhardt entwickelte relationale Datenbanksystem DIOLIB, das für die Zwecke des italienischen Wörterbuches

[1] Bisher erschienen:
Sauppe, Dictionary of Librarianship: German-English / English-German. Wörterbuch des Bibliothekswesens: Deutsch-Englisch / Englisch-Deutsch. 2nd ed. 1996.
Calvo / Sauppe, Diccionario de biblioteconomía: Alemán-Español. Español-Alemán. 1997.
Zhijian L., Langfang, Z., Qingfen, Y., Jie, W.: Wörterbuch des Bibliothekswesens: Deutsch-Chinesisch / Chinesisch-Deutsch. 1996.

von Dipl.-Dok Ulrike Schramm zu DIOLIBIT erweitert wurde. Ihrem auch in schwierigen Fällen nie versagenden von hoher Professionalität getragenen Einsatz ist es zu verdanken, dass die datentechnische Aufbereitung des Wörterbuchmaterials realisiert werden konnte.

Darüber hinaus habe ich auch bei der eigentlichen lexikographischen Arbeit vielerlei Hilfe erfahren. Allen denen, die mich unterstützt haben, danke ich an dieser Stelle ganz ausdrücklich, ohne dass ich sie hier im Einzelnen alle namentlich nennen kann. Hervorheben möchte ich dennoch die Hilfe, die mir von Manfred Link, K. G. Saur Verlag, zuteil wurde. Er sorgte dafür, dass die für meine Arbeit unerlässliche italienische Fachliteratur in meine Hände kam. Sehr hilfreich war mir auch die sprachliche Beratung durch Ferminio Ciampolini. Ein besonderer Dank gebührt Edith Hermes für ihre nachhaltige Unterstützung beim Korrekturlesen.

Hannover, September 2000 Eberhard Sauppe

Premessa

Con questo dizionario l'editore e l'autore continuano la serie dei loro dizionari di biblioteconomia.[1] Nell'ultimo tempo i contatti fra bibliotecari tedeschi e italiani si sono intensificati così che è apparso utile di ampliare la serie di una versione italiana come un altro mezzo di promozione della comunicazione professionale internazionale. Anche il dizionario italiano si fonda sul vocabolario compilato dall'autore per la versione tedesca / inglese.

Successivo alla finalità pratica del Dizionario la scelta del vocabolario veniva fatta sulla base della pratica comunicativa bibliotecaria comprendente i campi marginali indicati nel titolo. Allo stesso modo il dizionario italiano segue le strutture lessicografiche preparate per la versione tedesca/inglese. L'aggiunta di codici semantici però è stata ristretta ai casi ai quali la loro aggiunta è stata considerata opportuna per la chiarificazione del contesto tematico della voce. Nella parte tedesca-italiana i riferimenti a definizioni standardizzate sono stati adottati dal dizionario tedesco/inglese con l'intenzione di offrire agli utenti del dizionario italiano anche questi riferimenti. Nella parte italiana ho dovuto restringere questi richiami alle definizioni trovate nelle RICA e nelle traduzioni italiane di ISO 51 27 preparate da UNI e accessibili all'autore.

Nella parte tedesca sono incluse 10 901 voci e la parte italiana contiene 9 722 voci. La base per il software adottato era il sistema banca dati sviluppato da Dipl.-Dok. Udo Eberhardt e ampliato per il dizionario italiano al sistema DIOLIBIT da Dipl.-Dok. Ulrike Schramm.

Per di più ho avuto aiuto anche nel proprio lavoro lessicografico. Ringraziamenti a tutti quelli che mi hanno assistito. Grazie particolari a Manfred Link della casa editrice K.G. Saur che mi ha fornito la letteratura professionale italiana indispensabile per il mio lavoro. Grazie sincere anche a Ferminio Ciampolini per la sua consulenza linguistica e a Edith Hermes per la sua assistenza persistente nella correzione delle bozze.

Hannover, Settembre 2000 — Eberhard Sauppe

[1] Finora pubblicato:

Sauppe, Dictionary of Librarianship: German-English / English-German. Wörterbuch des Bibliothekswesens: Deutsch-Englisch / Englisch-Deutsch. 2nd ed. 1996.

Calvo / Sauppe, Diccionario de biblioteconomía: Alemán-Español. Español-Alemán. 1997.

Zhijian L., Qangfang, Y., Yingfen, Y, Zie, W.: Wörterbuch des Bibliothekswesens: Deutsch-Chinesisch / Chinesisch-Deutsch. 1996.

Benutzungshinweise

1. Ordnung
Die Eintragungen sind Buchstabe für Buchstabe geordnet. Die Umlaute ä, ö, ü werden wie a, o, u gewertet.

2. Tildensetzung
Bei den **halbfett** gedruckten Stichwörtern (Lemmata) ersetzen Tilden (~) solche Wörter oder Wortteile, deren Schreibweise identisch ist mit derjenigen von Wörtern oder Wortteilen in unmittelbar vorangegangenen Stichwörtern. Bei Komposita wird der im Folgenden zu ersetzende Wortteil durch einen abschließenden Längsstrich (|) gekennzeichnet, z.B.: **Klammer|heftung ~kürzung** Es wird jeweils immer nur ein Wort oder Wortteil ersetzt.

3. Aufbau einer Eintragung
Den Stichwörtern (Lemmata) und ihren Übersetzungen (Äquivalenten) sind in der Regel *grammatische Bezeichnungen in Kursivschrift* zugesetzt:
- Bei *Substantiven im Singular* ist das Genus angegeben: *(m* für *maskulinum, f* für *femininum, n* für *neutrum)* Bei Pluralformen steht *pl.*
- *Verben* sind durch *v*,
- *Perfektpartizipien durch Part perf* bzw. *part pt* gekennzeichnet.
- Bei *Adjektiven ist adj* bzw. *agg* vermerkt.
- *Abkürzungen* sind durch *Abk* bzw. *abbr* gekennzeichnet.

Bei mehrgliedrigen Stichwörtern und Übersetzungen bezieht sich die grammatische Kategorie auf das grammatisch dominierende Wort. Bsp.: Einband der Zeit *m* – Einband ist *maskulinum.*

Die Kurzbezeichnungern für die grammatischen Kategorien sind im Verzeichnis der Abkürzungen (Anhang 3) enthalten.

Auf die grammatische Kennzeichnung folgt in Einzelfällen ein *erläuternder Zusatz* (in runden Klammern).

Sofern es zweckmäßig erscheint, wird das *Sachgebiet* zur Erläuterung des sachlichen Kontextes des Stichwortes in Kurzform [eckig geklammert] angegeben, z.B. [Kat] bzw. [Cat] für Katalogisierung bzw. catalogazione. Die Sachgebietsschlüssel sind im Anhang 2 aufgelistet.

Anschließend ist – hin und wieder – ein *Regionalzusatz angefügt*, um einen regionalspezifischen Gebrauch anzuzeigen, z.B. *CH* für Schweiz. Die verwandten Kurzbezeichnungen sind im *Abkürzungsverzeichnis (Anhang 3)* zu finden.

Der erste Teil einer Eintragung wird ggf. durch einen *Definitionsnachweis* in Winkelklammern abgeschlossen, z.B.: <DIN 1425> oder <RICA>. Ein Quellenverzeichnis der Definitionsnachweise ist *im Anhang 1* zu finden. Es werden nur Definitionen mit normierender Wirkung nachgewiesen.

Der zweite Teil der Eintragung enthält die *Übersetzung*, ggf. mit *Zusätzen* und *Siehe-auch- Verweisungen.*

4. Rechtschreibung

Die Eintragungen für die deutschen Stichwörter folgen der neuen deutschen Rechtschreibung.

Avvertenze per la consultazione

1. Ordine alfabetico

Le voci del dizionario sono collocate in ordine alfabetico rigoroso (lettera per lettera). Gli umlaut tedeschi ä, ö, ü sono qualificati come a,o,u.

Il **tilde** (~) sostituisce parole o elementi di parole la cui scrittura è identica a quella di una parola precedente oppure a un elemento della parola precedente. In caso di lemmi composti l'elemento da sostuire è separato da una barra verticale (per es.: **Klammer|heftung ~kürzung**).

2. Struttura di una voce

Dopo il lemma compare la categoria grammaticale (*m* per la forma *maschile* di un *sostantivo* in *singolare*, *f* per la forma *femminile*, *n* per la forma *neutrale* di un *sostantivo tedesco*). *pl* sta per il *plurale* di un sostantivo.

- I *verbi* sono contrassegnati da *v*.
- I *participi* del *passato* sono contrassegnati da *part pt* rispettivamente da *Part perf.*
- Gli *aggettivi sono contrassegnati* da *agg* rispettivamente da *adj (*per un Adjektiv tedesco*).* Nel caso di lemmi consistenti *di* più paro*le la* qualifica grammaticale si riferisce alla parola dominante. (per es.: **Einband der Zeit** *m* Einband *è maschile*).

Le specificazioni delle categorie grammaticali sono contenute nella lista delle abbreviazioni (App. 3).

Per esplicare il contesto semantico di una voce sono aggiunte parzialmente qualificazioni semantiche (p.es.: [Cat] per catalogazione oppure [Kat] nella parte tedesca). I codici semantici adoperati sono elencati nell'Appendice 2.

Segue in alcuni casi un'aggiunta che indica un uso regionale (p.es: *CH* per Svizzera. e *A per Austria*). La prima parte di una voce si chiude in alcuni casi con il riferimento a una definizione standardizzata contenuta in un codice di regole oppure in una norma (p.es.: **autore** <RICA; UNI ISO 5127/5>, **Nebeneintragung**<RAK; DIN 31632/3>).

Nella parte seconda della voce si trova la traduzione., in caso completata da un'aggiunta esplicativa oppure un *richiamo 'v.a'*.

3. Ortografia

L'ortografia delle voci tedesche segue l'ortografia nuova tedesca.

Literaturnachweis
Bibliografia delle opere consultate

Für die Arbeit am Wörterbuch wurde eine Vielzahl von Nachschlagewerken, Fachbüchern, Aufsätzen, Regelwerken und Normen benutzt. Im Folgenden wird eine Auswahl der wichtigsten Quellen angeführt. Es sind dies insbesondere Fachlexika, Werke mit Begriffsverzeichnissen, allgemeine und Fachwörterbücher. Bei den Normen werden nur monographische Normensammlungen verzeichnet. Die Einzelnormen sind in den Definitionsnachweisen innerhalb der entsprechenden Wörterbucheintragungen genannt.

Per la preparazione del presente dizionario un gran numero di opere è stato consultato. Segue un elenco delle fonti più importanti:

A. Einsprachige allgemeine Wörterbücher. Dizionari generali monolingui

DeFelice, Emidio, Duro, Aldo: Dizionario della lingua e della civiltà italiana contemporanea.- [Palermo:] Palumbo, 1985.

Zingarelli, Nicola: lo Zingarelli minore. 12.ed. min.- Bologna: Zanichelli, 1994.

Duden: Deutsches Universal-Wörterbuch A- Z.- 2.Aufl. - Mannheim: Bibliogr. Inst., 1989.

Duden: Rechtschreibung der deutschen Sprache - 21.Aufl.- Mannheim: Bibliogr. Inst., 1996.

B. Zweisprachige allgemeine Wörterbücher. Dizionari generali bilingui

Macchi, Vladimiro: Tedesco-italiano, italiano-tedesco. - 3.ed. - Firenze: Sansoni, 1987 (I dizionari Sansoni).

Langenscheidts Handwörterbuch Italienisch: Italienisch - Deutsch; Deutsch - Italienisch/ (Hrsg.: Anton Reininger). In Zus.arb. mit Paravia - 3.Aufl. - Berlin 1999.

Duden- Oxford: Bildwörterbuch Deutsch und Italienisch / hrsg. von der Dudenred. in Zus.arb. mit M. Luisa Heinz-Mazzoni und Paola Scaltriti. - Mannheim: Dudenverl., 1993.

C. Einsprachige Fachwörterbücher/Fachlexika. Dizionari specializzati monolingui / glossari / lessichi

Grieser, Franz; Thomas Irbeck: Computer-Lexikon. - München: Dt. Taschenbuch-Verl., 1993. (Beck-EDV-Berater: A-Z; dtv; 50302).

Hiller, Helmut: Wörterbuch des Buches. - 5. Aufl.- Frankfurt a.M.: Klostermann, 1991.

Manuale enciclopedico della bibliofilia. / [Hrsg.]: DiGiuro, Vittorio.- Milano : Bonnard, 1997. Beilage darin: Glosarietto dei termini più usati nei cataloghi librari francesi, inglesi e tedesci.

Lexikon der Information und Dokumentation. - Leipzig: Bibliogr. Inst., 1984.

Lexikon der Buchkunst und Bibliophilie. / Hrsg. von Karl Klaus Walther - Leipzig: Bibliogr. Inst., 1987.

Lexikon des Bibliothekswesens. - 2. Aufl. - Leipzig: Verl. für Buch- und Bibliothekswesen. 1. 1974. 2. 1975.

Lexikon des Buchwesens. - Stuttgart: Hiersemann. 1 - 4.1952 - 56.

Lexikon des gesamten Buchwesens. - 2. Aufl. - Stuttgart: Hiersemann, 1ff. 1987ff.

Moessner, Gustav: Buchbinder-ABC. / Bearb. von Hans Kriechel. - Bergisch-Gladbach: Zanders Feinpapiere, 1981.

Sawoniak, Henryk; Maria Witt: New international dictionary of acronyms in library and information science and related fields. - 3rd rev. and enl. ed. - München [u.a.]: K. G. Saur, 1994.

Vigini, Giuliano: Glossario di biblioteconomia e scienza dell'informazione.- Milano: Editrice Bibliografica, 1985. (Bibliografia e biblioteconomia; 24).

D. Mehrsprachige Fachwörterbücher. Dizionari specializzati plurilingui

Anastasio, Vittorio: Wörterbuch der Informatik. Dictionary of informatics: Deutsch-Englisch-Französisch-Italienisch-Spanisch. - Düsseldorf: VDI-Verl., 1990.

Braccini, Roberto: Praktisches Wörterbuch der Musik: Italienisch-Englisch - Deutsch -Französisch. - Mainz: Schott, 1992.

Clason, W.E.: Elsevier's dictionary of library science, information and documentation in 6 languages. - Amsterdam [u.a.]: Elsevier, 1976.

Conte, Giuseppe; Hans Boss: Wörterbuch der Rechts- und Wirtschaftssprache: Italienisch - Deutsch. - 34.Aufl. - München: Beck, 1993.

Dictionary of archival terminology: English and French; with equivalents in Dutch, German, Italian, Russian and Spanish. Dictionnaire de terminologie archivistique. / Ed. by Peter Walne. - 2nd rev. ed. - München [u.a.]: Saur, 1988. (ICA handbooks series; 7).

Elenco dei termini bibliografici più frequenti in italiano, francese, inglese e tedesco. In: Zigaina, Guido: Manuale di bibliofilia. Milano: Mursia , 1988.

Enzyklopädisches Wörterbuch der Kartographie in 25 Sprachen. / Hrsg.: Joachim Neumann. - 2.Ausg. - München [u.a.]: Saur, 1997.

Glossary of basic archival and library conservation terms: English with equivalents in Spanish, German, Italian, French, and Russian. / Ed. by Carmen Crespo Nogueira. - München [u.a.]: Saur, 1988 (ICA handbooks series; 4).

Kuhn, Hilde: Wörterbuch der Handbuchbinderei und der Restaurierung von Einbänden, Papyri, Handschriften, Graphiken, Autographen, Urkunden und Globen in deutscher, englischer, französischer und italienischer Sprache. - 2. Aufl. - Hannover: Schlüter, 1979.

Labarre, E.J.: Dictionary and encyclopaedia of paper and paper-making: with equivalents of the technical terms in French, German, Dutch, Italian, Spanish, and Swedish.- 2nd ed.- Amsterdam: Swets & Zeitlinger, 1969. *Supplement s. Loeber, E. G.*

Loeber, E.G.: Supplement to E. J. Labarre: Dictionary and encyclopaedia of paper and paper-making. - Amsterdam: Swets & Zeitlinger, 1967.

Murk, Tista: Vokabularium für Bibliotheken (allgemeine öffentliche und Schulbibliotheken) in den vier Landessprachen der Schweiz. - Chur: Gasser,1986.

Orne, Jerrold: The language of the foreign book trade. - 3rd ed. - Chicago: American Library Association, 1976.

Multilingual glossary for art librarians: English and indexes in Dutch, French, German, Italian, Spanish and Swedish- 2., rev. and enl. ed.- München [u.a.]: Saur, 1996 (IFLA publications; 75).

Terminologie der Information und Dokumentation. / Red.: U. Neveling u. G.Wersig.- München: Verl. Dokumentation, 1975 (DGD-Schriftenreihe; 4).

Vollnhals, Otto: Multilingual dictionary of electronic publishing: English - German - French - Spanish - Italian. - München [u.a.]: K.G. Saur, 1996.

Wersig, Gernot, and Ulrich Neveling: Terminology of documentation: a selection of 1 200 basic terms publ. in Engl., French, German, Russ., and Span. - Paris: Unesco Press [u.a.], 1976.

Wijnekus, F.J.M., and E.F.P.H. Wijnekus: Elsevier's dictionary of the printing and allied industries in six languages. - 2nd ed.- Amsterdam [u.a.]: Elsevier, 1983.

Wörterbuch der Reprographie: Deutsch mit Definitionen; Engl., Franz., Span. - München [u.a.]: Saur, 1982 (Informationsdienste; 4). T.1-2.1955-56.

E. International Standard bibliographic Description / ISBD

ISBD. International Standard Bibliographic Description. - *deutsche Übers. siehe: Vereinigung Schweizerischer Bibliothekare: Katalogisierungsregeln.*

ISBD(A): International Standard Bibliographic Description for Older Monographic Publications (Antiquarian). - London: IFLA International Office for UBC, 1980.

ISBD(CM): International Standard Bibliographic Description for Cartographic Materials. - London: IFLA International Office for UBC, 1977.

ISBD(G): General International Standard Bibliographic Description; annotated text. - London: IFLA International Office for UBC, 1977.

ISBD(M): International Standard Bibliographic Description for Monographic Publications. - London: International Office for UBC, 1978.

ISBD(NBM): International Standard Bibliographic Description for Non-Book Materials. - London: IFLA International Office for UBC, 1977.

ISBD(PM): International Standard Bibliographic Description for Printed Music. - London: IFLA International Office for UBC, 1980.

ISBD(S): International Standard Bibliographic Description for Serials.- London: IFLA International Office for UBC, 1977.

Vereinigung Schweizerischer Bibliothekare: Katalogisierungsregeln. - 2.Aufl. - Bern. Fasc. BA:ISBD(M) [deutsch]. 1983.
BB: ISBD(S) [deutsch]. 1983.
BC:ISBD(NBM) [deutsch]. 1986.
BD:ISBD(PM) [deutsch]. 1986.

F. Fachbücher, nationale Regelwerke; Libri professionali, codici nazionali

Normen für Büro und Verwaltung. 5. Aufl. - Berlin, Köln: Beuth, 1997 (DIN-Taschenbuch; 102).

Informationsverarbeitung. - Berlin; Köln: Beuth. 1. Begriffe, Normen.- 6. Aufl.- Berlin, Köln:Beuth, 1985. (DIN-Taschenbuch; 25).

Instruktionen für die alphabetischen Kataloge der preußischen Bibliotheken. 2. Ausg. - Berlin: Behrend, 1909.

PI: Preußische Instruktionen *siehe Instruktionen für die alphabetischen Kataloge der preußischen Bibliotheken*

Publikation und Dokumentation. 4. Aufl. 1. 2.- Berlin; Köln: Beuth, 1996. (DIN-Taschenbuch; 153. 154).

RAK: Regeln für die alphabetische Katalogisierung - Wiesbaden: Reichert, 1977.

RAK-AV: Regeln für die alphabetische Katalogisierung. Sonderregeln für audiovisuelle Materialien, Mikromaterialien und Spiele. - Vorabdruck. - Berlin: DBI, 1985.

RAK-Karten: -Regeln für die alphabetische Katalogisierung. 4. Sonderregeln für kartographische Materialien: - Wiesbaden: Reichert, 1987.

RAK-UW: Regeln für die alphabetische Katalogisierung. Sonderregeln für unselbständig erschienene Werke: Entwurf. - Berlin: DBI, 1986.

RAK-AD: Regeln für die Katalogisierung alter Drucke. - Berlin: DBI 1994.

RAK-NBM: Regeln für die alphabetische Katalogisierung von Nichtbuchmaterialien.) - Entwurf 31.Jan. 1996 / Bibliotheksdienst; 29. 1995; H. 20. Beil. = RAK-Mitteilung ; 16). (Informationen, Medien).

Grundlagen der praktischen Information und Dokumentation: Ein Handbuch zur Einführung in die fachliche Informationsarbeit. Hrsg.: Marianne Buder. - 4. Ausg. 2 Bde. - München [u.a.]: Saur, 1997.

Documentazione e biblioteconomia: Manuale per i servizi di informazione e le biblioteche speciali italiane / a cura di Maria Pia Carosella e Maria Valenti. - Milano: Franco Angeli, 1997 (Manuali professionali).

La biblioteca pubblica: Manuale ad uso del bibliotecario. - Nuova ed.rif. / a cura di Maurizio Bellotti. - Milano: Ed Unicopli, 1996.

RICA: Regole italiane di catalogazione per autori. - Roma: Istituto Centrale per il Catalogo unico,1979.

Tammaro, Anna Maria: Prontuario di biblioteconomia. - Milano: Editrice bibliografica, 1997 (Bibliografia e biblioteconomia; 42).

Wörterbuch Teil I:
Deutsch - Italienisch

Dizionario Parte I:
Tedesco - Italiano

A

Abb. *Abk* [Bch] *s. Abbildung*
abbestellen *v* (eine Zeitschrift ~) [Erw] / annullare *v* (un abbonamento)
Abbestellung *f* (einer Zeitschrift) [Erw] / annullamento *m* (di un abbonamento)
Abbildung *f* / illustrazione *f* · figura *f* ‖ *s.a. bildliche Darstellung; farbige Abbildung*
Abbildungs|fehler *m* [Repr] / aberrazione *f*
~legende *f* [Bch] *s. Bildlegende*
~maßstab *m* [Repr] ⟨DIN 31631/2⟩ / scala di riproduzione *f*
~verzeichnis *n* / tavola delle illustrazioni *f* · indice delle illustrazioni *m*
abbrechen 1 *v* (ein Programm ~) [EDV] / abortire *v* (un programma) · troncare *v*
~ 2 *v* (einen Katalog ~) / chiudere *v* (un catalogo) · interrompere *v* (un catalogo)
Abbreviatur *f* ⟨RAK-AD⟩ / abbreviatura *f*
Abbruch *m* (eines Programms) [EDV] / aborto *m* (di un programma)
~routine *f* [EDV] / routine di aborto *f*
ABC-Buch *n* / abbecedario *m*
~-Regeln *pl* [Kat] / regole per l'ordinamento alfabetico *m* ‖ *s.a. Ordnung Buchstabe für Buchstabe; Ordnung Wort für Wort*
Abdeckboden *m* (als oberer Abschluß eines Regals) / lastra di copertura *f*
abdecken *v* [Repr] / mascherare *v* · (bedecken; umfassen:) coprire *v*
Abdeck|haube *f* [BauEinr] / copertura di protezione *f*
~platte *f* [BauEinr] / piastra di protezione *f*
Abdeckung *f* [Repr] ⟨DIN 19040/113E⟩ / (Vorgang:) mascheratura *f* · (Ergebnis der~:) maschera *f*
Abdeckungsquote *f* [Retr] / indice di copertura *f*
Abdr. *Abk* [Bch] *s. Abdruck*
Abdruck *f* / stampa *f* · (Nachdruck:) ristampa *f* · (durch Eindrücken entstandene Nachbildung:) calco *m* ‖ *s.a. Sonder(ab)druck*
abdrucken *v* / ristampare *v*
Abdruckrecht *n* / diritto di ristampa *m* · diritto di riproduzione *m*
Abend|dienst *m* / servizio di sera *m*
~zeitung *f* / giornale della sera *m*
Abenteuer|film *m* [NBM] / film d'avventura *m*
~roman *m* / romanzo d'avventura *m*
Abfall|behälter *m* / pattumiera *f*
~quote *f* [Retr] / rapporto di falli *m*
Abfrage *f* [Retr] / interrogazione *f* (di una base di dati)
anforderung *f* / richiesta di ricerca *f*
~datei *f* [Retr] / archivio di interrogazione *m*
~einheit *f* [Retr] / terminale di interrogazione *m*
~maske *f* / maschera di interrogazione *f*
abfragen *v* [Retr] / interrogare *v*
Abfrage|sprache *f* [Retr] / linguaggio di interrogazione *m*

~**system** *n* / sistema di interrogazione *m*
~**terminal** *n* / terminale di interrogazione *m*
Abgang *m* (ausgesonderter Band usw.) / diminuzione *f*
abgeben *v* / cedere *v*
abgebende Bibliothek *f* / biblioteca cedente *f*
abgebildet *part perf* / riprodotto *part pt*
abgedruckt *part perf* / stampato *part pt* · (nochmals gedruckt:) ristampato *part pt*
abgegriffen *part perf s. abgenutzt*
abgehängte Decke *f* [Bau] / soffito sospeso *m*
abgeleitetes Dokument *n* / documento derivato *m*
abgeleitetes Wort *n* / parola derivata *f*
abgelöst *part perf* [Bind] / staccato *part pt*
abgenutzt *part perf* / sciupato *part pt* · consunto *agg* · logoro *agg* · logorato *part pt*
abgerieben *part perf* [Bind] / abrasionato *part pt* ‖ *s.a. abgenutzt; berieben*
abgerissen *part perf* / strappato *part pt*
abgeschabt *part perf s. abgerieben*
abgeschlossene Aufnahme *f* [Kat] / scheda chiusa *f*
abgeschlossene Bibliographie *f* / bibliografia chiusa *f*
abgesetztes Endgerät *n* [EDV] / terminale remoto *m*
abgetrennter Band / volume spalato *m*
Abgleichcode *m* [EDV] / codice di matching *m*
Abhandlung *f* / trattato *m* · saggio *m*
abhängiger (Sach-)Titel *m* [Kat] / titolo dipendente *m*
Abhör|anlage *f* / impianto audio *m*
~**kabine** *f s. Abhörraum*
~**platz** *m* / punto d'ascolto *m*
~**raum** *m* / cabina d'ascolto *f*
Abitur *n* / esame di maturità *m*
abklemmen *v* [BauEinr] / disconnettere *v*
abkürzen *v* / abbreviare *v*
Abkürzung *f* / abbreviazione *f* · abbreviatura *f* · (Sigel:) sigla *f* ‖ *s.a. Akronym; Initialkürzung; Kontraktionskürzung*
Abkürzungs|lehre *f* / brachigrafia *f*
~**verzeichnis** *n* (in einem Werk) / elenco delle abbreviazioni *m* · tavola delle abbreviazioni *f*
~**wörterbuch** *n* / (Sigelverzeichnis:) siglario *m* · dizionario delle abbreviazioni *m* · (Verzeichnis von Akronymen:) dizionario di acronomi *m*
Ablage *f* [Büro; Arch] *s. Aktenablage*
~**fach** *n* [BauEinr] / casella *f*
~**regal** *n* / casellario *m* ‖ *s.a. Zeitschriftenablage*
Ablauf *m* / (Fristablauf:) scadenza *f*
Ablaufdiagramm *n s. Flussdiagramm*
ablauf|fähig *adj* [EDV] / caricabile *agg*
Ablauf|organisation *f* / organizzazione delle procedure *f*
~**plan** *m* [OrgM] / modello di flusso *m*
~**richtung** *f* (in einem Flussdiagramm) / direzione di flusso *f*
ablegen *v* (Briefe usw. ~) / passare agli atti *v* ‖ *s.a. archivieren*
Ablegesatz *m* [Druck] / composizione da scomporre *f*
ableimen *v* [Bind] / incollare *v*
Ableimmaschine *f* [Bind] / macchina d'incollatura *f*
Ableitung *f* / derivazione *f* · derivato *m*
Ablichtung *f* [Repr] ⟨DIN 31631/2⟩ / fotocopia *f*
abliefern *v* [Erw] / consegnare *v*
Ablieferungspflicht *f* (betr. Pflichtexemplar) / obbligo al deposito legale *m* ‖ *s.a. Anbietungspflicht*
ablochen *v* / perforare *v*
Abnahme *f* [BauEinr] / collaudo *m*
~**protokoll** *n* [BauEinr] / verbale di collaudo *m* · (Prüfbescheinigung:) certificato di collaudo *m*
~**prüfung** *f* [BauEinr] / prova di accettazione *f* · prova di collaudo *f*
~**schein** *m* / certificato di accettazione *m*
~**verpflichtung** *f* [Erw] / obbligo di acquisto *m*
Abnehmer *m* [Erw] / acquirente *m*
Abnutzung *f* [Bch] / logoramento ‖ *s.a. Verschleiß*
Abonnement *n* [Erw] / abbonamento *m* (ein ~ bestellen:contrarre un abbonamento) ‖ *s.a. Jahresabonnement; Jahresbezugspreis; Mehrjahresabonnement; Probeabonnement*
Abonnements|erneuerung *f* [Erw] / rinnovo dell'abbonamento *m*
~**preis** *m* / prezzo di abbonnamento *m*
~**verwaltung** *f* / gestione degli abbonamenti *f*
Abonnent *m* / abbonato *m*
abonnieren *v* (eine Zeitschrift ~) [Erw] / abbonarsi (a una rivista)

Abpressbrett *n* [Bind] / tavoletta *f* · asse *f*
abpressen *v* [Bind] / indossare *v*
abpuffern *v* [BestErh] / deacidificare *v*
Abrechnung *f* / rendiconto *m* ‖ *s.a. spezifizierte Abrechnung*
Abreibung *f* (Durchreibung) [Bind] / ricalco a matita *m*
Abreißkalender *m* / calendario a fogli staccabili *m*
Abrieb *m* (an einem Einband) / abrasione *f*
abriebfest *adj* / resistente all'abrasione *agg*
Abriebfestigkeit *f* [Bind] / resistenza all'abrasione *f*
Abriss *m* (Leitfaden) [Bch] / compendio *m*
Abrufbetrieb *m* [EDV] ⟨DIN 44300/9E; DIN 44331V⟩ / modo di interrogazione *m*
Abrufprogramm *n* [EDV] / programma chiamante *m*
Absatz *m* (in einem Text) / comma *m* · capoverso *m* ‖ *s.a. Einzug*
~**markt** *m* [OrgM] / mercato di sbocco *m*
Abschaltautomatik *f* / spegnimento automatico *m*
abschalten *v* (ein Gerät~) [BauEinr] / staccare *v* · spegnere *v*
Abschaltzeit *f* [Komm] / periodo di interruzione *m* ‖ *s.a. Ausfallzeit*
Abschirmung *f* / schermatura *f* · riparo *m*
Abschluss|bericht *m* / rapporto conclusivo *m*
~**note** *f* [Ausb] *s. Endnote*
~**prüfung** *f* / esame conclusivo *m*
~**zeugnis** *n* (einer höheren Schule) / licenza liceale *f*
abschneiden *v* (eine Zeichenfolge am Anfang oder Ende weglassen) [EDV] ⟨DIN 44300/8E⟩ / troncare *v*
Abschnitt *m* (in einem Text) / comma *m*
Abschnittsmarke *f* [EDV] / marca di nastro *f*
abschrägen [Bind] / tagliare sbieco *v* · smussare *f*
abschreiben *v* / (übertragen:) trascrivere *v* · (kopieren:) copiare *v*
Abschreiber *m* / copista *m*
Abschreibung *f* (Amortisierung) / amortamento *m*
Abschrift *f* / copia *f*
Abschürfung *f* [Bind] / abrasione *f*
absetzen *v* (ein Manuskript ~) [Druck] / finire di comporre *v*
absolute Adresse *f* [EDV] / indirizzo assoluto *m* ‖ *s.a. Maschinenadresse*
Absolvent *m* (einer Bibliotheksschule) / diplomato *m* (di una scuola bibliotecaria)

Abspann *m* (eines Films) [NBM] / coda *f* (di un film)
abspeichern *v* [EDV] *s. speichern*
Abspielanlage *f* [NBM] / impianto di riproduzione *m*
abspielen *n* [NBM] / suonare *v* (eine Schallplatte abspielen:far suonare un disco)
Abspiel|geschwindigkeit *f* (bei Tonbändern usw.) [NBM] / velocità di scorrimento *f* · velocità di riproduzione *f* ‖ *s.a. Spieldauer*
~**nadel** *f* (eines Plattenspielers) [NBM] / puntina *f*
absteigende Reihenfolge *f* / ordine discendente *m*
Abstraktions|relation *f* [Ind; Klass] ⟨DIN 1463/1E; DIN 32705E⟩ / relazione generica *f*
Absturz *m* (eines Programms) [EDV] *s. Programmabsturz*
Abt. *Abk s. Abteilung*
abtasten *v* [Komm] / scandire *v*
Abtaster *m* [EDV] / scanner *m*
Abtastnadel *f s. Abspielnadel*
Abtastung *f* / scansione *f* ‖ *s.a. Bildabtastung*
Abteilung *f* [OrgM] / (eines fortlaufenden Sammelwerks:) parte *f* · sezione *f* · (Dezernat:) settore *m* ‖ *s.a. Abteilungstitel*
Abteilung *f* ⟨DIN 31631/4⟩ / (eines in mehreren Teilen erscheinenden Buches:) parte *f*
Abteilung *f* / (einer Universität:) dipartimento *m* · (eines Betriebes:) reparto *m*
Abteilung *f* [Klass] / (Unterteilung:) divisione *f*
Abteilungs|bibliothek *f* / biblioteca di reparto *f* · biblioteca dipartimentale *f* · biblioteca di dipartimento *f*
~**leiter** *m* / caporeparto *m* · capo dipartimento *m* · capo sezione *m*
~**titel** *m* (in einem fortlaufenden Sammelwerk) [Bch] ⟨ISBD(S)⟩ / titolo di sezione *f*
abwärtskompatibel *adj* [EDV] / compatibile verso il basso *agg*
abwaschbarer Einband *m* / legatura lavabile *f*
abweichende Namensform *f* / forma variante del nome *f*
~ **Schreibweise** *f* / variante nel modo di scrivere *f*
~ **Titelfassung** *f* / variante del titolo *f*
Abwickelspule *f* [NBM] / bobina srotolante *f*

Abziehbild *n* [NBM] / calcomania *f*
Abzug 1 *m* (Digestorium) / cappa aspirante *f*
Abzug 2 *m* [Druck] / (Probeabzug:) prova di stampa *f* · (Fotografie:) copia *f* ‖ *s.a. Korrektur(abzug)*
Abzug 3 *m* (von einem Zahlungsbetrag) / deduzione *f* · sconto · (Rabatt:) ribasso *m*
Abzugpapier *n* / carta per duplicatori *f*
Abzweigung *f* [EDV] *s. Verzweigung*
Achat|marmor *m* / marmo agata *m*
~**stein** *m* [Bind] / pietra agata *f*
Achsabstand *m* [AufstReg] / distanza tra gli interassi degli scaffali *f*
Achselfläche *f* (einer Drucktype) ⟨DIN 16507⟩ / spalla *f*
Adapter *m* [BauEinr] / adattore *m*
adaptieren *v* / adattare *v*
Adelstitel *m* / titolo gentilizio *m*
AD-Konverter *m* [EDV] / convertitore analogico digitale *m*
Adressat *m* [Komm] / destinatario
Adress|buch *n* [Bch] / indirizzario *m* · repertorio di indirizzi *m* ‖ *s.a. Branchenadressbuch; Buchhandelsadressbuch; Firmenadressbuch; Handelsadressbuch; Ortsadressbuch; Stadtadressbuch*
~**bus** *m* [EDV] / bus indirizzi *m*
Adresse *f* [EDV] ⟨DIN 44300/1E⟩ / indirizzo *m* ‖ *s.a. Basisadresse; Datenanfangsadresse; echte Adresse; logische Adresse; Maschinenadresse; reale Adresse; relative Adresse; tatsächliche Adresse*
Adressen|aufkleber *m* / etichetta d'indirizzo *f*
~**datei** *f* / archivio indirizzi *m*
~**kartei** *f* / schedario indirizzi *m*
~**liste** *f* / elenco di indirizzi *m* · indirizzario *m* · (mit vorgefertigten Adressaufklebern:) targhettario
~**register** *n* [EDV] / registro indirizzi *m*
~**verzeichnis** *n* / indirizzario *m*
~**zugriffszeit** *f* [EDV] / tempo di accesso indirizzi
Adressfeld *n* / campo d'indirizzo *m*
adressierbar *adj* [EDV] / indirizzabile *agg*
adressieren *v* / indirizzare *v*
Adressiermaschine *f* / macchina stampa-indirizzi *f*
Adressteil *m* [EDV] ⟨DIN 44300/4E⟩ / parte indirizzo *f*
ADU *Abk* [EDV] *s. AD-Umwandler*
AD-Umwandler *m* [EDV] *s. AD-Konverter*
ADV *abbr* [EDV] *f s. automatische Datenverarbeitung*
AD-Wandler *m* [EDV] *s. AD-Konverter*
Agentur *f* / agenzia *f* ‖ *s.a. Werbeagentur*
Ahle *f* [Bind] / lesina *f* · punteruolo *m*
Ähnlichkeitssuche *f* / ricerca di adiacenza *f* ‖ *s.a. Nachbardatensatzsuche; Näherungssuche*
AK *Abk* [Kat] *s. alphabetischer Katalog*
akademisches Auslandsamt *n* / segreteria per studenti stranieri
akephalisch *adj* [Buch] / acefalo *agg*
Akkumulator *m* / accumulatore *m*
Akronym *n* [Lin] ⟨DIN 1422/1; DIN 2340; TGL 20969⟩ / acronimo *m* ‖ *s.a. Abkürzung*
Akronymenverzeichnis *n* / dizionario di acronimi *m*
Akrostichon *n* [Bch] / acrostico *m*
Akte *f* [Büro; Arch] ⟨DIN 31631/4⟩ / pratica *f* · documento *m* · atto *m* (zu den Akten geben:mettere agli atti) ‖ *s.a. Behördenakten; Dienstakten; Krankenakte*
Akten *pl* / pratiche *pl* · atti *pl*
~**ablage** *f* / (Sammlung von Akten:) archivio *m* · (Archivierung:) archiviazione *f* · (Briefablage:) raccoglitore delle lettere *m* ‖ *s.a. laufende Akten; Registratur*
~**deckel** *m* / copertina *f* · cartella *f*
~**mappe** *f* / portacarte *m* · portadocumenti *m* ‖ *s.a. Aktendeckel*
~**notiz** *f s. Aktenvermerk*
~**ordner** *m* / registratore *m*
~**plan** *m* / titolario *m*
~**regal** *n* [Büro] / scaffale per le pratiche *m* ‖ *s.a. Ablageregal*
~**schrank** *m* / armadio per le pratiche · classificatore *m*
~**tasche** / portadocumenti *m* · borsa *f* · (Aktenmappe:) cartella *f*
~**vermerk** *m* / nota sugli atti *f* · promemoria *f*
~**vernichtungsmaschine** *f s. Reißwolf*
~**zeichen** *n* / numero protocollare *m*
Aktionsplan *m* / piano d'azione *m*
aktiver Leihverkehr *m* [RS] *s. gebender Leihverkehr*
aktualisieren *v* (eine Datei ~) / aggiornare *v*
aktualisierte Ausgabe *f* / edizione aggiornata *f*
Aktualisierung *f* / aggiornamento *m*
Aktualisierungsprogramm *n* / programma di aggiornamento *m*
Aktualität *f* / attualità *f*

Akustikkoppler *m* / accoppiatore acustico *m*
akustischer Koppler *m* [Komm] *s. Akustikkoppler*
akustisches Signal *n* / segnale acustico *m* ‖ *s.a. Tonsignal*
Akzent *m* / accento *m*
~buchstaben *pl* / lettere accentate *pl*
Akzeptanz *f* / accettabilità *f*
Akzession *f* / (als räumlich-organisatorische Einheit:) ufficio accessioni *m* ‖ *s.a. Erwerbungsabteilung*
akzessionieren *v* [Erw] / ingressare *v* · accessionare *v*
Akzessionierer *m* [Pers] / addetto all'accessione *m*
Akzessionierung *f* [Erw] / accessionamento *m* ‖ *s.a. Zeitschriftenakzessionierung*
Akzessions|journal [Erw] / registro d'ingresso ‖ *s.a. Bestandsverzeichnis; Inventar; Zugangsdatei*
~nummer *f* [Erw] / numero d'ingresso *m*
Akzidenz|druck *m* / stampa commerciale *f*
~satz *m* [Druck] / composizione pubblicitaria *f*
~schrift *f* [Druck] / caratteri pubblicitari *pl*
Alarmanlage *f* / sistema d'allarme *m*
Alaungerbung *f* [Bind] / concia all'allume *f*
Album *n* (pl.: Alben) [Bch] / album *m*
Albumen *n* [Bind] / albumina *f*
Albumformat *n* [Bch] / formato album *m*
Aldine *pl* [Bch] / aldine *pl*
Algorithmus *m* [EDV] / algoritmo *m*
Algraphie *f* [Druck] *s. Aluminiumdruck*
alkalihaltiges Papier *n* / carta alcalina *f* ‖ *s.a. säurefreies Papier*
alkalische Reserve *f* [Pp] ⟨DIN ISO 9706⟩ / residuo alcalino *m*
Allegorie *f* / allegoria *f*
Allein|auslieferer *m* [Bch] / distributore esclusivo *m*
~verkaufsrecht *n* [Bch] / esclusività di vendita *f* ‖ *s.a. Alleinvertrieb*
~vertrieb *m* / diffusione esclusiva *f* (Alleinvertriebsrecht:diritto di ~)
alle Rechte vorbehalten / tutti i diritti riservati *pl*
alles Erschienene *n* [Bch] / tutto pubblicato
Alleskleber *m* / colla universale *f*
alles was erschienen [Bch] *s. alles Erschienene*
Allgemein|begriff *m* [Ind; Klass] ⟨DIN 2330⟩ / concetto generico *m*
~bibliographie *f* / bibliografia generale *f*
~bibliothek *f* / biblioteca di carattere generale *f* · biblioteca generale *f*
allgemeine Anhängezahl *f* [DK] *s. allgemeine Ergänzungszahl*
~ Beziehung *f* (Zeichen : Doppelpunkt) [DK] / relazione generale *f*
~ Ergänzungszahl *f* [DK] / suddivisione comune *f*
~ Ergänzungszahl der Form und Darbietung von Dokumenten *f* (Zeichen (0...) Klammer Null) [DK] / suddivisione di forma *f* (parentesi zero (0...))
~ Ergänzungszahl der Materialien *f* (Zeichen -03 Strich Null Drei) [DK] / suddivisione comune dei materiali *f* (-03 trattino zero tre)
~ Ergänzungszahl der Personen und persönlichen Merkmale *f* (-05 Strich Null Fünf) [DK] / suddivisione comune delle persone e delle caratteristiche personali *f*
~ Ergänzungszahl der Sprache *f* (Zeichen = ... gleich) [DK] / suddivisione comune di lingua *f* (segno di uguale = ...)
~ Ergänzungszahl der Völker und Rassen *f* [DK] / suddivisione comune dei gruppi razziali,etnici, nazionali *f*
~ Ergänzungszahl der Zeit *f* (Zeichen „..." gesprochen Zeit) [Klass/DK] / (:) suddivisione comune di tempo *f* ((virgolette „..."))
~ Ergänzungszahl des Gesichtspunkts *f* (Zeichen .00 Punkt Null Null) [/DK] / suddivisione comune di punto di vista ((.00 punto zero zero))
~ Ergänzungszahl des Ortes *f* (Zeichen (...) Klammer (1/9)) [DK] / suddivisione comune di luogo *f* ((1/9 parentesi da 1 a 9))
~ Ergänzungzahl der Form *f* (Klammer 0 (0)) [DK] / suddivisione comune di forma *f* (parentesi zero (0))
~ Hochschulreife *f* / maturità quinquennale *f*
~ Materialbenennung *f* [Kat] *s. allgemeine Materialbezeichnung*
~ Materialbezeichnung *f* [Kat] ⟨ISBD(M; A; S; PM)⟩ / designazione generica del materiale *f*
~ standardisierte Dokumentbeschreibungssprache *f* / linguaggio generale standardizzato di descrizione di documenti *m*
Allgemeingruppe *f* [DK] / suddivisione standardizzata *f*
Allonym *n* [Bch] / allonimo *m*

Almanach *m* [Bch] ⟨DIN 31631/4; RAK-AD⟩ / almanacco *m*
Alphabet *n* / alfabeto *m*
alphabetische Gliederung / suddivisione alfabetica *f*
~ **Katalogisierung** *f* / catalogazione per autori *f* · catalogazione alfabetica *f* ‖ *s.a. formale Erfassung; Titelaufnahme 1*
~ **Ordnung** *f* / ordinamento alfabetico *m* · ordine alfabetico *m*
~ **Ordnungsregeln** *pl* / regole per l'ordinamento alfabetico *m*
alphabetischer Katalog *m* / catalogo per autori *m* · catalogo alfabetico *m* (per autori e titoli)
alphabetisches Register *n* [Ind] / indice alfabetico *m*
alphabetische Unterteilung / suddivisione alfabetica *f*
alphabetisch ordnen *v* / mettere in ordine alfabetico *v*
Alphabetisierung *f* / alfabetizzazione *f*
Alphabetisierungskurs *m* / corso di alfabetizzazione *m*
alphanumerisch *adj* ⟨DIN 44300/2E⟩ / alfanumerico *agg*
als Manuskript gedruckt *part perf* / stampato per la diffusione ristretta *part pt*
Altbestand *m* / patrimonio storico *m* · fondo antico *m* ‖ *s.a. Archivbestand*
alte Drucke *pl* [Bch] ⟨RAK-AD⟩ / libri antichi *pl* ‖ *s.a. Frühdrucke*
ältere Ausgabe *f* (einer Zeitschrift usw.; back issue) / numero arretrato *m*
Alternativ(sach-)titel *m* [Kat] ⟨ISBD(M; S; PM); DIN 31631/2⟩ / titolo alternativo *m*
Alters|beständigkeit [Pp] / resistenza di carta *f*
~**grenze** *f* / limite d'età *m*
~**spuren** *pl* [Bch] / tracce di invecchiamento *pl*
~**stufe** *f* / livello d'età *m*
Alterung *f* (von fotografischen und anderen Materialien) ⟨DIN 6730⟩ / invecchiamento *m* ‖ *s.a. beschleunigte Alterung*
alterungsbeständiges Papier *n* / carta permanente *f* · carta durevole *f*
altkoloriert / colorato in tempo antico *part pt*
Alt|kolorit *n* / colorazione antica *f*
~**papier** *n* / carta usata *f* · carta straccia *f* ‖ *s.a. Makulatur*
Aluminiumdruck *m* / litografia su alluminio *f* · algrafia *f*
Aluminiumfolie *f* / foglio di alluminio *m*
AM *Abk* [EDV] *s. Abschnittsmarke*
Amt *n* / ufficio *m*
amtliche Druckschrift *f* ⟨RAK-AD⟩ / pubblicazione ufficiale *f*
~ **Veröffentlichung** *f s. amtliche Druckschrift*
Amts|blatt *n* ⟨DIN 31631/4⟩ / gazzetta ufficiale *f*
~**buch** *n* [Arch] / registro *m*
~**druckschrift** *f s. amtliche Druckschrift*
~**zeit** *f* [Pers] / durata (di una carica) *f*
Anagramm *n* [Bch] / anagramma *m*
analog *adj* / analogico *agg*
Analog-Digital-Konverter *m s. AD-Konverter*
analoge Daten *pl* ⟨DIN 44300/2E⟩ / dati analogici *pl*
Analogrechner *m* [EDV] / elaboratore analogico *m*
Analphabet *m* / analfabeta *m*
Analphabetismus *m* / analfabetismo *m*
analysieren *v* / analizzare *v*
analytische Druckforschung *f* / bibliografia analitica *f*
~ **Statistik** *f* / statistica analitica *f*
anastatischer Nachdruck *m* / ristampa anastatica *f*
Anbau *m* [BauEinr] / aggiunta *f* ‖ *s.a. Erweiterungsbau*
~**regal** *n* (in einem Systemregal) / scaffale aggiunto *m* ‖ *s.a. Grundregal*
anbieten *v* / offrire *v*
Anbieter *m* (des Zugangs zu einer Datenbank usw.) / fornitore di accesso *m* ‖ *s.a. Informationsanbieter; Internetanbieter*
Anbietungspflicht *f* (Pflichtexemplarrecht) / obbligo di un editore di offrire le sue novità alla biblioteca del depoito legale ‖ *s.a. Ablieferungspflicht*
anbinden *v* [Bind] / allegare *v* ‖ *s.a. angebunden; beigebundenes Werk*
anbringen *v* [Bind] / applicare *v*
Anbringung *f* / applicazione *f*
andersfarbig *adj* [Bch] / di colore differente
Änderungsdatei *f* [EDV] / archivio di transazione *m*
Änderungsprogramm *n* [EDV] / programma di revisione *m*
Andruck *m* / stampa di prova *f*
andrucken *v* / eseguire una stampa di prova *v*
Anepigraphon *n* [Bch] / anepigrafo *m*

Anfänger *m* / principante *m*
~stelle *f* / posto per un principante *m* ‖ *s.a. Berufsanfänger*
Anfangs|adresse *f* [EDV] *s. Datenanfangsadresse; Programmanfangsadresse*
~bedingung *f* [EDV] / condizione iniziale *f*
~buchstabe *f* / capolettera *m* · lettera iniziale · iniziale *f* ‖ *s.a. Initial(e)*
~gehalt *n* / stipendio iniziale *m*
~menü *n* [EDV] / menu iniziale *m*
~seite *f* / pagina iniziale *f*
~stelle (erste Arbeitsstelle) / primo impiego *m*
Anfasergerät *n* [Rest] / ponitore di fibre *m* · risarcitore meccanico *m*
Anfasern *n* [Rest] / ripolpaggio *m* · risarcimento meccanico *m*
anfordern / richiedere *v*
Anforderungen *pl* (Erfordernisse) / requisiti *pl* · esigenze *pl* ‖ *s.a. fachliche Anforderungen*
Anforderungs|analyse *f* / analisi degli requisiti *f*
~betrieb *m* [EDV] ⟨DIN 44300/9E; DIN 44331V⟩ / modo di selezione *m*
Anfrage *f* / (Abfrage:) interrogazione *f* · (mit dere Bitte um Auskunftserteilung:) richiesta *f* ‖ *s.a. Benutzeranfrage; Preisanfrage*
anführen *v* (z.B. die Seitenzählung in einer Katalogeintragung anführen) [Kat] *s. angeben*
Anführungs|striche *pl* [Schr; Druck] *s. Anführungszeichen*
~zeichen *pl* [Schr; Druck] / virgolette *pl*
Angabe *f* [Kat] / indicazione *f* ‖ *s.a. Literaturangabe; Preisangabe; Quellenangabe; Titelangabe; Verfasserangabe*
angeben *v* (z.B. die Seitenzählung in einer Katalogeintragung angeben) / (vermerken; anführen:) registrare *v* · indicare *v* ‖ *s.a. Angabe*
Angebot *n* [Erw] / offerta *f*
angebunden *part perf* (an) [Bind; Kat] / unito a *part pt* ‖ *s.a. anbinden*
angefleckt *part perf* / lievemente macchiato *part pt* · macchioline *pl*
angefressen *part perf* [Bch] / rosicchiato *part pt*
angegilbt *part perf* / lievemente ingiallito *part pt*
angelsächsische Schrift *f* / scrittura anglosassone *f*
angerändert *part perf* / lievemente macchiato sui margini
angerandet *pp* [Bch] *s. angerändert*
angereichert *part perf* / arricchito *part pt*
angerissen *part perf* [Bch] / lievemente strappato *part pt*
angeschlagen *part perf* [Bch] / lievemente ammaccato *part pt*
angeschmutzt *part perf* [Bch] / lievemente insudiciato *part pt*
angeschnitten *part perf* [Bch] / tagli *pl*
angestaubt *part perf* [Bch] / lievemente impolverato *part pt*
Angestellter *m* [Pers] / impiegato *m* ‖ *s.a. Bediensteter*
angießen *v* [Rest] / appretare *v*
Angießen *n* [Rest] / apprettatura *f*
Anhang *m* [Bch] / appendice *f* · annesso *m*
anhängen *v* [Bch] / (anfügen:) allegare *v*
Anhängezahl *f* [DK] *s. Ergänzungszahl*
Anilindruck *m s. Flexodruck*
Animations|film *m* ⟨DIN 31631/4⟩ *s. Trickfilm*
~grafik *f* / grafica animata *f*
~software *f* / software di animazione *m*
Ankauf *m* [Erw] / acquisto *m*
Ankaufspreis *m* / prezzo d'acquisto *m*
anketten *v* [BestAufstReg] / incatenare *v* ‖ *s.a. Kettenbuch*
Anklebefalz *m* [Bind] / brachetta di attacco *f*
ankleben *v* [Bind] / applicare *v*
anklicken *v* [EDV] / cliccare *v*
ankoloriert *part perf* [Bch] / lievemente colorato *part pt*
ankreuzen *v* (in einem Fragebogen) / spuntare *v*
ankündigen *v* / annunciare *v*
Anlage *f* / (zu einem Brief:) allegato *m* · (Einrichtung:) impianto *m* ‖ *s.a. Alarmanlage*
Anlage *f* / (eines Werkes, einer Bibliographie usw.:) impianto *m*
Anlauf|finanzierung *f* / finanziamento dell'avviamento *m* ‖ *s.a. Anschubfinanzierung*
~kosten *pl* / spese di lancio *pl* · spese di avviamento *pl* · spese iniziali *pl* ‖ *s.a. Anschubfinanzierung; Startkosten*
Anlese|boden *s. Anlesebrett*
~brett *n* (an einem Regal) / tavola di consultazione *f* ‖ *s.a. Ausziehplatte*
~zone *f* / zona del browsing *f*
anmahnen *v* [Erw] *s. reklamieren*

Anmelde|formular *n* (für die Zulassung zur Bibliotheksbenutzung) / modulo di iscrizione *m*
~**gebühr** *f* / tassa di iscrizione *f*
Anmeldung *f* (eines Benutzers) / iscrizione‖ *s.a. Benutzeranmeldung*
Anmerkung *f* [Bch] ⟨DIN 31631/2; DIN 31639/2⟩ / annotazione *f* ‖ *s.a. Fußnote*
Anmerkungszeichen *n* [Druck] / richiamo tipografico *m* ‖ *s.a. Fußnotenzeichen*
Annalen *pl* / annali *pl*
Annotation *f* [Bib; Kat] ⟨DIN 31631/2⟩ / annotazione *f*
annotieren *v* [Bib; Kat] / annotare *v*
annotierte Eintragung *f* [Bib; Cat] / notizia analitica *f*
annullieren *v* / annullare *v*
Annullierung *f* / cancellazione *f* · annullamento *m*
Anobium *n* / anobio
anonym *adj* / anonimo *agg*
anonymes Werk *n* ⟨RAK⟩ / documento anonimo *m* · opera anonima *f*
Anonymus *m* [Bch] / anonimo *m/agg*
anopistographisch *adj* [Bch] / anopistografo *agg*
Anordnung *f* / ordinamento *m* (disposizione ordinata)
anpappen *v* [Bind] / attaccare *v*
Anrandungen *pl* [Bch] / macchiato ai margini *part pt*
Anruf *m* [Komm] ⟨DIN 44302⟩ / chiamata *f*
~**beantworter** *m* [Komm] *s. telefonischer Anrufbeantworter*
Ansatz *m* (Herangehensweise) / approccio *m* ‖ *s.a. Systemansatz*
Ansatzfalz *m s. Ansetzfalz*
Ansaugplatte *f* (in einer Kamera) [Repr] ⟨DIN 19040/113E⟩ / lastra a vuoto *f*
anschaffen *v* [Erw] *s. erwerben*
Anschaffung *f* [Erw] / acquisizione *f*
Anschaffungs|etat *m s. Erwerbungsetat*
~**vorschlag** *m* / suggerimento d'acquisto *m* · proposta d'acquisto *f* ‖ *s.a. Wunschzettel*
anschalten *v* (ein Gerät ~) / accendere *v*
Anschaltung *f* / collegamento *m* · connessione *f*
Anschaltzeit *f* / tempo di collegamento *m* · tempo di connessione *m*
Anschiesser *m* [Bind] / pennello per dorare *m*
Anschlag 1 *m* (auf einer Tastatur) / battuta *f*
Anschlag 2 (Bekanntmachung) *s. Aushang*
~**brett** *n* / tabellone *m* · albo *m*
~**drucker** *m* / stampante a impatto *f*
anschlagfreier Drucker *m* / stampante senza impatto *f*
Anschlag|tafel *f s. Anschlagbrett*
anschließen *v* / allacciare *v*
Anschluss *m* [Komm] / allacciamento *m* · connessione *f* · collegamento *m*
~**blatt** *n s. Anschlusskarte*
~**box** *f* [Komm] / cassetta di connessione *f*
~**datei** *f* [EDV] / archivio di seguito *m*
~**gebühr** *f* [Komm] / tassa di allacciamento *f*
~**genehmigung** *f* [Komm] / approvazione dell'allacciamento *f*
~**gerät** *n* / dispositivo di allacciamento *m*
~**kabel** *n* / cavo di collegamento *m* · cavo di allacciamento *m* · cavo di alimentazione *m*
~**karte** *f* ⟨RAK-Karten⟩ / (Anschlussblatt:) foglio contiguo *m* · foglio adiacente *m*
~**leitung** *f* / conduttura di allacciamento *f*
~**zeit** *f* [Retr] *s. Anschaltzeit*
anschmieren *v* [Bind] / incollare *v*
Anschreiben *n* [Büro] *s. Begleitschreiben*
Anschubfinanzierung *f* / finanziamento dell'avviamento *m* · finanziamento iniziale *m* · assegnazione iniziale *f* ‖ *s.a. Anlaufkosten*
ansetzen 1 *v* [Bind] / attaccare *v*
ansetzen 2 *v* (z.B. eine Körperschaft unter ihrem offiziellen Namen ansetzen) [Kat] / schedare *v* · intestare *v* ‖ *s.a. Ansetzung; Namensansetzung*
Ansetzfalz *m* [Bind] / aletta *f*
Ansetzung *f* (eines Namens, eines Schlagworts usw.) [Kat] / intestazione *f* (der Vorgang der~ : la scelta dell'intestazion; Ansetzung des Verfassernamens: intestazione autore) ‖ *s.a. Normdateiansetzung*
Ansetzungsform *f* [Kat] / forma dell'intestazione *f*
Ansicht / visione *f* (zur~ bestellen: chiedere in visione/Lieferung zur~:consegna in visione; zur ~ liefern:inviare in visione) ‖ *s.a. Prüfexemplar*
Ansicht|funktion *f* [EDV] / funzione di anteprima *f*
Ansichts|bestellung *f* [Erw] / ordine a scopo di esame (zur Ansicht bestellen: richiedere in esame)
~**exemplar** *n* / libro in visione *m* · esemplare di saggio *m* · copia saggio *f* · copia in esame *f* ‖ *s.a. Prüfexemplar*
~**karte** *f* [NBM] / cartolina illutrata *f*

~sendung *f* [Erw] / invio in esame *m* · invio in visione *m* · (Ansichtslieferung:) fornitura a scopo di esame *f*
Ansprechpartner *m* [Komm] / intermediario *m*
Anstalt *f* / ente *m* · istituto *m* ‖ *s.a. Körperschaft*
Anstellung *f* [Pers] / impiego · (Einstellung:) assunzione *f*
Anstellungs|bedingungen *pl* / condizioni di impiego *pl* ‖ *s.a. Arbeitsvertrag*
~vertrag *m s. Arbeitsvertrag*
ansteuern *v* [EDV] / selezionare *v*
Anstreichungen *pl* / linee segnalatori *pl* · (Unterstreichungen:) sottolineature
Anteil *m* / quota *f*
Anthologie *f* ⟨DIN31639/2; DIN 31631/4; RAK-UD⟩ / antologia *f*
Antichlor *n* [BestErh] / anticloro *m*
Antidotarium *n* / antidotario *m*
Antiphonar *n* / antifonario *m*
Antiqua *f* [Druck] / lettera antiqua *f* · (Antiqua-Drucktypen:) caratteri romani *pl*
Antiquar *m* / antiquario *m* · libraio antiquario *m*
Antiquaria *pl* / libri antiquari *pl*
Antiquariat *n* / antiquariato *m* ‖ *s.a. Buchantiquariat; modernes Antiquariat*
Antiquariats|abteilung *f* / reparto antiquario *m*
~buchhandel *m* / commercio librario di libri antiquari *m*
~buchhandlung *f* / libreria antiquaria *f* · venditore di libri usati e d'occasione *m*
~katalog *m* / catalogo di antiquariato *m* · catalogo antiquario *m*
~markt *m* / mercato antiquario *m*
antiquarisch *adj* / antiquario m *agg* (Buch aus zweiter Hand: libro di seconda mano)
antiquarisches Buch *n* / (Gelegenheitskauf:) esemplare d'occasione *m* · libro antiquario · esemplare di seconda mano *m*
Antivirusprogramm *n* [EDV] / programma antivirale *m*
Anti-Virus-Software *f* / software antivirus *m*
Antonomie *f* [Ind] / antonomia *f*
Antonym *n* [Ind] / antonimo *m*
Antrag *m* (Gesuch) / istanza *f* (einen ~ vorlegen: presentare un'istanza) · domanda *f* · richiesta *f* ‖ *s.a. Immatrikulationsantrag*
Antragsformular *n* / modulo di domanda *m*
Antragsteller *m* / richiedente *m*
Antwort|quote *f* [Retr] / percentuale di risposta *f*
~rate *f s. Antwortquote*
~schein *m* [Komm] *s. internationaler Antwortschein*
~zeit *f* [EDV] ⟨DIN 44300/7E; DIN 66233/1⟩ / tempo di risposta *m*
Anweisung *f* (Programmieren) ⟨DIN 44300/4E⟩ / istruzione *f* · comando *m* ‖ *s.a. bedingte Anweisung; Befehl; Grundanweisung; Prozeduranweisung*
anwenden *v* / applicare *v*
Anwender *m* (eines Systems, Programms usw.) / utente (di un sistema, programma ecc.) · utilizzatore *m*
~programm *n* [EDV] / programma applicativo *m*
~software *f* [EDV] / software applicativo *m*
Anwendung *f* / applicazione *f*
Anwendungs|bereich *m* / campo di applicazione *m* · ambito di applicazione *m*
~ebene *f* (OSI) [Komm] / livello di applicazione *m*
~kennung *f* [EDV] / codice di implementazione *m*
~programm *n* [EDV] *s. Anwenderprogramm*
~prozess *m* [EDV] / processo applicativo *m*
~schicht *f* (OSI) [Komm] / livello di applicazione *m*
Anwesenheitsliste *f* [OrgM] / lista di presenza *f* · elenco delle presenze *m*
Anzahlung *f* / acconto *m* · (eine ~ leisten: pagare un acconto:) *m* ‖ *s.a. Ratenzahlung; Teilzahlung*
Anzeige 1 *f* / (von Daten auf dem Bildschirm:) display *m* · visualizzazione *f* · (Meldung:) segnalazione *f* · (Ankündigung:) annuncio · (Inserat in einer Zeitung:) inserzione *f* ‖ *s.a. Flüssigkristallanzeige; optische Anzeige; Stellenanzeige*
Anzeige 2 *f* / (Werbung:) annuncio pubblicitario· (Inserat:) inserzione *f* ‖ *s.a. Stellenanzeige*
~dauer *f* (auf einem Bildschirm usw.) ⟨DIN 66233/1⟩ / durata di display *f*
~format *n* [EDV] / formato di display *m* · formato di visualizzazione *m*
~gerät *n* ⟨DIN 66233/1⟩ / dispositivo di segnalazione *m* ‖ *s.a. Anzeigetafel*
anzeigen [Bib] / segnalare *v* · (auf dem Bildschirm:) visualizzare
Anzeigen|blatt *n* / giornale di annunci *m*
~teil *m* (einer Zeitung) / pagine pubblicitarie *pl*
Anzeiger *m* / indicatore *m*

Anzeigetafel *f* (mit optischen und akustischen Signalen) / scheda di segnalazione *f* · annunciatore *m* ‖ *s.a. Anzeigegerät; Ziffernanzeige*
Anziehungskraft *f* / attrazione *f*
Apographon *n* / apografo *m*
apokryph *adj* [Bch] / apocrifo *agg*
Apokryphen *pl* / apocrifi *pl*
Apostroph *m* / apostrofo *m*
Apparat *m* / apparecchio *m*
Apparatur *f* / apparecchiatura *f*
Aquarell *n* / acquarello *m*
~**maler** *m* / acquarellista *m*
Aquatinta *f* / acquatinta *f*
Äqui|distanz *f* [Kart] / equidistanza *f*
~**noktium** *n* ⟨RAK-Karten⟩ / equinozio *m*
Äquivalenz *f* [Lin] / equivalenza *f*
~**bedingung** *f* [Retr] ⟨#⟩ / condizione di equivalenza *f*
~**benennung** *f* [Ind] / termine equivalente *m*
~**bezeichnung** *f* [Ind] *s. Äquivalenzbenennung*
~**beziehung** *f* [Ind] *s. Äquivalenzrelation*
~**klasse** *f* [Ind] / classe di equivalenza *f*
~**relation** *f* [Ind] ⟨DIN 1463/1; TGL RGW 174⟩ / relazione di equivalenza *f*
Arabeske *f* / arabesco *m*
arabische Zahl *f* / cifra arabica *f* · numero arabo *m*
~ **Zählung** *f* / numerazione arabica *f*
~ **Ziffer** *f* / numero arabo *m*
Arbeit *f* (zur Erlangung eines akademischen Grades)(z.B. Magisterarbeit; Diplomarbeit)) / tesi *f* ‖ *s.a. Diplomarbeit*
Arbeits|ablauf *m* [OrgM] / procedura *f* ‖ *s.a. Betriebsabläufe*
~**amt** *n* / (als Arbeitsvermittlungsstelle:) ufficio di collocamento *m*
~**analyse** *f* / analisi di lavoro *f*
~**bedingungen** *pl* [Pers] / (Einstellungsbedingungen:) condizioni di impiego *pl*
~**bedingungen** *pl* / (allgemein:) condizioni di lavoro *pl*
~**befreiung** *f* [Pers] / liberazione dal lavoro *f*
~**belastung** *f* / carico di lavoro *m* ‖ *s.a. Arbeitsüberlastung*
~**bereich** *m* / area di lavoro *f*
arbeitsbereit *adj* / pronto a operare *agg*
Arbeits|bericht *m* / rendiconto sul lavoro svolto *m*
~**bescheinigung** *f* [Pers] / attestato di lavoro *m*
~**beschreibung** *f* / descrizione del campo di occupazione *f*
~**besprechung** *f* / colloquio sul lavoro *m*
~**bewertung** *f* / valutazione del posto di lavoro *f*
~**blatt** *n* / (Formular:) modulo di lavoro *m*
~**datei** *f* [EDV] / archivio di lavoro *m*
~**erfahrung** *f* / esperienza di lavoro *f*
~**erlaubnis** *f* / permesso di lavoro *m*
~**ersparnis** *f* / risparmio di lavoro *m* ‖ *s.a. Arbeitskräfteeinsparung*
arbeitsfähig *adj* / abile al lavoro *agg* ‖ *s.a. arbeitsunfähig*
Arbeits|film *m* [Repr] ⟨ISO 6196-4⟩ / film di lavoro *m*
~**fläche** *f* [BauEinr] / piano di lavoro ‖ *s.a. reflexionsarme Oberfläche*
~**gang** (m) / fase di lavoro *f*
~**gemeinschaft** *f s. Arbeitsgruppe*
~**gericht** *n* / tribunale del lavoro *m*
~**gruppe** *f* / gruppo di lavoro *m*
~**hypothese** *f* / ipotesi di lavoro *f*
arbeitsintensiv *adj* / ad alta intensità di manodopera *f*
Arbeits|kabine *f* (Carrel) / studiolo *m* · cabina riservata *f* · nicchia di studio *f*
~**klima** *n* / ambiente di lavoro *m* · atmosfera del lavoro *f*
~**kollege** *m* / collega di lavoro *m*
~**konflikt** *m* / conflitto di lavoro *m*
~**kopie** *f* [Repr] / copia di lavoro *f*
~**kosten** *pl* / costi del lavoro *pl*
~**kräfte** *pl* / manodopera *f*
~**kräftebedarf** *m* / fabbisogno di manodopera *m* ‖ *s.a. Personalmangel*
~**kräfteeinsparung** *f* / risparmio di manodopera *m* ‖ *s.a. Arbeitsersparnis*
~**kräftemangel** *m* [M] / carenza di manodopera *f* ‖ *s.a. Personalmangel*
~**kreis** *m* [OrgM] *s. Arbeitsgruppe*
~**leistung** *f* / rendimento del lavoro *m* · prestazione di lavoro *f*
arbeitslos *adj* / disoccupato *agg* · senza lavoro (~ werden: perdere il lavoro)
arbeitslos *adj* / senza lavoro
Arbeits|losigkeit *f* / disoccupazione *f*
~**markt** *m* / mercato del lavoro *m*
~**methode** *f* / metodo di lavoro *m*
~**mittel** *n* / strumento di lavoro *m*
~**ordnung** *f* [OrgM] / regolamento del lavoro *m*
~**organisation** *f* / organizzazione del lavoro *f*
~**papier** *n* / documento di lavoro *m*

~**plan** *m* / (Zeitplan:) calendario di lavoro *m* · piano di lavoro · programma di lavoro *m*
~**planung** *f* / programmazione del lavoro *f*
~**platz** 1 *m* / (Arbeitsstelle allgemein:) posto di lavoro *m* · (Anstellung, Beschäftigung, Einsatz:) impiego *m* · (~ für Benutzer:) postazione di lavoro *f* · (als Örtlichkeit:) luogo di lavoro *m* ‖ *s.a. Einzelarbeitsplatz; Leseplatz*
~**platz** 2 *m* [EDV] · (work station:) stazione di lavoro *f* ‖ *s.a. Bildschirmarbeitsplatz*
~**platzanalyse** *f* [OrgM] / analisi del posto di lavoro *f*
~**platzbeschreibung** *f* [OrgM] *s. Stellenbeschreibung*
~**platzbewertung** *f* / valutazione del posto di lavoro *f*
~**platzcomputer** *m* [EDP] ⟨DIN 32748⟩ *s. Arbeitsplatzrechner*
~**platzrechner** *m* / calcolatore di work station *m* ‖ *s.a. autonomer Arbeitsplatzrechner*
~**platzrotation** *f* / rotazione delle cariche *f* · rotazione di lavoro *f*
~**platzteilung** *f* / divisione del lavoro *f*
~**praxis** *f* / prassi lavorativa *f*
~**produktivität** *f* / produttività di lavoro *f*
~**programm** *n* / programma di lavoro *m*
~**projektor** *m* (Overheadprojektor) [NBM] ⟨DIN 19040/11; DIN 19090/1⟩ / proiettore overhead *m*
~**prozess** *m* / processo lavorativo *m*
~**raum** *m* / stanza da lavoro *f*
~**rechner** *m* / elaboratore attivo *m*
~**recht** *n* / diritto del lavoro *m*
~**sicherheit** *f* / sicurezza del lavoro *f*
~**sitzung** *f* / riunione di lavoro *f*
~**speicher** *m* [EDV] / memoria operativa *f* · memoria di lavoro *m*
~**speichererweiterung** *f* [EDV] / espansione della memoria di lavoro *f*
~**sprache** *f* / lingua di lavoro *f*
~**studien** *pl* / studi di lavoro *pl*
~**stunde** *f* (Maßeinheit für die von einer Arbeitskraft in einer Stunde zu leistenden Arbeit; Mannstunde) / ora-uomo *f*
~**suchender** *m* / richiedente di lavoro
~**tagung** *f* / riunione di lavoro *f*
~**teilung** *f* / divisione del lavoro *f*
~**tisch** *m* / tavolo da lavoro *m* ‖ *s.a. Lesetisch; Werkbank*
~**transparent** *n* [NBM] ⟨ISBD(NBM); DIN 19040 /11; DIN 31631/2⟩ / trasparente *m* ‖ *s.a. Folgetransparent; Grundtransparent*
~**überlastung** (f) / sovraccarico di lavoro *m*
~**umfeld** *n* / ambiente di lavoro *m*
~**umgebung** *f s. Arbeitsumfeld*
arbeitsunfähig *adj* / inabile al lavoro *agg* ‖ *s.a. arbeitsfähig*
Arbeits|unfähigkeit *f* / inabilità di lavoro *f*
~**unterlagen** *pl* / documenti di lavoro *pl*
~**vereinfachung** *f* / simplificazione del lavoro *f*
~**vertrag** *m* [Pers] / contratto di lavoro *m* · (Anstellungsvertrag:) contratto d'impiego *m*
~**vorbereitung** *f* / preparazione del lavoro *f*
~**zeit** *f* / orario lavorativo *m* · orario di servizio *m*
~**zeitverkürzung** *f* [OrgM] / riduzione dell'orario lavorativo *f*
~**zeugnis** *n* / certificato di lavoro *m*
~**zimmer** *n* / stanza da lavoro *f* · studio *m*
Architektur|einband *m* [Bind] / legatura architettonica *f*
~**plan** *m* [Kart] ⟨ISBD(CM)⟩ / pianta architettonica *f*
Archiv *n* / archivio · (mit den laufenden Akten:) archivio corrente *m* ‖ *s.a. Bildarchiv; Familienarchiv; Filmarchiv; Fotoarchiv; Gemeindearchiv; Kirchenarchiv; Literaturarchiv; Nationalarchiv; Registratur; Schallarchiv; Staatsarchiv; Stadtarchiv*
Archivalien *pl* / (Archivgut:) beni archivistici *pl* · documenti *pl* ‖ *s.a. Archivmaterial*
Archivar *m* [Arch] / archivista *m*
Archiv|bau *m* [Arch] *s. Archivgebäude*
~**bestand** *m* / consistenza archivio *f* · fondo d'archivio *m* · fondo archivistico *m*
~**bibliothek** *f* / (Bibliothek mit Archivfunktion:) biblioteca archivio *f* · biblioteca di conservazione *f* · biblioteca di deposito *f*
~**datei** *m* [EDV] / file storico *m*
~**exemplar** *n* / esemplare di deposito *m*
~**fähigkeit** *f* / qualità per archivio *f*
~**film** *m* [Repr] ⟨DIN 19040/4+104E+113⟩ / film di deposito *m*
~**gebäude** *n* [Arch] / edificio archivistico *m*
~**gut** *n* [Arch] *s. Archivalien*
~**guterfassung** *f* / censimento archivistico *m*
archivieren *v* / archiviare *v*
Archivierung *f* / archiviazione *f*

Archiv|kunde *f* / archiveconomia *f* · archivistica *f*
~**material** *n* / materiale archivistico *m* ‖ *s.a. Archivalien*
~**qualität** *f* [Repr] *s. Archivfähigkeit*
~**verwaltung** *f* / gestione degli archivi *f*
~**wert** *m* / valore archivistico *m*
~**wissenschaft** *f* / archiveconomia *f* · archivistica *f*
Arealkarte *f* [Kart] / carta areale *f*
Armillarsphäre *f* [Kart] ⟨ISBD(CM)⟩ / sfera armillare *f*
Arrangement *n* (eines Musikwerkes) / arrangiamento *m*
Arrangeur *m* [Mus] / arrangiatore *m*
arretrato *agg* / rückwärtig *adj* (arretrati: ältere Hefte einer Zeitschrift usw.)
Artefakt *n* [NBM] / artefatto *m* · manufatto *m*
Artothek *f* / artoteca *f*
Arzneibuch *n s. Pharmakopöe*
Aspektzahl *f* [DK] *s. allgemeine Ergänzungszahl des Gesichtspunkts*
Assembler *m* [EDV] ⟨DIN 44300/4E⟩ / assemblatore *m*
~**sprache** *f* [EDV] / linguaggio assemblatore *m* · linguaggio assemblativo
assemblieren *v* [EDV] / assemblare *v*
Assemblierer *m* [EDP] *s. Assembler*
Assoziationsrelation *f* [Klass; Ind] ⟨DIN 1463/1E; TGL RGW 174⟩ / relazione associativa *f*
assoziative Beziehung *f* [Klass; Ind] *s. Assoziationsrelation*
~ **Relation** *f* [Klass; Ind] *s. Assoziationsrelation*
~ **Verweisung** [Kat] / rinvio associativo *m*
Assoziativspeicher *m* [EDV] ⟨DIN 44300/6E; DIN 44476/1⟩ / memoria associativa *f*
Assurélinien *pl* [Bind] *s. Verzierung mit Assurélinien*
Asteriskus *m* [Kat] / asterisco *m*
Asteronym *n* [Bch] / asteronimo *m*
asynchrone Übertragung *f* [Komm] ⟨DIN 44302⟩ / trasmissione asincrona *f*
Asynchronrechner *m* / elaboratore asincrono *m*
Atlas *m* ⟨DIN 31639/2; RAK-AD⟩ / atlante *m*
~**format** *n* / formato atlantico *m*
Attraktion *f* / attrazione *f*
ätzen *v* / incidere *v* (con mordenti)
ätzendes Mittel *n* / mordente *m*
Ätzgrund *m* (Radierung) / strato di vernice *m*
Ätzung *f* (einer Metallplatte) / morsura *f*
Audiokarte *f* [EDV] / scheda sonora *f* · scheda audio *f*
Audiokarte *f* / scheda audio *f*
audiovisuelle Materialien *pl* [NBM] ⟨A 2653⟩ / media audiovisivi *pl* · mezzi audiovisivi *pl* · audiovisivi *pl* · materiale audiovisivo *m*
audiovisuelles Dokument *n* / documento audiovisivo *m*
~ **Material** *n* / materiale audiovisivo *m*
~ **Zentrum** *n* [NBM] / centro audio/video *m* · centro audiovisivo *m*
Auditorium *n* / auditorio *m*
Aufbau|kosten *pl s. Anlaufkosten*
~**organisation** *f* [OrgM] / struttura organizzativa *f*
~**studiengang** *m* / corso di specializzazione post-laurea *m* ‖ *s.a. Zusatzstudium*
~**studiengang** *m* / corso post-laurea *m*
aufbewahren *v* / collocare *v*
Aufbewahrung *f* / collocazione *f*
Aufbewahrungs|frist *f* [Arch] / periodo minimo di conservazione *m*
~**ort** *m* / luogo di deposito *m*
~**stelle** *f s. Aufbewahrungsort*
aufbinden *v* [Bind] / rilegare *v*
Aufenthaltserlaubnis *f* / permesso di soggiorno *m*
auffächern *v* [Pp] / disporre a ventaglio *v*
aufführen *v* (angeben) [Kat] / registrare *v*
Aufgaben|analyse *f* / analisi dei compiti *f*
~**bereich** *m* [OrgM] / area di responsabilità *f* ‖ *s.a. Geschäftsverteilungsplan*
~**beschreibung** *f* / descrizione delle mansioni *f* · descrizione dei compiti *f*
aufgabenbezogener Thesaurus *m* / thesaurus orientato a mansioni
Aufgaben|planung *f* [EDV] / schedulazione dei compiti *f*
~**steuerung** *f* [EDV] / smistamento dei compiti *m*
~**teilung** *f* / partizione dei compiti *f*
~**verteilung** *f* (Verteilung der Zuständigkeiten) [OrgM] / assegnazione delle mansioni *f* ‖ *s.a. Geschäftsverteilungsplan*
~**verwaltung** *f* [EDV] / gestione dei compiti *f*
~**zuweisung** *f* / assegnazione delle mansioni *f*
aufgegangen *part perf* (in) / assorbito *part pt* (da)

Aufgeld *n* (bei einer Auktion) / diritto d'asta *m*

aufgerissen *part perf* [Bind] / strappato *part pt*

aufgeschnitten *part perf* [Bind] / a fogli aperti

aufgeteilt in *part perf* (bei einer Zeitschrift usw.) / scisso in *part pt*

aufkleben *v* [Bind] / applicare *v*

Aufkleber *m* / autoadesivo *m* ‖ *s.a. Etikett*

Auflage *f* / (wiederholte Veröffentlichung eines Werkes:) edizione *f* · (Zahl der gedruckten Exemplare:) tiratura *f* ‖ *s.a. begrenzte Auflage; beschränkte Auflage; umgearbeitete Auflage; verbesserte Auflage; verkaufte Auflage*

Auflagenhöhe *f* (einer Zeitschrift oder Zeitung) / tiratura *f*

Auflicht *n* [Repr] / illuminazione dall'alto *f*

auflisten *v* / elencare

Auflösung 1 *f* (einer Abkürzung) / scioglimento (di un'abbreviazione)

Auflösung 2 *f* (Bildzerlegung) ⟨DIN 66233/1⟩ / risoluzione *f* ‖ *s.a. hochauflösender Bildschirm; niedrig auflösende Grafik*

Auflösungsvermögen *n* [Inform; Repr] ⟨DIN 19040/104E⟩ / potere risolvente *m* ‖ *s.a. Detailwiedergabe*

Aufmachung *f s. Ausstattung*

Aufnahme *f* / (Fotografie:) ripresa *f*

Aufnahme *f* / (Vorgang der Titelaufnahme:) schedatura *f* · registrazione *f* · (Ergebnis:) scheda *f* ‖ *s.a. CIP-Aufnahme; Titelaufnahme*

~**antrag** *m* / domanda d'ammissione *f*

~**bogen** *m* [Kat] / modulo di schedatura *f*

~**gerät** *n* (.) [Repr] / (für eine Filmaufnahme usw.:) macchina da presa *f* · (zum Aufzeichnen einer Sendung usw.:) impianto di registrazione *m*

~**prüfung** *f* / esame d'ammissione *m*

~**spule** *f* [NBM] / avvolgitore *m* ‖ *s.a. Aufwickelspule*

aufnehmen *v* (ein Buch für den Katalog aufnehmen) / schedare *v*

Aufpreis *m* / sovrapprezzo *m* ‖ *s.a. Aufschlag*

aufrastern *v s. rastern*

Aufriss *m* [BauEinr] / spaccato *m*

Aufrufbetrieb *m* [Komm] ⟨DIN 44302⟩ / modo di interrogazione *m*

aufrufen *v* (ein Progamm ~) [EDV] / richiamare *v*

Aufrüstsatz *m* [EDV] / kit di espansione *m*

Aufsatz *m* / (Essay:) saggio *m* · articolo *m*

~**katalog** *m* / catalogo di spogli dei periodici *m*

aufschaben *v* [Bind] / sfilacciare *v*

Aufschlag *m* (erhöhtes Entgelt) / rincaro *m* ‖ *s.a. Aufpreis*

aufschneiden *v* [Bind] / tagliare *v* · aprire i fogli *v* ‖ *s.a. beschneiden; nicht aufgeschnitten; unaufgeschnitten*

Aufschrift *f* / scritta *f*

Aufsicht *f* / sorveglianza *f* ‖ *s.a. beaufsichtigen; Dienstaufsicht; Fachaufsicht; Lesesaalaufsicht; Rechtsaufsicht*

Aufsichts|behörde *f* / giunta di vigilanza *f*

~**personal** *n* [OrgM] / personale adetto alla sorveglianza *m*

~**platz** *m* / posto di controllo *m* · posto di sorveglianza *m*

Aufspaltung *f* (in einem Programmablaufplan) [EDV] ⟨DIN 44300/4E⟩ / deviazione *f*

aufsteigende Reihenfolge *f* [EDV] / ordine ascendente *m*

aufstellen *v* (Bücher usw. in Regalen ~) / collocare *v*

Aufstellung 1 *f* (des Buchbestands) / collocazione *f* (~ mit Formattrennung: collocazione parallela; collocazione bibliometrica; ~ per formato) ‖ *s.a. Numerus-currens-Aufstellung; systematische Aufstellung*

Aufstellung 2 *f* / (eines Gerätes:) sistemazione *f* · (eines Buches:) collocamento *m*

Aufstellungs|ort *m* (eines Buches usw.) / collocazione *f*

~**systematik** *f* / classificazione a scaffale *f*

Auftrag *m* / commmissione *f* (einen ~ erteilen:) affidare una commissione· (Bestellung:) ordine *m* · (EDV:job:) lavoro *m*

Auftrag / (Aufgabe:) compito *m* · (Obliegenheit:) incarico *m*

Auftrag *m* / (zu erbringende Leistung:) appalto *m* (in ~ geben: dare in appalto) ‖ *s.a. Ausschreibung*

Auftrager *m* [Bind] / pennello per dorare *m*

Auftrag|geber *m* / committente *m*

~**nehmer** *m* [Erw] / commissionario *m*

Auftrags|abrechnung *f* [EDV] / contabilizzazione del lavoro *f*

~**bestätigung** / conferma dell'ordine *f*

~**erteilung** *f* [Erw] / ordinazione

~**ferneingabe** *f* [EDV] / ingresso remoto del lavoro *m*
~**verwaltung** *f* [EDV] / gestione dei lavori *f*
~**werk** *n* [Kunst] / opera commissionata *f* · opera su commissione *f*
Aufwand / dispendio *m* · (in Geldwert berechnet:) dispendio di denaro *m* ‖ *s.a. Zeitaufwand*
Aufwandsentschädigung *f* / indennità per spese *f* · indennità di rappresentanza *f*
aufwärtskompatibel *adj* [EDV] / compatibile verso l'alto *agg*
Aufwärtskompatibilität *f* [EDV] / compatibilità verso l'alto *f*
Aufwickelspule *f* [NBM] / bobina di ricupero *f*
aufzeichnen *v* [NBM] / registrare *v*
Aufzeichnung *f* [EDV; NBM] / registrazione *f*
Aufzeichnung [NBM] / registrazione *f*
aufziehen *v* [Bind] / montare *v* ‖ *s.a. Heißbügelverfahren*
Aufziehkarton *m* [Bind] / cartone per montaggio *m*
Aufzug *m* / (für Personen:) ascensore *m* ‖ *s.a. Bücheraufzug; Lastenaufzug*
Auktion *f* / asta *f* · asta *f* ‖ *s.a. Versteigerung*
Auktionator *m* / banditore dell'asta *m* · ufficiale aste pubbliche *m*
Auktions|haus *n* / casa d'asta *f*
~**kalender** *m* / calendario delle aste *m*
~**katalog** *m* / catalogo d'asta *m*
~**verkauf** *m* / vendita all'asta *f*
ausarbeiten *v* / elaborare *v*
ausbaufähig *adj* / espandibile *agg* · (erweiterungsfähig:) ampliabile *agg*
Ausbaufähigkeit *f* / espandibilità *f*
ausbessern *v* [Rest] / rappezzare *v* · accomodare *v* · rammendare *v*
Ausbildung *f* / istruzione *f* · formazione *f* · addestramento *m* ‖ *s.a. Berufsausbildung*
~ **am Arbeitsplatz** *f* / addestramento sul posto di lavoro *m* ‖ *s.a. interne Ausbildung*
Ausbildungs|abschluß *m* / grado d'istruzione
~**beihilfe** *f* / sussidio per la formazione professionale *m* ‖ *s.a. Stipendium*
~**bibliothek** *f* / biblioteca di addestramento *f*
~**dauer** *f* / periodo di addestramento *m*
~**förderung** *f* / sovvenzione della formazione professionale *f*
~**gang** *m* / corso d'addestramento *m* · corso di formazione *m*
~**lehrgang** *f* / corso di formazione *m* · corso d'istruzione *m*
~**leiter** *m* / capo addestramento *m*
~**stufe** *f* / livello educativo *m*
~**zeit** *f s. Ausbildungsdauer*
ausbleichen *v* [Rest] / scolorirsi *v*
ausblenden *v* (bei der Reproduktion aussparen) / nascondere *v*
aus dem Einband (Vermerk in einem Antiquariatskatalog) [Bind] / slegato *part pt* · legatura rotta *f*
Ausdruck *m* / (aus einem Drucker:) stampato *m* · (mit einem Endlosformular:) tabulato *m* · (Terminus:) termine *m* · espressione *f*
ausdrucken *v* / stampare *v*
auseinandernehmen *v* (einen Band ~) [Bind] / slegare *v* · sfasciare *v* · smontare *v*
Ausfall *m* / guasto *agg/m* (Maschinenausfall:guasto alla macchina) ‖ *s.a. Stillstand; Störung*
ausfallsicher *adj* / a sicurezza intrinseca
Ausfallzeit *f* [EDV] / periodo morto *m* · periodo d'inattività *m* ‖ *s.a. Abschaltzeit*
Ausfertigung *f* [Büro] / copia *f* (in doppelter ~:in duplice copia)
ausflicken *v s. ausbessern*
Ausführender *m* [Mus] / esecutore *m*
ausfüllen *v* / compilare *v* · riempire *v* (ein Formular ~: riempire/compilare un modulo/questionario)
Ausgabe 1 *f* (z.B. die Neuausgabe eines Buches; Taschenbuchausgabe; gekürzte Ausgabe; Morgenausgabe einer Zeitung) [Bch] ⟨ISBD(A)⟩ / edizione *f* ‖ *s.a. Erstausgabe; Auflage: Bücherausgabe; durchgesehene Ausgabe; verbesserte Ausgabe*
Ausgabe 2 *f* (einzelne Nummer einer Zeitung) / edizione *f* · numero *m* ‖ *s.a. Morgenausgabe*
Ausgabe 3 *f* [EDV] / uscita *f*
Ausgabe 4 *f* / (Geldausgabe:) spesa *f*
Ausgabe|befehl *m* [EDV] / istruzione di uscita
~**bezeichnung** *f* [Kat] ⟨TGL 20972/04; ISBD(M; A; S); RAK⟩ / indicazione di edizione *f*
~**code** *m* [EDV] / codice di uscita *m*
~**datei** *f* [EDV] / archivio di uscita *m*
~**daten** *pl* / dati di uscita *pl* · dati di output *pl* · dati in uscita *pl*

~**datum** (eines ausgeliehenen Buches) / data del prestito *f*
~**datum** *n* (eines Patents usw.) / data di rilascio *f*
~**einheit** *f* [EDV] ⟨DIN 44300/5E⟩ / unità di uscita *f* · unità di output *f* ‖ *s.a. Ein-/Ausgabeeinheit*
~**format** *n* [EDV] / formato di uscita *m*
~**gerät** *n* [EDV] ⟨DIN 44300/5E⟩ / dispositivo di uscita *m* · periferica di output *f* ‖ *s.a. Ausgabegerät*
~**geschwindigkeit** *f* [EDV] / ritmo di emissione *m* · velocità di uscita *f*
~**kanal** *m* [EDV] / canale di uscita *m* · porta *f*
~ **letzter Hand** *f* / edizione definitiva *f* (preparata dall'autore)
~**modus** *m* [EDV] / modo di uscita *m*
Ausgaben *pl* (Geldausgaben) / spese *pl* (~ zu Lasten des Benutzers: spese a carico dell'utente)
~**beleg** *m* / documento giustificativo della spesa *m*
~**ersatz** *m* [HhRech] / recupero spese *m*
~**nachweis** *m* [HhRech] / registro delle spese *m*
~**planung** *f* [HhRech] / programmazione delle spese *f*
~**titel** *m* [HhRech] / voce di spesa *f*
~**überwachung** *f* [HhRech] / controllo delle spese *m*
Ausgabenvermerk *m* [Kat] *s. Ausgabebezeichnung*
Ausgabe|programm *n* [EDV] / programma di uscita *m*
~**warteschlange** *f* [EDV] / coda di uscita *f*
~**zeit** *f* [EDV] / tempo di uscita *m*
Ausgang *m* / porta *f* · uscita *f*
Ausgangs|adresse *f* [EDV] / indirizzo di uscita *m*
~**code** *m* [EDV] / codice di uscita *m*
~**kanal** *m* [Komm] ⟨DIN 66200/1⟩ / canale di uscita *m*
~**kontrolle** *f* [OrgM] / controllo uscita *m*
~**schnittstelle** *f* [EDV] / interfaccia di uscita *f*
~**sprache** *f* (einer Übersetzung) / lingua di partenza *f*
~**zeile** *f* [Druck] ⟨DIN 16514⟩ / riga incompleta alla fine di un capoverso *f*
ausgeben *v* / (übergeben; aushändigen:) consegnare *v*
ausgeben *v* [EDV] / (Daten, Informationen:) emettere *v* · riversare *f* ‖ *s.a. Bücherausgabe; Datenausgabe*
ausgebleicht *part perf* [Rest] / scolorito *part pt*
ausgebrochen *part perf* [Bind] / rotto *part pt*
ausgedehnt *part perf* / esteso *part pt*
ausgefranst *part perf* [Bch] / sfrangiato *part pt*
ausgehende Bestellungen *pl* [Ben] / richieste in partenza *pl*
ausgehender Schriftverkehr *m* / corrispondenza in partenza *f*
ausgeliehen sein *v* / essere in prestito *v*
ausgesonderter Band *m* / scarto *m*
ausgestattet *part perf* (mit) / corredato *part pt* (di)
Ausgleichs|falz *m* [Bind] / brachetta di compensazione *f*
~**freizeit** *f* (zum Ausgleich von Überstunden) / tempo libero in compensazione a lavoro straordinario *m*
aushändigen *v* / consegnare *v*
Aushang *m* (Bekanntmachung) / affisso *m* · cartello *m* · (in Plakatform:) cartellone *m* ‖ *s.a. Anschlagbrett*
ausheben *v* (Bücher ~; heraussuchen) / recuperare *v* · ricuperare *v*
Aushilfspersonal *n* / personale saltuario *m*
auskitten *v* [BestErh; Rest] / cementare *v*
Ausklapptafel *f* [Bch] / tavola ribaltabile *f*
Auskunfts|abteilung *f* / reparto consulenti *m* · sezione di consultazione *f* · settore reference *m* · ufficio consulenza *m*
~**bestand** *m* / raccolta di libri di consultazione *f*
~**bibliothekar** *m* / bibliotecario di reference *m*
~**dienst** *m* / servizio di reference *m* · servizio di consulenza *m*
~**interview** *n* / dialogo di consulenza *m*
~**personal** *n* / personale di consulenza *m*
~**platz** *m* / banco informazioni
Auslage *f* (von Zeitschriften usw.) / esposizione *f* ‖ *s.a. Neuerwerbungsauslage*
Auslagefachboden *m* [BestAufstReg] / (Schrägboden:) palchetto inclinato *m*
auslagern *v* [Best] / (verlagern:) spostare *v*
Auslagerung *f* (von Beständen) / spostamento *m* (di fondi) ‖ *s.a. Ausweichmagazin*
Ausländerbehörde *f* / ufficio stranieri *m*
Auslandsporto *n* / affrancatura per l'estero *f*
Auslandsstudium *n* / studio all'estero *m*
Auslassungspunkte *pl* [Kat] / puntini di omissione *pl*

Auslastungsgrad *m* / grado di utilizzazione *m*
auslegen *v* (Zeitschriftenhefte usw. ~) / esporre
Ausleih... ‖ *s.a. Leih...*
ausleihbar *adj* / disponibile per prestiti *agg* ‖ *s.a. nicht ausleihbar*
Ausleih|bedingungen *pl s. Ausleihbestimmungen*
~**berechtigung** *f* / diritto del prestito *m*
~**beschränkung** *f* / restrizione del prestito *f*
~**bestand** *m* / raccolta dei libri per il prestito *f*
~**bestimmungen** *pl* / regole di prestito *pl* · regolamento del prestito *m*
~**bibliothek** *f* / biblioteca di prestito *f*
~**datei** *f* / archivio dei prestiti in corso *m* ‖ *s.a. Leihregister*
~**datum** *n* / data della consegna *f* · data del prestito *f*
Ausleihe 1 *f* / prestito *m* (ausleihen; verleihen: dare in prestito; entleihen: prendere in prestito) ‖ *s.a. Entleihung; Fernleihe; Kurzausleihe; Ortsleihe*
Ausleihe 2 *f* (Ort der Ausleihe) [OrgM] *s. Leihstelle*
~ **außer Haus** *f* / prestito in città *m*
ausleihen 1 *v* (an einen Benutzer ~ verleihen) / prestare *v* · dare in prestito *v* ‖ *s.a. ausgeliehen sein*
ausleihen 2 *v* (als Benutzer ein Buch ~; entleihen) / prendere in prestito *v*
Ausleihe nach Hause *f* / prestito a domicilio *m* · prestito a casa *f*
~ **über Nacht** *f* / prestito per una notte *m*
Ausleih|frist *f s. Leihfrist*
~**kartei** *f* / schedario dei prestiti *m* ‖ *s.a. Ausleihdatei*
~**ordnung** *f* / regolamento del prestito *m*
~**quittung** *f s. Leihschein*
~**raum** *m* / sala di distribuzione *f* ‖ *s.a. Ausleihschalter; Ausleihtheke*
~**registrierung** *f* [RS] *s. Ausleihverbuchung*
~**schalter** *m* / sportello di consegna *m*
~**statistik** *f* / statistica del prestito *f*
~**system** *n* / sistema di prestito *m* · sistema di circolazione *m*
~**theke** *f* / banco prestiti *m* · banco della distribuzione *m*, ‖ *s.a. Schalterausleihe*
~**tisch** *m* / banco della distribuzione *m*
~**tresen** *m s. Ausleihtheke*
~**verbuchung** *f* / registrazione del prestito *f* ‖ *s.a. automatisiertes Ausleih(verbuchungs)system; Buchkartenverbuchung*
~**verbuchungssystem** *n* / sistema di prestito *m* · sistema di registrazione dei prestiti *m* ‖ *s.a. maschinelles Ausleihverbuchungssystem*
~**verfahren** *n s. Ausleihvorgang*
~**verwaltung** *f* / gestione della circolazione dei libri *f* · gestione del prestito *f*
~**vorgang** *m* / procedura del prestito *f*
~**zeiten** *pl* / ore del prestito *pl*
Auslieferer *m* / distributore *m*
Auslieferung *f s. Lieferung 1*
Auslieferungslager *n* (eines Verlages usw.) / deposito di consegna *m*
ausmalen *v* / miniare *v*
Ausmaße *pl* (der Vorlage als Teil der bibliographischen Beschreibung) [Kat] / dimensioni *pl*
ausradiert *part perf* / raschiato *part pt*
Ausrufezeichen *n* / punto esclamativo *m*
Ausrüstung *f* / attrezzamento *m* · equipaggiamento *m* · (Ausstattung:) allestimento *m*
ausschalten *v* (ein Gerät ~) / spegnere *v*
ausschärfen *v s. schärfen*
ausschießen *v* (Anordnen der Seiten einer Druckform) ⟨DIN 16500/2⟩ / imporre *v* · impostare *v* (das Ausschießen: impostazione)
Ausschießprogramm *n* [ElPubl] / programma di impostazione *m*
ausschließen 1 *v* / (Druck:) giustificare *v* · spaziare *v* ‖ *s.a. Blocksatz; linksbündig; rechtsbündig*
ausschließen 2 *v* (einen Leser von der Benutzung ~) / escludere *v* (dai servizi)
Ausschluß *m* [Druck] / spaziatura *f*
Ausschluß (von der Benutzung) / esclusione *f* (dai servizi pubblici) ‖ *s.a. Sperrung der Ausleihberechtigung*
Ausschnitt *m* (aus einer Zeitung oder Zeitschrift) / ritaglio *m* ‖ *s.a. Zeitungsausschnitt*
Ausschnitt 3 *m* (aus einer Karte) *s. Kartenausschnitt*
ausschreiben *v* / (ungekürzt schreiben:) scrivere per esteso *v* · (einen Wettbewerb ~:) bandire un concorso
Ausschreibung *f* / bando di gara *m* · bando di un concorso *m* · (in Bezug auf eine Auftragsvergabe:) gara d'appalto *f*
Ausschreibungsunterlagen *pl* / documenti per una gara d'appalto *pl*

Ausschuss *m* / (Kommission:) commissione *f* · (Komittee:) comitato ‖ *s.a. beratender Bibliotheksausschuss; Hauptausschuss; Lenkungsausschuss; Organisationsausschuss*
Außen|depot *m* / deposito supplementare *m* · deposito ausiliare *m* ‖ *s.a. Ausweichmagazin*
~magazin *n* / magazzino periferico *m* · deposito ausiliare *m* ‖ *s.a. Außendepot*
~rand *m* [Bch] / margine esterno *m*
~steg *m* [Bch] / margine esterno *m* · margine di taglio *m*
Außentitel *m* ⟨DIN 31631/2⟩ / titolo *m* (sul piatto anteriore)
außerhalb des Buchhandels / fuori commercio ‖ *s.a. unverkäufliche Ausgabe; Veröffentlichung außerhalb des Buchhandels*
~ **des Textes** / fuori testo
außerordentlicher Haushalt *m* / bilancio straordinario *m*
~ **Professor** *m* / professore straordinario *m*
Äußerung *f* / espressione *f*
aussondern / eliminare *v* · scaricare *v* · scartare *v* · sottrarre *v* · alienare *v* ‖ *s.a. ausgesonderter Band*
Aussonderung *f* / eliminazione *f* · scarto *m* ‖ *s.a. ausgesonderter Band*
Aussonderungsbeleg *m* / documento di scarto *m*
Aussonderungs|nachweis *m* / elenco di scarto *m*
Ausstattung *f* / (Ausrüstung:) equipaggiamento *m* · (Theater:) allestimento *m* · (Aufmachung eines Buches:) veste *f* · (Mittelausstattung:) dotazione
aussteigen *v* (aus einem Programm ~) [EDV] *s. abbrechen 1*
ausstellen *v* (Bücher ~) / esporre
Aussteller *m* (auf einer Ausstellung) / espositore *m*
Ausstellung *f* / mostra *f* · esposizione *f*
Ausstellungs|fläche *f* / superficie dell'esposizione *f* · superficie espositiva *f*
~katalog *m* [Bch] ⟨DIN 31631/4⟩ / catalogo di mostra *m*
~raum *m* / sala d'esposizione *f* · sala mostre *f*
~regal *n* / rastrelliera *f*
~stand *m* / stand *m*
~stück *n* (Exponat) / pezzo d'esposizione *m* · oggetto d'esposizione *m*
Austausch *m* [Erw] *s. Tausch*
~einheit *f* [Bib; Kat; EDV] ⟨DIN 2341/1⟩ *s. bibliographische Austauscheinheit*
~format *n* [Bib; Kat; EDV] ⟨DIN 1506⟩ / formato di scambio *m*
~seite *f* [Druck] / pagina di scambio *f*
austesten *v* (ein Programm ~) [EDV] / provare *v* ‖ *s.a. Programmaustestung*
austrocknen (v) [Rest] / inaridire *v*
ausübender Künstler *m* / esecutore *m* · (Interpret:) interprete *m*
Auswahl|basis *f* (bei einer Datenerhebung) *s. Stichprobenbasis*
~bibliographie *f* / bibliografia selettiva *f*
auswählen *v* / scegliere *v*
auswählendes Referat *n* [Bib; Ind] / riassunto selettivo *m* · abstract selettivo *m*
Auswahl|frage *f* (multiple-choice question) / quesito a scelte multiple *m*
~katalogisierung *f* / catalogazione selettiva *f*
~kommission *f* / commissione di selezione *f*
~kriterium *n* [Erw] / criterio di scelta *m*
~verzeichnis *n* [Bib] / repertorio selettivo *m*
auswärtiger Benutzer *m* / utente esterno *m*
~ **Leihverkehr** *m s. Fernleihe*
Ausweichmagazin / magazzino sussidiario *m* · (Außenmagazin:) magazzino periferico *m* · deposito ausiliare *m* ‖ *s.a. Auslagerung; Außendepot; Speichermagazin*
Ausweis (eines Benutzers usw.) / tessera *f* ‖ *s.a. Benutzerkarte; Personalausweis; Studentenausweis*
Ausweiskartenleser *m* [EDV;] / lettore di schede *m*
auswerten *v* (den Zeitschrifteninhalt ~) [Ind] / spogliare *v* · fare lo spoglio *v* (di periodici; Verzeichnis der ausgewerteten Zeitschriften: elenco dei periodici spogliati)
Auswerter *m* [Pers] / indicizzatore *m*
Auswertung *f* (Indexierung von Dokumenten) [Ind] ⟨DIN 31631/1⟩ / indicizzazione *f* ‖ *s.a. Zeitschriftenauswertung*
auszählen *v* / fare il conto *v* ‖ *s.a. Zählstrich*
auszeichnen [Druck] / contrassegnare *v* · mettere in evidenza *v* · evidenziare *v*
Auszeichnung [Druck] / (a:) contrassegno *m*
Auszeichnungs|code *m* [ElPubl] / codice del contrassegno *m*
~sprache *f* [ElPubl] / linguaggio di mark up *m*

Auszieh|fachboden *m s. Ausziehplatte*
~**platte** *f* (an einem Katalogschrank oder einem Regal) / allungatura *f* ‖ *s.a. Anlesebrett*
~**schieber** *m s. Ausziehplatte*
Auszubildender *m* / (Lehrling:) apprendista *m/f*
Auszug *m* [Bch] / estratto *m* · epitome *f*
~**aus einer Partitur** *m* / spartito *m* ‖ *s.a. Klavierauszug*
Auto|atlas *m* / atlante stradale *m*
~**bibliographie** *f* / autobibliografia *f*
~**biographie** *f* [Bch] ⟨DIN 31631/4⟩ / autobiografia *f*
~**bücherei** *f s. Fahrbibliothek*
~**didakt** *m* / autodidatta *m/f*
~**gramm** *n* / firma autografa *f*
~**graph** *n* [Schr] ⟨DIN 31631/4⟩ / olografo *m* · autografo *m* ‖ *s.a. Handschrift 2*
Autographen|kunde *f* / autografia *f*
~**sammlung** *f* / autografoteca *f*
automatische Datenverarbeitung *f* / elaborazione automatica dei dati *f*
~ **Indexierung** *f* / indicizzazione automatica *f*
automatisches Kurzreferat *n* [Ind] / abstract automatizzato *m*
automatische Steuerung *f* / controllo automatico *m*
automatisieren *v* / automatizzare *v* · (mit Computereinsatz:) computerizzare *v*
automatisierte Datenverarbeitung *f s. automatische Datenverarbeitung*
~ **Katalogisierung** *f* / catalogazione automatica *f*
automatisiertes Ausleih(verbuchungs)-system *n* / sistema automatizzato della registrazione del prestito *m*
Automatisierung *f* / computerizzazione *f* · automazione *f*
autonomer Arbeitsplatzrechner *m* [EDP] / calcolatore indipendente di work station
Autopsie *f* / autopsia *f*
Autor *m* / autore *m* ‖ *s.a. institutionelle Zugehörigkeit eines Autors; Verfasser*
Autoren|einband *m* [Bind] / legatura dell'autore *f*
~**exemplar** *n* / esemplare dovuto all'autore *m*
~**honorar** *n* / diritti d'autore *pl*
~**system** *n* [EDV] / software autore *m*
Autorin *f* / autrice *f*
autorisierte Ausgabe *f* / edizione autorizzata *f* ‖ *s.a. nichtautorisierte Ausgabe*
Autor|korrektur *f* [Druck] / correzione d'autore *f*
~**referat** *n* [Ind; Bib] / sommario d'autore *m*
Autotypie *f* / autotipia *f*
AV-Dokument *n* [NBM] / documento audiovisivo *m*
AV-Materialien *pl* [NBM] / audiovisivi *pl*
AV-Medien *pl* [NBM] *s. AV-Materialien*
AV-Medienzentrum *n* [OrgM] *s. audiovisuelles Zentrum*
Azimut *m/n* [Kart] / azimut *m*

B

BA *Abk* [Bib; Kat; EDV] *s. bibliographische Austauscheinheit*
Bäderliteratur *f* / letteratura balneare *f* (Bücher über das Badewesen: balnearia)
Balkencode *m* [EDV] *s. Strichcode*
~**-Etikett** *n* [EDV] *s. Strichcode-Etikett*
~**-Leser** *m* [EDV] *s. Strichcode-Leser*
Balken|diagramm *n* / diagramma a barre *m*
~**überschrift** *f* / titolone *m*
Ballast *m* [Retr] / rumore *m*
Ballen *m* (Einschwärzballen) [Druck] / tampone *m*
Band 1 *m* (bibliographische oder buchbinderische Einheit; Band einer Zeitschrift) / volume *m* (zweibändig:) in due volumi· (Unterteilung eines Werkes; Teil:) tomo *m* ‖ *s.a. Magnetband; Tonband*
~ 2 *m* [Bch] / (physische Einheit:) volume *m*
~ 3 *n* (Kurzform für Tonband, Magnetband usw.) [NBM; EDV] / nastro *m*
~ 4 *n* [Bind] *s. Heftband*
~**abschnittsmarke** *f* [EDV] *s. Bandmarke*
~**anfang** *m* [EDV] / inizio nastro *m*
~**anfangsmarke** *f* [EDV] / marca di inizio nastro *f*
~**angabe** *f* [Kat] *s. Bandaufführung*
~**aufführung** *f* [Kat] *n* ⟨TGL 20972/04; RAK⟩ / indicazione dei volumi
Bändchen *n* / volumetto *m*
Band|diagramm *n* / diagramma a nastro *m*
~**ende** *f* [EDV] / fine nastro *f*
~**endemarke** *f* [EDV] / marca di fine nastro *f*
~**geschwindigkeit** *f* [EDV] ⟨DIN 66010⟩ / velocità del nastro *f*
~**heftung** *f* [Bind] / cucitura a nastro *f*
~**katalog** *m* / catalogo a volume *m*
~**laufwerk** *n* [EDV] / unità a nastro *f* · unità nastro *f*
~**marke** *f* [EDV] / marca di nastro *f*
~**werk** *n* [Bind] / interlazzi *pl* · intreccio *m*
~**zahl** *f* [Kat] / numero volume *m*
~**zählung** *f* [Kat] ⟨DIN 31631/2⟩ / numerazione dei tomi *f* · numerazione dei volumi *f*
Bar|kauf *m* / acquisto a contanti *m*
~**preis** *m* / prezzo per contanti *m*
~**sortiment** *n* [Bch] / libreria all'ingrosso *f*
~**verkauf** *m* / vendita a contanti *f*
Barytpapier *n* ⟨DIN 6730 A1E⟩ / carta baritata
Barzahlung *f* / pagamento in contanti *m*
Barzahlungsrabatt *m* / sconto per pagamento in contanti
Basane *f* [Bind] / bazzana *f*
Basis|adresse *f* [EDV] / indirizzo base *m*
~**definition** *f* / definizione base *f*
Bastarda *f* / scrittura bastarda *f*
Bastardleder *n* [Bind] / pelle incrociata *f* · pelle bastarda *f*
BAT *Abk* [Pers] *s. Bundesangestelltentarif-vertrag*

Batch-Betrieb *m* [EDV] / elaborazione a lotti *f* · elaborazione batch *f*
~**-Seitenumbruch** *m* [ElPubl] / impaginazione a lotti *f*
~**-Verarbeitung** *f* / elaborazione a lotti *f*
bathymetrische Karte *f* / carta batimetrica *f*
Bau *m* (Gebäude) [BdEq] / edificio *m*
~**abschnitt** *m* / fase di costruzione *f*
Bauchbinde *f* (als Werbeträger um ein Buch gelegt) / manchette *f* · fascetta pubblicitaria *f* · fascetta editoriale *f*
Bau|einheit *f* [EDV] ⟨DIN 44300/1E⟩ / unità fisica *f*
~**genehmigung** *f* / licenza edilizia *f* · permesso di costruzione *m*
~**grundstück** *n* / lotto edificabile *m*
~**gruppe** *f* [BauEinr] / complesso‖ *s.a. Bausatz*
~**kastenprinzip** *n* / principio modulare *m* · (System:) sistema modulare *m*
~**kosten** (pl) / spese di costruzione *pl*
Baum|marmor *m* [Bind] *s. Einband in Baummarmor*
~**struktur** *f* / struttura ad albero *f*
Bau|plan *m* / disegno di costruzione *m*
~**planung** *f* / progettazione di un edificio *f*
~**rechtsvorschriften** *pl* / regolamento edilizio *m*
~**satz** *m* / gruppo di montaggio *m* ‖ *s.a. Aufrüstsatz; Baugruppe*
~**stein** *m* (wichtiger Bestandteil) / (Beitrag:) contributo · (Grundbestandteil:) elemento ‖ *s.a. Modul; Programmbaustein; Textbaustein*
~**teil** *n* / componente *m*
~**vorschrift** *f* / norma edilizia *f*
~**vorschriften** *pl* / norme edilizie *pl* · regolamento edilizio *m*
bearbeiten *v* / trattare *v* · (umarbeiten:) rifare
Bearbeiter 1 *m* / (einer, der ein Werk umarbeitet:) autore di un rifacimento *m*
Bearbeiter 2 / (für einen anderen Zweck:) adattore *m* ‖ *s.a. Arrangeur*
Bearbeiter 3 *m* / (einer Bibliographie u.ä.:) compilatore *m*
Bearbeitung 1 *f* [Bch] / (Neufassung eines Werkes:) rifacimento *m* · (Anpassung an eine andere Zweckbestimmung:) adattamento *m* · (Umarbeitung:) rielaborazione *f* ‖ *s.a. Arrangement*
Bearbeitung 2 *f* [OrgM] / lavorazione (in ~ sein: essere in lavorazione)
Bearbeitung 3 *f* ⟨ISO 6196/3⟩ / (eines Films usw.:) trattamento
Bearbeitung 4 *f* / (einer Bibliographie usw.:) compilazione *f*
Bearbeitung 5 *f* [Mus] / (eines Musikwerkes:) arrangiamento *m*
Bearbeitungs|datei *f s. Interimsnachweis*
~**gebühr** *f* / diritti amministrativi *pl*
~**kartei** *f s. Interimsnachweis*
~**zettel** *m* [OrgM] *s. Laufzettel*
beaufsichtigen *v* / sorvegliare *v*
bebildern *v* / illustrare *v*
Bedarf *m* / fabbisogno *m* · bisogno *m* · (Bedürfnisse:) necessità *pl* ‖ *s.a. Arbeitskräftebedarf; Flächenbedarf; Literaturbedarf; Nachfrage; Publizieren bei/nach Bedarf*
Bedarfs|analyse *f* / analisi dei fabbisogni *f*
~**deckung** *f* / copertura del fabbisogno *f*
bedarfsgerecht *adj* / adeguato al fabbisogno *agg*
Bedarfs|schätzung / valutazione del fabbisogno *f*
bedecken *v* / ricoprire *v*
Bedeutung *f* / significato *m*
Bedeutungs|gehalt *m* / contenuto semantico *m*
~**wandel** *m* [Lin] / mutamento semantico *m*
Bediensteter [Pers] / adetto · operatore *m* ‖ *s.a. Angestellter*
Bedienungsanleitung *f* / istruzioni di impiego *pl*
Bedienungs|feld *n* [EDV] ⟨DIN 44300/5E⟩ / pannello di controllo *m*
~**hinweise** *pl* / istruzioni d'impiego *pl*
~**konsole** *f* [EDV] / console di operatore *f*
~**taste** *f* / tasto di comando *m*
bedingte Anweisung *f* (Programmieren) / istruzione condizionata *f*
bedingter Sprung *m* [EDV] / salto condizionato *m*
bedingte Verknüpfung *f* [EDV] / connessione condizionale *f*
Bedruckstoff *m* ⟨DIN 16528E; DIN 16514⟩ / sostegno *m*
Bedürfnisse *pl* / (Erfordernisse:) requisiti *pl* · necessità *pl* · esigenze *pl* · bisogni *pl* ‖ *s.a. Bedarf*
Befähigungsprüfung *f* / esame di abilitazione *m* · prova attitudinale *f*
Befehl *m* [EDV] / istruzione *f* · comando *m* ‖ *s.a. Anweisung; Ausgabebefehl; Maschinenbefehl; Sprungbefehl*
Befehls|code *m* [EDV] / codice istruzioni *m*
~**decodierer** *m* [EDV] / decodificatore di istruzioni *m*
~**folge** *f* [EDV] / sequenza di istruzioni *f*

~liste *f* [EDV] ⟨DIN 44300⟩ / lista di istruzioni *f*
~register *n* [EDV] ⟨DIN 44300/6E⟩ / registro di istruzioni *m*
~schlüssel *m* [EDV] / codice istruzioni *m*
~vorrat *m* [EDV] ⟨DIN 44300/4E⟩ / repertorio istruzioni *m*
~wort *n* [EDV] / parola d'istruzione *f*
~zähler *m* [EDV] ⟨DIN 44300/6E⟩ / contatore di istruzioni *m*
Befestigung *f* / (das Anbringen:) applicazione *f*
Befeuchtung *f* / umidificazione *f* ‖ *s.a. Entfeuchtung; Feuchtigkeit*
befleckt *adj s. fleckig*
befördern *v* [Pers] / promuovere *v*
Beförderung *f* / promozione *f* · avanzamento *m* (~nach Dienstalter: avanzamento per anzianità)
Befragung *f* / (Umfrage:) sondaggio *m* · inchiesta *f* · (Abfrage:) interrogazione *f* ‖ *s.a. Benutzerbefragung; Probebefragung*
befristet eingestelltes Personal *n* / personale impiegato a tempo determinato *m* ‖ *s.a. Teilzeitpersonal*
befristeter Vertrag *m* / contratto a tempo determinato *m*
Begasung *f* [BestErh] / fumigazione *f*
Begasungskammer *f* [BestErh] / cella di fumigazione *f* · cella di disinfestazione *f*
Beglaubigung *f* (eines Dokuments) / autenticazione *f*
Begleit|band *m* / volume di accompagnamento *m*
~heft *n s. Beiheft*
~material *n* [Kat] ⟨ISBD(M; S; PM; NBM); DIN 31631/2; A 2653; TGL 20972/04; RAK⟩ / materiale allegato *m* · allegati *pl*
~schreiben *n* / lettera di accompagnamento *f*
begrenzte Auflage *f* / tiratura limitata
Begriff *m* [Ind; Klass] ⟨DIN 2330; DIN 32705⟩ / concetto *m*
Begriffs|analyse *f* / analisi concettuale *f*
~beziehung *f* [Ind] / relazione concettuale *f* · relazione di concetto *f*
~feld *n* / campo concettuale *m*
~gleichordnung *f* [Ind] / coordinazione concettuale *f*
~inhalt *m* / contenuto concettuale *m*
~kategorie *f* [Ind] / categoria concettuale *f*
~leiter *f* [Klass] / stringa di termini *f*
~schrift *f* / scrittura ideografica *f*
~umfang *m* [Ind; Klass] / estensione *f*
~zerlegung *f* [Ind] / (f:) indicazione concettuale per fattori ‖ *s.a. semantische Begriffszerlegung*
Begrüßung *f* (der Teilnehmer einer Tagung) / saluto di benvenuto *m* (ai partecipanti di un convegno)
Begrüßungs|bildschirm *m* [EDV] / schermata iniziale *f* · schermata di apertura *f*
~seite *f* [EDV] / pagina di benvenuto *f*
begutachten *v* (ein Buch usw. in Bezug auf die Erwerbung ~) / valutare *v*
Behälter *m s. Behältnis*
Behältnis *n* [NBM] ⟨ISBD(NBM)⟩ / contenitore *m*
behandeln *v* / trattare *v* · (handhaben:) maneggiare *v s.a. konservierende Behandlung*
behinderter Benutzer *m* / utente handicappato *m*
Behörde *f* / ente amministrativo *m* · organo amministrativo *m* · autorità *f* ‖ *s.a. Justizbehörde; Ortsbehörde; städtische Behörden; vorgesetzte Behörde; Zentralbehörde*
Behörden|akten *pl* [Arch] / atti ufficiali *pl*
~bibliothek *f* / biblioteca amministrativa *f* · biblioteca di un organo amministrativo *f*
beifügen *v* / accludere *v*
Beigaben *pl* / allegati *pl* · aggiunti *pl*
~vermerk *m* [Kat] ⟨DIN 31631/2⟩ / indicazione degli allegati *f*
beigebunden *part perf* / unito a *part pt* · allegato *m*
beigebundenes Werk *n* / opera allegata *f*
beigefügtes Werk *n* [Kat] / contributo *m*
Beiheft *n* (einer Zeitschrift) / supplemento *m* (a una rivista) ‖ *s.a. Sonderheft*
Beihilfe *f* (finanzielle Unterstützung) / sovvenzione *f* · sussidio *m* · (Beitrag:) contributo finanziario *m* ‖ *s.a. Druckbeihilfe; Zuschuss; Zuwendung*
Beilage *f* (in einer Zeitschrift usw.) ⟨ISBD(S)⟩ / allegato *m* · inserto *m* ‖ *s.a. Anlage; fortlaufende Beilage; gefalzte Beilage; Werbebeilage*
beilegen *v* / allegare *v*
Beiname *m* / (Familienname:) cognome *m* · (Übername:) soprannome *m*
Beiordnungszeichen *n* (+ und) [DK] / segno di addizione *m* (più +)
Beirat *m* / consiglio *m* ‖ *s.a. Ausschuss; Bibliotheksbeirat; Fachbeirat*

Beitrag *m* [Bch] / contributo ‖ *s.a. Diskussionsbeitrag; Monatsbeitrag; Redebeitrag; Tagungsbeitrag*
Beiwerk *n* (zu einem Titel) ⟨PI⟩ / parti secondarie *pl* (di un titolo)
Bekanntmachung *f* / avviso *m* · annuncio · notificazione *f* · (in der Öffentlichkeit:) bando *m*
Beleg *m* / pezza d'appoggio *f* · documento giustificativo *m* ‖ *s.a. Einzahlungsbeleg*
~exemplar *n* (für den Autor) / copia dell'autore *f* · esemplare dovuto all'autore ‖ *s.a. Freiexemplar; Pflichtexemplar*
~kodierer *m* [EDV] ⟨DIN 9774/1⟩ / codificatore di documenti *m*
~leser *m* [EDV] / lettore di documenti *m*
~verfilmung *f* ⟨DIN 19040/113E⟩ / microfilmatura di documenti *f*
Beleuchtung *f* / illuminazione *f*
belichten *v* [Repr] ⟨ISO 6196/1⟩ / esporre *v* (alla luce)
Belichter *m* [ElectrPubl] *s. Satzbelichter*
~maschine *f* [ElPubl] / macchina di esposizione *f*
Belichtung *f* [Repr] ⟨ISO 6196/1⟩ / esposizione *f* ‖ *s.a. Direktbelichtung*
Belichtungseinheit *f* [ElPubl] / unità di esposizione *f*
Belichtungs|messer *m* [Repr] / esposimetro *m*
~system *n* [Repr] / sistema di esposizione *m*
~zeit *f* [Repr] ⟨ISO 6196/1⟩ / tempo d'esposizione *m*
beliebiger Zugriff *m* [EDV] / accesso arbitrario *m*
Belletristik *f* / bellettristica *f* · belle lettere *pl*
belletristisch *adj* / bellettristico *agg*
belüften *v* / areare *v*
Belüftung *f* / areazione *f*
Bemerkung *f* / nota *f* · (Vermerk:) annotazione *f*
benachbart *adj* [Retr] / adiacente *agg*
Benachrichtigung *f* / avviso *m* · avvertimento *m*
Benachrichtigungszettel *m* / avviso *m*
benagt *part perf* [Rest] / rosicchiato *part pt*
Benennung *f* / denominazione *f* · (Terminus:) termine *m* ‖ *s.a. Äquivalenzbenennung; zugelassene Benennung*
Beneventana *f* [Schr] / beneventana *f*
benoten *v* (in der Schule usw.) / dare un voto *v*
Benotung *f* [Ausb] / valutazione *f* · votazione *f* ‖ *s.a. Endnote; Note*
Benutzbarkeit *f* [Arch] / consultabilità *f*
benutzen *v* / usare *v*
Benutzer *m* / utente *m* (Dienst am ~:servizio all'utente) ‖ *s.a. auswärtiger Benutzer; eingeschriebener Benutzer; Leser; säumiger Benutzer*
Benützer *m A; CH s. Benutzer*
Benutzer|anforderungen *pl s. Benutzerbedürfnisse*
~anfrage *f* / richiesta dell'utente *f*
~anmeldung *f* / iscrizione dei lettori *f*
~arbeitsplatz *m s. Leseplatz*
~ausweis *m s. Benutzerkarte*
~bedarf *m s. Benutzerbedürfnisse*
~bedürfnisse *pl* / esigenze degli utenti *pl* · bisogni degli utenti *pl*
~befragung *f* / inchiesta degli utenti *f*
~beratung *f s. Leserberatung*
~bestellung *f* / richiesta dell'utente *f*
~datei *f* / archivio utente *m* · registro degli utenti *m*
~forschung *f* / indagini sugli utenti *pl*
benutzerfreundlich *adj* / maneggevole *agg* · di facile uso *m*
Benutzer|gebühr *f s. Benutzungsgebühr*
benutzergesteuert *part perf* / controllato dall'utente *part pt*
Benutzer|gewohnheiten *pl s. Benutzerverhalten*
~handbuch *n* [EDV] / guida utente *f*
~karte *f* / tessera d'iscrizione *f* · (Leihkarte:) tessera di ammissione al prestito *f*
~kartei *f* / schedario utenti *m* ‖ *s.a. Benutzerdatei*
~katalog *m* / catalogo pubblico *m*
~nummer *m* / numero dell'utente *m*
~oberfläche *f* [EDV] / interfaccia utente *f*
benutzerorientiert *part perf* / orientato all'utente *part pt* ‖ *s.a. kundenorientiert*
Benutzer|profil *n* / profilo degli utenti *m*
~recherchen *pl* / ricerche degli utenti *pl*
~schaft *f* / utenza *f*
~schnittstelle *f* [EDV] / interfaccia utente *f*
~schulung *f* / formazione degli utenti *f* · istruzione degli utenti *f* · istruzioni all'uso della biblioteca *pl* · (Dienstleistung zur allgemeinen Orientierung:) servizio di orientamento · (in Bezug auf die Informationsbeschaffung:) istruzione bibliografica *f* · educazione dell'utente *f* · orientamento dell'utente *m*

~**station** *f* [EDV] ⟨DIN 44300/5E⟩ / terminale utente *m*
~**statistik** *f* / statistica utenti *f*
~**studie** *f* *s. Benutzerforschung*
~**terminal** *s. Benutzerstation*
~**unterweisung** *f* *s. Benutzerschulung*
~**verhalten** *n* / comportamento dell'utente *m*
~**zulassung** *f* *s. Zulassung*
Benutzung 1 *f* (der Bibliothek) / uso della biblioteca *m* ‖ *s.a. Nutzung; Ressourcennutzung*
Benutzung 2 *f* (Benutzungsdienst) [OrgM] / servizio pubblico *m*
Benutzungs|abteilung *f* [OrgM] / settore servizio pubblico *m*
~**anleitung** *f* / guida all'uso *f* ‖ *s.a. Benutzungseinführung; Benutzungshinweise*
~**bereich** *m* / area di servizio *f* · zona servizi al pubblico *f*
~**beschränkung** *f* / restrizione dell'uso *f* · (Archivwesen:) limitazione della consultabilità *f*
~**bestimmungen** *pl* / regolamento d'uso *m* ‖ *s.a. Ausleihbestimmungen; Benutzungsordnung*
~**daten** *pl* / dati sull'uso *pl*
~**dienst** *m* / servizio per l'utenza *m* · servizio pubblico *m*
~**einführung** *f* / introduzione all'uso *f* ‖ *s.a. Benutzungsanleitung*
~**frequenz** *f* (in der Bibliothek) / frequenza alla biblioteca *f*
~**führer** *m* / guida per l'utente *f* · guida all'uso della biblioteca *f* ‖ *s.a. Bibliotheksführer*
~**gebühr** *f* / (bei einer Datenbank:) tariffa per l'accesso *f* · (Gebühr für die Bibliotheksbenutzung:) tassa di iscrizione *f*
~**hinweise** *pl* / consigli per l'uso *pl*
~**ordnung** *f* / regolamento per gli utenti *m* · regolamento d'uso *m* ‖ *s.a. Ausleihbestimmungen*
~**politik** *f* / politica del servizio pubblico *f*
~**spuren** *pl* [Bch] / tracce d'uso *pl*
~**statistik** *f* / statistica sull'uso della biblioteca *f*
~**studie** *f* / indagine sull'uso della biblioteca *f*
beratender Bibliotheksausschuss *m* [OrgM] / comitato consultivo bibliotecario *m*
beratende Stimme *f* [OrgM] / voto consultivo
Berater *m* / consulente *m*
Beratung *n* / consulenza *f*
Beratungsgespräch *n* / dialogo di consulenza *m*
Berechnung *f* / conteggio *m*
Berechtigung *f* (etwas tun zu dürfen) / licenza *f* (di far q.c.)
Bereichsbibliothek *f* (in einer Universität) / (Teilbibliothek:) biblioteca secondaria *f* · (Abteilungsbibliothek:) biblioteca di dipartimento *f*
bereinigte Ausgabe *f* [Bch] / edizione purgata *f*
Bereitschafts|anzeige *f* (bei einem Kopiergerät usw.) / indicatore pronto *m*
~**rechner** *m* [EDV] / elaboratore di riserva *m*
bereitstellen (Geldmittel ~) / stanziare
Bereitstellung *f* (von Geldmitteln) / stanziamento *m*
Bergungsplan *m* [Arch] / piano di salvataggio *m*
Bericht *m* / (Bulletin:) bollettino *m* · (Tätigkeits-/Rechenschaftsbericht:) rendiconto *m* · rapporto *m* · relazione *f* ‖ *s.a. Endbericht; Forschungsbericht; Jahresbericht; Kassenbericht; Kongressberichte; Rechenschaftsbericht; Reisebericht; Sitzungsberichte; Zwischenbericht*
~**erstatter** *m* [Kat] / relatore *m*
berichtigte Ausgabe *f* / edizione corretta *f*
Berichtigung *f* ⟨DIN 31631/4; DIN 31639/2⟩ / correzione *f* ‖ *s.a. Druckfehler*
Berichts|nummer *f* (Reportnummer) / numero di rapporto *m*
~**zeit** *f* (einer Bibliographie) / periodo considerato *m*
berieben *part perf* [Bind] / fregato *part pt* · stropicciato *part pt* ‖ *s.a. beschabt; bescheuert*
Berufs|anfänger *m* / principante *m* (nel mestiere)
~**ausbildung** *f* / formazione professionale *f* · addestramento professionale *m*
~**aussichten** *pl* / perspettive professionali *pl* *s.a. Beschäftigungsaussichten*
~**bild** *m* / profilo professionale *m*
~**erfahrung** *f* / esperienze professionali *pl*
~**ethik** *f* / etica professionale *f*
~**schule** *f* / scuola professionale *f*
~**verband** *m* / associazione professionale *f* ‖ *s.a. Personalverband*
berührungsempfindlicher Bildschirm *m* [EDV] / schermo sensibile al tatto *m*
beschabt *part perf* [Bind] / raschiato *part pt* ‖ *s.a. berieben; bescheuert*

beschädigt *part perf* / mutilato *part pt* · danneggiato *part pt* ‖ *s.a. abgenutzt*

beschaffen *v* [Erw] / acquisire *v* · acquistare *v* ‖ *s.a. schwer beschaffbare Literatur*

Beschaffung *f* [Erw] / acquisizione *f*

Beschaffungs|kosten *pl* [Erw] / spese di fornitura *pl* · prezzo di fornitura *m*

~**markt** *m* [Erw] / mercato di fornitura *m*

~**weg** *m* [Erw] / via di fornitura *f*

Beschaffungswunsch *m* / richiesta di acquisto *f* · desiderato *m* (Beschaffungswünsche: desiderata) ‖ *s.a. Anschaffungsvorschlag; Bestellwunsch*

beschäftigen *v* / occupare *v*

Beschäftigter *m* / adetto · (Angestellter:) impiegato *m*

Beschäftigung *f* / occupazione *f* · (Anstellung:) impiego ‖ *s.a. Ganztagsbeschäftigung; Halbtagsbeschäftigung*

Beschäftigungs|aussichten *pl* / prospettive di occupazione *pl*

~**möglichkeiten** *pl s. Beschäftigungsaussichten*

Bescheinigung *f* / certificato *m* · attestato *m*

bescheuert *part perf* [Bind] *s. beschabt*

beschichtetes Papier *n* ⟨DIN 6730⟩ / carta patinata *f*

beschildern *v* [Bind] / etichettare *v*

Beschilderung 1 *f* (zur räumlichen Orientierung) / segnaletica *f* ‖ *s.a. Regalbeschilderung*

Beschilderung 2 *f* (Etikettierung) [Bind] / etichettatura *f* ‖ *s.a. Beschriftung*

Beschilderungssystem *n* / sistema di segnaletica *m*

Beschläge *pl* [Bind] / borchie *pl* ‖ *s.a. Eckbeschläge*

beschlagnahmen *v* / sequestrare *v*

beschleunigte Alterung *f* [BestErh] / invecchiamento accelerato *m*

beschmutzen *v* / insudiciare *f*

beschmutzt *part perf* / sporcato *part pt*

Beschneide|hobel *m s. Buchbinderhobel*

~**maschine** *f* / raffilatrice *f* · macchina da raffilare *f* · raffilatoio *m*

beschneiden *v* [Bind] / raffilare *v* · rifilare *v* · smarginare *v* · refilare *v* · tagliare *v* ‖ *s.a. unbeschnittene Ränder; unbeschnittenes Exemplar*

Beschnitt *m* (der Vorgang des Beschneidens) [Bind] / rifilo *m* · rifilatura *f* · refilo *m* · raffilatura *f* ‖ *s.a. Randbeschnitt*

beschränkte Auflage *f* / edizione limitata *f*

beschränkter Zugang *m* [Arch] / accesso limitato *m*

beschreibbar *adj* / scrivibile *agg*

Beschreibstoff *m* / materia scrittoria *f* · supporto scrittorio *m* ‖ *s.a. Schriftträger*

Beschreibung *f* / descrizione *f* ‖ *s.a. technische Beschreibung*

Beschreibungsstufe *f* [Kat] / livello di descrizione ‖ *s.a. Stufenaufnahme*

Beschriftung *f* / scritta *f* · iscrizione ‖ *s.a. Beschilderung 1*

Beschriftungsträger *m* / supporto *m* ‖ *s.a. Beschreibstoff*

besetzt *part perf* (betr.Telefonanschluß, Kopierer usw.) / occupato *part pt*

Besetztzeichen *n* [Komm] / segnale di occupato *m* ‖ *s.a. Freizeichen*

Besetzung *f* (eines Musikwerkes) / mezzi di esecuzione *pl*

Besitzdaten *pl* / dati di possesso *pl* ‖ *s.a. Bestandsangabe*

besitzende Bibliothek *f* (im Leihverkehr) / biblioteca possedente *f*

Besitzer *m* / possessore *m* ‖ *s.a. Eigentümer; früherer Besitzer; Vorbesitzer*

Besitz|nachweis *m* (in einem Gesamtkatalog) / indicazione di appartenenza *f* · localizzazione *f*

~**stempel** *m* / timbro di proprietà · bollo di proprietà *m* · timbro di appartenenza *f*

~**vermerk** *m* / indicazione di appartenenza *f* · indicazione di possesso *f* ‖ *s.a. Besitzdaten*

Besoldung *f* / rimunerazione *f* (dei funzionari statali) ‖ *s.a. Vergütung*

Besoldungs|gruppe *f* / categoria di stipendio *f*

~**ordnung** *f* / regolamento degli stipendi *m* ‖ *s.a. Vergütungsordnung*

besondere Anhängezahl *f* [DK] *s. besondere Ergänzungszahl*

besondere Ergänzungszahl *f* [DK] / numero ausiliario speciale *m*

Besorgungsgebühr *f* / (für die Beschaffung eines Buches:) quota di servizio *f*

besprechen *v* (ein Buch ~) *s. rezensieren*

Besprechungs|dienst *m* / servizio di recensioni *m*

~**exemplar** *n s. Rezensionsexemplar*

~**zimmer** *n* / sala delle conferenze *f*

Bestand *m* / (Medienbestand:) patrimonio documentario *m* · fondo *m* · (Bestandsumfang:) consistenza *f* ‖ *s.a. Ausleihbestand; Bibliotheksbestand; Buchbestand; Handschriftenbestand; Lesesaalbestand; Personalbestand; Präsenzbestand*

Bestände *pl* / fondi *pl*

Bestands|analyse *f* / analisi dei fondi *f*

~**angabe** *f* [Kat] / (Angabe des vorhandenen Bestands:) nota di consistenza *f* · indicazione del posseduto *f* · indicazione della consistenza ‖ *s.a. Bandaufführung*

~**aufbau** *m* [Erw] / formazione del patrimonio documentario *f*

~**aufnahme** *f* / inventario *m* ‖ *s.a. Bestandsdurchsicht; Bestandsrevision*

~**aufstellung** / collocazione *f* · (getrennte Aufstellung nach Formaten:) collocazione per formato *f*

~**bewertung** *f* / valutazione dei fondi *f*

~**beziehung** *f* [Ind; Class] ⟨DIN 1463/1E; DIN 32705E⟩ / relazione partitiva *f*

~**daten** *pl* [Kat] *s. Besitzdaten*

~**durchsicht** *f* / (mit dem Ziel der Aussonderung entbehrlicher Dokumente:) sfoltimento *m* · (mit dem Ziel der Kontrolle der Buchaufstellung:) revisione del collocamento dei libri negli scaffali *f* ‖ *s.a. Bestandserneuerung; Bestandsrevision*

~**entwicklung** *f* / sviluppo del patrimonio bibliografico *m* ‖ *s.a. Bestandsaufbau*

~**erhaltung** *f* / (Buchbestand:) conservazione del patrimonio librario *f*

~**erneuerung** *f* (durch Aussonderung veralteteter Bestandsteile) / svecchiamento delle raccolte *m* ‖ *s.a. Bestandsdurchsicht*

~**erschließung** *f* (Mittel und Maßnahmen für die Öffnung von Wegen zur Information über den Bibliotheksbestand, z.B. durch Kataloge) / metodi per aprire l'accesso ai fondi *pl*

~**größe** *f* / consistenza delle raccolte *f*

~**lücke** *f* / lacuna nel fondo *f*

~**nutzung** *f* / utilizzazione del fondo *f*

~**organisation** *f* / organizzazione dei libri nei depositi *f*

~**pflege** *f* / mantenimento del patrimonio documentario *m*

~**profil** *n* / profilo del patrimonio *m*

~**revision** *f* / revisione del materiale documentario *f* · controllo dei fondi *m* ‖ *s.a. Bestandsdurchsicht*

~**schutz** *m* / salvaguardia del patrimonio librario *f*

~**schwerpunkt** *m* / fulcro del fondo *m* ‖ *s.a. Sammelschwerpunkt*

~**sicherung** *f* / salvaguardia del patrimonio librario *f* · protezione dei fondi *f* ‖ *s.a. Diebstahlssicherungssystem*

~**umfang** *m* (Größe des Bestands) / consistenza del posseduto *f*

~**vermehrung** *f* [Erw] / aumento del patrimonio *m* · accrescimento patrimoniale *m* · accrescimento della collezione *m*

~**vermittlung** *f s. Bibliotheksbenutzung*

~**verwaltung** *f* / gestione del fondo documentario *f*

~**verzeichnis** *n* / inventario *m* · (Medienbestand:) inventario patrimoniale *m*

~**wachstum** *n s. Bestandsvermehrung*

~**zugänge** *pl* / acquisizioni *pl* · accessioni *pl*

~**zuwachs** *m s. Bestandsvermehrung*

Bestell|annahme *f* [Ben] / (Ort der ~:) punto di richiesta · banco richieste *m*

~**block** *m* (Block mit Bestellzetteln) [Erw] / bollettario degli ordini *m*

~**brief** *m* [Erw] / lettera d'ordine *f*

~**datei** *f* / archivio degli ordini *m* · registro degli ordini

bestellen 1 *v* [Erw] / ordinare *v* ‖ *s.a. nachbestellen*

bestellen 2 *v* (zur Ausleihe~) / chiedere *v* (in prestito) · richiedere *v*

bestellende Bibliothek *f* (im Leihverkehr) / biblioteca richiedente *f*

Besteller *m* (einer Leistung) [Ben] / richiedente *m*

Bestell|formular *n* [Erw] / modulo d'ordine

~**funktion** *f* [Retr] / funzione di richiesta *f*

~**karte** *f* [Erw] *s. Bestellzettel 2*

~**kartei** *f* [Erw] / registro degli ordini

~**maske** *f* [Ben] / maschera di richiesta *f*

~**nachweis** *m* [Erw] / (Datei der laufenden Bestellungen:) archivio degli ordini *m* · (Vorgang:) registrazione degli ordini *f*

~**nummer** *f* / (Nummer einer Kaufbestellung:) numero d'ordine *m* · (Nummer einer Leihbestellung:) numero richiesta *m*

~**schein** *m* / (Leihverkehr:) modulo di richiesta del prestito interbibliotecario *m* ‖ *s.a. Fernleihbestellung*

~**schein** *m* (für das Heraussuchen eines Buches usw. aus dem Magazin) / scheda di richiesta *f* · (Formular:) modulo di richiesta *m* ‖ *s.a. Leihschein*

Bestellung 1 *f* [Erw] / (Vorgang:) ordinazione · (Kaufbestellung:) ordine *m* ‖ *s.a. Bestellvorgang; Festbestellung*

Bestellung 2 *f* [Ben] / richiesta *f* · (~en positiv erledigen: soddisfare richieste) *n* ‖ *s.a. Direktbestellung; eingehende Bestellungen; Fernleihbestellung; Leihbestellung; negativ erledigte Bestellung; positiv erledigte Bestellung*

Bestell|unterlagen *pl* [Erw] / strumenti per la scelta delle pubblicazioni da acquisire *pl*

~**vorgang** *m* [Erw] / procedura d'ordinazione *f* · procedura per l'ordinazione *f*

~**wunsch** *m* [Erw] / (Beschaffungswunsch:) richiesta di acquisto *f* · (Vorschlag:) proposta d'ordine *f* ‖ *s.a. Erwerbungswunsch*

~**zettel** 1 *m* [Ben] *s. Bestellschein*

~**zettel** 2 *m* (für den Kauf eines Buches usw.) [Erw] / (Formular:) modulo d'ordine · cedola di ordinazione *f* · cedola d'ordine *f*

Bestiarium *n* [Bch] / bestiario *m*

Bestimmung *f* / disposizione *f* · prescrizione *f* · (Festlegung:) determinazione *f* ‖ *s.a. Kann-Bestimmung*

Bestimmungsbuch *n* (für Pflanzen usw.) ⟨DIN 31631/4⟩ / guida di identificazione *f* (per piante ecc.)

Bestoß *m* [Bind] / ammaccatura *f*

bestoßen *part perf* [Bind] / ammaccato *part pt*

Bestseller *m* / best seller *m*

Bestsellerliste *f* / classifica *f* (dei libri del numero più alto di vendite)

Besucher *m* (einer Bibliothek) / frequentatore *m*

~**anmeldung** *f* (Raum der ~) / ufficio di ricezione *m*

~**buch** *n* / registro di frequenza *m*

Betrag *m* / importo ‖ *s.a. Gesamtbetrag; Nettobetrag; Rechnungsbetrag*

Betreff *m* (eines Briefes) / oggetto *m*

betreiben *v* [OrgM] / gestire *v*

Betreiber *m* / gestore *m* ‖ *s.a. Netzbetreiber*

Betriebs|abläufe *pl* [OrgM] / procedure operative *pl* · procedure di gestione *pl*

~**abteilung** *f* / settore operativo

~**anweisung** *f* / specifica di gestione del lavoro *f*

~**ausgaben** *pl* / spese d'esercizio *pl*

betriebsfertig *adj* / pronto per l'esercizio *agg*

Betriebshandbuch *f* [EDV] ⟨DIN 44300/4E⟩ / manuale operativo *m* ‖ *s.a. Betriebsanweisung*

betriebsinternes Netz *n* [Komm] / rete aziendale *f*

Betriebs|klima *n* [OrgM] / atmosfera del lavoro *f*

~**kosten** *pl* / costi d'esercizio *pl* · costi di gestione *pl* · spese d'esercizio *pl*

~**praktikum** *n* / (Praktikumszeit:) periodo di pratica aziendale *m*

~**software** *f* / software di gestione *m*

~**sprache** *f* [EDV] ⟨DIN 44300/4E⟩ / linguaggio di controllo *m*

~**stunden** *pl* [EDV] / ore operative *pl*

~**system** *n* [EDV] ⟨DIN 44300/4E; DIN 66029⟩ / sistema operativo *m* ‖ *s.a. Netzbetriebssystem*

~**zeit** *f* (eines Hosts usw.) / tempo operativo *m*

Be- und Entlüftung *f* / ventilazione *f* ‖ *s.a. Belüftung*

beurlauben *v* / licenziare *v*

Beutekunst *f* / arte predata *f*

Beutelbuch *n* / libro a borsetta *m*

bewegliche Lettern *pl* [Druck] / caratteri mobili *pl* (Druck mit ~n ~: stampa a caratteri mobili)

Bewegungs|datei *f* [EDV] / archivio di movimento *m* · archivio di transazione *m*

~**daten** *pl* [EDV] / dati di transazione *pl*

Beweis *m* / prova *f* ‖ *s.a. Gegenbeweis*

bewerben *v* (sich um eine Stelle als ... ~) / far domanda *v* (per un posto libero quale ...)

Bewerber *m* / candidato *m* · aspirante *m* · (Mitbewerber:) concorrente *m* ‖ *s.a. Stellenbewerber; Studienbewerber*

Bewerbung *f* (um Einstellung) [Pers] / richiesta d'assunzione *f* ‖ *s.a. Stellengesuch*

Bewerbungs|schreiben *n* / domanda di assunzione *f* · domanda d'impiego *f*

~**unterlagen** *pl* / documenti allegati alla domanda d'impiego *pl*

bewerten *v* / valutare *v*

Bewertung / valutazione *f* · (Schätzung:) stima *f* ‖ *s.a. Arbeitsbewertung; Arbeitsplatzbewertung*

bewilligen *v* (Geld usw. ~, bereitstellen) / stanziare *v*
Bewilligung *f* (von Geld) / stanziamento *m* ‖ *s.a. Beihilfe; Globalbewilligung; Mittelzuweisung; Zuschuss*
Bewirtungsspesen *pl* / spese di rappresentanza *pl*
bezahlter Urlaub *m* / ferie pagate *pl*
Bezeichnung *f* (Benennung) [Ind; Class] ⟨DIN 2330; 32705⟩ / (Terminus:) termine *m* ‖ *s.a. Benennung*
Beziehung *f* / relazione *f*
Beziehungs|diagramm *n* [Ind] / diagramma delle relazioni *m* ‖ *s.a. Beziehungsgraph*
~**graph** *m* (Deskriptoren) / rete di descrittori *f* ‖ *s.a. Pfeildiagramm*
~**zeichen** *n* (Doppelpunkt :) [DK] / segno di relazione (:due punti) *s. allgemeine Beziehung*
Bezirks|ausgabe *f* (einer Zeitung) / edizione distrettuale *f*
~**bibliothek** *f* / biblioteca distrettuale *f*
Bezüge *pl* (Einkünfte) / introiti *pl* (entrate di denaro) ‖ *s.a. Gehalt; Vergütung*
Bezugs|adresse *f* [EDV] / indirizzo base *m*
~**band** *n* (Magnetbandtechnik) [EDV] ⟨DIN 66010⟩ / nastro di riferimento *m*
~**bedingungen** *pl* / condizioni d'acquisto *pl* · condizioni di disponibilità *pl* · (Lieferbedingungen:) condizioni di consegna *pl* · condizioni di fornitura *pl*
~**begriff** *m* [Ind] / termine di riferimento *m*
~**diskette** *f* [EDV] ⟨DIN 66010⟩ / dischetto di riferimento *m*
~**ecke** *f* (auf einem COM-Film) / angolo di riferimento *m*
~**papier** *n* [Bind] / carta per copertura *f* ‖ *s.a. Bezugsstoff*
~**preis** *m* [Bch] *s. Abonnementspreis*
~**punkt** *m* / punto di riferimento *m*
~**quellennachweis** *m* / repertorio dei fornitori *m*
~**rahmen** *m* / quadro di riferimento *m*
~**stoff** *m* [Bind] / materiale di copertina *m*
Bibel *f* / Bibbia *f* (die 42zeilige Bibel: la Bibbia delle 42 linee)
~**(druck)papier** *n* ⟨DIN 6730⟩ / carta Bibbia *f* ‖ *s.a. Dünndruckpapier*
Bibliograph *m* / bibliografo *m*
Bibliographie *f* [Bib] ⟨DIN 31639/2; RAK-AD⟩ / bibliografia *f* ‖ *s.a. fortlaufende Bibliographie*
bibliographieren *v* (bibliographische Daten ermitteln/überprüfen) [Retr] / verificare *v*
bibliographische Angabe *f* ⟨DIN 31639/2⟩ *s. Literaturangabe*
~ **Austauscheinheit** *f* [Kat] / unità bibliografica di scambio *f* ‖ *s.a. Austauschformat*
~ **Beschreibung** *f* [Kat] ⟨ISBD(M; S; PM A); DIN 1505/1; TGL 20972/04⟩ / descrizione bibliografica *f*
~ **Einheit** *f* [Bch] / unità bibliografica *f*
~ **Ermittlung** *f* [Retr] / (Überprüfung:) verifica bibliografica *f*
~ **Ordnungsleiste** *f* ⟨TGL 20177⟩ / striscia bibliografica *f*
bibliographischer Band *m* [Bch] / volume bibliografico *m*
~ **Hinweis** *m* / cenno bibliografico *m* · indicazione bibliografica *f* · richiamo bibliografico *m* ‖ *s.a. Literaturangabe*
~ **Nachweis** *m* / riferimento bibliografico *m* · registrazione bibliografica *f*
~ **Nachweisdienst** *m* / servizio di informazione bibliografica
bibliographisches Format *n* [Bch] / formato reale *m* · formato del libro antico *m*
bibliographisches Hilfsmittel *n* / strumento bibliografico *m*
Biblio|kleptomane *m* / bibliocleptomane *m*
~**mane** *m* / bibliomane *m*
~**manie** *f* / bibliomania *f*
~**metrie** *f* / bibliometria *f*
bibliophil *adj* / bibliofilo *agg*
Biblio|philer *m* [Bch] / (Bücherfreund:) amatore del libro · bibliofilo *m*
~**philie** *f* / bibliofilia *f*
~**phobie** *f* / bibliofobia *f*
Bibliothek *f* ⟨DIN 1425⟩ / biblioteca *f*
Bibliothekar *m* / bibliotecario *m*
Bibliothekar|ausbildung *f s. Bibliotheksausbildung*
bibliothekarische Hilfskraft *f* / aiuto bibliotecario *m*
~ **Zusammenarbeit** *f* / cooperazione bibliotecaria *f*
Bibliothekarlehrinstitut *n s. Bibliotheksschule*
Bibliotheks|adressbuch *n* / repertorio delle biblioteche *m* · indirizzario delle biblioteche *m*
~**angestellter** *m* [Pers] / impiegato bibliotecario *m*
~**assistent** *m* / assistente di biblioteca *m*
~**ausbildung** *f* / formazione bibliotecaria *f* · formazione dei bibliotecari *f*
~**ausgabe** *f* / edizione bibliotecaria *f*

~**ausschuss** *m* / commissione bibliotecaria *f*
~**automatisierung** *f* / automazione bibliotecaria *f*
~**bau** *1m* / (Bibliotheksgebäude:) edificio bibliotecario *m* · (Bauwesen:) edilizia bibliotecaria *f*
~**beauftragter** *m* / rappresentante per la biblioteca *m*
~**beirat** *m* [OrgM] / (mit beratender Funktion:) comitato consultivo bibliotecario *m* · consiglio di biblioteca *m* ‖ *s.a. Bibliothekskommission*
~**benutzer** *m s. Benutzer*
~**benutzung** *f* / uso della biblioteca *m* ‖ *s.a. Benutzung 2*
~**bestand** *m* / patrimonio documentario *m* · fondo bibliotecario *m* ‖ *s.a. Bestand*
~**betriebslehre** *f* / biblioteconomia *f* ‖ *s.a. Bibliotheksverwaltung*
~**didaktik** *f s. Benutzerschulung*
~**direktor** *m* / direttore di biblioteca *m* · bibliotecario direttore *m*
~**einband** *m* [Bind] / legatura bibliotecaria *f*
~**einführung** *f* / introduzione alla biblioteca *f*
~**einrichtung** *f* / attrezzatura bibliotecaria *f*
Bibliotheks|forschung *f* / ricerca bibliotecaria *f*
~**führer** *m* / guida alla biblioteca *f* ‖ *s.a. Benutzungsführer*
~**führung** *f* / visita guidata *f* (della biblioteca)
~**gebäude** *n* / edificio bibliotecario *m*
~**geschichte** *f* / storia della biblioteca *f*
~**gesetz** *n* / legge sulle biblioteche *f*
~**gesetzgebung** *f* / legislazione bibliotecaria *f*
~**kommission** *f* [OrgM] / commissione bibliotecaria *f* ‖ *s.a. Bibliotheksbeirat*
~**landschaft** *f* / panorama bibliotecario *m*
~**leiter** *m* [Pers] *s. Bibliotheksdirektor*
~**leitung** *f* [OrgM] / gestione della biblioteca *f*
~**lieferant** *m* / fornitore di biblioteca *m*
~**möbel** *pl* / arredi per biblioteche *pl*
~**netz** *n* / rete di biblioteche *f* · rete bibliotecaria *f*
~**ordnung** *f* / regolamento della biblioteca *m* · regole della biblioteca *pl* · (Bibliotheksstatut:) statuto della biblioteca *m*
~**personal** *n* / personale bibliotecario *m*
~**plan** *m* / programma bibliotecario *m*
~**planung** *f* / programmazione bibliotecaria *f* · pianificazione bibliotecaria *f*
~**politik** *f* / politica bibliotecaria *f*
~**praxis** *f* / prassi bibliotecaria *f*
~**pressestelle** *f s. Pressestelle*
~**rabatt** *m* / sconto per le biblioteche *m*
~**raum** *m* / locale della biblioteca *m*
~**rechenzentrum** *s. Rechenzentrum*
~**recht** *n* / diritto bibliotecario *m*
~**rundgang** *m* / (geführt:) visita guidata della biblioteca *f* ‖ *s.a. Rundgang*
~**saal** *m* / sala bibliotecaria *f*
~**schulabsolvent** *m* / laureato in biblioteconomia *m*
~**schule** *f* / scuola di biblioteconomia *f*
~**sigel** *n* (Kurzzeichen für eine Bibliothek im Rahmen eines Gesamtkatalogs usw.) / codice della biblioteca *m* · sigla *f* ‖ *s.a. Sigelverzeichnis*
~**signet** *n* / emblema della biblioteca *m*
~**statistik** *f* / statistica bibliotecaria *f*
~**statut** *n* / statuto della biblioteca *m*
~**stempel** *m* / timbro di biblioteca *m*
~**student** *m* / studente di biblioteconomia *m*
~**system** *n* / sistema bibliotecario *m*
~**typ** *m* / tipo di biblioteca *m*
~**verband** *m* / associazione di biblioteche *f*
~**verbund** *m* / collegamento bibliotecario *m* · consorzio bibliotecario *m* ‖ *s.a. Verbundkatalogisierung; Verbundzentrum*
~**verwaltung** *f* / gestione biblioteconomica *f* · amministrazione bibliotecaria *f* · gestione della biblioteca *f*
~**verwaltungslehre** *f* / biblioteconomia *f*
~**wesen** *n* / biblioteconomia *f*
~**wesen, Information und Dokumentation** / biblioteconomia, informazione e documentazione *f*
~**wissenschaft** *f* / biblioteconomia *f*
~**zentrum** *n* / centro bibliotecario *m*
Bibliotherapie *f* / biblioterapia *f*
BID *Abk s. Bibliothekswesen, Information und Dokumentation*
biegsamer Einband *m* [Bind] / legatura flessibile *f*
~ **Gewebeband** *m* [Bind] / legatura in tela flessibile *f*
bieten *v* [Erw] / offrire *v*
Bieter *m* (auf einer Auktion) / offerente *m/f* ‖ *s.a. Meistbieter*
Bilanz *f* / bilancio *m*
Bilanzierung *f* / bilanciamento *m*
Bild *n* [Repr] ⟨ISO 6196/1⟩ / (fotografisches ~:) fotografia ‖ *s.a. Abzug 2; Foto*

Bild *n* [NBM] ⟨ISBD(NBM)⟩ / immagine *f* · (Bildnis; Porträt:) ritratto *m* · (Gemälde:) quadro *n* · dipinto *m* ‖ *s.a. Abbildung*
Bild|abtastung *f* [ElPubl] / scansione di immagini *f*
~anordnung *f* (auf einem Mikrofilmstreifen) [Repr] ⟨ISO 6196/2⟩ / ordinamento delle immagini *m* ‖ *s.a. horizontale Bildlage; vertikale Bildlage*
~archiv *n* / (Fotoarchiv:) fototeca *f* · (allgemein:) archivio iconografico *m*
~aufzeichnung *f* / (elektronisch:) registrazione elettronica di immagini *f*
~band *m* / (üppig ausgestattet:) libro di lusso illustrato *m*
~beigaben *pl* / tavole allegate *pl*
~betrachter *m* [NBM] / visore *m*
Bildchen *n* (Beilage zu Verkaufsprodukten) / figurina *f*
Bild|datenbank *f* / banca d'immagini *f*
~dokument 1 *n* [NBM] / documento iconico *m*
~dokument 2 *n* [NBM] / (nur mit Hilfe eines Gerätes zu betrachten:) documento video
~editor *m* [ElPubl] / editor di immagini *m*
~element *n* / pixel *m*
Bilderbogen *m* [NBM] / foglio volante *m*
Bilderbuch *n* / albo figurato *m* · libro illustrato per l'infanzia *m*
~trog *m* / contenitore per libri per bambini *m*
Bilder|datenbank *f* / banca di immagini *f*
~geschichte *f* [Bch] ⟨DIN 31639/2⟩ *s. Comic*
~handschrift *f* / manoscritto miniato *m*
~schrift *f* / scrittura pittografica *f*
~titel *m* / frontespizio illustrato *m*
Bild|feld *n* (einer Mikroform) [Repr] ⟨A 2654⟩ / fotogramma *m*
~generator *m* / generatore di immagini *m*
~karte 1 *f* [Repr] ⟨DIN 19040/113E⟩ *s. Fensterkarte*
~karte 2 *f* [Kart] ⟨ISBD(CM)⟩ / carta pittorica *f*
~kompression *f* [ElPubl] / compressione dell'immagine *f*
~lage *f* [Repr] / posizione dell'immagine *f* ‖ *s.a. horizontale Bildlage; vertikale Bildlage*
~legende *f* / didascalia *f* · leggenda *f*
bildliche Darstellung *f* / rappresentazione figurata *f* ‖ *s.a. Abbildung*
Bild|marke *f* [Repr; Retr] ⟨DIN 19040/113E; DIN 19071/3⟩ / blip *m*
~material *n* / materiale illustrativo *m* · materiale iconografico *m*
Bildnis *n* (Porträt) / ritratto *m*
~katalog *m* / repertorio di ritratti *m*
Bild|plan *m* (Luftbildplan) [Kart] *s. Luftbildkarte*
~platte *f* [EDV] / videodisco *m* · disco ottico *m*
~postkarte *f* [NBM] / cartolina illustrata *f*
~projektion *f* [Repr] ⟨DIN 19040/10⟩ / proiezione *f* ‖ *s.a. Stehbildprojektion*
~röhre *f* ⟨DIN 19040/113E⟩ / tubo catodico *m* · cinescopio *m*
~schärfe *f* [NBM] / nitidezza dell'immagine *f*
Bildschirm *m* ⟨DIN 66233/1⟩ / schermo *m* · (Bildschirminhalt:) schermata *f* · videata *f* · (Gerät:) monitor *m* · terminale video *m* · unità video *f* · video *m* ‖ *s.a. Begrüßungsbildschirm; Farbbildschirm; geteilter Bildschirm*
~anzeige *f* / display *m* · visualizzazione *f*
~arbeitsplatz *m* ⟨DIN 66233/1⟩ / posto di lavoro al computer *m*
~format *n* [EDV] / formato di display *m* · formato di visualizzazione *m*
~gerät *n s. Datensichtgerät*
~karte *f s. Grafikkarte; Videokarte*
~katalog *m s. EDV-Katalog*
~schoner *m* / salvaschermo *m*
~schrift *f* / font di schermo *f*
~seite *f* / videata *f* · pagina video *f*
~terminal *n* / terminale video *m* · videoterminale *m*
~text *m* / videotex *m* · videotel
~zeile *f* [EDV] / linea video *f*
Bild|schritt *m* [Repr] / passo di fotogramma *m*
~seitenverhältnis *n* [Repr] ⟨DIN 31631/2⟩ *s. Seitenverhältnis*
~speicherung *f* / memorizzazione delle immagini *f*
~steg *m* (auf der Mikrofilmrolle) [Repr] / spaziatura *f*
~stelle *f* [NBM] *s. audiovisuelles Zentrum*
~symbol *n* / pittogramma *m*
~tafel *f* [Bch] / tavola illustrativa *f*
~träger *m* [NBM] *s. Träger*
~überschrift *f* / intestazione *f* (di un'immagine) ‖ *s.a. Bildlegende*
~übertragung *f* / trasmissione delle immagini *f*
Bildung / istruzione *f* ‖ *s.a. Ausbildung*
Bildungs|fernsehen *n* / televisione educativa *f*

~**roman** *m* / romanzo educativo *m*
Bild|unterschrift *f* / leggenda *f* · didascalia *f*
~**verarbeitung** *f* / processo d'immagine *m* · elaborazione d'immagini · elaborazione delle immagini *f*
~**wand** *f* (zum Auffangen eines projizierten Bildes) [NBM] / superficie di proiezione *f*
~**werfer** *m* [NBM] *s. Projektor*
~**werk** *n* / opera figurativa *f*
~**wiederholfrequenz** *f* [EDV] / tasso di rinfresco *m*
~**wörterbuch** *n* / dizionario illustrativo *m*
~**zeichen** *n* / simbolo grafico *m* · carattere ideografico *m* · segno pittografico *m* ‖ *s.a. Piktogramm*
Billigung *f* / approvazione *f*
binär *adj* [EDP] ⟨DIN 44300/1E⟩ / binario *agg*
Binär|bild *n* [ElPubl] / immagine binaria *f*
~**code** *m* [EDV] / codice binario *m*
binäre Notation *f* [Klass] / notazione binaria *f*
Binär|null *f* / zero binario *m*
~**schreibweise** *f* / scrittura binaria *f*
~**suche** *f* / ricerca binaria *f*
~**zahl** *f* [EDV] / numero binario *m*
~**zeichen** *n* / digit binario *m*
Binde|anweisung *f* / istruzione per il rilegatore *f*
~**art** *f* / tipo di legatura *m*
bindefertig *adj* / pronto alla legatura *agg*
binden *v* / legare *v* · (nochmals ~:) rilegare *v* ‖ *s.a. anbinden; aufbinden; neu binden; zum Binden*
Binder *m* (Binderprogramm) [EDV] / programma di unione *m*
bindereif *adj* / pronto alla legatura *agg*
Binderprogramm *n* [EDV] *s. Binder*
Binde|strich *m* [Schr] / trattino *m* · lineetta d'unione *f* · tratto d'unione *m*
~**verfahren** *n* / metodo di legatura *m*
Binnen|lochkarte *f* / scheda perforata nel campo interiore *f*
~**markt** *m* / mercato interno *m* ‖ *s.a. Europäischer Binnenmarkt*
Bio-Bibliographie *f* / bio-bibliografia *f*
Biograph *m* / biografo *m*
Biographie *f* [D] ⟨DIN 31639/2; DIN 31631/4⟩ / biografia *f*
biographischer Schlüssel *m* [Klass] / suddivisione biografica standardizzata *f*
biographisches Lexikon *n* / dizionario biografico *m*
Bit|dichte *f* [EDV] ⟨DIN 66010E⟩ / densità dei bit *f*
~-**Geschwindigkeit** *f* / velocità di trasferimento bit *f*
~**stelle** *f* [EDV] / posizione binaria *f*
Blasenspeicher *m* [EDV] / memoria a bolle *f*
Blatt 1 *n* [Pp] ⟨DIN 6730⟩ / foglio *m*
Blatt 2 *n* [Kart] / foglio *m*
Blatt|benennung *f* [Kart] / designazione del foglio *f*
~**bezeichnung** *f* [Kart] *s. Blattbenennung*
~**einteilung** *f* [Kart] / sistema della divisione in fogli *f*
blättern *v* (durchblättern) / sfogliare *v*
Blatt|format *n* [Kart] / formato del foglio *m*
~**gold** *n* / (Goldblättchen:) lamina d'oro *f* · foglia d'oro *f* · (allgemein:) oro in foglie *m*
~**größe** *f* [Kart] ⟨RAK-Karten⟩ / dimensione del foglio *f* ‖ *s.a. Blattformat*
~**schnitt** *m* [Kart] ⟨RAK-Karten⟩ / taglio della carta *m*
~**silber** *n* [Bind] / foglia d'argento *f* · argento in foglie *m*
~**spender** *m* [Repr] ⟨DIN 19040/113E⟩ / distributore di carta *f*
~**zahl** *f* [Kart] / numero dei fogli *m*
~**zählung** *f* / numerazione dei fogli *f* · foliazione *f* · cartolazione *f*
Blaupause *f* [Repr] / cianografia *f* · copia cianografica *f*
Bleianmerkungen *pl* [Bch] *s. Bleistiftanmerkungen*
Bleiche *f* [BestErh] / imbiancamento *m*
bleichen *v* / imbiancare *v*
Blei|satz *m* [Druck] / (heißer Satz:) composizione a caldo *f*
Bleistift|anmerkungen *pl* [Bch] / note a matita *pl* ‖ *s.a. Anstreichungen*
~**spitzer** *m* / temperalapis *m*
~**zeichnung** *f* / disegno a matita *m*
Blende *f* (zur Abschirmung von Störlicht bei einem Bildschirmgerät) *s. Störlichtblende*
Blende *f* / (zum Schutz vor Lichteinfall:) riparo *m* ‖ *s.a. Abschirmung*
Blende *f* / (Fotoapparat:) diaframma *m*
blendfrei *adj* / antiriflesso *agg*
Blickfang *m* / richiamo visivo *m* · attrazione *f*
Blind|band *m* / menabò bianco *m* · modello *m* (di un libro costituito di fogli in bianco) · volume di saggio *m* ‖ *s.a. Probeband*
~**druck** *m* [Bind] / impressione a freddo *f* · impressione a secco *f*

Blinden|bibliothek *f* / biblioteca per i ciechi *f*
~-**Hörbücherei** *f* / audiobiblioteca *f* (per i ciechi)
~**schrift** *f* / scrittura per i ciechi *f* ‖ *s.a. Braille-Schrift*
~**schriftbuch** *n* / libro in scrittura Braille *m*
Blind|material *n* [Druck] ⟨DIN 16514⟩ / bianchi *pl*
~**prägung** *f* [Bind] / impressione a secco *f*
~**pressung** *f* [Bind] *s. Blinddruck*
~**stempel** *m* [Bind] / ferro a freddo *m* · ferro a secco *m*
~**stempelung** *f* [Bind] *s. Blindprägung*
~**verzierung** *f* [Bind] / decorazione a secco *f*
blinken *v* / lampeggiare *v*
Block *m* / (kompakte Einheit:) blocco *m*
Block|begrenzung *f* [Komm] / flag *m*
~**buch** *n* / libro tabellare *m* · libro xilografico a blocco *m*
~**diagramm** / stereogramma *m* · diagramma a blocchi *m* ‖ *s.a. Säulendiagramm*
~**druck** *m* / stampa xilografica *f*
~**heftung** *f* [Bind] / cucitura di traverso a punti metallici *f* · cucitura a blocco *f* · spillatura *f* ‖ *s.a. Drahtheftung; Fadenblockheftung*
~**satz** *m* [Druck] / composizione interamente giustificata
~**schrift** *f* / scrittura a stampatello *f* · stampatello *m* (in ~ schreiben: scrivere in stampatello)
Blumen|ornament *n* / fiorone *m*
~**rankenornament** *n* [Bch] / ornamento floreale intrecciato *m*
~**stempel** *m* [Bind] *s. Blütenstempel*
Blüten|lese *f* [Bch] / florilegio *m* · antologia *f*
Blütenornamentik *f* / fioritura *f*
Blüten|stempel *m* [Bind] / fiorono *m*
Bogen *m* [Druck] / foglio *m* ‖ *s.a. Druckbogen*
~**draht** *m* [Pp] / vergella *f*
Bogen|format *n* [Druck] / formato di foglio *m*
Bogennorm *f* [Druck] / segnatura semplice *f*
~**offsetmaschine** *f* [Druck] / macchina da stampa offset da foglio *f* ‖ *s.a. Vierfarben-Bogenoffsetmaschine*
~**satz** *m* [Bind] / filetti a curva *pl*
~**signatur** *f* [Druck] / segnatura ragionata *f*
Bolus *m* [Bind] / bolo *m*
Boole'sche Algebra *f* / algebra booleana *f*
~ **Logik** *f* / logica booleana *f*
Boole'scher Operator *m* / operatore booleano *m*
Bordüre *f* [Bch] / riquadro *m* · cornice *f* ‖ *s.a. Holzschnittbordüre; Titelbordüre*
Botschaft *f* / messaggio *m*
Boulevard|blatt *n* / giornale scandalistico *m*
~**presse** *f* / stampa gialla *f*
~**zeitung** *s. Boulevardblatt*
Brachygraphie *f* / brachigrafia *f*
Bradel-Einband *m* / legatura alla Bradel *f*
Braille-Schrift *f* / scrittura Braille *f*
Branchenadressbuch *n* / repertorio delle imprese delle branche d'industria *m*
Brand... [BdEq] ‖ *s.a. Feuer...*
~**bekämpfung** *f* / lotta contro l'incendio *f* · attività antincendio *f*
~**gefahr** *f* / pericolo d'incendio *m*
~**schaden** *m* / danno da incendio *m*
~**schutz** *m* / protezione antincendio *f*
~**schutzanlage** *f* / impianto antincendio *m*
~**schutzbestimmungen** *pl* / regolamenti antincendio *pl*
Braunanmalung *f* / colorazione bruna *f*
Bräunungen *pl* [Bch] / bruniture *pl* ‖ *s.a. gebräunt*
Breitband|kanal *m* / canale a banda larga *m*
~**kommunikation** *f* / comunicazione a banda larga *f*
~**netz** *n* [Komm] / rete in banda larga *f*
Breite *f* (des Einbandes) / larghezza *f*
Breitenkreis *m* [Kart] / parallelo *m*
Breitformat *n s. Querformat 2*
breitrandig *adj* / a grandi margini
Brenn|punkt *m* (Fokus) / punto focale *m*
~**weite** *f* [Repr] / distanza focale *f*
Brett *n* (in einem Regal) *s. Fachboden*
Breve *n* (päpstlicher Erlaß) / breve *m*
Brevier *n* ⟨DIN 31631/4⟩ / breviario *m*
Brief *m* / lettera *f*
Brief|ablage *f* [Büro] / raccoglitore delle lettere *m*
~**ausgang** *m* / corrispondenza in partenza *f*
~**beschwerer** *m* [Büro] / fermacarte *m*
~**drucker** *m* [Bch] *s. Briefmaler*
~**eingang** *m* / corrispondenza in arrivo *f*
~-**Faksimile** *n* [NBM] / facsimile di una lettera *m*
~**falzmaschine** *f* [Büro] ⟨DIN 9776⟩ / pieghettatrice delle lettere *f*
~**kopf** *m* / testata di lettera *f*
~**maler** *m* [Bch] / illustratore di opuscoli *m* (secc.XIV-XVIII)
~**marke** *f* / francobollo *m*
~**ordner** *m s. Korrespondenzordner*
~**papier** *n* / carta da lettere *f*

~**sammlung** *f* / epistolario *m* · (Briefwechsel:) carteggio *m*
~**tagebuch** *n* / registro di controllo per la corrispondenza *f*
~**umschlag** *m* / busta *f*
~**wechsel** *m* / carteggio *m* · corrispondenza *f* · scambio epistolare *m* ‖ *s.a. Korrespondenz*
Brokatpapier *n* / carta broccata *f*
Bromsilber|druck *m* [Repr] / stampa al bromuro d'argento *f*
~**kopie** *f* [Repr] *s. Bromsilberdruck*
broschieren *v* / legare in brossura *v* · legare alla rustica *v*
broschiert *part perf* / legato alla rustica *part pt* · brossurato *part pt*
Broschur *f* [Bind] / legatura alla rustica *f* · brossura *f*
Broschüre *f* / libro in brossura *m* · (kleine Druckschrift:) opuscolo *m* · (Heftchen:) fascicolo *m*
Brotschrift *f* [Druck] / caratteri correnti *pl*
brsch. *Abk* [Bind] *s. broschiert*
brüchig *adj* [Pp] / fragile *agg*
Brüchigkeit *f* [Pp] / fragilità *f*
Bruchspuren *pl* [Bind] / tracce di rottura *pl*
Brüsseler Dezimalklassifikation *f* / Classificazione Decimale Universale *f*
Brüstung *f* / parapetto *m*
Brutto|betrag *m* / importo lordo *m*
~**einkommen** *n* / reddito lordo *m* · stipendio lordo *m*
~**gehalt** *n s. Bruttoeinkommen*
~-**Grundfläche** *f* (eines Gebäudes) / superficie lorda *f* (di un edificio)
~**preis** *m* / prezzo lordo *m*
Btx *Abk s. Bildschirmtext*
Buch *n* / libro *m* ‖ *s.a. Bücher...*
~**ankauf** *m* [Erw] *s. Buchkauf*
~**antiquariat** *n* / antiquariato librario
~**aufstellung** *f s. Aufstellung 1*
~**auktion** *f* / asta di libri *f*
~**auslage** *f* / esposizione di libri *f*
~**ausleihe** *f s. Ausleihe 1*
~**ausstellung** *f* / mostra libraria *f* · mostra bibliografica *f*
~**bearbeitung** *f* / preparazione dei libri *f* · gestione documentaria *f* ‖ *s.a. technische Buchbearbeitung*
~**bearbeitungsabteilung** *f* [OrgM] / reparto del trattamento *m*
~**beschläge** *pl* [Bind] *s. Beschläge*
~**besprechung** / recensione *f* ‖ *s.a. Besprechungsdienst*
~**bestand** *m* / patrimonio bibliografico *m* · deposito librario *m* · patrimonio librario · fondo librario *m* · (Bestandsumfang:) consistenza libraria *f* ‖ *s.a. Bestand*
~**beutel** *m* / legatura a borsetta *f*
~**binde** *f s. Bauchbinde*
Buchbinder *m* [Bind] / rilegatore *m* · legatore *m* ‖ *s.a. Handwerksbuchbinder*
~**band** *m* [Bch] / volume come entità di legatura *m*
Buchbinderei *f* / legatoria *f* ‖ *s.a. Hausbuchbinderei; Verlagsbuchbinderei*
Buchbinder|hobel *m* [Bind] / rifilatrice *f* ‖ *s.a. Beschneidemaschine*
~**journal** *n* [Bind] / registro dei legatori *m*
~**karte** *f* / scheda per il legatore *f*
~**kartei** *f* [Bind] / registro dei legatori *m* (schedario)
~**liste** *f* (Auftragsliste) / lista del rilegatore *f*
~**pappe** *f* ⟨DIN 6730⟩ / cartone spesso *m* · cartone da rilegatore *m* ‖ *s.a. Graupappe*
Buchbindetechnik *f* / tecnica della legatura *f*
Buch|block *m* [Bind] / corpo del libro *m*
~**decke** *f* [Bind] / copertina *f* ‖ *s.a. Buchdeckenmaschine; Deckenband*
~**deckel** *pl* [Bind] *s. Deckel*
~**deckenmaschine** *f* [Bind] / cartellatrice *f* · copertinatrice *f*
~**druck** *m* / stampa tipografica *f* · tipografia *f* ‖ *s.a. Hochdruck*
Buchdruck *m* / (Druckkunst:) arte della stampa *f* · arte tipografica *f* · tipografia *f*
Buch|drucker *m* / tipografo *m*
~**druckerei** *f s. Druckerei*
~**druckerkunst** *f* / arte della stampa *f* · arte tipografica *f*
Buchdrucker|zeichen *n s. Druckermarke*
Buch|druckpresse *f s. Druckerpresse*
Büchelchen *n* / libercolo *m*
Bücher... [Bch] ‖ *s.a. Buch*
~**aufzug** *m* / montalibri *m* · montacarichi per libri
~**ausgabe** *f* / prestito *m* · (Theke; Tresen:) banco prestiti *m* · (Ort der ~:) punto di ricevimento *m* · banco di distribuzione *m* · banco di consegna *m* ‖ *s.a. Ausleih...*
~**auto** *n* / furgone di libri *m*
~**bord** *n* / ripiano *m* (per libri) ‖ *s.a. Fachboden*
~**brett** *n s. Bücherbord*
~**bus** *m* / bibliobus *m* ‖ *s.a. Fahrbibliothek*
~**diebstahl** *m* / furto librario *m* ‖ *s.a. Diebstahlssicherungssystem*
Bücherei *f* / biblioteca *f* ‖ *s.a. Bibliothek*

~**handschrift** *f* / scrittura standardizzata per l'uso bibliotecario *f*
Bücher|feind *m* / bibliofobo *m*
~**feindschaft** / bibliofobia *f* ‖ *s.a. Büchervernichtung*
~**freund** *m s. Bibliophiler*
~**gestell** *n* / rastrelliera *f* (per libri)
~**gutschein** *m* / buono per libro *m*
~**halle** *f* / biblioteca di pubblica lettura *f*
~**kiste** *f* / contenitore per i libri *m*
~**privileg** *n s. Privileg*
~**rad** *n* / ruota libraria *f*
~**regal** *n s. Regal*
~**rückgabe** (Ort der~) *s. Rückgabeschalter*
~**sammeln** *n* (als Tätigkeitsfeld) / collezionismo librario *m*
~**sammler** *m* / collezionista di libri *m*
~**sammlung** *f* / raccolta libraria *f*
~**schrank** *m* / armadio per i libri *m*
~**skorpion** *m* / acaro cieco *m*
~**ständer** *m* / rastrelliera *f* (per libri)
~**sturz** *m* / inventario congiunto col richiamo dei libri in prestito *m*
~**stütze** *f s. Buchstütze*
~**trog** *m* / contenitore librario *m*
~**turm** *m* / torre libraria *f* ‖ *s.a. Turmmagazin*
~**verbrennung** *f* (auf dem Scheiterhaufen) / rogo librario *m* ‖ *s.a. Büchervernichtung*
~**vernichtung** *f* / biblioclastia *f* ‖ *s.a. Bücherverbrennung*
~**versteigerung** *f s. Buchauktion*
~**verzeichnis** *n* / repertorio di libri
~**wagen** *m* / carrello *m*
~**wurm** 1 *m* (Bücherschädling) / tarlo *m*
~**wurm** 2 *m* (ein viel und gern Lesender) / topo di biblioteca *m*
~**zettel** *m* / modulo d'ordine (nel commercio librario tedesco)
Buch|etat *m* [Erw] / bilancio d'acquisti *m*
~**förderanlage** *f* / trasportatore librario *m* ‖ *s.a. Förderband*
~**format** *n* / formato librario *m*
~**gemeinschaft** *f* / club del libro *m*
~**geschichte** *f* / storia del libro *f*
~**gestaltung** *f* / configurazione del libro *f* · disegno del libro *m*
~**gewerbe** *n* / industria del libro *f*
~**großhandel** *m* / commercio librario all'ingrosso
~**großhändler** *m* / grossista di libri *m*
~**großhandlung** *f s. Buchgroßhändler*
~**haltung** *f* / ragioneria *f* · (Büro der ~:) ufficio ragioneria *m* ‖ *s.a. Rechnungswesen*
~**handel** *m* / commercio librario *m* ‖ *s.a. außerhalb des Buchhandels; nicht im Handel*
Buchhandels|adressbuch *n* / repertorio del commercio librario *m*
~**ausgabe** *f* / edizione commerciale *f*
~**messe** *f s. Buchmesse*
~**zeitschrift** *f* / giornale del commercio librario *m*
Buch|händler *m* / libraio *m* ‖ *s.a. Buchgroßhändler; Reisebuchhändler*
Buchhändler|kartei *f* / registro dei librai *m* ‖ *s.a. Lieferantendatei*
~**verband** *m* / unione degli editori e dei librai *f*
Buch|handlung *f* / libreria *f* ‖ *s.a. Versandbuchhandlung*
~**herstellung** *f* / produzione del libro *f*
~**hülle** *f s. Schutzumschlag*
~**illustrator** *m s. Illustrator*
~**kapsel** / cassa da libri *f* ‖ *s.a. Buchschrein*
~**karte** / scheda del libro *f* (per il prestito) · scheda del prestito *f*
Buchkarten|tasche *f* / taschetta *f* (contenente la scheda del prestito)
~**verbuchung** *f* / registrazione dei prestiti mediante schede del prestito *f*
Buch|karussel *n s. Drehsäule*
~**kasten** *m s. Buchkapsel*
~**kauf** *m* / acquisto di libri *m*
~**klub** *m s. Buchgemeinschaft*
~**kopierer** *m* [Repr] *s. Kopiergerät*
~**kultur** *f* / cultura libraria *f*
~**kunde** *f* / bibliologia *f* · (Buchwissenschsft:) scienza del libro
~**kundler** *m* / studioso della bibliologia *m*
buchkundlich *adj* / bibliologico *agg*
Buch|kunst *f* / arte libraria *f* · arte del libro *f*
~**künstler** *m* / artista del libro *m*
~**laden** *m* / libreria *f*
Büchlein *n* / libercolo *m*
Buch|magazin *n* / magazzino librario *m*
~**malerei** *f* / miniatura *f*
~**markt** *m* / mercato librario *m* · mercato del libro *m*
~**messe** *f* / fiera libraria *f* · fiera del libro *m*
~**museum** *n* / museo del libro *m*
~**preisbindung** *f* / imposizione del prezzo librario *f* (sistema del prezzo fisso sul mercato librario)
~**produktion** *f* / produzione libraria *f*
~**restaurierung** *f* / restauro librario *m*
~**rolle** *f* / libro a cilindro *m* · libro a rotolo *m* · cartiglio *m*

~**rücken** *m s. Rücken*
~**schleife** *f s. Bauchbinde*
~**schließe** *f s. Schließe*
~**schmuck** *m* / decorazione del libro *f*
~**schnitt** *m* [Bind] *s. Schnitt 2*
~**schrein** *m* [Bind] / scrigno librario *m* ‖ *s.a. Buchkapsel*
~**schrift** *f* [Druck] / scrittura libraria *f*
~**sicherungsanlage** *f s. Diebstahlssicherungssystem*
~**spange** *f* [Bind] *s. Buchschließe*
~**stabe** *m* ⟨DIN 44300/2E⟩ / lettera *f*
~**stabe für Buchstabe** (Ordnungsmethode) [Bib; Kat] *s. Ordnung Buchstabe für Buchstabe*
Buchstaben|notation *f* [Klass] / notazione a lettere *f*
~**schrift** *f* / scrittura alfabetica *f*
Buchständer *m* [BauEinr] / rastrelliera *f* · sostegno (per libri) *m*
~**stütze** *f* / fermalibri *m* · reggilibri *m*
~**tasche** *f* / borsa libraia *f*
~**umschlag** *m s. Schutzumschlag*
~**verkaufsstand** *m* / bancarella per la vendita di libri *f*
~**verlust** *m* / perdita *f* (di un libro)
~**versandgeschäft** *n* [Bch] / libreria di vendite per corrispondenza *f*
~**verteilungsanlage** *f* / impianto per la distribuzione dei libri *m*
~**werbung** *f s. Werbung*
~**wippe** *f* [Repr] ⟨DIN 19040/113E⟩ / portalibro *m*
~**wissenschaft** *f s. Buchkunde*
~**wissenschaftler** *m* / studioso della bibliologia *m*
~**zensur** *f* / censura del libro *f*
Buckel *m* (Metallknopf) [Bind] / borchia *f*
Buckram-Leinen *n* [Bind] / tela buckram *m*
Büfett *n* / buffè *m*
Bulle *f* (päpstlicher Erlaß) / bolla papale *f*
Bulletin *m* / bollettino *m*
Bund *m* [Buch] *s. Bundsteg*
Bünde *pl* [Bind] / cordoni *pl* (mit Bünden: a cordoni; cordonato; schmale ~:cordoncini) · nervi *pl* · nervatura *f* ‖ *s.a. echte Bünde; eingesägte Bünde; falsche Bünde; flache Bünde; heften auf doppelte Bünde; Lederbünde*
Bundesangestelltentarifvertrag *m* [Pers] / contratto collettivo per gli impiegati statali *m*
Bündezange *f* [Bind] / pinze per nervature *pl*
Bund|steg *m* [Libri] / margine interno *m* · margine di cucitura *m*
~**zange** *f* [Bind] *s. Bündezange*
bunt *adj* / variopinto *agg*
Buntpapier *n* [Bind] ⟨DIN 6730⟩ / carta colorata *f*
Bürge *m* / mallevadore *m*
Bürger|information *f* / informazione di comunità *f*
Bürgschaft *f* / malleveria *f*
Büro *n* / ufficio *m*
Büro|artikel *pl* / cancelleria *f*
~**automatisierung** *f* / automazione dell'ufficio *f*
~**einrichtung** *f* / arredamento dell'ufficio *m*
~**geräte** *pl* / attrezzature da ufficio *pl*
~**klammer** *f* / graffetta *f*
~**kopierer** *m* [Repr] ⟨DIN 9775⟩ / copiatrice da ufficio *f*
~**kopiergerät** *n* [Repr] *s. Bürokopierer*
~**kratisierung** *f* / burocratizzazione *f*
~**material** *n* / oggetti di cancelleria *pl*
~**möbel** *pl* ⟨DIN 4553⟩ / mobili per ufficio *pl*
~**offsetdruck** *m* [Prt] *s. Kleinoffset(druck)*
~**ordner** *m s. Aktenordner*
~**personal** *n* / personale d'ufficio *m*
~**schrank** *m* / armadio da ufficio *m*
~**vervielfältigungsmaschine** *f* [Repr] ⟨DIN 9775⟩ *s. Bürokopierer*
Bus *m* [EDV] / bus *m* ‖ *s.a. Adressbus; Datenbus; Steuerbus*
Bustrophedon *n* / scrittura bustrofedica *f*
Bütte *f* [Pp] / tina *f* · tino *m*
Bütten|papier *n* / carta al tino *f* · carta a mano *f* ‖ *s.a. Maschinenbüttenpapier*
~**rand** *m* [Pp] / sbavatura *f* · barba *f* · sfrangiamento *m*

C

Cafeteria *f* / buffè *m* · ristorante-self service *m* · caffetteria *f*
Calamus *m* [Schr] / calamo *m*
Campus-Universität *f* / università campus *f*
Carrel *n* *s. Arbeitskabine*
Cartularium *n* [Arch] *s. Chartular*
CD *Abk/f* / CD *abbr/m*
~-**Player** *m* / lettore di compact disc *m*
~-**ROM** *f* / CD-ROM *m*
~-**ROM-Laufwerk** *n* / unità di CD-ROM *f* · lettore di CD-ROM *m*
Chagrin *n* [Bind] / zigrino *m*
Chamois *n* [Bind] / camoscio *m*
Chancengleichheit *f* [Pers] / pari opportunità *pl*
Charta *f* / carta *f*
Chartular *n* [Arch] *A* / cartolario *m* · cartulario *m* · cartario *m*
Chef *m* (einer Abteilung) / capo sezione *m*
~**lektor** *m* / capo consulente *m*
~**redakteur** *m* (einer Zeitung usw.) / redattore capo *m*
chiffrieren *v* / cifrare *v*
Chinapapier *n* / carta India *f* · carta Cina *f*
Chip *n* [EDV] / chip *m*
~-**Gehäuse** *n* [EDV] / cartuccia chip *f*
~**karte** *f* / scheda chip *f*
Choralbuch *n* / corale *m*
Chorbuch *n* [Mus] / libro corale *m*
Choreographie *f* ⟨DIN 31631/4⟩ / coreografia *f*
chorographische Karte *f* / carta corografica *f*
Chorpartitur *f* [Mus] ⟨ISBD(PM)⟩ / partitura per coro *f*
Chrestomathie *f* / crestomazia *f*
Chromgerbung *f* [Bind] / concia al cromo *f*
Chromolithographie *f* / cromolitografia *f*
Chronik *f* ⟨DIN 31631/4; RAK-AD⟩ / cronaca *f*
Chronist *m* / cronista *m*
Chronogramm *n* / cronogramma *m*
chronologischer Katalog *m* / catalogo cronologico *m*
chronologischer Schlüssel *m* [Klass] / suddivisione standardizzata cronologica *f*
Chrysographie *f* [Schr] / crisografia *f*
CIP-Aufnahme *f* [Kat] / scheda CIP *f*
Clearinghaus *n* (für die Informationserfassung) / centro di smistamento dell'informazione *m*
Code *m* / codice *m* ‖ *s.a. Zahlencode*
~-**Umsetzer** *m* [EDV] ⟨DIN 44300/5E⟩ / convertitore di codice *m*
Codex *m* [Bch] / codice *m*
Collage *f* / collage *m*
COM-Anlage *f* [EDV; Repr] / apparato COM *m*
~-**Aufnahmeverfahren** *n* [EDV; Repr] / metodo COM *m*
~-**Film** *m* [EDV; Repr] ⟨DIN 19040/113E⟩ / COM *m*

Comic *m* [Bch] ⟨DIN 31631/4⟩ / fumetto *m* ‖ *s.a. Zeichentrickfilm*
COM-Katalog *m* / catalogo a COM *m*
Compact-Disc *f* [NBM] ⟨DIN 31631/4; ISBD(NBM)⟩ / compact disc *m* (CD)
~-Spieler *m* / lettore di compact disc *m*
Compiler *m* [EDV] / programma compilativo *m* · compilatore *m*
Computer *m* / computer *m* · (Rechner:) calcolatore *m*
~animation *f* / animazione elettronica *f*
~ausfall *m* / guasto al calcolatore *m*
~gehäuse *n* / cassa del computer *f*
computergestützt *adj* / assistito da computer *part pt*
Computer|grafik *f* / grafica computerizzata *f* · computer grafica *f*
computerisieren *v* / computerizzare *v*
Computer|kunst *f* / computer art *m*
~linguistik *f* / linguistica computazionale *f*
~satz *m* [Druck] / composizione computerrizzata *m*
~spiel *m* / gioco elettronico *m*
~störung *f* / guasto al calcolatore *m* ‖ *s.a. Maschinenausfall*
COM-Verfahren *n* [EDV; Repr] *s. COM-Aufnahmeverfahren*
Container *m* / contenitore *m*
Copyright-Bibliothek *f* / biblioteca per la proprietà letteraria *f*
~-Vermerk *m* [Kat] / indicazione del copyright *f* · nota di copyright *f*
Corduan *n* [Bind] / cuoio cordovano *m*
Cover *n* / busta · copertina di disco *f*
CPU-Zeit *f s. Prozessorzeit*
Craquelé [Carta] *s. Krakelee*
Crayonmanier *f* [Kunst] / maniera a matita *f*
Croquis *n* [Kart] *s. Kroki*
Cross-Compiler *m* [EDV] / compilatore incrociato *m*
Cross-Media-Produktion *f* [ElPubl] / pubblicazione cross-media *f*
Cul-de-lampe *m* [Bch] *s. Schlussvignette*
Curriculum *n* / curriculo *m* · (Lehrplan:) curriculum di studi *n*
Cursor *m* [EDV] / cursore *m*

D

Dachthesaurus *m* [Ind] / macrothesaurus *m*
Daguerrotypie *f* / dagherrotipia *f*
Dampfphasenentsäuerung *f* [Pp] / deacidificazione con sostanze volatili *f*
Danksagung *f* (des Autors) / ringraziamento *m* (dell'autore)
darstellen *v* [EDV] / rappresentare *v* · (bildlich:) figurare *v*
Darstellungsschicht *f* [Komm] / livello di presentazione *m*
Datei *f* [EDV] ⟨DIN 44300/3E; DIN 66010E; DIN 66029⟩ / file *m* · archivio *m* ‖ *s.a. Bestelldatei*
~**abschnitt** *m* [EDV] ⟨DIN 66010E; DIN 66029⟩ / sezione di file *f*
~**aufbau** *m* / struttura del file *f*
~**ende** *f* / fine del file *f*
~**endekennsatz** *m* [EDV] / etichetta di coda *f*
~**name** *m* [EDV] / nome del file *m* · nome dell'archivio *m* · denominazione del file *f*
~**organisation** *f* [EDV] / organizzazione del file *f* ‖ *s.a. Datenorganisation*
~**pflege** *f* [EDV] / manutenzione del file *f*
~**schutz** *m* [EDV] / protezione del file *f*
~-**Server** *m* [EDV] / server di file *m*
~**sperrung** *f* [EDV] / blocco di file *m*
~**übertragung** *f* / trasferimento di file *m*
~**verwaltung** *f* [EDV] / gestione del file *f* · gestione degli archivi *f*
Daten *pl* ⟨DIN 44300/2E⟩ / dati *pl*
~**anfangsadresse** *f* [EDV] / indirizzo base *m*
~**aufbereitung** *f* [EDV] / preparazione dei dati *f*
~**ausgabe** *f* [EDV] / emissione dei dati *f* · uscita di dati *f* ‖ *s.a. Druckerausgabe*
~**austausch** *m* [EDP] *s. Datentausch*
~**autobahn** *f* / autostrada informatica *f* · autostrada elettronica *f*
Datenbank *f* [InfSy] ⟨DIN 44300/3E⟩ / banca di dati *f* · banca dati
~**anbieter** *m* / fornitore di banche di dati *m*
~**hersteller** *m* [InfSy] / produttore di banche dati *m*
~**management** *n* / gestione di banca dati *f*
~-**Management-System** *n* [EDV] ⟨DIN 44300/4E⟩ / sistema per la gestione di banche dati *m*
~**maschine** *f* [EDV] / motore banca dati *m*
~**recherche** *f* / ricerca su banche dati *f*
~**rechner** *m* [InfSy] / elaboratore host *m*
~**sprache** *f* [EDV] / linguaggio di banca dati *m*
~**system** *n* [EDV] / sistema di banca dati *m* *s.a. Datenbank-Management-System*
~**verwaltungssystem** *n* [EDV] *s. Datenbank-Management-System*
~**wahl** *f* / scelta di banca dati *f*
Datenbasis *f* / base di dati *f* ‖ *s.a. Datenbank*
Daten|block *m* [EDV] / blocco di dati *m*
~**bus** *m* [EDV] / bus di dati *m*

~**darstellung** *f* / rappresentazione dei dati *f*
~**eingabe** *f* / inserimento dati *m* · ingresso di dati *m* · input *m* · immissione dei dati *f* · registrazione dati *f* · introduzione dei dati *f* ‖ *s.a. Datenerfassung*
~**einheit** *f* [EDV] / unità dei dati *f*
~**element** *n* [EDV] ⟨DIN 44300/2E⟩ / dato elementare *m*
~**endeinrichtung** *f* [EDP] *s. Datenendgerät*
~**endgerät** *n* [EDV] / terminale di trattamento dati *m*
~**erfassung** *f* [EDV] / registrazione dati *f* · raccolta dei dati *f* · acquisizione dei dati *f* ‖ *s.a. Dateneingabe*
Datenerfassungs|gerät *n* / terminale di entrata *m*
~**schema** *n* [Kat; Ind] ⟨DIN 31631/1⟩ / schema di registrazione *m*
~**zentrum** *n* / centro raccolta dati *m*
Daten|erhebung *f* / rilevazione dei dati *f* ‖ *s.a. Erhebung*
~**feld** *n* [EDV] ⟨DIN/ISO4335⟩ / campo dei dati *m*
Datenfern|übertragung *f* / comunicazione di dati a distanza *f* ‖ *s.a. Datenübermittlung*
~**übertragungseinrichtung** *f* (DCE) ⟨DIN 44302⟩ / dispositivo di terminazione dei circuiti dati *m*
~**verarbeitung** *f* [EDP] ⟨DIN 44302⟩ / elaborazione a distanza *f* · telelaborazione dati *f* ‖ *s.a. Stapelfernverarbeitung*
~**zugriff** *m* [Retr] / accesso remoto ai dati *m*
Daten|fluss *m* [EDV] ⟨DIN 44300/1E⟩ / flusso di dati *m*
~**flussplan** *m* [EDV] ⟨DIN 44300/1E⟩ / diagramma di flusso *m*
~**format** *n* [EDV] / formato di dati *m*
~**hierarchie** *f* [EDV] / gerarchia dei dati *f*
~**integrität** *f* [EDV] / integrità dei dati *f*
~**kategorie** *f* [EDP] ⟨DIN 2341/1; DIN 31631/1⟩ / categoria di dati *f* ‖ *s.a. Kategorienkatalog*
~**kompression** *f* [EDV] / compressione di dati *f*
~**konversion** *f* [EDV] / conversione di dati *f*
~**konvertierung** *f* [EDV] *s. Datenkonversion*
~**konzentrator** *m* [Komm] / concentratore di dati *m*
~**modell** *n* [EDP] / modello di dati *m* ‖ *s.a. relationales Datenmodell*
~**multiplexer** *m* [Komm] ⟨DIN 44302⟩ / multiplexer di dati *m*
~**netz** *n* [Komm] ⟨DIN 44302⟩ / rete di dati *f*
~**organisation** *f* [EDV] / organizzazione dei dati *f* ‖ *s.a. Dateiorganisation*
Datenpaket *n* [Komm] ⟨DIN 44302⟩ / pachetto di dati *m*
~-**Vermittlung** *f* [Komm] ⟨DIN 44302⟩ / commutazione di pacchetto *f* ‖ *s.a. Paketvermittlungsnetz*
Daten|prozessor *m* [EDV] / processore di dati *m*
~**quelle** *f* [Komm] ⟨DIN 44302⟩ / origine dei dati *f*
~**recherche** *f* / ricerca di dati *f*
~**sammelschiene** *f* [EDV] / bus di dati *m*
~**sammlung** *f* / raccolta dei dati *f*
~**satz** *m* [EDV] / record di dati *m* ‖ *s.a. geblockter Satz*
Datenschutz *m* ⟨DIN 44300/1E⟩ / tutela del segreto dei dati *f* · protezione dati *f* · tutela della segretezza dei dati *f* ‖ *s.a. vertrauliche Daten*
~**beauftragter** *m* / delegato alla tutela del segreto dei dati *m* · responsabile della tutela della segretezza dei dati *m* · incaricato della protezione dati *m*
Daten|sicherheit *f* [EDV] ⟨DIN 44300/1E⟩ / sicurezza dei dati *f*
~**sicherung** *f* [EDV] / salvataggio dei dati *m*
~**sichtgerät** *n* / terminale video *m*
~**speicherung** *f* [Inform] / memorizzazione di dati *m* ‖ *s.a. Speicherung*
~**spur** *f* [EDV] ⟨DIN 66010E⟩ / traccia di dati *f*
~**station** *f* ⟨DIN 44302⟩ / stazione dei dati *f*
~**tausch** *m* [EDV] / scambio di dati *m* ‖ *s.a. Austauschformat*
~**träger** *m* / supporto di dati *m* ‖ *s.a. physischer Datenträger; Speichermedium*
~**transformation** *f* [EDP] / trasformazione di dati *f*
~**typist/in** *m/f* / datapista *m/f*
~**übermittlung** *f* ⟨DIN 44302⟩ / comunicazione dei dati *f* ‖ *s.a. Datenübertragung; Übermittlungsabschnitt; Übermittlungsvorschrift*
~**übernahme** *f* [EDV] / importazione di dati *f*
~**übertragung** *f* ⟨DIN 44302⟩ / comunicazione dati *f* · trasmissione dati *f* ‖ *s.a. Datenübermittlung*
~**übertragungs|block** *m* ⟨DIN 4430; DIN/ISO 3309⟩ / blocco del trasferimento di dati *m*

~|**umsetzer** *m* [EDV] / convertitore di dati 1 *m*
~**ursprung** (m) [EDV] / origine dei dati *f*
~**verarbeitung** *f* [EDV] / elaborazione di dati *f*
Datenverarbeitungs|anlage *f* ⟨DIN 44300/5E⟩ / elaboratore elettronico *m* · (Elektronenrechner:) calcolatore elettronico *m*
~**system** *n* / sistema di elaborazione di dati *m* · sistema di elaborazione dati *m*
~**verbund** *m s. Rechnerverbund*
Daten|verbund *m* [EDV] / connessione di dati *f*
~**verdichtung** *f* [EDV] / compressione dati *f* · compattazione dei dati *f*
~**verfälschung** *f* / corruzione di dati *f* · contaminazione di dati *f*
~**verschlüsselung** *f* / codificazione di dati *f*
~**verwaltungssystem** *n* / sistema della gestione di dati *m*
~**wandler** *m* / convertitore di dati 1 *m*
datieren *v* / datare *v*
Datierung *f* / datazione *f*
Datum *n* / (Zeitangabe:) data *f*
Datumsstempel *m* [Büro] / datario *m*
Dauer *f* / durata *f*
~**auftrag** *m* (standing order) [Erw] / ordine permanente *m* ‖ *s.a. Fortsetzungsbestellung; Pauschalbestellung*
~**betrieb** *m* / servizio continuo *m*
~**haftigkeit** *f* / durabilità *f* · permanenza *f*
~**leihgabe** *f* / prestito permanente *m* ‖ *s.a. Depositum*
~**lochstreifen** *m* ⟨DIN 66218⟩ / nastro perforato a lunga durata *m*
Daumenregister *n* / indice con marginatura a scaletta
DBMS *Abk* [EDV] *s. Datenbank-Management-System*
dechiffrieren *v* / decifrare *v*
Deckblatt *n* [Bind] / foglio di copertura *m*
Deckblattkarte *n* (Deckblatt für eine andere Karte) [Kart] ⟨RAK-Karten⟩ / carta stampata su lucido *f*
Decke *f* (Zimmerdecke) / soffito *m* ‖ *s.a. abgehängte Decke*
Deckel *m* [Bind] / piatto *m* (in Deckeln beschneiden: tagliare ai piatti) ‖ *s.a. Elfenbeindeckel; Hinterdeckel; Holzdeckel; Innendeckel; Leinendeckel; Pappdeckel; Vorderdeckel*
~**beschläge** *pl* [Bind] *s. Beschläge*
~**bezug** *m* [Bind] / copertura del piatto *f*
~**innenseite** *f* / anima del piatto *f* · facciata interna *f* (del piatto) ‖ *s.a. Doublure*
~**kanten** *pl* [Bind] / unghie *pl* · unghiatura *f* ‖ *s.a. Stehkante*
~**kupfer** *n* [Bind] / incisione nel piatto *f*
~**vergoldung** *f* [Bind] / doratura dei piatti
Decken|band [Bind] / legatura a cartella *f* · legatura a coperta staccata *f* ‖ *s.a. Buchdecke*
~**belastung** *f* [BauEinr] / carico del soffitto *m*
~**last** *f* [BauEinr] *n s. Deckenbelastung*
~**machgerät** *n* [Bind] / cartellatrice *f* · copertinatrice *f*
Deckung *f* / (von Kosten:) copertura di costi *f*
decodieren *v* [EDV] / decodificare *v*
Decodierer *m* [EDV] / decodificatore *m* ‖ *s.a. Befehlsdecodierer*
dediziertes Datenverarbeitungsssystem *n* / sistema di elaborazione dedicato *m*
~ **Netz** *n* [Komm] / rete dedicata *f*
Deduktion *f* / deduzione *f*
DEE *Abk* [Komm; EDV] *s. Datenendeinrichtung*
Defekt *m* / guasto *m* · difetto *m*
~**exemplar** *n* [Bch] / esemplare difettoso *m* · copia diffettosa *f*
definieren *v* / definire *v*
Definition *f* / definizione *f* ‖ *s.a. Inhaltsdefinition; Umfangsdefinition*
Dehnrichtung *f* (des Papiers) / direzione trasversale *f*
Dekan *m* / decano *m* · (Universität:) preside di facoltà *m*
Deklamation *f* / declamazione *f*
Deklination *f* [Kart] ⟨RAK-Karten⟩ / declinazione *f*
Dekorationsmaterial *n* / materiale da decorazione *m*
delaminieren *v* / delaminare *v*
Delegation *f* / delegazione *f*
Delegationsprinzip *n* [OrgM] / principio di delegazione *m*
Delphi-Methode *f* / metodo Delfi *m*
Demoskopie *f* / demoscopia *f*
demotische Schrift *f* / demotico *m*
Denkmalschutz *m* / protezione del patrimonio edilizio *f* · tutela dei monumenti *f*
Denkschrift *f* / memorandum *n*
Dentelles-Einband *m* / legatura a merlettatura · legatura a pizzo *f* · legatura a merletto *f*
deponieren *v* / depositare *v*

Depositarbibliothek *f* / biblioteca depositaria *f*
Depositum *n* / deposito *m*
Depot *n* / deposito *m* ‖ *s.a. Ergänzungsdepot*
Depot-Bibliothek *f s. Depositarbibliothek*
Dequalifizierung *f* [Pers] / squalificazione *f* · dequalificazione *f*
derivatives Dokument *n s. abgeleitetes Dokument*
Dermatoid *n* [Bind] / dermoide *m*
Desiderat *n* [Erw] / desiderato *m*
Desideraten|buch *n* [Erw] / registro dei desiderata *m*
~**datei** *f* [Erw] / registro dei desiderata *m*
~**kartei** *f* [Erw] / schedario dei desiderata *s.a. Desideratendatei*
~**liste** *f* [Erw] / lista dei desiderata *f*
Desinfektion *f* / disinfestazione *f* · disinfezione *f* ‖ *s.a. gasförmiges Desinfektionsmittel*
Desinfizierung *f* / disinfestazione *f* · disinfezione *f*
Deskriptionszeichen *n* [Kat] ⟨TGL 20972/04 ISBD⟩ / segno di descrizione *m*
deskriptive Statistik *f* / statistica descrittiva *f*
Deskriptor *m* [Ind] ⟨DIN 31623/1; DIN 66232⟩ / descrittore *m* ‖ *s.a. Hilfsdeskriptor*
~-**Kandidat** *m* [Ind] / candidato descrittore *m*
Dessinrolle *f* (Rollstempel) [Bind] / rullo *m* · ruota per decorazioni *f* · rotella *f*
Detailwiedergabe *f* [Repr] / riproduzione dei detagli *f* ‖ *s.a. Auflösungsvermögen*
Detektivroman *m* / romanzo poliziesco *m*
Deutsche Forschungsgemeinschaft *f* / Comunità Tedesca di Ricerca *f*
Devise *f* (Motto) [Bch] / divisa *f*
Dezimal|klassifikation *f* / classificazione decimale *f* ‖ *s.a. Universale Dezimalklassifikation*
~**notation** *f* [Klass] / notazione decimale *f*
~**punkt** *m* / punto decimale *m*
~**system** *n* / sistema decimale *m*
~**unterteilung** *f* [Klass] / suddivisione decimale *f*
~**zahl** *f* [Klass] / numero decimale *m*
~**ziffer** *f* / cifra decimale *m*
Dia *n* [NBM] ⟨DIN 19040/4+10⟩ / diapositiva *f* ‖ *s.a. Farbdia*
~-**Betrachter** *m* [NBM] / visore per diapositive *m*
Diagnoseprogramm *n* [EDV] / programma diagnostico *m*
diagnostische Routine *f* [EDP] *s. Prüfprogramm*
Diagramm *n* ⟨DIN 31631/2+4⟩ / diagramma *m* ‖ *s.a. Balkendiagramm; Beziehungsdiagramm; Blockdiagramm; Flussdiagramm; Kreisdiagramm; Kurvendiagramm; Liniendiagramm*
~**karte** *f* ⟨RAK-Karten⟩ / carta a diagrammi *f*
diakritisches Zeichen *n* [Schr] / segno diacritico *m*
Dialog|betrieb *m* / elaborazione conversazionale *f* · procedura conversazionale *f* · modo interattivo *m* · elaborazione interattiva *f*
~**box** *f* [EDV] / riquadro di dialogo *m*
~**datenerfassung** *f* [EDV] / acquisizione interattiva dei dati *f*
~**datenverarbeitung** *f* / elaborazione interattiva dei dati *f*
~**fenster** *n* [EDV] / finestra interattiva *f* · finestra di dialogo *f* · riquadro di dialogo *m*
~**sprache** *f* [EDV] / linguaggio interattivo *m*
~**verarbeitung** *f* [EDP] *s. Dialogbetrieb*
~**verkehr** *m* [EDV] *s. Dialogbetrieb*
Dia|positiv *n* [NBM] ⟨DIN 108/1E; DIN 31631/4; A 2653⟩ / diapositiva *f* ‖ *s.a. Dia*
~-**Projektion** *f* / proiezione di diapositive *f*
~-**Projektor** *m* / proiettore di diaspositive *m* · diascopio *m*
~**rähmchen** *n* [NBM] / telaietto per diapositive *m*
~-**Reihe** *f* / collana di diapositive *f* · serie di diapositive *f*
Diärese *f* [Lin] / dieresi *f*
Diarium *n* / diario *m*
Dia-Sammlung *f* / collezione di diapositive *f* · diateca *f*
~**schau** *f* / proiezione di diapositive *f* ‖ *s.a. Tonbildschau*
~-**Serie** *f* [NBM] *s. Dia-Reihe*
~**thek** *f s. Dia-Sammlung*
Dia|vortrag *m* / conferenza con proiezione di diapositive *f*
Diazofilm *m* [Repr] ⟨DIN 19040/104E; ISO 6196-4⟩ / diazo film *m* · pellicola diazo *f* ‖ *s.a. Duplikatfilm*
Dichte *f* (optische ~) [Repr] / densità *f*
Dickdruckpapier *n* / carta soffice *f*
Dickte *f* [Druck] / spessore *m*

Diebstahl *m* / furto *m* · (im Freihandbereich:) taccheggio *m*
Diebstahls|quote *f* / (im Freihandbereich:) quota di taccheggio *f*
~**rate** *f s. Diebstahlsquote*
~**sicherung** *f* / protezione dai furti
~**sicherungsanlage** *f* / impianto antifurto *m*
~**sicherungssystem** *n* / sistema di protezione dai furti · sistema di antitaccheggio *m* · impianto antifurto *m* ‖ *s.a. Buchsicherungsanlage*
~**verhütung** *f* / prevenzione di furti *f* · (Schutz vor Diebstählen:) protezione dai furti *f*
Dienst|akten *pl* / pratiche d'ufficio *pl*
~**alter** *n* [Pers] / anzianità di servizio *f*
~**alterszulage** *f* / indennità di anzianità *f*
~ **am Benutzer** *m* / servizio agli utenti *m*
~**aufsicht** *f* [Verw] / sorveglianza di servizio *f*
~**befreiung** *f* / esenzione dal servizio *f*
~**bezüge** *pl* [Pers] *s. Bezüge*
dienstfreie Zeit *f* [Pers] / tempo libero *m*
Dienst|gebrauch *m* / uso ufficiale
~**katalog** *m* / catalogo di servizio *m*
Dienstleistung *f* / servizio *m* (entgeltpflichtige ~:servizio a pagamento)
Dienstleistungs|einrichtung *f* [OrgM] / istituto di servizi *m* ‖ *s.a. Dienstleistungsstelle*
~**rechner** *m* [EDV] / elaboratore ospite *m*
~**stelle** *f* [OrgM] ⟨DIN 1425⟩ / punto di servizio *m*
Dienstleistung zum Nulltarif *f* / servizio a costo zero *m* ‖ *s.a. Gebührenfreiheit*
Dienst|ordnung *f* / regolamento del servizio *m*
~**plan** *m* (Zeitplan) / orario di servizio *m*
~**postenbewertung** *f* / valutazione dei posti di lavoro nel servizio pubblico *f*
~**programm** *n* [EDV] / programma di utilità *m* · programma di servizio *m*
~**reise** *f* / viaggio per servizio *m*
~**siegel** *n* / timbro ufficiale *m*
~**stelle** *f* [Verw] / unità amministrativa *f* ‖ *s.a. nachgeordnete Dienststelle*
~**stempel** *m* / timbro ufficiale *m*
~**stunden** *pl* (Öffnungszeiten eines Amtes) / orario d'ufficio · ore di servizio *pl*
~**verhältnis** *n* [Pers] / rapporto di servizio *m*
~**weg** *m* [OrgM] / via delle istanze *f* · via gerarchica *f*
~**zimmer** *n* / ufficio *m*
Digestorium *n* (Abzug) / cappa aspirante *f*
digital *adj* / digitale *agg*
digitale Daten *pl* [EDV] ⟨DIN 44300/2E⟩ / dati digitali *pl*
digitalisierbar *adj* / digitalizzabile *agg*
digitalisieren *v* / digitalizzare *v*
Digitalisierung *f* / digitalizzazione *f*
Digitalisierungskarte *f* / scheda digitalizzatrice *f*
Digitalrechner *m* / elaboratore digitale *m*
Diktiergerät *n* ⟨DIN 9782⟩ / dittafono *m*
dimensionieren *v* / dimensionare *v*
Diorama *n* [NBM] ⟨DIN 31631/2; ISBD(NBM)⟩ / diorama *m*
Diözesanbibliothek *f* / biblioteca diocesana *f*
Diplom *n* / diploma *m* ‖ *s.a. Hochschuldiplom; Prüfungszeugnis*
Diplomand *m* / laureando *m*
Diplom|arbeit *f* / tesi di diploma *f*
Diplomatik *f* [Arch] / diplomatica *f*
diplomatische Ausgabe *f* / edizione diplomatica *f*
Diplom-Bibliothekar *m* / bibliotecario a livello elevato *m*
~-**Dokumentar** *m* / documentalista a livello elevato *m*
~**prüfung** *f* / esame di laurea *m*
~**studiengang** *m* / corso di diploma *m* · corso di laurea *m*
Diplom-Vorprüfung *f* / esame preliminare *m* (in un corso di laurea)
Diptychon *n* / dittico *m* ‖ *s.a. Konsulardiptychon*
Direkt|ausleihe *f* / prestito diretto *m*
~**belichtung** *f* [Repr] / esposizione diretta *f*
~**bestellung** *f* [Erw] / ordine diretto *m*
direkter Zugriff *m* [EDV] / accesso diretto *m* ‖ *s.a. wahlfreier Zugriff*
Direktion *f* / direzione *f*
Direktionsstimme *f* [Mus] ⟨ISBD(PM)⟩ / parte del pianoforte conduttore *f*
Direktorin *f* / direttrice *f*
Direkt|verkauf *m* / vendita diretta *f*
~**zugriff** *m s. direkter Zugriff*
~**zugriffsspeicher** *m* [EDP] ⟨DIN 44300/6E⟩ / memoria ad accesso diretto *f* ‖ *s.a. Schnell(zugriffs)speicher*
Dirigierpartitur *f* / partitura del direttore *f*
Diskette *f* [EDV] ⟨DIN 66010E; DIN 66237/1+2; DIN 66 247; DIN 66248/1⟩ / dischetto *m* · floppy disc *m*
Disketten|betriebssystem *n* / sistema operativo a dischi *m*
~**laufwerk** *n* [EDV] ⟨DIN 66010E⟩ / unità disco *f* · disco drive *m* · drive floppy disk *m* · lettore di dischi *m*

Diskographie *f* [NBM; Bib] ⟨DIN 31631/4⟩ / discografia *f*
Diskothek *f* / discoteca *f*
diskret *adj* / discreto *agg*
Diskussionsbeitrag / (bei einer Tagung:) intervento *m*
Display-Schreibmaschine *f* / macchina da scrivere a display *f* ‖ *s.a. Speicherschreibmaschine*
Dissertation *f* / dissertazione accademica *f* · tesi di laurea *f* · (Doktorarbeit:) tesi di dottorato · dissertazione di dottorato *f*
Dittographie *f* / dittografia *f*
Diurnal(e) *n* [Bch] / diurnale *m*
DK *Abk s. Dezimalklassifikation*
DK-Zahl *f* / numero della CDU *m*
Doktorand *m* / laureando *m*
Doktorandenzimmer *n* / sala per i laureandi *f*
Doktorand m / dottorando *m*
Doktorarbeit *f* / dissertazione di dottorato *f* · tesi di dottorato
Doktorat *n* / dottorato *m* · (mit Nachweis der Forschungsbefähigung:) dottorato di ricerca
Dokument *m* / documento *m*
Dokumentar *m* / documentalista *m*
Dokumentarfilm *m* [NBM] ⟨DIN 31631/4⟩ / documentario *m* · film documentario *m*
dokumentarische Bezugseinheit *f* [Ind] ⟨DIN 31631/1⟩ / documento al quale un' unità di documentazione si riferisce *m*
Dokumentart *f* / tipo di documento *m*
Dokumentation *f* / documentazione *f*
Dokumentations|einheit *f* [Ind] ⟨DIN 31631/1+4⟩ / unità di documentazione *f*
~**sprache** *f* [Ind] ⟨DIN 31623/1; DIN 31631/2⟩ / linguaggio di documentazione *m*
~**stelle** *f* / centro di documentazione *m*
Dok|umentations-Stelle *f* / centro di documentazione *m*
Dokumentations|wesen *n* / documentazione *f* (come campo d'attività e di studio)
~**wissenschaft** *f s. Informationswissenschaft*
dokumentationswürdig *adj* / degno di documentazione *agg*
Dokument|beschaffung / recupero di documenti *m*
~**beschreibungssprache** *f* [ElPubl] / linguaggio di descrizione di documenti *m*
Dokumenten|auswahl *f* / scelta di documenti *f*
Dokument|lieferung *f* / consegna di documenti *f* · fornitura di documenti *f* ‖ *s.a. Literaturversorgung*
~**typ** *m s. Dokumentart*
~**verwaltung** *f* / gestione di documenti *f*
Dombibliothek *f* / biblioteca cattedrale *f*
Donatoren-Exlibris *n* / ex dono *m*
Doppel|arbeit *f* / doppio lavoro *m*
~**band** *m* / volume doppio *m*
~**belichtung** *f* [Repr] / esposizione doppia *f*
~**bestellung** *f* [Erw] / ordine doppio *m*
~**klick** *m* [WEDV] / doppio clic *m*
~**name** *m* ⟨RAK⟩ / cognome composto *m*
~**punkt** *m* (:) / (in einem geschriebenen Text:) doppio punto *m* · (als Deskriptionszeichen:) due punti *pl*
~**regal** *n* / scaffalatura bilaterale *f* · scaffale doppio *m* · scaffale a doppia faccia *m*
~**schreibung** *f* / dittografia *f*
doppelseitig *adj* [Bch] / a doppia facciata · a doppia pagina
doppelseitige Regaleinheit *f s. Doppelregal*
doppelspaltig *adj* [Bch] *s. zweispaltig*
Doppelstück *n* [Bch] / duplicato *m*
doppelte Schreibdichte *f* (bei einer Diskette) [EDV] / doppia densità *f*
~ **Seitenzählung** *f* / paginazione doppia *f*
~ **Speicherdichte** *f* (bei einer Diskette) [EDV] *s. doppelte Schreibdichte*
Doppelzählung *f* / doppia numerazione *f*
doppelzeilig *adj* [Druck] / a doppia riga *f*
Dorfbibliothek *f* / biblioteca rurale *f*
Dorsualvermerk *m* / nota dorsale *f*
Doublure *f* [Bind] / fodera *f* ‖ *s.a. Deckelinnenseite*
Dozent *m* / docente *m* ‖ *s.a. Gastdozent*
Dozentur *f* / docenza *f*
Draht|heftmaschine *f* [Bind] / pinzatrice *f* · cucitrice a punti metallici *f* ‖ *s.a. Fadenheftmaschine*
~**heftung** *f* [Bind] / cucitura a punti metallici *f* · spillatura a punti metallici *f* ‖ *s.a. Blockheftung; Klammer*
Drehbuch *n* [NBM] ⟨DIN 31631/4⟩ / sceneggiatura *f*
~**verfasser** *m* / sceneggiatore *m*
Dreh|kreuz *n* / tornello *m*
~**säule** *f* / torre girevole *f* ‖ *s.a. Drehständer*
~**ständer** *m* / scaffalatura girevole *f* ‖ *s.a. Drehsäule*
~**stuhl** *m* ⟨DIN 4551⟩ / sedia girevole *f*
~**tür** *f* / porta girevole *f*
~**turm** *m s. Drehsäule*

~**zahl** *f* (einer Schallplatte) / velocità di rotazione *f*

Dreifarbendruck *m* / tricromia *f*

dreigeteilte Bibliothek *f* / biblioteca tripartita *f* · (Öffentliche Bibliothek:) biblioteca a tre livelli *f*

Drei|monatsschrift *f* / periodico trimestrale *m*

~**pass** *m* [Bind] / trilobo *m*

Druck 1 *m* / (Druckvorgang; Drucktechnik:) stampa *f* · (die in einem besonders gezählten Druckvorgang hergestellten Exemplare:) impressione *f* ‖ *s.a. Nachdruck*

Druck 2 *m* (Ergebnis des Druckvorgangs, das Gedruckte; Druckerzeugnis) / stampato *m/part pt* ‖ *s.a. Frühdrucke*

Druck|befehl *m* [EDV] / comando di stampa *m*

~**beihilfe** *f* / sussidio per la stampa *m*

~**bild** *n* / tipografia *f*

~**bogen** *m* / foglio stampato *m* · foglio di stampa *m*

drucken *v* [Bind] / stampare *v* · imprimere *v*

drücken *v* (eine Taste usw.) / premere (un tasto ecc.)

Drucker 1 *m* [Pers] / tipografo *m* · stampatore *m*

Drucker 2 *m* (Gerät zur Ausgabe von Drucken) [EDV] ⟨DIN 9784/1E⟩ / stampante *f* ‖ *s.a. Anschlagdrucker; anschlagfreier Drucker; Druckmaschine; Kettendrucker; Laserdrucker; Nadeldrucker; Schnelldrucker; Seitendrucker; Seriendrucker; Tintenstrahldrucker; Typenraddrucker; Zeichendrucker; Zeilendrucker*

~**ausgabe** *f* [EDV] / emissione su stampante *f*

~**ballen** *m* / tampone *m*

Druckerei / (Werkstatt:) bottega tipografica · (Abteilung in einer Bibliothek usw.:) stamperia · (selbständiger Betrieb; Offizin:) officina tipografica *f* · officina grafica *f* · tipografia *f*

Druckerkatalog *m* / catalogo per tipografi *m*

Druckerlaubnis *f* [Bch] / nihil obstat (licenza dell'autorità ecclesiastica competente) · imprimatur *m* · permesso di stampare *m* ‖ *s.a. Imprimatur!*

Drucker|marke *f* / insegna del tipografo *f* · marca tipografica *f*

~**presse** *f* / pressa da stampa *f* · torchio tipografico *m* ‖ *s.a. Druckmaschine*

~**puffer** *m* [EDV] / buffer di stampa *m*

~**schwärze** *f* / inchiostro tipografico *m* ‖ *s.a. Druckfarbe*

~-**Server** *m* [EDV] / server stampante *m*

~**zeichen** *n* *s. Druckermarke*

Druck|erzeugnis *n* / prodotto a stampa

~**farbe** *f* ⟨DIN 16528E; DIN 16514⟩ / inchiostro da stampa *m* · colore di stampa *m* · inchiostro tipografico *m*

~**fehler** *m* / difetto di stampa *m* · errore di stampa *m* · (falsche Drucktype:) refuso *m* ‖ *s.a. Berichtigung; Setzfehler*

~**fehlerverzeichnis** *n* / errata corrige *m*

druckfertig! *adj* / buono a stampare *agg* · pronto per la stampa · stampabile · si stampi ‖ *s.a. imprimatur!*

Druck|form *f* ⟨DIN 16528E; DIN 16514⟩ / forma di stampa *f* · forma tipografica *f*

~**format** *n* [Inform] / formato di stampa *m*

~**genehmigung** *f* *s. Druckerlaubnis*

~**geschichte** *f* / storia della tipografia *f* · storia della stampa *f*

~**geschwindigkeit** *f* / velocità di stampa *f*

~**gewerbe** *n* / industria tipografica *f*

~**grafik** *f* / arte grafica *f*

~**industrie** *f* *s. Druckgewerbe*

~**jahr** *n* [Kat] / data di stampa *f*

~**kosten** *pl* / spese di stampa *pl*

~**kostenzuschuss** *m* / sussidio per le spese di stampa *m*

~**kunst** *f* / arte tipografica *f*

~**legung** *f* / stampa *f*

~**maschine** *f* ⟨DIN 16500/2⟩ / macchina da stampa *f* ‖ *s.a. Drucker 2; Druckerpresse*

~**maske** *f* [EDV] / maschera di stampa *f*

~**modus** *m* [EDV] / modo di stampa *f*

~**ort** *m* / luogo di stampa *m* ‖ *s.a. falscher Druckort; fingierter Druckort*

~**papier** *n* ⟨DIN 6730⟩ / carta da stampa *f*

~**patrone** *f* [EDV] / cartuccia di stampa *f* · (für den Tintenstrahldrucker:) cartuccia a getto d'inchiostro

~**platte** *f* *s. Druckstock*

~**plattenherstellung** *f* (Offset) / fabbricazione di lastre offset

~**plattennummer** *f* [Mus] ⟨ISBD(PM)⟩ / numero di lastra *m*

~**privileg** *n* / privilegio di stampa *m*

~**programm** (n) [EDV] / programma di stampa *m*

~**puffer** *m* [EDV] / buffer di stampa *m*

~**qualität** *f* / qualità di stampa *f*

druckreif *adj* / stampabile *s. druckfertig!*

Druck|sache *f* / stampato *m/part pt* (als postalische Versendungsart: stampe)
~schrift *f* / stampato *m* · opera a stampa *f* · pubblicazione a stampa *f* · (gedrucktes Buch:) libro a stampa *m* || *s.a. Druckerzeugnis*
~schriftenabteilung *f* / dipartimento del libro a stampa *m*
~steuerzeichen *n* [EDV] / carattere di controllo per la stampa *m*
~stock *m* ⟨DIN 16514⟩ / (Druckplatte:) lastra di stampa *f* · autotipia *f* · matrice *f* || *s.a. Klischee; Offsetdruckplatte*
~technik *f* ⟨DIN 16500/2⟩ / tecnologia di stampa *f* · tecnica della stampa *f*
~träger *m* / supporto per la stampa *m*
~type *f* ⟨DIN 16507⟩ / tipo *m* · carattere a stampa *m* · carattere tipografico *m*
~verfahren *n* ⟨DIN 16528⟩ / metodo di stampa *m* · procedimento di stampa *m*
~vermerk *m* / note tipografiche *pl*
~vorgang *m* / processo di stampa *m*
~vorlage *f* (CRC) / originale pronto per la ripresa fotografica *m* || *s.a. Satzvorlage*
~vorschau *f* [ElPubl] / previsualizzazione della stampa *f* · anteprima di stampa *f*
~vorstufe *f* [ElPubl] / prestampa *f*
~werk 1 *n* (gedrucktes Dokument) / opera stampata *f* || *s.a. Druckschrift*
~werk 2 (Offsetdruckmaschine) / rullo stampante *m s. Druckschrift*
~zeile *f* / riga di stampa *f*
~zustand *m* [Kat] ⟨ISBD(A)⟩ / stato *m*
~zylinder *m* (bei der Offsetmaschine) / cilindro di stampa *m*
Dual|zahl *f* / cifra binaria *f* · numero binario *m*
~ziffer *f* / cifra binaria *f*
Dublette *f* [Erw] / duplicato *m* · doppione *m*
Dubletten|tausch *m* [Erw] / scambio di duplicati *m*
~tauschstelle *f* (als selbständige Einrichtung) [Erw] / centro di scambio di duplicati *m*
DÜ-Block *m s. Datenübertragungsblock*
Dublüre *f* [Bind] *s. Doublure*
Dunkelkammer *f* [Repr] / camera oscura *f*
Dünn|druckpapier *n* ⟨DIN 6730⟩ / carta d'India
~schichtspeicher *m* [EDV] / memoria a film sottile *f*
Duodez|band *m* [Bch] / volume in-dodicesimo (12°) *m*
~format *n* [Bch] / formato in-dodicesimo (12°) *m*
Duplexverfahren *n* (bei der Bestimmung der Bildanordnung auf einer Mikroform) [Repr] ⟨ISO 6196/2; DIN 19040/113E⟩ / metodo duplex *m* || *s.a. Simplexverfahren*
Duplikat *n* / duplicato *m* · (Dublette:) doppione *m*
~film *m* [Repr] ⟨DIN 19040/104E⟩ / film di duplicazione *m*
duplizieren *v* [Repr] / duplicare *v*
Duplizier|gerät *n* [Repr] / duplicatrice *f*
Duplizierung *f* / duplicazione *f*
Durchausheften *n* [Bind] / cucitura in pieno *f* · cucitura a pieni punti *f* · cucitura fine *f*
durchblättern *v* / sfogliare *v*
Durchführbarkeitsstudie *f* / studio di fattibilità *m*
Durchgang *m* [BauEinr] / passaggio *m* || *s.a. Mittelgang*
durch|gehende Seitenzählung *f s. durchlaufende Seitenzählung*
~gesehene Ausgabe *f* [Bch] / edizione riveduta *f*
~laufende Seitenzählung *f* [Bch] / paginazione continua *f*
~ Zählung *f* [Bch] *s. durchlaufende Seitenzählung*
Durchlauf|kamera *f* [Repr] / camera da ripresa in continuo *f* · camera di ripresa dinamica *f*
~zeit *f* [EDV] ⟨DIN 44300/7E⟩ / tempo di esecuzione *m*
Durch|messer *m* / diametro *m*
~reibung *f* [Bind] *s. Abreibung*
durchschießen 1 *v* [Druck] / interlineare *v*
durchschießen 2 *v* [Bind] / interfogliare *v* || *s.a. durchschossenes Exemplar; eingeschossene Leerseiten*
Durchschlag *m* [Büro] / (mittels Kohlepapier:) copia carbone *f*
~papier *n* ⟨DIN 6730⟩ / carta copiativa *f*
durchschossenes Exemplar *n* [Bind] / esemplare interfogliato *m*
Durch|schreibpapier *n* [Büro] ⟨DIN 6730⟩ / carta autoricalcante *f*
~schrift *f* [Büro] *s. Durchschlag*
~schuss *m* (Zeilenabstand) [Druck] / interlinea *f*
durchsehen *v* / rivedere
Durchsicht *f* (von Dokumenten) / scrematura *f* (di documenti)

durchstreichen *v* [Schr] / depennare *v* · barrare *v* · (tilgen:) cancellare *v*

Durchwahl *f* [Komm] / selezione diretta *f*

~**nummer** *f* [Komm] / numero diretto *m*

DV *Abk s. Datenverarbeitung*

DVA *Abk s. Datenverarbeitungsanlage*

dynamischer (Schreib-/Lese-)Speicher *m* [EDV] ⟨DIN 44476/1⟩ / memoria dinamica *f*

E

ebenerdig sein / essere al piano terreno *v*
ECC-Zeichen *n* [EDV] ⟨DIN 66010E⟩ / carattere ECC *m*
echte Adresse *f* [EDV] / indirizzo effettivo *m* · indirizzo assoluto *m*
~ **Bünde** *pl* / (erhabene Bünde:) nervi rialzati *pl* · nervi esposti *pl* · nervi veri *pl* · nervi reali *pl*
echtes Büttenpapier *n* ⟨DIN 6730⟩ / carta al tino *f* · (handgeschöpft:) carta a mano *f*
Echt|farbmodus *m* [ElPubl] / modo di sistema a colori reali *m*
~**heitsbestätigung** *f* [Arch] / dichiarazione di autenticità *f* · autenticazione *f*
~**zeitbetrieb** *m* [EDV] / operazione in tempo reale *f*
~**zeitverarbeitung** *f* [EDV] / (Echtzeitbetrieb:) operazione in tempo reale *f*
Eckbeschläge *pl* [Bind] / cantonali *pl* · angoli in metallo *pl*
Ecken(ab)schnitt *m* (abgeschrägte Ecke eines Microfiches) [Repr] ⟨DIN 19040/113E; ISO 6196-4⟩ / taglio d'angolo *m*
~**kerbe** *f* (bei einem Mikroplanfilm) [Repr] ⟨ISO 6196-4⟩ / tacca agli angoli *f*
eckige Klammern *pl* ([ ]) [Schr; Druck] / parentesi quadre *pl*
Eck|kartusche *f* [Bch] / cartoccio d'angolo
~**stück** *n* [Bind] / rinforzo d'angolo *m* · guarnizione d'angolo *f* · cantonale *m*
Ecrasé-Leder *n* [Bind] / pelle écrasé *f*
edieren *v* [Bch] / editare · pubblicare *v*
Edikt *m* / editto *m*
editieren *v* [EDV] / editare
Editier|fähigkeit *f* [EDV] / capacità di editing *f*
~**fenster** *n* [EDV] / finestra di editing *f*
~**funktion** *f* [EDV] / funzione di editazione *f*
~**modus** *m* [EDV] / modo di editare *m*
~**routine** *f* [EDV] / routine di editazione *f*
Editierung *f* [EDV] / editazione *f*
Edition *f* / edizione *f*
Editor *m* [EDV] / programma editore *m*
EDV *Abk s. elektronische Datenverarbeitung*
~-**Anlage** *f* / elaboratore elettronico *m*
~-**Katalog** *m* / catalogo elettronico *m* ‖ *s.a. Online-Katalog*
~-**Labor** *n* / laboratorio informatico *m*
Effektivität *f* / efficacia *f* ‖ *s.a. Effizienz*
effizient *adj* / efficiente *agg*
Effizienz *f* [OrgM] / efficienza *f* ‖ *s.a. Effektivität*
Egoutteur *m* [Pp] / cilindro sgocciolatore *m*
Egyptienne *f* [Druck] / scrittura egiziana *f*
eigenhändige Notiz *f* / nota autografa *f*
eigenhändiges Schreiben *n* / olografo *m*
eigenhändige Unterschrift *f* / firma autografa *f*
~ **Widmung** *f* / presentazione autografa *f* · dedica autografa *f*

eigenhändig geschriebener Text *m* [Arch] / olografo *m*
~ **geschriebener und unterzeichneter Brief** *m* (E.U. Br.) / lettera autografa firmata *f*
~ **geschriebene und unterzeichnete Urkunde** *f* (E.U.U.) [Arch] / documento autografo firmato *m* · autografo firma autografa *m*
~ **schreiben** *v* / autografare *f*
Eigen|katalogisierung *f* (Katalogisierung ohne Übernahme fremder Katalogisate) / catalogazione originale *f*
~**name** *m* / nome proprio *m*
~**referat** *n* [Ind] *s. Autorreferat*
Eigentümer *m* / proprietario *m*
Eigentums|stempel *m s. Besitzstempel*
~**vermerke** *pl* [Bch] / marche di proprietà *pl*
Eignungstest *m* [Pers] / prova attitudinale *f* · test attitudinale *m*
Eil|anfrage *f* / domanda a pronta risposta *f*
~**beschaffung** *f* [Erw] / acquisto veloce *m*
~**-Bestellung** *f* [Erw] / ordine urgente *m*
~**-Geschäftsgang** *m* / procedura accelerata *f*
~**post** *f* / (Eilzustellung:) consegna rapida *f*
~**zustellung** *f* / consegna rapida *f*
einarbeiten *v* (einen neuen Mitarbeiter ~) / iniziare *v* (un nuovo collaboratore)
Einarbeitungszeit / periodo di rodaggio *m* · periodo iniziale *m* ‖ *s.a. Probezeit*
Ein-/Ausgabe|einheit *f* [EDV] / unità di ingresso / uscita *f*
~**prozessor** *m* [EDV] / processore di ingresso /uscita *m*
Ein-/Ausschalter *m* / interruttore acceso – spento *m*
Einband *m* [Bind] ⟨DIN 31639/; DIN 1429⟩ / legatura *f* (ohne ~:privo di legatura) · coperta *f* ‖ *s.a. aus dem Einband; Einbanddecke; ohne Einband; schlichter Einband; Umschlag*
~**anforderungen** *pl* / specifiche di legatura *pl*
~**art** *f* / tipo di legatura *m*
~**decke** *f* / copertina *f* ‖ *s.a. Deckenband; Deckenmachgerät*
~ **der Zeit** *m* [Bind] / legatura contemporanea *f* · legatura del tempo *f* · legatura dell'epoca *f*
~**fälschung** *f* / legatura contraffatta *f*
~**geschichte** *f* / storia della legatura *f*
~**gestaltung** *f* / disegno di legatura *m* ‖ *s.a. Einbandschmuck; Umschlaggestaltung*
~**gewebe** *n* / tessuto di legatura *m* ‖ *s.a. Gewebe(ein)band*
einbändige Monographie *f* / monografia di un volume *f*
Einband im Fächerstil *m* / legatura a ventaglio *f*
~**imitation** *f* / (unechter Einband:) coperta posticcia · coperta fittizia *f*
~ **im Kathedralstil** *m* [Bind] / legatura alla catedrale *f*
~ **in Baummarmor** *m* [Bind] / legatura in pelle di vitello marmorata *f*
~**kunst** *f* / legatura artistica *f* · legatura d'arte *f* · arte della legatura *f*
~**materialien** *pl* / materiali di legatura *pl*
~ **mit geradem Rücken** / legatura al dorso piatto *f*
~ **mit Repetitionsmuster** *m* / legatura con ornamento a ripetizione *f*
~**schäden** *pl* / corrosioni di rilegatura *pl* · danni di rilegatura *pl*
~**schmuck** *m* / decorazione di copertina *f* ‖ *s.a. Einbandzeichnung*
~**stelle** *f* [OrgM] / sezione legatura *f*
~**stoffe** *pl* [Bind] / materiali di legatura *pl* ‖ *s.a. Einbandgewebe*
~**titel** *m* / titolo di legatura *m*
~**verzierung** *f* [Bind] *s. Einbandschmuck*
~**zeichnung** *f* / disegno della legatura *m* ‖ *s.a. Einbandschmuck*
Einbau *m* (Verfahren) / installazione *f*
~**schrank** *m* / armadio incorporato *m*
Einbauten *pl* / elementi incorporati *pl*
Einbenutzersystem *n* / sistema monoutente *m*
einbetten *v* / (Karten ~:) plastificare · placcare *v* · laminare *v*
Einbettung *f* [Rest] / laminazione *f* · rinforzo · velatura *f* (~ mit Seidengaze: velatura in seta)
einbinden *v* / legare *v* · (nochmals binden:) rilegare *v* ‖ *s.a. binden*
Einblattdruck *m* / stampa da un lato *f* · stampa anopistografa *f* · (Flugblatt:) foglio volante *m*
eindimensionale Klassifikation *f* / classificazione monodimensionale *f*
Eindruck *m* / impressione *f*
eindrücken *v* / ammaccare *v*
einfache Beziehung *f* (Zeichen : Doppelpunkt) [DK] / relazione semplice *f* (segno : due punti)
einfacher Dienst *m* [Pers] / carriera ausiliaria *f*

einfache Schreibdichte *f* [EDV] / densità semplice *f*
einfädeln *v* (einen Film ~) [Repr] / caricare (una pellicola) ‖ *s.a. Filmeinfädelung*
Einfarben|druck *m* / stampa monocromatica *f* · stampa a un colore *f*
~-Offsetmaschine *f* / macchina offset monocolore *f* ‖ *s.a. Vierfarben-Rollenoffsetmaschine*
einfarbig *adj* / monocromo *agg*
einfarbiger Bildschirm *m* [EDV] / schermo monocromatico *m*
Einfassung [Bind] *s. Bordüre*
einfrieren *v* [Rest] / congelare *v*
Einfügemodus *m* [EDV] / modo di inserimento *m*
einfügen *v* / inserire *v*
einführendes Werk *n* / opera introduttiva *f*
Einführung *f s. Einleitung*
Einführungs|lehrgang / corso introduttivo *m*
Eingabe *f* [EDV] / immissione *f* · ingresso *m* · input *m* ‖ *s.a. Dateneingabe; eingeben; Paralleleingabe; serielle Eingabe*
~aufforderung *f* [EDV] / messaggio di pronto *m*
~daten *pl* [EDV] / dati di input *pl* · dati di ingresso *pl*
~einheit *f* [EDV] ⟨DIN 44300/5E⟩ / unità di ingresso *f* · unità di input *f*
~gerät *n* [EDV] ⟨DIN 44300/5E⟩ / periferica di input *f* · dispositivo di input *m*
~geschwindigkeit *f* [EDV] / velocità di introduzione *f* · velocità di input *f*
~kennsatz *m* [EDV] / etichetta di immissione *f*
~maske *f* / maschera di immissione *f* · maschera di immisione *f* · maschera per l'introduzione dati *f*
~medium *n* / supporto di input *m*
~modus *m* [EDV] / modo di entrata *m*
~puffer *m* [EDV] / memoria di transito *f*
~steuerung *f* / controllo di entrata *m*
~taste *f* / tasto invio *m* · tasto di input *m* · tasto di immissione *m* ‖ *s.a. Enter-Taste*
~terminal *n* / terminale di entrata *m*
~warteschlange *f* [EDV] / coda di input *f*
Eingang *m* / (Einnahme; Geldeingang:) introito *m* · (Eintritt; Zutritt:) ingresso *m*
Eingangsbereich *m* [BauEinr] / zona d'ingresso *f* ‖ *s.a. Vestibül*
Eingangs|datum *n* [Erw] / data di ricezione *f* · data dell'arrivo *f* ‖ *s.a. Zugangsdatum*
~dialog *m* [Komm] / procedura login *f*
~halle *f* / sala d'ingresso *f* ‖ *s.a. Vestibül*
~kanal *m* [Kom] ⟨DIN 66200/1⟩ / canale di input *m*
~kontrolle *f* / controllo entrata *m*
~stempel *m* / timbro d'arrivo *m*
eingeben *v* [EDV] / immettere *v* · introdurre *v* ‖ *s.a. Eingabe*
eingefasst *part perf* [Bch] / inquadrato *part pt*
eingehen *v* (das Erscheinen einstellen) *s. einstellen 1*
eingehende Bestellungen *pl* [Ben] / richieste in arrivo *pl*
eingehender Schriftverkehr *m* / corrispondenza in arrivo *f*
eingeklebt *part perf* (eine Tafel usw. ist ~) [Bind] / incollato *part pt*
eingerahmt *part perf s. eingefasst*
eingerissen *part perf* [Bch] / lacerato *part pt*
eingesägte Bünde *pl* / (Heften auf ~ ~:) grecaggio; cucitura alla greca) · nervature sprofondate *pl* · cordoni cuciti alla greca *pl*
eingesägter Rücken *m* [Bind] / dorso cucito alla greca *m*
eingescannte Bilder *pl* / immagini acquisite via scanner *pl*
eingeschaltetes Blatt *n* [Bch] / foglio intercalato *m*
eingeschossene Leerseiten *pl* [Bch] / pagine interfogliate *pl* ‖ *s.a. durchschossenes Exemplar*
eingeschossig *adj* [BauEinr] / a un solo piano
eingeschränkter Zugang *m* [Arch] / accesso limitato *m*
eingeschriebener Benutzer *m* / utente iscritto *m* · utente registrato *m*
eingetragener Benutzer *m* [RS] *s. eingeschriebener Benutzer*
eingleisiges Bibliothekssystem *n* (an einer Universität; es bestehen keine selbständigen Institutsbibliotheken) / sistema bibliotecario universitario su un livello ‖ *s.a. integriertes Bibliothekssystem*
einhängen *v* [Bind] / incassare *v*
Einheits|aufnahme *f* [Kat] / scheda base *f* · scheda tipo *f*
~bücherei *f* (Vereinigung von wissenschaftlicher Stadtbibliothek und Volksbücherei) / biblioteca integrata *f*
~(ein)band *m* / legatura uniforme *f*
~karte *f* [Kat] *s. Einheitsaufnahme*

-sachtitel *m* [Kat] ⟨DIN 31631/2; RAK⟩ / titolo uniforme *m*
einkapseln *v* / incapsulare *v*
Einkapselung *f* [Rest] / incapsulamento *m*
Einkernkassette *f* [NBM; Repr] ⟨A 2654⟩ / cartuccia *f*
einklammern *v* [Schr] / mettere tra parentesi *f*
einkleben *v* (Tafeln usw. ~) [Bind] / incollare *v*
Einkommen *n* / reddito *m* ‖ *s.a. Bruttoeinkommen; Einkünfte; Einnahme; Nettoeinkommen*
Einkünfte *pl* / redditi *pl* · entrate *pl* ‖ *s.a. Bezüge; Einnahme; Einkommen*
Einlage *f* / inserto *m*
Einlaufsdatum *n* [Erw] *s. Eingangsdatum*
Einlege|arbeit *f* [Bind] / legatura a intarsio *f* ‖ *s.a. Leder-Intarsienband*
-boden *m* [Reg] / ripiano *m*
einlegen *v* (z.B.Disketten ~) [NBM] / inserire *v*
Einleitung *f* [Bch] ⟨DIN 31639/2⟩ / introduzione *f*
Einleitungsmodus *m* [Retr] / modo iniziale *m*
einlesen *v* [EDV] *s. eingeben*
einmalige Kosten *pl* / spese noncorrenti *pl*
~ Zuwendung *f* / assegnazione unica *f*
Einnahme *f* (Geldeinnahme) / entrata *f* · introito *m* ‖ *s.a. Haushaltseinnahmen; laufende Einnahmen*
einordnen *v* (Karten/Zettel ~) [Kat] / inserire *v* ‖ *s.a. umordnen*
Einordnungs|stelle *f* (in einem Katalog) / punto d'inserimento *m* · (Zugriffspunkt:) punto d'accesso
Einplatzsystem *n* [EDV] / sistema monoutente *m*
einrahmen *v* [Bch] / incorniciare *v*
Einreisevisum *n* / visto d'entrata *m*
Einrichtungsgegenstand *m* / arredo *m*
Einriss *m* [Bch] / strappetto *m*
einrücken *v* [Druck] *s. einziehen*
Einrückung *f* [Druck] *s. Einzug*
einsatzbereit adj / pronto a operare *agg*
einscannen *v s. scannen*
Einschaltblatt *n* [Bch] *s. eingeschaltetes Blatt*
einschalten *v* / (in Funktion setzen:) accendere *v* · (einschieben:) intercalare *v*
Einschaltquote *f* (Rundfunk) / indice di ascolto *m* · audience *f* · indienza *f*
einschichtiges Bibliothekssystem *n s. eingleisiges Bibliothekssystem*
einschießen *v* [Bind] *s. durchschießen 2*
Einschlag *m* [Bind] / rimboccatura *f* · rimbocco *m*
Einschreibebrief *m* [Komm] / lettera raccomandata *f*
Einschreibgebühr *f* / tassa di iscrizione *f* · quota d'iscrizione *f* ‖ *s.a. Teilnahmegebühr*
Einschwärzballen *m* [Druck] / tampone *m*
einschweißen *v* (ein Buch in eine Schrumpffolie ~) [Bind] / termosigillare *v*
einseitiges Regal / scaffale unilaterale *m* · scaffale a una faccia *m* ‖ *s.a. Doppelregal*
einspaltig *adj* / a una colonna
einsparen *v s. sparen*
einsprachiger Thesaurus *m* [Ind] / thesaurus monolingue *m*
Einstampfen *n* [Pp] / macerazione *f* ‖ *s.a. Makulatur; makulieren*
einstellen 1 *v* (das Erscheinen einstellen) / cessare *v* (pubblicazione)
einstellen 2 *v* (anstellen) [Pers] / impiegare *v* · assumere *v*
einstellen 3 (regulieren) / regolare *v* · (justieren:) mettere a punto *v*
Einstellungs|bedingungen pl [Pers] / condizioni di impiego *pl* ‖ *s.a. Arbeitsvertrag*
-datum *n* [Pers] / data dell'assunzione *f*
-gesuch *n s. Stellengesuch*
-stopp *m* [Pers] / blocco alle assunzioni *m*
Einstiegspunkt *m* [Kat; Retr] / punto d'accesso · voce di accesso *f*
einstöckig *adj s. eingeschossig*
einstufen *v* / classificare *v*
einstufige Titelaufnahme *f* (bei fortlaufenden Sammelwerken) [Kat] ⟨ISBD(S)⟩ / descrizione a un livello *f* ‖ *s.a. Stufenaufnahme*
eintaschen *v* (Mikrofilmstreifen ~) [Repr] ⟨DIN 19040/113E⟩ / inserire *v* (uno spezzone di microfilm)
Eintaschgerät *n* (zum Einführen von Filmstreifen in Jackets) [Repr] / inseritore per jacket *m*
eintasten *v* [EDV] / immettere mediante tastiera *v*
Einteilung *f* (eines Sachgebiets) [Klass] / divisione *f* · ripartizione *f* · (Unterteilung:) suddivisione *f*
eintippen *v* [EDV] *s. eintasten*
Eintrag *m* [Ind; Cat] *s. Eintragung*
eintragen *v* [Kat; Bib] / registrare *v* (unter dem Verfasser ~: registrare sotto l'autore)

Eintragung *f* (in einem Lexikon, einem Katalog usw.) [Ind; Cat] ⟨DIN 3163/3; RAK⟩ / voce *f* ‖ *s.a. Katalogeintragung; Verfassereintragung; Haupteintragung*
Eintragungsstelle *f* [Kat] *s. Einordnungsstelle*
Eintrittspreis *m* / prezzo d'ingresso *m*
Einwohnerregister *n* / anagrafe *f*
Einzahlungsbeleg *m* / ricevuta di versamento *f*
einzeilig *adj* / di una linea · di una riga
Einzel|arbeitsplatz *m* / postazione di lavoro individuale *f*
~**autor** *m s. Einzelverfasser*
~**band** *m* (sbgetrennter Band) / volume spalato *m*
~**blatt** *n* / foglio singolo *m*
~**blatteinzug** *m* (bei einem Kopiergerät) [Repr] / introduzione della carta a fogli singoli *f*
~**buchstaben-Setz- und -Gießmaschine** *f* [Druck] / monotype *f*
~**fallstudie** *f* / studio di un caso singolo *m*
~**handelspreis** *m* / prezzo al minuto *m* · prezzo al dettaglio *m*
~**heft** *n* / fascicolo singolo *m*
~**kabine** *f* / cabina singola *f*
~**karte** *f* [Kart] / carta indipendente *f*
~**preis** *m* / prezzo per una parte separata
~**regal** *n* / scaffale singolo *m*
~**tisch** *m* / tavolo singolo *m*
~**verfasser** *m* / autore singolo *m*
~**werk** *n* / opera singola *f*
einziehen *v* (die 1. Zeile eines Absatzes einrücken) [Druck] / far rientrare *v*
Einzug *m* [Druck] / rientranza *f* · capoverso *m* ‖ *s.a. Einzelblatteinzug*
Einzugsgebiet *n* (einer Großstadt) / area metropolitana *f*
Eisenbahnfahrplan *m* / orario ferroviario *m*
Eiweiß *n* / albume *m*
Eiweißleim *m* / colla albuminoide *f*
Ekloge *f* / egloga *f*
Elefantenhaut *f* [Bind] / pelle di elefante *f*
Elektro|fotografie *f* [Repr] ⟨DIN 19040/113E⟩ / elettrofotografia *f*
~**kopierverfahren** *n* [Repr] *s. Elektrofotografie*
elektronische Datenverarbeitung *f* / elaborazione elettronica dei dati *f*
~ **Post** *f* / posta elettronica *f*
elektronisches Dokument *n* / documento elettronico *m*
elektronisches Publizieren *n* (als verlegerisches Tätigkeitsgebiet) / pubblicazione elettronica *f* · editoria elettronica *f*
elektronische Veröffentlichung *f* / pubblicazione elettronica *f*
elektrostatische Kopie *f* [Repr] / copia elettrostatica *f* · xerocopia *f*
elektrostatischer Drucker *m* / stampatrice elettrostatica *f*
Elfenbein|deckel *m* [Bind] / piatto in avorio *m*
~**papier** *n* / carta avorio *f*
E-Mail *f* (electronic mail) / posta elettronica *f*
Email(ein)band *m* / legatura in smalto *f* · legatura smaltata *f*
emaillieren *v* / smaltare *v*
emaillierter Einband *m s. Email(ein)band*
Emblem *n* / emblema *m*
~**-Buch** *n* / libro di emblemi *m*
Empfang *m* / ricezione *f* · ricevimento *m* · ricevuta *f*
Empfänger *m* [Komm] / ricevente *m* · (Empfangsgerät:) ricevitore *m* · (einer Postsendung:) destinatario
Empfangs|aufruf *m* [Komm] ⟨DIN 44302⟩ / selezione *f*
~**bestätigung** / ricevuta *f*
~**betrieb** *m* [Komm] ⟨DIN 44302⟩ / modo di ricezione *m*
~**büro** *n* / ufficio di ricezione *m*
~**gerät** *n s. Empfänger*
~**quittung** *f* / ricevuta *f* · buono di ricevimento *m*
~**station** *f* [Komm] / stazione ricevente *f*
Empfindlichkeit 1 *f* (fotografische ~ im allgemeinen) [Repr] ⟨DIN 19040/4⟩ / sensibilità *f* ‖ *s.a. lichtempfindlich*
Empfindlichkeit 2 *f* (Maßeinheit für die fotografische ~) [Repr] / indice di esposizione *m*
Empore *f* [BauEinr] / galleria *f*
Empty-Slot-Verfahren *n* [EDV] / procedura empty slot *f*
Emulation *f* [EDV] / emulazione *f*
Emulator *m* [EDV] / programma emulatore *m* · emulatore *m*
emulieren *v* [EDV] ⟨DIN 44300/4E⟩ / emulare *v*
Emulierung (f) [EDV] / emulazione *f*
Emulsion *f* [Repr] / emulsione *f*
Emulsionsschicht *f* [Repr] ⟨DIN 19040/4+104E⟩ / strato di emulsione *m*

E-Musik *f* (ernsthafte Musik) / musica colta *f* ‖ *s.a. U-Musik*
Encyclica *f* / enciclica *f*
End|abnehmerpreis *m* / prezzo di vendita al consumatore finale *m* ‖ *s.a. Ladenpreis*
~**benutzer** *m* / utente finale *m*
~**bericht** *m* / rapporto finale *m*
Ende *n* / fine *f*
~ **des Textes** *n* (ETX) [Komm] ⟨DIN 66303⟩ / fine testo *f*
~**marke** *f* (bei einem Magnetband) [EDV] / marca di fine nastro *f*
Endgerät *n* [EDV; Komm] ⟨DIN 9762⟩ / terminale di trattamento dati *m* ‖ *s.a. abgesetztes Endgerät; Datenendgerät; Terminal*
endgültige Ausgabe *f* / edizione definitiva *f*
Endlos|film *m* / film a pellicola continua *m*
~**-Kassette** *f* (für einen Kinefilm) [NBM] ⟨ISBD(NBM) A 2653⟩ / caricatore *m*
~**formular** *n* [EDV] / moduli continui *pl* · formulario continuo *m* ‖ *s.a. Listenausdruck*
~**ausdruck** *m* / tabulato *m*
~**kassette** *f* [NBM; Repr] ⟨DIN 19040/104E; DIN 45510⟩ / cartuccia *f*
~**tonband-Kassette** *f* [NBM] / cartuccia sonora *f*
~**vordruck** *m s. Endlosformular*
End|maskierung *f* [Retr] / mascheramento finale *m*
~**note** *f* [Ausb] / voto finale *m*
~**produkt** *n* / prodotto finale *m*
~**system** *n* [Komm] / sistema finale *m*
~**verbraucher** *m* / consumatore finale *m*
~**verbraucherpreis** *m* [Bch] / prezzo al consumatore finale *m* ‖ *s.a. Ladenpreis*
energieabhängiger Speicher *m s. flüchtiger Speicher*
Engagement *n* (Einsatzbereitschaft) [Pers] / impegno *m*
enges Schlagwort *n* / intestazione distinta di soggetto *f* · voce di soggetto indicando il soggetto specifico del documento (Prinzip des engen ~s: principio della specificità) · soggetto specifico *m*
Engpaß *m* [OrgM] / impasso *m*
Enter-Taste *f* / tasto invio *m*
entfärbt *part perf* [Bch] / scolorito *part pt*
entfernen *v* / asportare *v*
entferntes Endgerät *n* [EDV] / terminale remoto *m*
Entfeuchtung *f* / deumidificazione *f* ‖ *s.a. Feuchtigkeit*
Entgelt / ricompensa *f* · spesa *f* ‖ *s.a. Leistungsentgelt; unentgeltlich*
enthalten *v* / contenere *v*
enthalten in: / sta in:
entladen *v* / scaricare *v*
entlassen *v* [Pers] / licenziare *v*
Entlassung *f* [Pers] / licenziamento *m* (fristlose Entlassung:licenziamento senza preavviso /in tronco) ‖ *s.a. Kündigung*
entlasten *v* / (einen Benutzer ~:) scaricare *v*
Entlastung *f* (eines Benutzers) / scarico *m*
Entlastungsrechner *m* [EDV] *s. Vorrechner*
entlehnen *v* [Ben] *A s. entleihen*
Entleihdatum *n* / data del prestito *f*
entleihen *v* / prendere in prestito *v* (entleihende Bibliothek: biblioteca ricevente) · ottenere in prestito *v*
Entleiher *m* [Ben] / utente che prende in prestito *m*
~**register** *n* registro utenti con prestitit in atto *m*
Entleihung *f* / prestito *m* ‖ *s.a. Fernentleihung*
~ **nach Hause** *f* / prestito a casa *f*
entnehmen *v* [Kat] / desumere *v*
entpacken *v* [EDV] / scompattare *v* · decomprimere *v*
entsäuern *v* [Rest] / deacidificare *v*
Entsäuerung *f* [BestErh] / deacidificazione *f* ‖ *s.a. Massenentsäuerung*
Entscheidungs|findung *f* [OrgM] / processo decisionale *m*
~**tabelle** *f* [OrgM] / tavola decisionale *f*
entschlüsseln *v* / decifrare *v* · decodificare *f*
Entschlüsselung *f* / decifrazione *f*
entspannen *v* [Rest] / ammorbidire *v*
Entspannungslektüre *f* / lettura ricreativa *f* ‖ *s.a. Freizeitlektüre*
entstauben *v* / spolverare *v*
entwickeln *v* [Repr] / sviluppare *v*
Entwickler *m* [Repr] ⟨ISO 6196/3⟩ / sviluppatore *m*
Entwicklung *f* (eines Films) / sviluppo *m* ‖ *s.a. Trockenentwicklung*
Entwicklungs|maschine *f* [Repr] / macchina di sviluppo *f*
~**programm** *n* / programma di sviluppo *m*
~**tank** *m* [Repr] / serbatoio di sviluppo *m*
Entwurf *m* / bozza *f* (Vertragsentwurf: bozza di contratto; Gesetzentwurf:bozza di legge) · abbozzo *m* (im Entwurf: in abbozzo) · (Konzept:) minuta *f* ‖ *s.a. Erstfassung*
entziffern *v* / decifrare *v*
Entzifferung *f* / decifrazione *f*

Enzyklopädie *f* [Bch] ⟨DIN 31631/4; DIN 31639/2: RAK-AD⟩ / enciclopedia *f*
Ephemera *pl* [Bch] ⟨ISO 5127-3⟩ / materiale effemero *m*
ephemeres Material *n s. Ephemera*
Epidiaprojektor *m* [NBM] / epidiascopio *m*
Epidiaskop *n s. Epidiaprojektor*
Epigraph *n* / epigrafe *f* ‖ *s.a. Inschrift*
Epigraphik *f* / epigrafia *f*
Epilog *m* / epilogo *m*
Episkop *n* [NBM] / episcopio *m*
Epistolar *n* / epistolario *m*
Epitheton *n* [Kat] / epiteto *m*
Epitome *f* [Bch] / epitome *f* ‖ *s.a. Kurzfassung*
erarbeiten *v* / elaborare *v*
Erbauungs|buch *n* / libro di devozione *m*
~**literatur** *f* ⟨RAK-AD⟩ / letteratura devozionale *f* · letteratura di devozione *f*
Erbe *n* / (Erbschaft:) eredità ‖ *s.a. kulturelles Erbe*
erbitten *v* / richiedere *v*
Erd|geschoss *n* / pianterreno *m*
~**globus** *m* / globo terrestre *m* · mappamondo *m*
~**karte** *f* / mappamondo *m* · mappa terrestre *f*
erfassen *v* (Daten über eine Tastatur ~) [EDV] / raccogliere *f* ‖ *s.a. Datenerfassung*
Erfassung *f* (von Materialien durch eine Erhebung) / censimento *m* ‖ *s.a. Archivguterfassung; erheben*
Erfolgsbuch *n* / libro di successo *m*
Erfordernisse *pl* / requisiti *pl* · necessità *pl* · esigenze *pl*
Erfrischungsraum *m s. Cafeteria*
ergänzende Angaben *pl* (in der bibliographischen Beschreibung) / note *pl*
Ergänzungs|band *m* / supplemento *m* · (mit den aktualisierten Daten:) volume di aggiornamento *m*
~**depot** *m* / deposito supplementare *m*
~**fach** *n* [Ausb] / materia complementare *f*
~**lieferung** *f* (zu einem Loseblattwerk) [Bch] / dispensa *f*
~**prüfung** *f* / esame complementare *m*
~**speicher** *m* [EDV] / memoria ausiliaria *f* · memoria complementare *f*
~**tafel** *f* [DK] / tavola complementare *f* · tavola ausiliaria *f*
~**zahl** *f* [DK] / numero ausiliario *m* ‖ *s.a. allgemeine Ergänzungszahl; besondere Ergänzungszahl*
Erg.-Bd. *Abk s. Ergänzungsband*
Ergebnisorientierung *f* [OrgM] / orientamento *m* (ai risultati)
Ergonomie *f* / ergonomia *f*
erhabene Bünde *pl* [Bind] *s. echte Bünde*
Erhaltung *f* (von Bibliotheksgut usw.) / conservazione *f* ‖ *s.a. Bestandserhaltung*
Erhaltungszustand *m* [Bch] / stato di conservazione *f*
erheben *v* (Daten~ für ein Repertorium usw.) / censire *v*
Erhebung *f* / rilevazione *f* · (Umfrage:) inchiesta *f* · censimento *m* ‖ *s.a. Erfassung; Gesamterhebung; Stichprobenerhebung; Vollerhebung*
Erhebungs|bogen *m* / questionario di rilevazione *m*
~**grundlage** *f* / base di censimento *f* ‖ *s.a. Stichprobenbasis*
~**stichtag** *m* / data di rilevazione *f*
~**zeitraum** *m* / periodo di rilevazione *m*
Erhitzer *m* [Bind] / fornello *m*
Erinnerung *f* (ein Buch zurückzubringen, dessen Leihfrist überschritten ist) / sollecitazione *f*
Erinnerungen *pl s. Memoiren*
Erklärung / dichiarazione *f* · spiegazione *f* ‖ *s.a. Zeichenerklärung*
Erlass *m* / editto *m* · decreto *m*
Erlaubnis *f* / permesso *m* ‖ *s.a. Aufenthaltserlaubnis*
Erläuterung / spiegazione *f*
Erledigungsrate *f* [Ben] / quota di soddisfazione *f* ‖ *s.a. Prozentsatz der positiv erledigten Bestellungen*
Ermessen *n* / discrezione *f* (in Ihrem Ermessen: alla Sua discrezione)
ermitteln *v* / (identifizieren:) individuare *v* · (überprüfen:) verificare *v* · (auffinden:) recuperare *v* · ricuperare *v* ‖ *s.a. nicht ermittelt*
Ermittlung *f* [Bib] / recupero *m* · ricupero *m* · (Identifizierung:) individuazione *f* · (Untersuchung:) indagine *f* · (Überprüfung:) verifica *f*
Eröffnungs|bildschirm *m* / schermo iniziale *m* · schermo di apertura *m*
~**menü** *n* / menu di apertura *m*
erproben *v* / provare *v*
Erreichbarkeit *f* (einer Bibliothek) / accessibilità *f*
Ersatz|blatt *n* (cancel) / carta sostitutiva *f* · carticino *m*
~ **der Haupttitelseite** *m* [Bch] *s. Titelseitenersatz*

~**exemplar** *n* [Erw] / esemplare sostitutivo *m*
~**verfilmung** *f* [Repr] ⟨DIN 19040/113E⟩ / microfilmatura di sostituzione *f*
erscheinen *v* [Bch] / essere pubblicato (das Erscheinen einstellen: cessare la pubblicazione) · (herauskommen:) uscire *v*
Erscheinen einstellen *v* (von einer Zeitschrift) / cessare la pubblicazione *v*
erscheint demnächst [Bch] / di prossima pubblicazione · di imminente pubblicazione
erscheint in Kürze [Bch] *s. erscheint demnächst*
Erscheinungs|jahr *n* / data di pubblicazione *f*
~**land** *n* [Bch] / paese di pubblicazione *m*
~**ort** *m* [Bch; Kat] ⟨TGL 20972/04⟩ / luogo di pubblicazione *m*
~**termin** *m* / data di pubblicazione *f*
~**vermerk** *m* [Kat] ⟨TGL 20972/04⟩ / note tipografiche *pl* ‖ *s.a. Impressum; ohne Erscheinungsvermerk*
~**weise** *f* (einer Zeitschrift usw.) / frequenza *f* · cadenza *f* (monatliche ~:cadenza mensile) · periodicità *f* ‖ *s.a. jährliche Erscheinungsweise*
erschließen *v* [Ind] / indicizzare *v*
Erschließung *f* (von Dokumenten) [Ind] / indicizzazione *f* (di documenti) ‖ *s.a. inhaltliche Erschließung; Zeitschriftenerschließung*
Erstattung *f* (von Kosten) / rimborso *m* (di spese)
Erst|auflage *f s. Erstausgabe*
~**ausgabe** *f* [Bch] / edizione principe *f* · prima edizione *f*
~**druck** *m* / prima impressione *f*
~**fassung** *f* (eines Schriftstücks) / prima stesura *f* ‖ *s.a. Konzept*
Erstlingsroman *m* / romanzo primo *m*
Erstreckung *f* [DK] / estensione *f* ‖ *s.a. Erstreckungszeichen*
Erstreckungszeichen *n* (/ bis) [DK] / segno d'estensione *m* (barra/)
Erwachsenen|bibliothek *f* / biblioteca per adulti *f*
~**bildung** *f* / educazione degli adulti *f*
erweichen *v* [Rest] / ammorbidire *v*
erweiterbar *adj* / ampliabile *agg* · espandibile *agg*
erweitern *v* / allargare *v* · ampliare *v* · espandere *v*
erweiterte Auflage *f* [Bch] / edizione ampliata *f* ‖ *s.a. vermehrte Auflage*
Erweiterung *f* / espansione
~ **der Öffnungszeiten** *f* / ampliamento degli orari *m*
Erweiterungs|bau *m* / annesso *m* ‖ *s.a. Anbau*
erweiterungsfähig *adj s. ausbaufähig*
Erweiterungs|fähigkeit *f s. Ausbaufähigkeit*
~**steckkarte** *f* [EDV] / scheda di espansione *f*
Erwerb *m s. Erwerbung*
erwerben *v* / acquistare *v* · acquisire *v*
Erwerbung *f* / acquisizione *f* · acquisto *m* ‖ *s.a. kooperative, abgestimmte Erwerbung; Zugang*
Erwerbungen *pl* / acquisizioni *pl*
Erwerbungs|abteilung *f* / settore acquisizioni *m* ‖ *s.a. Akzession; Zugangsstelle*
~**art** *f* / modo di acquisizione *m*
~**bibliothekar** *m* / bibliotecario responsabile alle acquisizioni *m*
~**etat** *m* / bilancio per gli acquisti *m* · dotazione per gli acquisti *f* ‖ *s.a. Etataufteilungsschlüssel*
~**koordination** *f* / coordinazione degli acquisti *f*
~**mittel** *pl* / dotazione per gli acquisti *f* · fondi per gli acquisti *pl*
~**plan** *m* / piano di acquisizione *m*
~**planung** *f* / pianificazione degli acquisti *f*
~**politik** *f* / politica delle acquisizioni *f*
~**referent** *m* [Pers] *s. Erwerbungsbibliothekar*
~**richtlinien** *pl* / linee direttive per gli acquisti *pl*
~**schwerpunkt** *m* / fulcro d'acquisizione *m*
~**wunsch** *m* / (Vorschlag:) proposta di acquisto *f* ‖ *s.a. Beschaffungswunsch*
erzählende Literatur *f* / letteratura narrativa *f*
erzeugen *v* [EDV] *s. generieren*
Eselsohr *n* [Bch] / orecchia *f*
Espartopapier *n* / carta d'esparto *f*
Essay *m* / saggio *m*
Essayistik *f* / saggistica *f*
Etage *f s. Geschoss*
Etat *m* / bilancio *m* ‖ *s.a. Erwerbungsetat; Haushalt; Jahresetat; Sachetat*
Etat|aufteilungsschlüssel *m* / chiave per la distribuzione del bilancio d'acquisti *f*
~**überwachung** *f* / controllo del bilancio *m*
Etikett *n* / etichetta *f* · cartellino *m* ‖ *s.a. Rückenetikett*
etikettieren *f* / etichettare *v*
Etikettiermaschine *f* / etichettatrice *f*

Etikettierung *f* / etichettura *f* · cartellinatura *f*
Etui *n* / astuccio *m*
ETX *Abk* [Komm] *s. Ende des Textes*
Et-Zeichen *n* (&) [Schr; Druck] / e commerciale *f* · e abbreviata *f*
E.U.Br. *Abk* [Arch] *s. eigenhändig geschriebener und unterzeichneter Brief*
Europäische Artikelnummer *f* / codice EAN *m*
Europäischer Binnenmarkt *m* / mercato unico europeo *m*
Evaluierung *f* / valutazione *f*
Evangeliar *n* ⟨DIN 31631/4⟩ / evangeliario *m*
ewiger Kalender *m* / calendario perpetuo *m*
Ex. *abbr s. Exemplar*
Examen *n* / esame *m*
Examensarbeit *f* · compito d'esame *m*
Exemplar *n* [Bch] / esemplare *m* · copia *f*
~**vermerk** *m* [Kat] / segnalazione copie *f*
Exilliteratur *f* / letteratura dell'esilio *f*
Exkursion *f* / escursione *f*
Exlibris *n* [Bch] ⟨DIN 31631/4⟩ / ex libris *m* ‖ *s.a. Donatoren-Exlibris*
Experte *m* / esperto *m*
Expertensystem *n* [EDV] / sistema esperti *m*
Expl. *Abk* [Bch] *s. Exemplar*
Exponat *n s. Ausstellungsstück*
Exponent *m* (im Formelsatz) [Druck] / esponente *m*
exponentielles Wachstum *n* / crescita esponenziale *f*
externer Benutzer *m s. auswärtiger Benutzer*
externer Speicher *m* [EDV] / memoria esterna *f*
Extraausgabe *f* / edizione straordinaria *f* ‖ *s.a. Sondernummer*
extra-ausgestattetes Exemplar *n* / esemplare imbottito *m*
Extra-Ausstattung *f* (Grangerizing) [Bch] / imbottitura *f*
Extrahierung *f* [Ind] / estrazione *f*
extrapolieren *v* / estrapolare *v*

F

Fabel *f* [Bch] ⟨RAK-AD⟩ / favola *f*
Facette *f* [Klass] / faccetta *f*
Facetten|analyse *f* [Ind] / analisi per faccette *f*
~**formel** *f* [Klass] / formula delle faccette
~**klassifikation** *f* / classificazione a faccette *f*
~**ordnung** *f* [Ind] / ordine di citazione *m*
facettierter Thesaurus *m* [Ind] / thesaurus faccettato *m*
Facettierung *f* [Ind] / faccettazione *f*
Fach *n* (in einer Klassifikation) / classe principale *f*
Fach *n* (in einem Regal) / casella *f* ‖ *s.a. Fachboden*
Fach *n* (in einem Studiensystem) *s. Studienfach*
~**abteilung** *f* (Abteilungsgliederung gemäß einem Wissenschaftsfach) [OrgM] / reparto speciale *m*
~**aufsicht** *f* / sorveglianza tecnica *f*
~**ausbildung** *f* / addestramento speciale *m*
~**ausdruck** *m* [Lin; Ind] / termine tecnico *m*
~**begriff** *m* [Lin; Ind] *s. Fachausdruck*
~**beirat** *m* [OrgM] / comitato consultivo speciale *m*
~**bereich** *m* (an einer Universität) / dipartimento *m*
~**bereichsbibliothek** *f* (an einer Universität) *s. Teilbibliothek*
~**bezeichnung** *f* [Lin; Ind] *s. Fachausdruck*
~**bibliographie** *f* / bibliografia tematica *f* · bibliografia specializzata *f*
~**bibliothek** *f* / biblioteca speciale *f* ‖ *s.a. zentrale Fachbibliothek*
~**bibliothekar** *m* / bibliotecario specializzato *m*
~**boden** (in einem Regal) / palchetto *m* · ripiano *m* ‖ *s.a. Fach; Schrägboden; verstellbarer Fachboden*
~**buch** *n* / libro specializzato *m* · libro tecnico *m*
~**buchhandlung** *f* / libreria specializzata *f*
Fächer *m* / ventaglio *m* ‖ *s.a. auffächern; Einband im Fächerstil*
~**muster** *n* [Bind] / ferri a ventaglio *pl*
Fachgebiet *n* [Ind] / ambito disciplinare *m* · campo disciplinare *m* · area disciplinare *f*
fachgebundene Hochschulreife *f* / maturità quadriennale *f*
Fach|hochschule *f* / istituto superiore di scienze applicate *m* · università tenente corsi di laurea brevi orientati alla prassi *f*
~**information** *f* / informazione disciplinare *f*
~**klassifikation** *f* / classificazione speciale *f*
~**kollege** *m* / collega professionale *m*
~**kraft** *f* / specialista *m* ‖ *s.a. Fachmann*
~**lesebereich** *m* [q] / zona di lettura speciale *f*
~**lesesaal** *m* / sala tematica *f*
~**lexikon** *n* / lessico tecnico *m*

fachliche Anforderungen *pl* / requisiti professionali *pl*

Fachmann *m* / esperto *m* · specialista *m* · tecnico *m*

Fach|personal *n* / personale tecnico *m* ‖ *s.a. nichtfachliches Personal*

~**referat** *n* [OrgM] / sezione speciale *f* (per la scelta delle acquisizioni e la catalogazione di soggetto su un campo disciplinare speciale)

~**referent** *m* / bibliotecario specialista *m* · bibliotecario specializzato *m* ‖ *s.a. Fachreferat*

~**schaft** *f* / rappresentenza atudentesca in un dipartimento universitario *f*

~**sprache** *f* / linguaggio tecnico *m*

~**stelle für öffentliche Bibliotheken** *f s. Staatliche Büchereistelle*

~**systematik** *f* / schema di classificazione in un campo disciplinare speciale *m*

~**terminologie** *f* / terminologia specializzata *f*

~**terminus** *m s. Fachausdruck*

~**thesaurus** *m* [Ind] / thesaurus speciale *m*

~**verlag** *m* / editore specializzato *m*

~**wörterbuch** *n* / dizionario specializzato *m*

~**zeitschrift** *f* / rivista specializzata *f* · rivista tecnica *f*

Faden *m* [Bind] / filo di refe *m*

~**blockheftung** [Bind] / legatura su fogli perforati *f*

~**heftmaschine** *f* [Bind] / cucitrice a filo di refe *f*

~**heftung** *f* [Bind] / cucitura a refe *f*

~**siegeln** *n* [Bind] / legatura a filo saldato *f* · legatura a filo termosaldante *f*

Fading *n* [Komm] / attenuazione *f*

Fahnen|abzug *m s. Fahnenkorrektur*

~**korrektur** *f* / bozza in colonna *f* ‖ *s.a. Korrekturbogen*

Fahr|bibliothek *f* / biblioteca itinerante *f* · biblioteca mobile *f* ‖ *s.a. Bücherbus*

~**bücherei** *f s. Fahrbibliothek*

~**plan** *m* (der Eisenbahn) [NBM] ⟨DIN 31631/4⟩ / (Eisenbahn:) orario ferroviario *m*

~**radständer** *m* / rastrelliera per biciclette *f*

~**regal** *n* / scaffale a scorrimento *m* · scaffale scorrevole *m*

~**stuhl** *m s. Aufzug*

Faksimile *n* / facsimile *m*

Faksimile(-Ausgabe / -Nachdruck) *n(/f/m)* [Bk; Cat] ⟨ISBD(M; S; PM); DIN 16514; DIN 31631/4⟩ / riproduzione facsimilare *f* · ristampa in facsimile *f* · edizione facsimilare · ristampa facsimilare *f*

Fakten(daten)bank *f* / banca dati fattuali *f*

Faktorenanalyse *f* / analisi fattoriale *f*

Faktura *f s. Rechnung*

fakturieren *v* / fatturare *v*

Fakturierung *f* / fatturazione *f*

Fakultät *f* / facoltà *f*

fakultativ *adj* [Kat] / opzionale *agg* · facoltativo *agg*

fakultative Bestimmung *f* [Kat; Klass] / disposizione facoltativa *f*

Fakultäts|bibliothek *f* / biblioteca di facoltà *f*

~**rat** *m* / consiglio di facoltà *m*

Fälligkeits|datum *n* / termine di scadenza *m* · data di scadenza *f* ‖ *s.a. Rückgabedatum*

~**termin** *m s. Fälligkeitsdatum*

Fall|sammlung *f* / raccolta di casi *f*

~**studie** *f* / studio di un caso *m*

falsche Bünde *pl* [Bind] / falsa nervatura *f* · nervi finti *pl* · nervi falsi *pl*

fälschen *v* / falsificare *v*

falscher Druckort *m* / luogo di stampa falso *m*

~ **Einband** *m* / coperta posticcia

falsche Zuschreibung *f* / falsa attribuzione *f* · attribuzione erronea

Fälschung *f* / contraffazione *f* · (Ergebnis der ~:) falso *m*

faltbar *adj* / pieghevole *agg*

Falt|blatt *n* / pieghevole *m*

~**buch** *n* / libro a fisarmonica *m* · libro a soffietto *m*

falten *v* [Pp] / piegare *f*

Falt|karte *f* / carta pieghevole *f*

~**plan** *m* [Kart] *s. Faltkarte*

~**tafel** *f* / tavola ripiegata *f*

~**tür** *f* / porta a soffietto *f*

Falz 1 *m* (Knicklinie) [Bind] / piega *f* ‖ *s.a. Leporellofalzung*

Falz 2 *m* (gefalzter Papier- oder Gewebestreifen) [Bind] / brachetta *f* · braghetta *f* ‖ *s.a. Anklebefalz; Ansetzfalz; Ausgleichsfalz*

Falz 3 *m* (Gelenk am Buchrücken) [Bind] / cerniera *f* ‖ *s.a. Rückenfalz; tiefer Falz*

Falz|bein *n* [Bind] / stecca d'osso *f*

Fälzel *n* [Bind] *s. Falz 2*

fälzeln *v* [Bind] / imbrachettare *f*

falzen *v* [Bind] / piegare *v* ‖ *s.a. nachfalzen*

Falzmaschine *f* [Bind] / piegatrice *f*

Falzung *f* [Bind] / piegatura *f*
Familien|archiv *n* / archivio familiare *m* · archivio di famiglia
~**name** *m* / cognome *m*
~**roman** *m* / romanzo di famiglia *m*
Fanfarenstil *m* [Bind] / stile alla fanfara *m*
Farb|abgleich *m* [ElPubl] / aggiustaggio dei colori *m*
~**abstimmung** *f* / aggiustaggio dei colori *m* · abbinamento dei colori *m*
~**abweichung** *f* [Druck; Repr] / aberrazione cromatica *f*
~**ballen** *m* [Druck] *s. Druckerballen*
~**band** (Schreibmaschine) / nastro inchiostrato *m* (per macchina da scrivere)
~**bild** *n* / illustrazione in colore *f*
~**bildschirm** *m* [EDV] / schermo a colori *m* · video a colori *m*
~**dia** *n* / diapositiva a colori *f*
~**display** *m* / display a colori *m*
~**druck** *m* / stampa a colori *f* ‖ *s.a. Dreifarbendruck; Einfarbendruck; Mehrfarbendruck; Vierfarbendruck*
~**drucker** *m* / stampante a colori *f*
Farbe *f* [Druck] ⟨DIN 16528E⟩ / colore *m* (farbig: a colori; zweifarbig: a due colori)
farbecht *adj* / di colore solido ‖ *s.a. lichtecht*
Farbechtheit *f* / (farbecht sein:essere di colore solido:) solidità del colore *f*
färben *v* / tingere *v*
Farbendruck *m s. Farbdruck*
Farb|film *m* [Repr] ⟨DIN 19040/104E⟩ / (fotogr. Material:) pellicola a colori · (Spielfilm:) film a colori
~**gebung** *f* / coloritura *f*
~**grafik** *f* / grafico a colori *m*
~**grafikkarte** *f* [EDV] / scheda grafica a colori *f*
~**holzschnitt** *m* / cromoxilografia *f*
farbige Abbildung *f* [Bch] / illustrazione colorata *f*
farbiger Bildschirm *m* / schermo a colori *m* · video a colori *m*
Farb|kopie *f* / copia colorata *f*
~**kopierer** *m* / copiatrice a colori *f*
~**lithographie** *f* / cromolitografia *f*
~**management** *n* [ElPubl] / gestione dei colori *f*
~**microfiche** *m* [Repr] ⟨DIN 19040/113E⟩ / microfiche a colori *f*
~**mischung** *f* / miscelazione di colori *f*
~**monitor** *m* / monitor a colori *m* | s.a. Farbbildschirm
~**radierung** *f* / incisione all'acquaforte a colori *f*
~**reproduktion** *f* / riproduzione di colori *f*
~**retusche** *f* / ritocco del colore *m*
~**scanner** *m* / scanner a colori *m*
~**schnitt** *m* [Bind] / taglio colorato *m*
~**skala** *f* / scala di colori *f*
~**stich** *m s. Farbabweichung*
~**tafel** *f* / (Tafel mit den Farben:) tavola di colori *f* · (farbige Tafel:) tavola a colori
~**ton** *m* / tonalità *f*
~**treue** *f* / fedeltà dei colori *f*
~**walze** *f* [Druck] / rullo inchiostratore *m*
~**werk** *n* [Druck] / calamaio *m*
~**wert** *m* [Druck] / valore del colore *m*
~**wiedergabe** *f* / riproduzione dei colori
Faser *f* / fibra *f*
~**schreiber** *m* / penna in fibra *f*
Fassade *f* [Bau] / facciata *f*
Fassung *f* (eines Textes) / stesura *f* (endgültige Fassung: stesura definitiva) ‖ *s.a. Erstfassung*
Faszikel *m* / fascicolo *m*
Fax *n* [Komm] / fax *m*
faxen *v* [Komm] / mandare un fax *v* · faxare *v* · trasmettere un fax *v*
Faxgerät *n* / telefax *m* · fax *m*
Fax|übermittlung *f* / trasmissione di fax *f*
Feder *f* (Schreibwerkzeug aus Vogelfeder) / penna *f* ‖ *s.a. Rohrfeder; Stahlfeder*
~**leichtpapier** *n* / carta soffice *f*
~**messer** *n* / (Taschenmesser:) temperino *m*
~**zeichnung** *f* / disegno a penna *m*
Fehl|belichtung *f* [Repr] / errore di esposizione *m*
~**druck** *m* / stampa difettosa *f* · impressione guastata *f* · scarto *m* ‖ *s.a. Makulatur*
Fehler *m* / (Irrtum:) errore *m* · (Versehen:) sbaglio ‖ *s.a. Defekt; Druckfehler*
~**beseitigung** *f* / eliminazione degli errori *f*
~**erkennung** *f* [EDV] / rilevamento degli errori *m*
~**erkennungscode** *m* [EDV] ⟨DIN 44300/2E⟩ / codice rilevamento errori *m*
fehlerhaft *adj* / difettoso *agg*
fehlerhafte Funktion *f* [EDV] / malfunzione *f*
fehlerhafte Heftung *f* [Bind] / cucitura difettosa *f*
Fehler|korrekturcode *m* [EDV] ⟨DIN 44300/2E⟩ / codice correzione errori *m*
~**meldung** *f* [EDV] / segnalazione di guasto *f*

~**protokoll** *n* [EDV] / rapporto degli errori *m*
~**quote** *f* / tasso d'errore *m* · quota di errori *f*
~**suche** *f* / ricerca dei guasti *f* · recupero di errori *m*
~**suchprogramm** *n* [EDV] / programma eliminazione errori *f*
fehlt *v* / manca *v*
Feinleinen *n* [Bind] / tela fine *f*
Feld *n* (Teil eines Datensatzes) [EDV] / campo *m* ‖ *s.a. Teilfeld*
~**endezeichen** *n* [EDV] *s. Feldtrennzeichen*
~ **fester Länge** *n* [EDV] / campo di lunghezza fissa *m*
~**kennung** *f* [EDV] ⟨DIN 1506; DIN 2341/1; DIN 31631/1⟩ / marca *f* · tag *m* ‖ *s.a. Teilfeldkennung*
~**länge** *f* / lunghezza di campo *f*
~**name** *m* [EDV] / nome del campo *m*
~**trennzeichen** *n* [EDV] ⟨DIN 2341/1⟩ / delimitatore di campo *m*
~ **variabler Länge** *n* / campo di lunghezza variabile *m*
~**versuch** *m* / prova sul campo *f*
Fenster|briefumschlag *m* / busta con finestrino *f*
~**karte** *f* [Repr] ⟨DIN 19040/113E⟩ / scheda a finestra *f*
Fenstertechnik *f* [EDV] / tecnica a finestra *f*
Ferien *pl* / ferie *pl* · vacanze *pl*
~**plan** *m* / calendario delle ferie *m*
Fern|abfrage *f* [EDV] / interrogazione a distanza *f*
~**bedienung** *f* / telecomando *m*
~**belichtung** *f* [ElPubl] / telecomposizione *f* · composizione automatica a distanza *f*
~**bestellung** *f* [Erw; EDV] / teleordinazione *f*
~**entleihung** *f* / prestito a distanza *m* ‖ *s.a. Leihverkehr der Bibliotheken*
~**erkundungsbild** *n* [Kart] ⟨ISBD(CM)⟩ / immagine di telerivelamento *f*
~**gespräch** *n* [Komm] / telefonata interurbana *f* ‖ *s.a. Selbstwählfernsprechdienst*
Fernleih|bestellung *f* / richiesta di prestito esterno *f*
~**datei** *f* / registro delle operazioni del prestito interbibliotecario *m* (archivio) · registro delle opere date in prestito ad altre biblioteche *m*
Fernleihe *f* / prestito esterno *m* · prestito interbibliotecario *m* ‖ *s.a. gebender Leihverkehr; Leihverkehr der Bibliotheken; nehmender Leihverkehr*
Fernleih|kartei *f s. Fernleihregister*
~**protokoll** *n* / protocollo del prestito interbibliotecario *m*
~**register** *n* / registro delle operazioni del prestito interbibliotecario *m*
~**schein** *m* / modulo del prestito interbibliotecario *m* · (Bestellschein:) modulo di richiesta del prestito interbibliotecario *m*
~**statistik** *f* / statistica del prestito interbibliotecario *f*
~**stelle** *f* [OrgM] / sezione del prestito interbibliotecario *f*
~**verkehr** *m s. Leihverkehr der Bibliotheken*
~**verwaltung** *f* / gestione del prestito interbibliotecario *f*
Fernmelde|netz *n* [Komm] / rete di telecomunicazioni *f*
~**satellit** *m* / satellite per telecomunicazioni *m*
Fern|satz *m* [ElPubl] / composizione automatica a distanza *f*
~**schreibcode** *m* / codice telex *m*
~**schreiben** *n* / telex *m*
~**schreiber** *m* / telescrivente *m*
Fernschreib|schlüssel *m* [Komm] *s. Fernschreibcode*
~**stelle** *f* [OrgM] / ufficio telex *m*
~**teilnehmer** *m* / abbonato al telex *m*
~**verkehr** *m* / telex *m* · servizio di telex *m*
Fernseh|aufzeichnung *f* / registrazione televisiva *f*
Fernsehen *n* / televisione *f*
Fernseh|gerät *n* / televisore *m*
~**programm** *n* / programma televisivo *m*
~**sender** *m* / stazione televisiva *f*
~**sendung** *f* / trasmissione televisiva *f*
~**spiel** *n* ⟨DIN 31631/4⟩ / spettacolo televisivo *m* · telespettacolo *m*
Fernsprech|apparat *m s. Telefonapparat*
~**buch** *n s. Telefonbuch*
~**leitung** *f* / linea telefonica *f*
~**teilnehmer** *m* / abbonato al telefono *m*
~**verbindung** *s. Telefonverbindung*
Fern|steuerung *f* / controllo a distanza *m* · comando a distanza *m* · telecomando *m*
~**studiengang** *m* / corso di studio per corrispondenza *m* ‖ *s.a. Fernunterricht*
~**studium** *n* / studio per corrispondenza *m*
~**test** *m* [EDV] / test a distanza *m*

-übertragung *f* [Komm] / trasmissione a distanza *f* ‖ *s.a. Datenfernübertragung*
-unterricht *m* / insegnamento per corrispondenza *m* ‖ *s.a. Fernstudium*
-verarbeitung *f* [EDV] / elaborazione a distanza *f s. Datenfernverarbeitung*
-zugriff *m* [Retr] / accesso remoto *m*
fest angestellt *part perf* [Pers] / fisso *part pt* (Festangestellter: impiegato fisso; fester Arbeitsplatz: posto fisso)
Festbestellung *f* [Erw] / ordine fisso *m*
feste Anstellung *s. fest angestellt*
feste Kosten *pl* / spese fisse *pl*
fester Einband *m* [Bind] / rilegatura rigida *f*
~ Ladenpreis *m* / prezzo fisso al minuto *m s.a. Buchpreisbindung*
~ Rücken *m* [Bind] / dorso aderente *m*
~ Wohnsitz *m* / domicilio fisso *m* ‖ *s.a. ohne festen Wohnsitz*
Festigung *f* / consolidamento *m*
Festlegung *f* [OrgM] / determinazione *f*
~ der Reihenfolge *f* / fissaggio dell'ordinamento *m*
Fest|platte *f* / hard disk *m* · disco fisso *m* · disco rigido
-schrift *f* [Bch] ⟨DIN 31631/4⟩ / miscellanea di omaggio *f* · pubblicazione in onore *f* ‖ *s.a. Jubiläumsschrift*
-setzung *f* [OrgM] *s. Festlegung*
fest verdrahtet *part perf* / cablato *part pt*
Festwertspeicher *m* [EDV] / memoria permanente *f* · memoria a sola lettura *f*
Fett|druck *m* / stampa in grassetto/neretto(fett gedruckt: stampato in neretto/grassetto) ‖ *s.a. halbfette Schrift*
-fleck *m* [Rest] / macchia di grasso *f*
fettfleckig *adj* / macchiato d'unto *part pt*
Feuchtdehnung *f* [Pp] / dilatazione da umidità *f*
Feuchtegehalt *m* [Pp] ⟨DIN 6730⟩ / umidità *f*
feuchten *v* [Bind] / inumidire *v*
Feuchtfleck *m* / macchia di umidità
Feuchtigkeit *f* / umidità *f*
Feuchtigkeits|flecken *pl* / gore d'umido *pl*
-grad *m* (des Papiers) ⟨DIN 6730⟩ / umidità *f*
-messer *m* / igrometro *m*
-rand [Rest] / alone d'umido *m*
-spuren *pl* / corrosioni d'umido *pl* · tracce d'umidità *pl*
Feuchtwerk *n* (Offsetdruckmaschine) / cilindro bagnatore *m*
Feuer... ‖ *s.a. Brand...*
-gefahr *f* / rischio d'incendio *m*
-löscher *m* / estintore *m*
-meldeanlage *f* / rivelatore d'incendio *m*
-schutz *m* / protezione antincendio *f*
Feuilleton *n* / terza pagina *f* (in un giornale)
ff *Abk* (und folgende) [Bib] / ss. *abbr* (seguenti)
ff-Bestellung *f* [Erw] *s. Fortsetzungsbestellung*
f ff *Abk* (und folgende/r/s) [Bk; Bib] *s. ff*
Fibel *f* / abbecedario *m*
Figurine *f* / figurina *f*
figürlich *adj* / figurato *part pt*
fiktiv *adj* [Kat] / fittizio *agg* ‖ *s.a. fingierter Druckort; fingierter Name*
Filete *f* [Bind] / filetto *m*
Fileten *pl* [Bind] / (die mit ~ hergestellte Einbandverzierung:) filettatura *f*
Film 1 *m* (Kinefilm) / film cinematografico *m*
~ 2 *m* (zur Vorführung bestimmtes Filmwerk) [NBM] ⟨A 2653; ISBD(NBM)⟩ / film ‖ *s.a. Farbfilm; Spielfilm; Stummfilm; Tonfilm*
~ 3 *m* (als fotografisches Material) [Repr] ⟨DIN 19040/104E; DIN 31631/4; ISO 6196-4⟩ / pellicola *f* ‖ *s.a. Farbfilm; Film 1*
-archiv *n* / cineteca *f* · archivio cinematografico *m*
-bearbeitung *f* [Repr] / trattamento del film *m*
-bild *n* [Repr] / fotogramma *m*
-bühne *f* (eines Lesegeräts) [Repr] / portanegativi *m*
-einfädelung *f* (als Vorrichtung) [Repr] / caricatore *m*
Filmemacher *m* / film-maker *m*
Film|kamera *f* / cinecamera *f* · macchina da presa *f*
-kassette *f* [Repr] *s. Mikrofilmkassette*
--Kompaktkassette *f* (für einen Kinefilm) [NBM] ⟨ISBD(NBM)⟩ / cinecassetta *f*
-kopiermaschine *f* / stampatrice *f*
-lochkarte *f* / scheda a finestra *f*
-musik *f* [Mus] ⟨DIN 31631/4⟩ / musica di film *f*
-othek *f* [NBM] / cineteca *f*
-projektor *m* [NBM] / proiettore cinematografico *m*
-rolle *f* (Mikrofilm) / rotolo di microfilm *m*
-satz *m* [Druck] *s. Fotosatz*
-schleife *f* [NBM] / cappio di film *m*
-schneidegerät *n* / tagliatrice di film *f*
-schritt *m* [Repr] *s. Bildschritt*

~spule *f* [NBM] / bobina di pellicola *f*
~streifen *m* / striscia di film *f* · filmina *f* · spezzone di microfilm *m*
~strip *m* [Repr] *s. Filmstreifen*
~transport *m* / avanzamento della pellicola · trasporto pellicola *m*
~vorschub *m* / avanzamento della pellicola · avanzamento di film *m*
Filter *m* [Repr] / filtro *m*
filtern *v* / filtrare *v*
Filterpapier *n* / carta da filtro *f*
filtrieren *v* / filtrare *v*
Filzstift *m* / pennarello *m*
Finanzier *m* / finanziatore *m*
finanzieren *v* / finanziare *v*
Finanzierung *f* / finanziamento *m* ‖ *s.a. Hochschulfinanzierung*
Finanz|minister *m* / ministro delle finanze *m*
~mittel *pl* / mezzi finanziari *pl* ‖ *s.a. Haushaltsmittel*
~mittel *pl* / risorse finanziarie *pl*
Findbuch *n* [Arch] / inventario analitico *m*
fingerfleckig *adj* [Bch] / (Fingerflecken:) ditate *pl*
Fingerprint *m* (für die Identifizierung alter Drucke) / impronta *f*
Fingerspuren *pl* [Bch] *s. fingerfleckig*
fingierter Druckort *m* / luogo di stampa inventato *m*
fingierter Name *f* / nome fittizio *m*
~ Titel *m* [Kat] ⟨DIN 31631/2⟩ / titolo inventato *m*
Firmen|adressbuch *n* / repertorio delle imprese *m* ‖ *s.a. Handelsadressbuch*
~archiv *n* [Arch] / archivio di impresa *m*
~bibliothek *f* [Lib] / biblioteca aziendale *f*
~katalog *m* / catalogo commerciale *m*
~schriftensammlung *f* / raccolta di letteratura commerciale *f*
~schrifttum *n* / letteratura commerciale *f*
~zeitschrift *f* / rivista di azienda *f* · giornale aziendale *m* ‖ *s.a. Werkszeitschrift*
Fischschuppenmuster *n* [Bind] / ornamento a squama di pesce *m*
Fitzbund *m* [Bind] / catenella *f*
Fixativ *n* / fissativo *m* · fissatore *m*
fixe Kosten *pl* / costi fissi *pl*
Fixierbad *n* [Repr] / bagno di fissaggio *m*
fixieren *v* [Repr] / fissare *v*
Fixier|mittel *pl* [Repr] ⟨ISO 6196/3⟩ / mezzi da fissaggio *m*
Fixkosten *pl* / costi fissi *pl*
Flach|bettscanner *m* / scanner piano *m*
~bildschirm *m* / schermo piano *m*
~druck *m* ⟨DIN 16529⟩ / stampa in piano *f*
flache Bünde *pl* [Bind] / nervature piatte *pl*
Flächen|bedarf *m* [Bau] / esigenze di terreno *pl*
~diagramm *n* / diagramma di area *m*
~gewicht *n* (von Papier) ⟨DIN 6730⟩ / peso carta *m*
flacher Rücken *m* [Bind] / dorso piatto *m*
Flachsichtkartei *f* (Kardex) / classificatore orizzontale *m* (tipo Kardex)
Flatter|marke *f* [Druck; Bind] ⟨DIN 16500/2; DIN 16514⟩ / marca di collazionamento *f*
~satz *m* [Druck] / composizione non giustificata *f* ‖ *s.a. Randausgleich*
Flechtwerk *n* [Bind] / intrecciatura *f*
fleckenfrei *adj* / (Flecken beseitigen: smacchiare:) immacolato *agg*
fleckenlos *adj s. fleckenfrei*
fleckig *adj* / macchiato *part pt* ‖ *s.a. angefleckt*
Fleisch *n* (einer Drucktype) / rilievo interno del carattere tipografico *m*
~seite *f* (des Pergaments usw.) / lato carne *m* · faccia carnosa *f*
Fleur de lis *m* [Bind] / fiordaliso *m*
Fleuron *n* [Bind; Bch] / fiorone *m* · vignetta *f*
Flexibilität *f* / flessibilità *f*
flexible Magnetplatte *f* [EDV] ⟨DIN 66010E⟩ / disco magnetico flessibile *m*
flexibler Einband *m* / legatura flessibile *f*
Flexodruck *m* / flessografia *f* · stampa flessografica *f*
~maschine *f* / rotativa flessografica *f*
Flexographie *f* [Prt] ⟨DIN 16514⟩ *s. Flexodruck*
flicken *v* [Rest] / rammendare *v* · rattoppare *v*
fliegendes Blatt *n* (Teil des Vorsatzes) [Bind] / foglio volante *m* · foglio sciolto *m*
fliegendes Personal *n* / personale navigante *m*
Fliegenkopf *m* [Druck] / carattere bloccato *m*
fließen *v* / scorrere *v*
Fließtext *m* [EDV] / testo continuo *m*
Florilegium *n s. Blütenlese*
flüchtiger Speicher *m* [EDV] ⟨DIN 44476/1⟩ / memoria volatile *f*
Fluchtweg *m* / via di fuga *f* · via di scampo *f*
Flug|blatt *n* / foglio volante *m* · volantino *m* ‖ *s.a. Einblattdruck*

Flügelfalz *m* *s. Ansetzfalz*
Flug|schrift *f* [Bch] ⟨RAK-AD⟩ / manifesto volantino *m*
Fluktuation *f* / fluttuazione *f*
Flurkarte *f* [Kart] / mappa catastale/particellare *f*
Flussdiagramm *n* / diagramma di flusso *m*
Flüssigkristallanzeige *f* / visualizzazione a critalli liquidi *f* · display a cristalli liquidi *m*
Fluss|linie *f* (in einem Flussdiagramm) [OrgM] / linea di flusso *f*
~**richtung** *f* (in einem Flussdiagramm) / direzione di flusso *f*
Folge 1 *f* (jeder von zwei oder mehr Bänden von Vorträgen usw. gleicher Art und in Folge gezählt, z.B. Gedanken zur Zeit. Neue Folge) [Bch] / serie *f*
~**band** *m* / volume successivo *m*
~**bestellung** *f* *s. Nachbestellung*
~**dokument** *n* [Bch] ⟨DIN 31631/4⟩ / documento secondario *m*
folgend *part praes* (f) / seguente (s.) ‖ *s.a. ff*
Folge|titel *m* [Bch] / titolo successivo *m*
~**transparent** *n* [NBM] ⟨DIN 19040/11⟩ / trasparente successivo *m*
Foliant *m* [Bch] / volume in-folio (2°) *m*
Folie 1 *f* [Bind] / lamina *f* · foglia *f* ‖ *s.a. Glanzfolie; Goldfolie; Klebefolie; Verpackungsfolie*
Folie 2 *f* (mit Text- und/oder Bildinformationen zur Overheadprojektion) [NBM] / trasparente *m* · foglio trasparente *m* ‖ *s.a. Folgetransparent; Grundtransparent*
Folien(ein)band *m* [Bind] / legatura laminata *f*
~**kaschierung** *f* [Bind] / laminazione *f*
foliieren *v* [Bind] / laminare *v*
Foliierung *f* (Nummerierung von Druckbögen) / fogliazione *f*
Folio|band *m* / volume in-folio (2°) *m*
~**format** *n* [Bch] / formato in-folio (2°) *m* ‖ *s.a. Großfolio*
Fonds *m* / fondo *m*
Fonteditor *m* [ElPubl] / editor di font *m*
Förder|anlage *f* / trasportatore *m* ‖ *s.a. Schwerkraftförderer*
~**band** *n* / nastro trasportatore *m*
fördern *v* (n) / (finanziell unterstützen:) sovvenzionare *v*
Förderung *f* / (finanzielle Unterstützung:) sovvenzione *f* · (ideelle und finanzielle Unterstützung:) promozione *f* ‖ *s.a. Ausbildungsförderung; Leseförderung*
Förderverein *m* / associazione dei promotori *f*
Form *f* [Druck] *s. Druckform*
formale Beschreibung / descrizione formale *f*
~ **Beziehung** *f* [Ind] / relazione formale *f*
~ **Erfassung** *f* (eines Dokuments) [Bib; Ind] ⟨DIN 31631/1⟩ / descrizione formale *f* (di un documento) ‖ *s.a. Titelaufnahme 1*
formales Ordnungswort *n* [Kat] / intestazione di forma *f*
Formal(sach)titel *m* [Kat] ⟨DIN 31631/2⟩ / titolo formale *m*
Format 1 *n* (die Größe eines Bandes, insbes. seine Höhe) ⟨RAK⟩ / formato *m* ‖ *s.a. bibliographisches Format; Messformat*
~ 2 *n* (eines Buches gemäß der Anzahl der Falzungen eines Druckbogens: bibliographisches ~:) / formato del libro antico *m*
~ 3 *n* (allgemein u. EDV) [EDV] ⟨DIN 44300/3E⟩ / formato *m*
~**angabe** *f* [Kat] ⟨DIN 31631/2⟩ / indicazione del formato *f*
format|ieren *v* [EDV] / formattare *v* ‖ *s.a. nicht formatiert*
Formatierung *f* [EDV] ⟨DIN 66010E⟩ / formattazione *f*
Form|blatt *n* / modulo ‖ *s.a. Formular*
~**brief** *m* / lettera standardizzata *f*
Formdraht *m* ⟨Pp⟩ / vergella *f* · filone *m* ‖ *s.a. geripptes Papier*
Formelsatz *m* [Druck] / composizione di formule scientifiche
Form||schlagwort *n* / soggetto formale · intestazione formale *f* · (als Unterschlagwort:) suddivisione formale *f* · voce formale *f*
~**schlüssel** *m* [Klass] / suddivisione formale standardizzata *f*
~**schneider** *m* (Holzgraveur) / xilografo *m*
Formular *n* / formulario *m* · modulo *m* ‖ *s.a. Anmeldeformular; Antragsformular; Fragebogen; Mehrfachformular*
Formular|satz *m* (mehrere zusammengehörende Formulare) [Büro] / modulario *m*
~**wesen** *n* / modulistica *f*
Formzahl *f* [DK] *s. allgemeine Ergänzungszahl der Form und Darbietung von Dokumenten*

Forschung *f* / ricerca *f*
Forschungs|anstalt *f* / ente di ricerca *m*
~**bericht** *m* [Bch] ⟨DIN 31631/4; DIN 31639/2⟩ / rapporto di ricerca *m*
~**bibliothek** *f* / biblioteca di ricerca *f*
~**förderung** *f* / promozione della ricerca *f*
~**gegenstand** *m* / oggetto di ricerca *m*
~**intitut** *n* / istituto di ricerca *m*
~**schwerpunkt** *m* / fulcro di ricerca *m*
~**stipendiat** / borsista di ricerca *m*
~**stipendium** *n* / borsa di ricerca *f*
Forschung und Entwicklung *f* / ricerca e sviluppo *f*
Fortbildung *f* [Pers] / perfezionamento *m* (berufliche Fortbildung:perfezionamento professionale) || *s.a. Weiterbildung*
Fortbildungs|kurs *m* / corso di aggiornamento *m* · corso di perfezionamento *m*
Fortgang *m* / avanzamento *m*
fortgesetzt von *part perf* / proseguito da *part pt* · continuato da *part pt*
fortlaufende Beilage *f* [Bch] ⟨DIN 31631/2⟩ / inserto corrente *m*
~ **Bibliographie** *f* [Bib] ⟨DIN 31639/2⟩ / bibliografia corrente *f*
~ **Nummer** *f* / numero progressivo *m* || *s.a. numerus currens*
fortlaufende Publikation *f CH* / seriale *m*
fortlaufendes Sammelwerk *n* [Kat] *D* ⟨DIN 1430; DIN 1502; DIN 31631/2; TGL 20972/04; ISBD(S); RAK⟩ / seriale *m* · pubblicazione in serie *f*
fortlaufende Zählung *f* [Bch] / numerazione progressiva *f*
Forts. *Abk s. Fortsetzung*
fortschreiben *v* / aggiornare *v*
Fortschritt *m* / progresso *m* · avanzamento *m*
Fortschrittsbericht *m* / rassegna bibliografica · rapporto di sintesi critica · (jährlich erscheinend:) rassegna annuale *f*
Fortsetzung 1 *f* / seguito *m* · continuazione *f*
Fortsetzung 2 *f* (Teil eines in zeitlichen Abständen erscheinenden Romans usw.) / dispensa *f*
Fortsetzungs|band *m* / volume di continuazione *m*
~**bestellung** *f* / ordine permanente *m* · ordine in continuazione *m*
~**karte** *f* [Erw] / schedone amministrativo *m* (per periodici e opere in continuazione)
~**kartei** *f* [Erw] / schedario delle continuazioni *f*
~**werk** *n* / opera in continuazione *f* || *s.a. Lieferungswerk; mehrbändige Publikation*
~**zettel** *m* [Kat] / scheda di continuazione *f*
Fortsetzung unter dem Titel *f* (Forts.u.d.T.) / continua con *v*
Forts.u.d.T. *Abk s. Fortsetzung unter dem Titel*
Foto *n* / foto *f*
Foto... [Repro] || *s.a. Photo...*
~**abzug** *m* / copia *f* · stampa fotografica *f*
~**archiv** *n* / fototeca *f* · archivio fotografico *m*
~**band** *m* / opera fotografica *f*
~**grafie** *f* (Fototechnik) [Repr] ⟨DIN 19040/101E⟩ / fotografia
fotografische Empfindlichkeit *f* [Repr] *s. Empfindlichkeit 1*
fotografische Schicht *f* / emulsione fotografica *f*
Foto|handsatz *m* [Druck] / fotocomposizione a mano *f*
~**kopie** *f* / fotocopia *f*
foto|kopieren *v* / fotocopiare *v*
Foto|kopieren *n* / fotocopiatura *f*
~**kopiergerät** *n* / fotocopiatrice *f*
~**kopierpapier** *n* [Repr] ⟨DIN 6730⟩ / carta da copiare *f*
~**kopierverfahren** *n* / fotocopiatura *f*
fotomechanisch *adj* / fotomeccanico *agg*
Foto|montage *f* / fotomontaggio *m*
~**papier** *n* / carta fotografica *f*
~**satz** *m* [Druck] / fotocomposizione *f* || *s.a. Fotohandsatz; Lichtsetzanlage*
~**satzanlage** *f* [Druck] / unità di fotocomposizione *f*
~**setzgerät** *n* [Druck] / fotounità *f* · fotocompositrice *f*
~**setzmaschine** *f* [Druck] / macchina fotocompositrice *f*
~**stelle** *f* / laboratorio di reprografia *m*
~**thek** *f* [NBM] *s. Fotoarchiv*
Fragebogen *m* / questionario (einen ~ ausfüllen: riempire un ~) || *s.a. Erhebungsbogen; Formular*
Fragezeichen *n* / punto interrogativo *m*
Fragment *n* / frammento *m*
Fraktur *f* [Druck] / scrittura gotica *f*
Frankiermaschine *f* [Komm] ⟨DIN 9779⟩ / affrancatrice *f*
Frankierung *f* / affrancatura *f*
Franzband *m* [Bind] / legatura in pelle *f* (ai nervi attacati sui piatti effettuanti così un solco)

Frauen|beauftragte *f* / delegata per la tutela dei diritti della donna *f* · commissaria per le pari opportunità delle donne *f* · incaricata delle donne *f*
~**förderung** *f* / promozione delle donne *f* ‖ *s.a. Frauengleichstellung*
~**forschung** *f* / studi sulle donne *pl*
~**gleichstellung** / parificazione delle donne *f* · equiparazione delle donne *f* · pari opportunità per le donne *pl* · pareggiamento delle donne *m* ‖ *s.a. Frauenförderung; Gleichstellungsgesetz*
~**literatur** *f* / letteratura per le donne *f*
~**zeitschrift** *f* / rivista femminile *f* · periodico femminile *m* · rivista per le donne *f*
freier Mitarbeiter *m* / collaboratore esterno *m*
~ **Zugang** *m* (zum Buchbestand) / accesso libero *m* ‖ *s.a. Freihandaufstellung*
freie Stelle / posto libero *m* ‖ *s.a. offene Stelle*
Freiexemplar *n* [Bch] / copia gratuita *f* · copia in omaggio *f* ‖ *s.a. Belegexemplar*
Freigabe *f* (von Verschlusssachen) [Arch; Bch] / revoca della qualifica di segretezza *f*
~**datum** *n* [Arch] / data della consultabilità *f* · data di accesso *f*
freigeben *v* (Verschlusssachen ~) [Arch] / revocare la classificazione di sicurezza *v*
Freihand|aufstellung *f* / collocazione a scaffale aperto *f*
~**bereich** *m* / zona a scaffali aperti *f*
~**bestand** *m* [Stock] / fondo a scaffali aperti *m* · raccolta a scaffale aperto *f*
~**bibliothek** *f* / biblioteca a scaffale aperto *f* · biblioteca a libero accesso *f*
~**buch** *n* / opera a libera disposizione *f*
~**magazin** *n* / magazzino a libero accesso *m*
~**regal** *n* / scaffale aperto *m* · (Ausstattung mit~en:) scaffalatura aperta
~**zeichnung** *f* *s. Handzeichnung*
Frei|stempelmaschine *f* [Komm] *s. Frankiermaschine*
~**stück** *n* [Bch] *s. Freiexemplar*
~**textsuche** *f* [Retr] / ricerca di testo qualsiasi *f*
~**zeichen** *n* [Komm] / segnale di libero *m*
Freizeit *f* / tempo libero *m*
~**bedürfnisse** *pl* / bisogni del tempo libero *pl*
~**lektüre** *f* / lettura del tempo libero *m* ‖ *s.a. Entspannungslektüre*

frei zugänglich sein *v* / essere a libero accesso *v* ‖ *s.a. Freihandaufstellung*
Fremddaten *pl* [Bib; Kat; EDV] / dati esterni *pl*
~**bank** *f* (für die Übernahme von Katalogdaten) / banca dati esterni *f*
~**übernahme** *f* / acquisizione di dati esterni *f*
Fremd|finanzierung *f* / finanziamento esterno *m*
~**katalogisierung** *f* / catalogazione derivata *f*
~**referat** *n* [Ind; Bib] ⟨DIN 1426E⟩ / abstract fornito da una persona esterna *m*
Fremdsprachen|kurs *m* [Ed] / corso di lingua straniera *m*
~**unterricht** *m* / insegnamento di lingue straniere *m*
fremdsprachige Äquivalenz *f* (in einem mehrsprachigenThesaurus) [Ind] / equivalenza linguistica in un tesauro plurilinguale *f*
~ **Materialien** *pl* / materiali in lingue straniere *pl*
Fremd|wort *n* / parola straniera *f*
~**wörterbuch** *n* / dizionario delle parole straniere *m*
Frequenzpolygon *n* / poligono di frequenza *m*
Fries *m* / fregio *m*
Frist *f* / scadenza *f* · termine di scadenza *m* ‖ *s.a. Leihfrist; Zahlungsfrist*
~**ablauf** *m* / scadenza *f* ‖ *s.a. Verfallsdatum*
~**blatt** *n* (in einem verleihbaren Buch) / scheda di scadenza *f* · scheda di prestito *f*
~**datei** *n* / registro scadenziario *m*
fristgerecht *adj* / tempestivo *agg*
fristgerechte Rückgabe *f* (eines Buches) / tempestiva restituzione *f* (di un libro dato in prestito) ‖ *s.a. Leihfrist*
Frist|kartei *f* / scadenzario *m* ‖ *s.a. Fristdatei*
~**streifen** *m* (in einem verliehenen Buch) / scheda di prestito *f*
~**verlängerungsbescheid** *m* / avviso del prolungamento del prestito *m*
~**zettel** *m* *s. Fristblatt; Fristas streifen*
Frontispiz *n* [Bch] / frontespizio figurato *m* · antiporta *f*
Frontmaskierung *f* [Retr] / mascheramento di fronte *m*
Frühdrucke *pl* (aus dem 16. Jahrhundert) / cinquecentine *pl*
früherer Besitzer *m* / ex possessore *m*

~ **Titel** *m* / titolo precedente *m* · titolo anteriore *m*
Frühstücksraum *m* / caffetteria *f*
Frzbd. *Abk* [Bind] *s. Franzband*
FuE *Abk s. Forschung und Entwicklung*
führen / (betreiben; verwalten:) gestire *v*
führende Null *f* [EDV] / zero non significativo *m*
Führer *m* [Bch] ⟨DIN 31631/2; DIN 31639/2; RAK-AD⟩ / guida *f*
Führung *f* (durch die Bibliothek) / visita guidata *f* (della biblioteca) ‖ *s.a. Bibliotheksrundgang*
Führungs|ebene *f* [OrgM] / livello di management *m*
~**kraft** *f* [OrgM] / dirigente *m*
~**position** *f* [OrgM] / posizione dirigenziale *f*
~**stil** *m* [OrgM] / stile direzionale *m* ‖ *s.a. mitarbeiterorientierter Führungsstil*
~**verhalten** *n* [OrgM] / comportamento direzionale *m*
~**zeugnis** *n* [Pers] / certificato di buona condotta *m*
Füll|federhalter *m* / penna stilografica *f*
~**stoff** *m* [Pp] ⟨DIN 6730⟩ / sostanza di carica *f* · stucco *m* · cariche *pl*
~**zeichen** *n* [Komm; EDV] ⟨DIN 44300/2E; DIN 44302⟩ / carattere di riempimento *m*
Fundamentalkategorie *f* [Klass] / categoria fondamentale *f*
Fundbüro *n* / ufficio oggetti smarriti *m*
Fünfjahres|kumulation *f* / cumulazione quinquennale *f*
~**verzeichnis** *n* / repertorio quinquennale *m*
Fungizid *n* / fungicida *m*
Funktelefon *s. Mobiltelefon*
Funktions|anzeiger *m* [Ind] / indicatore di ruolo *m*
~**bezeichnung** *f* [Kat] / designazione di funzione *f*
~**einheit** *f* [EDV] ⟨DIN 44300/1E⟩ / unità di funzione *f*
funktionsfähig *adj* / operabile *agg*
Funktions|indikator *m* [Ind] *s. Funktionsanzeiger*
~**prüfung** *f* / prova di funzionamento *f* · controllo funzionale *m*
~**taste** *f* (auf einer Tastatur) [EDV] / tasto di funzione *m* · tasto funzionale *m*
Furchenschrift *f s. Bustrophedon*
Fürstenbibliothek *f* / biblioteca principesca *f*
Fuß *m* (Standfläche einer Drucktype) / piede *m*
Fußboden *m* / pavimento *m*
~**belag** *m* / rivestimento del pavimento *m*
Fuß|note *f* / nota a piè di pagina *f* · (Katalogisierung:) nota *f*
~**notenzeichen** *n* / segno di nota di piede
~**rille** *f* (einer Schrifttype) [Druck] ⟨DIN 16507⟩ / canale *m*
~**schalter** *m* [Repr] / interruttore a pedale *m*
~**schnitt** *m* [Bind] / taglio inferiore *m*
~**steg** *m* [Druck] / margine di piede *m* · margine inferiore *m*
~**stütze** *f* / appoggiapiedi *m*
~**titel** *m* [Kart] / titolo al piede del foglio
Futteral *n* / custodia *f*
Futura *f* [Druck] / carattere Futura *m*

G

Galerie *f* / galleria *f*
Galvanotypie *f* / galvanotipia *f*
Gang *m* [BauEinr] / corsia *f* · corridoio *m* ‖ *s.a. Mittelgang; Regalgang*
Gänsefeder *f* [Schr] / penna d'oca *f*
Gänsefüßchen *pl* [Schr; Druck] *s. Anführungszeichen*
Ganz|band *m* [Bind] / legatura completa *f*
~**gewebe(ein)band** *m* [Bind] / legatura a tutta tela ‖ *s.a. Ganzleinen(ein)band*
~**leder(ein)band** *m* / legatura a tutta pelle · legatura a piena pelle *f*
~**leinen(ein)band** *m* / legatura all'inglese *f* · legatura a tutta tela ‖ *s.a. Ganzgewebe(ein)band*
ganzseitig *adj* / a piena pagina
Ganz|tafel *f* [Bch] / tavola a piena pagina *f*
Ganztags|beschäftigter *m s. Ganztagskraft*
~**beschäftigung** *f* / occupazione a tempo pieno *f*
~**kraft** *f* / impiegato a tempo pieno *m* ‖ *s.a. Halbtagskraft*
~**stelle** *f* [Pers] / posto a tempo pieno *m*
Garderobe *f* / guardaroba *f*
Garderoben|schrank *m* / armadio guardaroba *m*
~**ständer** *m* / attaccapanni *m*
gasförmiges Desinfektionsmittel *n* / agente fumigante *m*
Gastdozent *m* / docente ospite *m*
Gästebuch *n* / libro degli ospiti *m*
Gastprofessor *m* / professore ospite *m*
Gateway-Server *m* / server gateway *m*
Gattung *m* / genere *m*
Gattungs|begriff *m* [Kat] / termine di categoria *m* ‖ *s.a. Literaturgattung*
~**katalog** *m* / catalogo dei generi *m*
~**kauf** *m* / vendita generica *f*
~**name** *m* / nome generico *m*
Gaufrage *f* [Bind; Pp] / goffratura *f*
gaufrieren *v* [Pp,Bind] / goffrare *v*
Gaußverteilung *f* / distribuzione gaussiana *f* ‖ *s.a. Normalverteilung*
Gaze *f* [Bind] *s. Heftgaze*
~**streifen** *m* / striscia di garza *f*
geb. *Abk* [Bind] *s. gebunden*
Gebäude *n* / edificio *m*
~**plan** *m* / pianta topografica *f* · pianta dei locali *f* ‖ *s.a. Wegweiser*
~**planung** *f* / progettazione di un edificio *f*
~**unterhaltung** *f* / mantenimento dell'edificio *m*
~**verwaltung** *f s. Gebäudeunterhaltung*
gebende Bibliothek *f* (Leihverkehr) / biblioteca prestante *f*
gebender Leihverkehr *m* / funzione prestante nel prestito interbibliotecario *f*
Geber *m* / donatore *m*
Gebetbuch *n* ⟨RAK-AD⟩ / libro di preghiere *m*
Gebiets|ausgabe *f* (einer Zeitung) *s. Bezirksausgabe*

~**körperschaft** *f* / ente territoriale *m* · autorità politico-territoriale *f* ‖ *s.a. Organ einer Gebietskörperschaft*
~**lagekarte** *f* / carta corologica *f*
~**stufenkarte** *f* / cartogramma a strisce *m*
gebleicht *part perf* / imbiancato *part pt*
geblockter Datensatz *m s. geblockter Satz*
~ **Satz** *m* [EDV] ⟨DIN 66010E⟩ / record bloccato *m*
Gebot *n* (auf einer Versteigerung) / offerta *f*
gebräuchlicher Name *m* (einer Person) [Kat] / nome costantemente/prevalentemente usato *m*
gebräuchlichste Benennung *f s. gebräuchlichste Bezeichnung*
~ **Bezeichnung** *f* [Ind] / termine il più comune *m*
Gebrauchs|anleitung *f* / istruzioni d'uso *pl*
~**anweisung** *f s. Gebrauchsanleitung*
~**bibliothek** *f* / biblioteca di diffusione *f*
~**(ein)band** *m* / legatura per l'uso frequente *f*
~**flecken** *pl* / macchie d'uso *pl* · (kleinere ~:) macchioline *pl*
~**grafik** *f* / arte pubblicitaria *f* · disegno grafico *m*
~**muster** *n* [Jur] ⟨DIN 31631/2⟩ / modello di utilità *m*
~**spuren** *pl* / tracce d'uso *pl*
gebräunt *part perf* [Bch] / abbrunito *part pt*
Gebühr *f* / tassa *f* · canone *m* · spesa *f* · contributo *m* ‖ *s.a. Anmeldegebühr; Anschlussgebühr; Bearbeitungsgebühr; Benutzungsgebühr; Besorgungsgebühr; Geldbuße; Leihgebühr; Lizenzgebühr; Mahngebühr; Mindestgebühr; Nutzungsgebühr; Pauschalgebühr; Postgebühr; Schutzgebühr; Semestergebühr; Studiengebühr; Teilnahmegebühr; Versäumnisgebühr*
Gebührenerhebung *f* / richiesta di tariffe *f*
gebührenfreie Dienstleistung *f* / servizio senza canone *m* · servizio a costo zero *m* · servizio gratuito *m*
~ **Lizenz** *f* / licenza gratuita *f*
Gebühren|freiheit *f* / gratuità ‖ *s.a. Dienstleistung zum Nulltarif; Nulltarif*
~**ordnung** *f* / regolamento delle tasse *m*
gebührenpflichtige bibliothekarische Dienstleistung *f* / servizio bibliotecario a pagamento *m*
gebunden *part perf* [Bind] / rilegato *part pt* · legato *m* ‖ *s.a. fester Einband*
gebundene Ausgabe *f* / edizione legata *f*
gebundenes Schlagwort *n* [Kat] ⟨DIN 31631/2⟩ / intestazione di soggetto presa da un soggettario *m*
Gedankenstrich *m* [Schr; Druck] / lineetta *f*
Gedenkschrift *f* [Bch] / pubblicazione commemorativa *f*
gedruckter Katalog *m* / catalogo a stampa
gedruckte Schaltung *f* / circuito stampato *m*
gedunkelt *part perf* / iscurito *part pt* · annerito *part pt*
gefaltet *part perf* / piegato *part pt*
gefalzt *part perf* / piegato *part pt*
gefalzte Beilage *f* / inserto piegato *m* · pieghevole *m*
Gefängnisbibliothek *f* / biblioteca di prigione *f*
gefeierte Persönlichkeit *f* (in einer Festschrift usw.) / persona a cui l'opera è dedicata *f*
geflickt *part perf* / rattoppato *part pt* ‖ *s.a. ausbessern*
gefrieren *v* [Rest] / congelare *v*
Gefrier|trocknung *f* [Rest] / liofilizzazione *f* ‖ *s.a. Vakuumtrocknung*
~**trocknungsanlage** *f* [Rest] / impianto di liofilizzazione *m*
gefütterter Einband *m* / legatura imbottita *f*
Gegen|begriff *m* [Ind] / antonimo *m*
~**betrieb** *m* [Komm] ⟨DIN 44302⟩ / trasmissione duplex *f*
Gegenbeweis *m* / prova contraria *f*
Gegensatz|beziehung [Ind] *s. Gegensatzrelation*
~**relation** *f* [Ind] / relazione antonima *f*
gegenseitige Verweisung *f* [Kat] / rinvio reciproco *m*
Gegensiegel *n* / controsigillo *m*
Gegensprechanlage *f* [Komm] *s. Sprechanlage*
Gegenstand 1 *m* (Objekt) [NBM] ⟨ISBD(NBM)⟩ / oggetto *m*
Gegenstand 2 *m* (eines Dokuments) / soggetto (di un documento)
gegilbt *part perf* / ingiallito *part pt*
geglättetes Leder *n* [Bind] / cuoio a grana schiacciata *m*
~ **Maroquin** *n* [Bind] / marocchino a grana schiacciata *m*
Gehalt *n* (Vergütung) [Pers] / stipendio *m* ‖ *s.a. Anfangsgehalt; Bruttogehalt; Nettogehalt*
Gehalts|anspruch *m* / diritto allo stipendio *m*
~**empfänger** *m* [Pers] / stipendiato *m*
~**erhöhung** *f* / aumento di stipendio *m*

-fortzahlung *f* / continunazione del pagamento dello stipendio *f*
-gruppe *f* / categoria di stipendio *f*
-liste *f* / foglio paga *m*
-niveau *n* / livello di stipendio *m*
-vereinbarung *f* / accordo di stipendio *m*
-vorschuss *m* / anticipo *m* (sullo stipendio)
-zulage *f s. Gehaltserhöhung*
Gehäuse *n* (eines Rechners) *s. Computergehäuse*
geheftet *part perf* [Bind] / cucito *part pt* ‖ *s.a. broschiert*
Geheim|ausgabe *f* / edizione clandestina *f*
-dokument *n* / documento segreto *m* (ein Dokument als geheim einstufen:classificare come documento segreto) ‖ *s.a. Geheimhaltungseinstufung; Verschlusssache*
-druckerei *f* / stamperia segreta *f* ‖ *s.a. Untergrunddruckerei*
-haltungseinstufung (f) / classificazione di sicurezza *f*
-haltungsgrad *m* [Arch; Bch] ⟨DIN 31631/2⟩ / livello di sicurezza *m*
-schrift *f* (Kryptographie) / crittografia *f* ‖ *s.a. Kryptogramm*
gehobener Dienst *m* [Pers] / carriera di concetto *f*
Geistertitel *m* / edizione fittiva *f*
Geisteswissenschaften *pl* / scienze umane *pl*
geistiges Eigentum *n* / proprietà intellettuale *f* ‖ *s.a. Urheberrecht*
geklebt *part perf* [Pp] ⟨DIN 6730⟩ / incollato *part pt*
geklebte Pappe *f* [Bind] / cartone incollato *m* · cartone accoppiato *m*
gekürzte Ausgabe *f* / edizione abbreviata *f*
Geländekroki *n* [Kart] / schizzo altimetrico *m*
Gelände|modell *n* [Kart] / plastico *m*
Geländer *n* / parapetto *m*
Gelatine *f* / gelatina *f*
gelbfleckig *adj* [Bch] / ingiallito *part pt* ‖ *s.a. angegilbt*
Geld|automat *m* / bancomat *m*
-buße *f* / multa *f* · ammenda pecuniaria *f* · sanzione pecuniaria *f*
-geber *m* / finanziatore *m*
-wechselgerät *n* / cambiamonete *m*
Gelegenheits|kauf *m* / acquisto d'occasione *m*
-schrift *f* ⟨RAK-AD⟩ / pubblicazione di occasione *f*
Gelehrtenlexikon *n* / dizionario degli studiosi *m*
Gelehrter *m* / studioso *m*
geleimt *part perf* [Pp] ⟨DIN 6730⟩ / incollato *part pt*
geleimtes Papier *n* ⟨DIN 6730⟩ / carta collata *f* · carta incollata *f* ‖ *s.a. oberflächengeleimtes Papier*
Geleitwort *n* (zu einem Werk) / presentazione *f* (di un'opera)
Gelenk *n* [Bind] / cerniera *f*
Geltungsbereich *m* (eines Gesetzes usw.) / ambito di applicazione *m*
gelumbeckt *pp* [Bind] *s. Klebebindung*
Gemälde *f* / dipinto *m* · quadro *n*
gemalter Schnitt *m* [Bind] / taglio dipinto *m* ‖ *s.a. Schnittmalerei*
Gemeinde|archiv *n* / archivio di enti locali *m*
-bücherei 1 *f* (Bücherei einer Kirchengemeinde) / biblioteca parrocchiale *f*
-bücherei 2 *f* (Bücherei einer Landgemeinde) / biblioteca di un paese rurale *f* ‖ *s.a. Dorfbibliothek*
gemeinfreies Werk *n* / opera di pubblico dominio *f*
Gemeinkosten *pl* / costi generali *pl*
gemeinsamer Sachtitel *m* [Kat] / titolo collettivo *m*
gemeinsamer Teil eines Hauptsachtitels *m* [Kat] ⟨ISBD(S)⟩ / parte comune di un titolo proprio *f*
gemeinschaftliche Dateinutzung *f* / condivisione di archivi *f*
~ Nutzung von Ressourcen *f* (resource sharing) / condivisione delle risorse *f*
gemeinschaftliches Werk *n* [Kat] / opera congiunta *f*
Gemeinschafts|ausgabe *f* / co-pubblicazione *f* · edizione congiunta *f*
-patent / brevetto comunitario *m*
-verlag *m* / editori congiunti *pl*
-werk *n* / opera collettiva *f*
Gemein|sprache *f* / linguaggio comune
-wesenanalyse *f* / analisi di comunità *f*
gemessenes Format *n* (eines Buches) [Bch] *s. Messformat*
gemischte Notation *f* [Klass] / notazione mista *f*
gemischter Satz *m* [Druck] / composizione mista *f*
genarbt *part perf* [Bind] / granato *part pt* ‖ *s.a. grobgenarbtes Leder; Narbe*
genaue Äquivalenz *f* (bei einem mehrsprachige Thesurus) [Ind] ⟨DIN 1463/2⟩ / equivalenza precisa *f*

Genauigkeitsprüfung *f* [Retr] / prova di esattezza *f*
General|direktion *f* / direzione generale *f*
~**direktor** *m* / direttore generale *m*
~**probe** *f* / prova generale *f*
~**register** *n* / indice generale *m* ‖ *s.a. kumulierendes Register*
Generation *f* [Repr] ⟨ISO 6196/1⟩ / generazione *f*
Generator *m* [EDV] ⟨DIN 44300/4E⟩ / generatore *m*
genereller Sachtitel *m* [Kat] ⟨RAK⟩ / titolo generico *m*
generieren *v* [EDV] / generare *f*
Generierung *f* [EDV] / generazione *f*
generische Beziehung *f* [Ind] *s. generische Relation*
~ **Relation** *f* [Ind; Class] ⟨DIN 1463/1E; DIN 32705E⟩ / relazione generica *f*
Genus *n* [Ind; Klass] / genere *m*
Genus-species-Beziehung *f* [Ind; Klass] ⟨DIN 32705⟩ / relazione genere – specie *f*
geographische Breite *f* [Kart] / latitudine geografica *f*
~ **Länge** *f* [Kart] / longitudine geografica *f*
geographischer Katalog *m* / catalogo geografico *m*
~ **Schlüssel** *m* [Klass] / suddivisione geografica *f*
Gepäckaufbewahrung *f* / deposito bagagli *m*
gepackte Daten *pl* [EDV] / dati impaccati *pl*
geplatzt *part perf* [Bind] / scoppiato *part pt*
gepresstes Maroquin *n* [Bind] / marocchino a grana schiacciata *m*
gerade erschienen *part perf s. soeben erschienen*
gerader Rücken *m* [Bind] / dorso piatto *m* ‖ *s.a. Einband mit geradem Rücken*
gerade Seitenzählung *s. gerade Zählung*
~ **Zählung** *f* / numeri pari *pl* · numerazione pari *f*
geradnarbiges Leder *n* [Bind] / cuoio a grana lunga *m*
Gerät *n* / dispositivo *m* · unità *f* · (Apparat:) apparecchio *m*
Geräte *pl* / apparecchiatura *f*
~**lagerraum** *m* / rimessa degli attrezzi *f*
~**steuerzeichen** *n* [EDV] ⟨DIN 44300/2E⟩ / carattere del comando di unità *m*
Geräuschpegel *m* / livello del rumore *m*
Gerbstoff *m* / tannino *m*
Gerbung *f* [Bind] / conciatura *f* ‖ *s.a. Alaungerbung; Chromgerbung*
gereinigte Ausgabe *f* / edizione purgata *f*
Gerichts|bibliothek *f* / biblioteca giudiziaria *f*
~**veröffentlichung** *f* / pubblicazione giudiziaria *f*
geripptes Papier *n* / carta a vergella *f* · carta vergata *f*
gerissen *part perf* / strappato *part pt*
gerufene Station *f* [Komm] ⟨DIN 44302⟩ / stazione chiamata *f*
gerundet *part perf* [Bind] / arrotondato *part pt*
gesammelte Werke *pl* / (ausgewählte Werke; Teilsammlung:) opere varie *pl* ‖ *s.a. Gesamtausgabe*
Gesamt|aufnahme *f* [Kat] / scheda integrale *f*
~**ausgabe** *f* (eines Werkes) / edizione integrale *f* · edizione completa *f*
~**bestand** *m* / patrimonio complessivo *m*
~**betrag** *m* / importo complessivo *m* · importo totale *m*
~**beurteilung** *f* / valutazione complessiva *f*
~**erhebung** *f* / censimento totale *m*
~**hochschule** *f* / università integrata *f*
~**katalog** *m* / catalogo unico *m* · catalogo collettivo *m*
~**kosten** *pl* / costi totali *pl*
~**menge** *f* / insieme totale *m*
~**note** *f* [Ausb] / voto complessivo *m*
~**preis** *m* / prezzo complessivo *m*
~**register** *n* [Ind] / indice complessivo *m* · indice unico *m* ‖ *s.a. Generalregister; Jahresregister; kumulierendes Register*
Gesamttitel 1 *m* (im allgemeinen) [Kat] ⟨DIN 31632/2⟩ / titolo comune *m* · titolo d'insieme *m*
~ 2 *m* (bei Schriftenreihen und Unterreihen) [Kat] ⟨RAK⟩ / titolo comune *m*
~**angabe** *f* (bei Schriftenreihen und Unterreihen) [Kat] ⟨ISBD(M; A; S; PM)⟩ / indicazione del titolo comune *f*
Gesamt|verantwortung *f* [OrgM] / reponsabilità generale *f*
~**verzeichnis** *n* [Kat] / catalogo collettivo *m*
~**werk** *n* / opera complessiva *f*
~**zeitschriftenverzeichnis** *n* / catalogo collettivo delle riviste *m*
Gesangbuch *n* ⟨RAK-AD⟩ / innario *m*
Gesangspartitur *f* / partitura vocale *f*
Geschäfts|bedarf *m* / oggetti di cancelleria *pl*
~**bericht** *m* (einer Firma usw.) ⟨DIN 31631/4⟩ / rendiconto *m*
~**brief** *m* / lettera commerciale *f*

~**buch** *n* [Arch] / registro *m*
~**führer** *m* / gestore *m* · direttore esecutivo *m*
~**führung** *f* [OrgM] / gestione *f*
~**gang** / (der Erwerbung:) iter di acquisizione · (der Buchbearbeitung:) iter del libro *m* ‖ *s.a. integrierter Geschäftsgang*
~**ordnung** *f* [OrgM] ⟨DIN 31631/4⟩ / regolamento interno
~**schrift** *f s. Kanzleischrift*
~**verteilungsplan** *m* / elenco degli incarichi *m* ‖ *s.a. Aufgabenbereich; Aufgabenverteilung*
~**zimmer** *n* / ufficio *m*
geschätzt *part perf* (hoch bewertet) / pregiato *part pt*
Geschenk *n* / regalo *m* (als ~: in regalo) · dono *m* · omaggio *m*
~**abonnement** *n* / abbonamento da regalo *m*
~**ausgabe** *f* / edizione da regalo *f*
~**buch** *n* / libro da regalo *m*
~**exemplar** *n* / esemplare da regalo *m* ‖ *s.a. Widmungsexemplar*
~**journal** *n* / registro dei regali *m*
~**- und Tauschstelle** *f* / ufficio doni e scambi *m*
geschichtete Stichprobe *f* / campione stratificato *m* ‖ *s.a. Schichtung*
geschlossene Benutzergruppe *f* [EDV] / gruppo chiuso di utenti *m*
geschlossenes Magazin *n* [OrgM] / deposito chiuso *m*
geschlüsselter Katalog *m* [Klass] / catalogo a suddivisioni standardizzati *m* ‖ *s.a. Schlüsselung*
geschmückt *part perf* (mit) / adorno *agg* (di)
Geschoss *n* [BauEinr] / piano *m* ‖ *s.a. eingeschossig; mehrgeschossig*
Geschoss|höhe *f* [BauEinr] / altezza del piano *f* ‖ *s.a. Erdgeschoss; Obergeschoss; Untergeschoss*
~**plan** *m* / pianta del piano *f*
geschützter Speicherbereich *m* [EDV] ⟨DIN 44300/6E⟩ / area di memoria protetta *f*
~ **Speicherplatz** *m* [EDV] / locazione di memoria protetta *f*
geschütztes Feld *n* [EDV] / campo protetto *m*
geschweifte Klammern *pl* [Schr] / parentesi a graffa *pl*
Gesellschaft mit beschränkter Haftung *f* / Società a responsabilità limitata *f* (S.r.l.)

Gesellschaftsschrift *f* ⟨RAK-AD⟩ / pubblicazione di società *f*
Gesetz|buch *n* / codice *m*
~**entwurf** *m* / progetto di legge *m* · disegno di legge *m*
Gesetzessammlung f ⟨RAK-AD⟩ / raccolta di leggi *f*
Gesichtspunkt *m* [Klass] / punto di vista *m*
gesperrt gedruckt *part perf* / spazieggiato *part pt*
Gesprächspartner *m* / interlocutore *m*
gestaffelt anschaffen *v* [Erw] *s. staffeln*
Gestell *n* / rastrelliera *f*
gestickter Einband *m* / legatura ricamata *f*
gestochener Text / testo inciso *m*
gestrichenes Papier *n* / carta patinata *f*
gesucht *part perf* [Bch] / ricercato *part pt*
Gesundheitsbuch *n* / guida medica *f* · consulente medico *m* · consigliere medicale *m*
geteilter Bildschirm *m* / schermo diviso *m*
geteilter Katalog *m* / catalogo diviso *m*
Getränkeautomat *m* / distributore automatico di bibite *m*
getrennte Seitenzählung *f* / paginazione multipla *f*
getrennte Zählung *f* [Kat] ⟨RAK⟩ / numerazione varia *f* ‖ *s.a. getrennte Seitenzählung*
getriebenes Gold *n* / oro sbalzato *m*
Gewebe *n* [Bind] / tessuto *m*
~**(ein)band** *m* [Bind] / legatura in tela *f* ‖ *s.a. Einbandgewebe*
Geweberücken *m* / dorso in tela *m*
gewerblicher Rechtsschutz *m* / protezione giuridica della proprietà industriale *f*
Gewerkschaftsbibliothek *f* / biblioteca sindacale *f*
gewichten *v* / ponderare *v*
gewichtete Daten *pl* / dati ponderati *pl*
Gewichtungsfaktor *m* [Retr] / fattore di ponderazione *m*
Gewinn *m* / profitto *m*
gewöhnliche Post *f* / posta comune *f*
gewöhnlich gebrauchter Name *m* [Kat] / nome nella forma più frequente nell'uso corrente *m*
gezählte Seite *f* [Bch] / pagina numerata *f* ‖ *s.a. ungezählte Seiten*
gießen *v* [Druck] / fondere *v*
Gieß|form *f* / stampo *m* · forma da fonderia *f*
~**instrument** *n* [Druck] / fonditrice *f* ‖ *s.a. Handgießinstrument*
~**maschine** *f* [Druck] / fonditrice *f*

gilbfleckig *adj s. gelbfleckig*
Gitter *n* [Kart] *s. Kartengitter*
GK *Abk* [Kat] *s. Gesamtkatalog*
Glanz|folie *f* [Bind] / foglia lucida *f*
~**papier** *n* [Pp] ⟨DIN 6730⟩ / carta lucida *f* · carta satinata *f* ‖ *s.a. Hochglanzpapier*
~**schnitt** *m* [Bind] / taglio brunito *m*
Glasfaser *f* [Kom] / fibra ottica *f*
~**kabel** *n* / cavo di fibra ottica *m* · cavo di fibra di vetro *m* · cavo a fibre ottiche *m*
~**kommunikation** *f* / comunicazione a fibre ottiche *f*
glasieren *v* / smaltare *v*
glätten 1 *v* [Bind] / (polieren:) brunire *v* · lisciare *v* ‖ *s.a. geglättetes Leder*
glätten 2 *v* (Papier) / calandrare *v*
glatter Rücken *m* [Bind] / dorso liscio *m*
~ **Satz** *m* [Druck] / composizione corrente *f*
~ **Schnitt** *m* [Bind] / taglio levigato *m* · taglio liscio *m*
Glätt|kolben *m* [Bind] / brunitoio *m*
~**zahn** *m* [Bind] / brunitore *m*
gleichgeordnete Klassen *pl* [Klass] / classi coordinate *pl m*
Gleichheitszeichen *n* (=) / segno di uguglianza *m* · segno di uguale
gleichordnende Beziehung *f* [Ind] / relazione coordinata *f*
~ **Indexierung** *f* ⟨DIN 31623/1⟩ / indicizzazione coordinata *f*
Gleichordnung *f* [Ind] / coordinazione *f*
Gleichstellung *f* (der Frauen) *s. Frauengleichstellung*
Gleichstellungsgesetz *n* / legge della parità *f*
Gleitblock *m* (in einer Katalogschublade) / blocco pressatore *m*
gleitende Arbeitszeit *f* / orario flessibile *m*
Gliederung *f* [Klass] / ripartizione *f* · divisione *f* · (Untergliederung:) suddivisione *f* ‖ *s.a. alphabetische Gliederung*
Global|bewilligung / stanziamento globale *m*
~**haushalt** *m* / bilancio globale *m*
Globus *m* ⟨ISBD(CM); RAK-Karten⟩ / globo *m* ‖ *s.a. Erdglobus; Himmelsglobus*
~**segment** *n* ⟨RAK-Karten⟩ / segmento di globo *m*
Glockenkurve *f* / curva a campana *f*
Glossar *n* ⟨DIN 31639/2⟩ / glossario *m* ‖ *s.a. Wörterbuch*
Glosse *f* / glossa *f* · chiosa *f* ‖ *s.a. Interlinearglosse*
GmbH *Abk s. Gesellschaft mit beschränkter Haftung*

Gold|druck *m* [Bind] / impressione in oro *f* ‖ *s.a. getriebenes Gold*
goldener Schnitt *m* / sezione aurea *f*
Gold|folie *f* [Bind] / foglia d'oro *f* ‖ *s.a. getriebenes Gold*
~**grund** *m* (Vergoldegrund) [Bind] / fondo da dorare *m*
~**messer** *n* [Bind] / coltello d'oro *m*
~**ornament** *n s. Goldverzierung*
~**papier** *n* / carta dorata *f*
~**prägung** *f* [Bind] *s. Golddruck*
~**pressung** *f* [Bind] *s. Golddruck*
~**schmiedeband** *m* [Bind] / legatura di oreficeria *f*
~**schnitt** *m* [Bind] / tagli dorati *pl* · taglio dorato *m* ‖ *s.a. Hohlgoldschnitt; Kopfgoldschnitt; unterfärbter Goldschnitt; ziselierter Goldschnitt*
~**schnittmachen** *n* [Bind] / doratura del taglio *f*
goldverziert *part perf* [Bch] / dorato *part pt*
Gold|verzierung *f* / ornamento dorato *m*
gotische Druckschrift *f* / scrittura gotica stampata *f*
Gouache *f* / guazzo *m*
Grad *m* / grado *m*
Gradation *f* [Repr] / gradazione *f*
Grad|feld *n* [Kart] / quadrilatero geografico *m*
~**netz** *n* [Kart] / reticolo geografico *m*
Graduale *n* / graduale *m*
Grafik 1 *f* (grafische Kunst) / arte grafica *f* · grafica *f*
Grafik 2 *f* (grafische Darstellung) ⟨DIN 5478; DIN 31631/2⟩ / diagramma *m* · grafico *m* · rappresentazione grafica *f*
~ 3 *f* (Kunstwerk) ⟨DIN 31631/4⟩ / grafica *f* · stampa artistica *f* ‖ *s.a. künstlerische Grafik*
~**adapter** *m s. Grafikkarte*
~**auflösung** *f* [ElPubl] / risoluzione grafica *f*
~**-Design** *n* / design-grafica *f*
~**drucker** *m* [EDV] / stampante grafica *f*
~**einblendung** *f* [ElPubl] / inserimento di rappresentazioni grafiche *m*
~**einschaltung** *f* [ElPubl] *s. Grafikeinblendung*
Grafiker [Pers] *m* / grafico *m*
Grafik|karte *f* [EDV] / adattore grafico *m* · scheda grafica *f*
~**modus** *m* [EDV] / modo grafico *m*
~**tablett** *n* [EDV] / tavoletta grafica *f*
grafisch *adj* / grafico *agg*
grafische Darstellung *f s. Grafik 2*
grafisches Blatt *n* [Art] *s. Grafik 3*

grafisches Gewerbe *f* / industria tipografica *f*
grammatisches Prüfprogramm *n* [EDV] / programma di controllo grammaticale *m*
Grammgewicht *n* (des Papiers) / grammatura *f*
Grat *m* (bei Stichen) / barba *f*
gratis *adj* / gratuito *agg*
Gratisexemplar *n* / copia gratuita *f*
graue Literatur *f* / letteratura grigia *f*
Grau|pappe *f* ⟨DIN 6730⟩ / cartone grigio *m*
~stufe *f* [ElPubl] / livello di grigio *m*
~wert *m* / livello di grigio *m*
~werte *pl* [ElPubl] / tonalità di grigio *f* · livelli di grigio *pl* · valori di grigio *pl* · toni di grigio *pl*
gregorianischer Gesang *m* / canto gregoriano *m*
Gregorianischer Kalender *m* / Calendario gregoriano *m*
Grenz|kosten *pl* / costi marginali *pl*
Griffel *m* [Schr] / stilo *m*
Griffregister *n* [Bind] / indice con marginatura a scaletta *m*
grobgenarbtes Leder *n* [Bind] / cuoio crostoso *m*
Grobklassifikation *f* / classificazione a grandi classi *f*
Groschenroman *m* / romanzetto a quattro soldi *m*
Großbuchstabe *m* / maiuscola *f* · lettera capitale *f* ‖ *s.a. großdrucken; großgedrucktes Wort; großschreiben*
Großdruck|ausgabe *f* [Bch] *s. Großdruckbuch*
~buch *n* / edizione a caratteri grandi *f*
großdrucken *v* / stampare in maiuscoli *v* ‖ *s.a. großschreiben*
Großfolio *n* [Bch] / in gran folio
Groß|format *n* (Buch in ~) / opera di grande formato *f* ‖ *s.a. Überformat*
großgedrucktes Wort *n* / parola in maiuscole *f* ‖ *s.a. großschreiben*
Groß|handelspreis *m* / prezzo all'ingrosso *m*
~händler *m* [Bch] *s. Buchgroßhändler*
~raumbüro *n* / sala multiuffici *f*
~rechner *m* / calcolatore potente *m*
großschreiben *v* / (mit großem Anfangsbuchstaben:) scrivere con l'iniziale maiuscola *v* ‖ *s.a. großdrucken*
Groß|schreibung *f* (von Namen usw.) / uso dell'iniziale maiuscola *m*
~speicher *m* [EDV] *s. Massenspeicher*
Großstadt|bibliothek *f* / biblioteca metropolitana *f*
~zeitung / giornale metropolitano *m*
Grotesk *f* [Druck] / bastoni *pl* · caratteri a bastone *pl* · (Drucktypen der ~:) grotteschi *pl*
Grund|adresse *f* [EDV] / indirizzo base *m*
~anweisung *f* (Programmieren) [EDV] / istruzione di base *f*
~begriff *m* / nozione di base *f*
~bestand *m* / fondo di base *m*
~fläche *f* (eines Gebäudes) ⟨DIN 277/1⟩ / superficie *f* ‖ *s.a. Brutto-Grundfläche; Nutzfläche; Verkehrsfläche*
grundieren *v* [Bind] / mesticare *v*
Grund|kenntnisse *pl* / conoscenze fondamentali *pl* · conoscenze basilari *pl*
~kurs *m* / corso di base *m*
grundlegendes Werk / opera fondamentale *f* · opera basilare *f*
Grund|platine *f* [EDV] / piastrina principale *f*
~regal *n* (eines Systemregals) / scaffale di base *m*
~riss 1 *m* (eines Gebäudes) / piantina *f* · pianta *f*
Grundriss 2 *m* (grundlegende Darstellung eines Fachgebiets) [Bch] / compendio *m* · elementi *pl* (di)
~karte *f* / carta planimetrica *f*
Grund|schule *f* / scuola elementare *f*
~strich *m* (eines Buchstabens) [Schr; Druck] / asta *f* ‖ *s.a. Oberlänge; Unterlänge*
~stück *n* / terreno *m*
~studium *n* (Hochschule) / studi fondamentali *pl*
~transparent *n* / trasparente di base *m*
Gründung *f* [OrgM] / fondazione *f*
Grund|werk *n* / opera fondamentale *f* · (gefolgt von Ergänzungsbänden:) opera-base *f*
Gruppe 1 *f* [Klass] / classe *f*
Gruppe 2 *f* (in der bibliographischen Beschreibung) [Kat] *D* ⟨TGL 20972/04; DIN 1501/1⟩ / area *f*
Gruppen|adresse *f* [Komm] ⟨DIN/ISO 3309⟩ / indirizzo di gruppo *m*
~arbeit *f* / lavoro di gruppo *m*
~arbeitsraum *m* / studio per il lavoro di gruppo *m*
~aufstellung *f* / collocazzione per campi disciplinari
~bildung *f* [Klass] / formazione di classi *f*
~dialog *m* / dialogo di gruppo *m*

~**interview** *f* / intervista di gruppo *m*
~**schlagwortkatalog** *m* / catalogo alfabetico-classificato *m*
Gruselgeschichte *f* / storia dell'orrore *f*
Gültigkeit *f* / validità *f* (einjährige Gültigkeit: validità annuale)
Gültigkeits|dauer *f* / periodo di validità *m*
~**prüfung** *f* [EDV] / comtrollo di validità ‖ *s.a. Plausibilitätsprüfung*
gummiertes Papier *n* ⟨DIN 6730⟩ / carta gommata *f*
Gummi|stempel *m* / timbro di gomma *m*
~**zylinder** *m* [Druck] / cilindro caucciù *m*
Gürtelbuch *n s. Beutelbuch*
Gutachten *n* ⟨DIN 31631/4⟩ / parere consultativo *m* · perizia *f*
Gutenberg-Bibel *f* / Bibbia di Gutenberg *f* (42zeilige ~:la Bibbia delle 42 righe)
Gut|schein *m* / buono *m*
~**schrift** *f* / nota di credito *f* · accreditamento *m*
~**schriftsanzeige** *f* / lettera di accreditamento *f*
Gymnasium *n* / liceo *m*
Gzld. *Abk* [Bind] *s. Ganzleder(ein)band*
Gzln. *Abk* [Bind] *s. Ganzleinen(ein)band*

H

Haar|seite *f* (des Pergaments) / lato pelo *m*
-strich *m* / linea finissima *f*
Habilitation *f* / abilitazione alla libera docenza *f*
Habilitationsschrift *f* / dissertazione della libera docenza *f*
hadernhaltiges Papier *n* ⟨DIN 6730⟩ *s. Hadernpapier*
Hadernpapier *n* / carta di stracci *f*
Haftfolie *f* / supporto adesivo *m*
Hagiographie *f* / agiografia *f*
halbautomatisch *adj* / semiautomatico *agg*
Halb|band *m* (zumeist ein Halblederband) [Bind] / mezza legatura *f* · legatura in quarto *f*
halbfette Schrift *f* [Druck] / grassetto *m* · neretto *m*
Halb|franzband *m* / legatura a mezza pelle *f*
-geschoss *n* [Bau] / mezzanino *m*
-gewebeband *m* [Bind] *s. Halbleinenband*
-jahresschrift *f* / semestrale *m* · rivista semestrale *f*
halbjährig *adj* / semestrale *agg*
Halbleder(ein)band *m* / legatura a mezza pelle *f*
Halb|leinen *n* [Bind] *s. Halbleinenband*
-leinenband *m* [Bind] / legatura a mezza tela *f*
-leiterspeicher *m* [EDV] / memoria a semiconduttori *f*
halbmonatlich *adj* / semimensile *agg*
halbseitig *adj* / a mezza pagina
Halb|stoff *m* (Papierherstellung) / pasta *f*
Halbtags|beschäftigter *m s. Halbtagskraft*
-beschäftigung *f* / occupazione a mezza giornata *f*
-kraft *f* / impiegato a mezza giornata *f*
Halbton *m* / tono continuo *m* · mezzatinta *f*
-aufnahme *f* [Repr] / fotografia a mezzatinta *f*
-bild *n* [Druck; Repr] ⟨DIN 16500/2⟩ / immagine a mezzatinta retinata *f* · immagine a tono continuo *f*
-kopie *f* [Repr] / copia a tono continuo *f*
-verfahren *n* [ElPubl] / procedimento a mezza tinta *m*
-vorlage *f* [Repr] / originale a mezza tinta *m*
Halb|unziale *f* [Schr] / semionciale *f*
-wertszeit *f* (der Publikationsart eines Faches usw.) / tempo di dimezzamento *m* · semiperiodo *m* · vita media *f*
-wochenschrift *f* / bisettimanale *m*
halbwöchentlich *adj* / bisettimanale *agg*
Halb|zeug *n s. Halbstoff*
Haltbarkeit *f* (eines Films oder einer Kopie) [Repr] ⟨DIN 19040/4⟩ / stabilità *f*
Haltezeit *f s. Stillstandszeit*
Hand|apparat *m* (mit der Studienliteratur für eine Lehrveranstaltung) / collezione di libri di studio per gli studenti di un seminario ecc. *f* ‖ *s.a. Handbibliothek*

~-**Betrachtungsgerät** *n* (für das Lesen von Mikrofilmen) [Repr] / visore portatile *m*
~**betrieb** *m* / operazione manuale *f*
~**bibliothek** *f* / biblioteca di consultazione *f* ‖ *s.a. Handapparat*
~**blinddruck** *m* [Bind] / impressione a secco manuale *f*
~**buch** *n* ⟨DIN 31631/4; RAK-AD⟩ / manuale *m* · (zur kurzen und schnellen Orientierung:) prontuario *m*
~**einband** *m* [Bind] / legatura a mano *f*
~**eingabe** *f* (bei einem Aufnahmegerät) [Repr] / alimentazione a mano *f*
Handels|adressbuch *n* / repertorio del commercio *m* ‖ *s.a. Bezugsquellennachweis*
~**bibliographie** *f* / bibliografia del commercio *f*
~**register** *m* / registro delle imprese *m*
Handexemplar *n* / esemplare per l'uso personale *m*
hand|gebunden *part perf* / legato a mano *part pt*
~**gedruckt** *part perf* / stampato a mano *part pt*
~**geheftet** *part perf* [Bind] / cucito a mano *part pt*
~**gemalt** *part perf* / colorato a mano *part pt*
~**geschöpftes Papier** *n* / carta a mano *f* ‖ *s.a. echtes Büttenpapier*
~**geschrieben** *adj* / manoscritto *agg*
~**geschriebener Brief** *m* (aus der Feder des Autors) / lettera autografa *f*
~**gesetzt** *part perf* [Druck] / composto a mano *part pt*
Hand|gießinstrument *n* [Druck] / fonditrice a mano *f*
handhaben *v* / maneggiare *v*
Hand|heftung *f* [Bind] / cucitura a mano *f*
~**kartei** *f* / schedario per la consultazione rapida *m*
handkoloriert *part perf* / colorato a mano *part pt*
Hand|laminierung *f* [Rest] / laminazione a mano *f*
Händler *m* / commerciante *m* ‖ *s.a. Buchhändler*
Handlesegerät *n s. Hand-Betrachtungsgerät*
handlich *adj* / maneggevole *agg*
Hand|lochkarte *f* / scheda perforata per la selezione manuale *f*
~**papier** *n* / carta a mano *f*
~**presse** *f* [Druck] / pressa a mano *f* · torchio a mano *m* · torchio a braccio *m*
~**satz** *m* (das Setzen von Hand; das Handgesetzte) [Druck] / composizione a mano *f*
~**schreiben** *n* / autografo *m* · (vom Verf. selbst geschriebener Brief:) lettera autografa
Handschrift 1 *f* (insbes. ein Kodex aus der Zeit vor Erfindung des Buchdrucks) / manoscritto *m* ‖ *s.a. Bilderhandschrift; Papierhandschrift; Pergamenthandschrift; Sammelhandschrift*
Handschrift 2 *f* (handgeschriebener Text) / manoscritto *m* ‖ *s.a. Autograph*
Handschrift 3 *f* (die Art des Schreibens mit der Hand) / scrittura *f*
Handschriften|abteilung *f* [OrgM] / sezione manoscritti *f*
~**band** *m* / volume di manoscritti *m*
~**beschreibung** *f* [Kat] / descrizione di manoscritti *f*
~**bestand** *m* / fondo manoscritti *m*
~**bibliothekar** *m* / conservatore dei manoscritti *m* · bibliotecario dei manoscritti *m*
~**katalog** *m* / catalogo dei manoscritti *m*
~**kunde** *f* / codicologia *f*
~**lesesaal** *m* / sala manoscritti *f*
~**magazin** *n* / magazzino dei manoscritti *m*
~**sammlung** *f* / collezione manoscritti *f*
handschriftlich *adj* / manoscritto *agg*
handschriftliche Karte *f* / carta manoscritta *f*
handschriftliche Kopie *f* / copia manoscritta *f*
handschriftlicher Katalog *m* / catalogo manoscritto *m*
Hand|setzer *m* [Druck] / compositore a mano *m*
~**vergolder** *m* / doratore a mano *f*
~**vergoldung** *f* [Bind] / doratura a mano *f*
~**werksbuchbinder** *m* [Bind] / legatore artigiano *m*
~**wörterbuch** *n* / dizionario manuale *m*
Handy *n* [Komm] / cellulare *m* · telefonino *m*
Hand|zeichen *n* (gedrucktes Symbol in Form einer Hand) / manina *f*
~**zeichnung** *f* / disegno a mano *m*
~**zettel** *m* / volantino *m* ‖ *s.a. Werbezettel*
Hanfschnur *f* [Bind] / cordicella di canapa *f*
Hänge|mappe *f* [Büro] / cartella sospesa *f*
~**ordner** *m* [Büro] / registratore verticale *m*
~**regal** *n* / scaffale pensile *m*

~**registratur** *f* (als Aufbewahrungssystem) / classificatore verticale *m* · archivio sospeso *m* ‖ *s.a. Vertikalablage*
~**zeile** *f* [Druck] *s. Schusterjunge*
Hardware *f* ⟨DIN 44300/1E⟩ / hardware *m*
Hardware-Architektur *f* / architettura hardware *f*
Harz|leim *m* [Pp] ⟨DIN 8730⟩ / colla di resina *f*
~**leimung** *f* [Pp] / collatura alla resina *f* · (mit Aluminiumsulfat/Alaun:) appretto a colofonia e allume *m*
Häubchen *n* [Bind] / cuffia *f*
Häufigkeits|verteilung *f* / distribuzione di frequenza *f*
~**wörterbuch** (n) / dizionario di frequenza *f* ‖ *s.a. Worthäufigkeit*
Haupt|abteilung *f* [DK] / classe principale *f*
~**aufnahme** *f* [Kat] / scheda principale *f*
~**ausschuss** *4m* / comitato principale *m*
~**bibliothek** *f* / biblioteca principale *f*
~**buch** *n* (Buchhaltung) / libro mastro *m*
~**datei** *f* / archivio principale *m*
~**eingang** *m* (eines Gebäudes) / ingresso principale *m*
~**eintragung** *f* [Kat] ⟨RAK; DIN 31631/3⟩ / intestazione principale *f* · scheda principale *f* · voce principale *f*
~**fach** *n* (in einem Ausbildungsgang) / materia fondamentale *f* ‖ *s.a. Studienfach*
~**gang** *m* (quer zu den Regalblöcken) / corridoio principale *m*
~**karte** *f* ⟨RAK-Karten⟩ / carta principale *f*
~**katalog** *m* / catalogo principale *m*
~**klasse** *f* [Klass] / classe principale *f*
~**menü** *n* [EDV] / menu principale *m*
~**platine** *f* [EDV] / piastra principale *f*
~**probe** *f* (für eine Theateraufführung usw.) / prova finale *f*
~**sachtitel** *m* [Kat] ⟨ISBD(M; A; S; PM); DIN 31631/2; TGL 20972/04; RAK⟩ / titolo proprio *m* ‖ *s.a. Alternativ(sach-)titel; gemeinsamer Teil eines Hauptsachtitels*
~**satz** *m* [EDV] / record matrice *m*
~**schlagwort** [Kat] / intestazione principale *f*
~**seminar** *n* / (Oberseminar:) seminario superiore *m*
~**speicher** *m* [EDV] ⟨DIN 44300/6E⟩ / memoria principale *f* · memoria centrale *f*
~**sprache** *f* (in einem mehsprachigen Thesaurus) [Ind] ⟨DIN 1463/2⟩ / lingua principale *f*
~**studium** *n* / (Hochschule:) studi principali *pl*
~**tafel** *f* [DK] / tavola principale *f*
~**titel** *m* [Kat] ⟨RAK⟩ / titolo principale *m* ‖ *s.a. Hauptsachtitel*
~**titelseite** *f* ⟨ISBD(M; PM); RAK; DIN 1505/1V⟩ / frontespizio principale *m*
~**verfasser** *m* / autore principale *m*
~**werk** *n* / capolavoro *m* · opera principale *f*
Haus|arbeit *f* (Schule usw.) / compito a casa *m*
~**buchbinderei** *f* / legatoria interna *f*
~**halt** *m* / (Etat:) bilancio *m* ‖ *s.a. außerordentlicher Haushalt; Erwerbungsetat; Etataufteilungsschlüssel; Globalhaushalt; Haushaltsausgaben; Haushaltsentwurf; Haushaltskürzung; Nachtragshaushalt; Staatshaushalt; Zwei-Jahres-Haushalt*
Haushalts|ansatz *m* / bilancio previsionale *m*
~**ausgaben** *pl* / spese di bilancio *pl*
~**ausgleich** *m* / pareggio di bilancio *m*
~**ausschuß** *m* / commissione per il bilancio *f*
~**einnahmen** *pl* / entrate di bilancio *pl*
~**entwurf** *m* / progetto di bilancio *m*
~**führung** *f* / gestione del bilancio *f*
~**gesetz** *n* / legge sul bilancio *f*
~**jahr** *n* / anno finanziario *m* ‖ *s.a. Rechnungsjahr*
~**kapitel** *n* / capitolo di bilancio *m*
~**kürzung** *f* / taglio al bilancio *pl*
~**mittel** *pl* / risorse di bilancio *pl* · fondi *pl* · fondi pubblici *pl* · mezzi finanziari *pl* ‖ *s.a. Mittelaufteilung; Mittelbeschaffung*
~**ordnung** *f* / regolamento del bilancio *m* ‖ *s.a. Haushaltsvorschriften*
~**plan** *m* ⟨DIN 31631/4⟩ / bilancio preventivo *m*
~**reste** *pl* / mezzi finanziari residui *pl*
~**steuerung** *f* / controllo budgetario *m*
~**titel** *m* / voce di bilancio *f* · titolo di bilancio *m* ‖ *s.a. Ausgabentitel*
~**überschuss** *m* / surplus nel bilancio *m* · eccedenza di bilancio *f*
~**überwachung** *f* / controllo del bilancio *m*
~**voranschlag** *m* / bilancio previsionale *m*
~**vorschriften** *pl* / direttive di bilancio *pl*
Hausierbuchhändler *m s. Kolporteur*
hausinternes System *n* [y] / sistema interno *m*
Haus|korrektur *f* [Druck] / correzione interna *f*

~**meister** *m* / portinaio *m* · custode *m*
~**personal** *n* / domestici *pl*
~**verwalter** *m* / amministratore della casa *m* ‖ *s.a. Hausmeister*
~**verwaltung** *f* / (Instandhaltung:) manutenzione della casa *f*
~**zeitschrift** (eines Betriebes) / rivista aziendale *f*
Hochschulunterricht *m* / insegnamento universitario *m*
Heft 1 *n* (einer Zeitschrift usw.) / numero *m* · fascicolo *m* ‖ *s.a. Monatsheft*
Heft 2 *n* (Schulheft usw.) [Bch] / quaderno *m*
Heft 3 *n* (Broschüre) [Bch] / opuscolo *m*
Heft|band *n* [Bind] / nastro di cucitura *m*
~**bünde** *pl* [Bind] *s. Bünde*
~**draht** *m* [Bind] / filo metallico per cucire *m* ‖ *s.a. Drahtheftung*
heften *v* [Bind] / cucire *v* ‖ *s.a. Fadenheftung; handgeheftet*
heften auf doppelte Bünde *v* / cucire con doppia nervatura *fd*
Hefter *m* (Heftmaschine) [Büro] / spillatrice *f*
Heft|faden *m* [Bind] / filo di refe *m*
~**gaze** *f* [Bind] / garza *f*
~**lade** *f* [Bind] · telaio *m* (per la cucitura)
~**maschine** *f* [Büro] / spillatrice *f*
~**nummer** *f* / numero fascicolo *m*
~**umschlag** *m* / copertina *f*
Heftung *f* [Bind] / (ohne Bünde; mit Fitzbund:) cucitura a catenella *f* ‖ *s.a. fehlerhafte Heftung*
Heft|zählung *f* [Bch] ⟨DIN 31631/2⟩ / numerazione *f* (dei numeri di un periodico)
~**zwirn** *m s. Heftfaden*
Heilige Schrift *f* / Sacra Scrittura *f*
Heimat|adresse *f* / indirizzo abituale *m*
~**roman** *m* [Bch] / romanzo a sfondo regionale *m*
Heimwerkerbuch *n* / libro fai da te *m* ‖ *s.a. Hobbybuch*
Heißbügelverfahren *n* (zum Aufziehen von Karten) / incollaggio a caldo *m*
heißer Satz *m* [Druck] / composizione calda *f* · composizione a caldo *f*
Heißsiegeln *n* / plastificazione a caldo *f* · laminazione *f* ‖ s.a. Heißbügelverfahren
Heißsiegelpresse *f* / laminatrice *f*
Heizstift *m* (thermostatisch regelbar) [Rest] / spatola termostatica *f*
Hektograph *m* / poligrafo
Hektographie *f* [Repr] / poligrafia *f*
hektographieren *v* / poligrafare *v*
Heliogravüre *f* / eliogravura *f* ‖ *s.a. Photograüre*
Helldunkelschnitt *m* (Holzschnitt) / chiaroscuro *m*
Herabqualifizierung *f* [Pers] *s. Dequalifizierung*
Heraldik *f* / araldica *f*
Heranwachsender *m* / adoloscente *m*
Herausgabe *f* / edizione *f*
herausgeben *v* / (von einer Körperschaft:) emanare *v* · editare · pubblicare *v*
herausgebende Körperschaft *f* [Kat] / ente editore *m* · ente di emanazione *m* · ente curatore *m*
Herausgeber *m* [Bch] / curatore *m*
Herausgeberin *f* / curatrice *f*
Herausgeberschaft *f* [Bch] / curatela *f*
herausgegeben *part perf* (von) [Bch] / curato (da) · a cura di · edito *part pt*
herausgegeben (von) / curato (da)
herausgerissen *part perf* / strappato *part pt*
heraussuchen *v* (Bücher ~) *s. ausheben*
Herbarium *n* / erbario *m*
Hersteller *m* (einer DV-Anlage; eines AV-Mediums usw.) [EDV; NBM] ⟨ISBD(NBM)⟩ / produttore *m* · ditta produttrice *f*
Herstellungs|abteilung *f* (in einem Verlag) / reparto produzione *m*
~**leiter** *m* (in einem Verlag) / caporeparto produzione *m*
herunterladen *v* / scaricare *v*
hervorheben *v* (im Druck) / evidenziare *v* ‖ *s.a. auszeichnen*
hervorgegangen aus *part perf* (bei einem fortaufenden Sammelwerk) [Kat] / separato da
hexadezimal *adj* / esadecimale *agg*
Hexadezimalsystem *n* / sistema esadecimale *m*
Hfrz. *Abk* [Bind] *s. Halbfranzband*
Hierarchie *f* / gerarchia *f*
Hierarchierelation *f* [Ind] ⟨DIN 1463/1E; DIN 32705E; TGL RGW 174⟩ / relazione gerarchica *f*
hierarchische Beziehung *f* [Ind] *s. Hierarchierelation*
~ **Klassifikation** *f* / classificazione gerarchica *f*
~ **Notation** *f* [Class] / notazione gerarchica *f*
hierarchisches Netz *n* [Komm] ⟨DIN 44331V⟩ / rete gerarchica *f*

hierarchische Verknüpfung *f* / link gerarchico *m*
~ **Verweisung** *f* [Kat] / rinvio gerarchico *m*
hieratische Schrift *f* / scrittura hieratica *f*
Hieroglyphe *f* / geroglifico *m*
Hieroglyphenschrift *f* / scrittura geroglifica *f*
Hilfefunktion *f* [EDV] / funzione di aiuto
Hilfs|code *m* [Inform] / codice ausiliario *m*
~**datei** *f* [EDV] / file ausiliario *m*
~**deskriptor** *m* [Ind] / descrittore ausiliario *m*
~**kraft** *f* [Pers] / aiuto *m* ‖ *s.a. studentische Hilfskraft*
~**magazin** *n* / deposito ausiliare *m* · maggazzino sussidiario *m*
~**personal** *n* / personale ausiliario *m* ‖ *s.a. bibliothekarische Hilfskraft*
~**speicher** *m* / memoria aggiuntiva *f* · memoria ausiliaria *f*
~**tafel** *f* [DK] / tavola complementare *f* · tavola ausiliaria *f*
~**wissenschaft** *f* / disciplina ausiliaria *f*
Himmels|globus *m* [Cart] ⟨ISBD(CM); RAK-Karten⟩ / globo celeste *m*
~**karte** *f* / carta celeste *f*
hinten / alla fine
Hinter|deckel *m* [Bind] / piatto posteriore *m*
~**grund** *m* / fondo *m*
~**grunddichte** *f* [Repr] / densità di fondo *f*
~**grundfarbe** *f s. Untergrundfarbe*
~**grundprogramm** *n* [EDV] / programma a bassa priorità *m*
~**grundrechner** *m* / processore di fondo *m*
~**grundspeicher** *m* [EDV] / memoria ausiliaria *f*
hinterlegen *v* / (deponieren:) depositare *v*
hinterlegter Geldbetrag *m* / deposito a garanzia *m* · deposito cauzionale *m* ‖ *s.a. Pfand*
hinterlegte Sache *f* / deposito *m*
Hinterlegungsbetrag *m s. hinterlegter Geldbetrag*
Hinweis *m* / indicazione *f* · cenno *m* · rimando *m* · richiamo *m*
~**schild** *n* / segnale di indicazione *m*
~**tafel** *f* / tabella d'indicazione *f* ‖ *s.a. Hinweisschild*
Hirnholz *n* / legno di testa *m* ‖ *s.a. Holzstich*
Hirtenbrief *m* [Bch / lettera pastorale *f*
Histogramm *n* / istogramma *m* ‖ *s.a. Blockdiagramm*
historischer Bestand *m* / patrimonio storico *m*
historisch-kritische Ausgabe *f* / edizione critica *f*
historisiertes Initial *n* / iniziale parlante *f* · iniziale istoriata *f*
Hl. *Abk* [Bind] *s. Halbleinen*
Hln. *Abk* [Bind] *s. Halbleinen*
Hlz. *Abk.* [Kunst] *s. Holzschnitt*
HN *Abk* [Kart] *s. Höhennormal*
Hobbybuch *n* / libro di hobby *m* ‖ *s.a. Heimwerkerbuch*
hochauflösender Bildschirm *m* / schermo ad alta risoluzione *m*
hochauflösendes Fernsehen *n* / televisione ad alta risoluzione *f*
Hochdruck *m* / stampa a rilievo · stampa tipografica *f* ‖ *s.a. Buchdruck*
~**papier** *n* ⟨DIN 6730⟩ / carta da stampa *f*
~-**Rotationsmaschine** *f* / macchina rotativa ad alta pressione *f*
Hoch|format 1 *n* [Bch] / formato verticale *m*
~**format** 2 *n* [Repr] *s. vertikale Bildlage*
Hochformat 2 *n* (der Bildanordnung auf einem Mikro-Rollfilm) [Repr] *s. vertikale Bildlage*
Hochglanz|abzug *f* [Repr] / copia su carta lucida *f*
~**papier** *n* / carta fortemente calandrata *f* ‖ *s.a. Glanzpapier; satiniertes Papier*
Hochleistungsrechner *m* / calcolatore a elevate prestazioni *m*
Hochschul|abschlußprüfung *f* / esame di laurea *m*
~**bau** *m* / edilizia universitaria *f*
~**bibliothek** *f* [b] / biblioteca di un istituto superiore ‖ *s.a. Universitätsbibliothek*
~**bibliothekar** *m* / bibliotecario universitario *m*
~**bildung** *f* / formazione universitaria *f*
~**diplom** *n* / diploma universitario *m*
Hochschule *f* / istituto di insegnamento superiore *m* · ateneo *m* ‖ *s.a. Universität*
Hochschul|finanzierung *f* / finanziamento degli istituti superiori *m*
~**grad** *m* (verliehen nach einem Vollstudium) / grado accademico *m* · laurea *f*
~**lehrbuch** / testo universitario *m* · testo scientifico *m*
~**lehre** *f* / insegnamento universitario *m*
~**lehrer** *m* / docente universitario *m*
~**reife** *f* / maturità *f* ‖ *s.a. allgemeine Hochschulreife; fachgebundene Hochschulreife*

~**schrift** 1 *f* (im allgemeinen) [Bch] ⟨DIN 31639/2⟩ / scritto di istruzione superiore *m* · pubblicazione accademica *f*
~**schrift** 2 *f* (zur Erlangung des abschließenden akademischen Grades) / tesi di laurea *f*
~**schriftenvermerk** *f* / nota di una dissertazione accademica *f*
~-**Studiengang** *m* / corso di laurea *m*
~**unterricht** *m* / insegnamento universitario *m* · istruzione universitaria *f*
~**zugangsberechtigung** *f* / qualificazione per l'accesso agli studi universitari *f*
Höchstpreis *m* / prezzo massimo *m*
Hochzeitsgedicht *n* / epitalamio *m*
Hof|bibliothek *f* / biblioteca di corte *f* · biblioteca palatina *f*
~**kalender** *m* / calendario di corte *f*
Höhen|kurve *f* [Kart] *CH s. Höhenlinie*
~**linie** *f* [Kart] / (Isohypse:) isoipsa *f* · curva di livello *f*
~**linienkarte** *f* / carta con curve di livello *f*
~**maßstab** *m* [Kart] ⟨RAK-Karten⟩ / scala altimetrica *f*
~**normal** *n* [Kart] *DDR s. Normalnull*
~**schichtenkarte** *f* [Kart] / carta con tinte ipsometriche *f*
~**schichtlinie** *f* [Kart] *A s. Höhenlinie*
~**stufe** *f* [Kart] / distanza verticale tra due isoipse successive *f*
höhere Programmiersprache *f* / linguaggio avanzato di programmazione *m*
höherer Dienst *m* [Pers] / carriera direttiva *f*
höher gruppieren *v* [Pers] *s. höher stufen*
höher stufen *v* [Pers] / avanzare in grado *v*
hohe Schreibdichte *f* [EDV] / alta densità *f*
hohler Rücken *m* [Bind] / dorso staccato *m* · dorso libero *m*
Hohl|goldschnitt *m* [Bind] / taglio concavo dorato *m*
~**schnitt** *m* [Bind] / taglio concavo *m*
holografischer Speicher *m* [EDV] / memoria olografica *f*
Hologramm *n* [Repr] ⟨ISO 5127/4; ISBD(NBM)⟩ / ologramma *m*
Holographie *f* [Repr] / olografia *f*
Holzdeckel *pl* [Bind] / assi di legno *pl* · piatti lignei *pl* · assicelle *pl* (di legno)
holz|freies Papier *n* / carta neutra *f* · carta senza legno *f* ‖ *s.a. säurefreies Papier*
~**haltiges Papier** *n* ⟨DIN 6730⟩ / carta di legno *f*
Holz|regal(e) *n(pl)* / scaffalatura di legno *f*
~**schliff** *m* [Pp] ⟨DIN 6730⟩ / pasta meccanica di legno *f*
holzschliffhaltiges Papier *n s. holzhaltiges Papier*
Holz|schneidekunst *f* / tecnica xilografica *f*
~**schneider** *m* / intagliatore in legno *m*
Holzschnitt *m* / legno intagliato *m* · incisione su legno di filo *f* · (Verfahren und Druckergebnis:) xilografia *f* ‖ *s.a. Titelholzschnitt*
~**bordüre** *f* / cornice xilografica *f*
~**leiste** *f s. Holzschnittbordüre*
~**tafel** *f* / tavola xilografica *f*
Holz|stich *m* [Art] / incisione su legno di testa *f*
~**stock** *m* / blocco di legno *m*
~**tafeldruck** *m* / impressione xilografica *f* · impressione tabellare *f* · stampa xilografica *f* ‖ *s.a. Blockbuch*
~**wurm** *m* / tarlo *m*
Home page *f* (Internet) / pagina home *f*
Homiliar *n* / omiliario *m*
Homo|gramm *n* [Schr] *s. Homograph*
~**graph** *n* [Schr] / omografo *m*
~**graphie** *f* [Lin] / omografia *f*
~**nym** *n* [Lin] / omonimo *m*
Homonymenzusatz *m* (zu einem Schlagwort oder Deskriptor) [Kat] / qualificazione *f* (di un omonimo)
Homonymie *f* / omonimia *f*
Homophonie *f* [Lin] / omofonia *f*
Honorar *n* / onorario *m* ‖ *s.a. Autorenhonorar*
~**vereinbarung** *f* / (in Bezug auf ein Autorenhonorar:) accordo sui diritti d'autore *m*
~**vorschuss** *m* (auf das Autorenhonorar) / anticipo *m* (sui diritti d'autore)
Hör|buch *n* [NBM] / audiolibro *m* ‖ *s.a. Sprechkassette*
~**bücherei** *f* / audiobiblioteca *f*
Hörerrabatt *m* / sconto offerto agli studenti di un professore volenti comprare uno dei suoi libri *m*
Hörfunk *m* / radiodiffusione *f* ‖ *s.a. Hörspiel*
Horizontalablage *f* / collocazione orizzontale *f*
horizontale Bildlage *f* (auf einem Mikro-Rollfilm) [Repr] ⟨ISO 6196/2⟩ / posizione orizzontale *f*
Hör|saal *m* (n) / auditorio *m* · aula *f*
~**spiel** *n* / dramma radiofonico *m* · radiodramma *m* · (heiter:) radiocommedia *f*

Hospitalität *f* (der Notation) [Klass] / ospitalità *f*
Host-Rechner *m* / elaboratore ospite *m*
Hs. *Abk s. Handschrift 1*
Hülle *f* (einer Schallplatte usw.) [NBM] / involucro *m* · busta
Hülse *f* (zwischen Buchblock und Buchrücken) [Bind] / baccello *m*
humanistische Schrift *f* / scrittura umanistica *f*
Hurenkind *n* [Druck] / righino *m* (sulla pagina prima)
Hybrid|rechner *m* [EDV] / elaboratore ibrido *m*
~**station** *f* / stazione ibrida *f*
hydrographische Karte *f* / carta idrografica *f*
Hygro|meter *m* / igrometro *m*
~**skop** *n* / igroscopo *m*
Hymnenbuch *n* / innario *m*
Hypertext *m* / ipertesto *m*
~-**Browser** *m* / software di navigazione in un ipertesto
~-**Browsing** *n* / navigazione in ipertesto *f*
~**dokument** *n* / documento ipertestuale *m*
~-**Editiersystem** *n* / sistema di editing di ipertesti *m*
~**knoten** *m* / nodo ipertestuale *m* · legame hypertext *m*
~-**System** *n* / sistema ipertestuale *m*
~**verknüpfung** (f) / legame hypertext *m* · connessione ipertestuale *f* · link ipertestuale *m*
Hypothese *f* / ipotesi *f* || *s.a. Arbeitshypothese; Null-Hypothese*

I

Icon *n* [Inform] / icona *f*
~menü *n* / menu iconico *m*
identifizieren *v* / individuare *v*
Identifizierung *f* / individuazione *f*
Ideogramm *n* / ideogramma *m* ‖ *s.a. Piktogramm*
ideographische Schrift *f* [t] / scrittura ideografica *f*
Ikonographie *f* / iconografia *f*
illegale Ausgabe *f* / edizione clandestina *f*
Illuminator *m s. Miniator*
illuminieren *v* / miniare *v*
illuminierte Handschrift *f* / manoscritto miniato *m*
Illuminierung *f* / miniatura *f*
Illustration *f* ⟨ISBD(M; A; S; PM); DIN 31639/2 DIN 31631/2⟩ / illustrazione *f* ‖ *s.a. Abbildung*
Illustrationsangabe *f* [Kat] ⟨TGL 20972/04⟩ / indicazione del materiale illustrativo
Illustrator *n* / illustratore *m*
illustrieren *v* / illustrare *v*
Illustrierte *f* / giornale illustrato *m* · rivista illustrata *f*
illustrierte Ausgabe *f* / edizione figurata *f* · edizione illustrata *f*
Immatrikulation *f* / immatricolazione *f*
Immatrikulationsantrag *f* / domanda di immatricolazione *f*
immatrikulieren *v* / immatricolare *v*
immerwährender Kalender *m* / calendario perpetuo *m*
Impact-Drucker *m* [EDV] *s. Anschlagdrucker*
Implementierung *f* [OrgM] / implementazione *f*
imprägnieren *v* / impregnare *v*
Impressum *n* (Erscheinungsvermerk) / (Neuzeit:) note tipografiche *pl* · (alte Bücher:) colofone *m*
Imprimatur *n* / imprimatur *m*
Imprimatur! [Druck] / imprimatur *m* · si stampi ‖ *s.a. druckfertig!*
im Selbstverlag erschienen *part perf s. Selbstverlag*
in: / sta in:
Inbetriebsetzung *f* / messa in funzione *f* · avviamento *m*
Incipit *n* / incipit *n*
in Deckeln beschneiden *v* [Bind] / tagliare ai piatti *v*
Index *m* [Druck] / indice *m* (numero posto a fianco di una lettera)
Index|aufnahme *f* (auf einem Microfiche) [Repr] / ripresa d'indice *f*
indexieren *v* ⟨DIN 31623/I⟩ / indicizzare *v*
Index|ierer *m* / indicizzatore *m*
indexierte Datei *f* [EDV] / file a indici *m*
Index|ierung *f* [EDV] ⟨DIN 31623/1⟩ / (Datenbank:) indexamento *m* · (dokumentarische Erschließungstätigkeit:) indicizzazione *f* ‖ *s.a. inhaltliche Erschließung*

Indexierungs|breite *f* [Ind] ⟨DIN 31623/1⟩ / densità di indicizzazione *f*
~konsistenz *f* [Ind] ⟨DIN 31623/1⟩ / consistenza di indicizzazione *f*
~spezifität *f* ⟨DIN 31623/1⟩ / specifità di indicizzazione *f*
~sprache *f* / linguaggio di indicizzazione *m*
~system *n* / sistema di indicizzazione *m*
~tiefe *f* / profondità di indicizzazione *f*
~verfahren *n* / procedura di indicizzazione *f*
Index|register *n* [EDV] ⟨DIN 44300/6E⟩ / registro indice *m*
indexsequentieller Zugriff *m* [EDV] / accesso sequenziale a indici *m*
Index|spur *f* [EDV] ⟨DIN 66010E⟩ / traccia di indice *f*
~stufe *f* [Ind] / livello di indice *m*
~-Terminus *m* / termine di indicizzazione *m* · termine indice *m* · parola-indice *f*
indikatives Referat *n* [Ind] ⟨DIN 1426E⟩ / riassunto indicativo *m* · abstract indicativo *m*
Indikator *m* / indicatore *m*
indirekte Adresse *f* [EDV] / indirizzo indiretto *m*
indirekter Hochdruck *m* ⟨DIN 16514⟩ / letter set *m* · stampa tipografica indiretta *f*
~ Zugriff *m* [EDV] / accesso indiretto *m*
Individual|begriff *m* [Ind;] ⟨DIN 2330⟩ / concetto individuale *m*
Industrie|betrieb *m* / azienda industriale *f*
~bibliothek *f* / biblioteca industriale
industrieller Einband *m* / legatura industriale *f*
Informatik *f* / informatica *f*
Informatiker *m* / informatico *m*
Information 1 *f* / informazione *f*
Information 2 *f* (Stelle für die allgemeine Auskunftserteilung) [OrgM] / banco informazioni *m*
Informations|abteilung (f) / reparto dell'informazione *m*
~analyse *f* / analisi dell'informazione *f*
~analysezentrum *n* / centro di analisi dell'informazione *m*
~anbieter *m* / fornitore di informazioni *m*
~austausch *m* / scambio di informazioni *m*
~bank *f* / banca informazioni *f* ‖ *s.a. Datenbank*
~bedarf *m* [c] / bisogno informativo *m* ‖ *s.a. Informationsbedürfnisse*
~bedürfnisse *pl* / bisogni di informazione *pl* · (Erfordernisse:) necessità di informazione *pl* ‖ *s.a. Informationsbedarf*
~beratung *f* / consulenza di informazione *f*
~beschaffung *f* / reperimento di informazioni *m* · recupero di informazioni *m* ‖ *s.a. Informationsretrieval*
~bewertung *f* / valutazione di informazioni *f*
~blatt *n* / (newsletter:) notiziario *m* · foglio-notizie *m*
~brett *n s. Anschlagbrett*
~broker *m* / agente di informazioni *m*
~büro *n* / ufficio d'informazione *m*
~dichte *f* / densità di informazione *f*
~dienst *m* / servizio informazioni *m*
~einheit *f* / unità d'informazione *f*
~einrichtung *f* / agenzia d'informazioni *f*
~explosion *f* / esplosione dell'informazione *f*
~fachkraft *f* / specialista di informazione *m*
~feld *n* (eines Microfiches) [Repr] ⟨DIN 19040/113E; DIN 19054/1V⟩ / area di informazione *f*
~fluss *m* / flusso dell'informazione *m* · flusso informativo *m*
~freiheit *f* / libertà dell' informazione *f* (Recht auf Information: diritto all'informazione)
~gehalt *m* ⟨DIN 44301⟩ / contenuto informazionale *m*
~gesellschaft / società dell'informazione *f*
~gewinn *m* / guadagno di informazione *m*
~industrie *f* / industria d'informazione *f*
~kanal *m* / canale di informazione *m*
~kraft *f s. Informationsspezialist*
~krise *f* / crisi dell'informazione *f*
~lieferung *f* / fornitura di informazioni *f*
~management *n* / gestione delle informazioni *f*
~markt *m* / mercato dell'informazione *m*
~mittel *n* [Bib; Retr] / strumento informativo *m*
~netz *n* / rete di informazione *f* · rete informativa *f*
~nutzer *m* / utente dell'informazione *m*
~nutzung (f) / utilizzazione dell'informazione *f*
~politik *f* / politica dell'informazione *f*
~psychologie *f* / psicologia dell'informazione *f*
~quelle *f* / fonte di informazione *f*
~recht *n* / diritto dell'informazione *m*

~**retrieval** *n* / recupero (ricupero) dell'informazione *m*
~**retrievalsystem** *n* / sistema di recupero/ricupero dell'informazione *m*
~**sammlung** *f* / raccolta di informazioni *f*
~**speicher** *m* / magazzino di informazioni *m* · deposito di informazioni *m*
~**spezialist** *m s. Informationsfachkraft*
~**stelle** *f* [OrgM] / centro d'informazione *m*
~**suche** *f* [Retr] / ricerca di informazione *f*
~**system** *n* / sistema d'informazione *m* · sistema informativo *m*
~**technik** *f* / tecnologia dell'informazione *f*
~**träger** *m* / portatore dell'informazione *f* · (Medium:) supporto d'informazione *m*
~**transfer** *m* / trasferimento dell'informazione *f*
~- **und Dokumentationsstelle** *f* / centro di documentazione e informazione *m*
~- **und Dokumentationswissenschaft** *f* / scienza dell'informazione *f*
~**verarbeitung** *f* [EDV] / trasformazione di informazioni *f* · (automatisiert:) elaborazione automatica delle informazioni
~**verbreitung** *f* / diffusione dell'informazione *f*
~**verlust** *m* / perdita d'informazioni *f*
~**vermittler** *m* [Retr] / intermediario di informazione *m* · mediatore dell'informazione *m*
~**vermittlung** *f* / servizio ricerche in linea *m*
~**vermittlungsstelle** *f* [Retr] / ufficio ricerche in linea *m*
~**versorgung** *f* / approvvigionamento di informazioni *m* · provvista di informazioni *f* · (Lieferung:) fornitura di informazioni *f*
~**wiedergewinnung** *f* [Retr] *s. Informationsretrieval*
~**wirtschaft** *f* / economia dell'informazione *f*
~**wissenschaft** *f* / scienza dell'informazione *f*
~**zentrum** *n* / (als Lesesaal eingerichtet:) sala di consulenza *f* · centro informazioni *m*
Information und Dokumentation / informazione e documentazione *f*
informatives Referat *n* [Ind; Bib] ⟨DIN 1426E⟩ / riassunto informativo *m* · abstract informativo *m*
Infrarot|fotografie *f* / fotografia all'infrarosso *f*
~**lampe** *f* / lampada a raggi infrarossi *f*
Infrastruktur *f* / infrastruttura *f*
Inhalt *m* (eines Buches) / soggetto *m* · contenuto *m*
inhaltliche Erschließung *f* [Ind] ⟨DIN 31631/1⟩ / indicizzazione per soggetto *f*
Inhaltsanalyse *f* / analisi dei contenuti/del contenuto *f*
Inhalts|definition *f* / definizione specifica *f*
~**erschließung** *f* [Ind] *s. inhaltliche Erschließung*
~**fahne** *f* (in einer Zeitschrift) ⟨DIN 1428; DIN 31639/2⟩ / pagina di riassunti analitici *f* · pagina dei sommari *f*
~**verzeichnis** 1 *n* [Bch] ⟨DIN 1422/1; DIN 1426E⟩ / indice *m*
~**verzeichnis** 2 *n* (Directory) [EDV] ⟨DIN 1506⟩ / elenco di file *m*
~**zusammenfassung** *f* [Ind] / riassunto *m* · sommario *m*
Initial(e) *n(f)* / capolettera *m* · iniziale *f* ‖ *s.a. historisiertes Initial; ornamentales Initial; tiefstehendes Initial; Zierinitial(e)*
initialisieren *v* [EDV] / inizializzare *v*
Initialisierung *f* [EDV] ⟨DIN 66010E⟩ / inizializzazione *f*
Initialkürzung *f* [Lin] ⟨DIN 1502; DIN 2340⟩ / acronimo *m* ‖ *s.a. Abkürzung*
Inklusivpreis *m* / prezzo complessivo *m*
Inkunabel *f* ⟨DIN 31631/4; DIN 31639/2⟩ / incunabolo *m*
~**fachmann** *m* / incunabolista *m*
~**kunde** *f* / studio degli incunaboli *m*
Inlands|porto *n* / affrancatura per interno *f*
~**preis** *m* / prezzo domestico *m*
Innen|architektur *f* / architettura d'interni *f*
~**deckel** *m* (Spiegel) [Bind] / piatto interno *m* · anima(del piatto) *f*
~**einrichtung** *f* / arredamento *m* ‖ *s.a. Möblierung*
~**hof** *m* / cortile interno *m*
~**maskierung** *f* [Retr] / mascheramento interno *m*
innerbetriebliches System *n* / sistema interno *m*
Inschrift *f* / iscrizione *f* · epigrafe *f* ‖ *s.a. Aufschrift*
Inschriftenkunde *f* / epigrafia *f*
Insektizid *n* / insetticida *f*
Insekt *n* / insetto *m* ‖ *s.a. Schadinsekt*
Inselbuch *n* [Kart] / isolario *m*
Inserat *n* / inserzione *f*
Inserent *m* / inserzionista *m*
Inspektion / collaudo *m*

Installationsprozedur *f* / procedura di installazione *f*
Installierung *f* / installazione *f*
Instandhaltung / manutenzione *f*
Instandhaltungskosten *pl* / spese di manutenzione *pl*
Instanz *f* / istanza *f*
Institution *f* / istituzione *f*
institutionelle Zugehörigkeit eines Autors *f* / affiliazione dell'autore *f*
Institutsbibliothek *f* / biblioteca di istituto *f*
Instrumentierung *f* [Mus] / strumentazione *f*
insulare Schrift *f* / scrittura insulare *f*
Intarsie *f* (bei Ledereinbänden) [Bind] / intarsio *m*
Intarsieneinband *m* [Bind] / legatura a intarsio *f* ‖ *s.a. Leder-Intarsienband*
integrierter Geschäftsgang *m* / iter del libro integrato *m* (tutte le procedure essendo automatizzate e correlate)
integriertes Bibliothekssystem *n* / sistema bibliotecario integrato *m*
integrierte Schaltung *f* [EDV] / circuito integrato *m*
intelligentes Terminal *n* / terminale intelligente *m*
Interaktion *f* / interazione *f*
interaktiver Betrieb *m* [EDV] / modo conversazionale *m* · modo interattivo *m*
interaktives System *n* / sistema interattivo *m*
Interdisziplinarität *f* / interdisciplinarità *f* ‖ *s.a. Multidisziplinarität*
Interessenprofil *n* / profilo d'interesse *m* · profilo degli interessi *m*
Interims|aufnahme *f* [Kat] / scheda provvisoria *f*
~**datei** *f s. Interimsnachweis*
~**einband** *m* / copertina provvisoria *f* · (kartoniert:) cartonaggio provvisorio *m*
~**karte** *f* [Kat] / scheda transitoria *f*
~**kartei** *f s. Interimsnachweis*
~**katalogisierung** *f* / catalogazione provvisoria
~**nachweis** *m* (der in Bearbeitung befindlichen Bücher usw.) / (Datei:) archivio temporaneo *m* · archivio transitorio *m*
Interlinear|glosse *f* / glossa interlineare *f*
~**übersetzung** *f* / traduzione interlineare *f*
internationaler Antwortschein *m* [Komm] / coupon internazionale di risposta *m*
~ **Leihschein** *m* / modulo del prestito internazionale *m*
~ **Leihverkehr** *m* / prestito interbibliotecario internazionale *m* ‖ *s.a. Bestellschein*
Internationale Standard-Buchnummer *f* (ISBN) ⟨ISBD(M; S; PM); DIN 1462; DIN 31631/2; DIN ISO 2108:1994-12⟩ / numero internazionale normalizzato del libro *m*
~ **Standardisierte Bibliographische Beschreibung** *f* (ISBD) [Bib; Cat] / standard internazionale di descrizione bibliografica *m*
interne Ausbildung *f* / addestramento interno *m* ‖ *s.a. Ausbildung am Arbeitsplatz*
interner Leihverkehr *m* / prestito interno *m*
Internet|adresse *f* / indirizzo Internet *m*
~**anbieter** *m* / fornitore di servizi Internet *m*
~-**Anschluß** *m* / accesso all' Internet *m*
~**recherche** *f* / ricerca su Internet *f*
~**server** *m* / server su Internet *m*
~**surfen** *n* / navigazione in Internet *f*
~-**Zugang** *m* / accesso all' Internet *m*
Internspeicher *m* [EDV] / memoria interna *f* ‖ *s.a. Arbeitsspeicher*
interpolieren *v* / interpolare *v*
Interpret *m* [Mus] / interprete *m*
Interpret *m* [EDV] ⟨DIN 44300/4E⟩ / interprete *m*
Interpretierer *m* [EDV] *s. Interpret*
Interpunktion *f* [Schr; Druck] / interpunzione *f* ‖ *s.a. Deskriptionszeichen*
Interpunktionszeichen *n* / segno d'interpunzione *m*
Interview *n* / intervista *f* (~ mit dem Benutzer: intervista all'utente) ‖ *s.a. standardisiertes Interview; Tiefeninterview; unstrukturiertes Interview*
interviewen *v* / intervistare *v*
Inventar *n* / inventario *m*
inventarisieren *v* [Erw] / inventariare *v*
Inventarisierung *f* [Erw] / inventariazione *f*
Inventar|nummer *f* / numero di inventario *m* · numero inventario *m*
Inventar(verzeichnis) *n(n)* / inventario *m*
Inventur *f* / inventario *m* (~ machen: fare l'inventario)
Inversion *f* [Ind] / inversione
invertieren *v* [Lin; Ind; EDV] / invertire *v*
invertierte Datei *f* [EDV] / file invertito *m* · archivio inverso *m*
Investition *f* / investimento *m*
Investitions|aufwendungen *pl* ⟨DIN 1425⟩ / spese d'investimento *pl*

~**haushalt** *m* / bilancio d'investimento *m*
~**kosten** *pl* / spese d'investimento *pl*
~**mittel** *pl* / capitali d'investimento *pl*
irische Schrift *f* / scrittura irlandese *f*
Irrtum *m* / errore
ISBD *Abk* [Bib; Kat] *s. Internationale Standardisierte Bibliographische Beschreibung*
ISBN *Abk s. Internationale Standard-Buchnummer*
Isohypse *f* [Kart] *s. Höhenlinie*
Isoliermittel *n* / isolante *m*
Isolierung *f* (von Wänden usw.) / isolamento *m* ‖ *s.a. Schalldämmung*
ISO-Testzeichen *n* [Repr] ⟨DIN 19051/1⟩ / mira ISO *f*
ISSN-Titel *m* ⟨DIN 1430; ISBD(S); RAK⟩ / titolo chiave dell'ISSN *m*
IuD *Abk s. Information und Dokumentation*
IuD-Stelle *f* / centro di documentazione e informazione *m*
IVM *Abk s. Informationsvermittlung*

J

Jacket *n* [Repr] / jacket *m*
Jagdbuch *n* / libro di caccia *m*
Jahrbuch *n* / annuario *m*
Jahres|abonnement *n* / abbonamento annuo *m*
~**abschluß** *m* [HaushRechn] / bilancio fine dell'anno *m*
~**bericht** *m* / relazione annuale *f* · rapporto annuale
~**bezugspreis** *m* / prezzo d'abbonamento annuale *m*
~**etat** *m* / bilancio annuo *m*
~**karte** *f* (Leserkarte für ein Jahr) / tessera annuale di frequenza *f*
~**register** *n* / indice annuale *m* ‖ *s.a. Gesamtregister*
~**schrift** *f s. Jahrbuch*
~**verzeichnis** *n* [Bib] / repertorio annuale *m* ‖ *s.a. Fünfjahresverzeichnis*
Jahrgang *m* [Bch] / annata *f* ‖ *s.a. laufender Jahrgang; rückwärtige Jahrgänge*
jährlich *adj* / annuale *agg*
jährliche Erscheinungsweise *f* / periodicità annuale *f*
Jansenisteneinband *m* [Bind] / legatura giansenista *f*
Japanpapier *n* [Bind] / carta giapponese *f* · carta del Giappone *f* · carta velina *f*
Job *m* [EDV] / lavoro *m*
~**abrechnung** *f* [EDV] / contabilizzazione del lavoro *f*
~**abwicklung** *f* [EDV] / trattamento del lavoro *m*
~**ferneingabe** *f* [EDV] / ingresso remoto del lavoro *m*
~**management** *n* [EDV] / gestione dei lavori *f*
~**organisation** *f* [EDV] / schedulazione dei lavori *f*
Jubiläums|ausgabe *f* (einer Zeitschrift) / edizione di giubileo *f*
~**schrift** *f* / pubblicazione giubilare *f* · pubblicazione di giubileo *f* ‖ *s.a. Festschrift*
Juchten(leder) *m/n(n)* [Bind] / cuoio di Russia *m*
Jugend|bibliothek *f* / biblioteca per i giovani/adolescenti *f*
~**buch** *n* ⟨RAK-AD⟩ / libro per i giovani *m*
~**bücherei** *f* [Lib] / biblioteca per giovani *f*
~**buchwoche** *f* / settimana del libro per la gioventù *f*
jugendgefährdende Literatur *f* / letteratura pericolosa per la gioventù *f*
Jugend|literatur *f* / letteratura per la gioventù *f*
Jungfernpergament *n* / pergamena vergine *f*
Justizbehörde *f* / organo giustiziario *m*
Justizvollzugsanstaltsbibliothek *f s. Gefängnisbibliothek*

K

Kabel|fernsehen *n* / televisione via cavo *f*
~**rundfunk** *m* [Komm] / radiotrasmissione via cavo *f*
~ *n* [Komm] / (kurzes~:) cavetto *m* · (längeres ~:) cavo *m* · (Schnur:) cordoncino *m* ‖ *s.a. Anschlusskabel; Netzkabel; verkabelt*
kaiserliche Bibliothek *f* / biblioteca imperiale *f*
Kakerlak *m* / scarafaggio *m*
Kalander *m* [Pp] / calandra *f*
~**satinage** *f* [Pp] / calandratura *f*
kalandrieren *v* [Pp] / calandrare *v*
kalandriertes Papier *n* ⟨DIN 6730⟩ / carta calandrata *f* ‖ *s.a. satiniertes Papier*
Kalbleder *n* [Bind] / pelle di vitello *f*
~**(ein)band** *m* [Bind] / legatura in pelle di vitello *f* ‖ *s.a. Franzband*
Kalbspergament *n* / pergamena di vitello *f*
Kalender *m* ⟨RAK-AD⟩ / calendario *m* ‖ *s.a. ewiger Kalender; Terminkalender*
~**jahr** *n* / anno solare *m*
Kaliko *n* [Bind] / calicò *m*
Kalkulation *f* / calcolazione *f*
Kalkulationsprogramm *n* [EDV] / foglio elettronico *m* · programma di calcolazione *m*
Kalligraph *m* / calligrafo *m*
Kalligraphie *f* / calligrafia *f*
Kalt|leim *m* [Bind] / colla a freddo *f*
~**nadelradierung** *f* / puntasecca *f* · (Verfahren:) incisione a puntasecca
~**satz** *m* [Druck] / composizione a freddo *f*
~**start** *m* [EDV] / avviamento a freddo *m*
Kameeneinband *m* / legatura a cammeo *f*
Kamera *f* / (Fotoapparat:) macchina fotografica *f* ‖ *s.a. Filmkamera*
kamerafähiges Manuskript *n* (CRC) / manoscritto pronto per la ripresa fotografica *m*
Kamerakarte *f* [Repr] / scheda da camera *f*
Kamm|bindung *f* [Bind] / legatura a pettine *f* ‖ *s.a. Spiralbroschur*
~**broschur** *f* [Bind] *s. Kammbindung*
Kanal *m* ⟨DIN 44300/1E; DIN 66200/1⟩ / (Kommunikation:) canale *m* ‖ *s.a. Ausgangskanal; Eingangskanal*
Kandidat *m* (einer Prüfung) / candidato *m*
~**-Deskriptor** *m* [Ind] / descrittore candidato *m*
Kann-Bestimmung *f* [Kat] / disposizione facoltativa *f*
Kanon *m* / canone *m*
Kanten *pl* [Bind] *s. Deckelkanten*
Kantine *f s. Cafeteria*
Kantonsbibliothek *f CH* / biblioteca cantonale *f*
Kanzleischrift *f* / scrittura cancelleresca *f*
kapazitiver Speicher *m* [EDV] / memoria capacitiva *f*
Kapital *n* [Bind] / capitello *m*
~**band** *n* [Bind] *s. Kapital*
Kapitälchen *pl* [Druck] / maiuscoletti *pl*

Kapitalis *f* [Schr] / capitale *f* · scrittura capitale quadrata *f*
Kapitel *n* [Bch] ⟨DIN 31639/2⟩ / capitolo *m* ‖ *s.a. Haushaltskapitel*
~überschrift *f* / testata del capitolo *f*
Kapitularbibliothek *f* / biblioteca capitolare *f*
Kapselkatalog *m* / catalogo a fogli mobili (Staderini) *m*
kaputt *adj* / guasto *agg*
Kardex *m* [Erw] / schedario dei periodici *m* (sistema Kardex)
kariertes Papier *n* / carta a quadretti *f* · carta quadrettata *f*
karolingische Minuskel *f* / scrittura carolina minuscola *f*
Karriere *f* / carriera *f*
kart. *Abk* [Bind] *s. kartoniert*
Kärtchen *n* [Kat] *s. Karte 2*
Kärtchen|katalog *m s. Kartenkatalog 1*
Karte 1 *f* [Kart] ⟨DIN 31631/2+4; DIN 31639/2; RAK-AD⟩ / mappa *f* · carta geografica *f* ‖ *s.a. Arealkarte; Faltkarte; Flurkarte; Gebietsstufenkarte; handschriftliche Karte; Himmelskarte; Raumbildkarte; Raumgliederungskarte; Stadtplan*
Karte 2 *f* [Kat] / (Kärtchen:) schedina *f* · scheda *f* ‖ *s.a. Karteikarte*
Kartei *f* [Büro] / schedario *m* ‖ *s.a. Flachsichtkartei; Steilkartei*
~blatt *n* / cartella *f* · schedone amministrativo *m* ‖ *s.a. Fortsetzungskarte*
~karte *f* / scheda cartacea *f*
~kasten *m* [Büro] / cassetta *f*
~leiche *f* / scheda nulla *f*
~lift *m* / schedario rotativo *m*
~reiter *m* [Büro] *s. Reiter*
~schrank *m* / schedario *m*
~zettel *m s. Karteikarte*
Karten|ablage *f* / deposito delle carte geografiche *m*
~anhang *m* / appendice cartografica *f*
~ausschnitt *m* [Kart] / taglio al vivo *m*
~auswertung *f* [Kart] / utilizzazione della carta *f*
~beilage *f* (lose) / carta fuori testo *f*
~beschriftung *f* / scrittura cartografica *pl*
~bibliographie *f* / bibliografia cartografica *f*
~blatt *n* [Kart] / foglio *m* ‖ *s.a. Blatt 2*
~falzung *f* [Kart] / piegatura del foglio *f*
~feld *n* [Kart] / superficie cartografica *f*
~gitter *n* [Kart] / reticolato cartografico *m*
~interpretation *f* [Kart] / interpretazione della carta *f*
~katalog 1 *m* (Kärtchenkatalog; Zettelkatalog) / catalogo cartaceo *m* · catalogo a schede *m*
~katalog 2 *m* [Kart; Kat] / catalogo delle carte geografiche *m*
~kopierer *m* (mithilfe einer Kopierkarte betrieben) [Repr] / copiatrice a carta *f*
~kunde *f* / cartologia *f*
~leser *m* [Lochk] / lettore di schede *m*
~lesesaal *m* / sala delle carte geografiche *f*
~locher *m* [Lochk] / perforatore di schede *m*
~magazin *n* / deposito delle carte geografiche *m*
~mischer *m* [Lochk] / inseritrice *f*
~muster *n* [Kart] ⟨ISBD(CM)⟩ / direttiva per la preparazione della carta *f*
~netz *n* [Kart] ⟨RAK-Karten⟩ / reticolo geografico *m* · reticolato *m*
~orientierung *f* [Kart] / orientamento di una carta *m*
~planzeiger *m* [Kart] *s. Planzeiger*
~projektion *f* / proiezione cartografica *f*
~rahmen *m* / cornice della carta *f*
~rand *m* / margine della carta *m*
~relief *n* ⟨ISBD(CM)⟩ / plastico *m*
~sammlung *f* / collezione di carte geografiche *f*
~schnitt *m* [Cart] ⟨RAK-Karten⟩ *s. Blattschnitt*
~schrank *m* / cassettone per carte *m* · mobile per il magazzinaggio delle carte *m*
~sektion *f* [Kart] *s. Sektion*
~skizze *f* / schizzo cartografico
~ständer *m* / sostegno per carte *m*
Kartentasche *f* [Kart] / portacarte *m*
Karten|telefon *n* / telefono a carta *m*
~titel *m* / titolo della carta *m*
~vertriebsstelle *f* [Erw] / agenzia di vendita di carte geografiche *f*
~zeichen *n* [Kart] / simbolo cartografico *m*
~zimmer *n* / camerino per le carte *m s.a. Kartenlesesaal*
Kartierung *f* / rappresentazione su una carta geografica *f*
Kartogramm *n* ⟨RAK-Karten⟩ / cartogramma *m*
Kartograph *m* / cartografo *m*
Kartographie *f* / cartografia *f*
kartographisches Material *n* / materiale cartografico *m*
Karton 1 *m* / (Pappe:) cartone *m* · (Schachtel:) scatola *f* ‖ *s.a. Schuber*

Karton 2 *m* (ein in ein Buch statt eines anderen Blattes eingefügtes Ersatzblatt) ⟨ISBD(A)⟩ / carticino *m* · carta sostituita *f* ‖ *s.a. Titelblattkarton*

Kartonagenpappe *f* ⟨DIN 6730⟩ / cartone per cartonaggio *m*

kartonieren *v* [Bind] / incartonare *v*

kartoniert *part perf* / legato in cartone *part pt* · cartonato *part pt* · incartonato *part pt*

Kartonierung *f* [Bind] / incartonatura *f*

Kartusche *f* / (Zierrahmen:) cartoccio *m* · (in Form einer Schrift- oder Buchrolle:) cartiglio *m* ‖ *s.a. Eckkartusche; Trommelkartusche*

Kartuschenpapier *n* / carta cartuccia *f*

Karussell *n* [BauEinr] *s. Drehsäule*

kaschieren *v* [Bind] ⟨DIN 6730⟩ / accoppiare *v* · (füttern:) foderare *v* · rivestire *f* · impastare *v* · laminare *v* ‖ *s.a. Folienkaschierung*

Kaschier|maschine *f* / macchina accoppiatrice *f*

~**papier** *n* [Bind] / carta da rivestire *f*

kaschierte Pappe *f* [Bind] / cartone rivestito *m*

kaschierter Einband *m* / legatura laminata *f*

Kassabuch *n* / registro di cassa *m*

Kassen|bericht *m* / rendiconto finanziario *m*

~**bestand** *m* [HhRech] / fondo di cassa *m*

~**prüfer** *m* / revisore dei conti *m*

Kassette *f* / cassetta *f* ‖ *s.a. Musikkassette; Tonerkassette*

Kassettenrecorder *m* / registratore a cassetta *m*

Kästchen (in einem Fragebogen) / casella *f* ‖ *s.a. ankreuzen*

Kasten 1 *m* [Bau/Einr] / cassetto *m* ‖ *s.a. Schubkasten*

Kasten 2 *m* (in einer Zeitung oder einem Buch) / finestra *f*

Katalog *m* ⟨DIN 31639/2; DIN 31631/4; RAK-AD⟩ / catalogo *m* ‖ *s.a. Bandkatalog; EDV-Katalog; gedruckter Katalog; Zettelkatalog*

~**abbruch** *m* / chiusura del catalogo *f*

~**abfrage** *f s. Katalogrecherche*

~**abteilung** *f* [OrgM] / reparto di catalogazione *m* · sezione cataloghi *f*

~**art** *f* / tipo di catalogo *m*

~**benutzer** *m* / utente del catalogo *m*

~**benutzung** *f* / consultazione del catalogo *f*

~**datenbank** *f* / base di dati catalografici *f*

Katalogeintragung *f* / voce catalografica *rf* · scheda catalografica *f* · registrazione catalografica *f* · notizia catalografica *f* ‖ *s.a. Titelaufnahme 2*

Katalog|form *f* / forma di catalogo *f*

~**format** *n* [EDV] / formato cataloghi *m*

~**führung** *f* / gestione del catalogo *f*

~**information** *f* / informazione catalografica *f*

Katalogisat *n s. Katalogeintragung*

katalogisieren *v* / catalogare *v*

Katalogisierer *m* / catalogatore

Katalogisierung *f* / catalogazione *f* ‖ *s.a. alphabetische Katalogisierung; Auswahlkatalogisierung; Eigenkatalogisierung; Fremdkatalogisierung; Interimskatalogisierung; Neukatalogisierung; retrospektive Katalogisierung; Schlagwortkatalogisierung; Verbundkatalogisierung; verkürzte Katalogisierung*

Katalogisierungs|regeln *pl* / regole di catalogazione *pl*

~**regelwerk** *n* / codice di catalogazione *m*

~**rückstände** *pl* / arretrati di catalogazione *pl*

~**verbund** *m* / sistema di catalogazione partecipata *m* ‖ *s.a. Verbundkatalog*

Katalogkärtchen *n s. Katalogkarte*

Katalog|karte *f* / scheda catalografica *f*

~**kartenlochung** *f* ⟨DIN 1461⟩ *s. Lochung*

~**kasten** *m* / (Kartei:) schedario *m* · cassetto *m*

~**konversion** *f* / conversione del catalogo *f*

~**pflege** *f* / manutenzione del catalogo *f*

~**preis** *m* / prezzo di catalogo *m*

~**recherche** *f* / ricerca nel catalogo *f*

~**regelwerk** *n* [Kat] *s. Katalogisierungsregelwerk*

~**revision** *f* / revisione del catalogo *f*

~**saal** *m* / sala cataloghi *f*

~**sanierung** *f* / bonifica del catalogo *f*

~**schrank** *m* / armadio schedario *m*

~**schublade** *f s. Katalogkasten*

~**verwaltung** *f* / gestione del catalogo *f*

~**zettel** *m* / scheda catalografica *f*

~**zugang** *m* / accesso catalografico *m*

Katasterkarte *f* / mappa particellare *f* · mappa catastale *f*

Katastrophen|plan *m* / piano di emergenza *m*

~**schutz** *m* / protezione contro le catastrofi *f* ‖ *s.a. Katastrophenplan*

Katechismus *m* ⟨RAK-AD⟩ / catechismo *m*

Kategorie 1 *f* [EDV] *s. Datenkategorie*

Kategorie 2 *f* [Klass] ⟨DIN 32705⟩ / categoria *f*
Kategorien|katalog *m* [EDV] ⟨DIN 2341/1; DIN 31631/1⟩ *s. Kategorienschema*
~schema *n* [EDV] / schema di registrazione *m*
Katheder *n* / cattedra *f*
Kathedralstil *m* [Bind] *s. Einband im Kathedralstil*
Kathodenstrahlröhre *f* / tubo a raggi catodici *m*
Kauf *m* / acquisto *m* ‖ *s.a. Barkauf*
~bestellung *f* [Erw] / ordine di acquisto *m* *Acq*
Käufer *m* / compratore *m* · acquirente *m*
Kauf|kraft *f* / potere d'acquisto *m*
~preis *m* / prezzo d'acquisto *m* ‖ *s.a. Verkaufspreis*
~sitzung *f* / seduta d'acquisto *f*
~verpflichtung *f* / obbligo di acquisto *m*
~vertrag *m* / contratto di compra *m* · contratto d'acquisto *m*
Kaution *f* / deposito cauzionale *m* · cauzione *f*
Kegel *m* [Druck] *s. Schriftkegel*
Kegelprojektion *f* [Kart] / proiezione conica *f*
Keilschrift *f* / scrittura cuneiforme *f*
Keller|geschoss *n* / scantinato *m*
~magazin *n* / magazzino al piano sotteraneo *m*
~speicher *m* *s. Stapelspeicher*
Kennsatz *m* [EDV] ⟨DIN 66010E; DIN 66029⟩ / etichetta *f* ‖ *s.a. Satzkennung*
Kennung *f* [EDV] / (Zahl:) numero identificativo *m* · codice di identificazione *m* ‖ *s.a. Anwendungskennung; Feldkennung; Netzkennung; Nutzerkennung; Satzkennung; Teilfeldkennung*
Kenn|zahl *f* [OrgM] / indice *m*
~zeichen *n* / contrassegno *m* · contrassegno *m*
kennzeichnen *v* / contrassegnare *v*
Kennziffer *f* [OrgM] *s. Kennzahl*
Kerbe 1 *f* [Lochk; Repr] / tacca *f*
Kerbe 2 *f* [Bind] / scodelletta · fossetta *f*
kerben *v* / intaccare *v*
Kerblochkarte *f* / scheda a perforazione marginale *f*
Kerbung *f* [Lochk] / intaccatura *f*
Kerbzange *f* [Lochk] / tenaglie di intaccatura *pl*
Kern|bereich *m* (eines Faches) / area nucleo *f* (di una disciplina)
~bestand *m* / nucleo *m* (del patrimonio)
~speicher *m* [EDV] / memoria a nuclei *f*
Kette 1 *f* (ein Satz fortlaufender Zeichen) / sequenza *f* ‖ *s.a. Zeichenkette*
Kette 2 *f* [Klass] / catena *f*
Ketten|bibliothek *f* / biblioteca a libri incatenati *f*
~buch *n* / libro incatenato *m*
~drucker *m* [EDV] / stampante a catena *f*
~förderanlage *f* / trasportatore a catena *m*
~indexierung *f* / indicizzazione a catena *f*
Kettlinien *pl* [Pp] / filoni *pl*
Kettung *f* [EDV] / concatenamento *m*
KI *Abk s. künstliche Intelligenz*
Kinder|bibliothek *f* / biblioteca per ragazzi *f*
~buch *n* / libro per l'infanzia *m* · libro per ragazzi *m*
~buchausstellung *f* / mostra del libro per ragazzi *f*
~bücherei *f* / biblioteca per ragazzi *f*
~literatur *f* / letteratura per l'infanzia *f* · letteratura per ragazzi *f*
~reim *m* / filastrocca *f*
Kinefilm *m* / pellicola cinematografica *f*
Kinemathek *f* / cineteca *f* · filmoteca *f*
Kinoleinwand *f* / schermo cinematografico *m*
Kiosk *m* / edicola *f*
Kirchen|archiv *n* / archivio ecclesiastico *m*
~bibliothek *f* / biblioteca ecclesiastica *f*
~buch *n* [Arch] / registro parocchiale *m* · libro parocchiale *m*
~liederbuch *n* / innario *m*
kirchliche Bibliothek *f* / biblioteca ecclesiastica *f*
Kiste *f* / cassa *f*
Klam|mer 1 *f* [Büro] / punto metallico *m* · grappa *f* · fermaglio *m* ‖ *s.a. Büroklammer*
Klammer 2 *f* [Schr] / parentesi *f* ‖ *s.a. eckige Klammern; einklammern; geschweifte Klammern; runde Klammern; Winkelklammern*
~affe *m* (@) [EDV] / chiocciolina *f*
~heftung *f* [Bind] *s. Drahtheftung*
~kürzung *f* / abbreviatura per contrazione *f*
klammern *v* [Schr; Druck] / mettere tra parentesi *f*
Klappe *f* (des Buchumschlags) [Bind] *s. Umschlagklappe*
Klappentext *m* / testo del risvolto *m* ‖ *s.a. Waschzettel*
Klappkarton *m* [Arch] / cartella *f*
Klarschrift|codierer *m* [EDV] ⟨DIN 9774/1⟩ / codificatore di caratteri *m*

~**leser** *m* [EDV] / lettore di caratteri *m*
~**übersetzer** *m* / interprete *m* (di caratteri)
Klar|sichthülle *f* [Büro] / copertina trasparente *f*
~**text** *m* / testo in chiaro *m*
~**dialog** *m* [EDV] / dialogo in testo chiaro *m*
Klasse *f* / classe *f* · sezione *f*
Klassen|lektüre *f* / lettura in classe *f*
~**satz** *m* / collana di testi scolari per la lettura in classe *f*
Klassifikation *f* / classificazione *f* ‖ *s.a. Grobklassifikation; Systematik*
Klassifikations|schema *f* / schema di classificazione *m* · tavola di classificazione *f*
~**system** *n* / sistema di classificazione *m* · schema della classificazione *m*
~**tafel** *f* / tavola di classificazione *m*
klassifizieren *v* / classificare *v*
klassische Anonyma *pl* [Kat] / opere anonime con titoli tradizionali *pl*
Klauenöl *n* [Bind] / olio di piede di bue *m*
Klausur *f* (Klausurarbeit) / prova scritta *f* (sotto sorveglianza)
Klavierauszug *m* / riduzione per pianoforte *f* · spartito per pianoforte *m*
Kldr. *Abk* [Bind] *s. Kunstleder*
Klebe|band *n* / nastro adesivo *m*
~**bindegerät** *n s. Klebebindemaschine*
~**bindemaschine** *f* [Bind] / legatrice a colla *f*
~**bindung** *f* / legatura all'americana *f* · legatura a colla *f* · legatura perfetta *f*
~**fähigkeit** *f* (eines Klebebandes) [Bind] / adesività *f*
~**folie** *f* [Bind] / foglia adesiva *f*
kleben *v* (Filmstreifen ~) / giuntare *v* ‖ *s.a. zusammengeklebte Seiten*
klebend *part praes* [Bind] / adesivo *agg* ‖ *s.a. nicht-klebend; selbstklebend*
Klebe|pappe *f* / cartone rinforzato *m* · cartone incollato *m* · cartone accopiato *m* · cartone accoppiato *m*
~**presse** *f* [Repr] / giuntatrice *f*
~**stelle** 2 *f* (bei einem Film) [Repr] / giuntura *f*
~**streifen** *m* [Bind; Off] *s. Klebeband*
~**umbruch** *m* [Druck] / impaginazione a colla *f*
Klebstoff *m* [Bind] / glutine *m* · adesivo *m* · collante *m* ‖ *s.a. Kleister; Leim*
Kleiderständer *m* / attaccapanni *m*
Klein|bildkassette *f* [Repr] / caricatore *m*
Kleinbildpatrone *f* / caricatore *m*
Kleinbuchstabe *m* [Druck; Schr] / carattere minuscolo *m* · lettera minuscola *f* · lettera di bassa cassa *f*
kleindrucken *v* / stampare a caratteri piccoli *v*
Klein|odienband *m* [Bind] / legatura a gioielli
~**offset(druck)** *m* / microstampa offset *f* · offset di piccolo formato *m*
~**rechner** *m* / minielaboratore *m* · microelaboratore *m* · minicomputer *m*
~**schrifttum** *n* / materiale minore *m* · opuscoli *pl*
Kleister *m* [Bind] / colla d'amido *f* · pasta *f*
~**papier** *n* [Bind] / carta a colla *f*
~**schnitt** *m* [Bind] / taglio colorato al guazzo *m*
Klick *m* [EDV] *s. Mausklick*
Klient *m* / cliente *m*
Klientel *f* [RS] / clientela *f*
Klimaanlage *f* / impianto di climatizzazione *m* · impianto di condizionamento *m*
Klimatisierung *f* / climatizzazione *f* · condizionamento *m*
Klinikbibliothek *f s. Krankenhausbibliothek*
Klischee *n* [Druck] 〈DIN 16514〉 / cliché *m* ‖ *s.a. Druckstock*
Kloster|bibliothek *f* / biblioteca monastica *f*
~**einband** *m* [Bind] / legatura monastica *f*
Klotzpresse *f* [Bind] / torchietto *m*
Kniehebelpresse *f* [Bind] / pressa a ginocchiera *f*
Knopf *m* / bottone *m* ‖ *s.a. Schaltknopf*
Knoten *m* (in einem Rechnernetz) / nodo *m*
~**rechner** *m* / elaboratore di nodo *m*
~**werk** *n* [Bind] *s. Flechtwerk*
Koaxialkabel *n* / cavo coassiale *m*
Kochbuch *n* [Bch] 〈RAK-AD〉 / libro di cucina *m* ‖ *s.a. Rezeptbuch*
Kode *m s. Code*
Kodex *m* / codice *m* ‖ *s.a. Papierkodex; Papyruskodex; Pergamentkodex; Purpurkodex*
kodieren *v* / codificare *v*
Kodierer *m* (Gerät) [EDV] / codificatore *m*
Kodierung *f* / codifica *f*
kodifizieren *v* / codificare *v*
Kodifizierung *f* / codifica *f*
Kodikologie *f* / codicologia *f*
Kohle|papier *n* [Büro] / carta carbone *f*
~**zeichnung** *f* / disegno al carbone *m* · carboncino *m* · disegno a carboncino *m*
Kollation *f* [Kat] / collazione *f*
kollationieren *v* / collazionare *v*

Kollationierung *f* / collazione *f*
Kollations|formel *f* / formula di collazione *f*
~vermerk *m* [Kat] ⟨DIN 31631/2; TGL 20972/04⟩ / indicazione della collazione *f*
Kollege *m* / collega *m* ‖ *s.a. Arbeitskollege*
Kollegiatstiftsbibliothek *f* / biblioteca di collegiata *f*
Kollegienbibliothek *f* / biblioteca di collegio *f*
Kolloquium *n* / colloquio *m*
Kolon-Klassifikation *f* / classificazione colon *f*
Kolophon *n* / colofone *m*
Kolophonium *n* / colofonia *f* · pece greca *f*
koloriert *part perf* / colorato *part pt* · colorito *part pt* ‖ *s.a. altkoloriert; ankoloriert*
Kolorierung *f* / coloritura *f*
Kolportage|buch *n* / libro del colportage *m*
~buchhändler *m s. Kolporteur*
~roman *m* / romanzo del colportage *m* ‖ *s.a. Groschenroman*
Kolporteur *m* / colportore *m*
Kolumne *f* [Druck] / colonna
Kolumnen|titel *m* [Druck] / titolo corrente *m* · titolo della colonna ‖ *s.a. lebender Kolumnentitel; toter Kolumnentitel*
~zählung *f* / numerazione di colonna *f*
~ziffer *f* [Druck] *s. toter Kolumnentitel*
Komitee *n* / comitato
Komma *n* (,) [Schr; Druck] / virgola *f*
Kommando *n* [EDV] ⟨DIN 44300/4E⟩ / comando *m*
~modus *m* [EDV] ⟨DIN 44300/4E⟩ / modo di comando *m*
~sprache *f* [EDV] ⟨DIN 44300/4E⟩ / linguaggio di comando *m* ‖ *s.a. Standardisierte Kommandosprache*
Kommentar 1 *m* [Bch] ⟨DIN 31631/4; RAK-AD⟩ / commentario *m*
Kommentar 2 *m* [EDV] / commento *m*
Kommentator *m* / commentatore *m*
kommentieren *f* / commentare *v*
kommerzielles a *s. Klammeraffe*
Kommission 1 / (Ausschuss:) commmissione *f* ‖ *s.a. ständige Kommission*
Kommission 2 *f* [Bch] / commissione *f* (in ~ geben: dare in commissione)
Kommissionär *m* / commissionario *m*
Kommissions|buchhändler *m* / libraio commissionario *m*
~buchhandlung *f* · libreria commissionaria *f*
~geschäft *n* / affare in commissione *m*
~verkauf *m* / vendita per commissione *f*
~verlag *m* [Bch] / editore su commissione *m* · casa editrice commissionaria *f*
kommunale (öffentliche) Bibliothek *f* / biblioteca pubblica di ente locale *f* · biblioteca pubblica comunale *f*
Kommunalverwaltung *f* / amministrazione comunale *f*
Kommunikation *f* / comunicazione *f*
Kommunikations|kanal *m* / canale di comunicazione *m*
~mittel *pl* / mezzi di comunicazione *pl*
~protokoll *n* / protocollo di trasmissione *m* · protocollo di comunicazione *m*
~prozess *m* / processo di comunicazione *m*
~system *n* / sistema di comunicazione *m*
~theorie *f* / teoria di comunicazione *f*
Kompakt|aufstellung *f s. Kompaktmagazinierung*
~magazinierung *f* / immagazzinaggio compatto *m*
~regalanlage *f* / scaffalatura a compactus *f* ‖ *s.a. Fahrregal*
~speicherung *f s. Kompaktaufstellung*
kompatibel *adj* [EDV] / compatibile *agg* ‖ *s.a. abwärtskompatibel; aufwärtskompatibel*
Kompatibiliät *f* [EDV] / compatibilità *f*
Kompendium *n* [Bch] / compendio *m*
Kompetenz *f* / competenza *f*
Kompilation *f* [Bch] / compilazione *f*
Kompilator *m* / compilatore *m*
kompilieren *v* [EDV] / compilare *v*
Kompilierer *m* [EDV] ⟨DIN 44300/4E⟩ / compilatore *m*
Komponist *m* [Mus] / compositore *m*
Kompositum *n* [Lin] ⟨DIN 2330; DIN 1502⟩ / parola composta *f* · composto *m*
kompresser Satz *m* [Druck] / composizione stretta *f*
komprimieren *v* (packen) [EDV] / impaccare *v*
Komprimierungskarte *f* [ElPubl] / scheda di compressione *f*
Kondensatorspeicher *m* [EDV] / memoria a condensatore *f*
Konfektionierung *f* (Art, Größe und Ausstattung der Verpackung audiovisueller Materialien) [NBM] ⟨DIN31631/2; A 2654⟩ / imballaggio *m*
Konferenz *f* / conferenza *f*
~berichte *pl* [Bch] ⟨DIN 31639/2⟩ *s. Tagungsberichte*

~**raum** *m* / sala delle conferenze *f* || *s.a. Sitzungszimmer*
Konfiguration *f* [EDV] / configurazione *f*
Konfliktlösung *f* / risoluzione di conflitti *f*
Kongress *m* ⟨RAK⟩ / congresso *m*
~**berichte** *pl* / rendiconti di congressi *pl* · atti di congressi *pl* · resoconti di congressi *pl* || *s.a. Tagungsberichte*
königliche Bibliothek *f* / biblioteca reale *f*
Konkordanz *f* / concordanza *f* · (Findehilfsmittel im Archiv:) tavola di raffronto *f* || *s.a. Realkonkordanz; Verbalkonkordanz*
~**tafel** *f* / tavola di concordanza *f*
Konkurrent *m* / concorrente *m*
Konkurrenz|betrieb *m* [Komm] ⟨DIN 44302⟩ / modo di concorrenza *f*
Konnotation *f* [Lin] / connotazione *f*
Konservator *m* / conservatore *m*
konservierende Behandlung *f* / trattamento di conservazione *m*
Konservierung *f* / conservazione *f* || *s.a. Bestandserhaltung*
Konsistenz *f* [Ind] / consistenza *f* || *s.a. Indexierungskonsistenz*
Konsole 1 *f* [EDV] / console *f*
Konsole 2 *f* [AufstReg] / mensola *f* || *s.a. Seitenkonsole*
Konsolidierung *f* (von Papier) / consolidamento *m*
Konsulardiptychon *n* / dittico consolare *m*
Kontakt|film *m* [Repr] / film di contatto *m*
~**kopie** *f* [Repr] / copia a contatto *f*
~**kopiergerät** *n* [Repr] / stampatrice a contatto
~**raster** *m* [Druck] / reticolo di contatto *m*
Kontext *m* / contesto *m*
Kontextoperator *m* [Retr] / operatore di adiacenza *m*
Kontextsuche *f* [Retr] / ricerca contestuale *f*
Konto *n* / conto *m*
~**auszug** *m* / estratto-conto *m*
~**inhaber** *m* / correntista *m*
Kontraktionskürzung *f* [Schr] / abbreviatura per contrazione *f*
Kontrast *m* [Repr] / contrasto *m*
Kontrollbus *m* / bus di controllo *m*
Kontrolle *f* / controllo *m*
Kontrollgruppe *f* / gruppo di controllo *m*
kontrollieren *v* [OrgM] / controllare *v*
kontrollierter Wortschatz *m* / vocabolario controllato *m* · terminologia controllata *f*
kontrolliertes Vokabular *n* [Ind] *s. kontrollierter Wortschatz*
Kontroll|speicher *m* [EDV] *s. Steuerspeicher*
~**tisch** *m* / banco di controllo *m*
Konturenschärfe *f* [Repr] / acutezza *f*
Konventionen *pl* [EDV] / convenzioni *pl*
Konversationslexikon *n* [Bch] / enciclopedia *f*
Konversion *f* (von Dateien) [EDV] / conversione *f* (di archivi)
Konversionsprogramm *n* / programma di conversione *m*
Konverter *m* [EDV] / convertitore *m*
konvertieren *v* [EDV] / convertire *v*
Konvertierung *f* [EDP] *s. Konversion*
Konvolut *n* / raccoglitore (di opuscoli)
Konzentrator *m* [Komm] ⟨DIN 44331V⟩ / concentratore *m*
Konzept *n* / minuta *f* || *s.a. Entwurf*
konzeptionelle Fähigkeiten *pl* [Pers] / capacità concettuali *pl*
Konzeptpapier *n* [Büro] ⟨DIN 6730⟩ / carta da minuta *f* · carta da bozza *f*
kooperative, abgestimmte Erwerbung *f* / acquisizione cooperativa *f* · acquisto cooperativo *m*
~ **Katalogisierung** *f* / catalogazione partecipata *f*
Koordinaten *pl* [Kart] ⟨RAK-Karten⟩ / coordinate *pl*
~**zeiger** *m* [Kart] *CH s. Planzeiger*
Kopf 1 *m* (der Titelaufnahme) [Kat] ⟨DIN 31631/4⟩ / intestazione *f*
~ 2 *m* (eines gebundenen Buches) [Bind] / testa *f*
~**begriff** *m* (einer Hierarchie) [Ind] ⟨DIN 1463/1E⟩ / termine più generale *m*
~**bogen** *m* [Büro] / carta intestata *f*
~**goldschnitt** *m* [Bind] / taglio superiore dorato *m*
~**hörer** *m* / cuffia *f*
~**leiste** *f* [Bch] / fregio di testa *m* · testata *f* || *s.a. Kopfzierleiste*
~**schnitt** *m* [Bind] / taglio superiore *m* · taglio di testa *m*
~**steg** *m* [Druck] / margine superiore *m* · margine di testa *m*
~**titel** *m* / intestazione *f*
~**vignette** *f s. Kopfleiste*
~**zeile** *f* / testata *f*
~**zierleiste** *f* / frontone *m* || *s.a. Kopfleiste*
Kopialbuch *n s. Kopiar*
Kopiar *n* [Arch] / cartario *m* · cartulario *m* · cartolario *m*

Kopie *f* / copia *f* || *s.a. Arbeitskopie; Fotokopie; Halbtonkopie; Hochglanzabzug; Kontaktkopie; Mehrfachkopien; Mikrokopie; Nasskopie; Papierkopie; Positivkopie; Trockenkopie; Vervielfältigung 1; Wärmekopie*

Kopienauffangbehälter *m* (bei einem Kopiergerät) / vassoio raccogli-copia *m*

Kopierdienst *m* / servizio riproduzioni *m* · servizio di fotoriproduzione *m* · (mit Selbstbedienung:) servizio fotocopie self-service *m*

kopie|ren *v* [Schr; Repr; EDV] ⟨DIN 44510⟩ / copiare *v*

Kopie|rer *m* [Repr] *s. Kopiergerät*

Kopier|gerät *n* [Repr] / copiatrice *f* · fotocopiatrice *f* || *s.a. Bürokopierer; Farbkopierer; Kartenkopierer; Münzkopierer*

~geschwindigkeit *f* / velocità di copiare *f*

~lizenz *f* / licenza di copiare *f*

~maschine *f* (Film) / stampatrice *f*

~papier *n* / carta da copiare *f* · carta copiativa *f*

~vorlage *f* [Druck] / matrice *f* || *s.a. Originalnegativ*

Kopist *m* [Schr] / copista *m*

Koproduktion *f* (bei der Publikation eines Werkes) / coedizione *f*

Kordofanleder *n* [Bind] *s. Korduanleder*

Korduanleder *n* [Bind] / cuoio di Spagna *m*

Körnerschnitt *m* [Bind] / taglio granito *m*

Körnigkeit *f* [Repr] ⟨DIN 19040/4+104E⟩ / grana *f*

Körnung *f s. Körnigkeit*

Körperschaft *f* / ente collettivo *m* || *s.a. Gebietskörperschaft; herausgebende Körperschaft*

~ **des öffentlichen Rechts** *f* / ente pubblico *m*

körperschaftlicher Urheber *m* [Kat] *s. Urheber 2*

~ **Verfasser** *m* / autore collettivo *m* · ente autore *m*

Körperschaftsdatei *f* / authority file per enti collettivi *m*

korporativer Verfasser *m* / autore collettivo *m* · ente autore *m*

Korpus *f* (Schriftgrad von 10 Punkt) [Druck] / garamone (corpo10)

~ **der Titelaufnahme** *m* [Kat] / corpo della scheda *m*

Korrektor *m* [Druck] / correttore di bozze *m*

Korrektur *f* [Druck] / correzione *f* || *s.a. Autorkorrektur; Fahnenkorrektur; Hauskorrektur*

~(abzug) *f(m)* [Druck] / bozza *f* || *s.a. Umbruchkorrekturabzüge*

~bogen *m* [Druck] / bozza *f* || *s.a. Umbruchkorrekturabzüge*

~fahne *f* [Druck] *s. Fahnenkorrektur*

~lesen *n* [Druck] / correzione di bozze *f*

~programm *n* [EDV] / programma di correzione *m*

~zeichen *n* [Druck] / segno di correzione *m* · simbolo per la correzione di bozze *m*

Korrelation *f* / correlazione *f*

Korrespondenz *f* (Schriftverkehr) / corrispondenza *f* || *s.a. ausgehender Schriftverkehr; Briefwechsel; eingehender Schriftverkehr*

~ordner *m* / raccoglitore delle lettere *m*

korrigieren *v* / correggere *v*

Kostbarkeiten *pl* (wertvolle Dokumente) / preziosità *pl* · materiale di pregio *m* · (Zimelien:) cimeli *pl* · documenti di pregio *pl* || *s.a. Wertgegenstand*

Kosten *pl* / costi *pl* (auf Kosten von: a carico di) · (Ausgaben:) spese *pl* (vom Benutzer zu tragende Kosten: spese a carico dell'utente) || *s.a. Druckkosten; einmalige Kosten; fixe Kosten; Gemeinkosten; Gesamtkosten; Grenzkosten; laufende Kosten; Personalkosten; Sachkosten; Versicherungskosten*

~analyse *f* / analisi dei costi *f*

~art *f* / categoria di costi *f*

kostenbewußt *adj* / consapevole dei costi *agg*

Kosten|dämpfung *f* / contenimento dei costi *m*

~deckung *f* / copertura di costi *f*

~einsparung *f* / risparmio di costi *m*

~erstattung *f* / rimborso (di spese) *m* || *s.a. Reisekostenerstattung*

kostenintensiv *adj* / a costi elevati

Kosten-Leistungs-Analyse *f* [OrgM] *s. Kosten-Nutzen-Analyse*

~-Leistungs-Verhältnis *n* / rapporto costi/efficacia *m*

kosten|los *adj* / franco di spese *agg* · gratuito *agg*

~loses Exemplar *n* / esemplare gratuito *m*

Kosten|minimierung *f* / minimizzazione dei costi *f*

~-Nutzen-Analyse *f* [OrgM] / analisi costi-benefici *f*

~**rechnung** *f* / contabilità *f* · calcolo dei costi *m*
~**schätzung** *f* / valutazione dei costi *f*
~**senkung** *f* / minimizzazione dei costi *f* · diminuzione dei costi *f* · riduzione dei costi *f*
~**stelle** *f* (Kostenrechnung) / centro di costo *m*
~**träger** *m* (Kostenrechnung) / unità di costi *f*
~**übernahme** *f* / assunzione delle spese *f* · (Kostenerstattung:) rimborso spese *m* · recupero dei costi *m* ‖ *s.a. Rückzahlung*
~**voranschlag** *m* / preventivo delle spese *m* ‖ *s.a. Kostenschätzung; Preisangebot*
kostenintensiv *adj* / a costi elevati
Kostümbuch *n* / libro di costumi *m*
Kpt. *Abk* [Bch] *s. Kupfertitel*
Kraftpapier *n* ⟨DIN 55475⟩ / carta Kraft *f*
Krakelee *f* (bei Kunstdruckpapier) / screpolatura *f*
Kranken|akte *f s. Krankenblatt*
~**blatt** *n* / cartella clinica *f*
~**hausbibliothek** *f* / biblioteca di ospedale *f*
Kratzer *pl* (auf Filmmaterial) / graffio *m*
kräuseln *v* [Pp] / (sich kräueln:) arricciarsi *v*
Kräuterbuch *n* / erbario *m*
Kreditkarte *f* / carta di credito *m*
Kreide|manier *f* [Kunst] *s. Crayonmanier*
~**schnitt** *m* [Bind] / taglio decorato alla creta *m*
~**zeichnung** *f* / gessetto *m* · disegno a gessetto *m*
Kreis|bibliothek *f* / biblioteca di distretto *f*
~**diagramm** *n* / diagramma circolare *m*
~**pappschere** *f* [Bind] / cesoia circolare *f*
~**umlauf** *m* / circolazione ad anello *f*
Kreuz|katalog *m* / catalogo-dizionario *m*
~**schlitten** *m* (Teil eines Lesegeräts) [Repr] / slitta a croce *f*
Kriegsroman *n* / romanzo di guerra *m*
Krimi *m* / (Buch:) giallo *m* · (Kinofilm:) film giallo *m*
~**literatur** *f* / letteratura gialla *f*
Kriminalroman *m* / romanzo giallo *m* · giallo *m* ‖ *s.a. Detektivroman*
kritischer Apparat *m* / apparato critico *m*
kritisches Referat *n* [Ind] ⟨DIN 1426E⟩ / abstract critico *m*
Kroki *n* [Kart] ⟨ISBD(CM)⟩ *s. Geländekroki*
Kryptogramm *n* / crittogramma *m*
Kryptographie *f* [Schr] / crittografia *f*
KSP *Abk* [EDV] *s. Kernspeicher*
kt. *Abk* [Bind] *s. kartoniert*

Küchenschabe *f* (Schadinsekt) / scarafaggio *m*
Kugel|schreiber *m* / biro *f*
kulturelles Erbe *f* / eredità culturale *f*
Kultur|hoheit *f* / sovranità culturale *f*
~**ministerium** *n* / ministero di cultura *m*
Kumulation *f* / cumulazione *f* ‖ *s.a. Fünfjahreskumulation*
Kumulationsband *m* / volume cumulativo *m*
kumulieren *v* (ein Register, eine Bibliographie usw. ~) / cumulare *v*
kumulierend *part praes* [Bib] / cumulativo *agg*
kumulierendes Register *n* [Ind] / indice cumulativo *m*
Kunde *m* / cliente *m* ‖ *s.a. Abnehmer*
Kundendienst *m* / servizio clienti *m*
~**techniker** *m* / tecnico assistenza clienti *m*
Kundennummer *f* / codice-cliente *m*
kundenorientiert *adj* / orientato al cliente *part pt*
kündigen *v* / (Personal:) licenziare *v* · (einen Vertrag ~:) disdire (un contratto) *v* (ein Abonnement ~:) disdire / annullare un abbonamento *v*
Kündigung *f* / disdetta *f* · (eines Abonnements:) disdetta *f* / anullamento *m* (di un abbonamento) · (Personal:) licenziamento *m* ‖ *s.a. Entlassung*
Kündigungsfrist *f* / termine di disdetta
Kunst|bibliothek *f* / biblioteca d'arte *f*
~**bibliothekar** *m* / bibliotecario d'arte *m*
~**blatt** *n* / stampa artistica *f* · stampa d'arte *f* · riproduzione d'arte *f*
~**buch** *n* / libro d'arte *m*
~**druck** *m s. Kunstblatt*
~**druckpapier** *n* / carta patinata *f* · carta satinata *f*
~**drucktafel** *f* [Bch] / tavola d'arte *f*
~**harzleim** *m* [Bind] / colla di resina sintetica *f*
~**hochschule** *f* / accademia di belle arti *f*
~**leder** *n* [Bind] / similpelle *f* · pegamoide *m* · cuoio artificiale *m* · fintapelle *f* · pelle artificiale *f*
~**lederpapier** *n* [Bind] / carta di similpelle *f*
Künstler|bücher *pl* / libri d'artista *pl*
~**druck** *m* / prova d'artista *f* · stampa originale *f*
künstlerische Grafik *f* / grafica d'arte *f*
künstlich *adj* / artificiale *agg* · posticcio *agg*

künstliche Alterung *f s. beschleunigte Alterung*
~ **Intelligenz** *f* / intelligenza artificiale *f*
künstlicher Titel *m* [Kat] *s. fingierter Titel*
Kunst|lied *n* / canzone d'arte *f*
~**sprache** *f* / linguaggio artificiale *m*
kunststoffbeschichteter Einband *m* [Bind] / legatura plastificata *f*
Kunst|stoff(ein)band *m* / legatura in plastica *f* · legatura plastificata *f*
~**stofftasche** *f* [NBM] / busta di plastica *f*
~**- und Wunderkammer** *f* / raccolta d'arte e di meraviglie *f*
~**verlag** *m* / editore d'opere d'arte *m*
~**video** *m* / video d'artista *m*
~**werk** *n* / opera d'arte *f* ‖ *s.a. Originalkunstwerk*
~**wort** *n* [Lin] / parola artificiale
Kupfer(druck)platte *f* / lastra di rame *f*
~**stecher** *m* / incisore su rame *m* · calcografo *m*
Kupferstich *f* / incisione in rame *f* · calcografia *f* ‖ *s.a. Deckelkupfer; Stich*
~**kabinett** *n* / gabinetto delle stampe *m*
~**sammlung** *f s. Kupferstichkabinett*
Kupfer|tafel *f* / lastra di rame *f* · tavola incisa *f*
~**tafeldruck** *m* / calcotipia *f*
~**titel** *m* / frontespizio inciso in rame *m* · antiporta *f*
Kupon *m* / parte destra del modulo del prestito da inserire nel schedario dei prestiti nell'ordine delle segnature *f* · scontrino *m* · cedola *f*
Kuppellesesaal *m* / sala di lettura *f* (coperta da una cupola)
Kuratorium *n* [OrgM] / consiglio di gestione *m* · consiglio d'amministrazione *m*
Kurierdienst *m* / servizio di corriere *m*
Kurrentschrift *f* / scrittura corrente *f*
Kurs *m* / corso *m* ‖ *s.a. Fortbildungskurs; Fremdsprachenkurs; Grundkurs*
Kursbuch *n* [Bch] ⟨DIN 31631/4⟩ *s. Fahrplan*
Kursive *f* / carattere corsivo *m* ‖ *s.a. Kursivschrift*
kursiv gedruckt *part perf* / stampato in corsivo *part pt*
Kursivschrift *f* / scrittura corsiva *f* · corsivo *m*
Kurven|diagramm *n* / diagramma a curvi *m*
~**schreiber** *m* [EDV] / plotter *m* · tracciatore grafico *m*
Kurz|ausgabe *f* / edizione abbreviata *f*
~**ausleihe** *f* / prestito a scadenza abbreviata *m*
kürzen *v* / abbreviare *v*
Kurz|fassung *f* / versione abbreviata *f* · (Zusammenfassung:) riassunto *m* ‖ *s.a. Epitome*
~**film** *m* [NBM] / film di cortometraggio *m*
kurzgefaßt *part perf* / succinto *agg* · conciso *agg*
Kurzkatalogisierung / catalogazione breve *f*
Kurz|referat *n* (abstract) / riassunto analitico *m* · segnalazione *f* · abstract *m*
~**schluss** *m* / cortocircuito *m*
~**schrift** *f* / stenografia *f*
~**titelaufnahme** *f* [Kat] / descrizione bibliografica abbreviata *f* · descrizione breve *f*
~**titelkatalogisierung** *f* [Kat] *s. Kurztitelaufnahme*
~**übersetzung** *f* / traduzione abbreviata *f*
Kürzung *f* (von Haushaltsmitteln) *s. Haushaltskürzung*
Kustos 1 *m* (in einer Handschrift, einem alten Buch; pl: Kustoden) / richiamo *m*
Kustos 2 *m* [Pers] / conservatore *m* (Kustodin: conservatrice)
KWAC-Register *n* [Ind] / indice KWAC *m*
KWIC-Register *n* [Ind] / indice KWIC *m*
KWOC-Register *n* [Ind] / indice KWOC *m*
Kybernetik *f* / cibernetica *f*
kyrillische Schrift *f* / scrittura cirillica *f*

L

Labor|bibliothek *f* / biblioteca di laboratorio *f*

~test *m* / prova di laboratorio *f*

~versuch *m* / prova di laboratorio *f*

Lack(ein)band *m* [Bind] / legatura en vernis *f*

ladefähig *adj* [EDV] / caricabile *agg*

laden *v* (Daten; ein Programm ~) [EDV] ⟨DIN 44300/8E⟩ / caricare

Laden|hüter *n* [Bch] / libro invendibile *m*

~preis *m* / prezzo di vendita *m* · prezzo al pubblico *m* ‖ *s.a. Einzelhandelspreis*

Lade|programm *n* [EDV] / programma di caricamento *m*

~rampe *f s. Rampe*

lädiert *part perf* / danneggiato *part pt*

Lage 1 *f* (eines Bibliotheksgebäudes usw.) / sito *m*

Lage 2 *f* / (Standort:) ubicazione *f*

Lage 3 *f* (Satz von gefalteten Druckbögen) [Bind] / fascicolo *m* · quaderno *m* · quaterno *m* · sezione *f* · quinterno *m*

Lageplan *m* [Bau] *s. Gebäudeplan*

Lager *n* (Sammlung von gelagerten Gegenständen) / magazzino *m* (ab Lager: pronto a magazzino) ‖ *s.a. Depot*

Lager|bestand *m* / giacenza a magazzino *f* · scorta di magazzino *pl* (auf Lager haben, vorrätig sein: avere in scorta; essere disponibile) ‖ *s.a. vergriffen*

~fähigkeit *f* (eines Films usw.) [Repr] ⟨DIN 19040/4⟩ / qualità di magazzinaggio *f* ‖ *s.a. Langzeitlagerung*

lagern *v* / (magazinieren:) immagazzinare *v*

Lagerraum *m* / deposito *m*

Lagerung *f* / (Magazinierung:) immagazzinamento *m* · magazzinaggio *m*

Lamination *f* / laminazione *f*

laminieren *v* [Rest] / laminare *v*

laminierter Einband *m* / legatura laminata *f*

Lammleder *n* [Bind] / pelle d'agnello *f*

Länder|referent *m* / bibliotecario responsabile di un'area *m*

~schlüssel *m* [Klass] / suddivisione standardizzata di area *f* ‖ *s.a. geographischer Schlüssel*

Landes|bibliothek *f* / biblioteca regionale *f*

~büchereistelle *f D s. Staatliche Büchereistelle*

ländliches Bibliothekswesen *n* / biblioteconomia rurale *f*

Lang|film *m* / film di lungometraggio *m*

langfristige Ausleihe *f* / prestito a lungo termine *m* ‖ *s.a. Dauerleihgabe; Depositum*

Langholz *n* / legno di filo *m* ‖ *s.a. Holzschnitt*

langnarbiges Leder *n* [Bind] / pelle a grana lunga *f*

Langspielplatte *f* [NBM] / long play *m* · disco microsolco *m*

Längsrichtung *f* (des Papiers) [Pp] *s. Laufrichtung*
Langzeitlagerung *f* [NBM; Repr] ⟨DIN 19070/3+5⟩ / magazzinaggio a lungo termine
Lapidarium *n* / lapidario *m*
Lärmschutz *m* / protezione dai rumori *f* ‖ *s.a. Schalldämmung*
Laser|drucker *m* / stampante a laser *f* · stampante laser *f*
~**satzanlage** *f* [Druck] / fotocompositrice a laser *f*
lasieren *v* / velare *v*
Lastenaufzug *m* / montacarichi *m* ‖ *s.a. Bücheraufzug*
Lastschriftanzeige *f* / nota di addebito *f*
Lasur *f* / velatura *f*
lateinisches Alphabet *n* / alfabeto latino *m*
lateinische Schrift *f* [Druck] / caratteri romani *pl* ‖ *s.a. nichtlateinische Schrift*
Latenzzeit *f* [EDV] ⟨DIN 44300/7E⟩ / tempo di latenza *m*
latinisieren *v* / latinizzare *v*
Laubwerk *n* [Bind] / fogliame *m*
Laudarium *n* (Sammlung von Lauden) / laudario *m*
Laudatio *f* ⟨DIN 31631/4⟩ / elogio *m*
Laufbahn *f* / carriera *f*
laufende Akten *pl* / archivio corrente *m*
~ **Bestellung** *f* / ordine continuo *m* ‖ *s.a. Fortsetzungsbestellung*
~ **Bibliographie** *f* / bibliografia corrente *f*
~ **Einnahmen** *pl* / entrate correnti *pl*
~ **Kosten** *pl* / costi correnti *pl*
~ **Nummer** *f* / numero corrente *m* · numero sequenziale *m*
laufender Jahrgang *m* / annata in corso *f*
~ **Meter** *m* / metro lineare *m* · metro corrente *m*
laufendes Konto *m* / conto corrente *m*
Lauf|geschwindigkeit *f* (eines Videomagnetbandes usw.) [NBM] ⟨DIN 31631/2⟩ / velocità di scorrimento *f*
~**richtung** *f* (des Papiers) ⟨DIN 16514⟩ / direzione di macchina *f* ‖ *s.a. Querrichtung*
~**werk** *n* [EDV] / unità di trasporto *f* · drive *m* ‖ *s.a. Diskettenlaufwerk; Magnetbandlaufwerk*
~**zettel** *m* [OrgM] / striscia di accompagnamento *f*
Lautschrift *f* / trascrizione fonetica *f* · scrittura fonetica *f*
Lautsprecher *m* / altoparlante *m*
~**anlage** *f* / impianto di altoparlanti *m*
lavierte Zeichnung *f* / disegno a lavaggio *m*
Lavierung *f* / lavaggio *m*
Layout *n* / layout *m*
lebender Kolumnentitel *m* [Bch] ⟨DIN 1422/1; DIN 1503⟩ / titolo corrente *m* ‖ *s.a. Seitenüberschrift*
Leben|slauf *m* / curriculum vitae *m* (tabellarischer ~: curriculum vitae tabellario)
Leder|auflage *f* [Bind] *s. Ledermosaik*
~**bünde** *pl* [Bind] / cordoncini di cuoio *pl* · nervi in cuoio *pl*
~**(ein)band** *m* / legatura in pelle *f* · legatura in cuoio *f* ‖ *s.a. Franzband*
~**intarsie** *f* [Bind] *s. Leder-Intarsienband*
~**-Intarsienband** *m* [Bind] / legatura a intarsio di pelle *f*
~**mosaik** *n* / mosaico di pelle *m* ‖ *s.a. Mosaikeinband*
~**pflegemittel** *n* / ammorbidente di pelle *m*
~**riemchen** *n* [Bind] / striscia di cuoio *f*
~**schnittband** *m* [Bind] / legatura in cuoio cesellato *m* · legatura a pelle martellata *f* · legatura in cuoio intagliato *m*
~**treibarbeit** *f* [Bind] / sbalzatura *f* · sbalzo *m*
Leer|kassette *f* / cassetta vuota *f*
~**seite** *f* / pagina vuota *f*
~**stelle** *f* [EDV] *s. Leerzeichen*
~**taste** *f* / tasto di spaziatura *m*
~**zeichen** *n* [EDV] ⟨ISO 2382-4⟩ / carattere bianco *m* ‖ *s.a. Spatium*
~**zeile** *f* [Druck] / rigo bianco *m*
Legat *n s. Vermächtnis*
Legende 1 (Erzählung) [Bch] / leggenda *f*
Legende 2 *f* (erklärender Text) [Kart] ⟨DIN 31639/2⟩ / leggenda *f* ‖ *s.a. Bildlegende*
Legendensammlung *f* / leggendario *m*
Lehnwort *n* / prestito lessicale *m*
Lehr|auftrag (m) / incarico di insegnamento *m*
~**beauftragter** *m* / insegnante incaricato *m* · incaricato *m*
~**befähigung** *f* / abilitazione all'insegnamento *f*
Lehrbuch *n* ⟨DIN 31639/2⟩ / (für den Schulunterricht:) testo scolastico *m* · (Hochschule:) libro di testo *m* · libro d'insegnamento *m* · testo universitario *m*
~**sammlung** *f* / raccolta di testi universitari (in più copie)
Lehr|einheit *f* / unità didattica *f*
~**film** *m* [NBM] *s. Unterrichtsfilm*
~**gang** *m* / corso d'addestramento *m*

~**körper** *m* / corpo docente *m* · (gemäß Stellenplan:) organico docente *m*
~**ling** *m* / apprendista *m/f*
~**materialien** *pl* / materiali didattici *pl* ‖ *s.a. Unterrichtsmaterialien*
~**mittel** *pl* / mezzi didattici *pl* · strumenti didattici *pl*
~**mitteletat** *m* / bilancio per i mezzi didattici *m*
~**plan** *m* / programma di studi *m* · piano di studi *m*
~**stuhl** *m* (an einer Universität) / cattedra *f*
~**stuhlbibliothek** *f* / biblioteca di cattedra *f*
~**stuhlinhaber** *m* / titolare *m* (di una cattedra)
~**tätigkeit** *f* / attività didattica *f*
~**veranstaltung** *f* / (Vorlesung:) lezione *f* ‖ *s.a. Pflichtveranstaltung*
~**verpflichtungen** *pl* / obbligazioni d'insegnamento *pl*
~**zeit** *f* / tirocinio *m*
Leiche *f* (nicht gedruckte Buchstaben, Wörter usw.) [Druck] / pesce *m* (omissione di una o più parole)
Leichenpredigt *f* / predica funebre *f*
leicht benutzbar *adj s. benutzerfreundlich*
~ **bestoßen** *part perf* / lievemente ammaccato *part pt*
Leih... [Ben] ‖ *s.a. Ausleih...*
Leih|bestellung *f* / richiesta di prestito *f*
~**bestimmungen** *pl* / regole di prestito *pl*
~**bibliothek** *f* (gewerblich betrieben) / biblioteca circolante *f*
~**bücherei** *f s. Leihbibliothek*
~**datei** *f* / archivio prestiti *m* · archivio dei prestiti in corso *m*
~**exemplar** *n* / esemplare di prestito *m*
Leihfrist *f* / durata del prestito *f* · scadenza del prestito *f* · periodo di prestito (die ~ ist überschritten: il periodo di prestito è scaduto) ‖ *s.a. Fristblatt; fristgerechte Rückgabe*
~**daten** *pl* / dati di scadenza dei prestiti *pl*
~**überschreitung** *f* / prestito scaduto · ritardo nella riconsegna *m* (di un libro in prestito)
~**verlängerung** *f* / prolungamento del prestito *m* · rinnovo del periodo di prestito *m*
Leih|gebühr *f* / tassa di prestito *f*
Leihgeb|ühr *f* / tassa per il prestito *f*
Leih|karte *f* / tessera d'ammissione al prestito *f* ‖ *s.a. Benutzerkarte*
~**kartei** *f* / schedario dei prestiti *m*
~**register** *n* / registro del prestito *m* ‖ *s.a. Ausleihdatei*
~**schein** *m* / modulo del prestito *m* ‖ *s.a. Bestellschein*
~**stelle** *f* / ufficio prestiti *m*
~**verkehr der Bibliotheken** *m* / prestito tra biblioteche *m* · prestito interbibliotecario *m* ‖ *s.a. Fernleihe; internationaler Leihverkehr; Leihverkehrszulassung; regionaler Leihverkehr; überregionaler (nationaler) Leihverkehr*
Leihverkehrs|bestellung *f s. Fernleihbestellung*
~**ordnung** *f* / regolamento del prestito interbibliotecario *m*
~**region** *f* / regione del prestito interbibliotecario *m*
~**verwaltung** *f* / gestione del prestito interbibliotecario *f*
~**zulassung** *f* / ammissione al prestito interbibliotecario *f*
leihweise *adv* / in prestito (~ überlassen: dare in prestito)
Leim *m* [Bind] / colla *f* ‖ *s.a. geleimtes Papier; Kunstharzleim*
leimen *v* [Bind] / incollare *v*
Leimung *f* (von Papier) / incollaggio *m* · appretto *m* · collatura
Leimungsgrad *m* [Pp] / grado di collatura *m*
Leinen *n* [Bind] / tela *f*
~**deckel** *pl* [Bind] / piatto in tela *m*
~**rücken** *m* [Bind] / dorso in tela *m*
Leinwand 1 *f* (Gewebe) [Bind] *s. Leinen*
Leinwand 2 *f* (zur Projektion eines Films usw.) [NBM] / (Kinoleinwand:) schermo cinematografico *m* ‖ *s.a. Produktionsfläche*
Leiste *f* [Bch] / (Zierleiste:) listello *m* ‖ *s.a. Holzschnittleiste; Kopfleiste*
Leistung *f* [OrgM] / prestazione *f* · resa *f* · rendimento *m* ‖ *s.a. Arbeitsleistung; Effektivität*
Leistungs|abfall *m* / diminuzione del rendimento *f*
~**anstieg** *m* / aumento del rendimento *m*
~**beurteilung** *f* [Pers] *s. Leistungsbewertung*
~**bewertung** *f* [Pers; OrgM] / valutazione *f* ‖ *s.a. Personalbeurteilung*
~**entgelt** *n* [HhRech] / quota di servizio *f* · ricompensa *f* · spesa *f*
leistungsfähig *adj* / efficiente *agg* · produttivo *agg*
Leistungs|fähigkeit *f* [OrgM] / efficienza *f* ‖ *s.a. Wirksamkeit*
~**gesellschaft** *f* / società efficientista *f*

-indikator *m* [OrgM] / indicatore di rendimento *m*
-kontrolle *f* / controllo del rendimento
-messung *f* [OrgM] / misura delle prestazioni *f*
-niveau *n* / livello di prestazioni *m*
leistungsorientiert *adj* / efficientista *agg* · efficientistico *agg*
leistungsorientierter Mensch *m* / efficientista *m*
Leistungs|orientierung *f* / efficientismo *m*
-steigerung *f* [OrgM] / aumento del rendimento *m*
-überwachung *f* [OrgM] / controllo del rendimento
-überwachung *f* / controllo del rendimento
-zulage *f* / premio di rendimento *m*
-zuschlag *m* *s. Leistungszulage*
Leit|artikel *m* (in einer Zeitung) / editoriale *m*
-bibliothek *f* (im Rahmen des Leihverkehrs der Bibliotheken) / biblioteca direttiva *f*
-buchstabe *m* (am Kopf der Seite eines Lexikons) / lettera guida *f*
leiten (v) [OrgM] / dirigere *v*
leitender Angestellter *m* / dirigente *m*
Leiter *f* (einer Abteilung) *s. Abteilungsleiter*
Leiter *f* (Aufstiegshilfe) / scala ‖ *s.a. Regalleiter; Treppenleiter*
Leitfaden *m* [Bch] ⟨DIN 31639/2⟩ / manualetto *m* · prontuario *m* · compendio *m*
leitfähige Tinte *f* [EDV] / inchiostro conduttivo *m*
Leit|karte *f* [Kat] / scheda vedetta *f* · scheda guida *f*
-rechner *m* [EDV] / processore master *m* · elaboratore master *m*
Leitung *f* / (Direktion:) direzione *f* · gestione *f* ‖ *s.a. Übertragungsleitung*
Leitungs|kosten *pl* [Komm] / costi di comunicazione *pl*
Leitwerk *n* [EDV] ⟨DIN 44300/5E⟩ / unità di controllo *f*
Lektionar *n* / lezionario *m*
Lektor 1 *m* (in einer Öffentlichen Bibliothek) / bibliotecario specializzato *m* (avendo la cura di una disciplina particolare in una biblioteca pubblica)
Lektor 2 *m* (in einem Verlag) / consulente editoriale *m* ‖ *s.a. Cheflektor*
Lektor 3 *m* / (in einer Universität:) lettore *m*
Lektorat 1 *n* (in einem Verlag) / reparto consulenti *m*
Lektorat 2 *n* (in einer Öffentlichen Bibliothek) [OrgM] / sezione speciale per le acquisizioni *m* (in un'area disciplinare speciale)
Lektorat 3 *n* (an einer Universität) / lettorato
Lektorin *f* (an einer Universität) / lettrice *f*
Lektüre *f* / lettura *f*
Lemma *n* / lemma *m*
Lenkungsausschuss *m* [OrgM] / comitato di gestione *m*
Leporello|buch *n* / libro di fisarmonica *m*
-falz *m* [Bind] / guardia a soffietto *f*
-falzung *f* [Bind] / piegatura a soffietto *f*
-papier *n* (endlos) / moduli continui *pl* ‖ *s.a. Listenausdruck*
Lern|computer *m* / computer didattico *m*
-psychologie *f* / psicologia di apprendimento *f*
-spiel *n* [NBM] / gioco educativo *m*
-spielzeug *n* [M] / giocattolo educativo *m*
Lesarten *pl* (abweichende Textfassungen) / varianti *pl*
lesbar *adj* / leggibile *agg* ‖ *s.a. nicht lesbar*
Lesbarkeit *f* [Repr] ⟨DIN 19040/113E⟩ / leggibilità *f*
Lese|befehl *m* [EDV] / istruzione di lettura *f*
-erziehung *f* / educazione alla lettura *f*
-fehler *m* [EDV] / errore di lettura *m*
-förderung *f* / promozione della lettura *f*
-gebühr *f* [RS] *s. Benutzungsgebühr*
-gerät *n* [Repr] / apparecchiatura di lettura *f* · lettore *m* · visore *m* ‖ *s.a. Leselupe; Reader-Printer*
-geschmack *m* / gusto di lettura *m*
-gesellschaft *f* / associazione di lettura *f*
-gewohnheiten *pl* / abitudini di lettura *pl*
-kabine *f* / cabina per lettura *f*
-karte *f* *s. Benutzerkarte*
-koje *f* *s. Lesekabine*
-kopf *m* [EDV] ⟨DIN 66010⟩ / testina di lettura *f*
--Kopiergerät *n* (Reader-Printer) / visore-stampante *m* · lettore-stampante *m*
-lampe *f* / lampada da studio *f* · lampada per leggere *f*
-lupe *f* / visore portatile *m* · lente d'ingrandimento *f* (per leggere)
Lesen *n* / lettura *f*
lesenswert *adj* / degno di essere letto *agg*
Lese|platz *m* / posto di lettura *m*
-pult *n* / pluteo *m* · leggio *m*
Leser *m* / lettore *m* ‖ *s.a. Benutzer*
Leseratte *f* (ein Vielleser) / topo di biblioteca *m* · divoratore di libri *m*

Leser|befragung *f* / inchiesta dei lettori *f* || *s.a. Leserumfrage*
~beratung *f* / consulenza ai lettori
~briefspalte *f* / rubrica delle lettere al direttore *f*
~gebühr *f s. Benutzungsgebühr*
Leserin *f* / lettrice *m f*
Leser|karte *f s. Benutzerkarte*
~kreis *m* / cerchia di lettori *f*
~platz *m* / posto di lettura *m*
Lese-Rückvergrößerungsgerät *n* [Repr] *s. Lese-Kopiergerät*
Leser|umfrage *f* [InfSc] / inchiesta tra i lettori *f* || *s.a. Leserbefragung*
~zuschrift *f* (in einer Zeitung oder Zeitschrift) / lettera al direttore *f* || *s.a. Leserbriefspalte*
Lesesaal *m* / sala di lettura *f* || *s.a. Kuppellesesaal*
~aufsicht *f* (der/die Aufsichtführende) / assistente di sala *m/f*
~auskunft *f s. Lesesaalaufsicht*
~bestand *m* / fondo della sala di lettura *m*
~personal *n* / personale della sala di lettura *m*
Lese-Schreib-Kopf *m* [EDV] / testina di lettura-scrittura *f*
~-Schreib-Speicher *m* [EDV] / memoria di lettura-scrittura *f*
~stift [EDV] *m* penna di lettura *f* | *s.a. Lichtgriffel*
~tisch *m* / tavolo di lettura *m*
~wut *f* / mania di leggere *f*
~zeichen *n* / segnaletto *m* · segnale *m* · nastrino *m* · segnalibro *m*
~zimmer *n* / stanza di lettura *f* || *s.a. Lesesaal*
~zirkel *m* / circolo di lettura *m*
~zone *f* / area di lettura *f*
Letter *f* [Druck] / carattere a stampa *m* · carattere tipografico (Druck mit beweglichen ~n:stampa a caratteri mobili)
Letterset *m* [Druck] *s. indirekter Hochdruck*
Leucht|diode *f* / diodo luminoso *m*
~kasten *m* [Repr] / cassa luminosa *s*
~tisch *m* [NBM] / tavolo luminoso *m*
Lexikographie *f* / lessicografia *f*
Lexikon / lessico *m* · (Wörterbuch:) dizionario *m*
Lfg. *Abk* [Bch] *s. Lieferung 1*
Librettist *m* [Mus] / librettista *m*
Libretto *n* [Mus] ⟨RAk-AD⟩ / libretto *m*
lichtbeständig *adj* [Repr;] *s. lichtecht*
Lichtbild *n* [Repr] / fotografia
~ausweis *n* [Rs] / carta d'identità con una fotografia *f*
~werk *n* / opera fotografica *f*
Licht|druck *m* / fototipia *f* · collografia *f* · collotipia *f*
lichtecht *adj* / resistente alla luce *agg* || *s.a. farbecht*
lichtechte Farbe *f* / colore solido *m* (farbecht sein: essere di colore solido)
Lichtechtheit *f* / resistenza alla luce *f*
lichtempfindlich *adj* [Repr] / fotosensibile *agg* · sensibile alla luce *agg* || *s.a. Empfindlichkeit 1; strahlungsempfindliche Schicht*
Licht|empfindlichkeit *f* [Repr] *s. Empfindlichkeit 1*
~griffel *m* [EDV] / penna luminosa *f* · penna ottica *f*
~pause *f* / copia cianografica *f* · cianografia *f*
~satz *m* [Druck] *s. Fotosatz*
~schranke *f* / barriera luminosa *f* · barriera fotoelettrica *f*
~setzanlage *f* [Druck] / impianto di fotocomposizione *m*
~stift *m* [EDV] *s. Lichtgriffel*
Liebesroman *m* / romanzo d'amore *m*
Liebhaber|ausgabe *f* / edizione per bibliofili *f* · edizione da amatore *f*
~einband *m* / legatura d'amatore *f* || *s.a. Luxuseinband*
~presse *f* [Druck] / torchio di amatore *m*
Liederbuch *n* / canzoniere *m*
Lieferant *m* [Erw] / fornitore *m*
Lieferantendatei *f* [Erw] / archivio-fornitori *m* · archivio dei fornitori *m*
lieferbare Bücher *pl* / libri disponibili *pl* · libri in commercio *pl* || *s.a. nicht lieferbar; nicht mehr lieferbar*
Lieferbarkeit *f* / disponibilità *f*
Liefer|bedingungen *pl* / condizioni di fornitura *pl* · condizioni di consegna *pl* || *s.a. Bezugsbedingungen*
~frist *f* / scadenza di consegna *f* || *s.a. Liefertermin*
liefern *v* / fornire *f*
liefernde Bibliothek *f* (Leihverkehr) *s. gebende Bibliothek*
Liefer|schein *m* [Erw] / nota di consegna *f* · buono di consegna *m* || *s.a. Lieferzettel*
~termin *m* / data di consegna *f*
Lieferung 1 *f* (das Liefern, das zu Liefernde bzw. das Gelieferte) [Erw] / fornitura *f*

Lieferung 2 *f* (Teil eines Lieferungswerks) / puntata *f* · dispensa *f* (erscheint in ~en: esce a dispense) · fascicolo *m*
Lieferung 3 (der Vorgang des Lieferns) / spedizione *f* · consegna *f*
Lieferungswerk *n* / pubblicazione a dispense *f* · opera edita a intervalli *f* · opera in fascicoli *f*
Liefer|wagen *m* / furgone *m* ‖ *s.a. Bücherauto*
~**weg** *f* / via di fornitura *f*
~**zettel** *m* [Erw] / bolletta di consegna *f* ‖ *s.a. Lieferschein*
liegende Ablage *f s. Horizontalablage*
Ligatur *f* [Druck] / legatura *f*
Lignin *n* / legnina *f*
Liliputbuch *n* / libro lilipuziano *m* · libro microscopico *m* ‖ *s.a. Miniaturbuch*
limitierte Auflage *f* [Bch] *s. beschränkte Auflage*
Lineal *n* / riga *f*
lineare Notation *f* [Klass] / notazione lineare *f*
~ **Suche** *f* [Retr] / ricerca sequenziale *f*
Linguistik *f* [n] / linguistica *f* ‖ *s.a. Computerlinguistik*
linguistische Datenverarbeitung *f s. Computerlinguistik*
Liniendiagramm *n* / diagramma a linee *m*
Liniengrafik *f* / grafico a linee *m*
Linien|rolle *f* [Bind] / rotella a linee *f*
lin(i)ieren *v* [Schr] / rigare *v*
lini(i)ertes Papier *n* / carta rigata *f*
linksbündig *adj* / allineato a sinistra *part pt* ‖ *s.a. rechtsbündig*
linksbündiger Satz *adj* [Druck] / composizione allineata a sinistra *part pt* · composizione giustificata a sinistra *f*
Linksmaskierung *f* [Retr] / mascheramento a sinistra *m* · (Linkstrunkierung:) troncamento a sinistra *m*
Linolschnitt *m* / linoleografia *f*
Linotype *f* / linotype *f* · (Linotypesatz:) linotipia *f*
Liste *f* [Bib] / lista *f* · elenco *m* ‖ *s.a. auflisten*
Listenausdruck *m* (mit einem Endlosformular) [EDV] / tabulato *m*
Listen|preis *m* / prezzo di listino *m*
literarischer Nachlass *m* [Arch] / lascito letterario *m*
Literatur *f* / letteratura *f*
~**agent** *m* / agente letterario *m*
~**angabe** *f* [Bib] ⟨DIN 31631/2⟩ / referenza bibliografica *f* · riferimento bibliografico *m* · indicazione bibliografica *f* · citazione bibliografica *f* ‖ *s.a. bibliographischer Hinweis; Nachweis*
~**archiv** *n* / archivio della letteratura *m*
~**auswahl** *f* [Erw] / (Dokumentenauswahl:) scelta di documenti *f*
~**bedarf** *m* / domanda di letteratura *f*
~**beilage** *f* (einer Zeitung) / supplemento letterario *m*
~**bereitstellung** *f* / approvvigionamento di letteratura *m*
~**bericht** *m* (State-of-the art-report) [Ind] ⟨DIN 1426E; DIN 31631/4⟩ / rapporto dello stato dell'arte *m*
~**beschaffung** *f* / recupero di documenti *m* ‖ *s.a. Dokumentlieferung; Literaturbereitstellung*
~**-Datenbank** *f* / banca dati letteraria *f*
~**dokumentation** *f* / documentazione letteraria *f*
~**erwerb** *m* / acquisizione della letteratura *f* · acquisto di letteratura *m*
~**förderung** *f* / promozione della letteratura *f*
~**führer** *m* / guida alla letteratura *f*
~**gattung** *f* / genere letterario *m* ‖ *s.a. Publikationsart*
~**hinweis** *m* [Bib] *s. Literaturangabe*
~**kassette** *f* / cassetta letteraria *f*
~**lexikon** *n* / dizionario letterario
~**nachweis** *s. Literaturangabe*
~**nachweisdatenbank** *f* / banca dati bibliografici *f*
~**recherche** *f* / ricerca bibliografica *f*
~**schallplatte** *f* / (Sprechplatte:) disco parlato · disco letterario *m*
~**schlüssel** *m* [Klass] / suddivisione letteraria standardizzata *f*
~**suche** *f* [Retr] *s. Literaturrecherche*
~**versorgung** *f* / approvvigionamento di letteratura *m* ‖ *s.a. Dokumentlieferung; Literaturbeschaffung; Online-Literaturbestellung*
~**verzeichnis** *n* / bibliografia *f*
Litho *n s. Lithographie*
~**graphie** *f* / litografia *f*
liturgisches Buch *n* / libro liturgico *m*
Lizenz *f* / licenza *f* ‖ *s.a. gebührenfreie Lizenz; Kopierlizenz*
~**ausgabe** *f* / edizione su licenza *f*
lizenzfrei *adj* / senza licenza
Lizenz|gebühr *f* / tassa di licenza *f*
Ln. *Abk* [Bind] *s. Leinen*

Lobrede *f* / elogio *m s. Laudatio*
Locheisen *n s. Lochpfeife*
lochen *v* / perforare *v*
Locher *m* [Lochk] / perforatore *m*
löcherig *adj* / buchellerato *part pt*
Loch|feld *n* [Lochk] ⟨TGL 20976⟩ / campo di perforazione *m*
~**karte** *f* ⟨DIN 31631/4; DIN 66018/1⟩ / scheda perforata *f*
Lochkarten|code *m* / codice a schede *m*
~**leser** *m* / lettore di schede *m*
~**stanzer** *m* / perforatore di schede *m* ‖ *s.a. Lochstanzer*
Loch|kombination *f* [Lochk] / combinazione di perforazione *f*
~**pfeife** *f* [Bind] / punteruolo *m*
~**schriftübersetzer** *m* [Lochk] / interprete *m*
~**stanzer** *m* [Lochk] / punzone *m* ‖ *s.a. Lochkartenstanzer; Lochstreifenstanzer*
Lochstreifen *m* / nastro perforato *m* · banda perforata ‖ *s.a. Dauerlochstreifen*
~**stanzer** *m* / perforatore di banda *m*
Lochung *f* / perforazione *f s. Katalogkartenlochung*
Loch|zange *f* [Lochk] / tenaglie da perforazione *pl*
logische Adresse *f* [EDV] / indirizzo logico *m*
logischer Operator *m* [Retr] / operatore logico *m*
~ **Satz** *m* [EDV] / record logico *m*
Logo *n* / logo *m* ‖ *s.a. Signet*
Logotype *f* [Druck] / logotipo *m*
Lohn *m* / salario *m*
~**empfänger** *m* / salariato *m*
lokaler Zugang *m* [EDV] / accesso locale *m*
lokales Netz *n* [EDV] / rete locale *f*
Los *n* (Partie auf einer Versteigerung) / lotto *m*
löschbare optische Platte *f* [EDV] / disco ottico cancellabile *m*
löschbarer Speicher *m* [EDV] / memoria cancellabile *f*
löschen *v* (tilgen) [EDV] / annullare *v* · cancellare *v*
Lösch|kopf *m* [EDV] ⟨DIN 66010⟩ / testina di cancellazione *f*
~**papier** *n* ⟨DIN 6730⟩ / carta asciugante *f* · carta assorbente *f* · carta sugante *f*
~**taste** *f* [EDV] / tasto di cancellazione *m*
Löschung *f* (Tilgung) / cancellazione *f*
Lösch|zeichen *n* [EDV] / carattere di cancellazione *m*
Loseblatt|ausgabe *f* ⟨DIN 31631/4; DIN 1464; TGL 20972/04; RAK⟩ / libro a fogli mobili *m* · raccolta di fogli mobili *f* · pubblicazione a fogli mobili *f*
~-**Ordner** *m* / raccoglitore di fogli mobili *m*
~**werk** *n* [Bch] *s. Loseblattausgabe*
lose im Einband / legatura sciolta *f*
lösen *v* [Bind] / slegare *v* · sfasciare *v* · staccare *v* (la legatura)
Lösungs|buch *n* / libro di soluzioni *m*
~**mittel** *n* / solvente *m*
Lötkolben *m* [Rest] / (thermostatisch regelbar:) spatola termostatica *f*
LS 1 *Abk s. Lesesaal*
LS 2 *Abk* [Lochk] *s. Lochstreifen*
lückenhaft *adj* / pieno di lacune · lacunoso *agg*
Luft|aufnahme *f* [Kart] *s. Luftbild*
~**bild** *n* [Kart] ⟨ISBD(CM); RAK-Karten⟩ / fotografia aerea *f*
~**bildkarte** *f* [Kart] ⟨ISBD(CM); RAK-Karten⟩ / fotocarta *f*
~**bildmosaik** *n* [Kart] ⟨ISBD(CM)⟩ / fotomosaico geometrico *m*
~**bildplan** *m* [Kart] ⟨ISBD(CM)⟩ / fotopiano *m*
~**durchlässigkeit** *f* / permeabilità all'aria *f*
lüften *v* / arieggiare *v* · aerare *v*
Luft|fahrtkarte *f* ⟨ISBD(CM)⟩ / carta aeronautica *f*
~**feuchtigkeit** *f* / umidità dell'aria *f*
~**fracht** *f* / nolo aereo *m*
luftgetrocknet *part perf* [Pres] / aerato *part pt*
Luft|navigationskarte *f s. Luftfahrtkarte*
~**post** *f* / posta aerea *f*
Luftpost|brief *m* / lettera per via aerea *f*
~**paket** *n* / pacco per posta aerea *f*
~**papier** *n* ⟨DIN 6730⟩ / carta per posta aerea *f*
Luft|reinhaltung *f* / purificazione dell'aria *f*
~**trocknung** *f* [Rest] / aerazione *f*
Lüftung *f* / aerazione *f* · ventilazione *f*
Luftverschmutzung *f* / inquinamento atmosferico *m*
Lumbeckbindung *f* / legatura all'americana *f* · legatura perfetta *f* ‖ *s.a. gelumbeckt; Klebebindung*
lumbecken *v* / legare all'americana *v s.a. Klebebindung*

Lumpenpapier *n s. Hadernpapier*
Luxus|ausgabe *f* / edizione di lusso *f* · edizione di pregio *f*
~einband *m* / legatura di lusso *f* ‖ *s.a. Liebhabereinband*
Lw. *Abk* [Bind] *s. Leinwand 1*

M

Machbarkeit *f* / fattibilità *f*
Machbarkeitsstudie *f* / studio di fattibilità *m*
Magazin *n* / (mit dem Buchbestand:) magazzino librario *m* ‖ *s.a. Freihandmagazin; geschlossenes Magazin; Handschriftenmagazin; Nebenmagazin; Sondermagazin; Speichermagazin*
Magazin|aufstellung *f s. Magazinierung*
~**bediensteter** *m* / magazziniere *m* · adetto al magazzino *m*
~**bestand** *m* / fondo immagazzinato *m*
~**bibliothek** *f* / biblioteca a magazzino chiuso *f*
~**chef** *m* / capo magazzino *m*
Magaziner *m s. Magazinbediensteter*
magazinieren *v* / immagazzinare *v*
Magazin|ierung *f* (von Beständen) / magazzinaggio *m* · immagazzinamento *m*
~**kapazität** *f* / capacità del magazzino *f*
~**turm** *m* / torre di magazzino *f*
~**verwaltung** *f* / gestione dei magazzini
~**zugang** *m* / accesso al magazzino *m*
~**zutritt** *m s. Magazinzugang*
magere Schrift *f* [Druck] / caratteri magri *pl*
Magnetaufzeichnung *f* [NBM] / registrazione magnetica *f*
Magnetband *n* [EDV] ⟨DIN 31631/4; DIN 66010; A 2653⟩ / nastro magnetico *m*
~**datei** *f* / archivio su nastro magnetico *m*
~**einheit** *f* [EDV] ⟨DIN 66010E⟩ / unità a nastro magnetico *f*
~**gerät** *n* [EDV] ⟨DIN 66010⟩ / dispositivo a nastro magnetico *m*
~**kassette** [EDV] ⟨DIN 66 211/1+2⟩ / cartuccia di nastro magnetico *f*
~**kassettenlaufwerk** *n* [EDP] ⟨DIN 66010⟩ *s. Magnetbandlaufwerk*
~**laufwerk** *n* [EDV] ⟨DIN 66010⟩ / unità a nastro magnetico *f*
~**leser** *m* [EDV] / lettore di nastro magnetico *m*
~**speicher** *m* [EDV] / memoria a nastro magnetico *f*
Magnet|blasenspeicher *m* [EDV] / memoria a bolle magnetiche *f*
~**hafttafel** *f* / pannello d'affissione magnetica *m*
magnetische Zeichenerkennung *f* [EDP] ⟨DIN 66226⟩ / lettura di caratteri magnetici *f*
magnetisieren *v* / magnetizzare *v*
Magnetisierung *f* / magnetizzazione *f*
Magnet|karte *f* [EDV] ⟨DIN 31631/4⟩ / scheda magnetica *f*
~**kartenspeicher** *m* [EDV] / memoria a scheda magnetica *f*
~**kernspeicher** *m* [EDV] / memoria a nuclei magnetici *f*
~**kopf** *m* [EDV] ⟨DIN 66010⟩ / testina magnetica *f*

-platte *f* [EDV] ⟨DIN 31631/2⟩ / disco magnetico ‖ *s.a. flexible Magnetplatte; Plattenstapel*
Magnetplatten|kassette *f* [EDV] / contenitore di disco magnetico *m*
-laufwerk *n* [EDV] / unità a dischi magnetici *f*
-speicher *m* [EDV] / memoria a dischi magnetici *f*
Magnetschrift *f* [EDV] / scrittura magnetica *f*
-leser *m* [EDV] / lettore di caratteri magnetici *m*
-zeichen *pl* [EDV] / caratteri magnetici *pl*
--Zeichenerkennung *f* [EDP] *s. magnetische Zeichenerkennung*
Magnet|spur *f* [NBM] / pista magnetica *f*
-streifen *m* (zum Zwecke der Buchsicherung) / striscia magnetica *f*
-tafel *f s. Magnethafttafel*
-tinte *f* [EDV] / inchiostro magnetico *m*
Magnetton|band *n* [NBM] ⟨DIN 31631/4; DIN 45510⟩ *s. Tonband*
Magnettrommel *f* [EDV] / tamburino magnetico *m*
-speicher *m* [EDP] ⟨VDIN 66001⟩ / memoria a tamburo magnetico *f*
mahnen 1 *v* (einen Benutzer wegen der Rückgabe eines Buches, dessen Leihfrist überschritten ist, ~) / sollecitare *v*
mahnen 2 *v* [Erw] / sollecitare *v* · (reklamieren:) reclamare *v*
Mahn|gebühr *f* / multa *f* (per un libro richiamato) ‖ *s.a. Versäumnisgebühr*
-schreiben *n* [Erw] / lettera di sollecitazione *f*
Mahnung *f* [Ben; Erw] / (Reklamation:) reclamo *f* · sollecitazione *f* · sollecito *m* ‖ *s.a. Erinnerung; Mahnschreiben; Rückgabeaufforderung; wiederholte Mahnung*
Mahnung *f* [Ben; Erw] / sollecito *m* · sollecitazione *f*
Majuskel *f* / maiuscola *f*
Makrobefehl *m* [EDV] / macroistruzione *f*
Makulatur *f* [Pp; Druck] ⟨DIN 16500/2⟩ / carta da macero *f*
makulieren *v* / mandare al macero *v* · (einstampfen:) macerare *v*
Makulierung *f* / macerazione *f* · macero *m*
Malerbücher *pl* / livres de peintre *pl*
Managementinformationssystem *n* / sistema d'informazione per il management *m*
Mängelexemplar *n* / opera diffettosa *f*
Manilapapier *n* / carta Manilla *f*
Mannstunde *f* [OrgM] *s. Arbeitsstunde*
Mäntel- und Taschenablage *f* [BauEinr] *s. Garderobe*
manuelle Eingabe *f* [EDV] / input manuale *m* · (mit Tastatur:) input a tastiera *m*
Manuskript *n* / manoscritto *m* (testo scritto a mano) ‖ *s.a. als Manuskript gedruckt; Handschrift 2; maschinenschriftliches Manuskript*
Manuskript|halter *m* / portamanoscritti *m*
Mappe *f* [Büro] / cartella *f* · custodia *f*
Mappe *f* / (für Papiere, Schriftstücke usw.:) portacarte *m*
Mappenwerk *n* (mit Kunstdrucken usw.) / portfolio *m*
Marginalie *f* ⟨DIN 16514⟩ / postilla *f* · annotazione marginale *f* · nota marginale *f*
markieren *v* [Büro] / marcare *v* · evidenziare *v*
Markierstift *m* [Büro] / evidenziatore *m*
Markierung *f* [EDV] / marcatura *f*
Markierungs|bereich *m* [EDV] / area di marcatura *f*
-lesen *n* [EDV] / lettura di marcatura *f*
-leser *m* [EDV] / lettore di marcatura *m* ‖ *s.a. optischer Markierungsleser*
Markt|anteil *m* / quota di mercato *f*
-orientierung *f* / orientamento al mercato *m*
marmorieren *v* [Bind] / marmorizzare *v*
Marmorierung *f* [Bind] / marmorizzatura *f* · marmorizzazione *f*
Marmor|papier *n* [Bind] / carta marmorizzata *f*
-schnitt *m* [Bind] / taglio marmorizzato *m*
Maroquin *n* [Bind] / marocchino *m* ‖ *s.a. gepresstes Maroquin*
maschinegeschriebener Text *m s. Schreibmaschinentext*
maschinelle Indexierung *f* [Ind] ⟨DIN 31623/1⟩ / indicizzazione automatica *f*
maschinell erstelltes Kurzreferat *n* [Ind] ⟨DIN 1426E⟩ / auto-abstract *m*
maschinelles Ausleihverbuchungssystem *n* / sistema automatico di prestito *m*
~ Referieren *n* [Ind] / compilazione automatica dei riassunti analitici *f*
maschinelle Übersetzung *f* / traduzione automatica *f*
~ Zeichenerkennung *f* [EDV] / lettura automatica dei caratteri *f*
maschinell sortiert *part perf* / ordinato dalla macchina *part pt*

Maschinen|adresse *f* [EDV] ⟨DIN 44300/4E⟩ / indirizzo di macchina *m*
~**ausfall** *m* [EDV] / fermo macchina *m* ‖ *s.a. Computerstörung; Systemausfall*
~**ausrüstung** *f* / maccchinario *m*
~**befehl** *m* [EDV] / istruzione di macchina *f*
~**büttenpapier** *n* / carta a mano-macchina *f*
~**code** *m* [EDV] / codice di macchina *m*
~**einband** *m* [Bind] / legatura a macchina *f*
maschinengeheftet *part perf* [Bind] / cucito a macchina *part pt*
maschinenglattes Papier *n* ⟨DIN 6730⟩ / carta liscia a macchina *f*
Maschinen|heftung *f* [Bind] / cucitura a macchina *f*
~**lauf** *m* [EDV] / corsa di macchina *m*
~**laufrichtung** *f* [Pp] / direzione macchina *f* · direzione di macchina *f*
maschinen|lesbar *adj* [EDV] / leggibile alla macchina *agg* · comprensibile alla macchina *agg*
Maschinen|lochkarte *f* / scheda perforata a selezione meccanica *f*
maschinenorientierte Programmiersprache *f* [EDV] ⟨DIN 44300/4E⟩ / linguaggio orientato alla macchina *m*
Maschinen|papier *n* / carta continua *f* · carta a macchina *f*
~**pappe** *f* ⟨DIN 6730⟩ / cartone grigio *m*
~**programm** *n* [EDP] ⟨DIN 44300/4E⟩ / programma di macchina *m*
~**protokoll** *n* [EDV] / protocollo di macchina *m*
~**richtung** *f* (des Papiers) [Pp] *s. Maschinenlaufrichtung*
~**satz** *m* [Druck] / composizione a macchina *f*
~**schaden** *m* / danno al macchinario *m* · guasto di macchina *m* · avaria di macchina *f*
maschinenschriftliches Manuskript *n* / dattiloscritto *m*
Maschinen|sprache *f* [EDV] ⟨DIN 44300/4E⟩ / linguaggio di macchina *m*
~**stillstand** *m* / fermo macchina *m* ‖ *s.a. Maschinenschaden*
maschinenunterstützte Indexierung *f* [Ind; EDV] ⟨DIN 31623/1⟩ / indicizzazione assistita dal calcolatore *f*
~ **Übersetzung** *f* [Lin] *s. maschinelle Übersetzung*
Maschinenwort *n* [EDV] ⟨DIN 44300/4E⟩ / parola di macchina *f*
~**zyklus** *m* [EDV] / ciclo macchina *m*
Maske *f* [EDV] / maschera *f* ‖ *s.a. Druckmaske; Eingabemaske*
maskieren *v* [EDV] ⟨DIN 44300/8E⟩ / mascherare *v*
Maskierung *f* (Wortmaskierung) [Retr] / mascheramento *m* ‖ *s.a. Endmaskierung; Innenmaskierung; Linksmaskierung; Rechtsmaskierung; Trunkierung*
Massen|entsäuerung *f* [BestErh] / deacidificazione di massa
Massenfach *n* [Ausb] / disciplina di massa *f*
Massen|kommunikation *f* / comunicazione di massa *f*
~**konservierung** (f) / trattamento di massa *m*
~**medien** *pl* / mass media *pl*
~**speicher** *m* [EDV] / memoria di massa *f*
~**speicherung** *f* [EDV] / memorizzazione di massa *f*
Maß|stab *m* [Kart] ⟨RAK-Karten⟩ / scala
~**stabsvermerk** *m* [Kart] / indicazione di scala *f*
Master *m* [Repr] / matrice *f*
~**film** *m* [Repr] / master negativo *m*
Material|benennung *f* [NBM; Kat] / indicazione specifica del materiale *f*
~**fluss** *m* / flusso del materiale *m*
Materiallager *n* (für Büroartikel) / deposito materiali *m*
Materialzahl *f* [DK] *s. allgemeine Ergänzungszahl der Materialien*
Matrikel *f* / matricola *f*
Matrix|drucker *m* [EDV] / stampante a matrice *f* ‖ *s.a. Nadeldrucker*
~**organisation** *f* [OrgM] / organizzazione a matrice *f*
~**speicher** *m* [EDV] / memoria a matrice *f*
Matrize *f* [Repr; Druck] / matrice *f*
Mattscheibe *f* [Repr] / vetro smerigliato *m* · vetro del mirino *m*
Matur *n A; CH* / esame di maturità *m*
Matura *f A s. Matur*
Maus *f* [EDV] / mouse *m*
Mäusefraß *m* [Bch] / (Spuren von ~:) rosicchiamenti *pl*
Maus|klick *m* [EDV] / clic del mouse *m* · clic *m* ‖ *s.a. anklicken; Doppelklick*
MAZ *Abk* [NBM] *s. Magnetaufzeichnung*
mechanische Aufstellung *f s. Numerus-currens-Aufstellung*
mechanischer Drucker *m s. Anschlagdrucker*
Medien *pl* / mezzi di comunicazione *pl* ‖ *s.a. Massenmedien*

~**bestand** *m* / fondo documentario *m* · patrimonio documentario *m*
~**einheit** *f* / unità documentaria *f*
~**kombination** *f* [NBM] *s. Medienpaket*
~**paket** *n* [NBM] ⟨DIN 31631/2+4; A 2653; RAK-AV⟩ / pacchetto multimediale *m* · pacchetto di multimedia *m*
~**präsenz** *f* / presenza nei mass media *f*
~**zentrum** *n* [NBM] ⟨A 2653⟩ / centro multimediale *m* · mediateca *f* ‖ *s.a. audiovisuelles Zentrum*
Mediothek *f s. Medienzentrum*
Medium *n* / medium *m* ‖ *s.a. Datenträger; Speichermedium*
Medizinbibliothek *f* / biblioteca di medicina *f*
medizinischer Ratgeber *m* [Bch] / consigliere medicale *m* · guida medica *f* ‖ *s.a. Gesundheitsbuch*
Meereshöhe *f* [Kart] / livello mare *m*
Meeresspiegel *m* [Kart] / livello mare *m* ‖ *s.a. über dem Meeresspiegel*
mehrbändige Monographie *n* / monografia in più volumi *f*
~ **Publikation** *f* / pubblicazione in più volumi *f*
Mehr|benutzersystem *n* [EDV] / sistema multiuso *m*
~**dateiverarbeitung** *f* [EDV] / elaborazione multi-file *f*
~**deutigkeit** *f* [Lin] / ambiguità *f*
~**fachabonnement** *n* [Erw] / abbonamento multiplo *m*
~**fachansetzung** *f* [Kat] / intestazione multipla *f*
mehrfach aufrufbare Routine *f* [EDV] / routine riutilizzabile *f*
Mehrfach-Auswahlfrage *f* (Multiple-choice-Verfahren) / questione di scelte multiple *f* · quesito a scelte multiple *m*
Mehrfach|eintragung *f* [Kat] / intestazione multipla *f*
~**exemplar** *n* [Erw] / esemplare multiplo *m* · copia multipla *f* ‖ *s.a. Exemplarvermerk; Zweitexemplar*
~**formular** *n* / modulo in più copie *m*
~**kopien** *pl* [Repr] / fotocopie multiple *pl*
~**lochung** *f* [Lochk] / perforazione multipla *f*
~**nutzung** *f* / utilizzazione multipla *f*
~**stecker** *m* / spina multipla *f*
~**verarbeitung** *f* [EDV] / multielaborazione *f*
~**verknüpfung** *f* (Hypertext) / link multiplo *m*
~**verwertung** *f* / utilizzazione multipla *f*
~**zugriff** *m* [EDV] / accesso multiplo *m*
Mehrfarbendruck *m* ⟨DIN 16500/2⟩ / policromia *f* · stampa a più colori *f*
mehr|geschossig *adj* [BauEinr] / a più piani
mehr|gliedriges Schlagwort *n* [Kat] / soggetto composto *m*
Mehrjahres|abonnement *n* / abbonamento pluriennale *m*
~**bibliographie** *f* / bibliografia pluriennale *f*
mehr nicht erschienen [Bch] / tutto il pubblicato
Mehr|platzsystem *n* [EDV] / sistema multiuso *m*
~**programmbetrieb** *m* [EDV] ⟨DIN 44300/9E⟩ / multiprogrammazione *f*
~**prozessorbetrieb** *m* [EDV] / multielaborazione *f*
~**prozessorsystem** *n* / multiprocessore *m* · sistema a multiprocessori *m*
~**punktkonfiguration** *f* [EDV] *s. Mehrpunktverbindung*
~**punktverbindung** *f* [Komm] ⟨ISO 7498; DIN 44302⟩ / collegamento multipunto *m*
mehrsprachiger Thesaurus *m* [Ind] ⟨DIN 1463/2⟩ / thesaurus plurilingue *m*
~ **Titel** *m* / titolo plurilingue *m*
mehr|sprachiges Wörterbuch *n* / dizionario poliglotto *m* · dizionario plurilingue *m*
mehrsprachige Veröffentlichung *f* / pubblicazione plurilingue *f*
mehr|stöckig *adj* [BauEinr] *s. mehrgeschossig*
~**stufige Titelaufnahme** *f* [Kat] / descrizione a più livelli *f*
Mehr|verfasserschaft *f* (Werk mehrerer Verfasser) [Kat] / opera di più autori *f*
Mehrwert *m* / valore aggiunto *m*
Mehrwert|information *f* / informazione al valore aggiunto *f*
~-**Informationsdienst** *m* / servizio informazioni al valore aggiunto *m*
~**netz** *n* [Komm] / rete a valore aggiunto *f*
~**steuer** *f* (MWSt) / importo sul valore aggiunto *m* (IVA)
mehrwertsteuerfrei *adj* / esente da IVA
Mehrzweck|gebäude *n* / edificio polivalente *m*
~**raum** *m* / sala pluriuso *f*
~**rechner** *m* / elaboratore multiuso *m*
~**theke** *f* [BauEinr] / bancone plurifunzioni *m*
Meinungs|forschung *f* / demoscopia
~**führer** *m* / formatore d'opinione *m*
Meistbieter *m* / maggior offerente *m*

melden *v* / segnalare *v*
Meldung *f* / (Anzeige:) segnalazione *f*
membranartig *adj* / membranaceo *agg*
Memoiren *pl* [Bch] ⟨DIN 31639/2; RAK-AD⟩ / memorie *pl* · (Erinnerungen:) ricordi
Memorandum *n* [OrgM] / memorandum *n*
Mengen|lehre *f* / teoria degli insiemi *f* · insiemistica *f* ‖ *s.a. Gesamtmenge; Schnittmenge; Teilmenge*
~**rabatt** *m* [Erw] / sconto sulla quantità *m*
Mensa *f* / mensa *f*
Mensch-Maschine-Dialog *m* [EDV] / dialogo uomo – macchina *m*
~-**Maschine-Schnittstelle** *f* [EDV] / interfaccia uomo – macchina *f*
Menü *n* [EDV] / menu *m*
menü-gesteuert *part perf* [EDV] / guidato da menu *part pt*
Menütechnik *f* [EDV] / tecnica a menu *f*
Meridian *m* [Kart] / meridiano *m* ‖ *s.a. Nullmeridian*
Merkblatt *n* [NBM] / foglio d'istruzioni *m*
Merkmal *n* / contrassegno *m*
merowingische Schrift *f* / scrittura merovingica *f*
Messbuch *n* / messale *m*
Messe *f* (Verkaufsausstellung) / fiera *f* ‖ *s.a. Buchmesse*
~**katalog** *m* / catalogo di fiera *f*
~**stand** *m* / stand *m* · bancarella *f*
Mess|format *n* (gemessenes Buchformat) / formato misurato *m*
Meß|katalog *m* ⟨RAK-AD⟩ / catalogo della fiera *m*
Metall|klammer *f* [Bind] / punto metallico *m*
~**regale** *n(pl)* / scaffali metallici *pl* · scaffalatura metallica *f*
~**schnitt** *m* [Kunst] / incisione su metallo *f*
~**stempel** *m* / timbro di metallo *m*
Metasprache *f* / metalinguaggio *m*
Mezzanin *n* / mezzanino *m*
Microfiche *m* [Repr] ⟨ISBD(NBM); DIN 19040/113E; DIN 19054; DIN 31631/4; A 2654⟩ / microscheda trasparente *f* · microfiche *f* ‖ *s.a. Farbmicrofiche*
~-**Kamera** *f* [Repr] / camera da ripresa per microschede *f*
~-**Katalog** *m* / catalogo su microfiche *m*
Mietleitung *f* [Komm] / conduttura noleggiata *f* ‖ *s.a. Standleitung*
Mikro|befehl *m* [EDV] / microistruzione *f*
~**bild** *n* [Repr] ⟨ISO 6196/1; DIN 19040/113E⟩ / microimmagine *f*
~**computer** *m* / microelaboratore *m*
Mikrofiche *m* [Repr] *s. Microfiche*
~-**Kamera** *f* [Repr] / macchina da ripresa per microschede *f*
Mikrofilm *m* [Repr] ⟨DIN 19040/104E; DIN 19059; ISO 6196-4⟩ / microfilm *m*
~**archiv** *n* / archivio microfilm *m*
Mikrofilmjacket *n* [Repr] / jacket *m*
Mikrofilm|kassette *f* [Repr] ⟨ISBD(NBM)⟩ / cassetta con microfilm *f*
~-**Lesegerät** *n* [Repr] ⟨DIN 19090/1⟩ / lettore di microfilm *m*
~**lochkarte** *f* [Repr] ⟨DIN 19053/1; DIN 31631/4; ISO 6196-4⟩ *s. Fensterkarte*
~**rolle** *f* [Repr] ⟨DIN 31631/4⟩ / rotolo di microfilm *m*
~**spule** *f* [Repr] ⟨ISBD(NBM)⟩ / bobina di microfilm *f*
~**streifen** *m* [Repr] ⟨ISBD(NBM)⟩ / striscia di microfilm *f*
~**tasche** *f* [Repr] *s. Mikrofilmjacket*
Mikroform *f* [Repr] ⟨ISO 6196/1; ISBD(NBM); DIN 19040/113E⟩ / microforma *f*
Mikro|graphie *f* [Repr] ⟨ISO 6196/1; DIN 19040/101E+113⟩ / micrografia *f*
~**karte** *f* [Repr] ⟨ISBD(NBM); DIN 19040/113E; DIN 31631/4; A 2654⟩ / microscheda opaca *f*
~**kopie** *f* [Repr] ⟨DIN 31631/4⟩ / microriproduzione *f* · microcopia *f*
~**planfilm** *m* [Repr] ⟨DIN 19040/113E; DIN 19054; ISO 6194-4⟩ / microscheda *f* ‖ *s.a. Microfiche; Mikrokarte*
~**programm** *n* [EDP] ⟨DIN 44300/4E⟩ / microprogramma *m*
~**prozessor** *m* [EDV] / microprocessore *m*
~**rollfilm** *m* [Repr] *s. Mikrofilm*
mikroskopisches Präparat *n* [NBM] ⟨ISBD(NBM)⟩ / diapositiva da microscopio *f*
Mikrothesaurus *m* [Ind] / microthesaurus *m*
Militärbibliothek *f* / biblioteca militare *f*
Mindest|anforderungen *pl* / esigenze minime *pl*
~**anteil** *m* / quota minima *f*
~**beitrag** *m* / quota minima *f*
~**gebühr** *f* / tassa minima *f*
~**rabatt** *m* / sconto minimo *m*
Miniator *m* / miniatore *m*
Miniatur *f* [Kunst; Bch] / miniatura *f*
~**ausgabe** *f* / edizione in formato ridotto *f*
~**buch** *n* / libro in miniatura *m* ‖ *s.a. Liliputbuch*
miniaturisieren *v* / miniaturizzare *v*
Minirechner *m* / minicomputer *m*

Minister *m* / ministro *m*
Ministerial|archiv *n* / archivio ministeriale *m*
~**bibliothek** *f* / biblioteca ministeriale *f*
Ministerium *n* / ministero *m*
Minuskel *f* / minuscola *f* ‖ *s.a. karolingische Minuskel*
mischen *v* [EDV] ⟨DIN 44300/8E⟩ / miscelare *v*
Misch|pult *n* / tavolo di missaggio *m*
~**satz** *m* [Druck] *s. gemischter Satz*
Missale *n* ⟨DIN 31631/4; RAK-AD⟩ / messale *m*
Miszellensammlung *f* / miscellanea *f*
Mitarbeiter 1 *m* (bei einem gemeinschaftlichen Werk von mehr als drei Verfassern) [Kat] ⟨RAK⟩ / collaboratore *m*
~ 2 *m* (bei einer Zeitschrift usw., Lieferant von Beiträgen) / contributore *m* · collaboratore *m*
~ 3 *m* (einer, mit dem man zusammenarbeitet) [Pers] / collaboratore *m* ‖ *s.a. Angestellter*
~
~**beteiligung** *f* [OrgM] / partecipazione dei collaboratori *f*
~**förderung** *f* / promozione dei collaboratori *f*
mitarbeiterorientierter Führungsstil *m* / stile direzionale orientato ai collaboratori *m*
Mitarbeiter|schulung *f* / formazione del personale *f*
~**zeitschrift** *f s. Hauszeitschrift*
Mit|autor *m s. Mitverfasser*
~**bewerber** *m* / concorrente *m*
Mitglied *n* (s) / (einer Vereinigung:) socio *m* · (eines Parlaments:) membro *m* ‖ *s.a. ordentliches Mitglied*
mitschneiden *v* [NBM] *s. aufzeichnen*
Mitschnitt *m* (einer Fernsehsendung usw.) / registrazione *f* (di una trasmissione)
Mitteilungsblatt *n* ⟨DIN 31639/2⟩ / bollettino d'informazioni *m*
Mittel *pl* (Finanzmittel) / mezzi *pl* · fondi *pl* · risorse finanziarie *pl* ‖ *s.a. Erwerbungsmittel; Haushaltsreste; Investitionsmittel; Reisemittel; Spendenmittel; Verfügungsmittel*
~**aufteilung** *f* / ripartizione dei fondi *f* · ripartizione dei mezzi *f*
~**beschaffung** *f* / raccolta di fondi *f* · il procurare fondi *m*
~**gang** *m* (im Magazin usw.) / corridoio centrale *m*
~**kürzung** *f s. Haushaltskürzung*
~**pfosten** *m* (einer Regaleinheit) / montante centrale (di una scaffalatura)
mittelständisches Unternehmen *n* / impresa dell'industria media *f*
Mittel|verteilung *f* [Haush] *s. Mittelaufteilung*
~**verwaltung** *f* [HhRech] / gestione finanziaria *f* · gestione dei fondi *f*
~**wert** *m* / valore medio *m*
~**zuweisung** *f* [HhRech] / allocazione di risorse *f* · stanziamento finanzario *m* ‖ *s.a. Bewilligung*
Mitverfasser *m* / autore secondario *m* · coautore *m*
mnemotechnische Notation *f* [Klass] / notazione mnemonica *f* ‖ *s.a. sprechende Notation*
Möbel *n* / mobile *m* · arredo *m*
~**lager** *n* / deposito di mobili *m*
mobile Bibliothek *f* / biblioteca mobile *f*
Mobiliar *n* / mobilio *m* · mobilia *f*
Mobiltelefon *n* / (Handy:) telefonino *m* · telefono cellulare *m* · cellulare *m*
Möblierung *f* / ammobiliamento *m* ‖ *s.a. Inneneinrichtung*
Modell *n* [NBM] ⟨ISBD(NBM); DIN 31631/4⟩ / modello *m*
~**versuch** *m* / progetto pilota *m*
Modem *m/n* / modem *m*
Modemkarte *f* / modem a scheda *m*
modernes Antiquariat *n* / libreria del metà prezzo *f* · libreria remainder *f*
Modezeitschrift *f* / rivista di moda *f*
Modifikator *m* [Ind] / modificatore *m*
modriger Fleck *m* [Rest] / macchia di marciume *f*
Modul *n* [BauEinr; EDV] / modulo *m* ‖ *s.a. Baustein*
modulare Konstruktion *f* / costruzione modulare *f*
Modularsystem *n* / sistema modulare *m*
Modus *m* [EDV] / modo *m* ‖ *s.a. Einfügemodus*
monatlich *adj* / mensile *agg*
Monats|beitrag *m* / quota mensile *f*
~**heft** *m* / fascicolo mensile *m*
~**schrift** *f* / mensile *m* · rivista mensile *f*
Mönchsband *m* [Bind] / legatura monastica *f*
Mondkarte *f* / mappaluna *f* · mappa lunare *f*

Monitor *m* [EDV] ⟨DIN 44300/5E⟩ / video *m* · monitor *m* ‖ *s.a. Bildschirm*

Monogramm *n* / monogramma *m*

~**stempel** *m* [Bind] / ferro di monogramma *m*

Mono|graphie *f* [Bch] ⟨ISBD(A; M; S); DIN 31631/4; DIN 31639/2⟩ / monografia *f*

~**hierarchie** *f* [Ind; Klass] ⟨DIN 32705⟩ / monogerarchia *f*

monohierarchische Klassifikation *f* / classificazione monogerarchica *f*

monophonisch *adj* [NBM] / monofonico *agg*

Mono-(Schall-)Platte *f* / disco monofonico *m*

Monotype *f* [Druck] / monotype *f* · (Monotypesatz:) monotipia *f*

Montage 1 *f* [Repr/BauEinr] / montaggio *m*

Montage 2 *f* (von Seiten) [ElPubl] / assemblaggio *m*

Montage|karte *f* [Repr; Lochk] *s. Mikrofilmlochkarte*

montieren *v* [Repr] / montare *v*

Morgen|ausgabe *f* (einer Zeitung) / edizione del mattino *f*

~**zeitung** *f* / giornale del mattino *m*

morphometrische Karte *f* / carta morfometrica *f*

Mosaikeinband *m* / legatura mosaicata *f* · legatura a mosaico *f*

Motto *n* / motto *m*

Ms. *Abk s. Manuskript*

Multi|disziplinarität *f* / multidisciplinarità *f* ‖ *s.a. Interdisziplinarität*

~**media** *pl* / multimedia *pl*

~**mediasystem** *n* / sistema multimediale *m*

~**plexbetrieb** *m* [EDV] ⟨DIN 44300/9E; DIN 44331V⟩ / funzionamento multiplex *m*

~**plexer** *m* [EDV] ⟨DIN 44300/5E⟩ / multiplessore *m* · multiplexer *m*

Multiprocessing *n* / multielaborazione *f*

Multi|programmbetrieb *m* [EDV] / multiprogrammazione *f*

~**protokollnetz** *n* [Komm] / rete multiprotocollare *f*

~**prozessorbetrieb** *m* [EDV] / funzionamento a multiprocessore *m*

mündliche Prüfung *f* / esame orale *m* · prova orale *f*

Münz|fernsprecher *m* / telefono a monete *m* · apparecchio telefonico a gettone *m*

~**kopierer** *m* / copiatrice a gettoni/monete *f*

~**wechsler** *m* / cambiamonete *m*

Muschelgold *n* / oro in conchiglia *m*

Museographie *f s. Museumskunde*

Museologie *f* / museologia *f*

Museum *n* / museo *m*

Museumskunde *f* / museologia *f* · museografia *f*

Musikalien *pl* ⟨DIN 31631/4⟩ / musica a stampa *f* · edizioni musicali *pl*

musikalische Ausgabeform *f* (z.B. Partitur, Stimmen) [Mus] ⟨ISBD(PM)⟩ / formato musicale *m*

~ **Notation** *f* / notazione musicale *f*

Musik|bibliothek *f* / biblioteca musicale *f*

~**druck** *m* [Mus] ⟨ISBD(PM)⟩ / edizione musicale *f*

~**drucke** *pl* / edizioni musicali *pl* · musica a stampa *f*

~**kassette** *f* / musicassetta *f*

~**lesesaal** *m* / sala musica *f*

~**verlag** *m* / casa editrice musicale *f*

~**verlagswesen** *n* / editoria musicale *f*

~**verleger** *m* / editore di musica *m* · (Musikverlag:) casa editrice musicale *f*

Musselin *n* [Bind] / mussolina *f* · mussola *f*

Muster *n* / saggio *m* · campione *m*

~**band** *m* / volume campione *m* · menabò *m* ‖ *s.a. Blindband*

~**blatt** *n* [Kart] ⟨ISBD(CM)⟩ *s. Kartenmuster*

~**buch** *n* (Sammlung von Mustern) ⟨DIN 31631/4; RAK-AD⟩ / campionario *m*

~**einband** *m* [Bind] *s. Musterband*

mustern *v* [Bind] / (durch Prägung:) goffrare *v*

Musterseite *f* [Druck] / pagina di prova *f*

Musterung / decorazione *f*

Mustervertrag *m* / contratto-tipo *m*

mutmaßlicher Verfasser *m* [Kat] / autore supposto *m* · autore presunto *m*

Mutter|platine *f* [EDV] *s. Grundplatine*

~**schaftsurlaub** *m* / congedo di maternità *m*

MWSt *Abk s. Mehrwertsteuer*

N

nacharbeiten *v* / rielaborare *v* ‖ *s.a. Nachbearbeitung*
Nach|auflage *f* / (Nachdruck:) ristampa *f*
~**bardatensatzsuche** [Retr] / ricerca di vicinanza *f* ‖ *s.a. Ähnlichkeitssuche*
~**barschaftsoperator** *m* [Retr] / operatore di adiacenza *m*
~**bearbeitung** *f* / rielaborazione *f*
nachbestellen *v* [Erw] / ordinare in più *v*
Nachbestellung *f* [Erw] / ordinazione successiva *f*
nachdatieren *v* / postdatare *v*
Nachdruck *m* / ristampa *f*
nachdrucken *v* / ristampare *v*
Nachdruckrecht *n* / diritto di ristampa *m* · (Vervielfältigungsrecht:) diritto di riproduzione *m*
nachfalzen *v* [Bind] / ripiegare *f*
Nach|forschung *f* / indagine *f*
~**frage** *f* / domanda *f* (die ~ befriedigen: soddisfare la domanda) · richiesta *f* ‖ *s.a. Bedarf; Bedürfnisse*
~**frager** *m* / richiedente *m*
nach|gelassen *part perf* / (postum:) postumo *agg*
~**gelassenes Werk** *n* / opera postuma *f* ‖ *s.a. Nachlass 2*
~**geordnete Dienststelle** *f* [Verw] / ufficio sottoposto *m*
Nachlass 1 *m* (Preisermäßigung) [Erw] / sconto · riduzione di prezzo *f*
~ 2 *m* (nachgelassene Materialien) / lascito *m* ‖ *s.a. literarischer Nachlass; schriftlicher Nachlass*
~**verzeichnis** *n* / inventario del lascito *m*
Nachlauf *m* (Filmstück am Ende einer Filmrolle) [Repr] ⟨DIN 19040/113E; ISO 6196-4⟩ / nastro d'uscita *m*
nachleimen *v* [Rest] / reincollare *v*
Nach|leimen *n* [Rest] / apprettatura *f*
~**nahme** *f* [Komm] / contrassegno *m* (per ~ senden: spedire per contrassegno) · contrassegno *m*
Nachnahme|gebühr *f* [Kom] / spese di contrassegno *pl*
~**sendung** *f* [Komm] / spedizione in contrassegno *f* · spedizione contrassegno *f*
Nach|prüfung *f* (Wiederholungsprüfung) / esame di reparazione *m*
~**richt** *f* [Komm] ⟨DIN 44300/2E⟩ / messaggio *m*
Nachrichten|kanal *m* [Komm] ⟨DIN 44301⟩ / canale *m*
~**magazin** *n* / rivista di informazione *f*
~**quelle** *f* / fonte di informazione *f*
~**satellit** *m* / satellite per telecomunicazioni *m*
Nach|ruf *m* (auf einen Toten) / necrologio *m*
~**rüstsatz** *m* [EDV] *s. Aufrüstsatz*
nachschlagen *v* [Retr] / consultare *v* (das Nachschlagen:la consultazione)

Nach|schlagewerk *n* / opera di consultazione *f*
~**schrift** *f* (Postskript) / postscritto *m*
~**sendeadresse** *f* / indirizzo di rispedizione *m*
nachsenden *v* [Komm] / inoltrare *v* · rispedire *v*
Nach|spann *m* (eines Films) / parte finale *f* · coda *f*
~**trag** *m* (zu einem Text) ⟨DIN 31639/2⟩ / aggiunta *f* · addendum (Nachträge: addenda) ‖ *s.a. Anhang*
Nachtrags|band *m* [Bch] *s. Ergänzungsband*
~**haushalt** *m* / bilancio complementare di previsione *m*
Nachttarif *m* [Komm] / tariffa notturna *f*
Nachweis *m* (bibliographischer ~) / segnalazione *f* · registrazione bibliografica *f*
nachweisen *v* [Retr; Bib] / (anzeigen:) segnalare *v* · (auffinden:) recuperare *v* · ricuperare *v* ‖ *s.a. ermitteln*
Nachwort *n* / epilogo *m* · postfazione *f*
Nadel|drucker *m* [EDV] / stampante ad aghi *f* ‖ *s.a. Matrixdrucker*
~**lochkarte** *f* / scheda perforata a selezione per ago *f*
nadeln 1 *v* [Lochk] / selezionare per ago *v*
nadeln 2 *v* (mit Nadelstichen markieren) [Rest] / sagomare *v* (das Markieren mit Nadelstichen: sagomatura)
Näherungssuche *f* [Retr] / ricerca di prossimità *f* ‖ *s.a. Ähnlichkeitssuche*
Namen|datei *f* (standardisiert) / authority file nomi personali *m* · (Verfassernamen:) authority file autori *m*
~**katalog** *m* / catalogo onomastico *m*
~**register** *n* [Ind] / indice dei nomi *m*
Namens|änderung *f* / cambiamento di nome · (bei einer Körperschaft:) cambiamento di denominazione
~**ansetzung** *f* [Kat] / intestazione del nome *f*
~**datei** *f* [Kat] *s. Namendatei*
~**stempel** *m* (mit dem Namen des Buchbinders) [Bind] / etichetta del legatore *f*
Narbe *f* (der Lederoberfläche) [Bind] *s. Narbung*
Narbenseite *f* (von Leder) [Bind] / fiore della pelle *m*
Narbung *f* (von Leder) [Bind] / granitura *f* · grana *f* ‖ *s.a. genarbt; geradnarbiges Leder; langnarbiges Leder*
Nass|kopie *f* [Repr] / copia umida *f*
~**verarbeitung** *f* [Repr] ⟨ISO 6196/3⟩ / procedimento umido
National|archiv *n* / archivio nazionale *m*
~**bibliographie** *f* ⟨DIN 31639/2⟩ / bibliografia nazionale *f*
~**bibliothek** *f* / biblioteca nazionale *f*
nationaler Leihverkehr *m* / prestito interbibliotecario nazionale *m*
Nationalschrift *f* / scrittura nazionale *f*
Naturkunstdruckpapier *n* / imitazione carta patinata *f*
natürliche Sprache *f* / linguaggio naturale *m*
natürlichsprachige Bezeichung *f* [Ind] / termine del linguaggio naturale *m*
Navigations|karte *f* / carta di navigazione *f*
~**pfad** *m* (Hypertext) / cammino di navigazione *m*
navigieren *f* / navigare *v*
NCR-Papier *n s. selbstdurchschreibendes Papier*
Neben|ausgabe *f* (einer Zeitschrift) / edizione parallela *f* · edizione collaterale *f*
~**eintragung** *f* [Kat] ⟨RAK; DIN 31631/3⟩ / intestazione secondaria *f* · scheda di richiamo *f* · scheda secondaria *f* (eine ~ machen:far scheda secondaria) ‖ *s.a. zweiteilige Nebeneintragung*
~**eintragungsvermerk** *m* [Kat] ⟨RAK; DIN 31631/3⟩ / tracciato *m*
~**fach** *n* [Ausb] / materia secondaria *f*
~**karte** *f* ⟨RAK-Karten⟩ / carta complementare *f*
~**kosten** *pl* / spese accessorie *pl*
~**magazin** *n* / deposito succursale *m*
~**marke** *f* [Pp] / contramarca *f*
~**rechte** *pl* / diritti sussidiari *pl*
~**sachtitel** *m* [Kat] / titolo parallelo *m*
~**zeichen** *n* [Pp] / contramarca *f*
Negationsverknüpfung *f* [Retr] / operazione NOT *f*
Negativ *n* [Repr] ⟨A 2654⟩ / negativo *m*
~**bild** *n* [Repr] ⟨DIN 19040/1⟩ / immagine negativa *f*
~**datei** *f* (im Rahmen eines Ausleihverbuchungssystems) / archivio di segnature segnalanti le opere in prestito *m*
negativ erledigte Bestellung *f* [Ben] / richiesta non soddisfatta *f*
Negativ|film *m* [Repr] ⟨A 2653⟩ / pellicola negativa *f*
nehmende Bibliothek *f* (im Leihverkehr) / biblioteca ricevente *f*
nehmender Leihverkehr *m* / funzione ricevente nel prestito interbibliotecario *f*

Nekrolog *m* / necrologio *m*
nennen *v* / nominare *v*
n. erm. *Abk* [Bib; Retr] *s. nicht ermittelt*
Netto|betrag *m* / importo netto *m*
~**einkommen** *n s. Nettogehalt*
~**gehalt** *n* / (Nettoeinkommen:) reddito netto *m* · stipendio netto *m*
~**preis** *m* / prezzo netto *m*
Netz *n* [Komm] ⟨DIN 44302⟩ / rete *f* ‖ *s.a. betriebsinternes Netz*
~**anbindung** *f* / collegamento alla rete *m*
~**anschluss** *m* [Komm] / collegamento alla rete *m*
~**architektur** *f* / architettura della rete *f*
~**belastung** *f* / carico di rete *m*
~**betreiber** *m* [Komm] / gestore della rete *m*
~**betriebssystem** *n* / sistema operativo di rete *m*
~**kabel** *n* / cavo di alimentazione *m*
~**kennung** [Komm] / codice di rete *m*
~**knoten** *m* [EDV] / nodo di rete *m*
~**knotenrechner** *m* [EDV] / elaboratore di nodo *m*
~**ornamentik** *f* [Bch] / decorazione reticolare *f*
~**plantechnik** *f* [OrgM] ⟨DIN 69900/1⟩ / tecnica reticolare *f*
~**schalter** *m* / interruttore *m*
~**spannung** *f* / tensione di rete *f*
~**stromversorgung** *f* / alimentazione di rete *f* ‖ *s.a. Stromversorgung*
~**teilnehmer** *m* / utente della rete *m*
~**topologie** *f* / topologia di rete *f* · topologia reticolare *f*
~**überlastung** *f* / congestione della rete *f*
~**überwachung** *f* / monitoraggio della rete *m*
~**verbund** *m* / interconnessione di reti *f*
~**versorgung** *f* / alimentazione dalla rete *f*
~**verwaltung** *f* / gestione di rete *f*
~**werk** *n* / rete *f* ‖ *s.a. Netz*
~**werkarchitektur** *f* [Komm] / architettura della rete *f*
~**werkschicht** *f* [Komm] / livello di rete *m* ‖ *s.a. Schicht*
~**zugang** *m* [Komm] / accesso alla rete *m*
Neu|auflage *f* / riedizione *f*
~**ausgabe** *f* / nuova edizione *f* · riedizione *f*
~**bearbeitung** *f* / rielaborazione *f*
neu binden *v* [Bind] / rilegare *v*
Neu|druck *m* [Bch] / ristampa *f s. Nachdruck*
~**erscheinung** *f* [Bch] / nuova pubblicazione *f* · novità *f* ‖ *s.a. Verlagsneuheit*
~**erscheinungsdienst** *m* / annunci di opere di nuova pubblicazione *pl*
~**erwerbung** *f* / acquisizione nuova *f* · novità *f* · nuova accessione *f*
Neuerwerbungen *pl* / nuove acquisizioni *pl* · nuove accessioni *pl* · accessioni *pl*
Neuerwerbungs|auslage *f* / esposizione delle nuove acquisizioni *f*
~**liste** *f* / lista di accessioni *f* · (laufend erscheinend:) bollettino delle nuove accessioni *m*
~**verzeichnis** *n s. Neuerwerbungsliste*
Neu|katalogisierung *f* / ricatalogazione *f*
~**satz** *m* [Druck] / ricomposizione *f*
~**zugang** *m* [Erw] / nuova accessione *f* ‖ *s.a. Neuerwerbung*
nicht am Lager / non disponibile
~ **am Standort** / irreperibile *agg* · non trovato al suo posto · introvabile *agg*
nicht aufgeschnitten *part perf* [Bind] / intonso *agg*
nicht ausleihbar *adj* / escluso dal prestito *part pt*
~**autorisierte Ausgabe** *f* / edizione non-autorizzata *f* ‖ *s.a. Raubdruck*
~ **bei uns erschienen** / non una nostra pubblicazione
Nicht-Benutzer *m* / non utente *m* · non frequentatore *m*
nichtbesetzte Stelle *f s. freie Stelle*
Nicht-Buch-Materialien *pl* / documenti non librari *pl* · materiale non librario *m*
~**-Deskriptor** *m* [Ind] ⟨DIN 1463/1E⟩ / non-descrittore *m*
nicht ermittelt [Bib; Retr] / non verificato
~**fachliches Personal** *n* / personale non tecnico *m* · personale non professionale *m* ‖ *s.a. Fachpersonal*
~**flüchtiger Speicher** *m* [EDV] / memoria non volatile *f*
~ **formatiert** *part perf* / non formattato *part pt*
~ **im Handel** / fuori commercio
~**-klebend** *partpraes* [Bind] / non-adesivo *agg*
~**konventionelle Literatur** *f* / letteratura non convenzionale *f*
~**lateinische Schrift** *f* / scrittura non latina *f*
~**laufende Kosten** *pl* / spese noncorrenti *pl*
nicht lesbar *adj* / illeggibile *agg*

Nicht|leser *m* / non-lettore *m* ‖ *s.a. Nicht-Benutzer*
nicht lieferbar / non disponibile
Nichtlieferung *f* / mancata consegna *f*
nicht|lineare Programmierung *f* / programmazione non lineare *f*
~**mechanischer Drucker** *m s. anschlagfreier Drucker*
~ **mehr erschienen** / non più pubblicato
~ **mehr lieferbar** (vergriffen) / essere esaurito
~-**numerisch** *adj* / non-numerico *agg*
~**numerische Datenverarbeitung** *f* [EDV] / elaborazione non numerica *f*
Nicht-Nutzer *m* / non utente *m*
nicht|verkäufliche Ausgabe *f* / edizione non venale *f* ‖ *s.a. außerhalb des Buchhandels*
NICHT-Verknüpfung *f* [Retr] / operazione NOT *f*
nicht verleihbar / escluso dal prestito *part pt*
~**verleihbare Materialien** *pl* / materiali non prestabili *pl* ‖ *s.a. Präsenzbestand*
~ **verleihbares Exemplar** *n* / esemplare escluso dal prestito *m*
~ **vorhanden** / manca *v*
~ **zum Verkauf** / non in vendita
Niederschrift *f* (einer Sitzung) / verbale *m* (di una seduta)
niedrig auflösende Grafik *f* / grafica a bassa risoluzione *f*
niedrige Programmiersprache *f* / linguaggio di basso livello
NN *Abk* [Kart] *s. Normalnull*
Nobelpreis *m* / Premio Nobel *m*
noch nicht erschienen *part perf* / non ancora pubblicato *part pt*
Nomenklatur *f* / nomenclatura *f*
Nominalkatalog *m* / catalogo nominale *m*
Nonpareille *n* [Druck] / nompariglia *f* · corpo sei punti *m*
Norm 1 *f* ⟨DIN 820/3; DIN 31631/4; DIN 31639/2⟩ / norma *f* · standard *m* ‖ *s.a. Bogennorm*
Norm 2 *f* [Druck] / (Bogennorm:) segnatura semplice *f* ‖ *s.a. Bogensignatur*
Normal|null *n* [Kart] / livello di riferimento *m* · livello mare *m* · quota zero *f*
~**verteilung** *f* / distribuzione normale *f* ‖ *s.a. Gaußverteilung*
Norm|datei *f* [Kat] / authority file *m* · archivio di termini controllati *m* · (als Liste:) lista di autorità *f* ‖ *s.a. Körperschaftsdatei; Schlagwort-Normdatei*
~**ansetzung** *f* [Kat] / intestazione conforme all'authority file *f*
~ **der Verfassernamen** *f* [Kat] / authority file autori *m*
Normenverzeichnis *n* / elenco norme *m*
normieren *v* / normalizzare · (standardisieren:) standardizzare
Normierung *f* / normalizzazione *f*
Normung *f* / normalizzazione *f* · (Standardisierung:) standardizzazione *f*
Normungsinstitut *n* / ente normativo *m* · ente di standardizzazione *m*
Notation 1 *f* [Klass] ⟨DIN 2331; DIN 32705; DIN 32623/1⟩ / notazione *f* ‖ *s.a. gemischte Notation; mnemotechnische Notation; sequentielle Notation; sprechbare Notation; sprechende Notation*
Notation 2 *f* [Mus] / notazione *f*
Not|ausgang *m* / uscita di sicurezza *f*
~**beleuchtung** *f* / illuminazione di sicurezza *f*
Note *f* (in der Schule usw.) / voto *m* ‖ *s.a. benoten; Endnote; Notendurchschnitt*
Noten *pl* (als Bezeichnung für einen Band, ein Heft usw. mit Noten) [Mus] / note musicali *pl* ‖ *s.a. Musikalien*
~**blatt** *pl* [Mus] / foglio di musica *m* ‖ *s.a. Musikdruck; Notenheft*
~**druck** *m* [Mus] *s. Musikdruck*
~**durchschnitt** *m* [Ausb] / media dei voti *f*
~**handschrift** *f* [Mus] / manoscritto di musica *m*
~**heft** *n* [Mus] / quaderno di musica *m*
~**linie** *f* [Mus] / rigo musicale *m*
~**papier** *n* / carta da musica *f*
~**schrift** *f* [Mus] / notazione musicale *f*
~**ständer** / leggio *m* (per uno spartito musicale)
~**stiche** *pl* [Mus] / incisioni di musica *pl*
Notiz *f* / appunto *m* · nota *f* · promemoria *f* ‖ *s.a. eigenhändige Notiz*
~**blatt** *n* / foglio-notizie *m*
~**block** *m* / bloc-notes *m*
~**speicher** *m* [EDV] / memoria tampone *f*
Notruf *m* / chiamata di emergenza *f*
~**melder** *m* [Komm] / telefono per chiamata di soccorso *m* · telefono di emergenza *f*
Notstandsplan *m* [OrgM] / piano di emergenza *m*
Null|ausgabe *f* (einer Zeitschrift) / numero zero *m*
Nullenunterdrückung *f* (Programmieren) / soppressione degli zeri *f*
Null-Hypothese *f* / ipotesi zero *f*

~**meridian** *m* [Kart] / meridiano zero *m*
~**nummer** *f s. Nullausgabe*
~**tarif** *m* / tariffa gratuita *f s.a. Dienstleistung zum Nulltarif*
~**wachstum** *n* / crescita zero *f*
numerisch *adj* ⟨DIN 44300/2E⟩ / numerico *agg*
numerische Darstellung *f* / rappresentazione numerica *f*
Numerus clausus *m* / numero chiuso *m*
numerus currens *m* / numerus currens *m* ‖ *s.a. fortlaufende Nummer*
Numerus-currens-Aufstellung *f* / collocazione per numero sequenziale di accesso *f*
~-**currens-Ordnung** *f* / ordinamento per numerus currens *m*
Nummer *f* / numero *m*
nummerieren *v* / numerare *v*
nummerierte Ausgabe *f* / edizione numerata *f*
Nummerierung / numerazione *f*
Nummerierungsapparat *m* / numeratore meccanico *m*
Nur-Lese-Speicher *m* [EDV] / memoria a sola lettura *f*
nur zur Benutzung in der Bibliothek (im Lesesaal) / escluso dal prestito a domicilio
Nutzen *m* (einer Informationseinrichtung usw.) / utilità *f* ‖ *s.a. Kosten-Nutzen-Analyse*
~**indikator** *m* [OrgM] / indicatore d'utilità *m*
Nutzer *m* / utente · utilizzatore *m* · (Nutznießer:) fruitore *m* ‖ *s.a. Benutzer*
~**kennung** *f* [EDV; Retr] / identificazione utente *f*
Nutz|fläche *f* / superficie utile *f* · superficie usabile *f*
~**last** *f* [BauEinr] / carico utile *m*
Nutzung *f* / uso *m* · utilizzo *m* · fruizione *f* · utilizzazione *f*
Nutzungs|gebühr *f* / tassa per l'uso *f*
~**rechte** *pl* / diritti di sfruttamento *pl*

O

OA *Abk* [Ind] *s. Oberbegriff*
OB *Abk* [Ind] *s. übergeordneter Begriff*
Ober|begriff *m* (übergeordneter Begriff in einer Abstraktionsrelation)(BTG/OA)) [Ind] ⟨DIN 1463/1E⟩ / termine generale generico *m*
~**flächenbehandlung** *f* / trattamento in superficie *m*
oberflächengeleimtes Papier *n* ⟨DIN 6730⟩ / carta collata in superficie *f*
~**geschoss** *n* / piano superiore *m*
~**kasten** *m* (eines Schriftkastens) [Druck] / alta cassa *f*
~**länge** *f* (einer Drucktype) / asta ascendente *f* · ascendente *m/f*
~**licht** *n* / lucernaio *m* · lucernario *m*
~**schnitt** *m* [Bind] / taglio superiore *m*
Objektiv *n* [Repr] / obiettivo *m* ‖ *s.a. Vario-Objektiv; Wechselobjektiv; Weitwinkelobjektiv*
objektorientierte Programmiersprache *f* / linguaggio oggetto *m*
obligatorisch *adj* [Kat] / obbligatorio *agg*
obsolet *adj* / obsoleto *agg*
obszöne Literatur *f* / letteratura oscena *f*
OCR-Leser *m* [EDV] / lettore OCR *m*
~-**Schrift** *f* [EDV] / (OCR-Zeichen:) caratteri OCR *pl*
ODER-Verknüpfung *f* [Retr] / operazione OR *f*
Oeuvre-Katalog *m* [Kunst] / catalogo delle opere *m*
offene Aufnahme *f* [Kat] / scheda aperta *f*
~ **Raumaufteilung** *f* (ohne vorher festegelegte Abgrenzungen für bestimmte Nutzungszwecke) [BauEinr] / pianta aperta *f*
offenes Magazin *n* / magazzino aperto *m* ‖ *s.a. Freihandmagazin*
offene Stelle *f* / vacanza *f* · posto libero *m* ‖ *s.a. freie Stelle*
Offenlegung (von Verschlusssachen) [Arch] / revoca della qualifica di segretezza *f*
Öffentliche Bibliothek *f* / (in kommunaler Trägerschaft:) biblioteca pubblica di ente locale *f* · biblioteca di pubblica lettura *f* · biblioteca pubblica *f*
öffentliche Bücherei *f s. Öffentliche Bibliothek*
öffentlicher Dienst *m* / servizio pubblico *m*
öffentliche Verkehrsmittel *pl* / mezzi di trasporto pubblici *pl*
Öffentlichkeitsarbeit *f* / relazioni pubbliche *pl*
Offizin *f* / officina *f* ‖ *s.a. Druckerei*
offline [EDV] / fuori linea
Offline-Betrieb *m* [EDV] / modo fuori linea *m*
~-**Eingabe** *f* (von Daten) [EDV] / immissione di dati fuori linea *f*
~-**Verarbeitung** *f* [EDV] / elaborazione offline *f*
Öffnungs|dauer *f* / durata dell'apertura *f*

~**zeiten** *pl* / orario di apertura *m* · (~ eines Amtes:) orario d'ufficio ‖ *s.a. Erweiterung der Öffnungszeiten*
Offset|druck *m* ⟨DIN 16529⟩ / offset *m* · stampa offset *f*
~**(druck)maschine** *f* / macchina offset *f* ‖ *s.a. Bogenoffsetmaschine; Rollenoffsetmaschine*
~**druckplatte** *f* / lastra offset *f*
~**papier** *n* / carta per offset *f*
~-**Rotationsmaschine** *f* / roto-offset *m*
ohne Einband *m* / (Einband lose:) slegato *part pt*
~ **Erscheinungsvermerk** / senza note tipografiche · s.n.t. *abbr*
~ **festen Wohnsitz** *m* / senza fissa dimora *f*
~ **Jahr** *n* (o.J.) / senza data *f* (s.d.)
~ **Ort und Jahr** (o.O.u.J.) [Kat] / senza luogo e senza data (s.l.s.d.)
~ **Verlagsangabe** / senza editore (s.e.)
ökonomisch *adj* / economico *agg*
Oktav|band *m* / volume in ottavo (in - 8°) *m* · volume in-ottavo (8°) *m*
~**format** *n* [Bch] / formato in-ottavo (8°) *m*
Oleographie *f* / oleografia *f*
Ölfarbendruck *m* / oleografia *f*
Online-Abfragesystem *n* [Retr] / sistema di richiesta in linea *m*
~-**Anschluß** *m* [EDV] / collegamento in linea *m*
~-**Benutzerkatalog** *m* / OPAC *m* ‖ *s.a. Online-Katalog*
~-**Betrieb** *m* [EDV] / modo operativo on-line *m* · elaborazione in linea/online *f* · modo in linea *m*
~-**Dienst** *m* / servizio in linea *m*
~-**Eingabe** *f* (von Daten) / immissione di dati in linea *f*
~-**Informationsvermittlung** *f* [Retr] *s. Informationsvermittlung*
~-**Katalog** *m* / catalogo in linea *m* · catalogo on-line *m* ‖ *s.a. EDV-Katalog; Online-Benutzerkatalog*
~-**Katalogisierung** *f* / catalogazione in linea *f*
~-**Literaturbestellung** *f* / richiesta di letteratura on-line *f*
~-**Recherche** *f* / interrogazione in linea *f* · ricerca online *f* · ricerca in linea *f*
~-**Recherchesystem** *n* / sistema di ricerca in linea *m* · sistema di richiesta in linea *m*
~-**Recherchieren** *n* / ricerca in linea *f* · ricerca online *f*
~-**System** *n* / sistema in linea *m*
~-**Verarbeitung** *f* [EDV] / elaborazione in linea *f*
~-**Verbindung** *f* / collegamento in linea *m*
~-**Zugriff** *m* [Retr] / accesso online *m*
o.O.o.J. *Abk s. ohne Ort und Jahr*
OOP *abbr* [EDV] *s. objektorientierte Programmiersprache*
o.O.u.J. *Abk* [Kat] *s. ohne Ort und Jahr*
OPAC *m s. Online-Katalog*
Operand *m* [EDV] / operando *m*
Operateur *m* [Pers] / operatore *m*
Operations|code *m* [EDV] ⟨DIN 44300/4E⟩ / codice operativo *m*
~**zeit** *f* [EDV] / tempo di esecuzione *m*
Opernlibretto *n* / libretto d'opera *m*
opisthographisch *adj* (auf beiden Seiten beschrieben) / opistografo *agg*
optimieren *v* / ottimizzare *v*
Option *f* / opzione *f*
optische Anzeige *f* / segnalazione visiva *f*
~ **Platte** *f* / disco ottico *m*
optischer Klarschriftleser / lettore ottico *m*
~ **Markierungsleser** *n* [EDV] / lettore ottico di marcatura *m*
optisches Leitsystem *n* / sistema di segnalazione *m*
optische Zeichenerkennung *f* [EDV] / lettura ottica di caratteri *f*
Opus-Zahl *f* [Mus] / numero d'opera *f*
Orchester|begleitung *f* / accompagnamento orchestrale *m*
~**partitur** *f* / spartito per orchestra *m*
Orchestrierung *f* [Mus] / orchestrazione *f*
ordentlicher Professor *m* / professore ordinario *m*
ordentliches Mitglied *n* (einer Vereinigung) / socio effettivo *m*
ordnen *v* [Kat] / ordinare *v* (alphabetisch ordnen: ordinare alfabeticamente) ‖ *s.a. umordnen*
Ordner *m* (Aktenordner) / registratore *m* ‖ *s.a. Hängeordner; Loseblatt-Ordner; Ringordner*
Ordnung *f* / (Ergebnis des Ordnens:) ordine *m* · (Verfahren:) ordinamento *m* ‖ *s.a. Wort-für-Wort-Ordnung*
~ **Buchstabe für Buchstabe** *f* [Kat] / ordinamento lettera per lettera *m*
Ordnungs|einheit *f* [Kat] / unità di ordinamento *f*
~**element** *n* [Kat] ⟨RAK⟩ / elemento di ordinamento *m*
~**folge** *f* [Kat] / sequenza di ordinamento *f*
~**gruppe** *f* [Kat] ⟨RAK⟩ / gruppo di ordinamento ‖ *s.a. weitere Ordnungsgruppe*

~**hilfe** *f* [Kat] ⟨RAK⟩ / qualificatore di ordinamento *m*
~**kriterium** *n* [Kat] / criterio di ordinamento *m*
~**leiste** *f* (auf dem Umschlag einer Zeitschrift) ⟨DIN 1501; TGL 20177⟩ / striscia bibliografica *f*
~**regeln** *pl* [Kat] / norme per l'ordinamento *pl*
~**wort** *n* [Kat] ⟨RAK⟩ / parola d'ordine *f* ‖ *s.a. formales Ordnungswort*
Ordnung Wort für Wort *f* [Kat] / ordinamento parola per parola *m*
Organ einer Gebietskörperschaft *n* [Kat] ⟨FSCH⟩ / organo di un ente territoriale *m*
Organigramm *n* / organigramma *m*
Organisations|arbeit *f* / lavoro organizzativo *m*
~**ausschuss** *m* / comitato organizzativo *m*
~**komitee** *n* / comitato organizzativo *m*
~**plan** *m* ⟨DIN 31631/4⟩ / organigramma *m*
Organisator *m* / organizzatore *m*
Orientierungsphase *f* [Ausb] / fase d'orientamento *f*
Original *n* (Träger der ursprünglichen AV-Aufzeichnung bzw. Vorlage für die erste Kopie) [NBM; Repr] / originale *m*
~**ausgabe** *f* [Bch] / edizione originale *f*
~**(ein)band** *m* [Bind] / legatura originaria *f*
~**fassung** *f* / versione originale *f*
~**film** *m* (eine Mikroform, von der Duplikate oder Zwischenkopien gezogen werden können; Film der ersten Generation) [Repr] / master negativo *m*
~**grafik** *f* / stampa originale *f* · incisione originale *f*
~**kunstwerk** *n* / opera d'arte originale *f*
~**negativ** *n* [Repr] / matrice negativa *f*
~**(sach)titel** *m* [Kat] ⟨A 2653⟩ / titolo originale *m*
~**stich** *m* [Kunst] / incisione originale *f*
~**umschlag** *m* [Bind] / copertina originale *f*
~**zustand** *m* / condizione originale *f*
Ornament *n* [Druck] / ornamento *m* · (Fries:) fregio *m*
ornamentales Initial *n* [Bch] / iniziale ornata *f*
Ornamentrahmung *f* [Bch] / cornice ornamentale *f*
Ortho|bildkarte *f* [Kart] *s. Orthophotokarte*
~**graphie** *f* / ortografia *f*
Ortholuftbild *n s. Orthophoto*
Ortho|photo *n* [Kart] ⟨ISBD(CM)⟩ / ortofotografia *f*
~**photokarte** *f* [Kart] / ortofotopiano *m*
~**photoplan** *m* [Kart] *s. Luftbildplan*
Orts|adressbuch *n* / repertorio dei luoghi *m* ‖ *s.a. Ortsnamenverzeichnis; Stadtadressbuch*
~**angabe** *f* (als Teil eines Veröffentlichungsvermerks) [Bch] ⟨DIN 31631/2⟩ / indicazione del luogo *f*
~**ausleihe** *f s. Ortsleihe*
~**behörde** *f* / autorità locale *f*
~**benutzer** *m* / utente locale *m*
ortsfeste Aufstellung *f* / collocazione fissa *f*
Orts|katalog *m* / catalogo per luoghi *m*
~**kennzahl** *f* (Telefon) / prefisso *m*
~**leihe** *f* / prestito in città *m* · prestito locale *m* ‖ *s.a. interner Leihverkehr*
~**lexikon** *n s. Ortsnamenverzeichnis*
~**name** *m* / toponimo *m*
~**namenverzeichnis** *n* / repertorio dei nomi delle località di ... ‖ *s.a. Ortsadressbuch*
~**netz** *n* [Komm] ⟨DIN 44331V⟩ / rete locale *f*
~**netzkennzahl** *f* (Vorwahl im Telefonverkehr) / prefisso *m*
~**register** *n* [Bib; Ind] / indice dei luoghi *m*
~**zahl** *f* [DK] *s. allgemeine Ergänzungszahl des Ortes*
OSI-Referenzmodell *n* [Komm] / modello di riferimento OSI *m*
Overhead-Projektor *m* [NBM] ⟨DIN 19040/11; DIN 19090/1⟩ / proiettore overhead *m* · lavagna luminosa *f*
~**-Transparent** *n* [NBM] ⟨A 2653⟩ / foglio trasparente *m* · trasparente *m*
Oxidationsbeständigkeit *f* / resistenza all'ossidazione *f*

P

packen *v* [EDV] / impaccare *v* ‖ *s.a. gepackte Daten*
Pack|papier *n* / carta da imballaggio *f*
~raum *m* / locale per l'imballaggio *m*
Packungsdichte *f* [EDV] / densità di registrazione *f*
pädagogische Hochschule *f* / istituto superiore di magistero *m*
pädagogischer Verlag *m* / casa editrice pedagogica *f* ‖ *s.a. Schulbuchverlag*
paginieren *v* [Bch] / numerare le pagine *v*
Paginiermaschine *f* / numeratrice *f*
Paginierung *f* / paginazione *f* · paginatura *f*
Paket *n* / pacchetto *m* ‖ *s.a. Luftpostpaket*
~netz *n* [Komm] / rete a pacchetto *f*
~vermittlung *f* [Komm] / commutazione di pacchetto *f*
~vermittlungsnetz *n* [Komm] / rete a commutazione di pacchetto *f*
Paläo|graph *m* / paleografo *m*
~graphie *f* / paleografia *f*
Palastbibliothek *f* / biblioteca di palazzo *f*
Palimpsest *n* ⟨DIN 31631/4⟩ / palinsesto *m*
Palmblattbuch *n* / libro a foglie di palma *m*
Pamphlet *n* / libello *m* · pamphlet *m*
Pamphletist *m* [Bch] / libellista *m* · panflettista *m*
Panel *n* (Personengruppe) / panel *m*
~(umfrage) *n(f)* / inchiesta di panel *f*
Panizzistift *m* (an einem Regal) *s. Stellstift*
Panorama *n* [Kart] ⟨ISBD(CM); RAK-Karten⟩ / panorama *m*
Paperback *n* [Bch] / paperback *m* · libro in brossura *m* ‖ *s.a. Taschenbuch*
~-Ausgabe *f* / edizione di paperback *f* ‖ *s.a. Taschenbuch*
Papier *n* ⟨DIN 6730⟩ / carta *f* ‖ *s.a. alterungsbeständiges Papier; Büttenpapier; Glanzpapier; Japanpapier; Kunstdruckpapier; säurefreies Papier; ungeleimtes Papier; Velinpapier*
~abzug *m* [Repr] / stampa su carta *f*
~bahn *f* / nastro di carta *m*
~band *m* [Bind] / legatura in carta *f*
~bohrer *m* [Bind] / trapano di carta *m*
~einzug *m* (Zufuhr des Kopierpapiers in ein Kopiergerät) [Repr] / introduzione della carta *f* ‖ *s.a. Einzelblatteinzug; Papiervorschub*
~fabrik *f* / cartiera *f* ‖ *s.a. Papiermühle*
~fabrikant *m* / cartaio *m*
~format *n* / formato di carta *m*
~gewicht *n* / peso carta *m* ‖ *s.a. Grammgewicht*
~händler *m* / cartaio *m* (vendendo carta)
~handschrift *f* / manoscritto cartaceo *m*
~kodex *m* / codice cartaceo *m* · codice in carta *m*
~kopie *f* [Repr] / stampa su carta *f* · copia su carta *f*
~korb *m* / cestino *m* (per la carta) ‖ *s.a. Abfallbehälter*

~**leimung** *f s. Leimung*
papierloses Informationssystem *n* / sistema d'informazione senza carta *f*
Papier|macher *m* / cartaio *m*
~**messer** *n* / tagliacarte *m*
~**mühle** *f* / mulino da carta *m*
~**schneidemaschine** *f* / macchina tagliacarte *f* · taglierina *f* || *s.a. Pappschere*
~**schneider** *m* / tagliatrice *f* · tagliacarte *m*
~**spalten** *n* / sfaldatura della carta *f*
~**stärke** *f* / spessore della carta *m*
~**stau** *m* (in einem Kopiergerät) / inceppamento della carta *m*
~**vorschub** *m* (bei einem Kopierer) / avanzamento della carta *m* || *s.a. Papiereinzug*
~**zufuhr** *f* (bei einem Kopiergerät) / alimentazione di carta *f* · (Papiereinzug:) introduzione della carta *f*
Papp|band *m* [Bind] / legatura in cartone *f* · legatura cartonata *f*
~**deckel** *pl* [Bind] / piatto di cartone *m*
Pappe *f* [Pp] ⟨DIN 6730⟩ / cartone *m* || *s.a. Buchbinderpappe; geklebte Pappe; Graupappe; Kartonagenpappe; kaschierte Pappe; Klebepappe; Maschinenpappe; Strohpappe*
Papp|rolle *f* / rotolo di cartone *m*
~**schachtel** *f* / scatola di cartone *f*
~**schere** *f* [Bind] / cesoia per il cartone *f* · tagliacartone *m*
Papstbibliothek *f* / biblioteca papale *f*
Papyrologe *m* / papirologo *m*
Papyrologie *f* / papirologia *f*
Papyrus *m* / papiro *m*
~**kodex** *m* / codice papiraceo *m*
~**kunde** *f s. Papyrologie*
~**rolle** *f* / rotolo di papiro *m*
Paragraph *m* / paragrafo *m*
Parallel|ausgabe *f* / edizione parallela *f* · (EDV:) uscita parallela *f*
~**betrieb** *m* [EDV] ⟨DIN 44300/9E⟩ / funzionamento in parallelo *m* || *s.a. Simultanbetrieb*
~**drucker** *m* [EDV] ⟨DIN 9757⟩ / stampante parallela *f*
~**eingabe** *f* [EDV] / ingresso parallelo *m*
parallele Schnittstelle *f* [EDV] / interfaccia parallela *f*
Parallel|serienumsetzer *m* [EDV] ⟨DIN 44300/5E⟩ / serializzatore *m*
~**übertragung** *f* [Komm; EDV] ⟨DIN 44302⟩ / trasmissione parallela *f*
~**zugriff** *m* [EDV] / accesso parallelo *m*
Parameter *m* / parametro *m*
Paraphrase *f* [Bch; Mus] / parafrasi *f*
Paravent *m* / paravento *m*
Parität *f* [EDV] / parità *f*
Paritäts|bit *n* [Komm] ⟨DIN 44302⟩ / bit di parità *m*
~**prüfung** *f* [Komm] ⟨DIN 44300/8E; DIN 44302⟩ / controllo di parità *m*
Parlamentaria *pl* / atti parlamentari *pl*
Parlaments|bibliothek *f* / biblioteca parlamentare *f*
~**schriften** *pl s. Parlamentaria*
Particell *n* [Mus] / particella *f*
partitive Benennung *f* [Ind] / termine partitivo *m*
~ **Relation** *f* [Ind] · relazione partitiva *f*
Partitur *f* / partitura *f* · (Auszug aus einer ~:) spartito *m* || *s.a. Dirigierpartitur; Gesangspartitur; Klavierauszug; Taschenpartitur*
Pasquill *n* / pasquinata *f*
Passepartout *n* / passe-partout *m*
Passer *m* [Druck] *s. Passkreuz*
Passionale *n s. Passionar*
Passionar *n* [Bch] / passionario *m*
passiver Leihverkehr *m s. nehmender Leihverkehr*
Passkreuz *n* [Repr] ⟨DIN 19040/113E⟩ / segno di riferimento *m* · crocino di riferimento *m* · crocetta di registro *f*
Passwort *n* [EDV] / pass word *m* · parola chiave *f* · codice di riconoscimento *m* · parola di riconoscimento *f* · identificazione (~ eingeben: immettere l'identificazione)
~**prüfung** *f* [EDV] / controllo di pass word *m*
Pastellzeichnung *f* / disegno a pastello *m*
Pasticcio *n* [Mus] / opera pasticcio *f*
Pastorale *n* / pastorale *m*
Patent *n* / (Erlaubnisschein:) patente *f* · (Recht zur Verwertung einer Erfindung:) brevetto *m*
~**amt** *n* / ufficio brevetti *m*
~**amtsbibliothek** *f* [Lib] / biblioteca dell'ufficio brevetti *f*
~**anmelder** *m* / richiedente di brevetto *m*
~**anmeldung** *f* / domanda di brevetto *f* · richiesta di brevetto *f*
~**anspruch** *m* / rivendicazione di brevetto *f*
~**blatt** *n* / gazzetta ufficiale dei brevetti *f*
~**dokument** *n* / documento brevettuale *m*
~**dokumentation** *f* / documentazione brevettuale *f*
~**erteilung** *f* / rilascio di brevetto *m*
patentfähig *adj* / brevettabile *agg*
Patentfähigkeit *f* / brevettabilità *f*

patentieren *v* / brevettare *v*
Patent|information *f* / informazione brevettuale *f*
~**inhaber** *m* / titolare di brevetto *m* · detentore di brevetto *m*
~**klassifikation** *f* / classificazione dei brevetti *f*
~**klassifikation** *f* / classificazione dei brevetti *f*
~**recherche** *f* / ricerca di brevetti *f*
~**schrift** *f* ⟨DIN 31631/4⟩ / brevetto *m*
~**schriftenauslegestelle** *f* / deposito di brevetti *m*
~**schriftensammlung** *f* / raccolta di brevetti *f*
~**verletzung** *f* / violazione di brevetto *f*
Paternoster *m* / paternoster *m*
Patientenbibliothek *f* / biblioteca per pazienti *f*
Patrize *f* [Druck] / punzone *m*
Patronymikon *n* / patronimico *m*
Pauschal|bestellung *f* [Erw] / ordine globale *m* · ordine permanente *m* · standing order *n*
~**gebühr** *f* / tassa globale *f* · contributo globale *m*
~**preis** *m* / prezzo globale *m*
~**satz** *m* / (Pauschalsumme:) somma forfettaria *f*
~**summe** *f* / somma forfettaria *f* · somma globale *f*
Pause 1 *f* (Zeitunterbrechung) / pausa *f*
Pause 2 *f* (Kopie einer Zeichnung) *s. Lichtpause*
Pauspapier *n* ⟨DIN 6730⟩ / carta da ricalco *f*
Pavillon *m* / padiglione *m*
PC *Abk* [EDV] *s. Personalcomputer*
PC-Netz *n* / rete di PC *f*
~**-Turm** *m* / torre PC *f*
Pension *f* / pensione *f*
pensionieren *v* / pensionare *v*
Pensionierung *f* / pensionamento *m*
Pergament *n* / pergamena *f* ‖ *s.a. Jungfernpergament*
~**blatt** *n* / foglio di pergamena *m* · foglio membranaceo *m*
~**(ein)band** *m* / legatura in pergamena *f*
~**handschrift** *f* / manoscritto membranaceo *m* · manoscritto in pergamena *m*
~**kodex** *m* / codice membranaceo *m*
~**leim** *m* / gelatina di pergamena *f*
~**papier** *n* / carta a pergamena *f*
~**rolle** *f* / rotolo di pergamena *m*

Pergamin *n* [Pp] *s. Pergaminpapier*
Pergaminpapier *n* / glassina *f* · carta pergamina *f*
Perikopenbuch *n* / (Lektionar:) lezionario *m*
Periodikum *n* (pl: Periodika) / periodico *m*
periodische Bibliographie *f* / bibliografia periodica *f*
periphere Einheit *f* [EDV] ⟨DIN 44300/5E⟩ / periferica *f*
peripherer Speicher *m* [EDV] ⟨DIN 44300/5E⟩ / memoria periferica *f*
Peripheriegerät *n* / unità periferica *f* · periferica *f*
Permanentspeicher *m* [EDV] / memoria permanente *f*
Permutation *f* [Ind] / permutazione *f*
Permutations|index *m* / indice permutato *m*
~**register** *n* / indice a permutazione *m*
permutieren *v* / permutare *v*
Personal *n* / personale *m* · (gemäß Stellenplan:) organico *m*
~**abbau** *m* / riduzione del personale *f* ‖ *s.a. Personalersparnis*
~**abteilung** *f* / ufficio del personale *m*
~**akte** *f* / cartella personale *f* · fascicolo personale *m*
~**akten** *pl* / fascicoli personali *pl*
~**ausgaben** *pl* / spese per il personale *pl*
~**ausstattung** *f* / dotazione di personale *f*
~**auswahl** *f* / selezione del personale *f*
~**ausweis** *m* / carta d'identità *f* · tessera di riconoscimento *f* · documento di riconoscimento *m*
~**bedarf** *m* / occorenza personale *f*
~**beschaffung** *f* / reclutamento del personale *m*
~**bestand** / organico *m* · consistenza del personale *f* ‖ *s.a. Stellenplan*
~**beurteilung** *f* / valutazione del personale *f* ‖ *s.a. Leistungsbewertung*
~**bibliographie** *f* / biobibliografia *f*
~**büro** *n* / ufficio personale *m*
~**chef** *m* / capo reparto personale · direttore del personale *m* · capo del personale *m*
~**computer** *m* / personal computer *m*
~**einsatz** *m* / impiego di personale *m* ‖ *s.a. personalintensiv*
~**einsparung** *f* / riduzione del personale *f*
~**entwicklung** *f* / sviluppo del personale *m*
~**ersparnis** *f* / risparmio sul personale *m* ‖ *s.a. Personalabbau; Personaleinsparung*
~**fluktuation** *f* / fluttuazione del personale *f*
~**führung** *f* / gestione del personale *f* · (Personalleitung:) direzione del personale *f*

Personalien *pl* (persönliche Daten) / dati anagrafici *pl* ‖ *s.a. personenbezogene Daten*
personalintensiv *adj* / ad alto impiego di personale *m*
Personal|kosten *pl* / spese per il personale *pl*
~**leiter** *m* / capo reparto personale
~**leitung** *f* / direzione del personale *f*
~**mangel** *m* / scarsità di personale *f* · carenza di personale *f* ‖ *s.a. Arbeitskräftebedarf; unterbesetzt*
~**rat** *m* / consiglio del personale *m*
~**raum** *m* / ripostiglio per il personale *m*
~**stelle** *f* [OrgM] *s. Personalbüro*
~**struktur** *f* / struttura del personale *f*
~**verband** *m* [OrgM] / associazione del personale *f* ‖ *s.a. Berufsverband*
~**versammlung** *f* / convegno del personale *m*
~**vertretung** *f* / rappresentanza del personale *f*
~**verwaltung** *f* / amministrazione del personale *f* · gestione del personale *f*
~**verzeichnis** *n* / elenco del personale *m*
personenbezogene Daten *pl* / dati personali *pl* · dati relativi a persone *pl* ‖ *s.a. Personalien*
Personen|daten *pl s. personenbezogene Daten*
~**katalog** *m* / catalogo di persone *m*
~**name** *m* ⟨DIN 31631/2⟩ / nome di persona *m*
~**namendatei** *f* [Kat] / (standardisiert:) authority file nomi personali *m*
~**register** *n* / indice delle persone *m*
~**rufanlage** *f* [Komm] / bip bip *m* · cercapersone *m*
~**schlagwort** *n* [Kat] ⟨DIN 31631/2; RSWK⟩ / (als Unterschlagwort:) suddivisione biografica *f* · (als Hauptschlagwort:) intestazione biografica *f*
Personenschlüssel *m* [Klass] / suddivisione standardizzata delle persone
Personen|zahl *f* [Class/UDC] *s. allgemeine Ergänzungszahl der Personen und persönlichen Merkmale*
Pertinenz *f* [Ind] / pertinenza *f*
Petit *f* [Druck] / corpo otto punti *m*
Pfad *m* [Inform] / cammino *m* · percorso *m* ‖ *s.a. Navigationspfad*
~**tabelle** *f* [ElPubl] / tabella dei percorsi *f*
Pfand *m* / pegno *m* · (hinterlegte Sache:) deposito *m*
Pfarrbücherei *f* / biblioteca parocchiale *f*
Pfeil|diagramm *n* [Ind] / diagramma di freccia *f*
~**richtung** *f* / senso delle frecce *m*
~**symbol** *n* (auf dem Bildschirm) [EDV] / icona di freccia *f*
~**taste** *f* [EDV] / tasto freccia *m*
Pflanzenbuch *n* ⟨RAK-AD⟩ / erbario *m*
Pflege *f* (von Büchern) / conservazione *f* (di libri)
Pflicht|abgabe *f* (von Neuerscheinungen) / deposito obbligatorio *m* · deposito legale *m* · consegna obbligatoria *f* ‖ *s.a. Pflichtexemplarabgabe*
Pflichtenheft *n* [EDV] / specifica di programma *f*
Pflichtexemplar *n* [Jur; Erw] / esemplare d'obbligo *m* · esemplare del deposito legale *m* · copia d'obbligo *f*
~**abgabe** *f* [Erw] / deposito obbligatorio degli stampati *m* ‖ *s.a. Pflichtabgabe*
~**bestimmungen** *pl* [Jur; Erw] / norme relative al deposito legale *pl*
~**bibliothek** *f* / biblioteca del deposito legale *f*
~**gesetz** *n* / legge sul deposito obbligatorio degli stampati *f*
~**recht** *n* / diritto del deposito legale *m*
Pflicht|fach *n* (in einem Studium) / materia obbligatoria *f* · materia fondamentale *f*
~**lektüre** *f* [Ausb] / lettura obbligatoria *f*
~**schule** *f* / scuola dell'obbligo *f*
~**stelle** *f* [OrgM] / ufficio deposito legale *m* · sezione deposito obbligatorio *f*
~**stück** *n* [Erw] *s. Pflichtexemplar*
~**veranstaltung** *f* (an einer Hochschule) / lezione obbligatoria *f*
~**vorlesung** *f* / lezione obbligatoria *f*
Pförtner *m* / portinaio *m*
Pfosten *m* (einer Regaleinheit) / montante *m* ‖ *s.a. Mittelpfosten*
Pharmakopöe *f* / farmacopea *f* ‖ *s.a. Rezeptbuch*
pH-Indikator *m* / ph metro *m*
phonetische Schrift *f s. Lautschrift*
Phonothek *f* / fonoteca *f*
Photo... [Repr] ‖ *s.a. Foto...*
Photo|gravüre *f* [Druck] / eliogravura *f* · fotoincisione *f* · fotocalcografia *f*
~**lithographie** *f* / fotolitografia *f*
Phrase *f* [Lin] / frase *f*
Phraseonym *n* / fraseonimo *m*
pH-Wert *m* [s] / valore pH *m*
physikalische Adresse *f* [EDV] / indirizzo fisico *m* ‖ *s.a. Maschinenadresse*
physische Einheit *f* / unità fisica *f*

physischer Datenträger *m* [EDV] / supporto fisico *m*
~ **Satz** *m s. Block*
pigmentiert *part perf* / pigmentato *part pt*
Pikto|gramm *n* / pittogramma *m* ‖ *s.a. Bildzeichen*
~**graphie** *f s. Bilderschrift*
Pilot|projekt *n* / progetto pilota *m*
~**studie** *f* / studio pilota *m*
Pinnwand *f* / pannello d'affissione *m* ‖ *s.a. Magnethafttafel*
Pinsel *m* / pennello *m*
Pinselzeichnung *f* / disegno a pennello *m*
Pixel *n* / pixel *m*
Pixelauflösung *f* (Auflösung in Bildpunkte) / risoluzione in puntini *f*
Pixelierung *f* (Bildverarbeitung) / risoluzione in puntini *f*
Plagiat *n* [Bch] / plagio *m*
Plagiator *m* / plagiario *m*
Plakat *n* / poster *m* · cartellone *m* · manifesto *m*
~**tafel** *f* / tabellone *m*
Plaketteneinband *m* / legatura a placchetta *f*
Plan / (Vorhaben:) progetto *m* · piano *m* · (Übersichtskarte:) pianta *f* · (Programm:) programma ‖ *s.a. Stadtplan*
planen *v* / (projektieren:) progettare *v* · programmare *v* · pianificare *v*
Planetarium *n* [NBM] ⟨ISBD(CM; NBM)⟩ / planetario *m*
Planfilm *m* [Repr] ⟨DIN 31631/4; A 2654⟩ / microscheda *f* ‖ *s.a. Microfiche*
planmäßiges Personal *n* (auf Planstellen eingewiesenes Personal) / personale di ruolo *m*
Planoformat *n* [Pp] / in plano
Planstelle f / posto di ruolo organico *m* ‖ *s.a. Stellenplan*
Planung *f* [OrgM] / programmazione *f* · progettazione *f* · pianificazione *f* ‖ *s.a. Raumplanung*
Planzeiger *m* (Koordinatenzeiger) [Kart] ⟨RAK-Karten⟩ / coordinatometro *m*
Plastic-Bindung *f* [Bind] *s. Kammbindung*
Plastik *f* (Skulptur) [Kunst] ⟨DIN 31631/4⟩ / scultura *f*
Plastik|hülle *f* / busta di plastica *f*
Platine *f* [EDV] / piastrina *f* ‖ *s.a. Hauptplatine*
Platte 1 *f* (Brett; Tafel) / pannello *m* · piastra *f* · placca *f* · lastra *f* · tavola *f*
Platte 2 *f* [Druck] / lastra *f* ‖ *s.a. Druckstock*
Platte 3 *f* [Bind] *s. Plattenstempel*
Platte 4 *f* [EDV] / (Festplatte:) disco rigido ‖ *s.a. Magnetplatte*
Platte 5 *f* [NBM] / (Schallplatte:) disco fonografico *m* · disco *m*
Platte-Betriebssystem [EDV] / sistema operativo su disco *m*
Platten|einband *m* / legatura a placca *f*
~**firma** *f* [NBM] / casa discografica *f* ‖ *s.a. Produktionsfirma*
~**herstellung** *f* (für den Offsetdruck) / fabbricazione di lastre offset
~**hülle** *f* [NBM] / busta · copertina di disco *f*
~**kassette** *f* [EDV] / contenitore del disco *m*
~**label** *n* (bei einer Schallplatte) / etichetta del disco *f*
~**laufwerk** *n* [EDV] / unità a disco *f*
~**nummer** *f* [Mus] *s. Druckplattennummer*
~**rand** *m* (bei einem Kupferstich) / impronta del rame *f*
~**speicher** *m* [EDV] ⟨DIN 6600⟩ / memoria a disco *f*
~**spieler** *m* (für Schallplatten) [NBM] / giradischi *m*
~**stapel** *m* [EDV] ⟨DIN ISO 5653⟩ / pila di dischi *f*
~**stempel** *m* [Bind] / placca *f*
~**teller** *m* (des Schallplattenspielers) [NBM] / piatto del giradischi *m*
~**wechsler** *m* [NBM] / cambiadischi *m*
Platzbedarf *m* / esigenze di spazio *pl*
platzsparend *part praes* / occupante poco spazio *part pres*
Plausibilitäts|kontrolle *f* / controllo di plausibilità *m*
~**prüfung** *f* [EDV] / controllo di plausibilità *m* ‖ *s.a. Gültigkeitsprüfung*
Plenarversammlung *f* / assemblea plenaria *f*
Pleonasmus *m* / pleonasmo *m*
Plotter *m* [EDV] ⟨DIN 44300/5E⟩ / plotter *m*
Pluszeichen *n* (+) [Schr; Druck] / segno di addizione *m* · segno di più *m*
PLZ *Abk s. Postleitzahl*
Podest *m* / piedistallo *m*
Pointillé-Stil *m* [Bind] / stile pointillè *m*
Polarität *f* [Repr] / polarità *f*
polieren *v* [Bind] / brunire *v* · levigare *v*
Polierstein *m* [Bind] *s. Glättzahn*
Polyglotte *f* [Bch] / poliglotta *f*
polyglottes Wörterbuch *n* / dizionario poliglotto *m*
Polyhierarchie *f* [Ind; Class] ⟨DIN 32705⟩ / poligerarchia *f*

Polyptichon *n* [Bch] / polittico *m*
Polysem *n* [Lin] / polisemo *m*
Polysemie *f* [Lin] / polisemia *f*
Polytype *f* [Druck] / politipo *m*
Pontifikale *n* / pontificale *m*
populärwissenschaftliches Buch *n* / libro di divulgazione scientifica *f* ‖ *s.a. Sachliteratur*
Population *f* (Grundgesamtheit) / popolazione *f*
Pornographie *f* / pornografia *f*
Port *m* [EDV] / porta *f*
Portabilität *f* (eines Programms) [EDV] / mobilità *f* (di programma)
Porto *n* [Komm] *s. Postgebühr*
portofrei *adj* / porto pagato *m* · franco di porto
Porto|kosten *pl* / spese postali *pl*
~lankarte *f* / portolano *m*
Porträt *n* [Kunst] ⟨DIN 31631/4⟩ / ritratto *m*
~verzeichnis *n* / repertorio di ritratti *m*
Portulankarte *f* [Kart] *s. Portolankarte*
Position *f* / posizione *f*
positionieren *v* / posizionare *v*
Positionierung *f* / posizionamento *m*
Positions|marke *f* [EDV] ⟨DIN 66233/1⟩ *s. Schreibmarke*
Positiv *n* [Repr] ⟨A 2654⟩ / positivo *m*
~bild *n* [Repr] ⟨DIN 19040/1⟩ / immagine positiva *f*
positiv erledigte Bestellung *f* [Ben] / richiesta soddisfatta *f* ‖ *s.a. Prozentsatz der positiv erledigten Bestellungen*
Positivfilm *m* / pellicola positiva *f*
Positiv|kopie *f* [Repr] / copia positiva *f*
Post *f* / posta *f* (mit getrennter ~:in plico separato)
~beutel *m* / sacco postale *m*
Posten *m* (auf einer Rechnung) *s. Rechnungsposten*
Poster *n s. Plakat*
Post|fach *n* / casella postale *f*
~gebühr *f* / porto *m* · tassa postale *f* ‖ *s.a. Auslandsporto; Inlandsporto*
posthumes Werk *n s. postumes Werk*
Postille *f* / (Erbauungsbuch:) libro di devozione *m* · (Predigtsammlung:) raccolta di prediche *f*
Post-Inkunabel *f* / post-incunabolo *m*
~karte *f* / cartolina postale *f*
~koordination *f* [Ind] / postcoordinazione *f*
postkoordiniertes Indexieren *n* [Ind] / indicizzazione postcoordinata *f*
Post|leitzahl *f* (PLZ) [Komm] / Codice di Avviamento Postale *m* · CAP *abbr*
~schließfach *n* / casella postale *f*
~skriptum / postscritto *m*
~stelle *f* [OrgM] / ufficio postale *m* ‖ *s.a. Versandstelle*
~stempel *m* / timbro postale *m*
postum *adj* / postumo *agg*
postumes Werk *n* / opera postuma *f*
potenzieller Benutzer *m* / utente potenziale *m*
Pracht|ausgabe *f* / edizione di lusso *f* ‖ *s.a. Liebhaberausgabe*
~einband *m* [Bind] / legatura di lusso *f*
Prädikatenlogik *f* / logica predicativa *f*
Präfix *n* / prefisso *m*
Präge|apparat *m* / goffratrice *f*
~druck *m* [Bind] / goffratura *f* · goffraggio *m* ‖ *s.a. Ziselierung*
~folie *f* [Bind] / lamina adesiva *f*
~material *n* [Bind] / materiale di sbalzatura *m*
prägen *v* [Bind] / imprimere *v* · stampare *v* · goffrare *v*
Präge|papier *n* / carta goffrata *f*
~presse *f* [Bind] / goffratrice *f* · bilanciere *m* · trancia *f*
~stempel *m* [Bind; Büro] / timbro a secco *m*
~verzierung *f* / decorazione alla trancia *f*
Präkoordination *f* [Ind] / precoordinazione *f*
präkoordiniertes Indexieren *n* [Ind] / indicizzazione precoordinata *f*
Praktikant *m* / praticante *m*
Praktiker *m* [Pers] / pratico *m*
Praktikum *n* / (Zeit des Praktikums:) periodo di pratica *m* ‖ *s.a. Betriebspraktikum*
prämiiert *part perf* / premiato *part pt*
Präsentation *f* / presentazione *f*
Präsentationsgraphik *f* / grafico di presentazione *m*
Präsenz|benutzung *f* / consultazione in sede *f* · lettura in sede *f*
~bestand *m* / raccolta di libri di consultazione *f* ‖ *s.a. nichtverleihbare Materialien*
~bibliothek *f* / biblioteca di consultazione *f*
~exemplar *n* / esemplare escluso dal prestito *m*
Präses *m* (bei einere Dissertation) / preside *m*
Präsident *m* / presidente *m*
Praxis *f* / pratica *f*
~semester *n* / semestre di pratica *m*

Predigtsammlung *f* / raccolta di prediche *f*
Preis *m* / prezzo *m* ‖ *s.a. Höchstpreis; Schätzpreis; Vorzugspreis*
~änderung *f* / mutamento di prezzo *m*
~anfrage *f* / richiesta di prezzo *f*
~angabe *f* / indicazione di prezzo *f*
~angebot *n* / offerta di prezzo *f* ‖ *s.a. Kostenvoranschlag*
~bildung *f* / formazione dei prezzi *f*
~bindung *f* / imposizione del prezzo *f* ‖ *s.a. Buchpreisbindung; fester Ladenpreis*
~erhöhung *f* / (Verteuerung:) rincaro *m*
~ermäßigung *f* / riduzione del prezzo *f* ‖ *s.a. Preisnachlass*
~herabsetzung *f s. Preisermäßigung*
~index *m* / indice dei prezzi *m*
~liste *f* / listino dei prezzi *m*
Preisnachlass *s. Nachlass 1*
Preis|schrift *f* [Bch] ⟨RAK-AD⟩ / opera di premio *f*
Pressbrett *n* [Bind] / tavola da pressa *f*
Presse 1 *f* [Bind] / pressa *f* ‖ *s.a. Prägepresse; Vergoldepresse*
Presse 2 *f* [Druck] / pressa *f* · torchio *m* ‖ *s.a. Handpresse*
Presse 3 *f* (Zeitungen insgesamt) / stampa
~agentur *f* / agenzia di stampa *f*
~datenbank *f* / banca dati stampa *f*
~freiheit *f* / libertà di stampa *f*
~information *f* / comunicato stampa *m*
~konferenz *f* / conferenza stampa *f*
Pressen *n* [Bind] / pressatura *f*
Pressendruck *m* / edizione bibliofila *f* (di un'officina tipografica privata) · edizione privata *f* ‖ *s.a. Privatdruck*
Presse|recht *n* / diritto di stampa *m*
~schau *f* / rassegna stampa *f*
~stelle *f* / ufficio stampa *m*
Pressvergoldung *f* [Bind] / doratura a stampa *f*
Primär|bibliographie *f* / bibliografia di prima mano *f*
~dokument *n* ⟨DIN 31639/2⟩ / documento primario *m*
primäre Informationsquelle *f* [Kat] ⟨ISBD(M; PM)⟩ / fonte principale d'informazione *f*
Primär|programm *n* [EDV] / programma sorgente *m*
~publikation *f* / pubblicazione primaria *f*
~speicher *m* [EDV] *s. Arbeitsspeicher*
~sprache *f* [EDV] / linguaggio sorgente *m*
Printmedien *pl* / stampa cartacea *f*
Priorität *f* / priorità *f*
Prioritätenfolge *f* [Kat] / ordine di priorità *m*
Privat|archiv / archivio non statale *m* · archivio privato
~bibliothek *f* / biblioteca privata *f*
~dozent *m* / libero docente *m*
~druck *m* / edizione fuori commercio *f* · edizione di una tipografia privata *f*
~presse *f* [Bch] / stamperia privata *f* · tipografia privata *f*
~sphäre *f* / sfera privata *f*
Privileg *n* (als Schutz gegen Nachdruck) [Bch] / privilegio *m* ‖ *s.a. Druckprivileg*
Probe *f* / (Probestück; Probemenge; Muster:) campione *m* · saggio *m*
Probe *f* / prova *f*
~abonnement *n* / abbonamento di prova *m*
~abzug *m* [Druck] / fogli di prova *pl* · prova *f*
~aufnahme *f* [NBM] / prova di registrazione *f*
~band *m* / modello *m* (del libro) · menabò *m* · volume di saggio *m* · volume campione *m* ‖ *s.a. Blindband*
~befragung *f* / inchiesta di prova *f*
~bestellung *f* / ordine di prova *m*
~druck *m* / (allgemein:) prova *f* · prova di stampa *f* · saggio *m* · campione *m*
~druck *m* / (Zustandsdruck:) prova di stato *f*
~exemplar *n s. Ansichtsexemplar*
~heft *n* [Erw] / numero di saggio *m* · (Probeexemplar:) copia campione *f*
~lauf *m* / fase di prova *f* · prova di funzionamento *f*
~nummer *f s. Probeheft*
~seite *f* [ElPubl] / pagina di prova *f*
~zeit *f* / periodo di prova *m*
Problemlösungsfähigkeit *f* / facoltà di solvere problemi *f*
problemorientiert [OrgM] / orientato ai problemi *part pt*
problemorientierte Programmiersprache *f* / linguaggio orientato ai problemi *m*
Produktions|faktor *m* / fattore produttivo *m*
~firma *f* / ditta produttrice *f* ‖ *s.a. Plattenfirma*
~plan *m* / programma di produzione *m*
produktiv *adj* / produttivo *agg*
Produktivität *f* / produttività *f* ‖ *s.a. Arbeitsproduktivität*
Produktkatalog *m s. Verkaufskatalog*
Produzent *m* (eines Films) [NBM] / produttore *m*

Professorenbibliothekar *m* / bibliotecario professore *m*
Profil *n* [Kart] ⟨ISBD(CM); RAK-Karten⟩ / profilo *m*
Profildienst *m s. selektive Informationsverbreitung (SDI)*
Pro-Forma-Rechnung *f* / fattura proforma *f*
Prognostikum *n* [Bch] / prognostico *m*
Programm *n* [EDV] ⟨DIN 44300/4E⟩ / programma ‖ *s.a. Anwenderprogramm; Maschinenprogramm; Mikroprogramm; Sortierprogramm*
~**ablauf** *m* [EDV] ⟨DIN 44300/4E⟩ / girata del programma *f* · flusso di programma *m* ‖ *s.a. Programmlauf*
~**ablaufplan** *m* [EDV] ⟨DIN 44300/4E⟩ / diagramma di flusso del programma *m*
~**absturz** *m* / crollo di programma *m* · guasto di programma *m*
~**anfangsadresse** *f* / indirizzo inizio programma *m*
~**arbeit** *f* (einer Bibliothek) / attività divulgativa della biblioteca
~**austestung** *f* / correzione errori di programmazione *f* ‖ *s.a. austesten*
~**baustein** *m* [EDV] ⟨DIN 44300/1E⟩ / modulo di programma *m*
~**bibliothek** *f* / libreria dei programmi *f*
~**dokumentation** *f* [EDV] ⟨DIN 66230⟩ / documentazione di programma *f*
~**fehler** *m* [EDV] / errore di programmazione · errore di programma *m* ‖ *s.a. Programmaustestung*
programmgesteuert *part perf* [EDV] / controllato da programma *part pt* · comandato da programma *part pt*
Programmieraufwand *m* [EDV] / sforzo di programmazione *m*
programmierbar *adj* [EDV] / programmabile *agg*
programmieren / programmare *v*
Programmierer *m* [Pers] / programmatore *m*
Programmier|fehler *m* / errore di programmazione
~**sprache** *f* / linguaggio di programmazione *f* ‖ *s.a. höhere Programmiersprache; maschinenorientierte Programmiersprache; Maschinensprache; niedrige Programmiersprache; problemorientierte Programmiersprache; verfahrensorientierte Programmiersprache*
~**system** *n* [EDV] ⟨DIN 44300/4E⟩ / sistema di programmazione *m*

programmierte Unterweisung *f* / istruzione programmata *f*
Programmierung *f* [EDV] / programmazione *f*
Programm|lauf *m* / girata del programma *f* · esecuzione del programma *f*
~**paket** *n* / pacchetto di programmi *m* · pacchetto di software *m*
~**pflege** *f* / manutenzione del programma *f*
~**schleife** *f* [EDV] *s. Schleife*
~**verzweigung** *f* [EDV] *s. Verzweigung*
~**wartung** *f* [EDV] *s. Programmpflege*
~**zeitschrift** *f* (Rundfunkprogramme enthaltend) / rivista di programmi radiotelevisivi *f*
Projekt *n* / progetto *m*
~**beratung** *f* / consulenza di progetto *f*
~**gruppe** *f* / gruppo di progetto *m*
projektieren *v* / progettare *v*
Projektierung *f* / progettazione *f*
Projektion 1 *f* [NBM] / proiezione *f* ‖ *s.a. Stehbildprojektion; Diaprojektion*
Projektion 2 *f* [Kart] ⟨ISBD(CM); RAK-Karten⟩ *s. Kartenprojektion*
Projektions|fläche *f* [NBM] / superficie di proiezione *f*
~**lampe** *f* [NBM] / lampada di proiezione *f*
~**wand** *f* [NBM] / schermo di proiezione *m*
Projektleiter *m* / capoprogetto *m*
Projektor *m* [NBM] ⟨DIN 19090/1⟩ / proiettore *m* ‖ *s.a. Dia-Projektor; Filmprojektor; Tageslichtprojektor*
Promotionsordnung *f* / regolamento del dottorato *m*
Proportional|schrift *f* / scrittura con spaziatura proporzionale *f*
Prorektor *m* / prorettore *m*
Prosaliteratur *f* / letteratura in prosa *f*
Proseminar *n* [Ed] / proseminario *m*
Prospekt *m* / prospetto *m* · (Faltblatt:) pieghevole *m* ‖ *s.a. Verlagsprospekt; Werbezettel*
Protokoll *n* / (Sitzungsprotokoll:) verbale *m* · (Festlegung einer Übereinkunft:) protocollo *m* ‖ *s.a. Abnahmeprotokoll; Kommunikationsprotokoll; Sitzungsprotokoll*
protokollieren *v* / protocollare *v*
Provenienz *f* [Erw; Arch] / provenienza *f*
~**prinzip** *n* / principio di provenienza *m*
Provinzialbibliothek *f* / biblioteca provinciale *f*
provisorische Katalogisierung *f s. Interimskatalogisierung*
Prozedur *f* / procedimento *m* · procedura *f* ‖ *s.a. rekursive Prozedur*

~anweisung *f* [EDV] / istruzione di procedimento *f*
Prozent *1* (n) / percento *m*
Prozentsatz *m* / tasso percentuale *m* · percentuale *f*
~ **der positiv erledigten Besetellungen** *m* / percentuale delle richieste soddisfatte *f*
Prozess *m* [EDV] ⟨DIN 44300/1E⟩ / processo *m*
Prozessor *m* [EDV] ⟨DIN 44300/5E⟩ / processore *m*
~kamera *f* [Repr] / camera processore *f*
~zeit *f* [EDV] / tempo di processore *m*
Prozess|rechensystem *n* [EDV] *s. Prozessrechner*
~rechner *m* [EDV] ⟨DIN 66201/1⟩ / calcolatore di processo *m* · sistema per il controllo di processo *m*
~steuersystem *n* / sistema per il controllo di processo *m*
~überwachung *f* [EDV] / monitoraggio dei processi *m*
Prüfbit *n* [EDV] / bit di controllo *m*
prüfen *v* / (erproben:) provare *v* · (kritisch untersuchen:) esaminare *v*
Prüfer *m* / esaminante *m/f* · esaminatore *m*
Prüf|exemplar *n* / esemplare di saggio *m* · copia in esame *f* · copia campione *f* ‖ *s.a. Ansichtsexemplar; zur Ansicht*
~norm *f* / norma di controllo *f* · norma per metodi di prova *f*
~programm *n* [EDV] / programma di prova *m* ‖ *s.a. grammatisches Prüfprogramm*
Prüfung *f* / esame *m* (eine ~bestehen: superare un esame) · (Erprobung:) prova *f* · (Kontrolle:) controllo *m* ‖ *s.a. Examensarbeit; Funktionsprüfung; Hausarbeit; mündliche Prüfung; schriftliche Prüfung; Staatsexamen; Wiederholungsprüfung*
Prüfungs|anforderungen *pl* / esigenze d'esame
~arbeit *f* / (schriftlich:) prova d'esame scritta *f* · (Prüfungsaufgabe:) compito d'esame
~aufgabe *f* / (Prüfungsthema:) tema d'esame *m* · compito d'esame *m*
~ausschuss *m* / commissione d'esami *f* · commissione esaminatrice *f*
~fach *n* / materia d'esame *f*
~ordnung *f* / regolamento degli esami *m*
~plan *m* (Zeitplan) / calendario degli esami *m*
~thema *n* / tema d'esame *m*
~zeugnis *n* / diploma *m* · certificato d'esame *m*
Prüf|zeichen *n* [EDV] / carattere di controllo *m*
~ziffer *f* [EDV] / cifra di controllo *f* · numero di controllo *m*
Psalter *m* [Bch] ⟨RA-AD⟩ *s. Psalterium*
Psalterium *n* ⟨DIN 31631/4⟩ / salterio *m*
Pseudonym *n* / pseudonimo *m*
Publikation *f* / pubblicazione *f*
Publikations|art *f* / tipo di pubblicazione *m* · tipo di opera *m*
~form *f s. Publikationsart*
~wesen *n* / editoria *f*
Publikum *n* / pubblico *m*
Publikums|katalog *m s. Benutzerkatalog*
~zeitschrift *f* / rivista di consumo *f*
publizieren *v* / pubblicare *v*
Publizieren bei/nach Bedarf *n* / pubblicazione secondo domanda *f* · pubblicazione su richiesta *f*
Puffer|kapazität *f* [EDV] / capacità di buffer *f*
puffern *v* [EDV] / tamponare *v*
Puffer(speicher) *m(m)* [EDV] ⟨DIN 44300/6E⟩ / memoria di transito *f* · buffer *m*
Pufferung *f* / (von Papier:) deacidificazione *f* · (EDV:) tamponatura *f*
Pugillarium *n* / pugillario *m*
Pulscodemodulation *f* [Komm] / modulazione a codice d'impulso *f*
Pult *n* (zur Ablage eines Buches in einer mittelalterlichen oder frühneuzeitlichen Bibliothek) / leggio *m* · pluteo *m* ‖ *s.a. Lesepult*
~regal *n* [Druck] *s. Setzregal*
Pulver *n* / polvere *m*
Punkt 1 *m* (.) [Schr; Druck] / punto *m* ‖ *s.a. Pünktchen; Rasterpunkt*
Punkt 2 *m* (Einheit des typographischen Systems) / punto tipografico *m* (10-Punkt-Schrift: corpo dieci) ‖ *s.a. Schriftgrad; Sechs-Punkt-Schrift*
Pünktchen *n* [Schr; Druck] / puntino *m*
Punktdichte *f* (Bildverarbeitung) / densità dei punti *f*
punktieren *v* [Bind] / punteggiare *v*
Punktiermanier *f* [Kunst] / incisione a puntinato / punteggiato *m*
punktierte Linie *f* / linea punteggiata *f*
Punkt|manier *f* [Kunst] *s. Punktiermanier*
~schrift *f* / scrittura Braille *f*
~buch *n* / libro Braille *m*

Punktur *f* (in einer mittelalterlichen Handschrift) / puntura *f*

Punkt-zu-Punkt-Verbindung *f* [Komm] ⟨DIN 44302⟩ / connessione punto-punto *f*

Punze *f* [Druck] / punzone *m* · (Innenfeld einer Drucktype:) occhio *m*

punzen *v* [Druck] / punzonare *v*

purgierte Ausgabe *f* / edizione purgata *f* *s. bereinigte Ausgabe*

Purpurkodex *m* / codice purpureo *m*

Puzzle *n* [NBM] ⟨ISBD(NBM)⟩ / puzzle *m*

Q

Quadrata *f* [Schr] / scrittura capitale quadrata *f*

quadrophonisch *adj* [NBM] / quadrifonico *agg*

Qualifikator *m* (zur Differenzierung der verschiedenen Bedeutungen von Homographen) [Ind] / qualificatore *m*

qualifizierender Zusatz *m* (zur Erläuterung eines Schlagworts) [Ind] / qualificazione *f* · qualificatore 1 *m*

Qualität *f* ⟨ISO 8402⟩ / qualità *f*

Qualitäts|anforderungen *pl* / requisiti di qualità *pl*

~bewertung *f* [OrgM] / valutazione di qualità *f*

~kontrolle *f* [OrgM] / controllo di qualità *m*

~lenkung *f* ⟨ISO 9000-1, A5⟩ / controllo di qualità *m*

~minderung / scadenza della qualità *f*

~norm *f* / norma di qualità *f*

~sicherung *f* [OrgM] ⟨ISO 9000-1,A.6⟩ / assicurazione della qualità *f*

~steigerung *f s. Qualitätsverbesserung*

~verbesserung *f* ⟨ISO 9000,A.7⟩ / miglioramento della qualità *m*

Quart|band *m* / volume in-quarto (4°) *m*

~format *n* [Bch] / formato in-quarto (4°) *m*

Quarzlampe *f* / lampada a raggi ultravioletti *f* · lampada a quarzo *f* · lampada di Wood *f*

Quasi-Synonym *n* [Lin] / quasi-sinonimo *m*

~-Synonymie *f* [Lin] / quasi-sinonimia *f*

Quatern(e) *m(f)* [Bch] / quaternione *m*

Quellen|angabe *f* / indicazione delle fonti *f*

~programm *n* [EDV] *s. Quellprogramm*

~thesaurus *m* [Ind] / thesaurus sorgente *m*

~werk *n* / raccolta di fonti *f*

Quell|programm *n* / programma sorgente *m*

~sprache 1 *f* (bei der Umwandlung von Anweisungen in der einen Programmiersprache in solche einer anderen Programmiersprache) [EDV] ⟨DIN 44300/4E⟩ / linguaggio sorgente *m*

~sprache 2 *f* [Lin] / lingua di partenza *f*

Quer-Folio *n* (quer-2°) [Bch] / in-folio oblungo

~format 1 *n* (der Bildanordnung auf einem Mikro-Rollfilm) [Repr] / formato orizzontale *m s.a. horizontale Bildlage*

~format 2 *n* [Bch] / formato oblungo *m* · formato orizzontale *m*

~-Oktav *n* [Bch] / in-ottavo oblungo

~richtung *f* (des Papiers) / direzione trasversale *f* (della carta)

~schnittsthesaurus *m* [Ind] / thesaurus tematico *m*

~strich *m* [Scritt; Tip] / barra trasversale *f*

Quintern(e) *m(f)* [Bch] / quinterno *m*
Quittung *f* / ricevuta *f* ‖ *s.a. Empfangsquittung*
Quittungsaustausch(betrieb) *m(m)* [EDV] *s. Quittungsbetrieb*
Quittungsbetrieb *m* [Komm] / handshaking *m*
Quote *f* / indice *m* · tasso *m* · quota *f* · (Prozentsatz:) percentuale *f* ‖ *s.a. Antwortquote; Diebstahlsquote; Einschaltquote; Fehlerquote; Relevanzquote; Trefferquote*

Quotensystem *n* / sistema di quotazione *m*

R

Rabatt *m* / sconto · ribasso *m* ‖ *s.a. Barzahlungsrabatt; Mengenrabatt; Mindestrabatt; Skonto; Vorzugsrabatt*
radieren *v* (eine Schrift ~) / raschiare *v* ‖ *s.a. ausradiert*
Radierer *m* [Kunst] / acquafortista *m* ‖ *s.a. Stecher*
Radier|gummi *m* / gomma da cancellare *f*
~**nadel** *f* [Kunst] / punta di aquaforte *f*
Radierung *f* [Kunst] / acquaforte *f* · intaglio ad acquaforte *m* · (Verfahren:) incisione all'acquaforte ‖ *s.a. Kaltnadelradierung; Weichgrundradierung*
Rähmchen *n* (Teil einer Handpresse) [Druck] / fraschetta *f*
rahmen *v* / incorniciare *v*
Rahmen|bedingungen *pl* / condizioni generali *pl*
~**gesetz** *n* / legge quadra *f*
~**ordnung** *f* / regolamento quadro *m*
~**programm** *n* / programma quadro *m*
~**vertrag** *m* / accordo cornice *m*
Rahmung / riquadratura *f s. Bordüre*
Rampe *f* / rampa *f*
Ramsch(bücher) *m(pl)* / libri remainder *pl* · (zu um die Hälfte herabgesetzten Preisen:) libri del metà prezzo *pl* · (Lagerbestand:) giacenze di magazzino cedute in blocco dall'editore a prezzi ridotti
~**buchhandlung** *m* [Bch] *s. modernes Antiquariat*
Rand *m* [Bch] / margine *m* (mit ganzen Rändern: a pieni margini) ‖ *s.a. breitrandig*
~**ausgleich** *n* [Schr] / allineamento di margine *m* ‖ *s.a. Flattersatz*
~**bemerkung** *f* / notazione a margine *f* · postilla *f* (mit ~en:postillato) · nota marginale *f*
~**bereich** *m* (eines Faches) / area periferica *f* (di una disciplina)
~**beschnitt** *m* [Bind] / smarginatura *f*
~**einbettung** *f* [Rest] / bordatura *f*
~**feld** *n* (auf einem Bildschirm) ⟨DIN 66233/1⟩ / area circostante *f*
~**gebiet** *n* (eines Faches) / campo affine *m* · area periferica *f* (di una disciplina)
~**gruppe** *f* / gruppo marginale *m*
~**leiste** *f* / riquadro *m* · (Rahmen:) cornice *f*
~**lochkarte** *f* / scheda a perforazione marginale *f*
~**notiz** *f s. Randbemerkung*
Randomisierung *f* / randomizzazione *f*
Random-Speicher *m* [EDV] / memoria di accesso casuale *f*
Rand|schärfe *f* [Repr] / nitidezza dei contorni *f*
~**schleier** *m* [Repr] / velatura di margine *f*
~**überschrift** *f* / titolo marginale *m*
~**überzeichnung** *f* [Kart] / smarginatura *f*
~**vermerk** *m s. Marginalie*
~**ziffer** *f* [Druck] / cifra marginale *f*
Rang *m* / grado *m*

~**folge** *f* / (von Personen:) graduatoria *f* · (Programmieren:) priorità *f* ‖ *s.a. Rang(ordnungs)skala*
~**ordnung** *f s. Rangfolge*
~**(ordnungs)skala** *f* / classifica *f*
Ranken *pl* [Bind] / motivi a fogliami *pl*
rapportierendes Muster *n* [Bind] / ornamento a ripetizione *m*
Rara *pl* / libri rari *pl* · materiale raro *m*
~**-Sammlung** *f* / sezione libri rari *f*
räsonierende Bibliographie *f* / bibliografia ragionata *f*
Raster *m* / reticolo *m* · retino *m* ‖ *s.a. Kontaktraster*
~**ätzung** *f* (Rasterklischee) [Druck] ⟨DIN 16514⟩ / autotipia *f*
~**bild** *n* / immagine a mezzatinta retinata *f*
~**dichte** *f* [ElPubl] / densità di trama *f*
~**drucker** (m) / stampante a punti *f*
~**grafik** *f* / grafica tipo raster *f*
~**klischee** *n* [Druck] *s. Rasterätzung*
rastern *v* [Druck] / retinare *v*
Raster|punkt *m* [Druck] / punto di retino *m*
Rasterung *f* [Druck] / retinatura *f*
Rat *m* / consiglio *m*
Rate *f* / (Teilzahlungsbetrag:) rata *f* · (Verhältnis zweier Größen:) tasso *m* ‖ *s.a. Transferrate; Verlustrate; Zuwachsrate*
Raten|verkauf *m* / vendita rateale *f*
~**zahlung** *f* / pagamento rateale *m*
Ratgeberbuch *n* / consigliere *m*
rationalisieren *v* / razionalizzare *v*
Rat|sbibliothek *f* / biblioteca del consiglio municipale *f*
~**smitglied** *n* (Mitglied in einer kommunalen Selbstverwaltungskörperschaft) / membro del consiglio municipale *m*
Raub|druck / copia abusiva *f* · edizione pirata *f* · edizione contraffata *f*
~**drucker** *m* / tipografo pirata *m*
~**druck(wesen)** *m(n)* [Bch] / editoria pirata *f*
~**kopie** *f* / copia pirata *f*
Raum *m* / spazio *m* · (Saal:) sala *f* · (Räumlichkeit:) locale *m* ‖ *s.a. Verwaltungsraum*
~**bedarf** *m* / esigenze di spazio *pl*
~**bildkarte** *f* [Kart] / carta stereoscopica *f*
raumbildliche Darstellung *f* [Kart] / rappresentazione stereoscopica *f*
Raum|gliederungskarte *f* / carta di regionalizzazione *f*
~**kapazität** *f* / capacità spaziale *f*
~**klima** *n* / clima spaziale *m*
räumliches Bild *n* / immagine tridimensionale *f*
Raum|mangel *m* / mancanza di spazio *f* · carenza di spazio *f*
~**nutzung** *f* / utilizzo dello spazio *m* · utilizzazione dello spazio *f*
~**pflegepersonal** *n* / personale delle pulizie *m*
~**plan** *m* / pianta dei locali *f*
~**planung** *f* / (Territorialplanung:) pianificazione territoriale *f* · (Planung einzelner Räume:) pianificazione degli spazi *f* · progettazione degli spazi
~**teiler** *m* [BauEinr] / elemento divisore *m* ‖ *s.a. Trennwand*
~**temperatur** *f* / temperatura ambiente *f*
~**verteilungsplan** *m* / piantina dei locali *f* ‖ *s.a. Gebäudeplan*
~**zuweisung** *f* / assegnazione dei locali *f*
Rauschen *n* [Komm] / rumore *m*
Raute *f* [Bind] / rombo *m* · losanga *f*
rautenförmig *adj* / a forma di losanga *f*
Rautenmuster *n* [Bind] / disegno a rombi *m*
Reader-Printer *m* / visore-stampatore *m* · visore-stampante *m* · lettore-stampante *m*
Reaktionszeit *f* [EDV] ⟨DIN 44300/7E⟩ / tempo di reazione *m*
reale Adresse *f* [EDV] / indirizzo fisico *m*
Realenzyklopädie *f s. Reallexikon*
Realisation *f* (eines zur Ausführung bestimmten Werkes) [NBM] ⟨ISBD(NBM)⟩ / realizzazione *f*
Realisierung *f* (eines Plans usw.) [OrgM] / realizzazione *f*
Real|katalog *m* / catalogo per materia *m* · catalogo reale *m* ‖ *s.a. Sachkatalog*
~**konkordanz** *f* [Bch] / concordanza reale *f*
~**lexikon** (n) / lessico *m*
~**schule** *f* / scuola media *f*
~**zeitbetrieb** *m* [EDV] *s. Realzeitverarbeitung*
~**zeitverarbeitung** *f* [EDV] ⟨DIN 44300/9E⟩ / elaborazione in tempo reale *f*
Rechen|anlage *f* [EDV] ⟨DIN 44300/5E⟩ / elaboratore *m*
~**fehler** *m* / errore di calcolo *m*
~**maschine** *f* [Büro] / (mit Batteriebetrieb:) calcolatrice alimentata da batteria *f*
~**maschine** *f* [Büro] ⟨DIN 9757⟩ / calcolatrice *f* ‖ *s.a. Taschenrechner*
~**maschine** *n* [Büro] / (mit Netzanschluss:) calcolatrice alimentata dalla rete *f*

~schaftsbericht *m* / resoconto *m* · rendiconto *m* (den ~ vorlegen:presentare il rendiconto) ‖ *s.a. Kassenbericht*
~system *n* [EDV] ⟨DIN 44300/5E⟩ / sistema di elaborazione dati *m*
~technik *f* [EDV] / tecnica informatica *f*
~werk *n* [EDV] ⟨DIN 44300/5E⟩ / unità aritmetica *f*
~zeit *f* [EDV] / tempo di calcolo *m*
~zentrum *n* [EDV] / centro calcolo *m* · (Datenverarbeitungszentrum:) centro di elaborazione dati *m*
Recherche *f* [Retr] / (Abfrage:) interrogazione *f* · ricerca *f* (eine ~ ausführen: eseguire una ricerca) · (Untersuchung; Nachforschung; Ermittlung:) indagine *f* ‖ *s.a. Datenrecherche; Internetrecherche; Sachrecherche*
~ablauf *m* [Retr] / procedimento di ricerca *m*
~auftrag *m* [Retr] / richiesta di ricerca *f*
~-Ergebnis *n* / risultato di ricerca *m*
~software *f* / software di ricerca
~sprache *f* [Retr] / linguaggio di interrogazione *m*
~strategie *f* [Retr] / strategia di ricerca *f*
~system *n* [Ind] *s. Retrievalsystem*
~verhalten *n* (des Benutzers) / comportamento di ricerca (dell'utente)
~ziel *n* / oggetto della richiesta *m*
~ **zum Stand der Technik** *f* / inchiesta sullo stato della tecnica *f*
recherchierbar *adj* / ricercabile *agg* · interrogabile *agg*
recherchieren *v* [Retr] / ricercare *v*
Rechner *m* [EDV] / elaboratore *m* · calcolatore *m*
~architektur *f* [EDV] / architettura del calcolatore *f*
~ausfall *m* [EDV] *s. Maschinenausfall*
~datei *f* [EDV] *s. Datei*
rechnergestützt *part perf* / assistito dal calcolatore *part pt*
rechnergestütztes Recherchieren *n* [Retr] / ricerca assistita dall'elaboratore *f*
rechnergestützte Übersetzung *f s. maschinelle Übersetzung*
~ **Unterweisung** *f* / istruzione assistita dall' elaboratore *f*
Rechner|klassifizierung *f* [EDV] / classificazione degli elaboratori *f*
~netz *n s. Rechnerverbund*
~raum *m* / sala dei calcolatori *f*
~steuerung *f* [EDV] ⟨DIN 66201⟩ / controllo del calcolatore *m* ‖ *s.a. rechnergestützt*
~system *n* [EDV] / sistema di calcolatori *m* ‖ *s.a. unabhängiges Rechnersystem*
~verbund *m* / rete di calcolatori *f*
Rechnung *f* / fattura *f* (~ in dreifacher Ausfertigung: fattura in triplice copia; in ~ stellen:fatturare) · (das Ergebnis des Rechnens:) conto *m* ‖ *s.a. Vorausrechnung*
Rechnungs|ablage *f* / archiviazione dei conti *f*
~abschluss *m* / chiusura dei conti *f*
~betrag *m* / importo fatturato *m* · importo della fattura *m*
~bezahlung *f* / liquidazione della fattura *f*
~buch *n* / libro contabile *m*
~datum *n* / data di fattura *f*
~führung *f* / gestione della contabilità *f*
~hof *m* / corte dei conti *f*
~jahr *n* / anno finanziario *m* · esercizio finanziario *m* · anno contabile *m* ‖ *s.a. Haushaltsjahr*
~legung *f* / fatturazione *f*
~ordnung *f* / regolamento di contabilità *m*
~posten *m* / voce della fattura *f*
~prüfer *m* / verificatore dei conti *m* · revisore dei conti *m*
~prüfung *f* / revisione dei conti *f* · verifica dei conti *f* (eine ~ vornehmen: verificare/controllare i libri contabili)
~stelle *f* / economato *m* · ufficio economato *m* · ufficio contabilità *m*
~summe *f s. Rechnungsbetrag*
~wesen *n* / contabilità *f* ‖ *s.a. Buchhaltung*
Rechtsaufsicht *f* / sorveglianza giuridica *f*
rechtsbündig *adj* [Druck] / (rechtsbündiger Satz:) composizione giustificata a destra *f* · allineato a destra *part pt* ‖ *s.a. linksbündiger Satz*
Rechtschreib|fehler *m* / errore ortografico
~-Prüfprogramm *n* [EDV] / programma di controllo ortografico *m*
~prüfung *f* [EDV] / controllo ortografico *m*
Rechtschreibung *f* / ortografia *f*
Rechts|einräumung *f* [Jur] / cessione di un diritto *f*
~inhaber *m* / avente-diritto *m*
~maskierung *f* [Retr] / mascheramento a destra *m* · (Rechtstrunkierung:) troncamento a destra *f*
~übertragung *f* / trasmissione dei diritti *f*
rechtsverbindlich *adj* / giuridicamente vincolante *agg*
Rechts|verordnung *f* / ordinanza *f*

~**vorbehalt** *m* / riserva legale *f*
~**vorschrift** *f* / norma giuridica *f*
Recto *n* [Bch] *s. Rekto*
Redakteur *m* / redattore *m* ‖ *s.a. Chefredakteur*
Redaktion 1 *f* (Redaktionskollegium) / comitato editoriale *m* ‖ *s.a. Schriftleitung*
Redaktion 2 *f* (als Tätigkeit) / redazione *f*
redaktioneller Teil *m* (einer Zeitung) / parte redazionale *f*
Redaktions|ausschuss *m* / comitato di redazione *m*
~**schluss** *m* / chiusura di redazione *f*
Redebeitrag *m* (auf einer Tagung) / intervento *m* ‖ *s.a. Referat*
redigieren *v* / (Textverarbeitung:) editare · (einen Text ~:) redigere *v*
redundant *adj* / ridontante *agg*
Redundanz *f* ⟨DIN 44301⟩ / ridondanza *f*
~**beseitigung** *f* / eliminazione di ridondanze *f*
~**prüfung** *f* [EDV] / controllo per ridondanza *m*
Referat *n* / (Abstract; Kurzreferat:) riassunto analitico *m* · sommario *m* · (Vortrag auf einer Tagung:) relazione *f* ‖ *s.a. Redebeitrag*
Referate|blatt *n* [Bib; Ind] / bollettino di analisi *m* · periodico di analisi *m* · bollettino segnaletico *m* · rivista di abstract *f*
~**dienst** *m* / servizio di analisi *m* · servizio di abstract *m* · (zur internen Verbreitung auch:) bollettino di sommari *m*
~**zeitschrift** *f* [Bib; Ind] *s. Referateblatt*
Referent *m* / (Vortragender:) relatore *m* ‖ *s.a. Fachreferent*
referieren *v* / riassumere *v*
Referieren *n* (Erstellung von Referaten) / abstractazione *f*
Referral-Zentrum *n* / centro d'orientamento *m*
Reflex *m* / riflesso *m*
reflexionsarme Oberfläche *f* / superficie di poco riflesso *f*
Reflex|kopie *f* [Repr] / copia per riflesso *f*
~**kopierverfahren** *n* [Repr] / copiare per riflesso *n*
Regal *n* / scaffale *m* ‖ *s.a. Ablageregal; Aktenregal; einseitiges Regal; Einzelregal; Regaleinheit*
~**abstand** *m* / distanza tra gli scaffali *f*
~**abteil** *n* / compartimento di scaffalatura *m*
~**achse** *f* / fila di scaffali *f*
~**anlage** *f* / scaffalatura *f*
~**ausstattung** *f* / scaffalatura *f* (~ mit verstellbaren Fachböden: scaffalatura mobile; ohne verstellb. Fachb.: scaffalatura rigida)
~**beschilderung** *f* / segnaletica della scaffalatura *f*
~**beschriftung** *f* *s. Regalbeschilderung*
~**block** *m* / blocco di scaffalatura *m*
~**boden** *m* *s. Fachboden*
~**einheit** *f* / unità di scaffalatura *f* ‖ *s.a. Anbauregal; Doppelregal; Grundregal*
~**fläche** *f* / spazio di scaffalatura *m*
~**gang** *m* / corsia di scaffalatura · passaggio di scaffalatura *m*
~**leiter** *f* / scala di scaffale *f*
~**meter** *m* / (laufender Meter:) metro lineare *m*
~**ordnung** *f* (Ordnung des Bestandes im Regal) / ordinamento nella scaffalatura *m*
~**reihe** *f* *s. Regalachse*
~**system** *n* / sistema di scaffalatura *f*
~**zubehör** *n* / accessori di scaffalatura *pl*
Regeln für die alphabetische Katalogisierung *pl* / regole di catalogazione per autori *pl*
Regel|studienzeit *f* / durata regolare del corso di laurea *f*
Regelung *f* / regolamento *m*
Regel|werk *n* [Kat] ⟨DIN 31631/4⟩ / codice *m*
regenerieren *v* / rigenerare *v*
Regesten *pl* [Arch] ⟨DIN 31631/4; RAK-AD⟩ / regesti *pl*
Regional|ausgabe *f* (einer Zeitung) / edizione regionale *f*
~**bibliographie** *f* / bibliografia regionale *f*
~**bibliothek** *f* / biblioteca regionale *f*
regionaler Leihverkehr *m* / prestito interbibliotecario regionale *m*
~ **Zentralkatalog** *m* / catalogo collettivo regionale *m*
Regional|katalog *m* / catalogo regionale *m*
~**referat** *n* [OrgM] / sezione regionale *f*
~**referent** *m* [Pers; Erw; Klass] / specialista d'area *m*
Regisseur *m* (eines Films) / regista *m*
Register *n* / indice *m* ‖ *s.a. Ortsregister; Personenregister; Sachregister*
Register 1 *n* (alphabetisches Inhaltsverzeichnis) [Bch] ⟨DIN 1422/1; DIN 2331; DIN 31630/1E; DIN 31631/2+4⟩ / indice analitico *m* ‖ *s.a. Generalregister; Gesamtregister; Jahresregister*

~ 2 *n* (Amtsbuch) [Arch] / registro *m* ‖ *s.a. Handelsregister; Standesregister*
~ 3 *n* [EDV] ⟨DIN 44300/6E⟩ / registro *m*
~**band** *m* [Ind] / volume degli indici *m*
~**eintrag** *m* ⟨DIN 2331; DIN 31630/1⟩ / voce di indice *f*
~ **halten** [Druck] / essere a registro *v* (Register haltend:è in registro; nicht ~ ~:è fuori registro)
Registratur *f* [Arch] / (Organisationseinheit:) registratura · ufficio di protocollo *m* ‖ *s.a. Schriftgutverwaltung*
~**schrank** *m s. Aktenschrank*
Registrierkasse *f* / registratore di cassa *m*
Reglette *f* [Druck] / regoletto *m*
Regression *f* / regressione *f*
Regressions|analyse *f* / analisi di regressione *f*
~**koeffizient** *m* / coefficiente di regressione *m*
regulieren *v* / regolare *v*
Reife|prüfung *f* / esame di maturità *m*
~**zeugnis** *n* / diploma di maturità *m*
Reihe 1 *f* (Schriftenreihe) [Bch; Kat] ⟨ISBD(A); DIN 31639/2⟩ / collana *f* · collezione *f* ‖ *s.a. Schriftenreihe; Serie*
Reihen|angabe *f* [Kat] / indicazione della collezione *f*
~**titel** *m* [Kat] / titolo della serie *m* · titolo di collezione *m*
~**werk** *n* [Bch] ⟨DIN 31639/2⟩ / pubblicazione seriale *f*
Reinigung *f* / pulizia *f* ‖ *s.a. Ultraschallreinigung*
Reinigungspersonal *n* / personale delle pulizie *f* ‖ *s.a. Hauspersonal*
Reinschrift *f* / redazione della bella copia *f*
Reise|atlas *m* / atlante di viaggio *m*
~**bericht** *m* ⟨RAK-AD⟩ / relazione di viaggio *f*
~**beschreibung** *f* (in Buchform) / libro di viaggio *f* ‖ *s.a. Reisebericht*
~**buchhändler** *m* / libraio itinerante *m* ‖ *s.a. Kolporteur*
~**erzählung** *f* / racconto di viaggio *m*
~**führer** *m* [Bch] ⟨RAK-AD⟩ / guida turistica *f*
~**kosten** *pl* / spese di viaggio *pl* ‖ *s.a. Dienstreise; Spesenabrechnung*
~**kostenbeihilfe** *f* / sussidio per le spese di viaggio *m*
~**kostenerstattung** *f* / rimborso delle spese di viaggio *m*
~**kostenzuchuss** *m* / sussidio per le spese di viaggio *m*
~**literatur** *f* / letteratura di viaggi *f*
~**mittel** *pl* / fondi di viaggio *pl*
~**schriftsteller** *m* / scrittore di viaggio *m*
~**spesen** *pl s. Reisekosten*
~**stipendium** *n* / sovvenzione per un viaggio di studio *f*
~**vortrag** *m* / conferenza su un viaggio *f*
Reispapier *n* / carta di riso *f*
Reiß|festigkeit *f* (von Papier) / resistenza allo strappo *f*
~**wolf** *m* [Büro] / distruggidocumenti *m*
Reiter *m* (auf einer Karteikarte) [Büro] / cavalierino *m*
Reklamante *f* (in einer Handschrift) / richiamo *m*
Reklamation *f* [Erw] / reclamo *f* ‖ *s.a. Mahnung*
Reklame *f s. Werbung*
Reklame|teil *m s. Anzeigenteil*
~**zettel** *m s. Werbezettel*
reklamieren *v* [Erw] / reclamare *v* ‖ *s.a. mahnen 1*
Rekrutierung *f* [Pers] / reclutamento *m*
Rektaszension *f* [Kart] ⟨RAK-Karten⟩ / ascensione retta *f*
Rekto *n* / recto *m*
Rektor *m* / rettore *m*
Rektoseite *f* [Bch] / recto *m*
Rekursion *f* [EDV] / recursione *f*
rekursive Prozedur *f* [EDV] ⟨DIN 44300/4E⟩ / procedimento recursivo *m*
Relation *f* [Klass] / relazione *f*
relationale Datenbank *f* / banca dati relazionale *f*
relationales Datenmodell *n* [EDV] / modello di dati relazionale *m*
relative Adresse *f* [EDV] / indirizzo relativo *m*
Relator *m* [Ind] / relatore *m*
Relevanzquote *f* [Retr] / grado di rilevanza *f* ‖ *s.a. Trefferquote*
Relief *n* [Kart] ⟨ISBD(CM); RAK-Karten⟩ / rilievo *m*
~**karte** *f* / carta del rilievo *f*
~**modell** *n* [Kart] *s. Relief*
~**präge(ein)band** *m* / legatura sbalzata *f*
~**prägung** *f* [Bind] / sbalzatura *f*
Remittenden *pl* [Bch] / resa *f*
Rentabilität *f* / redditività *f* ‖ *s.a. Wirtschaftlichkeit*
Rente *f s. Pension*
Reorganisation *f* / riorganizzazione *f*
Reparatur *f* [Bch] / riparazione *f*
reparieren *v* / riparare *v* ‖ *s.a. ausbessern*
Repertoire (n) / (Theater:) repertorio *m*

Repertorium 1 *n* (Datensammlung) [Bch] / repertorio *m*
Repertorium 2 *n* (Findbuch) [Arch] / inventario analitico *m* · repertorio *m*
Repetitionsmuster *n* [Bind] *s. Einband mit Repetitionsmuster*
Reportnummer *f* / numero di rapporto *m*
Repräsentant *m* (Vertreter für einen entnommenen Band usw.) / fantasma *m*
repräsentative Stichprobe *f* / campione rappresentativo *m*
Reprint *m s. Nachdruck*
Reproduktions|stecher *m* [Kunst] / riproduzionista *m*
~stich *m* / incisione di riproduzione *f*
Reproduzierbarkeit *f* (eines Experiments oder Tests) / riproducibilità *f* (di un esperimento)
reproduzieren *v* / riprodurre *v*
Repro|graphie *f* ⟨DIN 19040/101E⟩ / reprografia *f*
reproreif *adj* [ElPubl] / pronto per la riproduzione *agg*
Repro|stelle *f s. Fotostelle*
Reserve|betrieb *m* [EDV] / modo di stand-by *m*
~exemplar *n* / esemplare di riserva *m*
~fläche *f* / spazio di riserva *m*
~fonds *m* / fondo di riserva *m*
~magazin *n* / magazzino di riserva
~rechner *m* [EDV] / elaboratore di riserva *m*
Respondent *m* / rispondente *m*
Responsorial *n* [Bch] / responsoriale *m*
Ressourcen *pl* / risorse *pl*
~nutzung *f* / utilizzazione delle risorse *f*
~teilung *f* / (mit gemeinsamer Nutzung:) condivisione delle risorse
Restauflage(n) *f(pl)* [Bch] / rimanenza *f*
Restaurator *m* / restauratore *m*
Restauratorin *f* / restauratrice *f*
restaurieren *v* / restaurare *v*
Restaurierung *f* / restauro *m* ‖ *s.a. Buchrestaurierung*
Restaurierungswerkstatt *f* / laboratorio di restauro *m*
Restbestand *m* / rimanenza *f*
Reste *pl* (in der Buchbearbeitung usw.) / arretrati *pl*
Restlaufzeit *f* / scadenza residua *f*
Resümee *n* [Ind] / riassunto *m*
Retrieval *n* / recupero (ricupero) dell'informazione *m*
~sprache *f* / linguaggio di interrogazione *m*
~system *n* / sistema di recupero/ricupero dell'informazione *m*
retrospektive Bibliographie *f* [Bib] ⟨DIN 31639/2⟩ / bibliografia retrospettiva *f*
~ **Katalogisierung** *f* (durch Konvertierung eines konventionellen Katalogs) / catalogazione retrospettiva *f*
Returntaste *f* / tasto return *m*
retuschieren *v* / ritoccare *v* ‖ *s.a. Farbretusche*
Reversibilität *f* / reversibilità *f*
revidieren *v* / rivedere
revidierte Ausgabe (f) / edizione riveduta *f*
Revision *f* / revisione *f* ‖ *s.a. Bestandsrevision; Teilrevision*
Rezensent *m* / recensore *m*
rezensieren *v* / recensire *v*
Rezension *f* ⟨DIN 31631/2; RAK-AD⟩ / recensione *f*
Rezensions|exemplar *n* / esemplare per recensione *m*
~organ *n* / rivista di critica *f* · rivista di recensioni *f*
~zeitschrift *f* ⟨RAK-AD⟩ *s. Rezensionsorgan*
Rezeptbuch *n* / ricettario *m*
Rezipient *m* (einer Nachricht) [Komm] / ricevente *m*
Richtlinie *f* (der Europäichen Union) / linea-guida *f* · direttiva *f* (dell'Unione Europea)
Richtung *f* / direzione *f*
Richtungs|betrieb *m* [Komm] ⟨DIN 44302⟩ / trasmissione simplex *f*
~beziehung *f* [Klass] / relazione di destinazione *f*
Richtwert *m* / valore indicativo *m*
Riemenantrieb *m* (eines Plattenspielers) [NBM] / trascinamento a cinghia *m*
Ries *n* [Pp] / risma *f*
Rille *f* (auf einer Schallplatte) ⟨DIN 45510⟩ / solco *m*
Rindleder *n* [Bind] / pelle di vacca *f* · vacchetta *f*
Ring|buch *n* / quaderno a fogli mobili *m*
~netz *n* (Netzwerktopologie) [Komm] ⟨DIN 44300⟩ / topologia ad anello *f*
~ordner *m* [Büro] / raccoglitore ad anelli *m*
Rippe *f* (in Büttenpapier) [Pp] / vergella *f*
Ripplinien *pl* (in einem handgeschöpften Papierbogen) / vergelle *pl* · vergatura *f* ‖ *s.a. geripptes Papier*
Rippung *f* [Pp] *s. Ripplinien*
Riss 1 *m* [Rest] / sdrucitura *f* · lacerazione *f* · strappo *m*

Riss 2 *m* [Kart] ⟨RAK-Karten⟩ / tracciato *m*
Ritterroman *m* / romanzo cavalleresco *m* · romanzo di cavalleria *m*
RK *Abk* [Kat] *s. Realkatalog*
Rocaille *f* [Bind] / ferro a conchiglia *m*
Roh|daten *pl* / dati grezzi *pl*
~**film** *m* [Repr] ⟨DIN 19040/104E; ISO 6196-4⟩ / pellicola greggia *f*
Rohr|feder *f* [Schr] / penna di canna *f*
~**post** *f* / posta pneumatica *f*
~**postsendung** *f* / spedizione pneumatica *f*
Roh|übersetzung *f* / traduzione grezza *f*
Rolle *f* (Buchform) / rotolo *m* ‖ *s.a. Filmrolle; Papprolle; Papyrusrolle; Pergamentrolle*
Rolle *f* [Bind] / rullo ‖ *s.a. Vergolderolle*
Rolle *f* (Rollstempel) [Bind] / timbro a rulli *m* · rotella *f* ‖ *s.a. Dessinrolle; Linienrolle*
Rollen|druck *m* (Rollenmuster auf dem Einband) [Bind] / impressione a rotella
~**indikator** *m* [Ind] / indicatore di ruolo *m*
Rollenoffset|druck *m* / roto-offset *m*
~**maschine** *f* / roto-offset *m* ‖ *s.a. Vierfarben-Rollenoffsetmaschine*
Rollen|operator *m* (PRECIS) [Ind] / operatore di ruolo *m*
~**spiel** *n* / gioco di ruolo *m*
Roll|film *m* [Repr] ⟨DIN 19040/104E; DIN 31631/4⟩ / microfilm in rotoli *m*
~**stempel** *m s. Dessinrolle*
~**treppe** *f* / scala mobile *f*
ROM *Abk* / memoria a sola lettura *f* (ROM)
Roman *m* / romanzo *m*
Romancier *m* / romanziere *m*
römische Zahl *f* / numero romano *m*
römische Zählung *f* / numerazione romana *f*
~ **Ziffer** *f* [Writ; Prt] / numero romano *m*
Röschen *pl* [Druck] / fioretti *pl*
Rosette *f* [Bind] / rosone *m*
Rostfleck *m* [Rest] / macchia di ruggine *f* · macchia corrosiva *f*
rostfleckig *adj* [Bind] / (Rostflecken:) macchie di ruggine *pl*
Rotations|buchdruckmaschine *f* / rototipografica *f*
~**druck** *m* ⟨DIN 16500/2⟩ / stampa rotativa *f*
~**(druck)maschine** *f* / rotativa *f* · macchina rotativa *f*
~**register** *n* / indice rotativo
~**tiefdruck** *m* / rotocalcografia *f*
Rötelzeichnung *f* / lapis rosso *m* · sanguigna *f* · disegno alla sanguigna *m*
roter Zerfall *m* [Rest] / imputridimento rosso della pelle *m*
rötliche Flecken *pl* [Rest] / arrossature *pl*
Rotschnitt *m* [Bind] / taglio rosso *m*
Rotulus *m* / rotolo *m*
Rotunda *f* [Schr] / rotonda *f*
Router *m* [Komm] / instradatore *m*
Routine *f* [EDV] / routine *f* ‖ *s.a. Abbruchroutine; mehrfach aufrufbare Routine; Subroutine*
~**tätigkeiten** *pl* / operazioni di routine *pl*
Rubrik *f* / rubrica *f*
Rubrikator *m* / rubricatore *m*
rubrizieren *v* / rubricare *v*
Rubrizierung *f* / rubricazione *f*
Rückansicht *f* / veduta posteriore *f*
Rücken *m* (eines Buches) [Bind] / dorso *m* · costola *f* · culatta *f* ‖ *s.a. fester Rücken; flacher Rücken; gerader Rücken; hohler Rücken; Sprungrücken*
~**beschilderung** *f* [Bind] / cartellinatura sul dorso *f*
~**beschriftung** *f* / testo sul dorso *m*
~**einlage** *f* [Bind] / anima (del dorso) · corpino *m*
~**erneuerung** *f* [Bind] / rindorsatura *f*
~**etikett** *n* [Bind] / cartellino sul dorso *m* · tassello *m* ‖ *s.a. Rückenbeschilderung*
Rückenfalz *m* [Bind] / giuoco *m* · morso *m* · spigolo *m* · canaletto *m*
Rücken|feld *n* [Bind] / casella *f* (del dorso)
~**leimung** *f* [Bind] / incollatura del dorso *f*
~**runden** *n* [Bind] / indorsatura *f* · arrotondamento *m* (del dorso)
~**schild(chen)** *n(n)* (auf einem Buch usw.) *s. Rückenetikett*
~**text** *m* [Bind] *s. Rückenbeschriftung*
~**titel** *m* ⟨DIN 31631/2⟩ / titolo del dorso *m*
~**vergoldung** *f* [Bind] / dorso dorato *m*
~**verstärkung** *f* [Bind] / rinforzo del dorso *m*
~**verzierung** *f* [Bind] / decorazione del dorso *f*
Rück|erstattung *f* (Ausgabenersatz) / rimborso *m* · (Rückgabe:) restituzione *f* ‖ *s.a. zurückerstatten*
~**forderung** (eins ausgeliehenen Buches) [Ben] / richiamo *m*
Rückgabe *f* (eines ausgeliehenen Buches) / riconsegna *f* · resa *f* · restituzione *f* ‖ *s.a. fristgerechte Rückgabe*
~**aufforderung** *f* / sollecito di restituzione *f*
~**datum** *n* / data di riconsegna *f* · termine per la restituzione *m* · data di restituzione *f* · termine di riconsegna *m*

~recht *n* / diritto di restituzione *m*
~schalter *m* / (Theke:) banco restituzioni
~termin *m* *s. Rückgabedatum*
Rück|koppelung *f* (bei der Revision eines mehrsprachigen Thesaurus) [Ind] ⟨DIN 1463/2⟩ / feedback *m*
~meldung *f* [Komm] / segnalazione di conferma *f*
~ruf *m* / richiamo *m*
~seite *f* / verso *m*
~seite 1 *f* (des Titelblatts) / verso (del frontespizio)
~seite 2 *f* (eines bedruckten Blattes) / tergo *m* · verso *m*
rückseitig *adj* / a tergo · al verso
Rück|siegel *n* [Arch] / controsigillo *m*
~stände *pl* (in der Buchbearbeitung usw.) / arretrati *pl* ‖ *s.a. Katalogisierungsrückstände*
rückständig *adj* / arretrato *agg*
Rück|stichheftung *f* [Bind] / cucitura a catenella *f*
~taste *f* [EDV] / tasto di ritorno *m*
~trittsfrist *f* [Erw] / periodo di ripensamento *m*
~vergrößerung *f* [Repr] ⟨ISO 6196/1⟩ / stampa ingrandita *f* ‖ *s.a. Vergrößerung*
Rückvergrößerungsgerät *n* [Repr] / ingranditore *m*
Rück|vergütung *f* *s. Rückerstattung*
~vermerk (m) [Arch] / nota dorsale *f*
~verweisung *f* [Ind] / rinvio reciproco *m*
rückwärtig *adj* [Bch] / arretrato *agg*
rückwärtige Jahrgänge *pl* / annate arretrate *pl*
Rück|weis *m* [Kat] *CH* / rinvio *m*
~zahlung *f* *s. Rückerstattung*
Ruf *m* / richiamo *m*
Rufanweisung *f* [Komm] ⟨DIN 44300/4E⟩ / istruzione di richiamo *f*
rufende Station *f* [Komm] ⟨DIN 44302⟩ / stazione chiamante *f*
Ruf|nummer *f* (beim Telefon) / numero telefonico *m*
~zusammenstoß *m* [Komm] ⟨DIN 44302⟩ / collisione di chiamate *f*
Ruhe *f* / riposo *m*
~gehalt *n* / pensione *f*
~raum *m* / locale di riposo *m*
~stand *m* / pensione *f* (in den ~ versetzen: collocare al riposo; pensionare) · riposo *m*
~zone *f* / zona silenziosa *f*
Rullette *f* [Bind] *s. Dessinrolle*
Rumbenkarte *f* *s. Portolankarte*
Rund|bild *n* [Kart] ⟨ISBD(CM)⟩ / panorama *m*
~bogenheftung *f* [Bind] / cucitura su corde indorsate *f*
runde Klammern *pl* / parentesi tonde *pl*
runden *v* [Bind] / arrotondare *v*
runder Rücken *m* [Bind] / dorso in rilievo *m*
Rundfunk|bibliothek *f* / biblioteca della radio *f*
~hörer *m* / radioascoltatore *m*
~sendung *f* / diffusione radiofonica *f* · emissione radiofonica *f* · trasmissione radiofonica *f* · radiotrasmissione *f*
Rundgang *m* (durch die Bibliothek) / giro *m* (per la biblioteca) ‖ *s.a. Führung*
rundklopfen *n* (den Rücken ~) [Bind] / arrotondare *v*
Rund|magazin *n* [beim Diaprojektor] / caricatore circolare *m*
~schau *f* / rassegna *f*
~schreiben *n* [OrgM] / circolare *m*
~stichel *m* / bulino rotondo *m*
~umlauf *m* (von Zeitschriften) *s. Kreisumlauf*
Rune *f* [Schr] / runa *f*
Runenschrift *f* / scrittura runica *f*
Rutsche *f* [BauEinr] / scivolo *m*

S

Saal *m* / sala *f*
~**bibliothek** *f* / biblioteca del tipo sala *f*
Sach|ausgaben *pl* / spese impersonali *pl*
~**buch** *n s. populärwissenschaftliches Buch*
~**erschließung** *f* [Ind] ⟨DIN 31631/2⟩ / indicizzazione per soggetto *f*
~**etat** *m* / bilancio impersonale *m*
~**gebiet** *n* [Klass] / (sachliche Unterteilung:) classe di soggetto *f* · (Organisationseinheit:) sezione *f*
~**katalog** *m* / catalogo per materie *m* · catalogo semantico *m* · catalogo reale *m* ‖ *s.a. Schlagwortkatalog; systematischer Katalog*
~**katalogisierung** *f* / catalogazione semantica *f*
~**kosten** *pl* / spese impersonali *pl*
sachliche Ordnung *f* / ordinamento per soggetto *m*
sachliches Unterschlagwort *n* [Kat] / suddivisione generica *f*
Sach|literatur *f* / letteratura non-belletristica
~**recherche** *f* / ricerca per soggetto *f* · ricerca per argomento *f*
~**register** *n* [Ind] / indice per argomenti *m* · indice dei soggetti *m*
~**schlagwort** *n* [Kat] ⟨DIN 31631/2; RSWK⟩ / (Unterschlagwort:) suddivisione generica *f* · (Hauptschlagwort:) intestazione comune *f* ‖ *s.a. sachliches Unterschlagwort*
Sachtitel *m* / titolo *m* ‖ *s. a. Alternativ(sach-)titel; Hauptsachtitel; Nebensachtitel; spezifischer (Sach-)Titel*
Sach|verhalt *m* [Ind] / soggetto · argomento *n*
Sachverständiger *m* / esperto *m*
Saffian *n* [Bind] / marocchino *m*
s.a.-Hinweis *m* [Kat] *s. siehe-auch-Hinweis*
Sakramentar *n* [Bch] / sacramentario *m*
Säkularisierung *f* / secolarizzazione *f*
Sämischleder *n* [Bind] / pelle scamosciata *f* · pelle di camoscio *f*
Sammel|ausgabe *f* / edizione collettiva *f*
~**band** *m* / opera collettiva *f*
~**besprechung** *f* ⟨DIN 31631/2⟩ / recensione collettiva *f*
~**bezeichnung** *f* [Ind] / termine collettivo *m*
~**eintragung** *f* [Kat] / voce collettiva *f*
~**handschrift** *f* / manoscritto composto *m*
sammeln *v* / raccogliere *v* · (Bücher usw.~:) collezionare *v*
Sammel|schiene *f* [EDV] *s. Bus*
~**schrift** *f* / miscellanea *f*
~**schwerpunkt** *m* / (Erwerbungsschwerpunkt:) fulcro d'acquisizione *m*
~**titel** *m* [Kat] / titolo di ragruppamento *m* · titolo collettivo *m* · titolo generico *m*
~**verweisung** *f* [Kat] ⟨DIN 31631/2⟩ / rinvio collettivo *m*
~**werk** *n* ⟨DIN 31631/2; DIN 31639/2; TGL 20972/04; RAK⟩ / opera collettiva *f* ‖ *s.a. fortlaufendes Sammelwerk*

Sammler *m* / (von Kunstwerken usw.:) collezionista *m* · (von bestimmten Dokumenten:) raccoglitore ‖ *s.a. Büchersammler*
Sammlung 1 *f* / (Schriftenreihe:) collana *f* · (von mehreren Werken:) raccolta *f* · collezione *f*
Sammlung 2 *f* / (~ gemäß RAK:) opere varie *pl*
Sammlung 3 *f* / (Bestand:) collezione *f*
Sammlungsvermerk *m* [Kat] ⟨DIN 31631/2; RAK⟩ / indicazione del titolo collettivo *f*
Samteinband *m* [Bind] / legatura di velluto
sämtliche Werke *pl* [Bch] / opera omnia *pl* · opere complete *pl*
Sandschnitt *m* [Bind] / taglio spruzzato *m*
Sanierung *f* / risanamento *m*
Sanitätsraum *m* / locale di pronto soccorso *m*
Sans Serif *f* [Druck] *s. serifenlos*
Satellit *m* / satellite *m*
Satellitenaufnahme *f* [Kart] ⟨ISBD(CM); RAK-Karten⟩ / fotografia dal satellite *f*
Satelliten|bild *n* [Kart] ⟨ISBD(CM); RAK-Karten⟩ *s. Satellitenaufnahme*
~**rechner** *m* [EDV] / calcolatore satellite *m*
Satinage *f* [Pp] / lisciatura *f*
satinieren *v* [Pp] / lisciare *v* · satinare *v*
satiniertes Papier *n* [Pp] ⟨DIN 6730⟩ / carta satinata *f*
Sattelseife *f* [Cons] / sapone per sellaio *m* · sapone inglese *m*
Satz 1 *m* [Druck] / (Satzherstellung; das Gesetzte:) composizione *f* ‖ *s.a. Maschinensatz*
~ 2 *m* (Datensatz) [EDV] ⟨DIN 1506; DIN 66010E; DIN 66029⟩ / record *m* ‖ *s.a. geblockter Satz; logischer Satz; segmentierter Satz*
~ 3 *m* [Mus] / movimento *m*
~**anweisung** *f* [Druck] / istruzione per la composizione *f* · istruzione tipografica *f*
~**ausgabe** *f* [ElPubl] / uscita tipografica *f*
~**befehl** *m* [Druck] / istruzione tipografica *f*
~**belichter** *m* [ElPubl] / fotounità *f* · compositrice elettronica *f*
~**bild** *n* / vista tipografica *f*
~**endezeichen** *n* [EDV] *s. Satztrennzeichen*
~**fehler** *m* [Druck] *s. Setzfehler*
~ **fester Länge** *m* [EDV] ⟨DIN 66010E; DIN 66029⟩ / record a lunghezza fissa *m*
~**format** *n* [EDV] ⟨DIN 66010E; DIN 66029⟩ / formato di record *m*
~**gestaltung** *f* [Druck] / disposizione della composizione *f*
~**herstellung** *f* [Druck] *s. Satz 1*
~**identifikation** *f* [EDV] *s. Satzkennung*
~**kennung** *f* [EDV] ⟨DIN 1506⟩ / etichetta di record *f*
~**länge** *f* [EDV] / lunghezza del record *f*
~**marke** *f* [EDV] / marca di record *f*
~**montage** *f* [Druck] / assiemaggio di testo *m*
~**nummer** *f* [EDV] / numero di record *m*
~**rechner** *m* [Inform; Druck] / elaboratore di composizione *m*
~**schiff** *n* [Druck] / vantaggio *m*
~**segment** *n* [EDV] ⟨DIN 66010E; DIN 66029⟩ / segmento di record *m*
~**spiegel** *m* [Druck] / spazio riservato al testo · luce di composizione *f*
~**status** *m* [EDV] ⟨DIN 1506⟩ / stato di record *m*
~**struktur** *f* [EDV] / struttura del record *f*
~**titel** *m* [Kat] ⟨PI⟩ / titolo di frase *m*
~**trennzeichen** *n* [EDV] ⟨DIN 2341/1⟩ / delimitatore di record *m*
Satzung *f* (eines Vereins usw.) / regolamento *m* · statuto *m*
Satz variabler Länge *m* / record a lunghezza variabile *m*
~**vorlage** *f* [Druck] / (Originaltext:) originale *m* · (Manuskript:) manoscritto *m* ‖ *s.a. Druckvorlage; kamerafähiges Manuskript*
~**zeichen** *n* [Schr; Druck] / segno d'interpunzione *m*
saugfähiges Papier *n* [Pp] *s. Saugpapier*
Saug|fähigkeit *f* [Pp] ⟨DIN 6730⟩ / assorbenza *f*
~**papier** *n* [Pp] / carta assorbente *f* ‖ *s.a. Abzugpapier*
Säule *f* (einer Regaleinheit) *s. Pfosten*
Säulendiagramm *n* / diagramma a barre *m* · diagramma a colonne *m* ‖ *s.a. Blockdiagramm; Histogramm; Kreisdiagramm*
säumiger Benutzer *m* / utente moroso *m*
Säumnisgebühr *f s. Versäumnisgebühr*
säurefest *adj* / resistente agli acidi *agg*
säurefreies Papier *n* / carta non acida *f* · carta esente da acido *f* · carta priva di acidi *f*
Säure|gehalt *m* [Pp] / contenuto acido *m* · acidità *f*
säurehaltiges Papier *n* / carta acida *f*
Säure|rest *m* (im Papier) / residuo di acido *m*
~**schaden** *n* [BestErh] / deterioramento da acido *m*

~**schutz** *m* / protezione contro acidi *f*
~**wanderung** *f* / trasferimento di acido *m*
~**zerfall** *m* [Rest] / deterioramento da acido *m*
s.a.-Verweisung *f* [Kat] *s. Siehe-auch-Verweisung*
SB *Abk* [Ind] *s. Spitzenbegriff*
scannen *v* / scannerizzare *v*
Scanner *m* / scanner *m* · lettore a scansione *m* || *s.a. eingescannte Bilder; Flachbettscanner; Trommelscanner*
Scanrate *f* / frequenza di scansione *f*
Schab|klinge *f* [Bind] / raschietto *m*
~**kunst** *f* / maniera nera *f* · mezzatinto *m* · mezzatinta *f*
~**kunstblatt** *n* / mezzatinta *f*
Schablone *f* / stampino *m* · matrice *f*
Schablonen|druck *m* [Repr] / riproduzione a ciclostile *f* · (Ergebnis:) ciclostilato *m*
~**drucker** *m* [Repr] / ciclostile *m* · mimeografo *m*
~**vervielfältigung** [Repr] *s. Schablonendruck*
Schachtel *f* / scatola *f*
Schaden *m* / danno *m* · guasto *m* || *s.a. Maschinenschaden; Säureschaden*
Schäden *pl* / danni *pl* · guasti *pl* || *s.a. Einbandschäden*
schadhaft *adj* / guasto *agg* · (fehlerhaft:) difettoso *agg* · (beschädigt:) danneggiato *part pt*
Schadinsekt *n* / insetto nocivo *m*
Schädling *m* / animale nocivo *m*
Schädlingsbekämpfung *f* / disinfestazione *f*
Schäferspiel *n* [Bch] / pastorale *m*
Schafleder *n* / (Basane:) bazzana *f* · pelle di pecora *f* · pelle di montone *f*
Schall|archiv *n* / archivio di registrazioni sonore *m*
~**aufzeichnung** *f* [NBM] *s. Schallspeicherung*
schalldämmend *part praes* / fonoassorbente *agg* · antiacustico *agg*
schalldämmendes Material *n* / materiale fonoassorbente *m*
Schalldämmung *f* / isolamento acustico *m* · insonorizzazione *f* || *s.a. Lärmschutz*
schalldicht *adj* / isonorizzato *part pt*
Schall|isolierung *f* / isolamento acustico *m*
~**platte** *f* [NBM] / disco fonografico *m* || *s.a. Literaturschallplatte*
Schallplatten|archiv *n* / fonoteca *f* · discoteca *f* || *s.a. Tonträgersammlung*
~**aufnahme** *f* / incisione su disco *f* · incisione discografica *f*
~**hülle** *f s. Plattenhülle*
~**sammlung** / discoteca *f* (raccolta di dischi)
~**verzeichnis** *n* / discografia *f*
schallschluckend *part praes s. schalldämmend*
Schall|schutz *m* [B] / isolamento acustico *m*
~**speicherung** *f* [NBM] ⟨DIN 31631/2⟩ / registrazione del suono *f* || *s.a. Tonaufzeichnung*
Schaltbild *n* / schema elettrico *m*
schalten *v* [Komm] / commutare *v*
Schalter 1 *m* (geschlossene Theke mit Schiebefenster u. dgl.) / sportello *m*
~ 2 *m* (Zugang zum elektr. Leitungsnetz) / pulsante *m* · interruttore *m* · (Schaltknopf:) bottone *m* || *s.a. Ein-/ Ausschalter; Fußschalter; Startschalter*
~**ausleihe** *f* / prestito mediante uno sportello di consegna *m*
Schalt|feld *n* [EDV] / pannello di controllo *m*
~**fläche** *f* [EDV] *s. Schaltfeld*
~**knopf** *m* / pulsante *m*
~**zeit** *f* [EDV] / tempo di commutazione *m*
schärfen *v* [Leg] / scarnire *v*
Schärf|maschine *f* [Bind] / scarnitrice *f*
~**messer** *n* [Bind] / lama scarnitrice *f*
Schattierung *f* [Kart] / ombreggiatura *f*
schätzen *v* / (bewerten:) valutare *v* · stimare *v*
Schätzpreis *m* / prezzo di stima *m* · prezzo stimato *m*
Schätzung *f* (des Wertes eines Buches usw.) / valutazione *f* · stima
Schätzwert *m* / valore stimato *m*
Schaubild *n s. Grafik 2*
Schauerroman *m* / romanzo dell'orrore *m*
Schau|kasten *m* / bacheca *f*
~**raum** *m* / sala d'esposizione *f*
~**tafel** *f* [NBM] ⟨DIN 31631/4⟩ / tabellone didattico *m*
Scheck *m* / assegno bancario *m*
Scheibe *f* [NBM] / disco *m*
Schein *m* (Nachweis für das Erbringen von Studien- und Prüfungsleistungen) / attestato *m*
scheinbar zusammengesetzter Name *m* [Kat] ⟨RAK⟩ / cognome in apparenza composto *m*
Schellack-Platte *f* [NBM] / disco di gommalacca *m*
Schelmenroman *m* / romanzo picaresco *m*
Schemel *m* / sgabello *m*
Schenker *m* / donatore *m*

Schenkung *f* / dotazione · donazione *f*
Schenkungsvertrag *m* / contratto di donazione *m*
Schicht *f* (ISO Open Systems Architecture) [Komm] / strato *m* · livello *m* ‖ *s.a. fotografische Schicht*
schichten *v* / stratificare *v*
Schicht|höhe *f* [Kart] *A s. Höhenstufe*
~**seite** *f* (eines Films) [Repr] / lato emulsione *m*
~**träger** *m* (bei Filmmaterial) [Repr] / supporto *m*
Schichtung *f* / stratificazione *f* ‖ *s.a. geschichtete Stichprobe*
Schiebe|tür *f* / porta scorrevole *f*
~**wand** *f* / parete scorrevole *f*
Schiff *n* [Druck] *s. Satzschiff*
Schifffahrtskarte *f* ⟨ISBD(CM)⟩ / carta nautica *f*
Schiffstagebuch *n* / giornale di bordo *m*
Schild *n* (Tafel mit Hinweisen) / cartello *m*
Schildchen *n* / cartellino *m*
Schildpatt *n* [Bind] / tartaruga *f*
Schildträger *m* / portacartellino *m* ‖ *s.a. Beschriftung*
Schimmel *m* [Rest] / muffa *f*
~**bogen** *m* [Druck] / stampa in bianco *f* · foglio bianco *m* · (weiße Seite:) bianca *f* · pagina non stampata *f* · pagina bianca *f*
~**bogen** *m* / foglio bianco *m* ‖ *s.a. Fehldruck*
~**fleck** *m* [Rest] / macchia di muffa *f* · (modriger Fleck:) macchia di marciume *f*
schimmeln *v* / ammuffire *v*
Schirm|blende *f* (Teil eines Lesegeräts) / paraluce *m* (di un visore)
~**herrschaft** *f* / patrocinio *m*
~**ständer** *m* / portaombrelli *m*
Schlag|presse *f* [Bind] / pressa verticale *f*
Schlagwort *n* / soggetto · parola soggetto ‖ *s.a. mehrgliedriges Schlagwort; Verschlagwortung; zusammengesetztes Schlagwort*
~**ansetzung** *f* [Kat] ⟨RSWK⟩ / intestazione per soggetto *f* ‖ *s.a. verschlagworten*
~**bildung** *f* [Kat] *s. Schlagwortansetzung*
~**eintragung** *f* / intestazione per soggetto *f* · intestazione a soggetto *f* · (Eintrag unter einem Schlagwort:) voce di soggetto *f* · voce a soggetto *f* · scheda soggetto *f*
~**gebung** *f* / soggettazione *f*
~**karte** *f* [Kat] / scheda di soggetto *f* ‖ *s.a. Schlagworteintragung*
~**katalog** *m* / catalogo per soggetto *m* · catalogo alfabetico di soggetti *m*
~**katalogisierung** *f* [Kat] / (Verschlagwortung:) soggettazione *f* · catalogazione per soggetti *f*
~**kette** *f* [Ind] ⟨RSWK⟩ / stringa delle intestazioni di soggetto · stringa di soggetto *f*
~**liste** *f* [Kat] *s. Standard-Schlagwortliste*
~-**Normdatei** *f* (SWD) / authority file soggetti *m* ‖ *s.a. Standard-Schlagwortliste*
~**referat** *n* [Ind] / abstract a soggetto *m*
~**referent** *m* [Pers] / soggettatore *m*
~**register** *n* [Ind] *s. Sachregister*
~**vergabe** *f* / soggettazione *f*
~**verknüpfung** *f* / collegamento *m* (fra le intestazioni di soggetto)
~**verzeichnis** *n* / soggettario *m*
~**wahl** *f* / scelta dell'intestazione a soggetto *f*
~**zettel** *m* [Kat] / scheda di sogetto *m*
Schlagzeile *f* (in einer Zeitung) / titolo cubitale *m*
Schleier *m* (Schwärzung der fotografischen Schicht) [Repr] ⟨DIN 19040/4⟩ / velatura *f* (annerimento dello strato fotografico) ‖ *s.a. Randschleier*
Schleife *f* (in einem Programmablaufplan) [EDV] ⟨DIN 44300/4E⟩ / ciclo di programma *m*
schlichter Einband *m* / copertina muta *f*
Schließblech *n* [Bind] *s. Schließe*
Schließe *f* (Buchschließe) / serratoio *m* · affibbiatoio *m* · gancetto di chiusura *m* · fermaglio *m*
schließen *v* / chiudere *v*
Schließ|fach *n* / cassetta di sicurezza *f*
~**rahmen** *m* [Druck] / telaio serraforma *m*
~**stange** *f* (eines Katalogkastens) ⟨DIN 1461⟩ / astina fermante le schede in un catalogo a schede *f*
Schlitz|lochkarte *f* / scheda a fori oblunghi *f*
~**zange** *f* [Lochk] / tenaglie per tagliare fessure *pl*
Schlossbibliothek *f* / biblioteca di castello *f*
Schluss|bericht *m* / rapporto finale *m*
~**dokument** *n* / documento finale *m* · documento conclusivo *m*
Schlüssel *m* [Klass] / suddivisione standardizzata *f* ‖ *s.a. Formschlüssel; Länderschlüssel*
schlüsselfertige Installation *f* / installazione chiavi in mano *f*
schlüsselfertiges System *n* / sistema chiavi in mano *m* ‖ *s.a. schlüsselfertige Installation*

Schlüssel|roman *m* / libro a chiave *m*
~**schalter** *m* [EDV] / interruttore a chiave *m*
~**titel** *m* (in Verbindung mit der ISSN) [Bch] ⟨ISBD(M; S) TGL RGW 175⟩ / titolo chiave *m*
Schlüsselung *f* [Klass] / applicazione generale di suddivisioni standardizzati in un sistema di classificazione *f*
Schlüsselwort *n* [Ind] ⟨DIN 31631/2; A 2653⟩ / parola chiave *f*
Schluss|korrektur *f* / correzioni ultime *pl* · (letzte Korekturabzüge:) ultime bozze *pl*
~**kupfer** *n* [Bch] / incisione ultima *f*
Schlussprobe *f* / prova finale *f*
Schluss-s *n* [Schr; Druck] / s finale *m*
~**stelle** *f* / sezione ultima *f* (nell'iter del libro)
~**stück** *n* [Druck] / finalino *m*
~**termin** *m* / termine finale *m* · termine ultimo *m* · data limite *f* ‖ *s.a. Fälligkeitstermin*
~**titel** *m* [Kat] ⟨PI⟩ / (Kolophon:) colofone *m*
~**vignette** *f* / finalino *m*
~**wort** *n* [Bch] *s. Nachwort*
~**zeichen** *n* [EDV] ⟨DIN 66203⟩ / carattere finale *m*
Schmähschrift *f* / libello *m* ‖ *s.a. Pasquill*
Schmalfilm *m* [NBM] ⟨DIN 19040/104E⟩ / film a passo ridotto *m*
Schmierpapier *n* [Büro] *s. Konzeptpapier*
Schmirgelpapier *n* [Bind] / carta smeriglio *f* · carta abrasiva *f*
schmökern *v* / curiosare *v*
Schmutz|flecken *pl* / tracce di sudicio *pl*
~**literatur** *f* / letteratura oscena *f* ‖ *s.a. Schundliteratur*
~**titel** *m* [Bch] / occhietto *m* · occhiello *m*
Schneide|marke *f* [Repr] ⟨ISO 6196-4⟩ / riferimento di taglio *m*
~**maschine** *f* [Bind] / taglierina *f* · tagliatrice *f* ‖ *s.a. Papierschneidemaschine*
schneiden *v* / tagliare *v* · (einschneiden:) intagliare *v* · incidere *v*
Schnell|drucker *m* / stampante veloce *f* · stampatrice rapida *f* · macchina da stampa veloce *f* ‖ *s.a. Schnellpresse*
~**hefter** *m* [Büro] / raccoglitore *m*
~**informationsdienst** *m* / servizio di informazione immediata *f* · servizio di aggiornamento corrente *m*
~**presse** *f* [Druck] / macchina da stampa rapida *f*
~**schneider** *m* [Bind] / taglierina *f*
~**start** *m* [EDV] / avviamento a caldo *m*
~**trockner** *m* [Bind] / essiccatoio rapido *m*
~**(zugriffs)speicher** *m* [EDV] / memoria rapida *f*
Schnitt 1 *m* (Vertikalschnitt) [Kart] *s. Profil*
Schnitt 2 *m* [Bind] / taglio *m* ‖ *s.a. Fußschnitt; gemalter Schnitt; Glanzschnitt; Goldschnitt; Kopfschnitt; verschobener Schnitt; Vorderschnitt*
Schnitt, Ansicht *m,f* [Bau] / prospetto *m*
Schnitt|malerei *f* [Bind] / coloratura del taglio *f* ‖ *s.a. gemalter Schnitt*
~**menge** *f* (Mengenlehre) / intersezione *f*
~**musterbogen** *m* / carta modello *f*
~**stelle** *f* [EDV] ⟨DIN 44300/1E; DIN 44302; DIN 44330V⟩ / interfaccia *f* ‖ *s.a. Benutzerschnittstelle; Mensch-Maschine-Schnittstelle*
Schnittstellen|karte *f* [EDV] / scheda di interfaccia *f*
~**operator** *m* / operatore di intersezione *m*
~**vervielfältiger** *m* [EDV] / moltiplicatore d'interfaccia *m*
Schnitt|vergoldung *f* [Bind] / doratura del taglio *f*
~**verzierung** *f* [Bind] / decorazione del taglio *f*
schnitzen *v* / intagliare *v* ‖ *s.a. Holzschnitt*
Schnörkel *m* [Bch] / ghirigoro *m*
Schnur *f* / cordoncino *m*
Schnüre *pl* [Bind] / cordoni *pl* ‖ *s.a. Bünde; Hanfschnur*
schnüren *v* [Bind] / allacciare *v*
schöne Literatur *f* / letteratura amena *f* ‖ *s.a. Belletristik; erzählende Literatur; schöne Literatur*
Schön- und Widerdruck *m* / recto-verso *m*
Schöpf|form *f* [Pp] · forma a mano *f*
~**rand** *m* [Pp] *s. Büttenrand*
Schraffen *pl* [Kart] / tratteggiatura *f*
schraffiert *part perf* [Kart] / tratteggiato *part pt*
Schraffierung *f* [Bind] / tratteggio *m*
Schräg|ablage *f* (in einem Regal) *s. Schrägauslage*
~**auslage** *f* (in einem Regal) / esposizione inclinata *f*
~**boden** *m* (in einem Regal) / palchetto inclinato *m*
Schrägstrich *m* (/) [Schr; Druck] / barra (diagonale) *f* · barra (obliqua) *f*
Schreib|dichte *f* [EDV] / densità di registrazione *f* (hohe ~: alta densità) ‖ *s.a. doppelte Schreibdichte; einfache Schreibdichte*

Schreiben *n* (geschriebener Text) / scritto *m*
Schreiber *m* (im Mittelalter) / scriba *m*
Schreib|feder *f* / pennino *m*
~**fehler** *m* / errore di penna *m* · (Rechtschreibfehler:) errore ortografico
~**feld** *n* [Lochk] / zona descrittiva *f*
~**gerät** *n* / utensili per scrivere *pl* ‖ *s.a. Schreibwerkzeug*
schreibgeschütztes Feld *n* [EDV] / campo protetto *m*
Schreib|kopf *m* [EDV] ⟨DIN 66010⟩ *s. Schreib-Lesekopf*
~**kraft** *f* / (weiblich:) dattilografa *f*
~**kunst** *f s. Kalligraphie*
~-**Lesekopf** *m* [EDV] / testina di scrittura-lettura *f*
~-**Lese-Speicher** *m* [EDV] ⟨DIN 444761⟩ / memoria di lettura-scrittura *f* ‖ *s.a. nichtflüchtiger Speicher*
~**marke** *f* (Cursor) [EDV] / cursore *m*
~**maschine** *f* ⟨DIN 2108⟩ / macchina da scrivere *f* ‖ *s.a. Display-Schreibmaschine; Speicherschreibmaschine*
Schreibmaschinen|kenntnisse *pl* / conoscenza della dattilografia *f*
~**papier** *n* ⟨DIN 6730⟩ / carta per macchina da scrivere *f*
~**seite** / cartella *f*
~**text** *m* / dattiloscritto *m*
~**tisch** *m* / tavolo per la macchina da scrivere *m*
~**zimmer** *n* / sala di scrittura *f*
Schreibmeister *m* / maestro calligrafo *m*
~**buch** *n* ⟨RAK-AD⟩ / trattato di scrittura *m* · libro di calligrafia *m*
Schreib|papier *n* ⟨DIN 6730⟩ / carta da scrivere *f*
~**raum** *m* / sala di scrittura *f*
~**schule** *f* / scuola scrittoria *f*
~**stoff** *m s. Beschreibstoff*
~**terminal** *n* [EDV] / terminale scrivente *m*
~**tinte** *f s. Tinte*
~**tisch** *m* / scrivania *f*
~- **und Papierwaren** *pl* [Büro] / cancelleria *f*
Schreibung *f* [Writ] *s. Schreibweise*
Schreib|walze *f* ⟨DIN 9757⟩ / rullo della macchina da scrivere *m*
~**weise** *f* / modo di scrivere *m* · grafia *f* ‖ *s.a. abweichende Schreibweise*
~**werkzeug** *n* / strumenti per scrivere *pl* ‖ *s.a. Schreibgerät*

Schrift 1 *f* (n) / (das System/die Art des Schreibens:) scrittura *f* · (EDV:Zeichenvorrat für den Ausdruck:) font *f* ‖ *s.a. Keilschrift; Schriftbibliothek*
Schrift 2 *f* (geschriebener Text) / scritto *m*
~**art** *f* [Druck] / tipo di carattere *m* · scrittura *f*
~**auge** [Tip] / occhio del carattere *m*
~**bibliothek** *f* [EDV] / biblioteca di caratteri *f* · biblioteca di font *f*
~**dichte** *f* [EDV] / densità di caratteri *f*
Schriften|reihe *f* [Bch; Kat] ⟨ISBD; M; S; PM; TGL 20972/04; RAK⟩ / collana *f* · collezione *f* · serie *f* ‖ *s.a. übergeordnete Schriftenreihe*
~**tausch** *m* [Erw] / scambio di pubblicazioni *m*
~**verwaltung** *f* [EDV] / gestione delle font *f* ‖ *s.a. Schriftenverwaltungsprogramm*
~**verwaltungsprogramm** *n* [EDV] / programma di gestione delle font *m*
Schrift|familie *f* [Druck] ⟨DIN 2107⟩ / serie di caratteri *f* · famiglia di caratteri *f*
~**gießen** *n* [Druck] / fusione dei caratteri *f*
~**gießer** *m* [Druck] / fonditore di caratteri *m*
~**gießerei** *f* [Druck] / fonderia di caratteri tipografici *f*
~**gießmaschine** *f* [Druck] *s. Gießmaschine*
~**grad** *m* / corpo del carattere *m* (corpo dieci:10-Punkt-Schrift) ‖ *s.a. Sechs-Punkt-Schrift*
~**größe** *f* [Druck] *s. Schriftgrad*
~**guss** *m* [Druck] / fusione dei caratteri *f*
Schriftgut *n* / materiale archivistico *m*
~**erfassung** *f* [Arch] / censimento archivistico *m*
~**verwaltung** *f* [Büro; Arch] / gestione dei documenti *f*
Schrift|höhe 2 *f* ⟨DIN 66233/1⟩ / (EDV:) altezza di font *f* ‖ *s.a. Schriftgrad*
~**kasten** *m* [Druck] *s. Setzkasten*
~**kegel** *m* [Druck] / corpo del carattere *m* · corpo *m*
~**kultur** *f* / cultura scritta *f*
~**leitung** *f* (einer Zeitung oder Zeitschrift) / direzione *f* (di un giornale ecc.)
schriftliche Befragung *f* / inchiesta scritta *f*
~ **Prüfung** *f* / esame scritto *m* · prova scritta *f* ‖ *s.a. Klausur*
schriftlicher Nachlass *m* / lascito scritto *m*
Schrift|probe *f* / prova di scrittura *f*
~**rolle** *f* / cartiglio *m* · rotolo *m*
~**schneider** *m* / punzonatore *m* · incisore di caratteri *m* ‖ *s.a. Stempelschneider*

~setzer *m s. Setzer*
~skalierung *f* [ElPubl] / scalamento di font *m*
~steller *m* / scrittore *m* ‖ *s.a. Autor*
~stellerin *f* / scrittrice *f* ‖ *s.a. Autorin*
~stempel *m* [Druck] / punzone *m*
~träger *m* / supporto scrittorio *m* ‖ *s.a. Beschreibstoff*
~tum *n* / letteratura *f*
~tumskarte *f* [Ind] / scheda bibliografica *f*
~type *f* / carattere tipografico
~verkehr *m s. Korrespondenz*
~wechsel *m s. Korrespondenz*
~zeichen / carattere grafico *m* · (Drucktype:) carattere tipografico ‖ *s.a. Letter*
Schritt|aufnahmetechnik *f* [Repr] ⟨ISO 6196/2; DIN 19040/11⟩ / microfilmatura planetaria *f*
~kamera *f* [Repr] / planetario *m*
~verfilmung *f* [Repr] *s. Schrittaufnahmetechnik*
Schrotblatt *n* / interasili *m* · incisione punteggiata *f*
Schrumpffolie *f* [Bind] / foglio ritrante *m*
Schuber *m* [Buch] / (Futteral:) astuccio *m* · custodia *f* ‖ *s.a. Schutzkarton*
Schub|kasten *m* / cassetto estraibile *m*
~lade *f s. Schubkasten*
Schul|abschlusszeugnis *n* / diploma di scuola *m*
~ausgabe *f* / edizione scolastica *f*
~bibliothek *f* ⟨DIN 1425⟩ / biblioteca scolastica *f*
~buch *n* / testo scolastico · libro scolastico *m*
~buchverlag *m* / casa editrice scolastica *f*
~direktor *m* / preside *m*
~funk *m* / radio-scuola *f*
~jahr *n* / anno scolastico *m*
~leiter *m* / preside *m*
~programm *n* / programma scolastico *m*
~schrift *f* / pubblicazione scolastica *f*
Schulung *f* / formazione *f* ‖ *s.a. Benutzerschulung; Mitarbeiterschulung*
Schulzeugnis *n* / pagella *f* ‖ *s.a. Schulabschlusszeugnis*
Schummerung *f* [Kart] / ombreggiatura *f*
Schundliteratur *f* / letteratura di scadente qualità *f*
Schuppenmuster *n* / disegno a squame *m*
Schuster|junge *m* [Druck] / pagina la cui ultima riga comincia con una rientranza *f* ‖ *s.a. Hurenkind*
~messer *n* [Bind] / trincetto *m*
Schutz|dauer *f* (eines Patents) / durata del periodo di protezione
~frist *f* / termine di protezione *m*
~gebühr *f* / contributo protettivo *m*
~hülle *f* [Bind] / involucro protettivo *m* ‖ *s.a. Schutzumschlag*
~karton *m* (für ein Buch) / scatola protettiva *f* · custodia *f* ‖ *s.a. Schuber*
~schicht *f* (zur Verhütung von Kratzern und Abrieb auf Filmen) [Repr] ⟨DIN 19040/4+104E⟩ / copertura protettiva *f* · patina anti-abrasiva *f*
~schicht *f* [Kart] / copertina protettiva *f*
~umschlag *m* / copertina di protezione *f* · sovraccoperta *f* · copertina *f* · sopraccoperta *f*
schutzwürdige Daten *pl* / dati sensitivi *pl* ‖ *s.a. vertrauliche Daten*
Schwankungsbereich *m* (bei einer Häufigkeitsverteilung) / campo di variazione *m*
Schwanz *m* (eines Bandes) [Bind] / piede *m*
~schnitt *m* [Bind] / taglio di piede · taglio inferiore *m*
schwarze Kunst *f s. Buchdruckerkunst*
schwarzer Kasten *m* (black box) / scatola nera *f*
schwarzes Brett *s. Anschlagbrett*
Schwarzweiß-Abbildung *f* / illustrazione in bianco e nero *f*
~-Film *m* [Repr] ⟨DIN 19040/104E⟩ / film in bianco e nero
~-Grafik *f* / grafico al tratto *f*
Schweinsleder *n* / pelle di scrofa *f* · pelle di porco *f*
schwer beschaffbare Literatur *f* [Erw] / letteratura difficile da acquistare *f*
Schwer|kraftförderer *m* / trasportatore con alimentazione a caduta *m*
~punkt *m* / fulcro *m* ‖ *s.a. Bestandsschwerpunkt; Forschungsschwerpunkt; Sammelschwerpunkt*
Science-fiction *f* / fantascienza *f*
scope note *f* [Ind] ⟨DIN 1463⟩ / nota d'ambito · nota d'orientamento *f*
Scratch-Datei *f* [EDV] / file di lavoro *m* · archivio provvisorio *m*
scrollen *v* [EDV] / far scorrere *v*
Scrollgeschwindigkeit *f* (am Bildschirm) [f] / velocità di scorrimento *f*
Scroll-Pfeil *m* (auf der Tastastur) / freccia di scorrimento *f*
SDI *Abk s. selektive Informationsverbreitung (SDI)*
Searcher *m* / ricercatore *m*

Sechs-Punkt-Schrift *f* [Druck] / corpo sei punti *m*
Sedezformat *n* [Bch] / formato in-sedicesimo (16°) *m* · formato in-sedicesimo (16°) *m*
Sedezimal(zahlen)system *n* [EDV] / sistema esadecimale *m*
See|hundleder *n* [Bind] / pelle di foca *f*
~**karte** *f* / carta marittima *f* · carta nautica *f*
Segeltuch *n* [Bind] / tela olona *f*
segmentierter Satz *m* [EDV] ⟨DIN 66010E A1⟩ / record segmentato *m*
Sehabstand *m* ⟨DIN 66233/1⟩ / distanza visiva *f*
sehbehinderter Leser *m* / lettore ipovedente *m*
Sehwinkel *m* ⟨DIN 66233/1⟩ / angolo visivo *m* · angolo visuale *m*
Seiden|einband *m* / legatura di seta *f*
~**gaze** *f* / velo di seta *m* (Einbettung mit ~:rinforzo con velo di seta)
~**papier** *n* [Pp] / carta velina *f*
Seite *f* / pagina *f* ‖ *s.a. ganzseitig; halbseitig*
Seiten|beschreibungssprache *f* [ElPubl] / linguaggio di descrizione della pagina *m*
~**drucker** *m* [EDV] / stampante di pagina *f*
~**eingang** *m* [BauEinr] / ingresso secondario *m*
~**gang** *m* [BauEinr] / corridoio laterale *m* · percorso a lato *m*
~**größe** *f* / dimensione di pagina
~**hintergrund** *m* / fondo della pagina *m*
~**hinweis** *m* / richiamo di pagina *m*
~**konsole** *f* (Träger eines Fachbodens) [AufstReg] / mensola laterale *f*
~**montage** *f* [Druck] / assemblaggio della pagina *m* · assiemaggio della pagina · montaggio della pagina
seitenrichtiges Bild *n* [Repr] / immagine nel verso giusto *f* ‖ *s.a. seitenverkehrtes Bild*
Seiten|überschrift *f* [Bch] / testata di pagina *f* ‖ *s.a. Kolumnentitel*
~**umbruch** (m) [Druck] / impaginazione *f* ‖ *s.a. Batch-Seitenumbruch*
~**verhältnis** *n* / rapporto dei lati *m*
seitenverkehrtes Bild *n* [Druck; Repr] / immagine nel verso contrario *f* ‖ *s.a. seitenrichtiges Bild*
Seiten|verweis *m s. Seitenhinweis*
~**vorschau** *f* [ElPubl] / anteprima delle pagine *f*
~**wange** *f* (eines Fachbodens) [BestAufstReg] / (Konsole:) mensola *f*
seitenweise (adj) / pagina dopo pagina
Seiten|zahl *f* / numero delle pagine *m*
~**zählung** *f* [Bch] / paginazione *f* ‖ *s.a. doppelte Seitenzählung; durchlaufende Seitenzählung; gerade Zählung; getrennte Zählung; Paginierung; springende Zählung; ungerade Zählung; Zählung*
Sekretariat *n* / segreteria *f* · segretariato *m*
Sekretärin (f) / segretaria *f*
sekretieren *v* / segretare *v*
Sektion *f* / sezione *f*
Sektor *m* ⟨DIN 66010E⟩ / settore *m*
~**adresse** *f* (CD-ROM) / indirizzo del settore *m*
Sekundär|bibliographie *f* [Bib] / bibliografia di seconda mano *f*
~**dokument** *n* ⟨DIN 31631/4/; DIN 31 639/2⟩ / documento secondario *m*
~**farben** *pl* / colori secondari *pl*
~**publikation** *f s. Sekundärdokument*
~**speicher** *m* [EDV] / memoria secondaria *f*
selbständig erschienenes Werk *n* [Bch; Kat] ⟨RAK-UW⟩ / opera indipendente *f* ‖ *s.a. selbständiges Dokument*
selbständiges Dokument *n* [Bch; Kat] ⟨DIN 31631/4⟩ / documento indipendente *m* ‖ *s.a. selbständig erschienenes Werk*
~ **Werk** *n s. selbständig erschienenes Werk*
Selbstbedienung *f* / (beim Zugang zu einem Informationssystem:) autoconsultazione *f*
Selbst|bedienungsrestaurant *n* / ristorante-self service *m*
~**biographie** *f* [Bch] *s. Autobiographie*
selbstdurchschreibendes Papier *n* / carta autoricalcante *f*
Selbstklebeband *n* [Büro; Bind] / autoadesivo *m* ‖ *s.a. Tesafilm*
selbstklebend *part praes* / autoadesivo *agg*
Selbst|kostenpreis *m* / prezzo di costo *m*
~**porträt** *n* / autoritratto *m*
~**studium** *n* / autoapprendimento *m* · autoistruzione *f* ‖ *s.a. Selbstunterricht*
selbsttragende Regalanlage *f* / scaffalatura autoportante *f*
Selbst|unterricht *m* / autoistruzione *f* ‖ *s.a. Selbststudium*
~**verlag** *m* / autore-editore *m* · editore in proprio *m* (im Selbstverlag erschienen: pubblicazione a spese dell'autore)
~**verwaltung** *f* / amministrazione autonoma *f*
~**wählfernsprechdienst** *m* / teleselezione *f*
selektive Informationsverbreitung (SDI) *f* / diffusione selettiva dell'informazione *f* · disseminazione selettiva dell'informazione *f* · DSI *abbr*
Semantik *f* / semantica *f*

semantische Begriffszerlegung *f* [Ind] / fattorizzazione semantica *f* · factoring semantico *m*
semantische Verweise *pl* (Hypertext) / link semantici *pl*
Semester *n* / semestre *m*
~**adresse** *f* / indirizzo semestrale *m*
~**apparat** *m* / raccolta di libri adottati nei corsi universitari durante un semestre *f*
~**ferien** *pl* / vacanze semestrali *pl*
~**gebühr** *f* / canone semestrale *m*
Semikolon *n* (;) / (; :) punto e virgola
Seminar *n* / seminario *m* ‖ *s.a. Hauptseminar; Proseminar*
~**bibliothek** *f* / biblioteca di seminario *f*
Semis-Stil *m* [Bind] / stile a seminato *m*
Sende|aufruf *m* [Komm] ⟨DIN 44302⟩ / chiamata *f*
~**betrieb** *m* [Komm] ⟨DIN 44302⟩ / modo di trasmettere *m*
~**-Empfangsgerät** *n* [Komm] / impianto di ricetrasmissione *m*
senden / (Rundfunk:) trasmettere *v*
Sender *m* [Komm] / mittente *m*
Sendestation *f* [Komm] / stazione di trasmissione *f*
Sendung 1 *f* [Erw] *s. Lieferung 1*
Sendung 2 *f* / (Rundfunk:) emissione *f* · trasmissione *f*
Sensations|blatt *n* / giornale scandalistico *m*
~**roman** *m* / romanzo giallo *m*
Sensibilisierung *f* [Repr] / sensibilizzazione *f*
Sensor-Bildschirm *m* [EDV] / schermo sensitivo *m*
Separat(ab)druck *m s. Separatum*
Separatum *n* (Sonderdruck) / estratto *m*
sequentielle Notation *f* [Klass] / notazione sequenziale *f*
sequentieller Zugriff *m* [EDV] / accesso sequenziale *m*
sequentielle Zugriffsmethode *f* [EDV] / metodo dell'accesso sequenziale *m*
Serie *f* [Bch] / serie *f* · collezione *f* · collana *f*
serielle Ausgabe *f* [EDV] / uscita seriale *f*
~ **Eingabe** *f* [EDV] / ingresso seriale *m*
serieller Betrieb *m* [EDV] ⟨DIN 44300/9E⟩ / operazione seriale *f*
~ **Drucker** *m* [EDV] / stampante seriale *f*
~ **Zugriff** *m* [EDV] / accesso seriale ‖ *s.a. sequentieller Zugriff*
serielle Schnittstelle *f* [EDV] / interfaccia seriale *f*
~ **Übertragung** *f* [Komm; EDV] / trasmissione seriale *f*
Serienangabe *f* / indicazione di collezione *f*
Serien|aufnahme *f* [Kat] / scheda di serie *f* · scheda di collezione *f*
~**drucker** *m* [EDV] / stampante seriale *f*
~**titel** *m* / titolo di collezione *m*
~**übertragung** *f* [Komm] ⟨DIN 44302⟩ / trasmissione seriale *f*
~**werk** *n* [Bch] *s. Serie*
Serifen *pl* [Druck] / grazie *pl* ‖ *s.a. serifenlos*
serifenlos *adj* [Druck] / senza grazie
Serigraphie *f* [Kunst; Druck] *s. Siebdruck*
Server|datei *f* / file del server *m*
~**zugriff** *m* / accesso al server *m*
setzen *v* [Druck] / comporre *v* (ein Manuskript absetzen: finire di comporre)
Setzer *m* [Druck] / compositore *1* ‖ *s.a. Handsetzer*
Setzerei *f* [Druck] / (Setzerraum:) sala di composizione *f*
Setz|fehler *m* / errore di composizione *m* · sbaglio di composizione *m* · (fehlender Buchstabe; Buchstabentausch:) refuso *m* ‖ *s.a. Druckfehler*
~**kasten** *m* [Druck] / cassa tipografica *f*
~**linie** *f* [Druck] / regoletto *m*
~**maschine** *f* [Druck] / macchina compositrice *f*
Setzregal *n* [Druck] / bancone del compositore *m*
Sextern(io) *m(m)* [Bch; Bind] / sesternio *m*
SGML *Abk* [ElPubl] / SGML *abbr* (Standard Generalized Markup Language)
SGML-Dokument *n* [ElPubl] / documento SGML *m*
Sicherheit *f* / sicurezza *f*
Sicherheits|beauftragter *m* / responsabile della sicurezza *m* · commissario di sicurezza *m*
~**bestimmungen** *pl* / norme di sicurezza *pl*
~**film** *m* [Repr] ⟨DIN 19040/104E; DIN 15551/1; A 2653⟩ / film di sicurezza *m*
~**kopie** *f* [EDV] / copia di sicurezza *f* · copia di salvataggio *f*
~**verfilmung** *f* / microfilmatura di conservazione *f* · microfilmatura di sicurezza *f*
~**zuschlag** *m* (bei Kostenvoranschlägen) / fattore di riserva *m*
sichern *v* [EDV] / salvaguardare *v* · salvare *v* · (speichern:) memorizzare *v*
Sicherung *f* (von Daten) [EDV] / salvataggio *m*

Sicherungs|archiv *n* / archivio di sicurezza *m*
~**datei** *f* [EDV] / archivio di sicurezza *m*
~**kopie** *f* [EDV] / copia di salvataggio *f* · copia di sicurezza *f*
~**system** [BauEinr] *s. Diebstahlssicherungssystem*
~**verfilmung** *f s. Sicherheitsverfilmung*
Sicht|beton *m* / cemento a vista *m*
~**blende** *f* / (Paravent:) paravento *m* ‖ *s.a. Schirmblende*
sichten *v* (prüfend durchsehen) / esaminare *v* · (durchsehen:) rivedere
Sicht|gerät *n* [EDV] ⟨DIN 44300/5E⟩ / visualizzatore *m* ‖ *s.a. Datensichtgerät*
~**kartei** *f* [Ind] *s. Flachsichtkartei*
~**kontrolle** *f* / controllo visuale / visivo *m*
Sicht|lochkarte *f* / scheda peek-a-boo *f*
~**register** *n* [Ind] / registro visivo *m*
Sieb *n* [Pp] / vaglio sgocciolatore *m*
~**druck** *m* / serigrafia *f*
Siegel *n* / sigillo *m* ‖ *s.a. Gegensiegel*
~**kunde** *f* / sfragistica *f* · sigillografia *f*
siehe *v* (s.) / vedi (v.)
siehe auch *v* (s.a.) [Kat] / vedi anche *v* (v.a.)
siehe-auch-Hinweis *m* [Kat] ⟨RAK⟩ / richiamo di v.a. *m*
Siehe-auch-Verweisung *f* [Kat] ⟨RAK⟩ / richiamo *m* · rinvio reciproco *m*
~-**Verweisung** *f* [Kat] / rinvio *m*
Sigel|verzeichnis *n* / siglario *m*
Signal *n* / segnale *m* · segnalazione *f*
Signal|streifen *m* (in ein Buch eingelegt, zur Steuerung von Arbeitsabläufen) *s. Steuerstreifen*
Signatur *f* (einer Drucktype) ⟨DIN 16507⟩ / tacca *f*
Signatur 1 *f* (Standortbezeichnung für ein Buch) ⟨DIN 31631/2⟩ / collocazione *f* · segnatura *f* (di collocazione)
Signatur 2 (Bogensignatur) [Druck] / segnatura *f* · ragionata *f* · (in Form eines Buchstabens:) lettera guida *f* ‖ *s.a. Bogennorm*
~**bildung** *f* / formazione della segnatura *f*
~**schild** *n* / targhetta della collocazione *m*
Signet *n* / insegna *f* · sigla *f* ‖ *s.a. Bibliothekssignet; Druckerzeichen; Logo; Verlagssignet*
signieren 1 *v* (ein Buch vom Autor ~) / firmare *v* (un libro da parte dell'autore) ‖ *s.a. signierte Ausgabe*
signieren 2 *v* (für einen Titel die Signatur am Katalog ermitteln) / verificare *v* (un titolo al catalogo)
signierte Ausgabe *f* / edizione autografa *f*
Sikkativ *n* / seccativo *m*
Silben|schrift *f* / scrittura sillabica *f*
~**trennung** *f* / divisione in sillabe *f* · sillabazione *f* ‖ *s.a. Trennwörterbuch*
~**trennungsprogramm** *n* [EDV] / programma di sillabazione *m*
Silber|film *m* [Repr] ⟨ISO 6196-4⟩ / (Silberhalogenfilm:) film agli alogenuri d'argento *m* · film all'argento *m*
~**fischchen** *n* (Schadinsekt) / pesciolino d'argento *m* · acciughina *f*
~**folie** *f* / foglia d'argento *f*
~**halogenfilm** *m* [Repr] *s. Silberfilm*
~**halogenverfahren** *n* [Repr] / procedura agli alogenuri d'argento *f*
~**stiftzeichnung** *f* / disegno a punta d'argento *m*
Simplex|übertragung *f* [Komm] / trasmissione simplex *f*
~**verbindung** *f* [Komm] / collegamento simplex *m*
~**verfahren** *n* (bei der Bestimmung der Bildanordnung auf einer Mikroform) [Repr] ⟨ISO 6196/2; DIN 19040/113E⟩ / metodo simplex *m* ‖ *s.a. Duplexverfahren*
Simulation *f* / simulazione *f*
Simulator *m* [EDV] / programma simulatore *m*
Simultan|betrieb *m* [EDV] / operazione simultanea *f*
~**zugriff** *m* [EDV] / accesso simultaneo *m*
Single-Schallplatte *f* / disco a 45 giri *m*
Singpartitur *f s. Gesangspartitur*
Sinnbild *n* / emblema *m*
Sitz|gruppe *f* / unità di posti a sedere *f*
~**plan** *m* / pianta dei posti a sedere *f*
~**platz** *m* / posto a sedere *m*
Sitzung *f* [OrgM] / seduta *f* (eine ~ abhalten:tenere una seduta) · (Zusammenkunft:) riunione *f* ‖ *s.a. Arbeitssitzung*
Sitzungsbericht *m* / relazione della seduta *m*
Sitzungs|berichte *pl* (eines Parlamentes, einer Akademie) / atti *pl* (di un parlamento, un'accademia ecc.)
~**protokoll** *n* / (Sitzungsbericht:) relazione della seduta *m* · verbale *m*
~**tag** *m* / giorno di seduta *m*
~**zimmer** *n* / sala delle conferenze *f* · sala delle sedute *f* ‖ *s.a. Versammlungsraum*

Skala *f* / (Maßeinteilung:) scala
Skalenbildung *f* s. *Skalierung*
Skalierung *f* / scalazione *f*
Skandalpresse *f* / stampa gialla *f*
Skelettbauweise *f* / costruzione a telai *f*
Skizze *f* / (für ein Kunstwerk usw.:) abbozzo · schizzo *m* · bozzetto *m*
Skizzenbuch *n* / album di schizzi *m*
Skonto *m/n* (Preisnachlass) [Erw] / sconto
Skript 1 *n* (zu einem Film usw.) [NBM] / copione *m*
Skript 2 *n* (Text zu einer Vorlesung usw.) / dispensa universitaria *f* · scritto *m*
Skriptorium *n* / scrittorio *m*
Skulptur *f* / scultura *f*
Sockel *m* / zoccolo *m* · (Podest:) piedistallo *m*
soeben erschienen *part perf* [Bch] / appena pubblicato *part pt*
Sofort|ausleihe *f* / servizio del prestito pronto *m*
~informationsdienst *m* / servizio di informazione immediata *f*
Software *f* ⟨DIN 44300/1E⟩ / software *m*
~entwicklung *f* / progettazione di software *f*
~fehler *m* s. *Programmfehler*
~firma *f* [EDV] s. *Softwarehaus*
~haus *n* [EDV] / ditta di software *f*
~paket *n* / pacchetto di software *m*
~unterstützung *f* / supporto di software *m*
Solander(schuber) *m(m)* [Arch] / custodia a ribalta *f*
Sonder(ab)druck *m* [Bch] ⟨DIN 31631/4; DIN 31643⟩ / estratto *m*
~angebot *n* [Erw] / offerta speciale *f*
~ausgabe *f* / edizione speciale *f*
~bestand *m* / collezione speciale *f* · fondo particolare *m*
~forschungsbereich *m* / campo speciale di ricerche *m*
~heft *n* (einer Zeitschrift) / numero speciale *m* ‖ *s.a. Beiheft*
~magazin *n* / magazzino speciale *m*
~nummer *f* [Bch] ⟨DIN 31639/2⟩ *s. Sonderheft*
~preis *m* / prezzo speciale *m*
~sammelgebietsplan *m* (der Deutschen Forschungsgemeinschaft) [Erw] *D* / programma speciale di raccolta per l'acquisizione del materiale librario a livello nazionale (della Comunità tedesca di ricerca) ‖ *s.a. Sammelschwerpunkt*
~schrift *f* [EDV] / font speciale *f*
~standort *m* (eines Buches usw.) / ospitante *m*
~taste *f* [EDV] / tasto speciale *m*
~urlaub *m* / licenza staordinaria *f*
~zeichen *n* ⟨DIN 44300/2E⟩ / carattere speciale *m*
Sondierung *f* / sondaggio *m*
Sonnenschutz *m* [BauEinr] / protezione contro il sole *f*
sortieren *v* [EDV] / ordinare *v*
Sortierer *m* [Lochk] / selezionatrice *f*
Sortier|format *n* [EDV] / formato di ordinamento *m*
~gerät *n* [Lochk] *s. Sortierer*
~geschwindigkeit *f* [EDV] / velocità di ordinamento
~lauf *m* [EDV] / corsa di ordinamento *f*
~maschine *f* [Lochk] *s. Sortiergerät*
~nadel *f* [Lochk] / ago selezionatore *m*
~programm *n* [EDV] / programma di ordinamento *m*
~schlüssel *m* [EDV] / chiave di ordinamento *f*
~tisch *m* / bancone di smistamento *m*
Sortierung *f* / (von Briefen usw.:) smistamento · (Ordnung:) ordinamento *m* ‖ *s.a. maschinell sortiert*
Sortier|vorgang *m* [EDV] / procedura di ordinamento *f*
Sortiment *n* / assortimento *m*
Sortiments|buchbinder *m* [Bind] / legatore di miscellanea *m*
~buchhandlung *f* / libreria *f* (avendo un assortimento largo) · libreria di 'varia'
Soundkarte *f* [EDV] / scheda sonora *f*
soziale Bibliotheksarbeit *f* / lacvoro bibliotecario per persone in condizioni di svantaggio *m*
Sozialraum *m s. Personalraum*
Spalte 1 *f* (in einer Tabelle, einem Fragebogen) ⟨DIN 44300/2E; DIN 31639/2⟩ / finca *f* ‖ *s.a. einspaltig; zweispaltig*
Spalte 2 *f* (in einem Buch) / colonna ‖ *s.a. zweispaltig*
spalten *v* [Pp] / sfaldare *v* ‖ *s.a. Papierspalten*
Spalten|anordnung *f* (der Bilder auf einem Microfiche) [Repr] / ordinamento delle colonne *m* (su un microfiche)
~breite *f* [Druck] / larghezza di colonna *f*
Spaltleder *n* [Bind] / pelle spaccata *f*
sparen *v* / risparmiare *v* · (einsparen:) economizzare *v* (Inputkosten sparen: economizzare sui costi di input)

Spar|kampagne *f* / campagna di risparmio *f*
~maßnahmen *pl* / misure d'economia *pl*
Spatium *n* [EDV; Druck] / spazio *m* ‖ *s.a. Leerzeichen*
Speicher *m* [EDV] / memoria *f* · unità di memoria *f* ‖ *s.a. Arbeitsspeicher; Assoziativspeicher; geschützter Speicherbereich; Internspeicher; Kellerspeicher; peripherer Speicher; Zentralspeicher; Zubringerspeicher*
Speicher|bereich *m* [EDV] / area di memoria *f*
~bibliothek *f* / biblioteca-deposito *f* · biblioteca di deposito *f* ‖ *s.a. Speichermagazin*
~chip *m* [EDV] / chip di memoria *m*
~dichte *f* [EDV] / densità di registrazione *f*
~element *n* [EDV] ⟨DIN 44300/6E⟩ / elemento di memoria *m*
~erweiterung *f* [EDV] / espansione di memoria *f* · ampliamento di memoria *m*
~größe *f* [EDV] / ampiezza di memoria *f*
~kapazität *f* / capacità di memorizzazione *f*
~karte *f* [EDV] / scheda di memoria *f*
~magazin *n* / magazzino di deposito *m* ‖ *s.a. Ausweichmagazin; Speicherbibliothek*
~medium *n* [EDV] / supporto di memoria *m*
~ mit seriellem Zugriff *n* [EDV] / memoria ad accesso seriale · memoria ad accesso seriale *m*
~ mit wahlfreiem Zugriff *m* [EDV] ⟨DIN 44476/1⟩ / memoria ad accesso casuale *f*
speichern *v* [EDV] ⟨DIN 44300/8E⟩ / (in einem Computer:) memorizzare *v* · (in einem Lager/Magazin:) immagazzinare *v*
Speicher|organisation *f* [EDV] / organizzazione della memoria *f*
~platte *f* [EDV] / lastra di memoria *f*
~platz 1 *m* (Speicherkapazität) [EDV] / capacità di memorizzazione *f* · spazio di memoria *m* ‖ *s.a. Speicherzelle*
~platz 2 *m* (Speicherort) [EDV] / locazione di memoria *f*
~zuweisung *f* [EDV] / allocazione della memoria *f*
~schreibmaschine *f* / macchina da scrivere con memoria
~schutz *m* [EDV] ⟨DIN 44300/6E⟩ / protezione della memoria *f*
Speicherung *f* [EDV] / memorizzazione *f* ‖ *s.a. Datenspeicherung; Massenspeicherung*
Speicher|verwaltung *f* [EDV] / gestione della memoria *f*
~zelle *f* [EDV] ⟨DIN 44300/6E⟩ / posizione di memoria · cella di memoria *f*
Spektralfarbe *f* / colore dello spettro *m*
Spende *f* / dono *m*
Spenden|aufruf *m* / appello donazioni *m*
~mittel *pl* / fondi donati *pl*
Spender *m* [Erw] / donatore *m*
Sperre *f* / (durch ein Gatter versperrter Zugang:) cancello *m* · (Absperrung:) blocco *m* ‖ *s.a. Drehkreuz*
sperren 1 *v* [Druck] / spazieggiare *v*
sperren 2 *v* (einen Benutzer ~) / bloccare *v* (un utente)
Sperrung *f* / (Druck:) spazieggiatura *f* · (Schließung; Blockade:) blocco *m* ‖ *s.a. Dateisperrung*
~ der Ausleihberechtigung *f* / esclusione *f* (dal prestito)
Spesenabrechnung *f* / conto spese *m* ‖ *s.a. Reisekosten*
Spezial|bibliothek *f* ⟨DIN 1425⟩ / biblioteca speciale *f*
~effekte *pl* [NBM] / effetti speciali *pl*
Spezialist *f* / specialista *m*
Spezifikation *f* [Bch] *s. technische Spezifikation*
spezifische Materialbenennung *f* [Kat] *s. spezifische Materialbezeichnung*
~ Materialbezeichnung *f* [Kat] ⟨ISBD; DIN 31631/2⟩ / designazione specifica del materiale *f*
spezifischer (Sach-)Titel *m* [Kat] / titolo distintivo *m*
spezifizierte Abrechnung *f* / conto dettagliato *m*
Sphragistik *f s. Siegelkunde*
Spiegel *m* [Bind] *s. Deckelinnenseite*
Spiegelbild *n* [Repr] / immagine riflessa *f*
Spiel *n* [NBM] ⟨DIN 31631/4⟩ / gioco *m* ‖ *s.a. Lernspiel; Unterhaltungsspiel*
~dauer *f* (Abspieldauer) [NBM] ⟨DIN 31631/2⟩ / durata dello scorrimento *f* ‖ *s.a. Laufgeschwindigkeit*
Spielesammlung *f* / ludoteca *f*
Spiel|film *m* [NBM] ⟨DIN 31631/4⟩ / film di finzione *m*
~geschwindigkeit *f* (eines Videobandes usw.) [NBM] *s. Laufgeschwindigkeit*
~karte *f* [NBM] / carta da gioco *f*
Spindelpresse *f* [Bind] / pressa a vite *f*
Spionageroman / romanzo di spionaggio *m*
Spiral|bindung [Bind] *s. Spiralbroschur*
~broschur *f* [Bind] / legatura a spirale *f* ‖ *s.a. Kammbindung*

spiralgeheftet *part perf* [Bind] / legato a spirale *part pt*
Spiralheftung *f* [Bind] / legatura a spirale *f*
Spitzbogenornamentik *f* [Bind] / decorazione mitrale *f*
Spitzen|begriff *m* [Ind] *s. Kopfbegriff*
~muster / dentellatura *f* · merlettatura *f*
~muster-Einband *m* / legatura a la dentelle *f* · legatura in stile a smerletto *f*
~zeit *f* (Zeit hoher Belastung) [Ben] / tempo di punta *m*
Spitzklammern *pl* [Schr; Druck] *s. Winkelklammern*
Sponsor *m* / sponsor *m*
SPOOL-Betrieb *m* [EDV] / modo di spooling *m*
Sporthochschule *f* / istituto superiore dello sport *m*
Spottschrift *f* / pasquinata *f*
Sprachbarriere *f* / barriera linguistica *f*
Sprache *f* / linguaggio *m*
Sprachen|referent *m* / specialista di lingue *m*
~schlüssel *m* [Klass] / suddivisione standardizzata delle lingue
Sprach|erkennung *f* [EDV] / riconoscimento di voce *m*
~führer *m* ⟨DIN 31631/4; RAK-AD⟩ / guida linguistica *f*
~kenntnisse *pl* / conoscenza di lingue *f*
~labor *n* / laboratorio linguistico *m*
~lehrmittel *pl* / materiale didattico linguistico *m*
~prüfung *v* / esame linguistico *m*
~schlüssel *m* [Klass] / suddivisione standardizzata delle lingue
~zahl *f* [DK] *s. allgemeine Ergänzungszahl der Sprache*
Sprechanlage *f* / citofono
sprechbare Notation *f* [Klass] / notazione parlante *f*
Sprechblase *f* (in einem Comic) / fumetto *m*
sprechende Notation *f* [Klass] *s. sprechbare Notation*
Sprech|funk *m* [Komm] / radiotelefonia *f*
~kassette *f* ⟨NBM⟩ / cassetta parlata *f* ‖ *s.a. Hörbuch*
~platte *f s. Literaturschallplatte*
Sprengschnitt *m* [Bind] / taglio marezzato *m* · taglio spruzzato *m*
sprenkeln *v* [Bind] / macchiettare *v* · screziare *v* · marezzare *v*
springende Seitenzählung *f s. springende Zählung*
~ Zählung *f* [Bch] / (bei der Bandzählung usw.:) numerazione lacunosa *f* · (bei der Seitenzählung:) paginazione varia *f*
Sprinkleranlage *f* / sistema di estinsione automatica a pioggia *m*
Spritzschnitt *m* [Bind] *s. Sprengschnitt*
Sprödigkeit *f* [Rest] / fragilità *f*
Spruchband *n* / striscione *m*
Sprung *m* [EDV] / salto *m*
Sprung|anweisung *f* (FORTRAN) [EDV] / istruzione di salto *f* ‖ *s.a. unbedingter Sprung*
~befehl *m* [Inform] / istruzione di salto *f*
~rücken *m* [Bind] / dorso a scatto *m*
Spülbecken *n* / lavello *m* · acquaio *m*
Spulbetrieb *m* [EDV] / spooling *m*
Spule *f* [Repr] ⟨DIN 19040/104E; DIN 45510; A 2654⟩ / bobina *f* ‖ *s.a. Abwickelspule; Aufwickelspule; Filmspule; Mikrofilmspule; Tonbandspule*
Spüle *f s. Spülbecken*
Spulentonband *n* / nastro sonoro a bobina *m*
Spur *f* (eines Speichermediums) [EDV; NBM] ⟨DIN 44300/6E; DIN 66010⟩ / pista *f* · traccia *f* ‖ *s.a. Datenspur; Indexspur*
~breite *f* [EDV] ⟨DIN 66010⟩ / larghezza della traccia *f*
~nummer *f* [EDV] / numero della traccia *m*
Staatliche Beratungsstelle für öffentliche Büchereien *f D s. Staatliche Büchereistelle*
staatliche Bibliothek *f* / biblioteca governativa *f* · biblioteca statale *f*
Staatliche Büchereistelle *f* (Beratungsstelle für die Öffentlichen Bibliotheken eines Landes) *D* / ufficio consultativo dello Stato per le biblioteche pubbliche
~ Fachstelle für das Öffentliche Bibliothekswesen *f D s. Staatliche Büchereistelle*
Staatliches Büchereiamt *n D s. Staatliche Büchereistelle*
Staats|archiv *n* / archivio dello Stato *m*
~bibliothek *f* / biblioteca di Stato *f*
~bürgerschaftsprinzip *n* (bei der Ansetzung mehrgliedriger Personennamen) [Kat] / principio dell'uso nazionale nella scelta della parola d'ordine relativo agli autori moderni
~examen *n* / esame di Stato *m*
~haushalt *m* / bilancio dello Stato *m*
~verlag *m* / editore governativo *m*

Stab|diagramm *n s. Säulendiagramm*
stabilisieren *v* / stabilizzare *v*
Stabilisierung *f* [Repr] / stabilizzazione *f*
Stachel|rad *n* [EDV; Druck] / rullo di trascinimento a pin *m*
~**walze** *f* [EDP; Prt] *s. Stachelrad*
Stadt|adressbuch *n* / indirizzario municipale *m*
~**archiv** *n* [Arch] / archivio comunale *m*
~**ausgabe** *f* (einer Zeitung) / edizione municipale *f*
~**bibliothek** *f* / biblioteca civica *f* · biblioteca comunale *f* · biblioteca municipale *f*
~**bücherei** *f s. Stadtbibliothek*
städtische Behörden *pl* [Verw] / autorità comunali *pl*
städtische Bibliothek *f s. Stadtbibliothek*
Stadt|kämmerer *m* / tesoriere comunale *m*
~**karte** *f s. Stadtplan*
~**plan** *m* [Kart] ⟨DIN 31631/4⟩ / pianta della città *f*
~**teilausgabe** *f* (einer Großstadtzeitung) / edizione di quartiere *f* (di un giornale metropolitano)
~**teilbücherei** *f* / biblioteca di quartiere *f*
staffeln *v* (gestaffelt anschaffen) [Erw] / acquistare copie multiple *v*
Staffelpreis *m* / prezzo differenziato *m*
Stahl|feder *f* [Schr] / pennino d'acciaio *m*
~**regal** *n* / scaffale di acciaio *m*
~**stich** *m* [Kunst] / siderografia *f* · incisione in acciaio *f*
~**stichel** *m* / punzone d'acciaio *m*
Stamm|band *n* [EDV] / nastro base *m*
~**baum** *m* / albero genealogico *m*
~**datei** *f* [EDV] / archivio base *m*
~**eintrag** *m* [EDV] / record matrice *m*
~**satz** *m* [EDV] / record matrice *m*
~**tafel** *f* / tavola genealogica *f*
Stampfwerk *n* [Pp] / maceratoio *m* · marcitoio
Stand *m* (auf einer Messe) / stand *m* ‖ *s.a. Verkaufsstand*
Standard *m* / standard *m*
~**abweichung** *f* / deviazione standard *f*
standardisieren *v* / normalizzare · standardizzare
Standardisierte Kommandosprache *f* [Retr; EDV] / linguaggio standardizzato di comando *m*
standardisiertes Interview *n* / intervista standardizzata *f*
Standardisierung *f* / standardizzazione *f* ‖ *s.a. Normung*
Standard-Schlagwortliste *f* [Kat] / lista standard di soggetti *f* ‖ *s.a. Schlagwort-Normdatei*
~**schnittstelle** *f* [EDV] / interfaccia standard *f*
~**verfilmung** *f* [Repr] ⟨DIN 19040/113E⟩ *s. Simplexverfahren*
Stand der Technik *m* / stato della tecnica *m* · (state of the art:) stato dell'arte ‖ *s.a. Literaturbericht; Recherche zum Stand der Technik*
Standesregister *n* [Arch] / registro dello stato civile *m*
Standfläche *f* [Bau/Einr] / superficie di appoggio *f*
ständige Kommission *f* / commissione permanente *f*
~ **Last** *f* / carico fisso *m*
Standing order *n* [Erw] / ordine permanente *m*
Stand|leitung *f* [Komm] ⟨DIN 44302⟩ / linea dedicata *f*
~**nummer** *f s. Signatur 1*
Standort *m* / (eines Buches in einem System von Zweigbüchereien:) ospitante *m* · (eines Gebäudes:) ubicazione *f* · (Aufstellung eines Buches:) collocazione *f* ‖ *s.a. nicht am Standort*
~**bezeichnung** *f* / collocazione *f* ‖ *s.a. Signatur 1*
standort|freier Realkatalog *m* [Kat; Klass] / catalogo sistematico senza collegamento alla collocazione *m*
~**gebundener Realkatalog** *m* [Kat; Klass] / catalogo sistematico collegato alla collocazione *m*
Standort|katalog *m* / catalogo topografico *m*
~**nachweis** *m s. Besitzvermerk*
~**nummer** *f* (Signatur) / segnatura *f* ‖ *s.a. Standortbezeichnung*
Stapel|betrieb *m* [EDV] *s. Stapelverarbeitung*
~**fernverarbeitung** *f* / elaborazione a lotti a distanza *f*
~**speicher** [EDV] / memoria stack *f*
~**verarbeitung** *f* [EDV] ⟨DIN 44300/9E⟩ / elaborazione batch *f* · elaborazione a lotti *f*
Stärkeschnitt *m* [Bind] / taglio decorato alla colla *m*
Start *m* / avviamento *m* ‖ *s.a. Kaltstart; Warmstart*
starten *v* [EDV] / avviare *v* ‖ *s.a. einschalten*
Starthilfe *f* / (finanzielle Hilfe für den Anfang:) assegnazione iniziale *f*

Start|kosten *pl* / spese iniziali *pl* ‖ *s.a. Anlaufkosten*
~**schalter** *m* / pulsante avvio *m*
Start-Stop-Übertragung *f* [Komm] ⟨DIN 44302⟩ / trasmissione dati in start-stop *f*
statischer Speicher *m* [EDV] ⟨DIN 44476/1⟩ / memoria statica *f*
Statistik *f* / statistica *f*
Statut *n* / statuto *m*
Stau *m* [Pp] *s. Papierstau*
Staub *m* / polvere *m* ‖ *s.a. entstauben*
stechen *v* [Kunst] / incidere *v*
Stecher *m* [Kunst] / incisore *m* ‖ *s.a. Holzschneider; Kupferstecher; Radierer*
Steckdose *f* / presa di corrente *f*
Stecker *m* / spina *f* ‖ *s.a. Mehrfachstecker*
Steck|karte *f* [EDV] / adattore *m* · scheda *f* ‖ *s.a. Erweiterungssteckkarte*
~**platz** *m* (bei einem PC) / porta d'inserimento *f*
~**verbindung** *f* [EDV] / (Stecker:) spina *f* · connettore *m*
Steg *m* [Druck] / marginatura *f* ‖ *s.a. Bundsteg; Fußsteg; Kopfsteg*
Steglinie *f* [Pp] / vergella
Steh|bildprojektion *f* [NBM] ⟨DIN 19040/10⟩ / proiezione ferma *f*
~**kante** *f* [Bind] / labbro *m*
~**satz** *m* [Druck] / composizione in piedi *f*
Steifbroschur *f* [Bind] / brossura rigida *f*
Steilkartei *f* / schedario verticale *m*
Stein|buch *n* / lapidario *m*
~**druck** *m* / stampa su pietra *f* · litografia *f*
~**schrift** *f* / scrittura lapidaria *f*
Stelle 1 *f* (in einer Anordnung von Zeichen) ⟨DIN 44300/2E⟩ / posizione *f*
Stelle 2 *f* (Arbeitsplatz) / posto di lavoro *m*
Stellen|anforderungen *pl* / (fachliche Anforderungen:) requisiti professionali *pl*
~**angebot** *n* [Pers] / offerta di lavoro *f*
~**anzeige** *f* / (Stellenangebot:) offerta di lavoro *f* · inserzione di lavoro
~**beschreibung** *f* [OrgM] / descrizione del posto di lavoro *f* ‖ *s.a. Tätigkeitsbeschreibung*
~**bewerber** *m* / richiedente d'impiego *m* · aspirante *m* (a un posto)
~**gesuch** *n* [Pers] / (Gesuch um Einstellung:) domanda di assunzione *f* · domanda d'impiego *f*
~**inhaber** *m* [Pers] / titolare di un posto di lavoro *m*
~**plan** *m* / pianta organica del personale *f* · ruolo (organico) *m* · organico *m* ‖ *s.a. Personalbestand; planmäßiges Personal; Planstelle*
~**vermittlung** *f* / collocamento *m* (Arbeitsamt: ufficio di collocamento)
Stell|fläche *f s. Stellraum*
~**klotz** *m* (in einer Katalogschublade) / blocco pressatore *m*
~**raum** *m* (Raum für die Buchaufstellung) / capacità di collocamento *f*
~**stift** *m* (an einem Regal) / caviglia *f*
Stellung *f* [OrgM] / posizione *f*
~**nahme** *f* / intervento *m* · (Kommentar:) commento *m*
stellvertretender Bibliotheksdirektor *m* / vicedirettore *m* (di una biblioteca)
Stellvertreter *m* (für einen entnommenen Band, eine Karte usw.) / fantasma *m* · richiamo *m*
Stempel 1 *pl* (Werkzeug für die Einbandverzierung) [Bind] / ferri *pl* ‖ *s.a. Eingangsstempel; Plattenstempel; Poststempel*
~ 2 *m* (zur Herstellung einer Matrize:Patrize) [Druck] / punzone *m*
~ 3 *m* [Büro] / stampiglia *f* · timbro *m* ‖ *s.a. Datumsstempel; Gummistempel; Metallstempel*
~**druck** *m* [Bind] / stampatura *f*
~**karte** *f* [Pers] / scheda di controllo *f*
~**kissen** *n* [Büro] / cuscinetto *m* (per timbri) · tampone *m*
stempeln *v* / bollare *v* · timbrare *v* · stampigliare *v*
Stempel|papier *n* / carta bollata *f*
~**schneidemaschine** *f* [Druck] / punzonatrice *f*
~**schneider** *m* [Druck; Pers] / punzonatore *m* · punzonista *m* ‖ *s.a. Schriftschneider*
~**schnitt** *m* (Vorgang) [Druck] / punzonatura *f*
~**uhr** *f* [Pers] / orologio di controllo *m*
Stempelung *f* [Büro] / bollatura *f* · timbratura *f*
Stenographie *f* / stenografia *f*
Stereo *n* [Druck] / stereo *m*
~**anlage** *f* / stereo *m* · impianto stereo *m*
~**bild** *n* [NBM] ⟨ISBD(NBM)⟩ / stereoscopia *f*
~**phonie** *f* ⟨A 2653⟩ / stereofonia *f*
stereophonisch *adj* / sterofonico *agg*

Stereo|platte 1 *f* (Schallplatte) [NBM] / disco stereo *m* · stereo *m* · disco stereofonico *m*
Stereoplatte 2 *f* [Druck] *s. Stereo*
Stereo|schallplatte *f* [NBM] *s. Stereoplatte 1*
~**skopie** *f* / stereoscopia *f*
~**typie** *f* ⟨DIN 16514⟩ / stereotipia *f*
~**typieplatte** *f* [Druck] *s. Stereo*
Sternchen *n* (Zeichen: *) / asterisco *m*
Stern|karte *f* ⟨ISBD(CM)⟩ / carta celeste *f*
~**netz** *n* [Komm] ⟨DIN 44331V⟩ / rete radiale *f* · rete a stella *f* · topologia a stella *f*
~**umlauf** *m* (Zeitschriftenumlauf) / circolazione radiale *f* · circolazione stellare *f* · circolazione a stella *f*
Steuer|befehl *m* [EDV] / istruzione di controllo *f*
~**bus** *m* [EDV] / bus di controllo *m*
~**einheit** *f* [EDV] / bus di controllo *m*
~**funktion** *f* [EDV] ⟨DIN 66203⟩ / funzione di controllo *f*
~**gerät** *n* / unità di controllo *f*
~**karte** *f* [EDV] / scheda di controllo *f*
steuern *v* [OrgM] / controllare *v* ‖ *s.a. Rechnersteuerung*
Steuer|speicher *m* [EDV] / memoria di controllo *f*
~**sprache** *f* [EDV] / linguaggio di controllo *m*
~**streifen** [OrgM] / segnalino *m*
Steuerung *f* / controllo *m* ‖ *s.a. Rechnersteuerung*
Steuerungs|gremium *n* [OrgM] / comitato direttivo *m*
~**taste** *f* (auf einer Tastatur) [EDV] / tasto di controllo *m*
Steuer|werk *n* [EDV] / unità di controllo *f*
~**zeichen** *n* [EDV] ⟨DIN 44203⟩ / carattere di controllo *m*
Stich *m* [Kunst] / (Verfahren und Produkt:) incisione *f* ‖ *s.a. Kupferstich; Radierung; Reproduktionsstich; Stahlstich*
Stichel *m* [Kunst] / bulino *m* ‖ *s.a. Rundstichel*
Stichprobe *f* / campione *m* ‖ *s.a. repräsentative Stichprobe; Zufallsstichprobe*
Stichproben|auswahl *f* / (Stichprobenentnahme:) prelievo di campioni *m* · campionamento *m* · scelta dei campioni *f*
~**basis** *f* / base di campionamento
~**befragung** *f s. Stichprobenerhebung*
~**bildung** *f* / campionamento *m*
~**entnahme** *f s. Stichprobenauswahl*
~**erhebung** *f* / indagine campionaria *f*
~**grundlage** *f s. Stichprobenbasis*
~**untersuchung** *f s. Stichprobenerhebung*
~**verfahren** *n* / metodo del campione *m* · campionatura *f*
Stichtag *m* / giorno fissato *m* · giorno di riferimento *m* ‖ *s.a. Erhebungsstichtag*
Stichwort *n* [Ind] ⟨A 2653⟩ / (in einem Titel:) parola chiave *f* · (in einem Lexikon:) voce *f* · (in einem Wörterbuch:) lemma *m* ‖ *s.a. Titelstichwort*
~ / (in einem Titel:) parola chiave *f*
~**bildung** *f* [Ind] / estrazione dei termini *f*
~**katalog** *m* / catalogo per parole chiave *m*
~**register** *n* / indice per parole chiave *m*
~**titel** *m* (Kurztitel mit den wesentlichsten Wörtern eines Titels) / titolo a parole chiave *m*
Stickerei(ein)band *m* / legatura ricamata *f*
Stifter *m* / donatore *m*
Stiftung 1 *f* [Erw] / donazione *f*
Stiftung 2 *f* (Einrichtung, gemeinnützige Körperschaft) [OrgM] / fondazione *f*
stillegen *v* (einen Katalog ~) / chiudere *v* (un catalogo)
Still|stand *m* ⟨EDV⟩ / arresto *m* · stallo *m* ‖ *s.a. Ausfallzeit; Systemausfall*
~**standszeit** *f* / tempo di arresto *m* ‖ *s.a. Ausfallzeit*
Stimme *f* (Musikdruck, der die Stimme/Stimmen für einen oder zwei Ausführende enthält) [Mus] ⟨ISBD(PM)⟩ / parte *f*
Stipendiat *n* / borsista *m* ‖ *s.a. Forschungsstipendiat*
Stipendium *n* / borsa di studio *f* ‖ *s.a. Ausbildungsbeihilfe; Forschungsstipendium; Reisestipendium; Studienbeihilfe*
Stirnholz *n* / legno di testa *m*
StK *Abk* [Kat] *s. Standortkatalog*
Stock *m* [BauEinr] *s. Geschoss*
Stockflecken *pl* [Bch] / rifioriture *pl* · maculazioni *pl* · imbrunimento *m* · fioritura *f* ‖ *s.a. Feuchtfleck*
stockfleckig *adj* / maculato *part pt* · (schimmelig:) macchiato di muffa *part pt* ‖ *s.a. Wasserfleck*
stockig *adj* [Bch] *s. stockfleckig*
Stock|presse *f* [Bind] / pressa verticale *f* · torchio *m* (per legatura)
~**werk** *n* [BauEinr] *s. Geschoss*
~**werkshöhe** *f* / altezza del piano *f*
~**plan** *m* / pianta del piano *f*
Stoffkreiskatalog *m* / catalogo tematico *m* ‖ *s.a. Gattungskatalog*

Stoffnorm *f* / norma di materiali *f*
Stopp|liste *f* [Ind] / lista di esclusione *f*
~**signal** *n* / segnale di arresto *m*
~**taste** *f* / tasto di arresto *m*
~**wort** *n* [EDV; Ind] / parola di esclusione *f*
störanfällig *adj* / sensibile ai guasti *agg*
Störlichtblende *f* (zur Lichtabschirmung bei einem Bildschirmarbeitsplatz) [EDP] ⟨DIN 66233/1⟩ / schermatura *f*
stornieren *v* (eine Bestellung ~) [Erw] / annullare *v* (un ordine)
Stornierung *f* (einer Bestellung) [Erw] / annullamento *m* (di un ordine)
Störung *f* / (Stillstand:) stallo *m* ‖ *s.a. Schaden*
Stoßzeit *f* [Ben] / ora di punta *f*
straffen *v* [OrgM] / rassodare *v*
strahlungsempfindliche Schicht *f* [Repr] ⟨DIN 19040/4; ISO 6196-4⟩ / strato fotosensibile *m*
Straßen|atlas *m* / atlante stradale *m*
~**karte** *f* / carta stradale *f* · (veraltet:) itinerario
Streichung *f* (Tilgung) / cancellazione *f*
Streifen 1 *m* (in ein Buch usw. eingelegt, zur Steuerung von Arbeitsabläufen) *s. Steuerstreifen*
~ 2 *m* (schmales Band) / striscia *f* ‖ *s.a. Gazestreifen*
~**locher** *m* [Lochk] ⟨DIN 66218⟩ / perforatore di nastro · perforatore di banda *m*
Streitschrift *f* / scritto polemico *m* · trattato di controversia *m*
Streulicht *n* [Repr] / luce parassita *f*
Streuung *f* / dispersione *f*
Streuungsbreite *f* (bei einer Häufigkeitsverteilung) / volume di dispersione *m*
Strg *Abk* [EDV] *s. Steuerungstaste*
Strich *m* [Schr; Druck] / trattino *m* · lineetta *f* ‖ *s.a. Bindestrich; Gedankenstrich; Schrägstrich*
~**abbildung** *f* / immagine al tratto *f*
~**ätzung** *f* [Druck] / clichè al tratto *m*
Strichcode *m* [EDV] / codice a barre *m*
~-**Etikett** *n* [EDV] / etichetta di codice a barre *f*
~-**Leser** *m* [EDV] / lettore di codici a barre *m*
Strich|grafik *f* / grafico a linee *m*
~**klischee** *n* [Druck] *s. Strichätzung*
~**kopie** *f* [Repr] / copia a tratto *f*
~**liste** *f* / foglio di riscontro *m* ‖ *s.a. Zählstrich*
~**vorlage** *f* [Druck] / originale a linee *m* · originale al tratto
~**zeichnung** *f* / disegno a tratteggio *m* · disegno lineare *m*
Stringsearch *n* / ricerca di stringhe *f*
strittige Verfasserschaft *f* [Kat] / paternità controversa *f*
Strohpappe *f* ⟨DIN 6730⟩ / cartone-paglia *m*
Strom|netz *n* / rete elettrica *f*
~**quelle** *f* / fonte di corrente elettrica *m*
~**spannung** *f* / voltaggio *m*
~**verbrauch** *m* / consumo di energia elettrica *m*
~**versorgung** *f* / fornitura di energia elettrica *f* ‖ *s.a. Netzstromversorgung*
strukturierte Daten *pl* [EDV] ⟨DIN 44300/3E⟩ / dati strutturati *pl*
~ **Notation** *f* [Klass] / notazione strutturata *f*
Strukturreferat *n* [Ind] ⟨DIN 1426E⟩ / abstract strutturato *m*
Stück|kosten *pl* / costi unitari *pl*
~**titel** *m* [Kat] / titolo specifico *m* · titolo del volume di una collana *m* · titolo particolare *m*
Studenten|austausch *m* / scambio di studenti *m*
~**ausweis** *m* / tessera di studente *f*
~**bibliothek** *f* / biblioteca per gli studenti *f*
~**heim** *m* / casa dello studente *f*
~**rat** *m* / consiglio studentesco *m*
~**schaft** *f* / l'insieme degli studenti *m*
~**sekretariat** *n* / segreteria studenti *f*
~**vereinigung** *f* / associazione studentesca *f*
~**werk** *n* / opera universitaria *f*
Studentin *f* / studentessa *f*
studentische Hilfskraft *f* / aiuto studentesco *m*
Studie *f* / studio *m* ‖ *s.a. Vorstudie*
Studien|abschlusszeugnis *n* / diploma di studi universitari *m*
~**anfänger/in** *m/f* / matricola *f*
~**beihilfe** *f* / sussidio di studio *m* ‖ *s.a. Stipendium*
~**beratung** *f* / consulenza per l'orientamento agli studi *m*
~**bewerber** *m* / (Mitbewerber:) concorrente agli studi universitari *m* · aspirante a un posto di studio *m*
~**bibliothek** *f* / biblioteca di studio *f*
~**buch** *n* / libretto universitario *m*
~**fach** *n* / materia di studio *f* ‖ *s.a. Hauptfach; Nebenfach; Unterrichtsfach*

~**fahrt** *f* / viaggio di studio *m* ‖ *s.a. Exkursion*
~**führer** *m* (einer Universität) ⟨DIN 31631/4⟩ / guida dello studente *f*
~**gang** *m* / corso universitario (mit Laurea-Abschluß: corso di laurea)
~**gebühr** *f* / tassa di iscrizione *f* ‖ *s.a. Semestergebühr*
~**gruppe** *f* / gruppo di studio *m*
~**jahr** *n* / anno accademico *m* · anno universitario *m* · anno di studio *m*
~**ordnung** *f* / ordinamento degli studi *m* · ordinamento didattico *m* · regolamento didattico *m*
~**partitur** *f* [Mus] ⟨ISBD(PM)⟩ / partitura di studio *f*
~**plan** *m* / programma di studi *m* · piano di studio *m* · curriculum di studi *n*
~**platz** *m* / posto di studio *m*
~**reise** *f* / viaggio di studio *m*
~**urlaub** *m* / congedo per motivi di studi *m*
~**zeit** *f* / periodo di studio *m* ‖ *s.a. Regelstudienzeit*
~**zweck** *m* / scopo di studio *m*
Studierraum *m* / studio *m*
Studio *n* / studio *m*
Studium *n* / studio *m*
Stufenaufnahme *f* (bei mehrbändigen Publikationen und fortlaufenden Sammelwerken) [Kat] / descrizione a più livelli *f* ‖ *s.a. einstufige Titelaufnahme*
Stummfilm *m* [NBM] / film muto *m*
Stunden|buch *n* / libro d'ore *m*
~**plan** *m* / orario *m*
Subroutine *f* [EDV] / sottoprogramma *m*
Subskribent *m* [Bch] / sottoscrittore *m*
subskribieren / sottoscrivere *v*
Subskription *f* [Bch] / sottoscrizione *f*
Subskriptions|ausgabe *f* / edizione in sottoscrizione *f*
~**preis** *m* [Bch] / prezzo di sottoscrizione *f*
Subsystem *n* / sottosistema *m*
Subvention *f* / sovvenzione *f*
subventionieren *v* / sovvenzionare *v*
Such|anfrage *f* (bei einem Buchhändler usw.) / richiesta di ricerca *f*
~**auftrag** *m* [Retr] / richiesta di ricerca *f*
~**baum** *m* [Retr] / albero di ricerca *m*
~**begriff** *m* [Retr] / termine di ricerca *m*
~**einstieg** *m* [Retr] / punto d'accesso
~**ergebnis** *n* [Retr] / risultato di ricerca *m*
~**feld** *n* [Retr] / campo di ricerca *m* · campo di cercata *f* ‖ *s.a. Zugriffspunkt*
~**frage** *f* [Retr] *s. Suchanfrage*
~**kategorie** *f* [Retr] / categoria di ricerca *f* ‖ *s.a. Zugriffspunkt*
~**lauf** *m* [Retr] / corso di ricerca *m*
~**liste** [Erw] / lista di ricerca *f*
~**logik** *f* [Retr] / logica di ricerca *f*
~**maschine** *f* (Internet) / motore di ricerca *m*
~**maske** *f* [Retr] / maschera di ricerca *f*
~**modus** *m* [Retr] / modo di ricerca *m*
~**profil** *n* [Retr] / profilo di ricerca *m*
~**schlüssel** *m* [Retr] / chiave di ricerca *f*
~**strategie** *f* [Retr] / strategia di ricerca *f*
~**verfahren** *n* [Retr] / procedimento di ricerca *m*
~**vorgang** *m* [Retr] / procedimento di ricerca *m*
~**weg** *m* [Retr] / cammino di ricerca *m*
~**wort** *n* [Retr] / termine di approccio *m*
Sumachgerbung *f* [Bind] / concia al sommacco
Summenfeld *n* [EDV] / accumulatore *m*
Super-Exlibris *n* [Bind; Bch] *s. Supralibros*
Supplement *n* / supplemento *m*
Supralibros *n* [Bch] / supra libros *m* · super libros *m*
surfen 1 *v* (Internet) / navigare *v*
Surfen 2 *n* (Internet) / navigazione *f*
Surfer *m* (Internet) / navigante *m*
SWD *Abk* [Kat] *s. Schlagwort-Normdatei*
SWK *Abk* [Kat] *s. Schlagwortkatalog*
SyK *Abk* [Kat] *s. systematischer Katalog*
Syllabar *n* / sillabario *m*
Symbol *n* / simbolo *m*
synchron *adj* / sincrono *agg*
synchrone Übertragung *f* [Komm] ⟨DIN 44302⟩ / trasmissione sincrona *f*
Synchronisiereinheit *f* [Komm] ⟨DIN 44302⟩ / unità di sincronizzazione *f*
synchronisieren *v* (einen Film ~) / sincronizzare *f*
Synonym *n* [Lin] / sinonimo *m*
Synonymie *f* / sinonimia *f*
Synopse *f* / sinossi *f*
Syntax *f* [Ind] / sintassi *f*
System *n* [Klass] / sistema *m* · (Systematik:) schema di classificazione *m*
~**analyse** *f* [OrgM] / analisi dei sistemi *f*
~**ansatz** *m* / approccio di sistema *m*
Systematik *f* [Kat] / schema di classificazione *m* · tavola di classificazione *f* ‖ *s.a. Aufstellungssystematik; Klassifikation*
systematische Aufstellung *f* / collocazione sistematica *f*
systematische Ordnung *f* / ordine sistematico *m*

systematischer Katalog / catalogo classificato *m* · catalogo per materia *m* · catalogo sistematico *m*
systematisches Register *n* / indice classificato *m* · indice sistematico *m*
systematisieren *v* [Klass] / classificare *v*

System|ausfall *m* / stallo di sistema *m* · (Ausfall des Rechners:) fermo macchina *m*

~entwurf *m* [OrgM] / disegno di sistemi *m*

~verwaltung *f* [EDV] / gestione di sistema *f*

T

Tab *m* (bi einer Kartei) / linguetta *f*
Tabelle *f* ⟨DIN 31631/2+4; RAK-AD⟩ / tabella *f*
Tabelleneditor *m* [ElPubl] / editor di tabelle *m*
Tabellensatz *m* [Druck] / composizione tabellare *f* · composizione di tabelle *f*
Tabellier|maschine *f* [Lochk] / tabulatrice *f*
~**papier** *n* / moduli continui *pl*
~**papierausdruck** *m* / tabulato *m*
Tabulator *m* (auf einer Tastatur) / tabulatore *m*
tadelloses Exemplar *n* / esemplare perfetto *m* · esemplare nitido *m* · esemplare ineccepibile *m*
Tafel 1 *f* [Klass] *s. Klassifikationstafel*
Tafel 2 *f* (Illustration außerhalb des Textes eines Buches) [Bch] ⟨ISBD(M); DIN 31631/2⟩ / tavola *f* ‖ *s.a. Ausklapptafel; Ganztafel*
Tag *m* (Hypertext) / tag *m*
Tage|blatt *n s. Tageszeitung*
~**buch** *n* / giornale · diario *m*
~**buchschreiber** *m* / diarista *m*
Tageslicht *n* / luce diurna *f*
~**projektor** *m s. Overhead-Projektor*
Tages|ordnung *f* / agenda *f* · ordine del giorno *m* (auf der ~ stehen: figurare nell'ordine del giorno)
~**ordnungspunkt** *m* / punto dell'ordine del giorno *m*
~**presse** *f* / stampa quotidiana *f*
~**zeitung** *f* / giornale · quotidiano *m* ‖ *s.a. Tagespresse*
Tagung *f* / convegno *m*
Tagungs|beitrag *m* / contributo · (Referat:) relazione *f* · intervento *m* (al convegno)
~**berichte** *pl* ⟨DIN 31639/2⟩ / atti dei convegni *pl* · (Kongressberichte:) atti di congressi *pl* · rendiconti del congresso *pl*
~**gebühr** *f* / quota d'iscrizione *f*
~**ort** *m* / luogo del convegno *m*
~**schriften** *s. Tagungsberichte*
~**teilnehmer** *m* / convegnista *m*
~**vortrag** *m* [NBM] / (Beitrag:) intervento *m* · (Referat:) relazione *f*
Taktgeber *m* [EDV] ⟨DIN 44300/5E⟩ / orologio *m*
Talkum *n* / talco *m*
Tampon *m* (Einschwärzballen) [Druck] / tampone *m*
Tarif *m* / tariffa *f*
~**abkommen** *n* [Pers] *s. Tarifvertrag*
~**erhöhung** *f* / aumento della tariffa *m*
tariflich *adj* / tariffario *agg*
Tarif|recht *n* / diritto tariffario *m*
~**tabelle** *f* / tariffario *m*
~**verhandlungen** *pl* / trattative tariffarie *pl*
~**vertrag** *m* / contratto collettivo *m* · accordo tariffario *m*
Taschenbuch *n* / libro tascabile *m* · tascabile *m*
~**ausgabe** *f* / edizione tascabile *f*
~**reihe** *f* / collana di libri tascabili *f*

Taschen|fach *n* / cassetta da borse *f* ‖ *s.a. Schließfach; Taschen- und Mäntelablage*
~**partitur** *f* [Mus] 〈ISBD(PM); DIN 31631/2〉 / partitura tascabile *f* ‖ *s.a. Studienpartitur*
~**rechner** *m* 〈DIN 9757〉 / calcolatrice tascabile *f*
~**schließfach** *n s. Taschenfach*
~- **und Mäntelablage** *f* / (Gepäckaufbewahrung:) deposito bagagli *m* ‖ *s.a. Garderobe*
~**wörterbuch** *n* / dizionario tascabile *m*
Tastatur *f* 〈DIN 2148〉 / tastiera *f*
Tast-Bildschirm *m* [EDV] *s. berührungsempfindlicher Bildschirm*
Taste *f* / (auf einer Tastastur:) tasto *m* ‖ *s.a. Schalter 2*
Tasten|anschlag *m* / battuta *f*
~**feld** *n s. Tastatur*
~**steuerung** *f* / controllo a tastiera *m*
~**telefon** *m* / telefono a tastiera *m*
Tätigkeits|bericht *m s. Arbeitsbericht*
~**beschreibung** *f* [Pers] / descrizione del campo di occupazione *f* ‖ *s.a. Arbeitsplatzbeschreibung*
tatsächliche Adresse *f* [EDV] / indirizzo assoluto *m* ‖ *s.a. Maschinenadresse*
Taufname *m* / nome di battesimo *m*
Tausch *m* [Erw] / scambio *m* ‖ *s.a. Dublettentausch*
~**abkommen** *n* / accordo di scambio *m*
~**gabe** *f* [Erw] / scambio *m*
~**liste** *f* / lista da scambio *f*
~**stelle** *f* / ufficio scambi ‖ *s.a. Geschenk- und Tauschstelle*
~**vereinbarung** *f* [Erw] / accordo di scambio *m*
~**zentrale** *f* [Erw] / centro di scambio *m*
Taxonomie *f* / tassonomia *f*
technische Beschreibung *f* 〈DIN 31639/2〉 / specificazione tecnica *f*
~ **Buchbearbeitung** *f* (Stempeln, Einband, Beschriften, Signaturanbringen usw.) / preparazione tecnica dei libri *f*
~ **Hochschule** / politecnico *m*
~ **Norm** *f s. Norm 1*
~ **Regel** *f* / regola tecnica *f*
~ **Spezifikation** *f* [Gen] 〈DIN 820/3〉 / specificazione tecnica *f*
~ **Universität** *f* / università tecnica *f*
~ **Vorschrift** *f* 〈DIN 820/3〉 / regolamento tecnico *m*
~ **Zeichnung** *f* / disegno tecnico *m* · tracciato *m*
Teil *m* / parte *f*
~-**Äquivalenz** *f* (in einem mehrsprachigen Thesaurus) [Ind] 〈DIN 1463/2〉 / equivalenza parziale *f*
~**ausgabe** *f* / edizione parziale *f*
~**band** *m* / volume parziale *m*
teilbarer Bildschirm *m* / schermo divisibile *m*
Teil|begriff *m* (untergeordneter Begriff in einer Bestandsrelation)(NTP/T)) [Ind] 〈DIN 1463〉 / termine specifico partitivo *m*
~**bibliothek** *f* / biblioteca secondaria *f*
~**blatt** [Kart] / foglio parziale *m*
~**farbenbild** *n* [ElPubl] / immagine parzialmente a colori *f*
~**feld** *n* [EDV] / sottocampo *m*
~**feldkennung** *f* [EDV] 〈DIN 1506〉 / codice di sottocampo *m*
~**fenster** *m* (auf einem Bildschirm) / sottofinestra *f*
~**haberbetrieb** *m* [EDV] / multielaborazione *f*
~**katalog** *m* / catalogo parziale *m*
~**menge** *f* / insieme parziale *m*
~**nahmebedingungen** *pl* / condizioni di partecipazione *pl*
~**nahmegebühr** *f* [OrgM] / tassa di partecipazione *f* ‖ *s.a. Einschreibgebühr*
~**nahmepflicht** *f* (Verpflichtung zur Teilnahme) / obbligo di frequenza *m*
Teilnehmer *m* / partecipante *m* ‖ *s.a. Tagungsteilnehmer*
~**betrieb** *m* (Timesharing) [EDV] 〈DIN 44300/9E〉 / ripartizione di tempo *f*
~**bibliothek** *f* / biblioteca partecipante *f*
~**system** *n* [EDV] *s. Teilnehmerbetrieb*
Teil|netz *n* [Komm] / sottorete *f*
~**revision** *f* / revisione parziale *f*
~**sammlung** *f* [Kat] 〈PI〉 / opere varie *pl*
Teilung *f* / divisione *f*
Teil|zahlung *f* / pagamento rateale *m*
Teilzeit|beschäftigter *m s. Teilzeitkraft*
~**kraft** *f* [Pers] / impiegato a tempo parziale *m* ‖ *s.a. Halbtagskraft*
~**personal** *n* / personale a tempo parziale *m* · personale a servizio parziale *m* ‖ *s.a. befristet eingestelltes Personal*
Telefax *n* [n] / telefax *m*
Telefon|anschluss *m* / (Telefonverbindung:) collegamento telefonico *m* · (Vorgang:) allacciamento del telefono *m*
~**apparat** *m* / apparecchio telefonico *m*
Telefonat *n* / telefonata *f*
Telefon|buch *n* / (Telefonverzeichnis:) elenco telefonico *m*
~**gespräch** *n* / telefonata *f*

telefonische Befragung *f* / inchiesta telefonica *f*
telefonischer Anrufbeantworter *m* / segreteria telefonica *f*
telefonische Umfrage *f* / inchiesta telefonica *f*
Telefon|karte *f* / telecarta *f* · carta telefonica *f*
~**leitung** *f* / linea telefonica *f*
~**netz** *n* / rete telefonica *f*
~**nummer** *f* *s. Rufnummer*
~**verbindung** *f* / collegamento telefonico *m*
~**verzeichnis** *n* / elenco telefonico *m*
~**zelle** *f* / cabina telefonica *f*
Tele|kommunikation *f* / telecomunicazione *f*
~**kommunikationsnetz** *n* / rete di telecomunicazione *f*
~**konferenz** *f* [m] / teleconferenza *f*
~**matik** *f* / telematica *f*
~**typesetter** *m* / unità di telecomposizione *f*
Telex *n* *s. Fernschreiben*
Telexdienst *m* / servizio di telex *m*
Tempelbibliothek *f* / biblioteca di tempio *f*
Termin *m* / termine *m* · (Zeitpunkt; Datum:) data *f* ‖ *s.a. Erscheinungstermin; Frist; Liefertermin; Schlusstermin*
Terminal *n* [EDV] / terminale di trattamento dati *m* ‖ *s.a. Datensichtgerät; Endgerät; intelligentes Terminal*
termingerecht *adj* / (fristgerecht:) tempestivo *agg* · (pünktlich:) puntuale *adj*
Terminkalender *m* / agenda *f* · scadenzario *m* ‖ *s.a. Schlusstermin*
Terminologie *f* [c] / terminologia *f*
~**norm** *f* / norma di terminologia *f*
terminologische Kontrolle *f* / controllo terminologico *m*
Terminplan *m* / tabella di marcia *f* · calendario *m* ‖ *s.a. Terminkalender; Termintafel*
Termintafel *f* / tavola delle scadenze *f*
Terminus *m* / termine *m* ‖ *s.a. Fachbegriff; Index-Terminus*
Tesafilm *m* (dünnes durchsichtiges Klebeband) [Büro] / scotch *m* ‖ *s.a. Klebeband*
Test|betrieb *m* [EDV] / modo di prova *m*
~**hilfe** *f* [EDV] / aiuto diagnostico *m*
~**karte** *f* [Repr] / scheda tecnica
~**lauf** *m* [EDV] / corsa di prova *f*
~**materialien** *pl* [NBM] ⟨DIN 31631/4⟩ / materiali di test *pl*
~**modus** *m* [EDV] *s. Testbetrieb*
~**programm** *n* / programma di prova *m*
Text|aufbereitung *f* [ElPubl] / preparazione del testo *f*
~**ausrichtung** *f* [Druck] / allineamento del testo *m*
~**baustein** *m* [EDV] / modulo di testo *m*
~**bereich** *m* [ElPubl] / campo di testo *m* · zona di testo *f*
~**-Bild-Integration** *f* [ElPubl] / integrazione di testo e immagini *f*
~**buch** *n* [Mus] ⟨RAK-AD⟩ / libretto *m*
~**buchverfasser** *m* / autore del libretto *m*
~**datei** *f* / file testi *m* · archivio di testi *m*
~**dichter** *m* [Mus] / autore del libretto *m* · librettista *m*
~**editor** *m* [EDV] / editor di testo *m*
~**eingabe** *f* / immissione di testo *f*
~**ende** *n* [Komm] / fine del testo *f*
~**erfassung** *f* [EDV] *s. Dateneingabe; Datenerfassung; Texteingabe*
~**erstellung** *f* / produzione di testi *f*
Textil(ein)band *m* [Bind] *s. Gewebe(ein)band*
Text|kritik *f* / critica testuale *f*
~**montage** *f* [Druck] / assemblaggio di testo *m*
~**produktion** *f* / produzione di testi *f*
~**satz** *m* [ElPubl] / composizione di testi *f*
~**überlieferung** *f* / trasmissione del testo *f*
Textur(a) *f(f)* / scrittura gotica *f* · textura *f*
Text|verarbeitung *f* [EDV] / trattamento testi *m* · scrittura elettronica *f* · elaborazione di testi
~**verfasser** *m* *s. Textdichter*
~**verlust** *m* / perdita di testo *f*
~**zeile** *f* [EDV] / linea di testo *f*
Theater|programm *n* / programma teatrale *m*
~**zettel** *m* ⟨RAK-AD⟩ / programma teatrale *m*
Theke *f* / banco *m* · bancone *m* ‖ *s.a. Mehrzwecktheke*
Thekenbücherei *f* / biblioteca di lettura pubblica senza accesso libero con un bancone per il prestito
Thema *n* [Ind] / tema *m* · argomento *n*
thematische Karte *f* / carta tematica *f*
~ **Suche** *f* / ricerca tematica *f*
Themen|baum *m* [ElPubl] / albero dei soggetti *m*
~**katalog** *m* / catalogo tematico *m*
~**verzeichnis** *n* [Mus] / repertorio di temi musicali *m*
Thermo|drucker *m* / stampante termica *f*
~**kopierverfahren** *n* [Repr] / termografia *f*

~**transferdrucker** *m* [EDV] / stampante a trasferimento termico *f* · stampante termica *f*
Thesaurus *m* [Ind] ⟨DIN 1463/1E; DIN 31631/4⟩ / thesaurus *m* · tesauro *m* ‖ *s.a. aufgabenbezogener Thesaurus; Dachthesaurus; einsprachiger Thesaurus; Fachthesaurus; mehrsprachiger Thesaurus; Mikrothesaurus; Querschnittsthesaurus*
Tiefdruck *m* [Prt] ⟨DIN 16528E⟩ / calcografia *f* · stampa in cavo *f*
Tiefen|interview *n* / intervista profonda *f* · interrogazione profonda *f*
~**karte** *f* [Kart] / carta batimetrica *f*
~**schärfe** *f* [Repr] / profondità di campo *f*
tiefer Falz *m* [Bind] / spigolo *m* · canaletto *m*
Tiefgeschoss *n* [BauEinr] / basamento *m* ‖ *s.a. Untergeschoss*
tiefstehendes Initial *n* / iniziale grande *f*
Tiegel(druck)presse *f* / platina tipografica *f*
Tilde 1 *f* [Schr; Druck] / tilde *m/f* · (Wiederholungszeichen: ~:) segno di ripetizione *m*
Tilde 2 *f* (~) [Schr; Druck] ⟨DIN 66009⟩ / (diakritisches Zeichen: ~:) tilde *m/f*
tilgen *v* [Druck] / annullare *v* · cancellare *v*
Tilgung *f* / cancellazione *f*
Tilgungszeichen *n* (Korrekturzeichen) [Druck] / segno di cancellazione *m*
Tinte *f* / inchiostro *m* ‖ *s.a. leitfähige Tinte*
Tinten|fass *n* / calamaio *m*
~**fleck** *m* [Rest] / macchia d'inchiostro *f*
~**fraß** *m* [Rest] / corrosione da inchiostro *f*
~**strahldrucker** *m* [EDV] / stampante a getto d'inchiostro *f*
Tippen *n* / battitura *f*
Tippfehler *m* [Schr] / errore di battitura · errore dattilografico *m* · errore di battituta *m*
tironische Noten *pl* [Schr] / note tironiane *pl*
Tisch|belichter *m* [ElPubl] / fotounità di scrivania *f*
~**kopierer** *m* / copiatrice compatta *f*
~**lampe** *f* / lampada da tavolo *f*
~**rechenmaschine** *f* / calcolatrice da tavolo *f*
Titel *m* ⟨ISBD(M; PM); DIN 31631/2; TGL 20972/04; RAK⟩ / titolo *m* ‖ *s.a. Alternativ(sach-)titel; früherer Titel; Hauptsachtitel; Haushaltstitel; spezifischer (Sach-)Titel; Zeitschriftentitel*
~**änderung** *f* / variazione di titolo *f* · cambiamento di titolo
~**angabe** *f* [Kat] / indicazione del titolo *f*
Titelaufnahme 1 *f* [Kat] / (Vorgang:) catalogazione descrittiva *f* · schedatura *f* · descrizione bibliografica *f* ‖ *s.a. formale Erfassung*
~ 2 *f* · (Eintrag in einer Bibliographie:) voce bibliografica *f* · (Katalogeintragung:) scheda *f* · registrazione catalografica *f* ‖ *s.a. abgeschlossene Aufnahme; Hauptaufnahme; Serienaufnahme*
~-**Kopf** *m* / intestazione *f*
~**(stelle)** *f(f)* [OrgM] / sezione catalogazione descrittiva *f* · ufficio di catalogazione *f*
Titel|aufnehmer *m* [Pers] / schedatore *m* · catalogatore *m*
Titelblatt *n* ⟨DIN 1429⟩ / frontespizio *m*
~**ersatz** *m* / sostituto del frontespizio *m* ‖ *s.a. Karton 2*
~**karton** *m* / carta sostituita per il frontespizio *f*
~**rückseite** *f* / verso del frontespizio *m*
Titel|bordüre *f* / cornice del frontespizio *f* ‖ *s.a. Titeleinfassung*
~**drucke** *pl* (in Kärtchenform) [Kat] / schede a stampa *pl*
Titelei *f* [Bch; Druck] ⟨ISBD(M; S); DIN 16514⟩ / pagine preliminari *pl*
Titel|einfassung *f* / riquadratura del titolo *f* ‖ *s.a. Titelbordüre*
~**eintragung** *f* [Kat] / scheda titolo *f*
~**feld** *n* (eines COM) / testata *f*
~**holzschnitt** *m* / titolo inciso in legno *m*
~**katalog** *m* / catalogo per titoli *m*
~**kupfer** *m* [Bch] *s. Kupfertitel*
~**rahmen** *m* / cornice di titolo *f*
~**seite** *f* [Bch] ⟨ISBD(M; A); TGL 11616; RAK⟩ / pagina di titolo *f* · frontespizio *m*
~**seitenersatz** *m* [Kat] ⟨ISBD(M; A; S; PM)⟩ / sostituto del frontespizio *m*
~**stichwort** *n* / parola chiave del titolo *f*
~**umrahmung** *f* [Bch] *s. Titeleinfassung*
~**vorspann** *m* [Bch; Kat] / pretitolo *m* ‖ *s.a. Titelei*
~**zeile** *f* / riga d'intestazione *f*
Token-Passing-Verfahren *n* [Komm] / sistema 'token passsing' *m*
Ton|abnehmer *m* (bei einem Plattenspieler) [NBM] / pick-up *m* · fonorivelatore *m*
~**arm** *m* (eines Plattenspielers) [NBM] / braccio *m* (del pick-up di un giradischi)
~**aufzeichnung** *f* / audioregistrazione *f* · registrazione sonora *f* · registrazione del suono *f*
Tonband *n* [NBM] ⟨A 2653⟩ / nastro sonoro *m* ‖ *s.a. Spulentonband*

~**gerät** *n* [NBM] / magnetofono *m* · (mit Recorderfunktion:) registratore a nastro *m*
~**kassette** *f* (Kompaktkassette) [NBM] ⟨ISBD(NBM)⟩ / audiocassetta *f* · cassetta sonora *f* ‖ *s.a. Endlostonband-Kassette*
~**spule** *f* [NBM] ⟨ISBD(NBM)⟩ / bobina *f* (di un registratore a nastro)
Tonbild|reihe *f* [NBM] *s. Tonbildschau*
~**schau** *f* ⟨ISBD(NBM); DIN 31631/4; A 2653⟩ / presentazione di diapositive sonore *f*
Ton|dokument *n s. Tonträger*
Toner *m* (bei einem Kopierer) / inchiostro *m* · toner *m*
~**kassette** *f* [Repr] / cartuccia del toner *f*
Ton|film *m* [NBM] / film sonoro *m*
~**kassette** *f* / cassetta sonora *f*
~**signal** *n* / segnale audio *m* ‖ *s.a. akustisches Signal*
~**spur** *f* [NBM] / colonna sonora *f* · banda sonora *f*
~**tafel** *f* [Schr] / tavoletta di argilla *f*
Tonträger *m* [NBM] ⟨DIN 45510⟩ / documento sonoro *m* ‖ *s.a. Tonaufzeichnung*
~**sammlung** *f* [NBM] / discoteca *f* ‖ *s.a. Schallplattenarchiv*
Ton|wert *m* / valore tonale *m*
topographische Karte *f* / carta topografica *f*
Totalerhebung / censimento totale *m*
Totenuhr *f* (Schadinsekt) / suchiellatore *m* · anobio · orologio della morte *m*
toter Kolumnentitel *m* / testa di pagina (consistente soltanto del numero della pagina)
Trabantenstation *f* [Komm] ⟨DIN 44302⟩ / stazione secondaria *f*
Trachtenbuch *n* / libro di costumi *m*
tragbarer Computer *m* / calcolatore portatile *m*
tragende Wand *f* / muro portante *m*
Träger *m* (eines Mediums) / supporto *m* ‖ *s.a. Beschreibstoff*
~**institution** *f* / ente proprietario *m* · (übergeordnete Institution:) ente superiore *m* · (übergeordnete Behörde:) autorità superiore *f* ‖ *s.a. Unterhaltsträger*
~**material** *n* (Träger einer strahlungsempfindlichen Schicht) [Repr] / materiale di supporto *m* (fotografico)
Tragetasche *f* / borsa *f*
Tragfähigkeit *f* [BauEinr] / carico massimo *m*
Traktat *n* / trattato *m*
Transfer|geschwindigkeit *f* [Komm] ⟨DIN 44302⟩ / velocità di trasferimento *f*
~**rate** *f* [Komm] / ritmo di trasferimento *m* · velocità di trasferimento *f*
~**zeit** *f* [EDV] *s. Transfergeschwindigkeit*
transkribieren *v* / trascrivere *v*
Transkription *f* [Schr] ⟨DIN 1460⟩ / trascrizione *f*
Transliteration *f* ⟨DIN 1460⟩ / traslitterazione *f*
transliterieren *v* [Schr] / traslitterare *v*
Transparent *n* [NBM] ⟨DIN 19040/11; A 2653⟩ / trasparente *m*
Transport|anlage *f* / trasportatore *m* · impianto di trasporto *m*
~**kosten** *pl* / spese di trasporto *pl* · costi del trasporto *pl*
~**schicht** *f* [Komm] / livello di trasporto *m*
Treffer *m* (bei einer Recherche) [Retr] / risposta *f*
~**bewertung** *f* [Retr] / determinazione della rilevanza delle risposte *f*
~**quote** *f* [Retr] / grado di precisione *m* · indice di riperimento *m* ‖ *s.a. Antwortquote; Relevanzquote*
Treffsicherheit *f* (bei der Bereitstellung von Informationen) [Retr] / acuratezza *f*
Trema *n* [Schr; Druck] ⟨DIN 66 009⟩ / trema *m* ‖ *s.a. Diärese*
Trennungs|strich [Schr; Druck] / lineetta di divisione *f*
Trenn|wand *f* / parete divisoria *f* ‖ *s.a. Raumteiler*
~**wörterbuch** *n* / dizionario di sillabazione *m*
~**zeichen** [EDV] / delimitatore *m* ‖ *s.a. Feldtrennzeichen; Satztrennzeichen*
Treppe *f* / scala *f*
Treppenleiter *f* / scala a libretto *f*
Tresen *m* / bancone *m* · banco *m*
Tresor *m* / (Tresorraum:) camera blindata *f* · (Panzerschrank:) cassaforte *f*
Trickfilm *m* [NBM] ⟨A 2653⟩ / film con cartone animato *m*
Triptychon *n* / trittico *m*
Tritt *m* (Schemel) / sgabello *m*
~**leiter** *f* / scaletta *f*
Trivial|literatur *f* / letteratura dozzinale *f*
~**roman** *m* / romanzo dozzinale *m*
Trocken|entwicklung *f* [Repr] ⟨ISO 6196/3⟩ / sviluppo a secco *m*
~**gerät** *n* [Bind] / essicatore *m*
~**gestell** *n* (zum Trocknen von feuchtem Papier) [Rest] / stenditoio *m*
~**heit** *v* / siccità *f* ‖ *s.a. austrocknen*

~**kopie** *f* [Repr] / copia secca *f*
~**offset** *n* [Prt] *s. indirekter Hochdruck*
~**reinigung** *f* / pulizia a secco *f*
~**silberverfahren** *n* [Repr] / procedimento agli alogenuri d'argento *m*
~**stempel** *m* / timbro a secco *m*
~**verarbeitung** *f* [Repr] *s. Trockenentwicklung*
Trog *m* / trogolo *m*
Trommel|antrieb *m* [EDV] / trazione a tamburo *f*
~**kartusche** *f* (eines Kopierers) / cartuccia del tamburo *f*
~**scanner** *m* / scanner a tamburo *m*
~**speicher** *m* [EDV] ⟨DIN 66001⟩ / memoria a tamburo *f*
trunkieren *v* / troncare *v* ‖ *s.a. maskieren*
Trunkierung *f* [Retr] ⟨DIN 1502⟩ / troncamento *m* ‖ *s.a. Maskierung*
Turmmagazin *n* / magazzino a torre *m*
Türschild *n* / targhetta *f* (sulla porta)
Tusche *f* / inchiostro di china *m*
Tuschzeichnung *f* / disegno a china *m*
Type *f* [Druck] / carattere a stampa *m*
Typen|drucker *m s. Typenraddrucker*
~**raddrucker** *m* / stampante a margherita *f*
Typograph *m* / tipografo *m*
Typographie *f* / tipografia *f*
typographischer Punkt *m* / punto tipografico *m*
typographischer Titel *m s. typographische Titelseite*
typographisches Maßsystem *n* / sistema di misura tipografica *m*
typographische Titelseite *f* (gesetzte Titelseite) / frontespizio tipografico *m*
Typoskript *n* / dattiloscritto *m*

U

UB *Abk* [Ind] *s. untergeordneter Begriff*
überarbeitete Ausgabe *f* / edizione riveduta *f*
überbelichten *v* [Repr] / sovr(a)esporre *v*
Überbelichtung *f* [Repr] / sovr(a)esposizione *f*
Über|blendung *f* [NBM] / dissolvenza incrociata *f*
über dem Meeresspiegel *m* [Kart] / sul livello mare *m*
Über|falz *n* [Bind] / piega morta *f*
~**format** *n* (Band mit Überformat) / volume fuori misura *m*
~**gabe** *f* / consegna *f*
übergeben [v] / consegnare *v*
übergeordnete Behörde *f* / autorità superiore *f* ‖ *s.a. vorgesetzte Behörde*
~ **Klasse** *f* [Klass] / classe superordinata *f*
~ **Körperschaft** *f* / ente superiore *m*
übergeordneter Begriff *m* (BT/OB) [Ind] ⟨DIN 1463/1E⟩ / termine generale *m* ‖ *s.a. Oberbegriff; Verbandsbegriff*
~ **(Sach-)Titel** *m* [Kat] / titolo principale *m*
übergeordnete Schriftenreihe *f* / collana principale *f*
überlappende Fenster *pl* [EDV] / finestre sovrapposte *pl*
Überlauf *m* [EDV] ⟨DIN 44300/8E⟩ / superamento della capacità di calcolo *m*
übermitteln *v* / trasmettere *v*
Übermittlung *f* [Komm] / trasmissione *f*
Übermittlungs|abschnitt *m* [Komm] ⟨DIN 44302⟩ / link di trasmissione dati *m*
~**vorschrift** *f* [Komm] ⟨DIN 44302⟩ / protocollo di link *m*
Übernahme *f* (von Daten) / ricupero · recupero *m* (di dati) · (Umschrift:) trascrizione *f*
übernehmen *v* (bibliographische Daten ~) [Kat] / trascrivere *v* · recuperare *v* · ricuperare *v*
überprüfen *v* [Bib] / verificare *v*
Überprüfung *f* / (von Daten:) verificazione *f* · (~ eines Sachverhalts:) esame *m*
überregionaler (nationaler) Leihverkehr *m* / prestito interbibliotecario sopraregionale (nazionale) *m*
überregionales Netz *n* [Komm] / rete WAN *f* · rete sopraregionale *f*
überschreiben *v* / sovrascrivere *v* · ricoprire *v*
Überschrift *f* / intestazione *f* · (Aufschrift, Anschrift:) soprascritta *f* ‖ *s.a. Bildüberschrift; Kapitelüberschrift; Randüberschrift; Seitenüberschrift*
übersetzen *v* / tradurre *v*
Übersetzer *m* [EDV] / traduttore *m*
Übersetzung *f* / traduzione *f* ‖ *s.a. Kurzübersetzung; maschinelle Übersetzung*
Übersetzungs|anweisung *f* [EDV] / istruzione di traduzione *f*
~**vermerk** *m* [Kat] / nota di traduzione *f*

~wörterbuch *n* / dizionario di traduzione *m*
Übersicht *f* / rassegna *f*
Übersichts|bericht *m* / rassegna *f* · rapporto dello stato dell'arte *m*
~karte *f* (chorographische Karte) [Kart] / carta corografica *f*
überspielen *v* (auf ein Tonband usw. ~) [NBM] / riversare *v* ‖ *s.a. mitschneiden*
Überstunden *pl* / ore straordinarie *pl* · ore di lavoro straordinario *pl* ‖ *s.a. Ausgleichsfreizeit*
~zulage *f* / indennità per lavoro straordinario *f*
Übertragbarkeit *f* (eines Programms) [EDV] / mobilità *f* (di programma)
übertragen *v* / (umschreiben:) trascrivere *v* · (weiterleiten:) trasmettere *v*
Übertragung *f* [Komm] / trasmissione *f*
Übertragungs|fehler *m* [Komm] / errore di trasmissione *m*
~geschwindigkeit *f* [Komm] / rapidità di trasmissione *f* · velocità di trasferimento *f*
~kanal *m* [Komm] ⟨DIN 44302⟩ / canale di trasmissione *m* ‖ *s.a. Datenübermittlung; Datenübertragung*
~leitung *f* [Komm] ⟨DIN 44302⟩ / linea di trasmissione *f*
~netz *n* [Komm] / rete di trasmissione *f*
~rate *f* [Komm] / velocità di trasferimento *f*
~steuerzeichen *n* [Komm] / carattere di controllo di trasferimento *m*
überwachen *v* / sorvegliare *v*
Überwachung *f* / monitoraggio *m* · sorveglianza *f* · controllo *m* ‖ *s.a. Netzüberwachung; Prozessüberwachung*
Überweisung *f* / bonifico bancario *m*
überziehen *v* (einen Buchdeckel ~) [Bind] / rivestire *v*
Überzugs|material *n* [Bind] / materiale di rivestimento *m*
~papier *n* [Bind] / carta di rivestimento *f* · carta per copertura *f*
~stoff *m* [Bind] *s. Überzugsmaterial*
Übung *f* (akademische Lehrveranstaltung) / esercitazione *f*
Ultraschallreinigung *f* (von Filmmaterial) [Repr] / pulizia a ultrasuoni *f*
umarbeiten *v* / rifare ‖ *s.a. umgearbeitete Auflage*
Umarbeitung *f* / rifacimento *m* · rielaborazione *f*
Umbau *m* / ristrutturazione *f*
umbinden *v* [Bind] / rilegare *v*
umbrechen *v* [Druck] / impaginare *v*
Umbruch *m* / (Vorgang:) impaginazione *f* · (Ergebnis: das Umbrochene:) impaginato *m* ‖ *s.a. Klebeumbruch; Seitenmontage*
~korrekturabzüge *pl* [Druck] / pagine di prova *pl* · bozze impaginate *pl*
Umdrehungen pro Minute *pl* (U/min) [NBM] / rotazioni per minuto *pl* (rpm) · giri al minuto *pl*
Umfang / consistenza *f*
Umfangs|angabe *f* [Kat] ⟨DIN 31631/2; TGL 20972/04⟩ / indicazione della consistenza
~definition *f* / definizione generica *f*
umfassen *v* (enthalten) / contenere *v* · comprendere
Umfrage *f* / (eine ~ durchführen:condurre un'inchiesta:) inchiesta *f* · sondaggio *m* ‖ *s.a. Befragung; telefonische Umfrage*
umgearbeitete Auflage *f* / edizione riveduta *f* · edizione rielaborata *f*
U/min *Abk s. Umdrehungen pro Minute*
Umkehr|film *m* [Repr] ⟨DIN 19040/104E; A 2653; ISO 6194-4⟩ / pellicola invertibile
~papier *n* [Repr] / carta invertibile *f*
Umlauf *m* (von Zeitschriften) / circolazione *f* (in ~ bringen: mettere in circolazione) ‖ *s.a. Rundumlauf; Sternumlauf*
umordnen *v* (Bücher, Katalogkarten usw. ~) / riordinare *v*
Umrahmung *f* [Kart] / riquadratura *f*
Umschalttaste *f* (für Großbuchstaben) / tasto di spostamento *m*
Umschlag *m* / (Mappe:) custodia *f* · copertina *f* · (Briefumschlag:) busta · (Heftumschlag:) copertina *f* ‖ *s.a. Originalumschlag; Schutzumschlag; Vorderumschlag*
~gestaltung *f* / disegno della copertina *m* ‖ *s.a. Einbandgestaltung*
~klappe *f* [Bind] / risvolto *m* · aletta *f* ‖ *s.a. Klappentext; Waschzettel*
~ mitgebunden [Bind] / copertina conservata *f*
~titel *m* / titolo di copertina *m* ‖ *s.a. Außentitel*
umschreiben *v* / (transkribieren:) trascrivere *v*
Umschrift *f* (von Zeichen einer Schrift in Zeichen einer anderen Schrift) *s. Transliteration*
Umsetzer *m* [EDV] ⟨DIN 44300/5E⟩ *s. Konverter*
Umsetzprogramm *n* [EDV] / programma di conversione *m*

umspulen [NBM] / riavvolgere *v*
umstellen *v* / spostare *v*
Umstellung *f* (von Buchbeständen) / ricollocazione *f* · spostamento *m* (di materiale librario)
U-Musik *f* (Unterhaltungsmusik) / musica leggera *f* ‖ *s.a. E-Musik*
Umwandler *m* [EDV] *s. Umsetzer*
Umwelt|bedingungen *pl* / condizioni ambientali *pl*
~gefahren *pl* / pericoli ambientali *pl*
Umzug *m* / trasloco *m*
unabhängiges Rechnersystem *n* / sistema di calcolatori indipendenti *m*
unauffindbar *adj* / introvabile *agg*
unaufgeschnitten *part perf* [Bind] / intonso *agg* · a fogli chiusi
unbedingter Sprung *m* [EDV] / salto incondizionato *m*
unbeschnittene Ränder *pl* / testimoni *pl*
unbeschnittenes Exemplar *n* / esemplare a pieni margini *m* · esemplare con le barbe *m* · esemplare con testimoni *m*
unbesetzte Stelle *f* / posto libero *m*
UND-Verknüpfung *f* [Retr] / operazione AND *f*
unecht *adj* / posticcio *agg*
unechte Bünde *pl* [Bind] *s. falsche Bünde*
unechter Einband *m* / coperta posticcia
unentgeltlich *adj* / gratuito *agg* ‖ *s.a. Nulltarif*
unerwünschte Literatur *f* / letteratura sgradita *f*
Unfallverhütung *f* / prevenzione degli infortuni *f*
unformatiert *part perf* / non formattato *part pt*
ungebunden *part perf* [Bind] / non rilegato *part pt* ‖ *s.a. broschiert*
ungebundenes Schlagwort *n* / soggetto libero *m* ‖ *s.a. gebundenes Schlagwort*
ungeleimtes Papier *n* ⟨DIN 6730⟩ / carta senza colla *f*
ungerade Zählung *f* / numeri dispari *pl*
ungewisse Zuschreibung *f* (eines Werkes) / attribuzione incerta *f* ‖ *s.a. vermutlicher Verfasser*
ungezählt *part perf* [Bch] / fuori numerazione · non numerato *part pt*
ungezählte Seiten *f* / pagine non numerate *pl*
Unikat *n* ⟨A 2653⟩ / copia unica *f*
Universalbibliothek *f s. Allgemeinbibliothek*
Universale Dezimalklassifikation *f* / Classificazione Decimale Universale *f*
Universelle Dezimalklassifikation *f* / Classificazione Decimale Universale *f*
Universität *f* / università *f* · ateneo *m* ‖ *s.a. Hochschule*
Universitäts|bibliothek *f* / (die Gesamtheit der bibliothekarischen Einrichtungen einer Univ.:) biblioteca universitaria *f* · biblioteca d'ateneo *f*
~diplom *n* / diploma universitario *m*
~kasse *f* / economato (di un'università) *m*
~leitung *f* / (Gremium:) giunta di ateneo *f*
~verlag *m* / casa editrice universitaria *f*
~verwaltung *f* / amministrazione universitaria *f*
unkoordiniert *part perf* / scoordinato *part pt*
Unkosten *pl* / spese *pl* · costi *pl*
unlesbar *adj* / illegibile *agg*
unselbständige Anhängezahl *f* [DK] *s. unselbständige Ergänzungszahl*
~ Ergänzungszahl *f* [DK] / numero ausiliario non indipendente *n*
unselbständig erschienenes Werk *n* [Kat] / parte componente *f* (Titelaufnahme für ein~ ~~~:scheda di spoglio; voce di spoglio)
unselbständiges Dokument *n* [Kat] ⟨ISBD(CP)⟩ *s. unselbständig erschienenes Werk*
unstrukturiertes Interview *n* [c] / intervista non strutturata *f*
Unter|abteilung 1 *f* (eines in mehreren Teilen erscheinenden Werkes) *s. Abteilung*
~abteilung 2 *f* [Klass] / sottosezione *f*
~ausschuss *m* / sottocomitato *m*
~begriff *m* / termine specifico generico *m*
~belichtung *f* [Repr] / sottoesposizione *f*
unterbesetzt *part perf* [Pers] / a corto di personale ‖ *s.a. Personalmangel*
unterbrechen *v* (eine Veröffentlichung ~) / sospendere *v*
Unterbrechung *f* (der Erscheinungsfolge) / sospensione *f* (della pubblicazione)
unterbringen *v* (räumlich ~) / sistemare *v*
Unterbringung *f* / sistemazione *f* · (Aufstellung:) collocazione *f*
unterdrücken *v* / sopprimere *v*
Unterdrückung *f* (Programmieren) / soppressione *f* ‖ *s.a. Nullenunterdrückung*
unteres Kapital *n* [Bind] / capitello inferiore *m*
unterfärbter Goldschnitt *m* [Bind] / taglio dorato colorato *m*
Unterfeld *n* [EDV] / sottocampo *m*

unterfüttern *v* [Bind] / foderare *v* ‖ *s.a. kaschieren*
Untergebener *m* [Pers] / dipendente *m*
untergeordnete Körperschaft *f* [Kat] ⟨RAK⟩ / ente subordinato *m*
untergeordneter Begriff *m* [Ind] / termine subordinato *m* · termine specifico *m* ‖ *s.a. Teilbegriff; Unterbegriff*
Unter|geschoss *m* / basamento *m* · scantinato *m* · piano sotterraneo *m* ‖ *s.a. Kellermagazin*
~gestell *n* / piedistallo *m*
~gliederung *f* / suddivisione *f*
Untergrund|druckerei *f* / stamperia clandestina *f* ‖ *s.a. Geheimdruckerei*
~farbe *f* [ElPubl] / colore di fondo *m* · colore di sottofondo *m*
~literatur *f* / letteratura clandestina *f*
~publikation *f* / pubblicazione clandestina *f*
Unter|gruppe *f* / sottogruppo *m*
~gruppierung *f* (Zeichen [ ] eckige Klammern) [DK] / sottogruppo *m*
Unterhalts|kosten *pl* [BauEinr] / (Instandhaltungskosten:) spese di manutenzione *pl* · spese di sostentamento *pl*
~träger *m* / ente proprietario *m* · finanziatore *m*
Unterhaltung *f* / intrattenimento *m* · (Vergnügung:) divertimento *m* · (Instandhaltung:) manutenzione *f* · (Unterhalt:) sostentamento *m*
Unterhaltungs|elektronik *f* / elettronica di consumo *f*
~lektüre *f* / lettura amena *f* ‖ *s.a. Freizeitlektüre*
~literatur *f* / letteratura di intrattenimento *f*
~musik *f s. U-Musik*
~programm *n* / programma di intrattenimento *m*
~roman *m* / romanzo leggero *m*
~spiel *n* / gioco per divertimento *m*
Unterklasse *f* [DK] / sezione *f*
Unter|länge *f* (eines Buchstabens) [Schr; Druck] ⟨DIN 2107⟩ / asta discendente *f* · discendente *m/f*
~menü *n* [EDV] / sottomenu *m*
~nehmensplanung *f* / pianificazione aziendale *f*
~nehmenspraktikum *n* [Ed] *s. Betriebspraktikum*
Unternehmung / impresa *f*
Unter|ordnung *f* [Klass] / subordinazione *f*
~programm *n* [EDV] / sottoprogramma *m*
~reihe *f* (eines fortlaufenden Sammelwerks) [Kat] ⟨ISBD(S); DIN 31631/2; TGL 20972/04; RAK⟩ / sottocollana *f* · sottoserie *f* · sottocollezione *f*
Unterricht *m* / istruzione *f* · insegnamento *m* ‖ *s.a. Fernunterricht*
Unterrichts|einheit *f* / unità didattica *f* · (Kurs:) corso *m* · (Lehreinheit:) lezione *f*
~fach *n* / materia d'insegnamento *f*
~film *m* [NBM] ⟨DIN 31631/4⟩ / film didattico *m*
~materialien *pl* / materiali didattici *pl* ‖ *s.a. Lehrmaterialien*
~stunde *f* / ora di lezione *f*
Unter|scheidungsfacette *f* [Klass] / faccetta di distinzione *f*
~schlagwort *n* / suddivisione *f* · sottointestazione *f* (aggiunta a un'intestazione di soggetto) · sottovoce *f* (aggiunta a una voce di soggetto)
unterschneiden *v* [ElPubl] / crenare *v*
Unter|schneidfunktion *f* [ElPubl] / funzione di kerning *f*
~schneidung *f* [ElPubl] / crenatura *f* ‖ *s.a. unterschnittene Buchstaben*
~schnitt *m* [Bind] / taglio di piede *m*
unterschnittene Buchstaben *pl* [ElPubl] / lettere crenate *pl*
unterschreiben *v* / firmare *v* · sottoscrivere *v*
Unterschrift *f* / sottoscrizione *f* · firma *f* (eigenhändige ~:sottoscrizione autografa)
Unterstellter *m* / dipendente *m*
unterstreichen *v* [Schr] / sottolineare *v*
Unter|streichung *f* [Schr] / sottolineatura *f*
~suchung *f* / (Überprüfung:) esame *m* · (Inspektion:) collaudo *m* · (eines Zustandes, Ereignisses:) inchiesta *f* · indagine *f*
~suchungsmethode *f* / metodo d'indagine *m*
~system *n* / sottosistema *m*
unterteilen *v* [Klass] / suddividere *v*
Unter|titel *m* / sottotitolo *m* · (Film:) didascalia *f* ‖ *s.a. Zusatz zum Sachtitel*
unterzeichnen *v* / sottoscrivere *v*
Unterzeichnung *f* / (Unterschrift:) firma · sottoscrizione *f*
unverkäufliche Ausgabe *f* / edizione non venale *f*
unverlangtes Exemplar *n* [Erw] / esemplare non richiesto *m*
unveröffentlicht *part perf* / non pubblicato *part pt* · inedito *agg* (ein unveröffentlichtes Werk: opera inedita)

unvollständig *adj* / incompleto *agg* · scompleto *agg*
Unziale *f* / onciale *f* ‖ *s.a. Halbunziale*
updaten *v* [EDV] / aggiornare *v*
Urbar *n* [Arch] / censuario *m*
Urheber 1 *m* / autore *m*
Urheber 2 *m* (eine Körperschaft, die ein anonymes Werk erarbeitet oder veranlasst und herausgegeben hat) [Kat] ⟨RAK⟩ / ente autore *m*
~**angabe** *f* [Kat] ⟨ISBD⟩ / formulazione di responsibilità *f*
~**gesetz** *n* / codice del diritto d'autore *m*
~**recht** *n* / diritto d'autore *m* ‖ *s.a. alle Rechte vorbehalten; geistiges Eigentum; Schutzfrist*
urheberrechtlich geschützte Ausgabe *f* / edizione protetta dai diritti d'autore *f*
Urheberrechts|bestimmungen *pl* / norme per la tutela dei diritti d'autore
~**gesetz** *n* / legge sul diritto d'autore *f*
~**inhaber** *m* / titolare dei diritti d'autore *m*
~**schutz** *m* / tutela del diritto d'autore
~**verletzung** *f* / violazione del diritto d'autore
~**vermerk** *m* / nota del copyright *f* · indicazione del copyright *f*
Urkunde *f* / documento *m* · (Zeugnis:) diploma *m* ‖ *s.a. eigenhändig geschriebene und unterzeichnete Urkunde*
Urkunden|lehre *f* [Arch] / diplomatica *f*
~**schrift** *f* / scrittura cancelleresca *f* (per l'uso amministrativo/legale)
Urladen *n* [EDV] / bootstrap *m*
Urlaub *m* / (Ferien:) vacanze *pl* · ferie *pl* ‖ *s.a. bezahlter Urlaub*
Urlaub *m* / (Arbeits-/Dienstbefreiung:) licenza *f* · (Ferien:) vacanze *pl* · ferie *pl* (bezahlter ~: ferie pagate; ~ beantragen: chiedere le ferie; 2 Tage Urlaub beantragen: chiedere 2 giorni di licenza) ‖ *s.a. Mutterschaftsurlaub*
Urlaubs|anspruch *m* / diritto alle ferie *m*
~**plan** *m* / programma delle ferie *m*
~**schein** *m n* / foglio di licenza *m*
Urschrift *f* (eines Dokuments) [Arch] / originale *m*
Ursprungs|programm *n* [EDV] *s. Quellprogramm*
~**sprache** *f* [EDV] / linguaggio sorgente *m*

V

Vademecum *n* / vademecum *m* · manualetto tascabile *m*
Vakat-Seite *f* [Druck] / pagina bianca *f*
Vakuum|saugplatte *f* (in einer Kamera) [Repr] *s. Ansaugplatte*
~tränkung *f* / impregnazione sottovuoto *f*
~trocknung *f* / essicazione con congelamento sottovuoto *f* ‖ *s.a. Gefriertrocknung*
Validität *f* / validità *f*
Variable *f* / variabile *f*
variable Kosten *pl* / costi variabili *pl* · spese variabli *pl*
Variante *f* [Bch] ⟨ISBD(A)⟩ / variante *f*
Varianz *f* / varianza *f*
~analyse *f* / analisi di varianza *f*
Variationsbreite *f* (bei einer Häufigkeitsverteilung) / campo di varianza *m*
Vario-Objektiv *n* [Repr] / obiettivo Zoom *m*
Vatersname *m* / patronimico *m*
VB *Abk* [Ind] *s. verwandter Begriff*
Vedute *f* [Kunst] / veduta *f*
Vektorgrafik *f* [EDV] / grafica a vettori *f*
Velinpapier *n* / carta giapponese *f* · carta velina *f*
Venn-Diagramm *n* [Retr] / diagramma di Venn *m*
veralten *n* / invecchiare *v*
veraltet *part perf* / invecchiato *part pt* · (obsolet:) obsoleto *agg* · (rückwärtig:) arretrato *agg*
veränderte Ausgabe *f* / edizione modificata *f s.a. durchgesehene Ausgabe*
Veranstaltung *f* / manifestazione *f*
Veranstaltungskalender *m* / calendario delle manifestazioni *m*
Verantwortung *f* [OrgM] / responsabilità *f* ‖ *s.a. Gesamtverantwortung*
verarbeiten *v* (Daten usw. ~) [EDV] / elaborare *v*
Verarbeitung *f* (von fotografischem Material) / trattamento (di materiale fotografico)
Verarbeitungs|einheit *f* [EDV] / unità di elaborazione *f*
~geschwindigkeit *f* [EDV] / velocità di elaborazione *f*
~programm *n* [EDV] / programma di elaborazione *m*
~rechner *m* [EDV] / elaboratore ospite *m*
~werk *n* [EDV] *s. Rechenwerk*
~zeit *f* [EDV] / tempo di elaborazione *m*
veräußern *v* / alienare *v*
Verbalkonkordanz *f* / concordanza verbale *f*
Verbandsbegriff *m* (übergeordneter Begriff in einer Bestandsrelation (BTP/SP)) [Ind] ⟨DIN 1463/1E⟩ / termine generale partitivo *m*
verbesserte Auflage *f* / edizione corretta *f* · edizione emendata *f*
Verbindung *f* / collegamento *m*
Verbindungs|kabel *m* / cavo di collegamento *m*

~**zeit** *f* [Komm] / tempo di collegamento *m*
verblassen *v* / sbiadire *v* · scolorare *v* · scolorirsi *v*
verblasst *part perf* / sbiadito *part pt*
verbotene Bücher *pl* / libri proibiti *pl*
Verbrauch *m* / consumo *m*
Verbraucher / consumatore *m*
verbraucherorientiert *part perf* / orientato al consumatore *part pt*
Verbrauchs|literatur *f* / letteratura di consumo *f*
~**material** *n* / materiale di facile consumo *m*
Verbreitung *f* (einer Nachricht usw.) / disseminazione *f* · divulgazione *f* · diffusione *f*
verbuchen *v* (ein ausgeliehenes Buch usw. ~) / registrare *v*
Verbund *m* / collegamento *m* · sistema cooperativo *m* ‖ *s.a. Bibliotheksverbund; Datenverarbeitungsverbund; Datenverbund; Netzverbund*
~**bibliothek** *f* / biblioteca partecipante *f*
verbunden *part perf* [Bind] / legato male *part pt* · legato con difetti *part pt*
Verbund|karte *f* [Lochk] / scheda duale *f*
~**katalog** / catalogo collettivo *m* ‖ *s.a. Gesamtkatalog; Katalogisierungsverbund*
~**katalogisierung** *f* / (shared cataloguing:) catalogazione partecipata *f* · catalogazione in cooperazione *f*
~**katalogisierungssystem** *n* / sistema di catalogazione partecipata *m*
~**netz** *n* [Komm] ⟨DIN 44331V⟩ / rete di collegamento *f*
~**system** *n* / sistema di collegamento *m* · sistema cooperativo *m*
~**zentrum** *n* (mit zentraler bibliographischer Datenbank für die teilnehmenden Bibliotheken) / centro consorzionale *m*
verdichten *v* [EDV] / comprimere *v*
Verdrahtung *f* / cablaggio *m* ‖ *s.a. fest verdrahtet*
vereinigt mit *part perf* (bei fortlaufenden Sammelwerken) [Kat] / fuso con *part pt*
Vereinsbibliothek *f* / biblioteca d'associazione *f*
Verf. *Abk s. Verfasser*
Verfahren *n* / procedimento *m* · procedura *f*
verfahrensorientierte Programmiersprache *f* / linguaggio orientato alle procedure *m*
Verfahrensregeln *pl* / regole di procedura *pl*
Verfall *m* / scadenza *f*
Verfallsdatum *n* / data di scadenza *f*
Verfasser *m* / autore *m* ‖ *s.a. Hauptverfasser; körperschaftlicher Verfasser; Mitverfasser; mutmaßlicher Verfasser*
~**angabe** / indicazione d'autore *f*
~**eintragung** *f* [Kat] / scheda autore *f*
~**honorar** *n* / diritti d'autore *pl*
~**katalog** *m* / catalogo per autori *m*
verfasserlos *adj* / adespoto *agg*
Verfasser|normdatei *f* / authority file autori *m*
~**register** *n* [Ind] / indice degli autori *m*
~**schaft** *f* / paternità *f* ‖ *s.a. Mehrverfasserschaft; strittige Verfasserschaft*
~**werk** *n* [Kat] ⟨RAK⟩ / opera con autore *f*
verfilmen *v* [Arch] / microfilmare *v*
Verfilmung *f* [Repr] ⟨DIN 19040/113E⟩ / microfilmatura *f*
Verformung *f* [Rest] / deformazione *f*
verfügbar *adj* / disponibile *agg*
Verfügung *f* / disposizione *f*
Verfügungsmittel *pl* [HhRech] / fondi di previdenza *pl*
vergilben *v* / ingiallire *v* (Vergilbung:ingiallimento)
vergilbt *part perf* / ingiallito *part pt*
Verglasung *f* / invetriatura *f*
vergleichende Bibliothekswissenschaft *f* / biblioteconomia comparativa *f*
Vergleichsoperator *m* [Retr] / operatore relazionale *m*
Vergoldegrund *m* [Bind] / fondo da dorare *m*
Vergolde|grund *m* / fondo da dorare *m*
~**kissen** *n* / cuscino del doratore *m*
vergolden *v* [Bind] / dorare *v*
Vergolde|ofen *m* [Bind] / fornello *m* · portapunzoni *m*
~**presse** *f* [Bind] / pressa da doratura *f* · pressa a dorare *f*
~**pulver** *n* [Bind] / polvere da dorare *m*
Vergolder *m* [Bind] / doratore *m*
Vergolde|rolle *f* [Bind] / rullo da dorare *m*
~**stempel** *m* [Bind] / ferro da dorare *m*
vergoldet *part perf* [Bind] / dorato *part pt*
Vergoldung *f* [Bind] / (Verfahren und Ergebnis:) doratura *f* ‖ *s.a. Golddruck; Handvergoldung*
vergriffen *part perf* (nicht mehr im Handel) [Bch] / esaurito *part pt*
vergrößern *v* [Repr] / ingrandire *v*
Vergrößerung *f* [Repr] ⟨DIN 19040/2; ISO 6196/1⟩ / ingrandimento *m*

Vergrößerungs|faktor *m* [Repr] ⟨ISO 6196/1⟩ / fattore d'ingrandimento *m*
~gerät *n* [Repr] / ingranditore *m*
~glas *n* / lente d'ingrandimento *f*
Vergütung *f* (Besoldung) / stipendio *m* · retribuzione ‖ *s.a. Besoldung*
Vergütungs|anspruch *m* / diritto allo stipendio *m*
~gruppe *f* / categoria di stipendio *f*
~ordnung *f* / regolamento degli stipendi *m*
Verhältnis *n* / rapporto *m* · relazione *f* · relazione *f*
Verhandlungen *pl* (eines Kongresses usw.) / rendiconti *pl* · atti *pl*
verheftet *part perf* [Bind] / cucitura difettosa *f*
verifizieren *v* / verificare *v*
Verifizierung *f* (bibliographischer Daten) [Retr] / verificazione *f*
verkabelt *part perf* / cablato *part pt*
Verkabelung *f* / cablaggio *m*
Verkauf *m* / vendita *f* ‖ *s.a. Barverkauf; nicht zum Verkauf*
Verkaufs|ausstellung *f* / mostra-mercato *f*
~förderung *f* / promozione delle vendite *f*
~katalog *m* [Bch] ⟨RAK-AD⟩ / catalogo commerciale *m* · catalogo di vendita *m*
~preis *m* / prezzo di vendita *m* ‖ *s.a. Ladenpreis*
~stand *m* / bancarella *f* ‖ *s.a. Messestand*
~stelle *f* / punto-vendita *f*
verkaufte Auflage *f* (von einer Zeitung oder Zeitschrift) / tiratura venduta *f*
Verkehrsfläche *f* [BauEinr] ⟨DIN 277/1⟩ / superficie di circolazione *f*
verketten *v* / concatenare *v*
verkleidete Literatur *f* / travestimenti letterari *pl*
Verkleinerung *f* [Repr] ⟨DIN 19040/2; ISO 6196/1⟩ / riduzione *f*
Verkleinerungsfaktor *m* [Repr] ⟨ISO 6196/1; A 2654⟩ / tasso di riduzione *m*
verknüpfen *v* [Ind] / collegare · connettere *v* · (Hxpertext:) linkare *v* ‖ *s.a. Schlagwortverknüpfung*
Verknüpfung *f* [Ind] · collegamento *m* · legame *m* · link *m* ‖ *s.a. hierarchische Verknüpfung; Hypertextverknüpfung*
Verknüpfungsoperator *m* [Retr] / operatore di unione *m*
verkünden *v* / (ankündigen:) annunciare *v* · (Gesetz:) emanare *v*
verkürzte Katalogisierung *f* / catalogazione simplificata *f* · catalogazione breve *f*
Verlag *m* / casa editrice *f* · (Verleger:) editore *m* · (als Unternehmung und Betrieb:) azienda editoriale *f* ‖ *s.a. Fachverlag; Kunstverlag; Zeitschriftenverlag*
verlagern *v* / spostare *v*
Verlags|angabe *f* [Kat] ⟨DIN 31631/2⟩ / indicazione dell'editore *f*
~buchbinderei *f* / legatoria editoriale *f*
~buchhandlung *f* / libreria editrice *f*
~einband *m* / legatura editoriale *f*
~gesellschaft *f* / società editrice *f*
~gesetz *n* [Law] / legge sull'editoria *f*
~katalog *m* / catalogo editoriale *m*
~lektor *m* [Bch] *s. Lektor 2*
~neuheit *f* / novità editoriale *f* ‖ *s.a. Neuerscheinung*
~ort *m* / luogo di edizione *m* · luogo di pubblicazione *m*
~preis *m* / prezzo editoriale *m*
~produktion *f* / produzione editoriale *f*
~prospekt *m* / prospetto editoriale *m*
~recht *n* / diritto dell'editoria *m*
~signet *n* / marchio editoriale *m*
~vertrag *m* / contratto di pubblicazione *m* · contratto autore-editore *m* · contratto di edizione *f*
~wesen *n* / editoria *f* · (als Wirtschaftszweig:) industria editoriale *f*
verlangen *v* / richiedere *v*
verlängern *v* (die Leihfrist ~) / prolungare *v*
Verlängerung *f* (der Leihfrist) / prolungamento del prestito *m* · rinnovo del periodo di prestito *m* ‖ *s.a. Fristverlängerungsbescheid*
verlassen *v* (ein Programm ~) [EDV] / (abbrechen:) abortire *v* · (aussteigen:) uscire *v*
verlegen *v* [Bch] / pubblicare *v*
Verleger *m* / editore *m*
Verlegerin *f* / editrice *f*
Verleger|katalog *m* / catalogo editoriale *m*
~serie *f* / collana editoriale *f* · serie editoriale *f*
~verband *m* / associazione degli editori *f*
~zeichen *n s. Verlagssignet*
verleihbar *adj* / prestabile *agg* ‖ *s.a. nicht verleihbar; nichtverleihbare Materialien*
verleihbares Exemplar *n* / esemplare in prestito *m*
Verleihdatum *n* / data del prestito *f*
verleihen *v s. ausleihen 1*
verleihende Bibliothek *f* / biblioteca prestante *f*
verliehen *part perf* / in prestito

verliehene Dokumente *pl* / documenti concessi in prestito *pl*
Verlust *m* / perdita *f*
~**rate** *f* / tasso di perdita *m*
Vermächtnis *n* [Erw] / lascito *m* (testamentarisches Vermächtnis: lascito testamentario) · (Legat:) legato *m*
vermehren *v* / incrementare *v* · accrescere *v*
vermehrt *part perf* / accresciuto *part pt* · aumentato *part pt* ‖ *s.a. erweitert*
vermehrte Auflage *f* [Bch] / edizione accresciuta *f* · edizione ampliata *f* · edizione aumentata *f*
Vermehrungsetat *m* [Erw] *s. Erwerbungsetat*
Vermerk *m* / nota *f* ‖ *s.a. Aktenvermerk*
vermerken *v* [Kat] *s. angeben*
vermisst *part perf* / (nicht auffindbar:) introvabile *agg* · smarrito *part pt*
Vermittler *m* / intermediario *m* ‖ *s.a. Informationsvermittler*
Vermittlungstechnik *f* [Komm] / tecnica di commutazione *f* ‖ *s.a. Paketvermittlung*
vermodern *v* / marcire *v*
vermutlicher Verfasser *m* / autore presunto *m* ‖ *s.a. ungewisse Zuschreibung*
vernetzen *v* [EDV] / collegare in rete *v*
Vernetzung *f* / networking *m* · collegamento in rete *m*
veröffentlichen *v* / pubblicare *v* · editare ‖ *s.a. unveröffentlicht*
Veröffentlichung *f* / pubblicazione *f*
~ **außerhalb des Buchhandels** *f* / pubblicazione fuori commercio *3*
Veröffentlichungsdatum *n* [Bch] *s. Erscheinungsjahr*
Verordnung *f* [Verw; Jur] / ordinanza *f*
verpacken *v* / imballare *v*
Verpackung *f* / imballaggio *m*
Verpackungs|folie *f* / plastica da imballaggio *f*
~**kosten** *pl* / spese d'imballaggio *pl*
Verpflichtung *f* / impegno *m* · obbligazione *f* · obbligo *m* ‖ *s.a. Lehrverpflichtungen*
verramschen *v* [Bch] / svendere *v*
Verrechnung *f* / conteggio *m*
Verrechnungs|scheck *m* / assegno sbarrato *m* · assegno per conteggio
~**tausch** *m* / scambio a compensazione *m*
Verringerung *f* / diminuzione *f*
Versal *m* [Druck] / maiuscola *f* (Versalien:maiuscole)
versammeln *v* / raccogliere *f*
Versammlung *f* / convegno *m* · riunione *f*
Versammlungsraum *m* / sala delle riunioni *f*
Versand|buchhandlung *f* / libreria di vendite per corrispondenza *f*
~**kosten** *pl* / costi di spedizione *pl* · spese di spedizione *pl*
~**liste** *f* / lista di mailing *f* · (Adressenliste:) indirizzario *m*
~**stelle** *f* / ufficio spedizioni *m*
~**tasche** *f* / busta a sacco *m*
Versandweg *m* / mezzo di trasporto *m*
Versäumnisgebühr *f* / multa *f* (per il ritardo nella riconsegna di un libro prestato)
verschlagworten *v* / soggettare *v*
Verschlagwortung *f* [Kat] / soggettazione *f*
Verschleiß *m* / deterioramento *m* · usura *f* ‖ *s.a. Abnutzung*
verschlüsseln / codificare *v* · (chiffrieren:) cifrare *v*
Verschlüsselung *f* / codifica *f*
Verschlusssache *f* / documento classificato *m* · documento non consultabile *m* ‖ *s.a. Freigabe*
verschobener Schnitt *m* [Bind] / taglio a camaleonte *m*
versichern *v* / assicurare *v*
Versicherungs|gesellschaft *f* / società assicuratrice *f*
~**kosten** *pl* / spese di assicurazione *pl*
versilbert *part perf* [Bind] / argentato *part pt*
Verso *n* (Rückseite eines bedruckten Blattes) [Bch] / verso *m*
Versorgung *f* / approvvigionamento *m* ‖ *s.a. Informationsversorgung; Literaturversorgung*
Versoseite *f* [Bch] / verso *m*
verstärken *v* [Bind] / rinforzare *v*
Verstärker *m* (bei einem elektronischen Gerät) / amplificatore *m*
verstärkt *part perf* [Bind] / rinforzato *part pt*
verstärkter Einband *m* [Bind] / rilegatura rinforzata *f*
Verstärkung *f* / rinforzo *m*
Versteigerer *m* [Bch] *s. Auktionator*
versteigern *v* / vendere all'asta *v*
Versteigerung *f* / asta *f* · incanto *m* (ersteigern:comprare all'asta; zur~geben:mettere all'asta/incanto) · (Auktionsverkauf:) vendita all'asta *f* ‖ *s.a. Buchauktion; Los*
Versteigerungs|haus *n* / casa d'asta *f*
~**katalog** *m* / catalogo d'asta *m*

verstellbarer Fachboden *m* / palchetto movibile *m*

verstellen *v* (Bücher ~) / mettere in un posto sbagliato *v*

verstümmelt *part perf* / mutilato *part pt* · mutilo *agg*

Versuch *m* / (Probe:) prova *f* · tentativo *m*

verteilte Datenverarbeitung *f* [EDV] / elaborazione distribuita dei dati *f*

Verteilungskurve *f* / curva di distribuzione *f*

Vertikalablage *f* / collocazione verticale *f* · archiviazione sospesa *f* ‖ *s.a. Hängeregistratur*

vertikale Bildlage *f* / posizione verticale dell'immagine *f*

Vertonung *f* (eines Gedichtes usw.) [Mus] / messa in musica *f*

Vertrag *m* / contratto *m* ‖ *s.a. befristeter Vertrag; Mustervertrag*

Vertrags|abschluss *m* / stipulazione del contratto *f*

~auflösung *f* / risoluzione del contratto *f*

~bedingungen *pl* / condizioni contrattuali *pl*

~dauer *f* / durata del contratto *f*

~partner *m* / parte contraente *f*

~verhandlungen *pl* / trattative contrattuali *pl*

Vertrauensbereich *m* (statistische Schätztheorie) / intervallo di confidenza *m*

vertrauliche Daten *pl* / dati confidenziali *pl* ‖ *s.a. Datenschutz; schutzwürdige Daten*

Vertreter *m* (für einen entnommenen Band, eine Karte usw.) / richiamo *m* · fantasma *m*

Vertrieb *m* [Bch] / distribuzione *f*

Vertriebs|abteilung *f* [Bch] / ufficio vendite *m*

~kanal *m* / canale di distribuzione *m*

~kosten *pl* / costi di distribuzione *pl*

~netz *n* / rete di distribuzione *f*

~ort *m* / luogo di distribuzione *m*

~stelle *f* [Bch] / distributore *m* ‖ *s.a. Alleinauslieferer*

~weg *m s. Vertriebskanal*

vervielfältigen *v* [Repr] ⟨DIN 16500/2; DIN 44510⟩ / moltiplicare *v* · (vervielfachen:) policopiare *v* · (hektographieren:) poligrafare · (allgemein:) riprodurre *v* · (durch Schablonendruck:) ciclostilare *v*

Vervielfältigung 1 *f* [Repr] / (allgemein:) riproduzione *f* · (Duplizierung:) duplicazione · (durch Schablonendruck:) ciclostilatura *f* · (durch Hektographie:) poligrafia *f*

Vervielfältigung 2 *f* / (Vervielfältigungsstück:) riproduzione *f* · (durch Schablonendruck erstellt:) ciclostilato *m*

Vervielfältigungs|gerät *n* [Repr] / duplicatore *m* · (Hektograph:) poligrafo ‖ *s.a. Kopiergerät; Schablonendrucker*

~recht *n* / diritto di riproduzione *m* ‖ *s.a. Nachdruckrecht*

verwalten *v* / gestire *v*

Verwaltung *f* (eines Sachgebiets) [OrgM] / gestione *f* ‖ *s.a. Zeitschriftenbearbeitung*

Verwaltungs|abteilung *f* / settore amministrativo *m*

~ausschuss *m* [OrgM] / comitato di gestione *m*

~behörde *f* / organo amministrativo *m*

~büro *n* / economato *m* · ufficio economato *m*

~daten *pl* / dati gestionali *pl*

~direktor *m* / dirigente amministrativo *m*

~einheit *f* / unità amministrativa *f*

~gebühr *f* / diritti amministrativi *pl*

~katalog *m* / catalogo di servizio *m*

~leiter *m* / dirigente amministrativo *m*

~personal *n* / personale amministrativo *m*

~programm *n* [EDV] / programma gestionale *m*

~rat *m* / consiglio di amministrazione *m*

~raum *m* / locale amministrativo *m*

~verfahren *n* / procedura amministrativa *f*

Verwandlungsbuch *n* / libro animato *m*

verwandter Begriff *m* (Assoziationsrelation(RT/VB)) [Ind] / termine correlato *m*

Verweis *m* [Kat] *s. Verweisung*

verweisen *v* / (Katalogisierung:) rinviare *v* · (von einer Textstelle auf eine andere:) rimandare *v*

Verweisung *f* / (Hinweis; Verweis:) richiamo *m* · (Katalogisierung:) rinvio *m* · (als Katalogeintragung:) scheda di rinvio *f* · (von einer Textstelle auf eine andere:) rimando *m* ‖ *s.a. gegenseitige Verweisung*

Verweisungs|karte *f* [Kat] / scheda di rinvio *f*

~vermerk *m* [Kat] ⟨RAK⟩ *s. Nebeneintragungsvermerk*

Verwertungs|gesellschaft *f* (zur Einziehung und Verteilung von Fotokopie-Gebühren) / associazione per i diritti di riproduzione delle opere dell'ingegno *f* · società per la realizzazione dei diritti d'autore *f*
~**rechte** *pl* / diritti di sfruttamento *pl* · diritti di utilizzazione *pl*
verzeichnen *v* / registrare *v* · (auflisten:) elencare
Verzeichnis *n* / elenco *m* · (Repertorium:) repertorio *m* ‖ *s.a. Zeitschriftenverzeichnis*
verzieren *v* / ornare *v*
verziert *part perf* (mit) / adorno *agg* (di)
Verzierung *f* / decorazione *f* · guarnizione *f* · ornamento *m* ‖ *s.a. Schnittverzierung*
~ **mit Assurélinien** *f* [Bind] / decorazione a linee parallele *f*
Verzugsgebühr *f s. Versäumnisgebühr*
Verzweigung *f* [EDV] / alternativa *f* · deviazione *f*
Vesikularfilm *m* [Repr] ⟨DIN 19040/104E; ISO 6194-4⟩ / pellicola vesicolare *f* ‖ *s.a. Duplikatfilm*
Vestibül *n* / vestibolo *m* ‖ *s.a. Vorhalle*
VGA-Karte *f* [EDV] / scheda VGA *f*
Video|aufzeichnung *f* [NBM] / videoregistrazione *f*
~**ausgang** *m* [EDV] / uscita video *f*
~**band** *n* [NBM] ⟨DIN 31631/4; A 2653⟩ / videotape *m* · nastro video *m* · videonastro *m*
~**bild** *n* / immagine video *f*
~**datei** *f* / file di video *m*
~**eingang** *m* [ElPubl] / ingresso video *m*
~-**Grafikkarte** *f* [EDV] *s. VGA-Karte*
~**kamera** *f* / videocamera *f*
~**karte** *f* / scheda video *f*
~**kassette** *f* [NBM] / videocassetta *f*
~**magnetband** *n* [NBM] ⟨DIN 31631/4; A 2653⟩ *s. Videoband*
~**platte** *f* [NBM] ⟨ISBD(NBM)⟩ / videodisco *m*
~**recorder** *m* [NBM] / videoregistratore *m*
~**signal** *n* / segnale video *m*
~**spiel** *n* / videogioco *m*
~**text** *m* [Komm] / televideo *m* · teletext *m*
~**thek** *f* [NBM] / videoteca *f*
~**überwachung** *f* / sorveglianza con videocamere *f*
viel benutztes Material *n* / materiale di largo uso *m*
Viel|prozessorbetrieb *m* [EDV] / elaborazione a multiprocessori *f*
~**verfasserschaft** *f* [Bch] *s. Mehrverfasserschaft*

Vierfarben-Bogenoffsetmaschine *f* / macccchina offset a quattro colori *f*
~**druck** *m* / stampa a quattro colori *f* · quadricomia *f*
~-**Rollenoffsetmaschine** *f* / roto-offset a quattro colori *m*
viermonatlich *adj* / quadrimestrale *agg*
Vierpaß *m* [Bind] / quadrifoglio *m*
Vierteljahresschrift *f* / trimestrale *m*
vierteljährlich *adj* / trimestrale *agg*
Vignette *f* [Druck] / vignetta *f* ‖ *s.a. Schlussvignette*
virtuell *adj* [EDV] ⟨DIN 44300/1E⟩ / virtuale *agg*
virtuelle Bibliothek *f* / biblioteca virtuale *f*
Visitenkarte *f* / biglietto da visita *m*
Visualisierung *f* / visualizzazione *f*
Visum *n* / visto *m* ‖ *s.a. Einreisevisum*
Vitrine *f* / bacheca *f* · vetrina *f*
VK *Abk* [Kat] *s. Verbundkatalog*
Vogelschaubild *n* / prospettiva aerea *f* · vista a volo d' uccello *f*
Vokabular *n* / vocabolario *m*
Volks|ausgabe *f* / edizione popolare *f*
~**bücherei** *f* (Vorläufer der Öfffentlichen Bibliothek) / biblioteca popolare *f*
~**hochschule** *f* / università popolare *f*
Vollbild *n* / (Bildschirm:) display tutto schermo *m* · (ganzseitige Abbildung:) illustrazione a piena pagina *f*
Vollerhebung *f* / censimento totale *m*
vollständige Ausgabe *f* / edizione integrale *f*
Volltext|bank *f* / banca di dati full text *f*
~**recherche** *f* / ricerca nel testo intero *f* · ricerca a tutto testo *f*
Voll|versammlung *f* · assemblea plenaria *f*
~**zeitbeschäftigter** *m* [Pers] *s. Ganztagsbeschäftigter*
~**zeitpersonal** *n* / personale a servizio pieno *m* · personale a tempo pieno *m*
Volute *f* [Bind] / voluta *f*
Vor|abdruck *m* / preprint *m*
~**akzession** *f* [Erw] / controllo preventivo *m* · procedure di controllo precedenti l'ordinazione *pl* · controlli preliminari *pl*
vorangehend *part praes* / anteriore*agg*
Vor|ankündigungsdienst *m* [Erw] / annunci di opere di prossima /imminente pubblicazione *pl* ‖ *s.a. Neuerscheinungsdienst*
~**anzeige** *f* [Bch] / annuncio preliminare *m*
~**auflage** *f* / pre-tiratura *f*
~**ausbestellung** *f* [Erw] / (Vormerkung:) prenotazione *f* · ordine in anticipo *m*
vorausdatieren *v* / antidatare *v*

Voraus|druck *m* [Bch] *s. Vorabdruck*
~exemplar *n* [Bch] / esemplare di lancio *m*
vorauskatalogisieren *v* / catalogare in anticipo *v*
~katalogisierung *f* / catalogazione in anticipo *f* · (CIP:) catalogazione nella pubblicazione *f*
~rechnung *f* / fattura pro-forma *f*
~zahlung *f* / pagamento anticipato *m*
Vorbereitungs|dienst [Pers] / servizio preparativo per gli aspiranti al servizio dello Stato *m*
Vor|besitzer *m* / possessore precedente *m*
vorbestellen *v* (ein Buch ~) [Ben] *s. vormerken*
Vorbestellung 1 *f* (eines auszuleihenden Dokuments) [Ben] / prenotazione di prestito *f*
Vorbestellung 2 *f* [Erw] *s. Vorausbestellung*
Vorchuss *m* / anticipo *m*
vordatieren *v* / antidatare *v*
vordatiert *part perf* [Bch] / antidatato *part pt*
Vorder|ansicht *f* [BauEinr] / veduta frontale *f*
~deckel *m* [Bind] / piatto anteriore *m*
~grundfarbe *f* [ElPubl] / colore di primo piano *m*
~grundrechner *m* / processore di priorità *m*
~schnitt *m* [Bind] / taglio concavo *m* · taglio davanti *m* · taglio anteriore *m*
~seite *f* / recto *m* · pagina a fronte *f*
~umschlag *m* [Bind] / copertina anteriore *f*
Vor|diplom *n* / diploma attestante il superamento dell'esame preliminare *m*
~druck *m* (Formular) / formulario *m* · modulo ‖ *s.a. Endlosvordruck; Formular*
Vorführ|raum *m* / sala di proiezione *f*
~spule *f* [NBM] / bobina da proiezione *f*
Vorgang *m* / procedura *f*
Vorgänger *m* (eines Werkes) / predecessore *m*
vorgemerkter Band *m* / libro prenotato *m*
vorgesetzte Behörde *f* [Verw] / organo superiore *m*
Vor|gesetzter *m* [Pers] / superiore *m* · supervisore
~halle *f* / (Vestibül:) vestibolo *m*
vorhergehend *agg* / anteriore
Vor|kaufsrecht *n* [Erw] / diritto di precedenza *m* · diritto di prelazione *m*
~lage *f* (für eine Reproduktion) [Repr] ⟨ISO 6196/1; DIN 19040/113E⟩ / originale *m* ‖ *s.a. Halbtonvorlage; Strichvorlage*
~lagensperre *f* [Repr] / dispositivo d'arresto di documenti *m*
vorläufige Ausgabe *f* / edizione provvisoria *f*
vorläufiges Katalogisieren *n* / catalogazione provvvisoria *f*
Vorlese|stunde *f* / ora di racconto *f*
Vorlesung *f* / lezione *f* · corso *m* / (eine ~ halten:) tenere una lezione; (eine ~ über die Renaissance belegen:) iscriversi a un corso sul rinascimento
vorlesungsfreie Zeit *f* / periodo esente di lezioni *m* ‖ *s.a. Semesterferien*
Vorlesungs|plan *m* / orario delle lezioni *m*
~verzeichnis *n* ⟨RAK-AD⟩ / calendario delle lezioni *m*
~zeit *f* / periodo delle lezioni *m*
vorliegende Ausgabe *f* [Kat; Ind] *s. vorliegendes Exemplar*
vorliegendes Exemplar *n* [Kat] / esemplare in oggetto *m*
Vormerkdatei (mit Titeln, deren Beschaffung erwogen wird) [Erw] / registro delle prenotazioni *m* ‖ *s.a. Wunschdatei*
vormerken *v* (ein Buch zur Ausleihe ~) [Ben] / prenotare *v* (per il prestito) · riservare *v*
Vormerk|kartei *f* [Erw] *s. Vormerkdatei*
Vormerkung *f* (für eine Ausleihe) / prenotazione *f* (um eine ~ bitten: richiedere una prenotazione) ‖ *s.a. vorgemerkter Band*
Vormonat *m* / mese precedente *m*
vorn / all'inizio
Vor|name *m* / prenome *m*
~prüfung *f* / prova preliminare *f* · esame preliminare *m*
vorrangige Sprache *f* (in einem mehrsprachigen Thesaurus) ⟨DIN 1463/2⟩ / lingua dominante *f*
Vorrangverarbeitung *f* [EDV] / elaborazione a priorità *f*
Vorrat *m* / scorta *f*
vorrätig *adj* / (verfügbar:) disponibile *agg*
Vor|raum *m* / anticamera *f* ‖ *s.a. Vorhalle*
~rechner *m* [EDV] / elaboratore filtro *m*
~rede *f* [Bch] *s. Vorwort*
~redner *m* (Verf.des Vorworts) [Bch] / prefatore *m*
vor|richten *v* (eine Band zum Zwecke des Umbindens ~) [Bind] / disfare *v* ‖ *s.a. zusammentragen*
Vor|richtung *f* / dispositivo *m*

~**satz** *n* [Bind] / fogli di guardia *pl* · guardie *pl* · risguardi *pl*
Vorsatz|blatt *n* / foglio di risguardo *m* · foglio di guardia *m*
~**papier** *n* [Bind] / carta di guardia *f* · risguardi *pl*
Vorschau *f* [Inform] / anteprima *f* · previsualizzazione *f* ‖ *s.a. Druckvorschau; Seitenvorschau*
~**fenster** *n* [ElPubl] / finestra di anteprima *f*
Vor|schlagskasten *m* / cassetta per i suggerimenti *f*
~**schrift** *f* ⟨DIN 820/3⟩ / norma *f* · regolamento *m* · normativa *f* · prescrizione *f* ‖ *s.a. technische Vorschrift*
~**schub** *m* / avanzamento *m* ‖ *s.a. Filmtransport; Filmvorschub; Papiervorschub*
~**schuss** *m* / anticipo *m* ‖ *s.a. Gehaltsvorschuss; Honorarvorschuss*
~**konto** *n* [HhRech] / conto deposito *m* · deposito anticipato *m*
~**silbe** *f* / prefisso *m*
~**sitzender** *m* [OrgM] / presidente *m*
~**spann** 1 *m* (eines Titels) ⟨ISBD(A; M; S)⟩ *s. Titelvorspann*
~**spann** 2 *m* (eines Films) / titoli di testa *pl*
~**stellung** *f* / presentazione *f*
~**stellungsgespräch** *n* / colloquio di presentazione *m*
~**studie** *f* / studio preliminare *m*
~**titel** *m* [Bch] / occhietto *m* · (Titelvorspann:) pretitolo *m* · occhiello *m*
~**trag** *m* / (Deklamation:) declamazione · conferenza *f* (einen ~ halten: tenere una conferenza) ‖ *s.a. Diavortrag; Tagungsvortrag*
Vortrags|raum *m s. Vortragssaal*
~**reihe** *f* / ciclo di conferenze *m*
~**saal** *m* / sala delle conferenze *f*
Vor|untersuchung *f s. Vorstudie*
~**veröffentlichung** *f* [Bch] / prepubblicazione *f*
~**versuch** *m* / prova preliminare *f*
~**wahlnummer** *f* (Telefon) [Komm] / prefisso *m*
Vorwort *n* ⟨DIN 31639/2⟩ / prefazione *f* · premessa *f* ‖ *s.a. Geleitwort*
~**verfasser** *m* / autore della prefazione *m* ‖ *s.a. Vorredner*
Vorzensur *f* [Bch] / censura preventiva *f*
Vorzug *m* / pregio *m*
Vorzugs|ausgabe *f* / edizione di pregio *f*
~**benennung** *f* [Ind] ⟨DIN 1463; DIN 31623/1V⟩ / termine preferito *m* · termine ammesso *m*
~**bezeichnung** *f* [Ind] *s. Vorzugsbenennung*
~**druck** *m* (Luxusabzug) / prova pregiata *f*
~**preis** *m* / prezzo di favore *m*
~**rabatt** *m* / ribasso preferenziale *m*
Vulgata *f* [Bch] / vulgata *f*
Vw *Abk* [Kat] *s. Verweisung*

W

Wachs|matrize *f* [Repr] / matrice *f* ‖ *s.a. Schablonendrucker*
~**tafel** *f* / tavoletta cerata *f*
~**tumsrate** *f* / quota di crescita *f* · tasso di crescita *m*
Wagen *m* (zum hausinternen Büchertransport) *s. Bücherwagen*
~**rücklauf(taste)** *m(f)* (auf der Tastatur eines Terminals oder einer Schreibmaschine) / tasto return *m*
wählen *v* [Komm] / selezionare *v*
Wahlfach *n* [Ausb] / materia di scelta · materia facoltativa *f*
wahlfreier Zugriff *m* [EDV] / accesso casuale *m* ‖ *s.a. Speicher mit wahlfreiem Zugriff*
Wählleitung *f* [Komm] ⟨DIN 44302⟩ / linea di selezione *f*
Wahl|pflichtfach *n* / materia facoltativa obbligatoria *f*
~**spruch** (Devise) / impresa *f* · divisa *f*
Wähl|ton *m* [Komm] / segnale di selezione *m*
~**vermittlung** *f* [Komm] / commutazione automatica *f*
~**zeichen** *n* [Komm] / segnale di selezione *m*
Wahrscheinlichkeitskurve *f* / curva di probabilità *f*
Währungszeichen *n* / simbolo monetario *m*
WAN *Abk s. überregionales Netz*
Wander|ausstellung *f* / mostra itinerante *f*
~**buchhandel** *m* / commercio ambulante del libro *m*
Wand|fläche *f* / superficie murale *f*
~**karte** *f* / carta geografica murale *f*
Wandler *m* [EDV] / convertitore *m*
Wand|regal *n* / scaffale a parete *m* · scaffale a muro *m*
~**regal(e)** *n(pl)* / scaffalatura a muro *f*
~**tafel** *f* / lavagna *f*
Wappen *n* / stemma *m* (mit Wappen:stemmato) · blasone *m* · arme *f*
Wappen|buch *n* ⟨RAK-AD⟩ / armoriale *m*
~**einband** *m* / legatura stemmata *f* · legatura alle armi *f*
~**figur** *f* / figura araldica *f*
~**kunde** *f* / araldica *f*
~**schild** *m/n* / scudo araldico *m*
Warenzeichen *n* / marchio industriale *m* (eingetragenes ~: marchio registrato)
Wärme-Entwicklung *f* [Repr] / sviluppo termale *m*
~**kopie** *f* [Repr] / termocopia *f*
~**kopierverfahren** *n* [Repr] / termografia *f*
Warmstart *m* [EDV] / avviamento a caldo *m*
Warte|liste *f* / lista d'attesa *f*
~**schlange** *f* / coda *f* · coda d'attesa *f* ‖ *s.a. Ausgabewarteschlange; Eingabewarteschlange*
~**schlangentheorie** *f* / teoria delle code *f*

~**zeit** *f* [EDV] / tempo di attesa *m*
~**zustand** *m* [EDV] / modo di stand-by *m*
Wartung *f* [BauEinr] / manutenzione *f* ‖ *s.a. Unterhaltung*
Wartungs|intervall *n* / intervallo di manutenzione *m*
~**kosten** *pl* / spese di manutenzione *pl*
~**vertrag** *m* / contratto di manutenzione *m*
Wasch|raum *m* / lavatoio *m*
~**zettel** / aletta *f* (col testo pubblicitario) ‖ *s.a. Werbezettel; Klappentext*
wasserfest *adj* [Pp] ⟨DIN 6730⟩ / resistente all'acqua *agg*
Wasserfleck *m* [Rest] / macchia d'acqua *f* · gora d'acqua *f* ‖ *s.a. Stockflecken*
wasser|fleckig *adj* / macchie di umidità *pl* ‖ *s.a. stockfleckig*
~**gewellt** *part perf* / accartocciato (a causa di acqua) *part pt*
wässern *v* [Repr] / irrigare *v*
Wasser|rand *m* [Rest] / alone d'acqua *m*
~**schäden** *pl* / danni a causa d'acqua *pl* · (infolge Feuchtigkeit:) guasti d'umido *pl*
~**zeichen** *n* [Pp] ⟨DIN 6730⟩ / filigrana *f*
Weberknoten *m* [Bind] / nodo da tessitore *m*
Website *f* / sito web *m*
Wechsel|betrieb *m* [Komm] ⟨DIN 44302⟩ / funzionamento semi duplex *m*
~**heftung** *f* [Bind] / cucitura a salto *f* · cucitura a scala *f*
~**kurs** *m* / tasso di cambio *m* · corso di cambio *m*
~**objektiv** *n* [Repr] / obiettivo intercambiabile *m*
~**platte** *f* [EDV] / disco intercambiabile *m*
~**sprechanlage** *f* [Komm] / citofono
Wegekarte *f* / itinerario
weglassen *v* / omettere *v*
Weglassungspunkte *pl* [Schr.; Druck; Kat] / punti di sospensione *pl*
wegtragen *v* / asportare *v*
Wegweiser *m* (zu den Personen und Räumlichkeiten in einem Gebäude) / indicatore *m* ‖ *s.a. Gebäudeplan; optisches Leitsystem*
Weich|broschur *f* [Bind] / brossura flessibile *f* · legatura floscia *f*
~**grundradierung** *f* [Kunst] / vernice molle *f*
Weiterbildung *f* / aggiornamento *m* ‖ *s.a. Fortbildung*
weitere Ordnungsgruppe *f* (bei einer Körperschaft) [Kat] ⟨RAK⟩ / gruppo di ordinamento secondario *m*
weiteres Exemplar *n* [Erw] *s. zusätzliches Exemplar*
weiterleiten *v* / inoltrare *v*
Weiterverarbeitung *f* [EDV] / successiva elaborazione *f*
weites Schlagwort *n* [Kat; Ind] / soggetto ampio *m*
Weit|verkehrsnetz *n* [Komm] / rete WAN *f*
~**winkelobjektiv** *n* [Repr] / obiettivo grandangolo *m*
wellig werden *v* (sich wellen) [Pp] / (sich zusammenrollen:) accartocciarsi *v*
Wellpappe *f* / cartone ondulato *m*
Welt|karte *f* / mappamondo *m*
~**raumkartographie** *f* / cartografia spaziale *f*
wenig benutztes Material *n* / (Bücher:) libri meno richiesti *pl* · libri di consultazione sporadica *pl*
Werbe|agentur *f* / agenzia pubblicitaria *f*
~**beilage** (in einer Zeitschrift) / inserto pubblicitario *m*
~**broschüre** *f* / opuscolo pubblicitario *m*
~**film** *m* [NBM] ⟨DIN 31631/4⟩ / film pubblicitario *m*
~**grafik** *f* / arte pubblicitaria *f*
~**kampagne** *f* / campagna promozionale *f*
~**mittel** *n* / mezzo pubblicitario *m*
~**schrifttum** *n* / letteratura pubblicitaria *f*
~**träger** *m* / veicolo pubblicitario *m*
~**zettel** *m* / volantino pubblicitario *m* ‖ *s.a. Prospekt*
Werbung *f* / pubblicità *f*
Werk *n* [Bk; NBM] ⟨A 2653; TGL 20972/04; RAK⟩ / opera *f*
~**bank** *f* / banco da lavoro *m*
~**bibliothek** *f* / biblioteca in fabbrica *f*
~**druck** *m* ⟨DIN 16514⟩ / stampa di libri *f*
~**satz** *m* [Druck] / composizione di libri *f*
~**schrift** *f s. Buchschrift*
~**stoffdatenbank** *f* / banca dati materiali *f*
Werkszeitschrift *f* / rivista di azienda (per il personale dell'ente) ‖ *s.a. Firmenzeitschrift*
Wert *m* / valore *m* · pregio *m*
~**beständigkeit** *f* / stabilità del valore *f*
~**gegenstand** *m* / oggetto di valore *m* · prezioso *m* ‖ *s.a. Kostbarkeiten*
~**minderung** *f* / diminuzione di valore *f*
~**paket** *n* [Komm] / pacco assicurato *m*
~**verlust** *m* / diminuzione di valore *f*
wertvolle Bücher / libri di pregio *pl*
westgotische Schrift *f* / scrittura visigotica *f*
Wettbewerb *m* / concorso *m* · (Konkurrenz:) concorrenza *f* ‖ *s.a. Ausschreibung*
Wettbewerber *m* / competitore *m*

wettbewerbsfähig *adj* / competitivo *agg*
Wettbewerbsfähigkeit *f* [OrgM] / competitività *f*
Widerdruck *m* / volta *f* · stampa in volta *f* · stampa del verso *f*
Widmung *f* [Bch] / dedica *f* (handschriftliche ~:dedica manoscritta) ‖ *s.a. eigenhändige Widmung*
Widmungs|blatt *n* [Bch] / dedicatoria *f*
~exemplar *n* / esemplare con dedica *m* · esemplare di dedica · esemplare di presentazione *m*
Wiederauffinden von Informationen *n* [Retr] / recupero / ricupero di informazioni *m*
wieder beschreibbar *adj* [EDV] / riscrivibile *agg*
Wiedergabe *f* / (von Tönen:) riproduzione *f*
Wiedergabe|qualität *f* [NBM] / qualità di riproduzione *f*
~spule *f* [Repr] ⟨ISO 6196-4⟩ / bobina da proiezione *f*
wiedergeben *v* / recare *v* · riportare *v*
Wiedergewinnung *f* / recupero / ricupero *m*
wiederholbar *adj* / ripetibile *agg*
wiederholte Mahnung *f* / sollecito ripetuto *m*
Wiederholungs|prüfung *f* / esame di reparazione *m*
~zeichen *pl* / segni di ripetizione *pl*
Wiegendruck *m s. Inkunabel*
wie neu [Bch] / come nuovo · stato di nuovo
Wildleder *n* [Bind] / pelle di daino *f* · pelle di camoscio *f*
Windstrahlenkarte *f* / portolano *m*
Winkel|haken *m* [Druck] / compositoio *m*
~klammern *f* [Schr] / parentesi ad angolo *pl* · parentesi uncinate *pl*
~stütze *f* [BestAufstReg] / supporto angolare *m*
wirkliche Adresse *f* [EDV] / indirizzo fisso *m*
wirklicher Name *m* [Kat] / nome reale *m*
Wirksamkeit *f* [OrgM] / efficacia *f* ‖ *s.a. Leistungsfähigkeit*
wirtschaftlich *adj* / economico *agg*
Wirtschaftlichkeit *f* / economicità *f* · rapporto costi/efficacia *m* ‖ *s.a. Effektivität; Effizienz*
Wirtschafts|archiv *n* / archivio economico *m*
~datenbank *f* / banca dati economici *f*
Wirtsrechner *m* [EDV] / elaboratore ospite *m*
Wissenschaftler *m* / scienzato *m* · studioso *m*
wissenschaftliche Allgemeinbibliothek *f* / biblioteca generale di ricerca *f*
~ Bibliothek *f* / biblioteca di ricerca *f* · biblioteca scientifica *f*
Wissenschaftlichkeit *f* / scientificità *f*
Wissenschafts|fach *n* / disciplina scientifica *f*
~information *f* / informazione scientifica *f*
~netz *n* / rete scientifica *f*
Wissenstandsbericht *m* / rapporto dello stato dell'arte *m*
Witzblatt *n* / giornale umoristico *m*
Wochenblatt *n* / (Zeitung:) giornale settimanale *m*
wöchentlich *adj* / settimanale *agg*
Wohn|heimbibliothek *f* / biblioteca della casa dello studente *f*
~sitz *m* / domicilio *m* ‖ *s.a. fester Wohnsitz*
Workstation *f* ⟨EDV⟩ / stazione di lavoro *f*
Wort *n* [Lin; EDV] ⟨DIN 44300/2E⟩ / parola *f*
~adresse *f* [EDV] / indirizzo di parola *m*
Wörterbuch *n* [Bch] ⟨DIN 31631/4; DIN 31639/2; RAk-AD⟩ / dizionario *m* ‖ *s.a. Fachwörterbuch; Handwörterbuch; mehrsprachiges Wörterbuch; Taschenwörterbuch; Übersetzungswörterbuch; zweisprachiges Wörterbuch*
Wort-für-Wort-Ordnung *f* [Bib; Kat] / ordinamento parola per parola *m*
~häufigkeit *f* / frequenza di parole *f* ‖ *s.a. Häufigkeitswörterbuch*
~laut *m* / dicitura *f*
~maskierung *f* [Retr] / (Trunkierung:) troncamento *m* ‖ *s.a. Innenmaskierung; Linksmaskierung; Rechtsmaskierung*
wortorganisierter Speicher *m* [EDV] ⟨DIN 44300/6E⟩ / memoria organizzata a parole *f*
wortorganisierte Verarbeitung *f* [EDV] / elaborazione orientata a parole *f*
Wort|schatz *m* / (eines Wörterbuches:) lemmario *m* · (Wörterverzeichnis:) vocabolario *m*
~stamm *m* / radice *f* (di una parola)
~trennung [Schr; Druck] *s. Silbentrennung*
~verbindung *f* / sintagma lessicale *m* ‖ *s.a. Wortzusammensetzung*
~zusammensetzung *f* [Lin] / (zusammengesetztes Wort:) parola composta *f*
~zwischenraum *m* [Druck] / spaziatura *f*

Wunderkammer *f s. Kunst- und Wunderkammer*

Wunsch|buch *n* (mit Beschaffungswünschen von Benutzern) [Erw] / registro per le proposte d'acquisto *m* ‖ *s.a. Desideratenbuch*

~**datei** [Erw] / registro dei desiderata *m* ‖ *s.a. Vormerkdatei*

~**kartei** *f s. Wunschdatei*

~**zettel** *m* (für die Beschaffung eines Buches) [Erw] / (als Formular:) modulo di desiderata *m* ‖ *s.a. Anschaffungsvorschlag*

Wurmstiche *pl* [Rest] / (Wurmlöcher:) buchi di verme *pl* · tarletti *pl* · (Holzwurmlöcher:) tarlature *pl*

wurmstichig *adj* [Rest] / tarlato *part pt*

X

Xerographie *f* [Repr] / xerografia *f*
Xerokopie *f* / xerocopia *f*

Xylograph *m* / xilographo *m* · silografo *m*
Xylographie *f* / xilografia *f* · silografia *f*

Z

Zahl *f* / numero *m* ‖ *s.a. Ziffer*
zählen *v* / contare *v* · (nummerieren:) numerare *v* ‖ *s.a. auszählen; ungezählt*
Zahlencode *m* / codice numerico *m*
Zählstrich *m* / taglio *m* ‖ *s.a. auszählen; Strichliste*
Zählung *f* [Bch] / numerazione *f* ‖ *s.a. arabische Zählung; Bandzählung; gerade Zählung; getrennte Zählung; Heftzählung; Kolumnenzählung; römische Zählung; Seitenzählung; springende Zählung; ungerade Zählung; ungezählt; zusammenfassende Zählung*
Zahlungs|anweisung *f* / mandato di pagamento *m*
~**bedingungen** *pl* / modalità di pagamento *pl*
~**erinnerung** *f* / sollecitazione del pagamento *f*
~**frist** (f) / scadenza di pagamento *f* · (Zahlungstermin:) termine di pagamento *m*
~**weise** *f* / modalità di pagamento *pl* · modo di pagamento *m*
Zahnleiste *f* [AufstReg] / intaccatura *f*
ZDB *Abk* [Kat] *s. Zeitschriftendatenbank*
Zehnjahresband *m* / volume decennale *m*
Zeichen *n* ⟨DIN 44300/2E⟩ / (Hinweis; Anzeichen:) segno *m* · (graphisches Zeichen:) carattere *m* ‖ *s.a. Korrekturzeichen; Satzzeichen; Schriftzeichen*
~**abstand** *m* [EDV] / pitch *m*
~**darstellung** *f* [Komm] / rappresentazione dei caratteri *f*
~**dichte** *f* / densità dei caratteri · densità caratteri *f*
~**drucker** *m* [EDV] / stampante di caratteri *f*
~**erkennung** *f* [EDV] ⟨DIN 44300/8E⟩ · riconoscimento di caratteri *m* ‖ *s.a. magnetische Zeichenerkennung; maschinelle Zeichenerkennung; optische Zeichenerkennung*
~**erklärung** *f* [Kart] / spiegazione dei segni *f*
~**folge** *f* [EDV] / sequenza di caratteri *f* ‖ *s.a. Zeichenkette*
~**generator** *m* [EDV] / generatore di caratteri *m*
~**kette** *f* / stringa di caratteri *f*
~**leser** *m* [EDV] / lettore di caratteri *m* ‖ *s.a. optischer Klarschriftleser*
~ **pro Zeile** *pl* [EDV] / caratteri per riga *pl*
~ **pro Zoll** *pl* [EDV] / caratteri per pollice *pl*
~**reihe** *f* [EDV] *s. Zeichenkette*
~**satz** *m* [EDV] / set di caratteri *m* · (einer bestimmten Schrift:) font *f* ‖ *s.a. Zeichenvorrat*
~**schrank** *m* [Bau Einr] / cassettone per disegni *m*
~**setzung** *f* [Kat] *s. Interpunktion*
~**stelle** *f* [EDV] ⟨DIN 66233/1⟩ / posizione del carattere *f*

~**trickfilm** *m* [NBM] ⟨A 2653⟩ / disegni animati *pl* · cartoni animati *pl* · film a fumetti *m*
~**vorrat** *m* ⟨DIN 31631/2; DIN 44300/2E⟩ / repertorio di caratteri *m* · set di caratteri *m*
zeichenweise Darstellung *f* / rappresentazione orientata ai caratteri *f*
Zeichen|zwischenraum *m* [EDV/] ⟨DIN 66233/1⟩ / distanza dei caratteri *f*
zeichnen 1 *v* (mit einem Stift ~) / disegnare
zeichnen 2 *v* (unterzeichnen) / firmare *v* · sottoscrivere *v*
Zeichner *m* / disegnatore *m*
Zeichnung *f* ⟨DIN 31631/2+4⟩ / disegno *m* ‖ *s.a. Bleistiftzeichnung; Federzeichnung; Freihandzeichnung; Kohlezeichnung; Kreidezeichnung; Pastellzeichnung; Strichzeichnung; technische Zeichnung; Tuschzeichnung*
zeigen *v* (zur Schau stellen) / esibire *v* ‖ *s.a. ausstellen*
Zeile *f* [Schr] ⟨DIN 44300/2E; DIN 66233/1⟩ / riga *f* · rigo *m* ‖ *s.a. doppelzeilig; zweizeilig*
Zeilen|abstand *m* (beim Druck und auf dem Bildschirm) / spaziatura verticale *f* · (Durchschuss:) interlinea *f*
~**dichte** *f* / densità di stampa delle righe *f*
~**drucker** *m* [EDV] / stampante parallela *f*
~**füller** *m* [Druck] / fregio di riempimento *m*
~**länge** *f* / lunghezza della riga *f*
~**nummerierung** *f* [Bch] / numerazione delle righe *f*
~**setz- und -gießmaschine** *f* [Druck] / linotype *f*
~**vorschub** *m* [EDV] / salto di riga *m*
~**zähler** *m* [Druck] *s. Randziffer*
Zeit|aufwand *m* / dispendio di tempo *m*
zeitaufwendig *adj* [OrgM] / richiedente molto tempo
Zeit|ersparnis *f* / risparmio di tempo *m*
~**geber** *m* [EDV] ⟨DIN 44300/5E; DIN 66201/1⟩ / temporizzatore *m*
zeitgnössisch *adj* / coevo *agg*
Zeit|personal *n* / personale a tempo *m*
~**plan** *m* / (tageweise:) calendario *m* · (stundenweise:) orario *m*
~**rechnung** *f* / era *f*
~**schlagwort** *n* / intestazione cronologica *f* · (als Unterschlagwort:) qualificazione cronologica *f* · suddivisione cronologica *f*
~**schlüssel** *m* [Klass] / suddivisione cronologica standardizzata *f*

Zeitschrift *f* / (fortlaufendes Sammelwerk:) seriale *m* · rivista *f* · (Periodikum:) periodico *m* ‖ *s.a. Fachzeitschrift*
Zeitschriften|ablage *f* / (Aufbewahrungsort:) casellario per la sistemazione dei fascicoli dei periodici in corso *m*
~**adressbuch** *n* [Bib] / repertorio dei periodici *m*
~**agentur** *f* [Erw] / libreria per abbonamenti *f*
~**akzession** *f* [OrgM] / sezione periodici *f* (nel settore acquisizioni)
~**akzessionierung** *f* / accessionamento dei periodici *m*
zeitschriftenartige Reihe *f* [Kat] ⟨DIN 31631/4; RAK⟩ / pubblicazione in serie *f* (un seriale le cui parti vengono pubblicate più o meno regolarmente una volta all'anno)
Zeitschriften|aufsatz *m* / articolo di rivista *m*
~**auswertung** *f* [Ind] / spoglio di periodici *m* ‖ *s.a. Zeitschriftenerschließung*
~**bearbeitung** *f* / gestione dei periodici *f*
~**bibliographie** *f* / repertorio di periodici *m*
~**box** *f* / cassetta delle riviste *f*
~**buchhandlung** *f s. Zeitschriftenagentur*
~**datenbank** *f* / banca dati di periodici *f*
~**erschließung** *f* / indicizzazione di periodici *f* ‖ *s.a. Zeitschriftenauswertung*
~**indexierung** *f s. Zeitschriftenerschließung*
~**inhaltsbibliographie** *f* / bibliografia analitica di periodici *f* · indice ai periodici *f*
~**kartei** *f* [Erw] / schedario dei periodici *m*
~**katalog** *m* / catalogo di periodici *m*
~**katalogisierung** *f* / catalogazione di periodici *f*
~**lesesaal** *m* / sala di lettura dei periodici *f* · sala periodici *f*
~**mappe** *f* / cartella per riviste *f*
~**nachweis** *m* [Kat; Bib] *s. Zeitschriftenverzeichnis*
~**ordner** *m* / raccoglitore di periodici *m*
~**regal** *n* / scaffale riviste *m* · (zur Auslage von Zeitschriften:) espositore per periodici *m*
~**sammlung** *f* (als Benutzungseinrichtung) / emeroteca *f*
~**ständer** *m* / portariviste *m*
~**stelle** *f* [OrgM] / sezione periodici *f* ‖ *s.a. Zeitschriftenakzession*
~**titel** / testata *f*
~**titelaufnahme** *f* [OrgM] / (Sachgebiet:) sezione catalogazione periodici *f*

~**überwachung** *f* / gestione dei periodici *m*
~**umlauf** *s. Umlauf*
~**verlag** *m* / editore di riviste *m*
~**verwaltung** *f* / gestione dei periodici *f*
~**verzeichnis** *n* · repertorio delle riviste *m* · repertorio dei periodici *m* · (Katalog:) catalogo di periodici *m* · (Bibliographie:) bibliografia di periodici *f*
~**zugangskartei** *f* [Erw] *s. Zeitschriftenkartei*
~**zugangsnachweis** *m* [Erw] / registro dei periodici *m*
Zeit|studie *f* [OrgM] / analisi dei tempi *f*
~**tafel** *f* / tabella cronologica *f*
Zeitung *f* ⟨DIN 1425; DIN 31631/4; DIN 31639/2; TGL 20972/04; RAK⟩ / (Tageszeitung:) quotidiano *m* · gazzetta *f* · giornale ‖ *s.a. Tageszeitung*
Zeitungs|adressbuch *n* [Bib] / repertorio delle gazzette
Zeitungsausschnitt *m* [NBM] / ritaglio di stampa *m* · ritaglio di giornale *m*
~**büro** *n* / servizio ritaglio giornali *m* · agenzia di ritagli *f*
~**sammlung** *f* / collezione di ritagli *f*
Zeitungs|druckpapier *n* / carta da giornale *f* · carta rotativa *f*
~**halter** *m* / portagiornale *m* · portagiornali *m*
~**kiosk** *m* / edicola *f*
~**leseraum** *m* / emeroteca *f*
~**papier** *n* ⟨DIN 6730⟩ *s. Zeitungsdruckpapier*
~**regal** *n* / scaffale per giornali *m* · (mit Auslage von Zeitungen:) espositore per quoditiani *m*
~**stand** *m* (Zeitungskiosk) / edicola *f*
Zeit|vertrag *m* [Pers] / contratto a tempo determinato *m*,
~**zahl** *f* [DK] *s. allgemeine Ergänzungszahl der Zeit*
Zellenschmelz *m* [Bind] / champlevé *m* · cloisonné *m*
Zellstoff *m* [Pp] ⟨DIN 6730⟩ *s. Zellulose*
Zellulose *f* [Pp] / cellulosa *f*
~**azetatfolie** *f* [BestErh] / lamina di acetato di cellulosa *f*
zensieren *v* [Bch] / censurare *v*
Zensur *f* [Bch] / censura *f* (kirchliche Zensur: censura ecclesiastica) ‖ *s.a. Vorzensur*
Zensus *m* (Erhebung) / censimento *m*
Zentral|archiv *n* / archivio centrale *m*
~**bau** *m* / edificio a pianta centrale *m*
~**behörde** *f* / autorità centrale *f*
~**bibliothek** *f* / biblioteca centrale *f* ‖ *s.a. Hauptbibliothek*
zentrale Fachbibliothek *f* / biblioteca centrale specializzata *f*
Zentral|einheit *f* [EDV] ⟨DIN 44300/5E⟩ / unità centrale di elaborazione *f*
~**katalog** *m* / catalogo centrale ‖ *s.a. Gesamtkatalog*
~**katalogisierung** *f* / catalogazione centralizzata *f*
~**rechner** / elaboratore centrale *m*
~**speicher** *m* [EDV] / memoria centrale *f* · memoria principale *f*
zentrieren *v* / centrare *v*
Zentrierung *f* / centratura *f*
Zerfall *m* (von Materialien) [Rest] / deterioramento *m* ‖ *s.a. roter Zerfall*
zerfallen *v* [Rest] / guastare *v* · deteriorare *v*
Zerfaserung *f* [Pp] / sfibramento *m*
zerlegen *v* / disconnettere *v* (auseinandernehmen:) smontare *v* · disfare *v*
zerlesen *adj* / sciupato *part pt*
Zettel *m* / cedola *f* · cartellino *m* ‖ *s.a. Bearbeitungszettel; Benachrichtigungszettel; Bestellzettel 1; Bücherzettel; Einheitsaufnahme; Fortsetzungszettel; Fristzettel; Handzettel; Karteizettel; Katalogzettel; Laufzettel; Lieferzettel; Reklamezettel; Schlagwortzettel; Theaterzettel; Waschzettel; Werbezettel; Wunschzettel*
~**drucke** *pl* [Kat] / schede a stampa *pl*
~**katalog** *m* / catalogo a schede *m* · (Kärtchenkatalog:) catalogo cartaceo *m*
Zeugdruck *m* / stampa di tessuti *f*
Zeugnis *n* [Ausb] / certificato *m* ‖ *s.a. Arbeitszeugnis; Führungszeugnis; Reifezeugnis; Schulabschlusszeugnis; Schulzeugnis*
Zick-Zack-Falz *m* [Bind] / braghetta a soffietto *f*
Zickzackfalz *m* [Bind] *s. Zick-Zack-Falz*
Zick-Zack-Falzung *f* [Bind] / piegatura a soffietto *f*
~-**Papier** *n* / moduli continui *pl*
Ziegenleder *n* [Bind] / pelle di capra *f* ‖ *s.a. Maroquin*
Ziel *n* [OrgM] / obiettivo *m* ‖ *s.a. Zweck*
~**adresse** *f* [Komm] / indirizzo di destinazione *m*
~**bestimmung** *f* [OrgM] / definizione degli obiettivi *f*
~**deskriptor** *m* / descrittore d'obiettivo *m* · descrittore di destinazione *m*

~**gruppe** *f* / (Marketing:) target *m* · destinatari *pl* · (der Benutzer, an den sich ein Leistungsangebot richtet:) utente finale *m*
zielorientiert / orientato al fine
Ziel|setzung *f* [OrgM] / finalità *f*
~**sprache** 1 *f* (bei einer Übersetzung in einem mehrsprachigen Thesaurus) ⟨DIN 1463/2⟩ / lingua d'arrivo *f*
~**sprache** 2 *f* (bei der Umwandlung von Anweisungen einer Programmiersprache in solche einer anderen) [EDV] ⟨DIN 44300/4E⟩ / linguaggio d'arrivo *m*
~**thesaurus** *m* [Ind] / thesaurus di destinazione *m*
Zier|buchstabe *m* [Druck] / carattere ornamentale *m*
~**initial(e)** *n(f)* / iniziale ornata *f*
~**leiste** *f* [Bch] / nastro ornamentale *m*
~**material** *n* *s. Zierrat*
~**rahmen** *m* [Bch] *s. Bordüre*
~**rand** *m* [Bch] *s. Zierrahmen*
~**rat** *m* [Druck] / fregio *m*
~**schrift** *f* [Druck] / caratteri ornamentali *pl*
Ziffer *f* / cifra *f*
Ziffern|anzeige *f* [BauEinr] / annunciatore numerico *m*
~**code** *m* / codice numerico *m*
~**teil** *m* (der Tastatur) / tastierino numerico *m*
Zimelie *f* / cimelio *m* · documento di pregio *m*
Zink|ätzung *f* / zincografia *f*
~**druck** *m* / zincografia *f*
Zinkographie *f* / zincografia *f*
Zinkoxidpapier *n* [Repr] / carta a ossido di zinco *f*
Zinsregister *n* [Arch] *s. Urbar*
Zirkapreis *m* [Bch] / prezzo stimato *m*
ziselieren *v* / cesellare *v* · (prägen:) goffrare
ziselierter Goldschnitt *m* [Bind] / taglio goffrato dorato *m* · taglio scolpito dorato *m* · taglio cesellato dorato *m*
Ziselierung *f* [Bind] / cesellatura *f*
Zitat 1 *n* [Bib; Ind] ⟨DIN 31631/4⟩ / citazione bibliografica *f*
~ 2 *n* (zitiertes Dokument) [Bib; Retr] / citazione *f* ‖ *s.a. Literaturnachweis*
~**analyse** *f* / analisi delle citazioni *f*
zitieren *v* / citare *v*
Zitier|index *m* (citation index) ⟨DIN 31639/2⟩ / indice delle citazioni *m* · indice per citazioni *m*
~**ordnung** *f* / ordine di citazione *m*
~**regeln** *pl* [Bib] ⟨DIN 1505/2⟩ / regole di citazione bibliografica *pl*
~**titel** *m* [Bch] ⟨DIN 31631/2⟩ / titolo di citazione *m*
Zitierungsregister *n* [Ind] *s. Zitierindex*
ZK *Abk* [Kat] *s. Zentralkatalog*
ZLS *Abk* *s. Zeitschriftenlesesaal*
Zone *f* *CH* ⟨ISBD⟩ *s. Gruppe 2*
zoomen *v* [EDV] / zoomare *v*
Zoom-Objektiv *n* [Repr] / obiettivo zoom *m*
Zoomstufe *f* [EDV] / fattore di zoom *m*
Zs. *Abk.* *s. Zeitschrift*
zsammengesetztes Schlagwort *n* [Kat] / voce composta *f*
ZSK *Abk.* [Kat] *s. Zeitschriftenkatalog*
Zubehör *n* / accessorio *m* ‖ *s.a. Regalzubehör*
Zubringer|netz *n* [Komm] / rete di accesso *f*
~**speicher** *m* [EDV] / memoria ausiliaria *f*
Zufalls|generator *m* [EDV] / generatore aleatorio *m*
~**stichprobe** *f* / campione aleatorio *m*
~**streuung** *f* / randomizzazione *f*
~**zahl** *f* / numero casuale *m*
Zufriedenheitsgrad *m* [Ben] / grado di soddisfazione *m*
Zugang *m* / (Neuerwerbung:) accessione *f* · (Eintritt:) entrata *f* · (Neuerwerbung; Zugriff:) accesso *m* ‖ *s.a. Erwerbung*
Zugänglichkeit *f* / accessibilità *f*
zugangsberechtigte Datei *f* / archivio con accesso autorizzato *m*
Zugangs|berechtigung *f* [Retr] / permesso d'accesso *m*
~**buch** *n* [Erw] *s. Akzessionsjournal; Zugangsnachweis*
~**datei** *f* [Erw] / archivio d'ingresso *m* ‖ *s.a. Zugangsnachweis 1*
~**datum** *n* / data d'ingresso *f*
~**gebühr** *f* [Komm] / spesa di accesso *f*
~**kartei** *f* / schedario di accesso *m*
~**nachweis** *m* (allgemein) [Erw] / registro di entrata *m* · registro d'ingresso ‖ *s.a. Zugangsdatei*
~**nummer** *f* / numero di accessione *m* · numero d'entrata *m* · numero di ingresso *m* · (Inventarnummer:) numero d'inventario *m* · numero di inventario *m*
~**stelle** *f* / ufficio accessioni *m* · ufficio acquisti *m* · sezione accessionamento *f* ‖ *s.a. Erwerbungsabteilung*
~**verzeichnis** *n* / registro d'entrata *m* ‖ *s.a. Akzessionsjournal*

Zugehörigkeits|beziehung *f* [Ind] *s. Zugehörigkeitsrelation*
~relation *f* [Ind] / relazione di appartenenza *f*
zugelassene Benennung *f* [Ind] / termine ammessa *f* · denominazione ammessa *f*
Zugfestigkeit *f* / resistenza alla trazione *f*
zugreifen *v* (auf) [Retr] / intervenire (su)
Zugriff *m* (auf eine Datenbank) / accesso *m* (a una base dati) ‖ *s.a. beliebiger Zugriff; direkter Zugriff; Fernzugriff; indirekter Zugriff; Mehrfachzugriff; Parallelzugriff; wahlfreier Zugriff*
Zugriffs|berechtigung *f* (bei einer Datenbank) / autorità di accesso *f*
~häufigkeit *f* [Retr] / frequenza di accesso *f*
~kontrolle *f* / controllo dell'accesso *m*
~punkt *m* [Retr] / punto di accesso *m* ‖ *s.a. Suchfeld*
~recht *n* [Retr] / diritto di accesso *m*
~sicherung *f* / controllo dell'accesso *m*
~software *f* [Retr] / software di accesso *m*
~strategie *f* [Retr] / strategia di accesso *f*
~zeit *f* [Retr] ⟨DIN 44300/7E⟩ / tempo di accesso *m*
Zuhörer *pl* / uditore *m* · ascoltatore *m*
Zulage *f* / indennità *f* ‖ *s.a. Dienstalterszulage*
zulassen *v* / ammettere *v* (zur Ausleihe ~:ammettere al prestito)
Zulassung *f* (zum Leihverkehr) / ammissione al prestito interbibliotecario *f*
Zulassungs|antrag *m* / domanda d'ammissione *f*
~bedingung *f s. Zulassungsvoraussetzung*
~prüfung *f* / esame d'ammissione *m*
~voraussetzung *f* [Ben] / condizione d'ammissione *f*
zum Binden / in legatoria · a rilegare
zur Ansicht [Erw] / a scopo di esame *m* ‖ *s.a. Ansichtsbestellung*
zurück|erstatten *v* / rimborsare *v*
~fordern *v* (ein Buch ~) [Ben] / richiamare *v*
~geben *v* / riconsegnare *v*
~spulen *v* [NBM] / riavvolgere *v*
~stellen *v* (ein Buch ~) / rimettere *v* · ricollocare *v* · riporre *v*
zusammenfassende Seitenzählung *f* [Kat] / paginazione inclusiva *f*
~ Zählung *f* [Kat] / numerazione in forma inclusiva
Zusammenfassung *f* / sommario *m* · riassunto *m* ‖ *s.a. Kurzfassung*
zusammengeklebte Seiten *pl* / pagine unite *pl*
zusammengelegt mit *part perf* / fuso (con)
zusammengesetzte Benennung *f* [Ind] / termine composto *m*
zusammengesetzter Familienname *m* [Kat] ⟨RAK⟩ / cognome composto *m* ‖ *s.a. scheinbar zusammengesetzter Name*
zusammengesetztes Schlagwort *n* / voce composta *f* (in un catalogo per soggetti)
zusammengesetztes Wort *n* [Lin] ⟨DIN 2330⟩ / parola composta *f*
zusammen|rollen *v* (sich~) / arricciarsi *v*
~stellen *v* / compilare
Zusammenstellung *f* (einer Bibliographie usw.) / compilazione *f*
zusammentragen *v* (Druckbogen ~) [Bind] / raccogliere *v* ‖ *s.a. vorrichten*
Zusatz|ausbildung *f* [Ed] / formazione complementare *f*
~gerät *n* / accessorio *m* (Zubehör: accessori)
~kosten *pl* / costi aggiuntivi *pl*
zusätzliches Exemplar *n* [Erw] / esemplare addizionale *m* · altra copia *f* ‖ *s.a. Zweitexemplar*
Zusatz|prüfung *f* / esame supplementare *m*
~studium *n* / corso post-laurea *m*
~ zum Sachtitel *m* [Kat] ⟨ISBD(M; S; PM); TGL 20972/04; RAK⟩ / complemento del titolo *m*
Zuschauer *m* [NBM] / spettatore *m*
Zuschlag *m* (bei einer Auktion) / aggiudicazione *f*
zuschreiben *v* (ein Werk einem Verf. ~) / attribuire *v* ‖ *s.a. ungewisse Zuschreibung*
Zuschreibung *f* (eines Werkes) / attribuzione *f* (strittige ~ :attribuzione controversa) ‖ *s.a. falsche Zuschreibung; mutmaßlicher Verfasser; ungewisse Zuschreibung*
Zuschuss *m* / sussidio *m* · sovvenzione *f* · (Beitrag:) contributo ‖ *s.a. Zuwendung*
Zusendung *f* [Komm] / spedizione *f*
Zustand *m* (einer Druckplatte) / stato *m*
Zuständigkeit *f* [OrgM] / competenza *f*
Zuständigkeitsbereich *m* [OrgM] / sfera di competenza *f*
Zustandsdruck *m* / prova di stato *f*
Zustimmung *f* / approvazione *f*
Zuverlässigkeit *f* (eines Systems) / affidabilità *f*
Zuwachs|rate *f* / tasso di crescita *m*
~verzeichnis *n* (laufend) [Erw] / bollettino delle nuove accessioni *m*

zuweisen *v* (Mittel ~) / assegnare *v*
Zuweisung 1 *f* (von Mitteln) / assegnazione *f* · contributo · stanziamento *m* ‖ *s.a. Bewilligung; Mittelzuweisung*
Zuweisung 2 *f* (einer anonymen Schrift) [Kat] / attribuzione *f* (falsche ~:attribuzione erronea; strittige ~: attribuzione controversa) ‖ *s.a. Zuwendung*
Zuwendung *f* [HhRech] / assegnazione *f* ‖ *s.a. Beihilfe; einmalige Zuwendung; Zuschuss*
Zuwendungsempfänger *m* / assegnatario *m*
Zuzahlung *f* / pagamento addizionale *m* · pagamento supplementare *m*
Zweck *m* / scopo *m* · fine *f* ‖ *s.a. Ziel*
zweibändig *adj* [Bch] / in due volumi
Zweifarbendruck *m* / bicomia *f*
zweifarbig *adj* / a due colori · bicolore *agg*
Zweifelsfall *m* [Kat] / caso di dubbio *m*
Zweigbibliothek *f* / biblioteca succursale *f*
zweigleisiges Bibliothekssystem *n* / sistema bibliotecario a due livelli *m*
Zwei-Jahres-Haushalt *m* / bilancio biennale *m*
~jahresschrift *f* / pubblicazione biennale *f*
zweimonatlich *adj* / bimensile *agg* · bimestrale *agg*
Zwei|monatsschrift *f* / bimestrale *m*
zwei|schichtiges Bibliothekssystem *n s. zweigleisiges Bibliothekssystem*
~spaltig *adj* [Bch] / a doppia colonna (zweispaltiger Satz:composizione a due colonne)
~sprachiges Wörterbuch *n* / dizionario bilingue *m*
Zwei-Stufen-Aufnahme *f* [Kat] *s. Zweistufen-Beschreibung*
Zweistufen-Beschreibung *f* [Kat] ⟨ISBD(M; S)⟩ / descrizione a due livelli *f*
zweiteilige Nebeneintragung *f* / (unter einem Verfasser:) intestazione secondaria autore – titolo *f* · scheda secondaria autore-titolo *f*
Zweitexemplar *n* / duplice copia *f* · duplicato *m* ‖ *s.a. zusätzliches Exemplar*
Zweiwochenschrift *f* / rivista quindicinale *f* · pubblicazione bisettimanale *f* · bisettimanale *m*
zweizeilig *adj* / a doppia riga *f*
zweizeiliges Drucken *n* / stampa a doppia riga *f*
Zwiebelfisch *m* [Druck] / refuso *m* · lettera errata *f*
Zwiebelfisch *m* / lettera errata *f*
Zwillingsband *m* [Bind] / legatura a gemelle *f*
Zwirn *m* [Bind] / refe *m*
Zwischenablage *f* [EDV] / (Zwischenspeicher:) clipboard *m*
Zwischen|bericht *m* / rapporto interinale *m*
~bescheid *m* [Erw; Ben] / risposta interlocutoria *f*
~blatt *n* [Bch] / interfoglio *m*
~geschoss *n* [BauEinr] / mezzanino *m*
~kopie *f* [Repr] ⟨ISO 6196/1; DIN 19040/113E⟩ / copia intermedia *f*
~lager *n* / deposito intermedio *m*
~lagerung *f* / magazzinaggio intermedio *m*
zwischenordnen *v* / (dawischen einordnen:) inserire *v*
Zwischenoriginal *n* [Repr] *s. Zwischenkopie*
Zwischenprüfung *f* / esame intermedio *m*
Zwischen|speicher *m* [Arch; EDV] / archivio intermedio *m* · memoria intermedia *f* · (EDV:) memoria di transito *f*
~speicherung *f* / (EDV:) memorizzazione temporanea *f*
zwischenstaatliche Körperschaft *f* / ente intergovernativo *m*
Zwischentitel *m* / occhietto intermedio *m* · titolo intermedio *m*
zyklische Blockprüfung *f* [Komm] ⟨DIN 44300/8E; DIN 44302⟩ / controllo di ridondanza ciclica *m*
Zykluszeit *f* [EDV] ⟨DIN 44300/7E⟩ / tempo ciclo *m*
Zylinderprojektion *f* [Kart] / proiezione cilindrica *f*

Wörterbuch Teil II: Italienisch - Deutsch

Dizionario Parte II: Italiano - Tedesco

A

abbecedario *m* [Libri] / Fibel *f* · ABC-Buch *n*
abbinamento dei colori *m* / Farbabstimmung *f*
abbonamento *m* ⟨UNI ISO 5127/5⟩ / Abonnement *n* ‖ *v.a. gestione degli abbonamenti; prezzo di abbonnamento*
~ **annuo** *m* / Jahresabonnement *n*
~ **da regalo** *m* / Geschenkabonnement *n*
~ **di prova** *m* / Probeabonnement *n*
~ **multiplo** *m* / Mehrfachabonnement *n*
~ **pluriennale** *m* / Mehrjahresabonnement *n*
abbonarsi / abonnieren *v* (eine Zeitschrift ~: abbonarsi a una rivista)
abbonato *m*
~ **al telefono** *m* / Fernsprechteilnehmer *m*
~ **al telex** *m* / Fernschreibteilnehmer *m*
abbozzo *m* / (di una costruzione edilizia:) Entwurf *m* · (schizzo:) Skizze *f*
abbreviare *v* [Scritt] / kürzen *v* · abkürzen *v* ‖ *v.a. edizione abbreviata; versione abbreviata*
abbreviatura *f* [Scritt] / Abkürzung *f* · Abbreviatur *f*
~ **per contrazione** *f* [Scritt] / Klammerkürzung *f* · Kontraktionskürzung *f*
abbreviazione *f* [Scritt] / Kürzung *f* · Abkürzung *f* (scrivere per esteso:ungekürzt schreiben; ausschreiben) ‖ *v.a. acronimo; dizionario delle abbreviazioni; elenco delle abbreviazioni; scioglimento; tavola delle abbreviazioni*
abbrunito *part pt* / gebräunt *part perf*
aberrazione *f* [Repr] / Abbildungsfehler *m*
~ **cromatica** *f* [Repr] / Farbabweichung *f*
abile al lavoro *agg* / arbeitsfähig *adj*
abilitazione alla libera docenza *f* / Habilitation *f*
~ **all'insegnamento** *f* / Lehrbefähigung *f*
abitudini di lettura *pl* / Lesegewohnheiten *pl*
abominario *m* / Buch der Verünschungen *n*
abortire *v* (un programma) / abbrechen *v* (ein Programm ~) · verlassen *v*
aborto *m* (di un programma) / Abbruch *m* (eines Programms) ‖ *v.a. routine di aborto*
abrasionato *part pt* [Leg] / abgerieben *part perf*
abrasione *f* / Abschürfung *f* · Abrieb *m*
abstract *m* [Ind] / Referat *n* · Kurzreferat *n*
~ **a soggetto** *m* [Ind] / Schlagwortreferat *n*
~ **automatizzato** *m* [Ind] / automatisches Kurzreferat *n*
abstractazione *f* [Ind] / Referieren *n*
abstract critico *m* / kritisches Referat *n*
~ **indicativo** *m* [Ind] / indikatives Referat *n*
~ **informativo** *m* / informatives Referat *n*
~ **selettivo** *m* [Ind] / auswählendes Referat *n*
~ **strutturato** *m* [Ind] / Strukturreferat *n*
acaro cieco *m* / Bücherskorpion *m*
accademia di belle arti *f* / Kunsthochschule *f*
accartocciarsi *v* [Carta] / wellig werden *v*

accartocciato *part pt* / (a causa di acqua:) wassergewellt *part perf*
accendere *v* / anschalten *v* · (mettere in funzione:) einschalten *v*
accento *m* [Scritt] / Akzent *m*
accessibilità *f* (di una biblioteca) / Erreichbarkeit *f* (einer Bibliothek) · Zugänglichkeit *f* (einer Bibliothek)
accessionamento *m* [Acq] / Akzessionierung *f* ‖ *v.a. sezione accessionamento*
accessionare *v* [Acq] / akzessionieren *v*
accessione *f* [Acq] ⟨UNI ISO 5127/5⟩ / Zugang *m* ‖ *v.a. ufficio accessioni*
accessioni *pl* [Acq] / Neuerwerbungen *pl* · Bestandszugänge *pl* ‖ *v.a. bollettino delle nuove accessioni*
accesso *m* (a una base dati) [Retr] / Zugriff *m* (auf eine Datenbank) · Zugang *m* ‖ *v.a. autorità di accesso; biblioteca a libero accesso; memoria ad accesso casuale; memoria ad accesso diretto; memoria ad accesso seriale; metodo dell'accesso sequenziale; punto di accesso; tempo di accesso*
~ **alla rete** *m* [Com] / Netzzugang *m*
~ **all' Internet** *m* / Internet-Zugang *m* · Internet-Anschluß *m*
~ **al magazzino** *m* / Magazinzugang *m*
~ **al server** *m* / Serverzugriff *m*
~ **arbitrario** *m* [Inform] / beliebiger Zugriff *m*
~ **casuale** *m* / wahlfreier Zugriff *m*
~ **catalografico** *m* / Katalogzugang *m*
~ **diretto** *m* [Inform] / Direktzugriff *m* · direkter Zugriff *m*
~ **indiretto** *m* / indirekter Zugriff *m*
~ **libero** *m* / freier Zugang *m* ‖ *v.a. magazzino in libero accesso*
~ **limitato** *m* / beschränkter Zugang *m* · eingeschränkter Zugang *m*
~ **locale** *m* / lokaler Zugang *m*
~ **multiplo** *m* [Retr] / Mehrfachzugriff *m*
~ **online** *m* [Retr] / Online-Zugriff *m*
~ **parallelo** *m* [Retr] / Parallelzugriff *m*
~ **remoto** *m* [Retr] / Fernzugriff *m*
~ **remoto ai dati** *m* / Datenfernzugriff *m*
accessori di scaffalatura *pl* / Regalzubehör *n*
accessorio *m* [EdilArred] / Zubehör *n* ‖ *v.a. accessori di scaffalatura*
accesso sequenziale *m* [Inform] / sequentieller Zugriff *m*
~ **sequenziale a indici** *m* / indexsequentieller Zugriff *m*
~ **seriale** [Inform] / serieller Zugriff *m*
~ **simultaneo** *m* / Simultanzugriff *m*
accettabilità *f* / Akzeptanz *f*
acciughina *f* (insetto nocivo) / Silberfischchen *n*
accludere *v* / beifügen *v*
accomodare *v* [Rest] / ausbessern *v*
accompagnamento orchestrale *m* / Orchesterbegleitung *f*
acconto *m* / Anzahlung *f* (dare un ~: eine Anzahlung leisten)
accoppiare *v* [Leg] / kaschieren *v*
accoppiatore acustico *m* [Com] / Akustikkoppler *m*
accordo *m* / Vereinbarung *f* · Vertrag *m* · Abkommen *n*
~ **cornice** *m* / Rahmenvertrag *m*
~ **di scambio** *m* / Tauschabkommen *n* · Tauschvereinbarung *f*
~ **di stipendio** *m* / Gehaltsvereinbarung *f*
~ **sui diritti d'autore** *m* / Honorarvereinbarung *f* (in Bezug auf ein Autorenhonorar)
~ **tariffario** *m* / Tarifvertrag *m*
accreditamento *m* / Gutschrift *f* ‖ *v.a. lettera di accreditamento*
accrescere *v* [Acq] ⟨UNI ISO 5127/5⟩ / vermehren *v*
accrescimento della collezione *m* / Bestandsvermehrung *f*
~ **patrimoniale** *m* / Bestandsvermehrung *f*
accresciuto *part pt* / vermehrt *part perf*
accumulatore *m* [Inform] / Summenfeld *n* · Akkumulator *m*
acefalo *agg* [Libri] / akephalisch *adj*
acidità *f* [Carta] / Säuregehalt *m* ‖ *v.a. deterioramento da acido; trasferimento di acido*
a corto di personale / unterbesetzt *part perf*
~ **costi elevati** / kostenintensiv *adj*
acquaforte *f* [Arte] / Radierung *f* ‖ *v.a. intaglio ad acquaforte*
acquafortista *m* / Radierer *m*
acquaio *m* / Spülbecken *n*
acquarellista *m* / Aquarellmaler *m*
acquarello *m* / Aquarell *n*
acquatinta *f* [Arte] / Aquatinta *f*
acquirente *m* / Käufer *m* · Abnehmer *m*
acquisire *v* / beschaffen *v* · erwerben *v*
acquisizione *f* ⟨UNI ISO 5127/5⟩ / Beschaffung *f* · Erwerbung *f* · Anschaffung *f* ‖ *v.a. accessione; fulcro d'acquisizione*
~ **cooperativa** *f* ⟨UNI ISO 5127/5⟩ / kooperative, abgestimmte Erwerbung *f*

~ **dei dati** *f* [Inform] / Datenerfassung *f*
~ **della letteratura** *f* / Literaturerwerb *m*
~ **di dati esterni** *f* [Cat] / Fremddatenübernahme *f*
~ **interattiva dei dati** *f* / Dialogdatenerfassung *f*
~ **nuova** *f* / Neuerwerbung *f*
acquisizioni *pl* / Bestandszugänge *pl* · Erwerbungen *pl*
acquistare *v* / beschaffen *v* · erwerben *v*
acquisto *m* / Erwerbung *f* · (compra:) Ankauf *m* · Kauf *m* ‖ *v.a. bilancio d'acquisti; contratto d'acquisto; coordinazione degli acquisti; dotazione per gli acquisti; linee direttive per gli acquisti; obbligo di acquisto; proposta di acquisto; suggerimento d'acquisto; ufficio acquisti*
~ **a contanti** *m* / Barkauf *m*
~ **cooperativo** *m* / kooperative Erwerbung *f*
~ **di letteratura** *m* / Literaturerwerb *m*
~ **di libri** *m* / Buchkauf *m*
~ **d'occasione** *m* / Gelegenheitskauf *m*
~ **veloce** *m* / Eilbeschaffung *f*
acronimo *m* [Scritt] / Akronym *n* · Initialkürzung *f* ‖ *v.a. abbreviazione*
acrostico *m* / Akrostichon *n*
a cura di / herausgegeben *part perf* (von)
acutezza *f* [Repr] / Konturenschärfe *f*
adattamento *m* / Bearbeitung
adattare *v* / adaptieren *v*
adattore *m* / (al personal computer:) Steckkarte *f* · (autore di un rifacimento:) Bearbeiter *m* · (spina intermedia:) Adapter *m*
~ **grafico** *m* [Inform] / Grafikadapter *m* · Grafikkarte *f*
addendum / Nachtrag *m*
addestramento *m* / Ausbildung *f* ‖ *v.a. capo addestramento; corso d'addestramento*
~ **interno** *m* / interne Ausbildung *f*
~ **professionale** *m* / Berufsausbildung *f*
~ **speciale** *m* / Fachausbildung *f*
~ **sul posto di lavoro** *m* / Ausbildung am Arbeitsplatz *f*
adeguato al fabbisogno *agg* / bedarfsgerecht *adj*
adesività *f* / Klebefähigkeit *f*
adesivo *agg/m* / klebend *part praes* · (sostanza adesiva:) Klebstoff *m* ‖ *v.a. non-adesivo; nastro adesivo*
adespoto *agg* / verfasserlos *adj*
adetto [Pers] / Beschäftigter *m* · Bediensteter
~ **al magazzino** *m* / Magaziner *m* · Magazinbediensteter *m*
adiacente *agg* [Retr] / benachbart *adj*
adoloscente *m* / Heranwachsender *m*
a doppia colonna [Libri] / zweispaltig *adj*
~ **doppia facciata** [Libri] / doppelseitig *adj*
~ **doppia pagina** / doppelseitig *adj*
~ **doppia riga** *f* / zweizeilig *adj*
adorno *agg* (di) / geschmückt *part perf* (mit) · verziert *part perf* (mit)
a due colori / zweifarbig *adj*
aerare *v* / lüften *v*
aerato *part pt* [Rest] / luftgetrocknet *part perf*
affare in commissione *m* / Kommissionsgeschäft *n*
affibbiatoio *m* [Libri] / Schließe *f*
affidabilità *f* / Zuverlässigkeit *f*
affiliazione dell'autore *f* / institutionelle Zugehörigkeit eines Autors *f*
affisso *m* / Aushang *m* ‖ *v.a. albo*
affrancatrice *f* / Frankiermaschine *f*
affrancatura *f* / Frankierung *f*
~ **per interno** *f* / Inlandsporto *n*
~ **per l'estero** *f* / Auslandsporto *n*
a fogli aperti / aufgeschnitten *part perf*
~ **fogli chiusi** / unaufgeschnitten *part perf* ‖ *v.a. aprire i fogli*
~ **forma di losanga** *f* / rautenförmig *adj*
agenda *f* / Tagesordnung *f* · Terminkalender *m*
agente di informazioni *m* ⟨UNI ISO 5127/1⟩ / Informationsbroker *m*
~ **fumigante** [Cons] / gasförmiges Desinfektionsmittel
~ **letterario** *m* / Literaturagent *m*
agenzia *f* / Agentur *f*
~ **d'informazioni** *f* / Informationseinrichtung *f*
~ **di ritagli** *f* / Zeitungsausschnittbüro *n*
~ **di stampa** *f* / Presseagentur *f*
~ **di vendita di carte geografiche** *f* / Kartenvertriebsstelle *f*
~ **pubblicitaria** *f* / Werbeagentur *f*
aggiornamento *m* / Aktualisierung *f* · (personale:) Weiterbildung *f* ‖ *v.a. corso di aggiornamento; programma di aggiornamento; servizio di aggiornamento corrente; volume di aggiornamento*
aggiornare *v* [Inform] / updaten *v* · fortschreiben *v* · aktualisieren *v*
aggiudicazione *f* (asta) / Zuschlag *m*
aggiunta *f* / (appendice:) Nachtrag *m* · (edificio:) Anbau *m* ‖ *v.a. appendice*
aggiunti *pl* [Cat] / Beigaben *pl*

aggiustaggio dei colori *m* [PubblEl] / Farbabstimmung *f* · Farbabgleich *m*
agiografia *f* / Hagiographie *f*
ago selezionatore *m* [SchPerf] / Sortiernadel *f*
a grandi margini / breitrandig *adj*
aiuto *m* [Pers] / Hilfskraft *f*
~ **bibliotecario** *m* / bibliothekarische Hilfskraft *f*
~ **diagnostico** *m* [Inform] / Testhilfe *f*
~ **studentesco** *m* / studentische Hilfskraft *f*
albero dei soggetti *m* [Ind] / Themenbaum *m*
~ **di ricerca** *m* [Retr] / Suchbaum *m*
~ **genealogico** *m* / Stammbaum *m*
albo *m* / schwarzes Brett · Anschlagbrett *n* ‖ *v.a. affisso*
~ **figurato** *m* / Bilderbuch *n*
album *m* / Album *n*
~ **di schizzi** *m* / Skizzenbuch *n*
albume *m* / Eiweiß *n*
albumina *f* / Albumin *n*
aldine *pl* (edizioni aldine) / Aldine *pl*
aletta *f* [Leg] / Flügelfalz *m* · Ansatzfalz *m* · Ansetzfalz *m* · (risvolto della sovraccoperta:) Umschlagklappe *f* · (col testo pubblicitario:) Waschzettel *m*
alfabetizzazione *f* / Alphabetisierung *f* ‖ *v.a. corso di alfabetizzazione*
alfabeto *m* / Alphabet *n*
~ **latino** *m* / lateinisches Alphabet *n*
alfanumerico *agg* / alphanumerisch *adj*
algebra booleana *f* / Boole'sche Algebra *f*
algoritmo *m* [Inform] / Algorithmus *m*
algrafia *f* / Aluminiumdruck *m*
alienare *v* / veräußern · (scartare:) aussondern
alimentazione a mano *f* [Repr] / Handeingabe *f*
~ **dalla rete** *f* / Netzversorgung *f*
~ **di carta** *f* [Repr] / Papierzufuhr *f*
allacciamento *m* / Anschluss *m* ‖ *v.a. approvazione dell'allacciamento; cavo di allacciamento; conduttura di allacciamento; dispositivo di allacciamento; tassa di allacciamento*
~ **del telefono** *m* / Telefonanschluss *m*
allacciare *v* / schnüren *v* · anschließen *v* (allacciare la corrente: den Strom anschließen)
alla fine / hinten
allargare *v* / erweitern *v*
allegare *v* [Libri] / beilegen *v* · anbinden *v* · anhängen *v* ‖ *v.a. opera allegata*
allegati *pl* [Cat] / Beigaben *pl* · Begleitmaterial *n* ‖ *v.a. indicazione degli allegati*
allegato *m* / (legato:) beigebunden *part perf* · (aggiunta:) Beilage *f* ‖ *v.a. materiale allegato*
allegoria *f* / Allegorie *f*
allestimento *m* / Ausrüstung · (di uno spettacolo:) Ausstattung *f*
allineamento *m*
~ **del testo** *m* [Tip] / Textausrichtung *f*
~ **di margine** *m* [Tip] / Randausgleich *n*
allineato a destra *part pt* [Tip] / rechtsbündig *adj*
~ **a sinistra** *part pt* [Tip] / linksbündig *adj*
all'inizio / vorn
allocazione della memoria *f* [Inform] / Speicherplatzzuweisung *f*
~ **di risorse** *f* [BilCont] / Mittelzuweisung *f*
allonimo *m* / Allonym *n*
allungatura *f* (parte di uno scaffale) / Ausziehplatte *f*
almanacco *m* [Buch] / Almanach *m*
alone d'acqua *m* [Rest] / Wasserrand *m* ‖ *v.a. danni a causa d'acqua*
~ **d'umido** *m* [Rest] / Feuchtigkeitsrand
alta cassa *f* [Tip] / Oberkasten *m* (eines Schriftkastens / Setzkastens)
~ **densità** *f* [Inform] / hohe Schreibdichte *f*
alternativa *f* (in un programma di flusso) [Inform] / (deviazione:) Verzweigung *f*
altezza del carattere *f* [Tip] / Schrifthöhe *f*
~ **del piano** *f* [EdilArred] / Stockwerkshöhe *f*
~ **di font** *f* [Inform] / Schrifthöhe*f*
altoparlante *m* / Lautsprecher *m* ‖ *v.a. impianto di altoparlanti*
altra copia *f* ⟨Acq⟩ / zusätzliches Exemplar *n*
al verso / rückseitig *adj*
amatore del libro / Bücherfreund *m* · Bibliophiler *m*
ambiente di lavoro *m* / Arbeitsumfeld *n* · Arbeitsklima *n*
ambiguità *f* [Lin] / Mehrdeutigkeit *f*
ambito di applicazione *m* / Anwendungsbereich *m* · Geltungsbereich *m*
~ **disciplinare** *m* / Fachgebiet *n*
a mezza pagina / halbseitig *adj*
ammaccare *v* [Leg] / eindrücken *v* · bestoßen *v*
ammaccato *part pt* [Leg] / bestoßen *part perf* ‖ *v.a. lievemente ammaccato*
ammaccatura *f* [Leg] / Bestoß *m*
ammenda pecuniaria *f* / Geldbuße *f*

ammettere *v* / zulassen *v* ‖ *v.a. ammissione al prestito interbibliotecario; esame d'ammissione*
amministratore della casa *m* / Hausverwalter *m*
amministrazione autonoma *f* / Selbstverwaltung *f*
~ **bibliotecaria** *f* / Bibliotheksverwaltung *f*
~ **comunale** *f* / Kommunalverwaltung *f*
~ **del personale** *f* / Personalverwaltung *f*
~ **universitaria** *f* / Universitätsverwaltung *f*
ammissione al prestito interbibliotecario *f* / Leihverkehrszulassung *f* ‖ *v.a. domanda d'ammissione*
ammobiliamento *m* / Möblierung *f*
ammorbidente di pelle *m* [Cons] / Lederpflegemittel *n*
ammorbidire *v* [Rest] / entspannen *v* · erweichen *v*
ammuffire *v* [Rest] / schimmeln *v*
amortamento *m* / Abschreibung *f*
ampiezza di memoria *f* [Inform] / Speichergröße *f*
ampliabile *agg* / erweiterbar *adj* · ausbaufähig *adj*
ampliamento degli orari *m* / Erweiterung der Öffnungszeiten *f*
~ **di memoria** *m* [Inform] / Speichererweiterung *f*
ampliare *v* / erweitern *v*
ampliato *part pt* / erweitert *part perf*
amplificatore *m* [EdilArred] / Verstärker *m*
anagrafe *f* / Einwohnerregister *n* ‖ *v.a. dati anagrafici*
anagramma *m* / Anagramm *n*
analfabeta *m* / Analphabet *m*
analfabetismo *m* / Analphabetismus *m*
analisi concettuale *f* [Ind] / Begriffsanalyse *f*
~ **costi-benefici** *f* / Kosten-Nutzen-Analyse *f*
~ **degli requisiti** *f* / Anforderungsanalyse *f*
~ **dei compiti** *f* / Aufgabenanalyse *f*
~ **dei contenuti/del contenuto** *f* [Class; Ind] / Inhaltsanalyse *f*
~ **dei costi** *f* / Kostenanalyse *f*
~ **dei fabbisogni** *f* / Bedarfsanalyse *f*
~ **dei fondi** *f* / Bestandsanalyse *f*
~ **dei sistemi** *f* [Inform] / Systemanalyse *f*
~ **dei tempi** *f* [OrgM] / Zeitstudie *f*
~ **del contenuto** *f* [Ind] ⟨UNI ISO 5127/5⟩ / Inhaltsanalyse *f*
~ **delle citazioni** *f* / Zitatanalyse *f*
~ **dell'informazione** *f* / Informationsanalyse *f*
~ **del posto di lavoro** *f* / Arbeitsplatzanalyse *f*
~ **di comunità** *f* / Gemeinwesenanalyse *f*
~ **di lavoro** *f* / Arbeitsanalyse *f*
~ **di regressione** *f* / Regressionsanalyse *f*
~ **di varianza** *f* / Varianzanalyse *f*
~ **fattoriale** *f* / Faktorenanalyse *f*
~ **per faccette** *f* [Ind] / Facettenanalyse *f*
analizzare *v* / analysieren *v*
analogico *agg* / analog *adj*
anepigrafo *m* [Libri] / Anepigraphon *n* (pl:Anepigrapha)
angoli in metallo *pl* [Leg] / Eckbeschläge *pl*
angolo di riferimento *m* (COM) [Repr] / Bezugsecke *f*
~ **visivo** *m* / Sehwinkel *m*
~ **visuale** *m* / Sehwinkel *m*
anima [Leg] / (del piatto:) Spiegel *m* · Innendeckel *m* · (del dorso:) Rückeneinlage *f*
animale nocivo *m* / Schädling *m*
animazione elettronica *f* / Computeranimation *f*
ann. *abbr v. annata*
annali *pl* [Libri] / Annalen *pl*
annata *f* [Libri] / Jahrgang *m*
~ **in corso** *f* / laufender Jahrgang *m*
annate arretrate *pl* / rückwärtige Jahrgänge *pl*
annerito *part pt* / gedunkelt *part perf*
annesso *m* / (di un libro:) Anhang *m* · (di un edificio:) Anbau *m*
anno accademico *m* / Studienjahr *n*
~ **contabile** *m* / Rechnungsjahr *n*
~ **di studio** *m* / Studienjahr *n*
~ **finanziario** *m* / Rechnungsjahr *n* · Haushaltsjahr *n*
~ **scolastico** *m* / Schuljahr *n*
~ **solare** *m* / Kalenderjahr *n*
annotare *v* [Cat; Bib] / annotieren *v*
annotazione *f* / (nota:) Bemerkung *f* · Anmerkung *f* · Annotation *f*
~ **marginale** *f* / Marginalie *f* · Randbemerkung *f*
anno universitario *m* / Studienjahr *n*
annuale *agg* / jährlich *adj*
annuario *m* [Libri] ⟨UNI ISO 5127/2⟩ / Jahrbuch *n*
annullamento *m* (di un abbonamento) [Acq] / Stornierung *f* · Abbestellung *f* (eines Abonnements) · Kündigung *f*
annullare *v* / annullieren *v* · tilgen *v* · (un ordine:) abbestellen *v* · stornieren *v* · (cancellare:) löschen *v*

annunciare *v* / verkünden *v* · ankündigen *v*
annunciatore *m* (scheda di segnalazione) / Anzeigetafel *f*
~ **numerico** *m* / Ziffernanzeige *f*
annunci di opere di nuova pubblicazione *pl* / Neuerscheinungsdienst *m*
~ **di opere di prossima /imminente pubblicazione** *pl* / Vorankündigungsdienst *m*
annuncio / Bekanntmachung *f*
~ **di un concorso** *m* / Ausschreibung *f*
~ **preliminare** *m* / Voranzeige *f*
~ **pubblicitario** / Anzeige *f*
anobio (insetto nocivo) / Totenuhr *f* · Anobium *n*
anonimo *agg/m* / anonym *adj* · Anonymus *m*
anopistografo *agg* / anopistographisch *adj*
anteprima *f* [Inform] / Vorschau *f* ‖ *v.a. finestra di anteprima*
~ **delle pagine** *f* [PubblEl] / Seitenvorschau *f*
~ **di stampa** *f* / Druckvorschau
anteriore / vorhergehend · vorangehend
antiacustico *agg* / schalldämmend *part praes*
anticamera *f* / Vorraum *m*
anticipo *m* / Vorschuss *m* · (sui diritti d'autore:) Honorarvorschuss *m* · (sullo stipendio:) Gehaltsvorschuss *m*
anticloro *m* [Cons] / Antichlor *n*
antidatare *v* / vordatieren *v* · vorausdatieren *v*
antidatato *part pt* / vordatiert *part perf*
antidotario *m* / Antidotarium *n*
antifonario *m* / Antiphonar *n*
antip. *abbr v. antiporta*
antiporta *f* / Kupfertitel *m* · Frontispiz *n*
antiquariato *m* / Antiquariat *n*
~ **librario** / Buchantiquariat *n*
antiquario *agg/m* / antiquarisch *adj* · (persona:) Antiquar *m*
antiriflesso *agg* / blendfrei *adj*
antologia *f* ⟨UNI ISO 5127/2⟩ / Blütenlese *f* · Anthologie *f*
antonimo *m* [Ind] / Gegenbegriff *m* · Antonym *n*
antonomia *f* [Ind] / Antonomie *f*
anzianità di servizio *f* [Pers] / Dienstalter *n*
a piena pagina / ganzseitig*adj*
~ **più piani** [EdilArred] / mehrgeschossig *adj*
apocrifi *pl* / Apokryphen *pl*
apocrifo *agg* / apokryph *adj*
apografo *m* / Apographon *n*
apostrofo *m* / Apostroph *m*
appalto *m* / Auftrag *m* ‖ *v.a. gara d'appalto*
apparato COM *m* / COM-Anlage *f*
~ **critico** *m* / kritischer Apparat *m*
apparecchiatura *f* / Apparatur *f* · Geräte *pl*
~ **di lettura** *f* / Lesegerät *n*
apparecchio *m* / Apparat *m* · Gerät *n*
~ **telefonico** *m* / Telefonapparat *m*
~ **telefonico a gettone** *m* / Münzfernsprecher *m*
appello donazioni *m* / Spendenaufruf *m*
appena pubblicato *part pt* / soeben erschienen *part perf*
appendice *f* [Libri] / Anhang *m*
~ **cartografica** *f* / Kartenanhang *m*
applicare *v* / anwenden *v* · (fare aderire:) aufkleben *v* · ankleben *v* · anbringen *v*
applicazione *f* / Anwendung *f* · Befestigung *f* · Anbringung *f* ‖ *v.a. livello di applicazione*
appoggiapiedi *m* / Fußstütze *f*
apprendista *m/f* / Auszubildender *m* · Lehrling *m*
apprettatura *f* [Rest] / Nachleimen *n* · Angießen *n*
apprettare *v* [Rest] / angießen *v* · nachleimen *v*
appretto *m* [Carta] / Leimung *f*
~ **a colofonia e allume** *m* [Carta] / Harzleimung *f* (mit Alaun)
approccio *m* / Ansatz *m* (~ teoretico: theoretischer Ansatz)
~ **di sistema** *m* / Systemansatz *m*
approvazione *f* / Billigung *f* · Zustimmung *f*
~ **dell'allacciamento** *f* [Com] / Anschlussgenehmigung *f*
approvvigionamento *m* / Versorgung *f*
~ **di informazioni** *m* / Informationsversorgung *f*
~ **di letteratura** *m* / Literaturbereitstellung *f* · Literaturversorgung *f*
appunto *m* (nota) / Notiz *f*
aprire i fogli *v* (di un libro) / aufschneiden *v* ‖ *v.a. a fogli chiusi*
arabesco *m* / Arabeske *f*
araldica *f* / Wappenkunde *f* · Heraldik *f*
architettura del calcolatore *f* / Rechnerarchitektur *f*
~ **della rete** *f* / Netzarchitektur *f* · Netzwerkarchitektur *f*
~ **hardware** *f* / Hardware-Architektur *f*
archittetura d'interni *f* / Innenarchitektur *f*
archiveconomia *f* / Archivkunde *f* · Archivwissenschaft *f*
archiviare *v* / archivieren *v*

archiviazione *f* / Aktenablage *f* · Archivierung *f*
~ **dei conti** *f* / Rechnungsablage *f*
~ **sospesa** *f* / Vertikalablage *f*
archivio 1 *m* ⟨UNI ISO 5127/1⟩ / Archiv *n*
archivio 2 *m* [Inform] / (file:) Datei *f*
~ **base** *m* [Inform] / Stammdatei *f*
~ **centrale** *m* [Arch] / Zentralarchiv *n*
~ **cinematografico** *m* / Filmarchiv *n*
~ **comunale** *m* / Stadtarchiv *n*
~ **con accesso autorizzato** *m* [Inform] / zugangsberechtigte Datei *f*
~ **corrente** *m* / Archiv *n* (mit den laufenden Akten)
~ **degli ordini** *m* [Acq] / Bestelldatei *f* · Bestellnachweis *m*
~ **dei fornitori** *m* / Lieferantendatei *f*
~ **dei prestiti in corso** *m* / Leihdatei *f* · Ausleihdatei *f*
~ **della letteratura** *m* / Literaturarchiv *n*
~ **dello Stato** *m* / Staatsarchiv *n*
~ **di enti locali** *m* / Gemeindearchiv *n*
~ **di famiglia** / Familienarchiv *n*
~ **di impresa** *m* / Firmenarchiv *n*
~ **di interrogazione** *m* [Retr] / Abfragedatei *f*
~ **di lavoro** *m* [Inform] / Arbeitsdatei *f*
~ **di movimento** *m* [Inform] / Bewegungsdatei *f*
~ **d'ingresso** *m* [Acq] / Zugangsdatei *f*
~ **di registrazioni sonore** *m* / Schallarchiv *n*
~ **di seguito** *m* [Inform] / Anschlussdatei *f*
~ **di sicurezza** *m* [Inform] / Sicherungsdatei *f*
~ **di termini controllati** *m* / Normdatei *f*
~ **di testi** *m* [Inform] / Textdatei *f*
~ **di transazione** *m* [Inform] / Änderungsdatei *f* · Bewegungsdatei *f*
~ **di uscita** *m* [Inform] / Ausgabedatei *f*
~ **ecclesiastico** *m* / Kirchenarchiv *n*
~ **economico** *m* / Wirtschaftsarchiv *n*
~ **familiare** *m* / Familienarchiv *n*
~-**fornitori** *m* / Lieferantendatei *f*
~ **fotografico** *m* / Fotoarchiv *n*
~ **iconografico** *m* / Bildarchiv *n*
~ **indirizzi** *m* [Inform] / Adressendatei *f*
~ **intermedio** *m* [Inform] / Zwischenspeicher *m*
~ **inverso** *m* [Inform] / invertierte Datei *f*
~ **microfilm** *m* / Mikrofilmarchiv *n*
~ **ministeriale** *m* / Ministerialarchiv *n*
~ **nazionale** *m* / Nationalarchiv *n*
~ **prestiti** *m* [ServPubbl] / Leihdatei *f*
~ **principale** *m* [Inform] / Hauptdatei *f*
~ **privato** / Privatarchiv
~ **provvisorio** *m* [Inform] / Scratch-Datei *f*
~ **sospeso** *m* / Hängeregistratur *f*
~ **su nastro magnetico** *m* [Inform] / Magnetbanddatei *f*
~ **temporaneo** *m* / Interimsdatei *f* · Interimsnachweis *m*
~ **transitorio** *m* / Interimsnachweis *m* (Datei)
~ **utente** *m* / Benutzerdatei *f*
archivista *m* / Archivar *m*
archivistica *f* ⟨UNI ISO 5127/1⟩ / Archivkunde *f* · Archivwissenschaft *f*
area *f* [Cat] ⟨RICA; ISBD⟩ / Gruppe *f D* · Zone *f CH*
~ **circostante** *f* (su uno schermo) / Randfeld *n*
~ **di informazione** *f* [Repr] / Informationsfeld *n*
~ **di lavoro** *f* [Inform] / Arbeitsbereich *m*
~ **di lettura** / Lesezone *f*
~ **di marcatura** *f* [Inform] / Markierungsbereich *m*
~ **di memoria** *f* [Inform] / Speicherbereich *m*
~ **di memoria protetta** *f* [Inform] / geschützter Speicherbereich *m*
~ **di responsabilità** *f* [OrgM] / Zuständigkeitsbereich *m* · Aufgabenbereich *m*
~ **disciplinare** *f* [Ind] / Fachgebiet *n*
~ **di servizio** *f* / Benutzungsbereich *m*
~ **metropolitana** *f* / Einzugsgebiet *n* (einer Großstadt)
~ **nucleo** *f* / Kernbereich *m*
~ **periferica** *f* / Randgebiet *n* · Randbereich *m*
aerare *v* / belüften *v*
aerazione 1 *f* / Belüftung *f* · Lüftung *f*
aerazione 2 *f* [Rest] / Lufttrocknung *f*
argentato *part pt* / versilbert *part perf*
argento in foglie *m* / Blattsilber *n*
argomento *n* [Ind] / Thema *n* · Sachverhalt *m* ‖ *v.a. indice per argomenti*
arieggiare *v* / lüften *v*
a rilegare / zum Binden
armadio da ufficio *m* / Büroschrank *m*
~ **guardaroba** *m* / Garderobenschrank *m*
~ **incorporato** *m* / Einbauschrank *m*
~ **per i libri** *m* / Bücherschrank *m*
~ **per le pratiche** / Aktenschrank *m*
~ **schedario** *m* / Katalogschrank *m*
arme *f* / Wappen *n*
armoriale *m* / Wappenbuch *n*

arrangiamento *m* (di una composizione musicale) / Arrangement *n* · Bearbeitung *f* (eines Musikwerkes)
arrangiatore *m* [Mus] / Arrangeur *m*
arredamento *m* / Inneneinrichtung *f* ‖ *v.a. ammobiliamento*
~ *m* (di una biblioteca) / Bibliothekseinrichtung *f*
~ **dell'ufficio** *m* / Büroeinrichtung *f*
arredi per biblioteche *pl* / Bibliotheksmöbel *pl*
arredo *m* / Einrichtungsgegenstand *m* · Möbel *n*
arresto *m* / Stillstand *m* ‖ *v.a. tasto di arresto*
arretrati *pl* / Rückstände *pl* · Reste *pl* ‖ *v.a. annate arretrate*
~ **di catalogazione** *pl* / Katalogisierungsrückstände *pl*
arretrato *agg* / veraltet *part perf* · rückständig *adj* · rückwärtig *adj*
arricchito *part pt* / angereichert *part perf*
arricciarsi *v* [Carta] / wellig werden *v*
arrossature *pl* [Rest] / rötliche Flecken *pl*
arrotondamento *m* [Leg] / Rückenrunden *n*
arrotondare *v* [Leg] / runden *v* · rundklopfen *n*
arrotondato *part pt* [Leg] / gerundet *part perf*
arte della legatura *f* / Einbandkunst *f*
~ **della stampa** *f* / Buchdruckerkunst *f* · Buchdruck *m*
~ **del libro** *f* / Buchkunst *f*
~**fatto** *m* / Artefakt *n*
arte grafica *f* / Druckgrafik *f*
arte libraria *f* / Buchkunst *f*
~ **predata** *f* / Beutekunst *f*
~ **pubblicitaria** *f* / Gebrauchsgrafik *f* · Werbegrafik *f*
~ **tipografica** *f* / Buchdruckerkunst *f* · Druckkunst *f* · Buchdruck *m*
articolo *m* ⟨UNI ISO 5127/2⟩ / Aufsatz *m*
~ **di rivista** *m* / Zeitschriftenaufsatz *m*
artificiale *agg* / künstlich *adj*
artista del libro *m* / Buchkünstler *m*
artoteca *f* / Artothek *f*
ascendente *m/f* (di una lettera minuscola) [Tip] / Oberlänge *f*
ascensione retta *f* [Cart] / Rektaszension *f*
ascensore *m* / Aufzug *m*
ascoltatore *m* / Zuhörer *pl*
a scopo di esame *m* [Acq] / zur Ansicht ‖ *v.a. libro in visione; ordine a scopo di esame*
~ **sicurezza intrinseca** / ausfallsicher *adj*
aspirante *m* / Stellenbewerber *m* · Bewerber *m*
~ **a un posto di studio** *m* / Studienbewerber *m*
asportare *v* / wegtragen *v* · entfernen *v*
ass. *abbr* [Leg] *v. assicelle*
asse *f* [Leg] / Abpressbrett *n*
assegnare *v* / zuweisen *v*
assegnatario *m* / Zuwendungsempfänger *m*
assegnazione *f* / Zuweisung *f* · Zuwendung *f*
~ **dei locali** *f* / Raumzuweisung *f*
~ **delle mansioni** *f* / Aufgabenzuweisung *f*
~ **iniziale** *f* / Anschubfinanzierung *f* · Starthilfe *f*
~ **unica** *f* / einmalige Zuwendung *f*
assegno bancario *m* / Scheck *m*
~ **per conteggio** / Verrechnungsscheck *m*
~ **sbarrato** *m* / Verrechnungsscheck *m*
assemblaggio *m* (di pagine) [PubblEl] / Montage *f* (von Seiten) ‖ *v.a. assiemaggio della pagina*
~ **della pagina** *m* / Seitenmontage *f*
~ **di testo** *m* [Tip] / Textmontage *f*
assemblare *v* [Inform] / assemblieren *v*
assemblatore *m* [Inform] / Assembler *m*
assemblea plenaria *f* / Vollversammlung *f* · Plenarversammlung *f*
assicelle *pl* [Leg] / (di legno:) Holzdeckel *pl*
assicurazione della qualità *f* / Qualitätssicherung *f*
assi di legno *pl* [Leg] / Holzdeckel *pl*
assiemaggio della pagina [Tip] / Seitenmontage *f* ‖ *v.a. assemblaggio; assiemaggio di testo*
~ **di testo** *m* [Tip] / Satzmontage *f*
assistente di biblioteca *m* [Pers] / Bibliotheksassistent *m*
~ **di sala** *m/f* / Lesesaalaufsicht *f*
assistito da computer *part pt* / computergestützt *adj*
~ **dal calcolatore** *part pt* / rechnergestützt *part perf*
associazione degli editori *f* / Verlegerverband *m*
~ **dei promotori** *f* / Förderverein *m*
~ **del personale** *f* / Personalverband *m*
~ **di biblioteche** *f* / Bibliotheksverband *m*
~ **di lettura** *f* / Lesegesellschaft *f*
~ **per i diritti di riproduzione delle opere dell'ingegno** *f* / Verwertungsgesellschaft *f*
~ **professionale** *f* / Berufsverband *m*
~ **studentesca** *f* / Studentenvereinigung *f*
assorbenza *f* [Carta] / Saugfähigkeit *f*
assorbito *part pt* (da) / aufgegangen *part perf* (in)

assortimento *m* / Sortiment *n*
assumere *v* [Pers] / einstellen *v* (als neue Arbeitskraft)
assunzione *f* / Übernahme *f* · Aufnahme *f* · (impiego:) Anstellung *f* ‖ *v.a. blocco alle assunzioni; data dell'assunzione*
assunzione delle spese *f* / Kostenübernahme *f*
ast. *abbr v. astuccio*
asta 1 *f* / (procedimento di vendita:) Auktion *f* · Versteigerung *f* ‖ *v.a. banditore dell'asta; calendario delle aste; casa d'asta; diritto d'asta; ufficiale aste pubbliche; vendere all'asta; vendita all'asta*
~ 2 *f* / (di una lettera:) Grundstrich *m*
~ **ascendente** *f* [Tip] / Oberlänge *f*
~ **di libri** *f* / (vendere all'asta: versteigern:) Bücherversteigerung *f* · Buchauktion *f*
~ **discendente** *f* [Tip] / Unterlänge *f*
asterisco *m* (*) [Tip] / Sternchen *n*
asterisco *m* [Tip] / Asteriskus *m*
asteronimo *m* / Asteronym *n*
astuccio *m* / Etui *n* · Schuber *m*
ateneo *m* / Universität *f* · Hochschule *f* ‖ *v.a. biblioteca d'ateneo; giunta di ateneo*
a tergo / rückseitig *adj*
atl. *abbr v. atlante*
atlante *m* ⟨UNI ISO 5127/2⟩ / Atlas *m*
~ **di viaggio** *m* / Reiseatlas *m*
~ **stradale** *m* / Autoatlas *m* · Straßenatlas *m*
atmosfera del lavoro *f* / Arbeitsklima *n* · Betriebsklima *n*
attaccapanni *m* / Garderobenständer *m* · Kleiderständer *m*
attaccare *v* [Leg] / anpappen *v* · ansetzen *v*
attenuazione *f* [Com] / Fading *n*
attestato *m* / Bescheinigung *f* · Schein *m*
~ **di lavoro** *m* / Arbeitsbescheinigung *f*
atti *pl* ⟨UNI ISO 5127/2⟩ / (pratiche:) Akten *pl* · (di un parlamento, un congresso:) Sitzungsberichte *pl* (eines Parlaments usw.) · Verhandlungen *pl* (eines Kongresses) ‖ *v.a. nota sugli atti*
~ **dei convegni** *pl* / Tagungsberichte *pl*
~ **di congressi** *pl* / Kongressberichte *pl*
~ **parlamentari** *pl* / Parlamentsschriften *pl* · Parlamentaria *pl*
~ **ufficiali** *pl* / Behördenakten *pl* (passare agli atti: zu den Akten geben; ablegen)
attività antincendio *f* / Brandbekämpfung *f*
attività didattica *f* / Lehrtätigkeit *f*
~ **divulgativa della biblioteca** / Programmarbeit *f* (einer Bibliothek)
atto *m* [Arch] / Akte *f*
attrazione *f* / Attraktion *f* · Anziehungskraft *f* · (che attrae lo sguardo:) Blickfang *m*
attrezzamento *m* / Ausrüstung
attrezzatura bibliotecaria *f* / Bibliothekseinrichtung *f*
attrezzature da ufficio *pl* / Bürogeräte *pl*
attribuire *v* (~ un'opera a un autore) / zuschreiben *v* (ein Werk einem Verf.~)
attribuzione *f* / Zuschreibung *f* · Zuerkennung *f* ‖ *v.a. falsa attribuzione*
attribuzione erronea (di un'opera) [Libri] / falsche Zuschreibung *f* (eines Werkes)
~ **incerta** *f* (di un'opera) [Libri] / ungewisse Zuschreibung *f* (eines Werkes)
attualità *f* / Aktualität *f*
audio|biblioteca *f* / (per i ciechi:) Blinden-Hörbücherei *f* · Hörbücherei *f*
~**cassetta** *f* / Tonbandkassette *f*
~**libro** *m* / Hörbuch *n*
~**registrazione** *f* / Tonaufzeichnung *f*
~**visivi** *pl* / AV-Materialien *pl* · audiovisuelle Materialien *pl*
auditorio *m* / Auditorium *n* · Hörsaal *m*
aula *f* / Hörsaal *m*
aum. *abbr v. aumentato*
aumentato *part pt* / erweitert *part perf* · vermehrt *part perf*
aumento della tariffa *m* / Tariferhöhung *f*
~ **del patrimonio** *m* / Bestandsvermehrung *f*
~ **del rendimento** *m* / Leistungsanstieg *m* · Leistungssteigerung *f*
~ **di stipendio** *m* / Gehaltserhöhung *f*
a una colonna / einspaltig *adj*
~ **un solo piano** [EdilArred] / eingeschossig *adj*
aut. *abbr v. autografo*
autenticazione *f* [Arch] / Beglaubigung *f* · (dichiarazione di autenticità:) Echtheitsbestätigung *f*
authority file *m* [Cat] / Normdatei *f*
~ ~ **autori** *m* / Verfassernormdatei *f*
~ ~ **nomi personali** *m* / Personennamendatei *f* · Namendatei *f*
~ ~ **per enti collettivi** *m* / Körperschaftsdatei *f*
~ ~ **soggetti** *m* / Schlagwort-Normdatei *f* · SWD *Abk*
auto-abstract *m* / maschinell erstelltes Kurzreferat *n*

auto|adesivo *m/agg* / selbstklebend *part praes* · (etichetta autoadesiva:) Aufkleber *m* · (mastro autoadesiva:) Selbstklebeband *n*
~**apprendimento** *m* / Selbststudium *n*
~**bibliografia** *f* / Autobibliographie *f*
~**biografia** *f* ⟨UNI ISO 5127/2⟩ / Autobiographie *f*
~**consultazione** *f* / Selbstbedienung beim Zugang zu einem Informationssystem *f*
~**didatta** *m/f* / Autodidakt *m*
~**grafare** *f* / eigenhändig schreiben *v* ‖ *v.a. edizione autografa*
~**grafia** *f* / Autographenkunde *f*
autografo *m* / Autograph *n* ‖ *v.a. documento autografo firmato*
~ **firma autografa** *m* / eigenhändig geschriebene und unterzeichnete Urkunde *f*
autografoteca *f* / Autographensammlung *f*
autoistruzione *f* / Selbstunterricht *m* · Selbststudium *n*
automatizzare *v* / automatisieren *v*
automazione *f* / Automatisierung *f*
~ **bibliotecaria** *f* / Bibliotheksautomatisierung *f*
~ **dell'ufficio** *f* / Büroautomatisierung *f*
autopsia *f* / Autopsie *f*
autore *m* [Libri; Cat; Giur] ⟨RICA; UNI ISO 5127/5⟩ / (scrittore:) Verfasser *m* · Autor *m* · (diritti d'autore:) Urheber *m* ‖ *v.a. indicazione d'autore; opera con autore; opera di più autori*
~ **collettivo** *m* / korporativer Verfasser *m* · körperschaftlicher Verfasser *m*
~ **della prefazione** *m* / Vorwortverfasser *m*
~ **del libretto** *m* / Textbuchverfasser *m*
~-**editore** *m* / Selbstverlag *m*
~ **presunto** *m* / vermutlicher Verfasser *m* · mutmaßlicher Verfasser *m*
~ **principale** *m* ⟨UNI ISO 5127/5⟩ / Hauptverfasser *m*
~ **secondario** *m* ⟨UNI ISO 5127/5⟩ / Mitverfasser *m*
~ **singolo** *m* / Einzelverfasser *m*
~ **supposto** *m* / mutmaßlicher Verfasser *m*
autorità *f* [Amm] / Behörde *f* ‖ *v.a. autorità locale*
~ **centrale** *f* / Zentralbehörde *f*
~ **comunali** *pl* / städtische Behörden *pl*
~ **di accesso** *f* [Retr] / Zugriffsberechtigung *f*
~ **locale** *f* / Ortsbehörde *f*
~ **politico-territoriale** *f* ⟨RICA⟩ / Gebietskörperschaft *f*
~ **superiore** *f* / übergeordnete Behörde *f*
auto|ritratto *m* / Selbstporträt *n*
~**strada elettronica** *f* / Datenautobahn *f*
~**strada informatica** *f* / Datenautobahn *f*
~**tipia** *f* / Autotypie *f* · Rasterätzung *f* · Druckstock *m*
autrice *f* / Autorin *f* · (scrittrice:) Verfasserin *f*
avanzamento *m* / (promozione:) Beförderung *f* · (del lavoro:) Fortgang *m* · (progresso:) Fortschritt *m* · (spostamento in avanti:) Vorschub
~ **della carta** *m* / Papiervorschub *m*
~ **della pellicola** / Filmtransport *m* · Filmvorschub *m*
~ **di film** *m* / Filmvorschub *m*
avanzare in grado *v* [Pers] / höher stufen *v*
avanzo del bilancio *m* / Haushaltsüberschuss *m*
avaria di macchina *f* / Maschinenschaden *m*
avente-diritto *m* [Giur] / Rechtsinhaber *m*
avvertimento *m* / Benachrichtigung *f*
avviamento *m* / Start *m* · (messa in funzione:) Inbetriebsetzung *f* ‖ *v.a. finanziamento dell'avviamento; spese di avviamento*
~ **a caldo** *m* [Inform] / Schnellstart *m* · Warmstart *m*
~ **a freddo** *m* [Inform] / Kaltstart *m*
avviare *v* / starten *v*
avviso *m* / Benachrichtigung *f* · Bekanntmachung *f*
~ **del prolungamento del prestito** *m* / Fristverlängerungsbescheid *m*
avvolgitore *m* [NBM] / Aufnahmespule *f*
azienda editoriale *f* / Verlag *m*
~ **industriale** *f* / Industriebetrieb *m*
azimut *m* [Cart] / Azimut *m/n*

B

baccello *m* [Leg] / Hülse *f*
bacheca *f* / Schaukasten *m* · Vitrine *f*
bagno di fissaggio *m* [Repr] / Fixierbad *n*
banca dati / Datenbank *f* ‖ *v.a. gestione di banca dati; produttore di banche dati; scelta di banca dati*
~ **dati bibliografici** *f* / Literaturnachweisdatenbank *f*
~ **dati di periodici** *f* / Zeitschriftendatenbank *f*
~ **dati economici** *f* / Wirtschaftsdatenbank *f*
~ **dati esterni** *f* / Fremddatenbank *f*
~ **dati fattuali** *f* / Fakten(daten)bank *f*
~ **dati letteraria** *f* / Literatur-Datenbank *f*
~ **dati materiali** *f* / Werkstoffdatenbank *f*
~ **dati relazionale** *f* / relationale Datenbank *f*
~ **dati stampa** *f* / Pressedatenbank *f*
~ **di dati full text** *f* / Volltextbank *f*
~ **d'immagini** *f* [Inform] / Bilddatenbank *f*
~ **informazioni** *f* / Informationsbank *f*
bancarella *f* / Verkaufsstand *m*
~ **per la vendita di libri** *f* / Buchverkaufsstand *m*
banco *m* / Bank *f* · Theke *f* · Tresen *m*
~ **da lavoro** *m* / Werkbank *f*
~ **della distribuzione** *m*, / Ausleihtheke *f* · Bücherausgabe *f*
~ **di consegna** *m* / Bücherausgabe *f*
~ **di controllo** *m* / Kontrolltisch *m*
~ **di distribuzione** *m* / Ausleihtheke *f* · Bücherausgabe *f*
~ **informazioni** *m* / Auskunftsplatz *m*
bancomat *m* / Geldautomat *m*
bancone *m* / Theke *f* · Tresen *m*
~ **del compositore** *m* [Tip] / Setzregal *n* Pultregal *n*
~ **di smistamento** *m* / Sortiertisch *m*
~ **plurifunzioni** *m* / Mehrzwecktheke *f*
banco prestiti *m* / Ausleihtheke *f* · Bücherausgabe *f* (Ort der ~)
~ **restituzioni** (m) / Bücherrückgabe (Ort der ~) · (sportello:) Rückgabeschalter *m*
~ **richieste** *m* / Bestellannahme *f* (Ort der ~)
banda perforata / Lochstreifen *m*
~ **sonora** *f* / Tonspur *f*
bandire un concorso / einen Wettbewerb ausschreiben *f*
banditore dell'asta *m* / Auktionator *m*
bando *m* / Bekanntmachung *f* (in der Öffentlichkeit)
bando di concorso *m* / Ausschreibung *f*
bando di concorso per un posto *m* / Stellenausschreibung *f*
~ **di gara** *m* / Ausschreibung *f*
barba *f* / (incisioni:) Grat *m* · (carta:) Schöpfrand *m* · Büttenrand *m* ‖ *v.a. esemplare con le barbe*
barra (diagonale) *f* (/) / Schrägstrich *m*
~ **(obliqua)** *f* [Scritt; Tip] *v. barra (diagonale)*
barrare *v* [Scritt] / durchstreichen *v*
barra trasversale *f* (_) / Querstrich *m*

barriera fotoelettrica *f* / Lichtschranke *f*
~ **linguistica** *f* / Sprachbarriere *f*
~ **luminosa** *f* / Lichtschranke *f*
basamento *m* / Untergeschoss *m* · Tiefgeschoss *n*
base di campionamento / Stichprobenbasis *f*
~ **di censimento** *f* / Erhebungsgrundlage *f*
~ **di dati** *f* / Datenbasis *f*
~ **di dati catalografici** *f* / Katalogdatenbank *f*
bastoni *pl* (caratteri a ~) [Tip] / Grotesk *f* (Drucktypen der ~)
battitura *f* / Tippen *n* ‖ *v.a. errore di battitura*
battuta *f* / Anschlag *m* · (su una tastiera:) Tastenanschlag *m*
baz *abbr* [Leg] *v. bazzana*
bazzana *f* [Leg] / Basane *f* · Schafleder *n*
belle lettere *pl* / Belletristik *f*
bellettristica *f* / Belletristik *f*
bellettristico *agg* / belletristisch *adj*
beneventana *f* [Scritt] / Beneventana *f*
beni archivistici *pl* / Archivalien *pl*
bestiario *m* / Bestiarium *n*
bianca *f* (pagina bianca) [Tip] / (stampa difettosa:) Schimmelbogen *m*
bianchi *pl* [Tip] / Blindmaterial *n*
Bibbia *f* / Bibel *f*
Bibbia di Gutenberg *f* / Gutenberg-Bibel *f*
biblio|bus *m* ⟨UNI ISO 5127/1⟩ / Bücherbus *m* ‖ *v.a. biblioteca mobile*
~clastia *f* / Büchervernichtung *f*
~cleptomane *m* / Bibliokleptomane *m*
~filia *f* / Bibliophilie *f*
~filo *agg* / bibliophil *adj*
~filo *m* / (persona:) Bibliophiler *m*
~fobia *f* / Bücherfeindschaft *f* · Bibliophobie *f*
~fobo *m* / (persona:) Bücherfeind *m*
bibliografia *f* [UNI ISO 5127/1] / Literaturverzeichnis *n* · Bibliographie *f*
~ **analitica** *f* / analytische Druckforschung *f*
~ **analitica di periodici** *f* / Zeitschrifteninhaltsbibliographie *f*
~ **cartografica** *f* / Kartenbibliographie *f*
~ **chiusa** *f* / abgeschlossene Bibliographie *f*
~ **corrente** *f* ⟨UNI ISO 5127/2⟩ / laufende Bibliographie *f* · fortlaufende Bibliographie *f*
~ **del commercio** *f* / Handelsbibliographie *f*
~ **di periodici** *f* / Zeitschriftenbibliographie *f* · Zeitschriftenverzeichnis *n*
~ **di prima mano** *f* / Primärbibliographie *f*
~ **di seconda mano** *f* / Sekundärbibliographie *f*
~ **generale** *f* / Allgemeinbibliographie *f*
~ **individuale** *f* / Personalbibliographie *f*
~ **nazionale** *f* ⟨UNI ISO 5127/2⟩ / Nationalbibliographie *f*
~ **periodica** *f* / periodische Bibliographie *f*
~ **pluriennale** *f* / Mehrjahresbibliographie *f*
~ **ragionata** *f* / räsonierende Bibliographie *f*
~ **regionale** *f* / Regionalbibliographie *f*
~ **retrospettiva** *f* ⟨UNI ISO 5127/2⟩ / retrospektive Bibliographie *f*
~ **selettiva** *f* / Auswahlbibliographie *f*
~ **specializzata** *f* / Fachbibliographie *f*
~ **tematica** *f* / Fachbibliographie *f*
bibliografo *m* / Bibliograph *m*
bibliologia *f* ⟨UNI ISO 5127/1⟩ / Buchkunde *f* ‖ *v.a. scienza del libro; studioso della bibliologia*
bibliologico *agg* / buchkundlich *adj*
bibliomane *m* / Bibliomane *m*
bibliomania *f* / Bibliomanie *f*
bibliometria *f* / Bibliometrie *f*
biblioteca *f* ⟨UNI ISO 5127/1⟩ / Bibliothek *f* · Bücherei *f*
~ **a libero accesso** *f* / Freihandbibliothek *f*
~ **a libri incatenati** *f* / Kettenbibliothek *f*
~ **a magazzino chiuso** *f* / Magazinbibliothek *f*
~ **amministrativa** *f* / Behördenbibliothek *f*
~ **archivio** *f* / Archivbibliothek *f*
~ **a scaffale aperto** *f* / Freihandbibliothek *f*
~ **a tre livelli** *f* / dreigeteilte Bibliothek *f*
~ **aziendale** *f* / Firmenbibliothek *f*
~ **cantonale** *f* / Kantonsbibliothek *f CH*
~ **capitolare** *f* / Kapitularbibliothek *f*
~ **cattedrale** *f* / Dombibliothek *f*
~ **cedente** *f* / abgebende Bibliothek *f*
~ **centrale** *f* / Zentralbibliothek *f*
~ **centrale specializzata** *f* / zentrale Fachbibliothek *f*
~ **circolante** *f* / Leihbibliothek *f*
~ **civica** *f* / Stadtbibliothek *f*
~ **comunale** *f* / kommunale Bibliothek *f*
~ **d'arte** *f* / Kunstbibliothek *f*
~ **d'associazione** *f* / Vereinsbibliothek *f*
~ **d'ateneo** *f* / Universitätsbibliothek *f* (als zentrale Bibliothekseinrichtung der Universität)
~ **del consiglio municipale** *f* / Ratsbibliothek *f*
~ **del deposito legale** *f* / Pflichtexemplarbibliothek *f*
~ **della casa dello studente** *f* / Wohnheimbibliothek *f*

~ **della radio** *f* / Rundfunkbibliothek *f*
~ **dell'ufficio brevetti** *f* / Patentamtsbibliothek *f*
~ **depositaria** *f* / Depositarbibliothek *f*
~-**deposito** *f* / Speicherbibliothek *f*
~ **di addestramento** *f* / Ausbildungsbibliothek *f*
~ **di caratteri** *f* [Inform] / Schriftbibliothek *f*
~ **di castello** *f* / Schlossbibliothek *f*
~ **di cattedra** *f* / Lehrstuhlbibliothek *f*
~ **di collegiata** *f* / Kollegiatstiftsbibliothek *f*
~ **di collegio** *f* / Kollegienbibliothek *f*
~ **di conservazione** *f* / Archivbibliothek *f*
~ **di consultazione** *f* / (biblioteca per la lettura in sede:) Präsenzbibliothek *f* · (biblioteca di frequente consultazione:) Handbibliothek *f*
~ **di corte** *f* / Hofbibliothek *f*
~ **di deposito** *f* ⟨UNI ISO 5127/1⟩ / Speicherbibliothek *f* · Archivbibliothek *f*
~ **di diffusione** *f* / Gebrauchsbibliothek *f*
~ **di dipartimento** *f* / Bereichsbibliothek *f* · Abteilungsbibliothek *f*
~ **di distretto** *f* / Kreisbibliothek *f*
~ **di facoltà** *f* / Fakultätsbibliothek *f*
~ **di font** *f* [Inform] / Schriftbibliothek *f*
~ **di istituto** *f* / Institutsbibliothek *f*
~ **di laboratorio** *f* / Laborbibliothek *f*
~ **di medicina** *f* / Medizinbibliothek *f* · medizinische Bibliothek *f*
~ **diocesana** *f* / Diözesanbibliothek *f*
~ **di ospedale** *f* / Krankenhausbibliothek *f*
~ **di palazzo** *f* / Palastbibliothek *f*
~ **dipartimentale** *f* / Abteilungsbibliothek *f*
~ **di prestito** *f* / Ausleihbibliothek *f*
~ **di prigione** *f* / Gefängnisbibliothek *f*
~ **di pubblica lettura** *f* ⟨UNI ISO 5127/1⟩ / Öffentliche Bibliothek *f*
~ **di quartiere** *f* / Stadtteilbücherei *f*
~ **di reparto** *f* / Abteilungsbibliothek *f*
~ **direttiva** *f* / Leitbibliothek *f*
~ **di ricerca** *f* ⟨UNI ISO 5127/1⟩ / Forschungsbibliothek *f* · wissenschaftliche Bibliothek *f*
~ **di seminario** *f* / Seminarbibliothek *f*
~ **di Stato** *f* / Staatsbibliothek *f*
~ **distrettuale** *f* / Bezirksbibliothek *f*
~ **di studio** *f* / Studienbibliothek *f*
~ **di tempio** *f* / Tempelbibliothek *f*
~ **ecclesiastica** *f* / Kirchenbibliothek *f* · kirchliche Bibliothek *f*
~ **generale** *f* ⟨UNI ISO 5127/1⟩ / Allgemeinbibliothek *f*
~ **generale di ricerca** *f* / wissenschaftliche Allgemeinbibliothek *f*
~ **giudiziaria** *f* / Gerichtsbibliothek *f*
~ **governativa** *f* / staatliche Bibliothek *f*
~ **imperiale** *f* / kaiserliche Bibliothek *f*
~ **industriale** *f* / Industriebibliothek *f*
~ **in fabbrica** *f* / Werkbibliothek *f*
~ **integrata** *f* / Einheitsbücherei *f*
~ **itinerante** *f* ⟨UNI ISO 5127/1⟩ / Fahrbibliothek *f*
~ **metropolitana** *f* / Großstadtbibliothek *f*
~ **militare** *f* / Militärbibliothek *f*
~ **ministeriale** *f* / Ministerialbibliothek *f*
~ **mobile** *f* / mobile Bibliothek *f* · Fahrbibliothek *f* ‖ *v.a. bibliobus; biblioteca itinerante*
~ **monastica** *f* / Klosterbibliothek *f*
~ **municipale** *f* / Stadtbibliothek *f*
~ **musicale** *f* / Musikbibliothek *f*
~ **nazionale** *f* ⟨UNI ISO 5127/1⟩ / Nationalbibliothek *f*
~ **palatina** *f* / Hofbibliothek *f*
~ **papale** *f* / Papstbibliothek *f*
~ **parlamentare** *f* / Parlamentsbibliothek *f*
~ **parocchiale** *f* / Pfarrbücherei *f* · Gemeindebücherei *f* (Bücherei einer Kirchengemeinde)
~ **partecipante** *f* / Teilnehmerbibliothek *f* · Verbundbibliothek *f*
~ **per adulti** *f* / Erwachsenenbibliothek *f*
~ **per giovani** *f* / Jugendbücherei *f*
~ **per gli studenti** *f* / Studentenbibliothek *f*
~ **per i ciechi** *f* / Blindenbibliothek *f*
~ **per la proprietà letteraria** *f* ⟨UNI ISO 5127/1⟩ / Copyright-Bibliothek *f*
~ **per pazienti** *f* / Patientenbibliothek *f*
~ **per ragazzi** *f* / Kinderbücherei *f*
~ **popolare** *f* / Volksbücherei *f*
~ **possedente** *f* / besitzende Bibliothek *f*
~ **prestante** *f* / gebende Bibliothek *f* · verleihende Bibliothek *f*
~ **principale** *f* / Hauptbibliothek *f*
~ **principesca** *f* / Fürstenbibliothek *f*
~ **privata** *f* / Privatbibliothek *f*
~ **provinciale** *f* / Provinzialbibliothek *f*
~ **pubblica** *f* ⟨UNI ISO 5127/1⟩ / Öffentliche Bibliothek *f*
biblioteca pubblica di ente locale *f* / Öffentliche Bibliothek *f* (in kommunaler Trägerschaft)
~ **reale** *f* / königliche Bibliothek *f*
~ **regionale** *f* / Regionalbibliothek *f* · Landesbibliothek *f*
~ **ricevente** *f* / nehmende Bibliothek *f*
~ **richiedente** *f* / bestellende Bibliothek *f*

bibliotecario *m* / Bibliothekar
bibliotecario d'arte *m* / Kunstbibliothekar *m*
bibliotecario dei manoscritti *m* / Handschriftenbibliothekar *m*
~ **di reference** *m* / Auskunftsbibliothekar *m*
~ **direttore** *m* / Bibliotheksdirektor *m*
~ **professore** *m* / Professorenbibliothekar *m*
~ **responsabile alle acquisizioni** *m* / Erwerbungsbibliothekar *m*
~ **specializzato** *m* / Fachreferent *m* · Fachbibliothekar *m*
~ **universitario** *m* / Hochschulbibliothekar *m*
biblioteca rurale *f* / Dorfbibliothek *f*
~ **scientifica** *f* / wissenschaftliche Bibliothek *f*
~ **scolastica** *f* / Schulbibliothek *f*
~ **secondaria** *f* (in un sistema bibliotecario universitario) / Teilbibliothek *f* · Bereichsbibliothek *f*
~ **sindacale** *f* / Gewerkschaftsbibliothek *f*
~ **speciale** *f* / Fachbibliothek *f* · Spezialbibliothek *f*
~ **statale** *f* / staatliche Bibliothek *f* (biblioteca dello Stato: Staatsbibliothek)
~ **succursale** *f* / Zweigbibliothek *f*
~ **tripartita** *f* / dreigeteilte Bibliothek *f*
~ **universitaria** *f* / Universitätsbibliothek *f* (die Gesamtheit der bibliothekarischen Einrichtungen einer Univ.)
~ **virtuale** *f* / virtuelle Bibliothek *f*
biblioteconomia *f* ⟨UNI ISO 5127/1⟩ / Bibliothekswesen *n* · Bibliotheksverwaltungslehre *f* · Bibliothekswissenschaft *f* · Bibliotheksbetriebslehre *f* ‖ *v.a. laureato in biblioteconomia; scuola di biblioteconomia*
~ **comparativa** *f* / vergleichende Bibliothekswissenschaft *f*
~, **informazione e documentazione** *f* / Bibliothekswesen, Information und Dokumentation (BID)
~ **rurale** *f* / ländliches Bibliothekswesen *n*
biblioterapia *f* / Bibliotherapie *f*
bicolore *agg* / zweifarbig *adj*
bicomia *f* [Tip] / Zweifarbendruck *m*
biglietto da visita *m* / Visitenkarte *f*
bilanciamento *m* / Bilanzierung *f*
bilanciere *m* [Leg] / Prägepresse *f*
bilancio *m* / Bilanz *f* · (bilancio dello Stato:) Etat *m* · Haushalt *m* ‖ *v.a. capitolo di bilancio; controllo del bilancio; direttive di bilancio; eccedenza di bilancio; entrate di bilancio; gestione del bilancio; legge sul bilancio; progetto di bilancio; risorse di bilancio; surplus nel bilancio; taglio al bilancio; voce di bilancio*
~ **annuo** *m* / Jahresetat *m*
~ **biennale** *m* / Zwei-Jahres-Haushalt *m*
~ **complementare di previsione** *m* / Nachtragshaushalt *m*
~ **d'acquisti** *m* / Erwerbungsetat *m* · Buchetat *m*
~ **dello Stato** *m* / Staatshaushalt *m*
~ **d'investimento** *m* / Investitionshaushalt *m*
~ **fine dell'anno** *m* / Jahresabschluß *m*
~ **globale** *m* / Globalhaushalt *m*
~ **impersonale** *m* / Sachetat *m*
~ **per i mezzi didattici** *m* / Lehrmitteletat *m*
~ **preventivo** *m* / Haushaltsplan *m*
~ **previsionale** *m* / Haushaltsvoranschlag *m* · Haushaltsansatz *m*
~ **straordinario** *m* / außerordentlicher Haushalt *m*
bimensile *agg* / zweimonatlich *adj*
bimestrale *agg* / zweimonatlich *adj* · (rivista bimestrale:) Zweimonatsschrift *f*
binario *agg* / binär *adj*
bio-bibliografia *f* / Bio-Bibliographie *f* · Personalbibliographie *f*
biografia *f* ⟨UNI ISO 5127/2⟩ / Biographie *f*
biografo *m* / Biograph *m*
bip bip *m* (cercapersone) / Personenrufanlage *f*
biro *f* / Kugelschreiber *m*
bisettimanale *agg* / halbwöchentlich *adj* · (rivista bisettimanale:) Halbwochenschrift *f*
bisogni *pl* / Bedürfnisse *pl*
~ **degli utenti** *pl* / Benutzerbedürfnisse *pl*
~ **del tempo libero** *pl* / Freizeitbedürfnisse *pl*
~ **di informazione** *pl* / Informationsbedürfnisse *pl*
bisogno *m* / Bedarf *m*
~ **informativo** *m* / Informationsbedarf *m*
bit di controllo *m* [Inform] / Prüfbit *n*
~ **di parità** *m* / Paritätsbit *n*
blasone *m* / Wappen *n*
blip *m* [Repr] / Bildmarke *f*
bloccare *v* (un utente) / sperren *v* (einen Benutzer ~)
blocco *m* / (arresto totale:) Sperre *f* · (massa compatta:) Block *m*
~ **alle assunzioni** *m* [Pers] / Einstellungsstopp *m*
~ **del trasferimento di dati** *m* / Daternübertragungsblock *m*

~ **di dati** *m* [Inform] / physischer Satz *m* · Datenblock *m*
~ **di file** *m* [Inform] / Dateisperrung *f*
~ **di legno** *m* / Holzstock *m*
~ **di scaffalatura** *m* / Regalblock *m*
~ **pressatore** *m* (in una cassetta) / Gleitblock *m* · Stellklotz *m*
bloc-notes *m* / Notizblock *m*
bobina *f* [NBM] / Spule *f* · (di un registratore a nastro:) Tonbandspule *f* || *v.a. nastro sonoro a bobina*
~ **da proiezione** *f* [Repr; NBM] / Vorführspule *f* · Wiedergabespule *f*
~ **di microfilm** *f* / Mikrofilmspule *f*
~ **di pellicola** *f* [NBM] / Filmspule *f*
~ **di ricupero** *f* [NBM] / Aufwickelspule *f*
~ **srotolante** *f* / Abwickelspule *f*
bolla papale *f* / Bulle *f*
bollare *v* / stempeln *v* || *v.a. carta bollata*
bollatura *f* / Stempelung *f*
bolletta di consegna *f* / Lieferzettel *m*
bollettario degli ordini *m* [Acq] / Bestellblock *m* (Block mit Bestellzetteln)
bollettino *m* ⟨UNI ISO 5127/2⟩ / Bulletin *m* · Bericht *m*
~ **delle nuove accessioni** *m* / Neuerwerbungsliste *f* · Zuwachsverzeichnis *n*
~ **di analisi** *m* / Referateblatt *n* || *v.a. servizio di analisi*
~ **d'informazioni** *m* / Mitteilungsblatt *n*
~ **di recensioni** / Rezensionszeitschrift *f*
~ **di sommari** *m* / (per la distribuzione interna:) Referatedienst *m*
~ **segnaletico** *m* [Ind] / Referateblatt *n*
bollo di proprietà *m* / Besitzstempel *m*
bolo *m* [Leg] / Bolus *m*
bonifica del catalogo *f* / Katalogsanierung *f*
bonifico bancario *m* / Überweisung *f*
book club *m* / Buchgemeinschaft *f*
bootstrap *m* [Inform] / Urladen *n*
borchia *f* [Leg] / Buckel *m*
borchie *pl* [Leg] / Beschläge *pl*
bordatura *f* [Rest] / Randeinbettung *f*
borsa *f* / Tasche *f* · (sussidio finanziario:) Stipendium *n*
~ **di ricerca** *f* / Forschungsstipendium *n*
~ **di studio** *f* / Studienbeihilfe *f* · Stipendium *n*
~ **libraia** *f* / Buchtasche *f*
borsista *m* / Stipendiat *n*
~ **di ricerca** *m* / Forschungsstipendiat
bottega tipografica / Druckerei (als Werkstatt)
bottone *m* / (pulsante:) Schalter *m* · Knopf *m*
bozza *f* / Entwurf *m* · (prova di stampa:) Korrekturabzug *m* (bozza di contratto: Vertragsentwurf; bozza di legge: Gesetzentwurf) || *v.a. simbolo per la correzione di bozze; ultime bozze*
~ **in colonna** *f* [Tip] / Fahnenkorrektur *f* · Fahnenabzug *m*
bozze impaginate *f* [Tip] / Umbruchkorrekturabzüge *pl*
bozzetto *m* / Skizze *f*
br. *abbr* [Leg] *v. brossura*
braccio *m* (del pick-up di un giradischi) / Tonarm *m*
brachetta *f* [Leg] / Falz *m* || *v.a. imbrachettare*
~ **di attacco** *f* [Leg] / Anklebefalz *m*
~ **di compensazione** *f* [Leg] / Ausgleichsfalz *m*
brachigrafia *f* / Abkürzungslehre *f* · Brachygraphie *f*
braghetta *f* [Leg] / Falz *m* || *v.a. imbrachettare*
~ **a soffietto** *f* [Leg] / Zick-Zack-Falz *m*
breve *m* / Breve *n*
brevettabile *agg* / patentfähig *adj*
brevettabilità *f* / Patentfähigkeit *f*
brevettare *v* / patentieren *v*
brevetto *m* / Patent *n* · Patentschrift *f* || *v.a. detentore di brevetto; documentazione brevettuale; domanda di brevetto; gazzetta ufficiale dei brevetti; ricerca di brevetti; richiesta di brevetto; rilascio di brevetto; rivendicazione di brevetto; titolare di brevetto; ufficio brevetti; violazione di brevetto*
~ **comunitario** *m* / Gemeinschaftspatent *n*
breviario *m* / Brevier *n*
bross. *abbr* [Leg] *v. brossura*
brossura *f* [Leg] / Broschur *f* (in ~: broschiert; legare in ~:broschieren)
~ **flessibile** *f* / Weichbroschur *f*
~ **rigida** *f* / Steifbroschur *f*
brossurato *part pt* / broschiert *part perf*
brunire *v* [Leg] / glätten *v* · polieren *v*
brunitoio *m* [Leg] / Glättkolben *m*
brunitore *m* [Leg] / Glättzahn *m*
bruniture *pl* [Libri] / Bräunungen *pl*
buchellerato *part pt* / löcherig *adj*
buchi di verme *pl* / Wurmstiche *pl* · Wurmlöcher *pl*
buffè *m* / Büfett *n* · Cafeteria *f*
buffer *m* [Inform] / Puffer(speicher) *m(m)*
~ **di stampa** *m* [Inform] / Druckpuffer *m* · Druckerpuffer *m*
bulino *m* [Arte] / Stichel *m*

~ **rotondo** *m* [Arte] / Rundstichel *m*
buono *m* / Gutschein *m*
~ **a stampare** *agg* / druckfertig! *adj*
~ **di consegna** *m* / Lieferschein *m*
~ **di ricevimento** *m* / Empfangsquittung *f*
~ **per libro** *m* / Büchergutschein *m*
burocratizzazione *f* / Bürokratisierung *f*
bus *m* [Inform] / Bus *m*
bus di controllo *m* / Kontrollbus *m* · Steuereinheit *f* · Steuerbus *m*
bus di dati *m* [Inform] / Datensammelschiene *f* · Datenbus *m*
~ **indirizzi** *m* [Inform] / Adressbus *m*

busta / Umschlag *m* · Briefumschlag *m* · Hülle *f* · Mappe *f* · (custodia per documenti:) Aktenmappe *f* · (di un disco:) Schallplattenhülle *f* · Cover *n* · Plattenhülle *f*

~ **a sacco** *m* / Versandtasche *f*

~ **con finestrino** *f* / Fensterbriefumschlag *m*

~ **di plastica** *f* / Plastikhülle *f* · Kunststofftasche *f*

C

cabina d'ascolto *f* / Abhörkabine *f* · Abhörraum *m*
~ **per lettura** *f* / Lesekabine *f*
~ **riservata** *f* / Carrel *n* · Arbeitskabine *f*
~ **singola** *f* / Einzelkabine *f*
~ **telefonica** *f* / Telefonzelle *f*
cablaggio *m* / Verkabelung *f* · Verdrahtung *f*
cablato *part pt* / verkabelt *part perf* · fest verdrahtet *part perf*
cadenza *f* / (frequenza di una rivista:) Erscheinungsweise *f*
caffetteria *f* (in un albergo) / Frühstücksraum *m*
calamaio *m* / (vasetto in cui si tiene l'inchiostro:) Tintenfass *n* · (stampa offset:) Farbwerk *n*
calamo *m* [Scritt] / Calamus *m*
calandra *f* [Carta] / Kalander *m*
calandrare *v* [Carta] / glätten *v* · kalandrieren *v*
calandratura *f* [Carta] / Kalandersatinage *f*
calco *m* / (impronta di un rilievo:) Abdruck *f* · (copia di un disegno:) Pause *f*
calcografia *f* / Tiefdruck *m* · (incisione su rame:) Kupferstich *m*
calcografo *m* / Kupferstecher *m*
calcolatore *m* ⟨Inform⟩ / Computer *m* · Rechner *m*
~ **a elevate prestazioni** *m* / Hochleistungsrechner *m*
~ **di processo** *m* [Inform] / Prozessrechner *m*
~ **di work station** *m* / Arbeitsplatzrechner *m*
~ **elettronico** *m* / Datenverarbeitungsanlage *f*
~ **portatile** *m* / tragbarer Computer *m*
~ **potente** *m* / Großrechner *m*
~ **satellite** *m* [Inform] / Satellitenrechner *m*
calcolatrice *f* [Uff] / Rechenmaschine *f*
~ **alimentata dalla rete** *f* / netzabhängige Rechenmaschine *f*
~ **da tavola** *f* / Tischrechner *m*
~ **tascabile** *f* / Taschenrechner *m*
calcolazione *f* / Kalkulation *f*
calcolo dei costi *m* / Kostenrechnung *f*
calcomania *f* / Abziehbild *n*
calcotipia *f* / Kupfertafeldruck *m*
calendario *m* / Kalender *m* · Zeitplan *m* · (tabella di marcia:) Terminplan *m*
calendario a fogli staccabili *m* / Abreißkalender *m*
~ **degli esami** *m* / Prüfungsplan *m*
~ **delle aste** *m* / Auktionskalender *m*
~ **delle ferie** *m* / Ferienplan *m*
~ **delle lezioni** *m* (università) / Vorlesungsverzeichnis *n*
~ **delle manifestazioni** *m* / Veranstaltungskalender *m*
~ **di corte** *f* / Hofkalender *m*
~ **di lavoro** *m* / Arbeitsplan *m* (Zeitplan)
Calendario gregoriano *m* / Gregorianischer Kalender *m*

calendario perpetuo *m* / immerwährender Kalender *m* · ewiger Kalender *m*
calicò *m* / Kaliko *n*
calligrafia *f* / Kalligraphie *f* ‖ *v.a. libro di calligrafia*
calligrafo *m* / Kalligraph *m* ‖ *v.a. maestro calligrafo*
cambiadischi *m* / Plattenwechsler *m*
cambiamento di denominazione / Namensänderung *f* (bei einer Körperschaft)
~ **di nome** / Namensänderung *f*
~ **di titolo** / Titeländerung *f*
cambiamonete *m* / Münzwechsler *m* · Geldwechselgerät *n*
camera blindata *f* / Tresor *m*
~ **da ripresa in continuo** *f* [Repr] / Durchlaufkamera *f*
~ **da ripresa per microschede** *f* / Microfiche-Kamera *f*
~ **di ripresa dinamica** *f* / Durchlaufkamera *f*
~ **oscura** *f* [Repr] / Dunkelkammer *f*
~ **processore** *f* [Repr] / Prozessorkamera *f*
camerino per le carte *m* / Kartenzimmer *n*
cammino *m* [Inform] / Pfad *m*
~ **di navigazione** *m* / Navigationspfad *m*
~ **di ricerca** *m* [Retr] / Suchweg *m*
camoscio *m* / Chamois *n*
campagna di risparmio *f* / Sparkampagne *f*
~ **promozionale** *f* / Werbekampagne *f*
campionamento *m* / Stichprobenbildung *f* · Stichprobenauswahl *f* (Stichprobenentnahme) ‖ *v.a. base di campionamento*
campionario *m* / Musterbuch *n*
campionatura *f* / Stichprobenverfahren *n* ‖ *v.a. indagine campionaria*
campione *m* / Probe *f* · (tipografia:) Probedruck *m* · (prototipo:) Muster *n* · (quantità parziale estratta da una massa omogena:) Stichprobe *f* ‖ *v.a. copia campione; metodo del campione; prelievo di campioni; scelta dei campioni; volume campione*
~ **aleatorio** *m* / Zufallsstichprobe *f*
~ **rappresentativo** *m* / repräsentative Stichprobe *f*
~ **stratificato** *m* / geschichtete Stichprobe *f*
campo *m* / Feld *n* ‖ *v.a. delimitatore di campo; lunghezza di campo*
~ **affine** *m* / Randgebiet *n*
~ **concettuale** *m* / Begriffsfeld *n*
~ **dei dati** *m* [Inform] / Datenfeld *n*
~ **di applicazione** *m* / Anwendungsbereich *m*
~ **di cercata** *f* [Retr] *v. campo di ricerca*
~ **di lunghezza fissa** *m* [Inform] / Feld fester Länge *n*
~ **di lunghezza variabile** *m* / Feld variabler Länge *n*
~ **d'indirizzo** *m* [Inform] / Adressfeld *n*
~ **di perforazione** *m* [SchPerf] / Lochfeld *n*
~ **di ricerca** *m* [Retr] / Suchfeld *n*
~ **disciplinare** *m* / Fachgebiet *n*
~ **di testo** *m* [PubblEl] / Textbereich *m*
~ **di varianza** *m* / Variationsbreite *f*
~ **di variazione** *m* (in una distribuzione di frequenza) / Schwankungsbereich *m*
~ **protetto** *m* [Inform] / schreibgeschütztes Feld *n* · geschütztes Feld *n*
~ **speciale di ricerche** *m* / Sonderforschungsbereich *m*
canale *m* / (mezzo di comunicazione:) Nachrichtenkanal *m* · (legatura:) tiefer Falz *m* · Rückenfalz *m* · (carattere da stampa:) Fußrille *f*
~ **a banda larga** *m* [Com] / Breitbandkanal *m*
~ **di comunicazione** *m* / Kommunikationskanal *m*
~ **di distribuzione** *m* / Vertriebsweg *m* · Vertriebskanal *m*
~ **di informazione** *m* / Informationskanal *m*
~ **di input** *m* [Com] / Eingangskanal *m*
~ **di trasmissione** *m* / Übertragungskanal *m*
~ **di uscita** *m* [Inform] / Ausgangskanal *m* · Ausgabekanal *m*
canaletto *m* [Leg] / Rückenfalz *m*
cancellare *v* / tilgen *v* · löschen *v* ‖ *v.a. memoria cancellabile*
cancellazione *f* / Löschung *f* · Streichung *f* · Tilgung *f* ‖ *v.a. segno di cancellazione*
cancellazione *f* / Löschung *f* · Tilgung *f* · Annullierung *f* ‖ *v.a. tasto di cancellazione*
cancelleresca *f* [Scritt] *v. scrittura cancelleresca*
cancelleria *f* [Uff] / Schreib- und Papierwaren *pl* · Büroartikel *pl* ‖ *v.a. oggetti di cancelleria*
cancello *m* [EdilArred] / (chiusura di ingresso:) Sperre *f*
candidato *m* / Kandidat *m* · Bewerber *m*
~ **descrittore** *m* [Ind] / Deskriptor-Kandidat *m*
canone *m* / Kanon *m* · (somma da pagare:) Gebühr *f* ‖ *v.a. servizio bibliotecario a pagamento; servizio senza canone*
~ **semestrale** *m* / Semestergebühr *f*

canto gregoriano *m* / gregorianischer Gesang *m*
cantonale *m* [Leg] / Eckstück *n*
cantonali *pl* [Leg] / Eckbeschläge *pl*
canzone d'arte *f* / Kunstlied *n*
canzoniere *m* / Liederbuch *n*
CAP *abbr* [Com] *v. Codice di Avviamento Postale*
capacità concettuali *pl* [Pers] / konzeptionelle Fähigkeiten *pl*
~ **del magazzino** *f* / Magazinkapazität *f*
~ **di buffer** *f* / Pufferkapazität *f*
~ **di collocamento** *f* / Stellraum *m*
~ **di editing** *f* [Inform] / Editierfähigkeit *f*
~ **di memorizzazione** *f* [Inform] / Speicherkapazität *f* · Speicherplatz *m*
~ **spaziale** *f* / Raumkapazität *f*
capitale *f* [Scritt] / Kapitalis *f*
capitali d'investimento *pl* / Investitionsmittel *pl*
capitello *m* [Leg] / Kapital *n*
capitello inferiore *m* [Leg] / unteres Kapital *n*
capitolo *m* ⟨UNI ISO 5127/2⟩ / Kapitel *n* ‖ *v.a. testata del capitolo*
~ **di bilancio** *m* / Haushaltskapitel *n*
capo addestramento *m* / Ausbildungsleiter *m*
~**consulente** *m* (in una casa editrice) / Cheflektor *m*
~ **del personale** *m* / Personalchef *m*
~ **dipartimento** *m* / Abteilungsleiter *m*
~**lavoro** *m* / Hauptwerk *n*
~**lettera** *m* / Initial(e) *n(f)* · Anfangsbuchstabe *f*
~**magazzino** *m* / Magazinchef *m*
~**progetto** *m* / Projektleiter *m*
~**reparto** *m* / Abteilungsleiter *m*
~ **reparto personale** / Personalleiter *m* · Personalchef *m*
~**reparto produzione** *m* (in una casa editrice) / Herstellungsleiter *m*
~**sezione** *m* / Abteilungsleiter *m* · Chef *m*
~**verso** *m* [Scritt; Tip] / (tipografia:) Einzug *m* · (scrittura:) Absatz *m*
cappa aspirante *f* / Digestorium *n* · Abzug *m*
cappio di film *m* / Filmschleife *f*
carattere *m* ⟨UNI ISO 5127/1⟩ / Zeichen *n* (graphisches Zeichen) ‖ *v.a. altezza del carattere; famiglia di caratteri; generatore di immagini; incisore di caratteri; sequenza di caratteri; serie di caratteri; set di caratteri*
~ **a stampa** *m* [Tip] / Type *f* · Drucktype *f* · Letter *f*
~ **bianco** *m* [Inform] / Leerzeichen *n*
~ **bloccato** *m* [Tip] / Fliegenkopf *m*
~ **corsivo** *m* [Tip] / Kursive *f*
~ **del comando di unità** *m* [Inform] / Gerätesteuerzeichen *n*
~ **di cancellazione** *m* [Inform] / Löschzeichen *n*
~ **di controllo** *m* [Inform] / Prüfzeichen *n* · Steuerzeichen *n*
carattere di controllo di trasferimento *m* / Übertragungssteuerzeichen *n*
carattere di controllo per la stampa *m* [Inform] / Drucksteuerzeichen *n*
~ **di riempimento** *m* [Inform] / Füllzeichen *n*
~ **ECC** *m* / ECC-Zeichen *n*
~ **finale** *m* / Schlusszeichen *n*
~ **Futura** *m* [Tip] / Futura *f*
~ **grafico** *m* / Schriftzeichen
carattere ideografico *m* / Bildzeichen *n*
carattere minuscolo / Kleinbuchstabe *m* (als Drucktype/Schriftzeichen)
carattere ornamentale *m* [Tip] / Zierbuchstabe *m*
carattere speciale *m* [Inform] / Sonderzeichen *n*
~ **tipografico** / Schrifttype *f* · Letter *f* ‖ *v.a. caratteri mobili*
caratteri a bastone *pl* [Tip] / Grotesk *f*
~ **correnti** *pl* [Tip] / Brotschrift *f*
~ **magnetici** *pl* [Inform] / Magnetschriftzeichen *pl*
~ **magri** *pl* [Tip] / magere Schrift *f*
~ **mobili** *pl* [Tip] / bewegliche Lettern *pl*
~ **OCR** *pl* / OCR-Schrift *f* (OCR-Zeichen)
~ **ornamentali** *pl* / Zierschrift *f*
~ **per pollice** *pl* [Inform] / Zeichen pro Zoll *pl*
~ **per riga** *pl* [Inform] / Zeichen pro Zeile *pl*
~ **pubblicitari** *pl* [Tip] / Akzidenzschrift *f*
~ **romani** *pl* [Tip] / Antiqua *f* · lateinische Schrift *f*
carboncino *m* [Arte] / Kohlezeichnung *f*
carenza di manodopera *f* / Arbeitskräftemangel *m*
~ **di personale** *f* / Personalmangel *m*
~ **di spazio** *f* / Raummangel *m*
caricabile *agg* [Inform] / ablauffähig *adj* · ladefähig *adj*
caricare [Repr] / laden *v* · einfädeln *v* (einen Film einfädeln)

caricatore *m* [Repr] / Kleinbildpatrone *f* · Kleinbildkassette *f* · Endlosfilm-Kassette *f*
~ **circolare** *m* (al proiettore per diapositive) / Rundmagazin *n*
cariche *pl* [Carta] / Füllstoff *m*
carico del soffitto *m* / Deckenbelastung *f*
~ **di lavoro** *m* / Arbeitsbelastung *f*
~ **di rete** *m* / Netzbelastung *f*
~ **fisso** *m* [EdilArred] / ständige Last *f*
~ **massimo** *m* [EdilArred] / Tragfähigkeit *f*
~ **utile** *m* [EdilArred] / Nutzlast *f*
carosello *m* / Karussell *n*
carrello *m* (per i libri) / Bücherwagen *m*
carriera *f* / Laufbahn *f* · Karriere *f*
~ **ausiliaria** *f* / einfacher Dienst *m*
~ **di concetto** *f* / gehobener Dienst *m*
~ **direttiva** *f* / höherer Dienst *m*
carta *f* / (dichiarazione di principi:) Charta *f* · (carta geografica:) Karte *f* · (materiale:) Papier *n* · (documento:) Urkunde *f* ‖ *v.a. deposito delle carte geografiche; sostegno per carte; utilizzazione della carta*
~ **abrasiva** *f* [Cons] / Schmirgelpapier *n*
~ **acida** *f* / säurehaltiges Papier *n*
~ **a colla** *f* / Kleisterpapier *n*
~ **a diagrammi** *f* / Diagrammkarte *f*
~ **aeronautica** *f* / Luftnavigationskarte *f* · Luftfahrtkarte *f*
~ **alcalina** *f* / alkalihaltiges Papier *n*
~ **al tino** *f* / Büttenpapier *n* · echtes Büttenpapier *n*
~ **a macchina** *f* / Maschinenpapier *n*
~ **a mano** *f* / Handpapier *n* · handgeschöpftes Papier *n* · echtes Büttenpapier *n*
~ **a mano-macchina** *f* / Maschinenbütten-papier *n*
~ **a ossido di zinco** *f* / Zinkoxidpapier *n*
~ **a pergamena** *f* / Pergamentpapier *n*
~ **a quadretti** *f* / kariertes Papier *n*
carta areale *f* [Cart] / Arealkarte *f*
carta asciugante *f* / Löschpapier *n*
carta assorbente *f* / Löschpapier *n* · Saugpapier *n*
~ **autoricalcante** *f* [Uff] / selbstdurchschreibendes Papier *n* · Durchschreibpapier *n*
~ **a vergella** / geripptes Papier *n*
~ **avorio** *f* / Elfenbeinpapier *n*
~ **baritata** *f* / Barytpapier *n*
~ **batimetrica** *f* [Cart] / Tiefenkarte *f* · bathymetrische Karte *f*
~ **Bibbia** *f* / Bibel(druck)papier *n*
~ **bollata** *f* / Stempelpapier *n*
~ **broccata** *f* / Brokatpapier *n*
~ **calandrata** *f* / kalandriertes Papier *n*
~ **carbone** *f* / Kohlepapier *n*
~ **cartuccia** *f* / Kartuschenpapier *n*
~ **celeste** *f* [Cart] / Himmelskarte *f* · Sternkarte *f*
~ **Cina** *f* / Chinapapier *n*
~ **collata** *f* / geleimtes Papier *n*
~ **collata in superficie** *f* / oberflächengeleimtes Papier *n*
~ **colorata** *f* / Buntpapier *n*
~ **complementare** *f* [Cart] / Nebenkarte *f*
~ **con curve di livello** *f* [Cart] / Höhenlinienkarte *f*
~ **continua** *f* / Maschinenpapier *n*
~ **copiativa** *f* / Kopierpapier *n* · Durchschlagpapier *n*
~ **corografica** *f* [Cart] / chorographische Karte *f* · Übersichtskarte *f*
~ **corologica** *f* [Cart] / Gebietslagekarte *f*
~ **da bozza** *f* / Konzeptpapier *n*
~ **da copiare** *f* / Kopierpapier *n*
~ **da filtro** *f* / Filterpapier *n*
~ **da gioco** *f* / Spielkarte *f*
~ **da giornale** *f* / Zeitungsdruckpapier *n*
~ **da imballaggio** *f* / Packpapier *n*
~ **da lettere** *f* / Briefpapier *n*
~ **da macero** *f* / Makulatur *f*
~ **da minuta** *f* / Konzeptpapier *n*
~ **da musica** *f* / Notenpapier *n*
~ **da ricalco** *f* / Pauspapier *n*
~ **da rivestire** *f* [Leg] / Kaschierpapier *n*
~ **da scrivere** *f* / Schreibpapier *n*
~ **da stampa** *f* / Druckpapier *n*
~ **del Giappone** *f* / Japanpapier *n*
~ **del rilievo** *f* [Cart] / Reliefkarte *f*
~ **d'esparto** *f* / Espartopapier *n*
~ **di credito** *m* / Kreditkarte *f*
~ **d'identità** *f* / Personalausweis *m*
~ **di legno** *f* / holzhaltiges Papier *n*
~ **di navigazione** *f* [Cart] / Navigationskarte *f*
~ **d'India** / Dünndruckpapier *n* ‖ *v.a. carta Bibbia*
~ **di pasta-legno** *f* / holzhaltiges Papier *n*
~ **di regionalizzazione** *f* [Cart] / Raumgliederungskarte *f*
~ **di riso** *f* / Reispapier *n*
~ **di rivestimento** *f* / Überzugspapier *n*
~ **di similpelle** *f* / Kunstlederpapier *n*
~ **di stracci** *f* / hadernhaltiges Papier *n* · Hadernpapier *n*
~ **dorata** *f* / Goldpapier *n*
~ **durevole** *f* / alterungsbeständiges Papier *n*
~ **esente da acido** *f* / säurefreies Papier *n*

~ **fortemente calandrata** *f* / Hochglanzpapier *n* ‖ *v.a. carta satinata*
~ **fotografica** *f* / Fotopapier *n*
~ **fuori testo** *f* [Cart] / Kartenbeilage *f*
~ **geografica** *f* / Karte *f* ‖ *v.a. agenzia di vendita di carte geografiche*
~ **geografica murale** *f* / Wandkarte *f*
~ **giapponese** *f* / Japanpapier *n* · Velinpapier *n*
~ **goffrata** *f* / Prägepapier *n*
~ **gommata** *f* / gummiertes Papier *n*
~ **idrografica** *f* [Cart] / hydrographische Karte *f*
~ **incollata** *f* / geleimtes Papier *n*
~ **India** *f* / Chinapapier *n*
~ **indipendente** *f* [Cart] / Einzelkarte *f*
~ **intestata** *f* [Uff] / Kopfbogen *m*
~ **invertibile** *f* [Repr] / Umkehrpapier *n*
cartaio *m* / (chi vende carta:) Papierhändler *m* · (chi produce carta:) Papierfabrikant *m* · Papiermacher *m*
carta Kraft *f* / Kraftpapier *n*
~ **liscia a macchina** *f* / maschinenglattes Papier *n*
~ **lucida** *f* / Glanzpapier *n* ‖ *v.a. copia su carta lucida*
~ **Manilla** *f* / Manilapapier *n*
~ **manoscritta** *f* [Cart] / handschriftliche Karte *f*
~ **marittima** *f* / Seekarte *f*
~ **marmorizzata** *f* / Marmorpapier *n*
~ **modello** *f* / Schnittmusterbogen *m*
~ **morfometrica** *f* [Cart] / morphometrische Karte *f*
~ **nautica** *f* [Cart] / Schifffahrtskarte *f* · Seekarte *f*
~ **neutra** *f* / holzfreies Papier *n*
~ **non acida** *f* / säurefreies Papier *n*
~ **patinata** *f* / beschichtetes Papier *n* · Kunstdruckpapier *n* · gestrichenes Papier *n*
~**pecora** *f* / Jungfernpergament *n*
~ **per copertura** *f* [Leg] / Überzugspapier *n* · Bezugspapier *n*
~ **per duplicatori** *f* / Abzugpapier *n*
~ **pergamena** *f* / Pergamin *n*
~ **pergamina** *f* / Pergaminpapier *n*
~ **per macchina da scrivere** *f* / Schreibmaschinenpapier *n*
~ **permanente** *f* / alterungsbeständiges Papier *n*
~ **per offset** *f* / Offsetpapier *n*
~ **per posta aerea** *f* / Luftpostpapier *n*
~ **pieghevole** *f* [Cart] / Faltkarte *f*
~ **pittorica** *f* [Cart] / Bilderkarte *f* · Bildkarte *f*
~ **planimetrica** *f* [Cart] / Grundrisskarte *f*
~ **principale** *f* [Cart] / Hauptkarte *f*
~ **priva di acidi** *f* / säurefreies Papier *n*
~ **quadrettata** *f* / kariertes Papier *n*
~ **rigata** *f* / lini(i)ertes Papier *n*
cartario *m* [Arch] / Chartular *n* *A* · Kopialbuch *n* · Kopiar *n*
carta rotativa *f* / Zeitungsdruckpapier *n*
~ **satinata** *f* / Kunstdruckpapier *n* · satiniertes Papier *n* · Glanzpapier *n*
~ **senza colla** *f* / ungeleimtes Papier *n*
~ **senza legno** *f* / holzfreies Papier *n*
~ **smeriglio** *f* / Schmirgelpapier *n*
~ **sostituita** *f* (cancel leaf) / Karton *m* · Ersatzblatt *n*
~ **sostituita per il frontespizio** *f* / Titelblattkarton *m*
~ **stereoscopica** *f* [Cart] / Raumbildkarte *f*
carta straccia *f* / Altpapier *n*
carta stradale *f* [Cat] / Straßenkarte *f*
~ **sugante** *f* / Löschpapier *n*
~ **telefonica** *f* / Telefonkarte *f*
~ **tematica** *f* [Cart] / thematische Karte *f*
~ **topografica** *f* [Cart] / topographische Karte *f*
~ **usata** *f* / Altpapier *n*
~ **velina** *f* / Seidenpapier *n* · Velinpapier *n* ‖ *v.a. carta giapponese*
~ **vergata** *f* / geripptes Papier *n*
carteggio *m* / Briefwechsel *m*
cartella *f* [Arch] / Karteiblatt *n* · (busta di pelle:) Aktentasche · (custodia per fogli ecc.:) Aktendeckel *m* · Mappe *f* · (foglio dattiloscritto su una sola facciata:) Schreibmaschinenseite *f* · (custodia ribaltabile:) Klappkarton *m*
~ **clinica** *f* / Krankenblatt *n* · Krankenakte *f*
~ **per riviste** *f* / Zeitschriftenmappe *f*
~ **personale** *f* / Personalakte *f*
~ **sospesa** *f* [Uff] / Hängemappe *f*
cartellatrice *f* [Leg] / Buchdeckenmaschine *f* · Deckenmachgerät *n*
cartellinatura *f* / Etikettierung *f*
~ **sul dorso** *f* / Rückenbeschilderung *f*
cartellino *m* / Schildchen *n* · Etikett *n* · Zettel *m*
~ **sul dorso** *m* / Rückenetikett *n*
cartello *m* / Aushang *m* · Schild *n*
cartellone *m* / Plakat *n* · Aushang *m*
carticino (cancel) *m* / Karton *m* · Ersatzblatt *n*
cartiera *f* / Papierfabrik *f* ‖ *v.a. mulino da carta*
cartiglio *m* / Schriftrolle *f* · Buchrolle *f* · Kartusche *f*

cartoccio *m* / Kartusche *f*
~ **d'angolo** [Libri] / Eckkartusche *f*
cartografia *f* / Kartographie *f*
~ **spaziale** *f* / Weltraumkartographie *f*
cartografo *m* / Kartograph *m*
cartogramma *m* / Kartogramm *n*
~ **a strisce** *m* / Gebietsstufenkarte *f*
cartolario *m* / Kopialbuch *n* · Kopiar *n* · Chartular *n A*
cartolazione *f* ⟨UNI ISO 5127/5⟩ / Blattzählung *f*
cartolina illustrata *f* / Bildpostkarte *f* · Ansichtskarte *f*
cartolina postale *f* / Postkarte *f*
cartologia *f* / Kartenkunde *f*
cartonaggio provvisorio *m* [Leg] / Interimseinband *m*
cartonato *part pt* [Leg] / kartoniert *part perf*
cartone *m* / Pappe *f* · Karton *m* ‖ *v.a. legato in cartone; rotolo di cartone; scatola di cartone*
~ **accoppiato** *m* / Klebepappe *f* · geklebte Pappe *f*
~ **da rilegatore** *m* / Buchbinderpappe *f*
~ **grigio** *m* / Graupappe *f* · Maschinenpappe *f*
~ **incollato** *m* / Klebepappe *f* · geklebte Pappe *f*
~ **ondulato** (m) / Wellpappe *f*
~-**paglia** *m* / Strohpappe *f*
~ **per cartonaggio** *m* / Kartonagenpappe *f*
~ **per montaggio** *m* / Aufziehkarton *m*
~ **rinforzato** *m* / Klebepappe *f*
~ **rivestito** *m* / kaschierte Pappe *f*
~ **spesso** *m* / Buchbinderpappe *f*
cartoni animati *m* / Zeichentrickfilm *m*
cartuccia *f* [Repr] / Endloskassette *f* · Einkernkassette *f*
~ **a getto d'inchiostro** / Druckpatrone *f* (für den Tintenstrahldrucker)
~ **chip** *f* / Chip-Gehäuse *n*
~ **da stampa** *f* / Druckpatrone *f*
~ **del tamburo** *f* (di una copiatrice) / Trommelkartusche *f*
~ **del toner** *f* / Tonerkassette *f*
~ **di nastro magnetico** *f* / Magnetbandkassette
~ **di stampa** *f* [Inform] / Druckpatrone *f*
~ **sonora** *f* / Endlostonband-Kassette *f*
cartulario *m* / Kopiar *n* · Chartular *n A*
casa d'asta *f* / Versteigerungshaus *n* · Auktionshaus *n*
~ **dello studente** *f* / Studentenheim *m*
~ **discografica** *f* / Plattenfirma *f*
~ **editrice** *f* ⟨UNI ISO 5127/5⟩ / Verlag *m* ‖ *v.a. editore*
~ **editrice commissionaria** *f* / Kommissionsverlag
~ **editrice musicale** *f* / Musikverlag *m* · Musikverleger *m*
~ **editrice pedagogica** *f* / pädagogischer Verlag *m*
~ **editrice scolastica** *f* / Schulbuchverlag *m*
~ **editrice universitaria** *f* / Universitätsverlag *m*
casella 1 *f* (parte del dorso di un libro) [Leg] / Rückenfeld *n* · Fach *n*
casella 2 *f* (in un armadio ecc.) / Fach *n* · Ablagefach *n* ‖ *v.a. palchetto*
~ 3 *f* (in un modulo; questionario) / Kästchen
~ **postale** *f* / Postfach *n* · Postschließfach
casellario *m* / Ablageregal *n* (~per la sistemazione di periodici: Zeitschriftenablage)
caso di dubbio *m* [Cat] / Zweifelsfall *m*
cassa *f* / Kiste *f*
~ **da libri** *f* / Buchkapsel *f* · Bücherkiste *f*
~ **del computer** *f* / Computergehäuse *n*
~**forte** *f* / Tresor *m*
~ **luminosa** *s* [Repr] / Leuchtkasten *m*
~ **tipografica** *f* / Setzkasten *m* · Schriftkasten *m* ‖ *v.a. alta cassa*
cassetta *f* / Kassette *f* · (schedario:) Karteikasten *m*
~ **con microfilm** *f* / Mikrofilmkassette *f*
~ **da borse** *f* / Taschenfach *n*
~ **delle riviste** *f* / Zeitschriftenbox *f*
~ **di connessione** *f* / Anschlussbox *f*
~ **di sicurezza** *f* / Schließfach *n*
~ **letteraria** *f* / Literaturkassette *f*
~ **parlata** *f* / Sprechkassette *f*
~ **per i suggerimenti** *f* / Vorschlagskasten *m*
~ **sonora** *f* / Tonkassette *f*
~ **vuota** *f* / Leerkassette *f*
cassetto *m* / Schublade *f* · (di un catalogo a schede:) Katalogkasten *m*
~ **estraibile** *m* / Schublade *f* · Schubkasten *m*
cassettone per carte *m* / Kartenschrank *m*
~ **per disegni** *m* / Zeichenschrank *m*
catalogare *v* / katalogisieren *v*
~ **in anticipo** *v* / vorauskatalogisieren *v*
catalogatore / Katalogisierer *m* · (catalogazione descrittiva:) Titelaufnehmer *m*
catalogazione *f* ⟨UNI ISO 5127/5⟩ / Katalogisierung *f*

~ **automatica** *f* / automatisierte Katalogisierung *f*
~ **breve** *f* / Kurzkatalogisierung *f* · verkürzte Katalogisierung *f*
~ **centralizzata** *f* ⟨UNI ISO 5127/5⟩ / Zentralkatalogisierung *f*
~ **derivata** *f* / Fremdkatalogisierung *f*
~ **descrittiva** *f* / Titelaufnahme *f* ‖ *v.a. sezione catalogazione descrittiva*
~ **di periodici** *f* / Zeitschriftenkatalogisierung *f*
~ **in anticipo** *f* / Vorauskatalogisierung *f*
~ **in linea** *f* / Online-Katalogisierung *f*
~ **originale** *f* / Eigenkatalogisierung *f*
~ **partecipata** *f* / kooperative Katalogisierung *f* · Verbundkatalogisierung *f* ‖ *v.a. sistema di catalogazione partecipata*
~ **per autori** *f* / alphabetische Katalogisierung *f*
~ **per soggetti** *f* / Schlagwortkatalogisierung *f*
~ **prima della data di pubblicazione** / Vorauskatalogisierung *f*
~ **provvisoria** / Interimskatalogisierung *f* · vorläufiges Katalogisieren *n*
~ **retrospettiva** *f* / retrospektive Katalogisierung *f*
~ **selettiva** *f* / Auswahlkatalogisierung *f*
~ **semantica** *f* / Sachkatalogisierung *f*
~ **simplificata** *f* / verkürzte Katalogisierung *f*

catalogo *m* ⟨RICA; UNI ISO 5127/2+5⟩ / Katalog *m* ‖ *v.a. gestione del catalogo; utente del catalogo*
~ **a COM** *m* / COM-Katalog *m*
~ **a fogli mobili (Staderini)** *m* / Kapselkatalog *m*
~ **alfabetico** *m* ⟨UNI ISO 5127/5⟩ / alphabetischer Katalog *m*
~ **alfabetico-classificato** / Gruppenschlagwortkatalog *m*
~ **alfabetico di soggetti** *m* / Schlagwortkatalog *m*
~ **antiquario** *m* / Antiquariatskatalog *m*
~ **a schede** *m* / Zettelkatalog *m* · Kartenkatalog *m*
~ **a stampa** / gedruckter Katalog *m*
~ **a volume** *m* / Bandkatalog *m*
~ **cartaceo** *m* / Zettelkatalog *m* · Kartenkatalog *m*
~ **centrale** / Zentralkatalog *m*
~ **classificato** *m* / systematischer Katalog
~ **collettivo** *m* ⟨UNI ISO 5127/5⟩ / (come prodotto di un'attività di catalogazione partecipata:) Verbundkatalog · Gesamtkatalog *m* · Gesamtverzeichnis *n*
~ **collettivo delle riviste** *m* / Gesamtzeitschriftenverzeichnis *n*
~ **collettivo regionale** *m* / regionaler Zentralkatalog *m*
~ **commerciale** *m* / Verkaufskatalog *m* · Firmenkatalog *m*
~ **cronologico** *m* ⟨UNI ISO 5127/5⟩ / chronologischer Katalog *m*
~ **d'asta** *m* / Versteigerungskatalog *m* · Auktionskatalog *m*
~ **dei generi** *m* / Gattungskatalog *m*
~ **dei manoscritti** *m* / Handschriftenkatalog *m*
~ **dei periodici** *m* / Zeitschriftenkatalog *m*
~ **della fiera** *m* / Messekatalog *m* · (secc.XVI-XVIII:) Meßkatalog *m*
~ **delle carte geografiche** *m* / Kartenkatalog *m*
~ **delle opere** *m* [Arte] / Oeuvre-Katalog *m*
~ **di antiquariato** *m* / Antiquariatskatalog *m*
~ **di fiera** *f* / Messekatalog *m*
~ **di mostra** *m* / Ausstellungskatalog *m*
~ **di persone** *m* / Personenkatalog *m*
~ **di servizio** *m* / Verwaltungskatalog *m* · Dienstkatalog *m*
~ **di spogli dei periodici** *m* / Aufsatzkatalog *m*
~ **di vendita** *m* / Verkaufskatalog *m*
~ **diviso** *m* / geteilter Katalog *m*
~-**dizionario** *m* ⟨UNI ISO 5127/5⟩ / Kreuzkatalog *m*
~ **editoriale** *m* / Verlegerkatalog *m* · Verlagskatalog *m*
~ **elettronico** *m* / EDV-Katalog *m*
~ **geografico** *m* ⟨UNI ISO 5127/5⟩ / geographischer Katalog *m*
~ **in linea** *m* / Online-Katalog *m*
~ **manoscritto** *m* / handschriftlicher Katalog *m*
~ **nominale** *m* / Nominalkatalog *m*
~ **on-line** *m* / Online-Katalog *m*

catalogo onomastico *m* ⟨UNI ISO 5127/5⟩ / Namenkatalog *m*

catalogo parziale *m* / Teilkatalog *m*
~ **per autori** *m* ⟨UNI ISO 5127/5⟩ / Verfasserkatalog *m* · (per autori e titoli:) alphabetischer Katalog *m*
~ **per luoghi** *m* / Ortskatalog *m*
~ **per materia** *m* / systematischer Katalog *m* · Sachkatalog *m*

~ **per parole chiave** *m* / Stichwortkatalog *m*
~ **per soggetto** *m* ⟨UNI ISO 5127/5⟩ / Schlagwortkatalog *m*
~ **per tipografi** *m* / Druckerkatalog *m*
~ **per titoli** *m* ⟨UNI ISO 5127/5⟩ / Titelkatalog *m*
~ **principale** *m* / Hauptkatalog *m*
~ **pubblico** *m* / Benutzerkatalog *m*
~ **reale** *m* / Realkatalog *m* · Sachkatalog *m*
~ **regionale** *m* / Regionalkatalog *m*
~ **semantico** *m* / Sachkatalog *m*
~ **sistematico** *m* ⟨UNI ISO 5127/5⟩ / systematischer Katalog *m*
~ **su microfiche** *m* / Microfiche-Katalog *m*
~ **tematico** *m* / Themenkatalog *m* · Stoffkreiskatalog *m*
~ **topografico** *m* ⟨UNI ISO 5127/5⟩ / Standortkatalog *m*
~ **unico** / Gesamtkatalog *m* ‖ *v.a. catalogo collettivo*
catechismo *m* / Katechismus *m*
categoria *f* [Class] / Kategorie *f*
categoria concettuale *f* / Begriffskategorie *f*
~ **di costi** *f* / Kostenart *f*
~ **di dati** *f* [Inform] / Datenkategorie *f*
~ **di ricerca** *f* [Retr] / Suchkategorie *f*
~ **di stipendio** *f* / Besoldungsgruppe *f* · Gehaltsgruppe *f* · Vergütungsgruppe *f*
~ **fondamentale** *f* [Class] / Fundamentalkategorie *f*
catena *f* [Class] / Kette *f*
catenella *f* [Leg] / Fitzbund *m*
cattedra *f* / Katheder *n* · Lehrstuhl *m* ‖ *v.a. biblioteca di cattedra*
cauzione *f* / Kaution *f*
cavalierino *m* [Uff] / Reiter *m* (auf einer Karteikarte) · Karteireiter *m*
cavetto *m* / Kabel *n*
caviglia *f* [CollScaff] / Stellstift *m*
cavo *m* / Kabel *n*
~ **a fibre ottiche** *m* / Glasfaserkabel *n*
~ **coassiale** *m* / Koaxialkabel *n*
~ **di alimentazione** *m* / Netzkabel *n*
~ **di allacciamento** *m* / Anschlusskabel *n*
~ **di collegamento** *m* / Verbindungskabel *m* · Anschlusskabel *n*
~ **di fibra di vetro** *m* / Glasfaserkabel *n*
~ **di fibra ottica** *m* / Glasfaserkabel *n*
CD *abbr/m* (compact disc) / CD *abbr/f*
CD-ROM *m* / CD-ROM *f* ‖ *v.a. unità di CD-ROM*
CDU *abbr v. Classificazione Decimale Universale*
cedere *v* / abgeben *v* ‖ *v.a. biblioteca cedente*
cedola *f* / Zettel *m* · Kupon *m*
~ **di ordinazione** *f* [Acq] / Bestellzettel *m*
~ **d'ordine** *f* [Acq] / Bestellzettel *m*
cella di disinfestazione *f* [Rest] / Begasungskammer *f*
~ **di fumigazione** *f* [Rest] / Begasungskammer *f*
~ **di memoria** *f* / Speicherzelle *f* · Speicherzelle *f*
cellulare *m* (telefono cellulare) / (telefonino:) Handy *n* · Mobiltelefon *n*
cellulosa *f* / Zellulose *f*
cementare *v* [Rest] / auskitten *v*
cemento a vista *m* / Sichtbeton *m*
cenno *m* / Hinweis *m*
~ **bibliografico** *m* / bibliographischer Hinweis *m*
censimento *m* / Erhebung *f* · Erfassung *f* · Zensus *m* ‖ *v.a. base di censimento*
~ **archivistico** *m* / Schriftguterfassung *f* · Archivguterfassung *f*
~ **totale** *m* / Totalerhebung *f* · Gesamterhebung *f*
censire *v* / erheben *v*
censuario *m* / Urbar *n*
censura del libro *f* / Buchzensur *f*
~ **preventiva** *f* [Libri] / Vorzensur *f*
censurare *v* [Libri] / zensieren *v*
centrare *v* / zentrieren *v*
centratura *f* / Zentrierung *f*
centro audio/video *m* / audiovisuelles Zentrum *n*
~ **audiovisivo** *m* / AV-Medienzentrum *n* · audiovisuelles Zentrum *n*
~ **bibliotecario** *m* / Bibliothekszentrum *n*
~ **calcolo** *m* / Rechenzentrum *n*
~ **consorzionale** *m* / Verbundzentrum *n*
~ **di analisi dell'informazione** *m* ⟨UNI ISO 5127/1⟩ / Informationsanalysezentrum *n*
~ **di costo** *m* / Kostenstelle *f*
~ **di documentazione** *m* ⟨UNI ISO 5127/1⟩ / Dokumentationsstelle *f*
~ **di documentazione e informazione** *m* / IuD-Stelle *f* · Informations- und Dokumentationsstelle *f*
~ **di elaborazione dati** *m* [Inform] / Rechenzentrum *n*
~ **d'informazione** *m* ⟨UNI ISO 5127/1⟩ / Informationsstelle *f*
~ **di scambio** *m* / Tauschzentrum *n*
~ **di scambio di duplicati** *m* / Dublettentauschstelle *f*

~ **di smistamento dell'informazione** *m* / Informations-Clearinghaus *n*
~ **d'orientamento** *m* ⟨UNI ISO 5127/1⟩ / Referral-Zentrum *n*
~ **informazioni** *m* / Informationszentrum *n*
~ **multimediale** *m* ⟨UNI ISO 5127/1⟩ / Medienzentrum *n*
~ **raccolta dati** *m* / Datenerfassungszentrum *n*
cercapersone *m* / Personenrufanlage *f*
cerchia di lettori *f* / Leserkreis *m*
cerniera *f* [Leg] / Gelenk *n*
certificato *m* / Bescheinigung *f* · Zeugnis *n*
~ **d'esame** *m* / Prüfungszeugnis *n*
~ **di accettazione** *m* [EdilArred] / Abnahmeschein *m*
~ **di buona condotta** *m* [Pers] / Führungszeugnis *n*
~ **di collaudo** *m* / Abnahmeprotokoll *n*
~ **di lavoro** *m* [Pers] / Arbeitszeugnis *n*
cesellare *v* / ziselieren *v*
cesellatura *f* / Ziselierung *f*
cesoia circolare *f* [Leg] / Kreispappschere *f*
~ **per il cartone** *f* / Pappschere *f*
cessare la pubblicazione *v* / Erscheinen einstellen *v*
cessione di un diritto *f* [Giur] / Rechtseinräumung *f*
cestino *m* (per la carta) / Papierkorb *m*
champlevé [Leg] *m* / Zellenschmelz *m*
chiamata *f* [Com] / Anruf *m* · Sendeaufruf *m*
~ **di emergenza** *f* / Notruf *m*
chiaroscuro *m* (opera grafica) / Helldunkelschnitt *m*
chiave di ordinamento *f* [Inform] / Sortierschlüssel *m*
~ **di ricerca** *f* / Suchschlüssel *m*
chiavi in mano *pl v. installazione chiavi in mano; sistema chiavi in mano*
chiedere *v* (in prestito) / bestellen *v* (für die Ausleihe)
chiocciolina *f* (@) [Inform] / Klammeraffe *m* / (@)
chiosa *f* / Glosse *f*
chip di memoria *m* / Speicherchip *m*
chiudere *v* / (catalogo:) abbrechen *v* · schließen *v*
chiusura dei conti *f* / Rechnungsabschluss *m*
~ **del catalogo** *f* / Katalogabbruch *m*
~ **di redazione** *f* / Redaktionsschluss *m*
cianografia *f* [Repr] / Lichtpause *f* · Blaupause *f*
cibernetica *f* / Kybernetik *f*
ciclo di conferenze *m* / Vortragsreihe *f*
~ **di programma** *m* (in un programma di computer) [Inform] / Schleife *f*
~ **macchina** *m* / Maschinenzyklus *m*
ciclostilare *v* / vervielfältigen *v* (durch Schablonendruck)
ciclostilato *m* [Repr] / Schablonendruck *m*
ciclostilatura *f* / Vervielfältigung *f* (mit Wachsmatrizen)
ciclostile *m* / Schablonendrucker *m*
cifra *f* / Ziffer *f*
~ **arabica** *f* / arabische Zahl *f*
~ **binaria** *f* / Dualziffer *f* · Dualzahl *f*
~ **decimale** *m* / Dezimalziffer *f*
~ **di controllo** *f* [Inform] / Prüfziffer *f*
~ **marginale** *f* / Randziffer *f*
cifrare *v* / verschlüsseln · chiffrieren *v*
cilindro bagnatore *m* (offset) / Feuchtwerk *n*
~ **caucciù** *m* (offset) / Gummizylinder *m*
~ **di stampa** *m* / Druckzylinder *m*
~ **sgocciolatore** *m* [Carta] / Egoutteur *m*
cimelio *m* / Zimelie *f*
cine|camera *f* / Filmkamera *f*
~**cassetta** *f* / Film-Kompaktkassette *f*
~**scopio** *m* / Bildröhre *f*
~**teca** *f* / Filmothek *f* · Kinemathek *f* · Filmarchiv *n*
cinquecentine *pl* / Frühdrucke *pl* (aus dem 16. Jahrhundert)
circolare *m* / Rundschreiben *n*
circolazione *f* / (di periodici:) Zeitschriftenumlauf · Umlauf *m*
~ **ad anello** *f* / Kreisumlauf *m*
~ **a stella** *f* / Sternumlauf *m*
~ **radiale** *f* / Sternumlauf *m*
circolo di lettura *m* / Lesezirkel *m*
circuito integrato *m* / integrierte Schaltung *f*
~ **stampato** *m* / gedruckte Schaltung *f*
citare *v* / zitieren *v*
citazione *f* / Zitat *n* ‖ *v.a. indice per citazioni*
~ **bibliografica** *f* / Zitat *n* · Literaturangabe *f* · Literaturnachweis *m*
citofono / Sprechanlage *f*
classe *f* / Klasse *f* · Gruppe *f*
~ **di equivalenza** *f* [Ind] / Äquivalenzklasse *f*
~ **di soggetto** *f* / Sachgebiet *n*
~ **principale** *f* [Class] / Hauptklasse *f* · Fach *n*
~ **superordinata** *f* [Class] / übergeordnete Klasse *f*

classi coordinate *pl* [Class] / gleichgeordnete Klassen *pl*
classifica *f* / Rang(ordnungs)skala *f* · (di libri venduti:) Bestsellerliste *f*
classificare *v* / einstufen *v* (~ un documento come segreto: ein Dokument als geheim einstufen) · klassifizieren *v* ‖ *v.a. documento classificato*
classificatore *m* / Aktenschrank *m*
~ **orizzontale** *m* / Flachsichtkartei *f*
~ **verticale** *m* / Hängeregistratur *f*
classificazione *f* / Klassifikation *f* · Systematik *f*
~ **a faccette** *f* / Facettenklassifikation *f*
~ **a grandi classi** *f* / Grobklassifikation *f*
~ **a scaffale** *f* / Aufstellungssystematik *f*
~ **colon** *f* / Kolon-Klassifikation *f*
~ **decimale** *f* / Dezimalklassifikation *f*
Classificazione Decimale Universale *f* / Universale Dezimalklassifikation *f* · Brüsseler Dezimalklassifikation *f* · Universelle Dezimalklassifikation *f*
~ **degli elaboratori** *f* / Rechnerklassifizierung *f*
~ **dei brevetti** *f* / Patentklassifikation *f*
~ **di sicurezza** *f* / Geheimhaltungseinstufung
~ **gerarchica** *f* / hierarchische Klassifikation *f*
~ **monodimensionale** *f* / eindimensionale Klassifikation *f*
~ **monogerarchica** *f* / monohierarchische Klassifikation *f*
~ **particolareggiata** *f* / fein gegliederte Klassifikation *f*
~ **speciale** *f* / Fachklassifikation *f*
cliccare *v* [Inform] / anklicken *v*
clic del mouse *m* / Mausklick *m*
cliché *m* [Tip] / Klischee *n*
~ **al tratto** *m* [Tip] / Strichätzung *f*
cliente *m* / Klient *m* · Kunde *m*
clientela *f* / Klientel *f*
clima spaziale *m* / Raumklima *n*
climatizzazione *f* / Klimatisierung *f* ‖ *v.a. impianto di climatizzazione*
cloisonné *m* [Leg] / Zellenschmelz *m*
club del libro *m* / Buchgemeinschaft *f*
coautore *m* / Mitautor *m* · Mitverfasser *m*
coda *f* (di un film) / Nachspann *m* · Abspann *m* (eines Films)
~ **d'attesa** *f* / Warteschlange *f*
~ **di input** *f* / Eingabewarteschlange *f*
~ **di uscita** *f* [Inform] / Ausgabewarteschlange *f*
codice *m* ⟨UNI ISO 5127/1⟩ / (corpo organico di leggi:) Gesetzbuch *n* · (libro manoscritto:) Kodex *m* · (insieme delle norme di un campo specifico:) Regelwerk *n* · (sistema di segni:) Code *m*
~ **a barre** *m* / Strichcode *m* ‖ *v.a. etichetta di codice a barre; lettore di codici a barre*
~ **a schede** *m* / Lochkartencode *m*
~ **ausiliario** *m* / Hilfscode *m*
~ **binario** *m* / Binärcode *m*
~ **cartaceo** *m* / Papierkodex *m*
~**-cliente** *m* / Kundennummer *f*
~ **correzione errori** *m* / Fehlerkorrekturcode *m*
~ **del contrassegno** *m* [PubblEl] / Auszeichnungscode *m*
~ **del diritto d'autore** *m* / Urhebergesetz *n*
~ **della biblioteca** *m* / Bibliothekssigel *n*
Codice di Avviamento Postale *m* (CAP) / Postleitzahl *f* · PLZ *Abk*
codice di catalogazione *m* / Katalogisierungsregelwerk *n*
~ **di identificazione** *m* [Inform] / Kennung *f*
~ **di implementazione** *m* / Anwendungskennung *f*
~ **di macchina** *m* [Inform] / Maschinencode *m*
~ **di matching** *m* / Abgleichcode *m*
~ **di rete** *m* / Netzkennung
~ **di riconoscimento** *m* [Inform] / (pass word:) Passwort *n*
~ **di sottocampo** *m* [Inform] / Teilfeldkennung *f*
~ **di uscita** *m* [Inform] / Ausgabecode *m* · Ausgangscode *m*
~ **EAN** *m* / Europäische Artikelnummer *f*
~ **in carta** *m* / Papierkodex *m*
~ **istruzione** *m* [Inform] / Befehlscode *m*
~ **istruzioni** *m* [Inform] / Befehlsschlüssel *m*
~ **membranaceo** *m* / Pergamentkodex *m*
~ **numerico** *m* / Zifferncode *m* · Zahlencode *m*
~ **operativo** *m* [Inform] / Operationscode *m*
~ **papiraceo** *m* / Papyruskodex *m*
~ **pergamenaceo** *m* / Pergamentkodex *m*
~ **purpureo** *m* / Purpurkodex *m*
~ **rilevamento errori** *m* [Inform] / Fehlererkennungscode *m*
~ **telex** *m* / Fernschreibcode *m*
codicologia *f* / Handschriftenkunde *f* · Kodikologie *f*

codifica *f* / Verschlüsselung *f* · Kodierung *f* · Kodifizierung *f*
codificare *v* / kodifizieren *v* · kodieren *v* · verschlüsseln *v*
codificatore *m* / Kodierer *m*
~ **di caratteri** *m* / Klarschriftcodierer *m*
codificazione di dati *f* / Datenverschlüsselung *f*
coedizione *f* [Libri] / Koproduktion *f*
coefficiente di regressione *m* / Regressionskoeffizient *m*
coevo *agg* / zeitgnössisch *adj*
cognome *m* / Beiname *m* · Familienname *m*
~ **composto** *m* / Doppelname *m* · zusammengesetzter Familienname *m*
~ **in apparenza composto** *m* / scheinbar zusammengesetzter Name *m*
colla *f* / Leim *m* ‖ *v.a. puntare a colla*
~ **a freddo** *f* [Leg] / Kaltleim *m*
~ **albuminoide** *f* / Eiweißleim *m*
collaboratore *m* / Mitarbeiter *m* ‖ *v.a. stile direzionale orientato ai collaboratori*
~ **esterno** *m* / freier Mitarbeiter *m*
colla d'amido *f* / Kleister *m*
~ **di resina** *f* [Leg] / Harzleim *m*
~ **di resina sintetica** *f* [Leg] / Kunstharzleim *m*
collage *m* / Collage *f*
collana *f* / Sammlung *f* · Serie *f* · Reihe *f* · Schriftenreihe *f* ‖ *v.a. collezione; titolo del volume di una collana*
~ **di diapositive** *f* / Dia-Reihe *f*
~ **di libri tascabili** *f* / Taschenbuchreihe *f*
~ **editoriale** *f* [Libri] / Verlegerserie *f*
~ **principale** *f* [Cat] / übergeordnete Schriftenreihe *f*
collante *m* [Leg] / Klebstoff *m*
collatura / Leimung *f* · (di carta:) Papierleimung *f* ‖ *v.a. grado di collatura*
~ **alla resina** *f* / Harzleimung *f*
collaudo *m* / Untersuchung *f* · Inspektion · Abnahme *f* ‖ *v.a. prova di collaudo; verbale di collaudo; certificato di collaudo; prova di collaudo*
colla universale *f* / Alleskleber *m*
collazionare *v* / kollationieren *v* ‖ *v.a. marca di collazionamento*
collazione *f* ⟨UNI ISO 5127/5⟩ / Kollation *f* · Kollationierung *f*
collega *m* / Kollege *m*
~ **di lavoro** *m* / Arbeitskollege *m*
collegamento *m* / Anschaltung *f* · Verbindung *f* · Verknüpfung *f* · (di soggetti:) Schlagwortverknüpfung *f* · (connessione:) Anschluss *m*
~ **alla rete** *m* [Com] / Netzanbindung *f* · Netzanschluss *m*
~ **bibliotecario** *m* / Bibliotheksverbund *m*
~ **in linea** *m* / Online-Verbindung *f* · Online-Anschluss *m*
~ **in rete** *m* [Inform] / Vernetzung *f*
~ **multipunto** *m* [Inform] / Mehrpunktverbindung *f*
~ **simplex** *m* [Com] / Simplexverbindung *f*
~ **telefonico** *m* / Telefonanschluss *m* · Fernsprechverbindung · Telefonverbindung *f*
collega professionale *m* / Fachkollege *m*
collegare [Ind] / verknüpfen *v*
~ **in rete** *v* / vernetzen *v*
collezionare / sammeln *v*
collezione *f* ⟨UNI ISO 5127/2⟩ / (collana editoriale:) Serie *f* · Schriftenreihe *f* · Sammlung *f* · Reihe *f* ‖ *v.a. collana; scheda di collezione*
~ **di carte geografiche** *f* / Kartensammlung *f*
~ **di diapositive** *f* / Diathek *f* · Dia-Sammlung *f*
~ **di ritagli** *f* / Zeitungsausschnittsammlung *f*
~ **manoscritti** *f* / Handschriftensammlung *f*
~ **speciale** *f* / Sonderbestand *m*
collezionismo librario *m* / Büchersammeln *n*
collezionista *m* / Sammler *m*
~ **di libri** *m* / Büchersammler *m*
collisione di chiamate *f* / Rufzusammenstoß *m*
collocamento *m* / (provvista di impieghi:) Stellenvermittlung *f* · (sistemazione dei fondi a un dato luogo:) Aufstellung *f* ‖ *v.a. ufficio di collocamento*
collocare *v* / aufbewahren *v* · aufstellen *v*
collocazione *f* ⟨UNI ISO 5127/5⟩ / Aufstellung *f* · Aufbewahrung *f* · Aufstellungsort *m* · (segnatura:) Signatur *f* · Standortnummer *f* · Standortbezeichnung *f* · Standort *m* · Bestandsaufstellung ‖ *v.a. targhetta della collocazione*
~ **a scaffale aperto** *f* / Freihandaufstellung *f*
~ **fissa** *f* / ortsfeste Aufstellung *f*
~ **orizzontale** *f* / liegende Ablage *f* · Horizontalablage *f*
~ **per formato** *f* / Bestandsaufstellung *f* (mit Formattrennung)
~ **per numero sequenziale di accesso** *f* / Numerus-currens-Aufstellung *f*

~ **sistematica** *f* / systematische Aufstellung *f*
~ **verticale** *f* / Vertikalablage *f*
collografia *f* / Lichtdruck *m*
colloquio *m* / Kolloquium *n*
~ **di presentazione** *m* [Pers] / Vorstellungsgespräch *n*
~ **sul lavoro** *m* / Arbeitsbesprechung *f*
collotipia *f* [Tip] / Lichtdruck *m*
colofone *m* / Schlusstitel *m* · Kolophon *n*
colofonia *f* / Kolophonium *n*
colonna [Tip] ⟨UNI ISO 5127/2⟩ / Kolumne *f* · Spalte *f* ‖ *v.a. a doppia colonna; a una colonna; larghezza di colonna; ordinamento delle colonne*
~ **sonora** *f* / Tonspur *f*
colorato *part pt* / koloriert *part perf* ‖ *v.a. lievemente colorato*
~ **a mano** *part pt* / handkoloriert *part perf* · handgemalt *part perf*
~ **in tempo antico** *part pt* / altkoloriert
coloratura del taglio *f* [Leg] / Schnittmalerei *f* ‖ *v.a. coloritura*
colorazione antica *f* / Altkolorit *n*
~ **bruna** *f* [Libri] / Braunanmalung *f*
colore *m* / Farbe *f* (di colore solido: farbecht; di colore differente: andersfarbig) ‖ *v.a. a due colori; aggiustaggio dei colori; fedeltà dei colori*
~ **dello spettro** *m* / Spektralfarbe *f*
~ **di fondo** *m* [PubblEl] / Untergrundfarbe *f*
~ **di primo piano** *m* [PubblEl] / Vordergrundfarbe *f*
~ **di sottofondo** *m* [PublEl] / Hintergrundfarbe *f* · Untergrundfarbe *f*
~ **di stampa** *m* / Druckfarbe *f*
~ **solido** *m* / lichtechte Farbe *f* (essere di colore solido: farbecht sein)
colori secondari *pl* / Sekundärfarben *pl*
colorito *part pt v. colorato*
coloritura *f* / Farbgebung *f* · Kolorierung *f* ‖ *v.a. coloratura del taglio*
colportore *m* / Kolportagebuchhändler *m* · Kolporteur *m*
coltello d'oro *m* [Leg] / Goldmesser *n*
COM *m* / COM-Film *m* ‖ *v.a. apparato COM*
comandato da programma *part pt* / programmgesteuert *part perf*
comando *m* [Inform] / Anweisung *f* · Kommando *n* · Befehl
~ **a distanza** *m* / Fernsteuerung *f*
~ **di stampa** *m* [Inform] / Druckbefehl *m*
combinazione di perforazione *f* / Lochkombination *f*
come nuovo / wie neu
comitato / Komitee *n* · Ausschuss *m*
~ **consultivo bibliotecario** *m* / beratender Bibliotheksausschuss *m* · Bibliotheksbeirat *m*
~ **consultivo speciale** *m* / Fachbeirat *m*
~ **di gestione** *m* / Verwaltungsausschuss *m* · Lenkungsausschuss *m*
~ **di redazione** *m* / Redaktionsausschuss *m*
~ **direttivo** *m* [OrgM] / Steuerungsgremium *n*
~ **editoriale** *m* (di un giornale) / Redaktion *f*
~ **organizzativo** *m* / Organisationsausschuss *m* · Organisationskomitee *n*
~ **principale** *m* / Hauptausschuss *m*
comma *m* / Abschnitt *m* · Absatz *m*
commentare *v* / kommentieren *f*
commentario *m* [Libri] / Kommentar *m*
commentatore *m* / Kommentator *m*
commento *m* / Stellungnahme *f* · Kommentar *m*
commerciante *m* / Händler *m*
commercio ambulante del libro *m* / Wanderbuchhandel *m*
~ **librario** *m* / Buchhandel *m* ‖ *v.a. giornale del commercio librario*
~ **librario all'ingrosso** / Buchgroßhandel *m*
~ **librario di libri antiquari** *m* / Antiquariatsbuchhandel *m*
commissaria per le pari opportunità delle donne *f* / Frauenbeauftragte *f*
commissario di sicurezza *m* / Sicherheitsbeauftragter *m*
commissionario *m* / Kommissionär *m* · Auftragnehmer *m*
commissione *f* / (incarico per svolgere per conto di terzi; gruppo di persone:) Kommission *f* · (compito:) Auftrag *m* · (fatto su ~:im Auftrag hergestellt) · (comitato:) Ausschuss *m* ‖ *v.a. casa editrice commissionaria; editore su commissione; libreria commissionaria; opera su commissione; vendita per commissione*
~ **bibliotecaria** *f* / Bibliothekskommission *f* · Bibliotheksausschuss *m*
~ **d'esami** *f* / Prüfungsausschuss *m*
~ **di selezione** *f* / Auswahlkommission *f*
~ **esaminatrice** *f* / Prüfungsausschuss *m*
~ **per il bilancio** *f* / Haushaltsausschuss *m*
~ **permanente** *f* / ständige Kommission *f*
committente *m* / Auftraggeber *m*
commutare *v* / schalten *v*

commutazione automatica *f* [Com] / Wählvermittlung *f* ‖ *v.a. tecnica di commutazione*
~ **di pacchetto** *f* / Datenpaket-Vermittlung *f*
compact disc *m* / CD *abbr/f* · Compact-Disc *f*
compartimento di scaffalatura *m* / Regalabteil *n*
compatibile *agg* / kompatibel *adj*
~ **verso il basso** *agg* [Inform] / abwärtskompatibel *adj*
~ **verso l'alto** *agg* [Inform] / aufwärtskompatibel *adj*
compatibilità *f* [Inform] / Kompatibiliät *f*
compatibilità verso l'alto *f* / Aufwärtskompatibilität *f*
compattazione dei dati *f* / Datenverdichtung *f*
compendio *m* [Libri] / Grundriss *m* · Leitfaden *m* · Kompendium *n* · Abriss *m*
competenza *f* [OrgM] / Zuständigkeit *f* · Kompetenz *f*
competitività *f* / Wettbewerbsfähigkeit *f*
competitivo *agg* / wettbewerbsfähig *adj*
competitore *m* / Wettbewerber *m*
compilare *v* [Inform] / kompilieren *v* · zusammenstellen *v* · (riempire:) ausfüllen *v*
compilatore *m* [Inform; Libri] / Compiler *m* · Kompilator *m* · Kompilierer *m* · (di una bibliografia:) Bearbeiter *m*
~ **incrociato** *m* [Inform] / Cross-Compiler *m*
compilazione *f* / (di un bibliografia:) Bearbeitung *f* · Zusammenstellung *f* · Kompilation *f* (einer Bibliographie usw.)
compito *m* [Inform] / Auftrag ‖ *v.a. gestione dei compiti; smistamento dei compiti*
~ **a casa** *m* / (per la scuola ecc.:) Hausarbeit *f*
~ **d'esame** / Prüfungsarbeit *f*
complemento del titolo *m* [Cat] / Zusatz zum Sachtitel *m*
complesso (insieme di più parti) [EdilArred] / Baugruppe *f*
componente *m* (di un attrezzo) / Bauteil *n*
comporre *v* [Tip] / setzen *v*
comportamento dell'utente *m* / Benutzerverhalten *n*
~ **direzionale** *m* / Führungsverhalten *n*
~ **di ricerca** [Retr] / Rechercheverhalten *n*
compositoio *m* [Tip] / Winkelhaken *m*
compositore 1 *1* [Tip] / Schriftsetzer *m* · Setzer *m*
compositore 2 *m* [Mus] / Komponist *m*
~ **a mano** *m* [Tip] / Handsetzer *m*
compositrice elettronica *f* [PubblEl] / Satzbelichter *m*
composizione *f* [Tip] / Satz *m* ‖ *v.a. errore di composizione; luce di composizione; sbaglio di composizione*
~ **a caldo** *f* [Tip] / heißer Satz *m* · Bleisatz *m*
~ **a freddo** *f* [Iip] / Kaltsatz *m*
~ **allineata a sinistra** *f* [Tip] / linksbündiger Satz *m*
~ **a macchina** *f* [Tip] / Maschinensatz *m*
~ **a mano** *f* [Tip] / Handsatz *m*
~ **automatica a distanza** *f* [PubblEl] / Fernsatz *m* · Fernbelichtung *f*
~ **compatta** *f* [Tip] / kompresser Satz *m*
~ **computerrizzata** *m* [Tip] / Computersatz *m*
~ **corrente** *f* / glatter Satz *m*
~ **da scomporre** *f* [Tip] / Ablegesatz *m*
~ **di formule scientifiche** / Formelsatz *m*
~ **di libri** *f* [Tip] / Werksatz *m*
~ **di tabelle** *f* [Tip] / Tabellensatz *m*
~ **di testi** *f* [PubblEl] / Textsatz *m*
~ **giustificata a destra** *f* / rechtsbündiger Satz *m*
~ **giustificata a sinistra** *f* [Tip] / linksbündiger Satz *m*
~ **in piedi** *f* [Tip] / Stehsatz *m*
~ **mista** [Tip] / gemischter Satz *m*
~ **non giustificata** *f* [Tip] / Flattersatz *m*
~ **pubblicitaria** *f* [Tip] / Akzidenzsatz *m*
~ **stretta** *f* [Tip] / kompresser Satz *m*
~ **tabellare** *f* [Tip] / Tabellensatz *m*
composto *m* [Lin] / Kompositum *n*
~ **a mano** *part pt* [Tip] / handgesetzt *part perf*
compratore *m* / Käufer *m*
comprendere / umfassen *v*
comprensibile alla macchina *agg* [Inform] / maschinenlesbar *adj*
compressione dati *f* [Inform] / Datenverdichtung *f*
compressione dell'immagine *f* [PubblEl] / Bildkompression *f*
comprimere *v* / verdichten *v*
computer art *m* / Computerkunst *f*
~ **didattico** *m* / Lerncomputer *m*
~ **grafica** *f* / Computergrafik *f*
computerizzare *v* / automatisieren *v* · computerisieren *v*
computerizzazione *f* / Automatisierung *f*
comtrollo di validità [Inform] / Gültigkeitsprüfung *f*
comunicato stampa *m* / Presseinformation *f*

comunicazione *f* ⟨UNI ISO 5127/1⟩ / Kommunikation *f* ‖ *v.a. mezzi di comunicazione*
~ **a banda larga** *f* / Breitbandkommunikation *f*
~ **a fibre ottiche** *f* / Glasfaserkommunikation *f*
~ **dati** *f* / Datenübertragung *f*
~ **di dati a distanza** *f* / Datenfernübertragung *f*
~ **di massa** *f* / Massenkommunikation *f*
Comunità Tedesca di Ricerca / Deutsche Forschungsgemeinschaft *f*
concatenamento *m* [Inform] / Kettung *f*
concatenare *v* [Inform] / verketten *v*
concentratore *m* [Com] / Konzentrator *m*
~ **di dati** *m* / Datenkonzentrator *m*
concetto *m* ⟨UNI ISO 5127/1⟩ / Begriff *m* ‖ *v.a. campo concettuale; contenuto concettuale; coordinazione di concetto*
~ **generico** *m* [Ind; Class] / Allgemeinbegriff *m*
~ **individuale** *m* / Individualbegriff *m*
concia al cromo *f* [Leg] / Chromgerbung *f*
~ **all'allume** *f* [Leg] / Alaungerbung *f*
~ **al sommacco** *f* [Leg] Sumachgerbung *f*
conciatura *f* [Leg] / Gerbung *f*
conciso *agg* / kurzgefaßt *part perf*
concordanza *f* / Konkordanz *f*
~ **reale** *f* / Realkonkordanz *f*
~ **verbale** *f* / Verbalkonkordanz *f*
concorrente *m* / Mitbewerber *m* · Konkurrent *m* · Bewerber *m*
~ **agli studi universitari** *m* / Studienbewerber *m* (Mitbewerber)
concorrenza *f* / Konkurrenz *f* · Wettbewerb *m*
concorso *m* / Wettbewerb *m* ‖ *v.a. bando di concorso; annuncio di un concorso*
condivisione delle risorse *f* / gemeinschaftliche Nutzung von Ressourcen *f* (resource sharing) · Ressourcenteilung *f*
~ **di archivi** *f* [Inform] / gemeinschaftliche Dateinutzung *f*
condizionamento *m* [EdilArred] / Klimatisierung *f*
condizione d'ammissione *f* / Zulassungsbedingung *f* · Zulassungsvoraussetzung *f*
~ **di equivalenza** *f* / Äquivalenzbedingung *f*
~ **iniziale** *f* [Inform] / Anfangsbedingung *f*
~ **originale** *f* / Originalzustand *m*
condizioni ambientali *pl* / Umweltbedingungen *pl*
~ **contrattuali** *pl* / Vertragsbedingungen *pl*
~ **d'acquisto** *pl* / Bezugsbedingungen *pl* · Lieferbedingungen *pl*
~ **di consegna** / Lieferbedingungen *pl*
~ **di disponibilità** *pl* / Bezugsbedingungen *pl*
~ **di fornitura** *pl* / Lieferbedingungen *pl* · Bezugsbedingungen *pl*
~ **di impiego** *pl* [Pers] / Einstellungsbedingungen · Anstellungsbedingungen *pl*
~ **di lavoro** *pl* / Arbeitsbedingungen *pl*
~ **di partecipazione** *pl* / Teilnahmebedingungen *pl*
~ **generali** *pl* / Rahmenbedingungen *pl*
conduttura di allacciamento *f* / Anschlussleitung *f*
~ **noleggiata** *f* / Mietleitung *f*
conferenza *f* / (discorso:) Vortrag *m* · (riunione di più persone:) Konferenz *f*
~ **stampa** *f* / Pressekonferenz *f*
~ **su un viaggio** *f* / Reisevortrag *m*
conferma dell'ordine *f* / Auftragsbestätigung
configurazione *f* / Konfiguration *f*
~ **del libro** *f* / Buchgestaltung *f*
conflitto di lavoro *m* / Arbeitskonflikt *m*
congedo *m* / Urlaub *m* ‖ *v.a. foglio di congedo*
~ **di maternità** *m* / Mutterschaftsurlaub *m*
~ **per motivi di studi** *m* / Studienurlaub *m*
congelare *v* [Rest] / einfrieren *v* · gefrieren *v*
congestione della rete *f* / Netzüberlastung *f*
congresso *m* / Kongress *m*
connessione *f* [Com] / Anschluss *m* · Anschaltung *f* · Verknüpfung *f* · Verbindung *f*
~ **condizionale** *f* [Inform] / bedingte Verknüpfung *f*
~ **di dati** *f* / Datenverbund *m*
~ **ipertestuale** *f* / Hypertextverknüpfung
~ **punto-punto** *f* / Punkt-zu-Punkt-Verbindung *f*
connettere *v* / verknüpfen *v* · verbinden *v*
connettore *m* / Stecker *m* · Steckverbindung *f*
connotazione *f* [Lin] / Konnotation *f*
conoscenza di lingue *f* / Sprachkenntnisse *pl*
conoscenze basilari *pl* / Grundkenntnisse *pl*
consapevole dei costi *agg* / kostenbewußt *adj*

consegna *f* / Lieferung · Übergabe *f* ‖ *v.a. banco di consegna; bolletta di consegna; data di consegna; mancata consegna; nota di consegna; scadenza di consegna; sportello di consegna*
~ **di documenti** *f* / Dokumentlieferung *f*
~ **obbligatoria** *f* [Acq] ⟨UNI ISO 5127/5⟩ / Pflichtabgabe *f* ‖ *v.a. deposito legale; esemplare d'obbligo*
~ **rapida** *f* / Eilzustellung *f* · Eilpost *f*
consegnare *v* / ausgeben *v* · übergeben · abliefern *v* · aushändigen *v*
conservatore *m* / Konservator *m* · Kustos *m*
~ **dei manoscritti** *m* / Handschriftenbibliothekar
conservazione *f* / Erhaltung *f* · Konservierung *f* · Pflege *f* ‖ *v.a. stato di conservazione*
~ **del patrimonio librario** *f* / Bestandserhaltung *f*
consigliere *m* [Libri] / Ratgeber *m* · Ratgeberbuch *n*
~ **medicale** *m* / medizinischer Ratgeber *m*
consiglio *m* / Rat *m* · (comitato consultivo:) Beirat *m*
~ **d'amministrazione** *m* / Kuratorium *n* · Verwaltungsrat *m*
~ **del personale** *m* / Personalrat *m*
~ **di biblioteca** *m* / Bibliotheksbeirat *m*
~ **di facoltà** *m* / Fakultätsrat *m*
~ **di gestione** *m* / Kuratorium *n*
~ **studentesco** *m* / Studentenrat *m*
consigli per l'uso *pl* / Benutzungshinweise *pl*
consistenza *f* / Konsistenz *f* · (di un'opera:) Umfang ‖ *v.a. indicazione della consistenza; nota di consistenza*
~ **archivio** *f* / Archivbestand *m*
~ **delle raccolte** *f* / Bestandsgröße *f*
~ **del personale** *f* / Personalbestand *m*
~ **del posseduto** *f* / Bestandsumfang *m*
~ **di indicizzazione** *f* / Indexierungskonsistenz *f*
~ **libraria** *f* / Buchbestand *m*
console *f* [Inform] / Konsole *f*
~ **di operatore** *f* / Bedienungskonsole *f*
consolidamento *m* (di carta) / Konsolidierung *f* · Festigung *f* (von Papier)
consorzio bibliotecario *m* / Bibliotheksverbund *m*
consulente *m* / Berater *m*
~ **editoriale** *m* / Lektor *m* ‖ *v.a. capo consulente*
~ **medico** *m* [Libri] / Gesundheitsbuch *n*
consulenza *f* / Beratung *n* ‖ *v.a. dialogo di consulenza; sala di consulenza*
~ **ai lettori** / Leserberatung *f*
~ **di informazione** *f* / Informationsberatung *f*
~ **di progetto** (f) / Projektberatung *f*
~ **per l'orientamento agli studi** *m* / Studienberatung *f*
consultabilità *f* / Benutzbarkeit *f* ‖ *v.a. documento non consultabile; limitazione della consultabilità*
consultare *v* / nachschlagen *v* (das Nachschlagen:la consultazione) ‖ *v.a. opera di consultazione*
consultazione del catalogo *f* / Katalogbenutzung *f*
~ **in sede** *f* / Präsenzbenutzung *f*
consumatore *m* / Verbraucher
~ **finale** *m* / Endverbraucher *m*
consumo *m* / Verbrauch *m*
~ **di energia elettrica** *m* / Stromverbrauch *m*
consunto *agg* / abgenutzt *part perf*
contabilità *f* / Kostenrechnung *f* · Rechnungswesen *n* ‖ *v.a. gestione della contabilità*
contabilizzazione del lavoro *f* [Inform] / Auftragsabrechnung *f* · Jobabrechnung *f*
contaminazione di dati *f* / Datenverfälschung *f*
contare *v* / zählen *v*
contatore di istruzioni *m* / Befehlszähler *m*
conteggio *m* / Verrechnung *f* · Berechnung *f* ‖ *v.a. assegno per conteggio*
contenere *v* / enthalten *v* · umfassen *v*
contenimento dei costi *m* / Kostendämpfung *f*
contenitore *m* / Behälter *m* · Behältnis *n* · Container *m*
~ **del disco** *m* [Inform] / Plattenkassette *f*
~ **di disco magnetico** *m* / Magnetplattenkassette *f*
~ **librario** *m* / Büchertrog *m*
contenuto *m* [Libri] / Inhalt *m* ‖ *v.a. analisi dei contenuti/del contenuto*
~ **acido** *m* / Säuregehalt *m*
~ **concettuale** *m* / Begriffsinhalt *m*
~ **informazionale** *m* / Informationsgehalt *m*
~ **semantico** *m* / Bedeutungsgehalt *m*
contesto *m* / Kontext *m*
continua con *v* / (riviste:) Fortsetzung unter dem Titel *f* (Forts.u.d.T.)
continuato da *part pt* / (riviste:) fortgesetzt von *part perf*

continuazione *f* [Cat] ⟨RICA⟩ / Fortsetzung *f* ‖ *v.a. opera in continuazione; ordine in continuazione; scheda di continuazione; schedario delle continuazioni; volume di continuazione*

conto *m* / Rechnung *f* · Konto *n* ‖ *v.a. archiviazione dei conti; estratto-conto; verifica dei conti*

~ **corrente** *m* / laufendes Konto *m* ‖ *v.a. correntista*

~ **deposito** *m* / Vorschusskonto *n*

~ **dettagliato** *m* / spezifizierte Abrechnung *f*

contorno *m* / Einfassung · Rahmung

conto spese *m* / Spesenabrechnung *f*

contraffazione *f* [Tip] / Fälschung *f* · (copia abusiva:) Raubdruck ‖ *v.a. edizione contraffata; legatura contraffatta*

contramarca *f* (filigrana secondaria) [Carta] / Nebenmarke *f* · Nebenzeichen *n*

contrassegnare *v* [PubblEl] / (tipografia:) auszeichnen · kennzeichnen *v*

contrassegno *m* / Kennzeichen *n* · Merkmal *n* · (tipografia:) Auszeichnung · (posta:) Nachnahme *f* (spedire contassegno: per Nachnahme senden) ‖ *v.a. codice del contrassegno; spese di contrassegno*

contrasto *m* / Kontrast *m*

contratto *m* / Vertrag *m* ‖ *v.a. durata del contratto; risoluzione del contratto; stipulazione del contratto; trattative contrattuali*

~ **a tempo determinato** *m*, / Zeitvertrag *m* · befristeter Vertrag *m*

~ **autore-editore** *m* / Verlagsvertrag *m*

~ **collettivo** *m* / Tarifvertrag *m*

~ **d'acquisto** *m* / Kaufvertrag *m*

~ **di compra** *m* / Kaufvertrag *m*

~ **di donazione** *m* / Schenkungsvertrag *m*

~ **di edizione** *f* / Verlagsvertrag *m*

~ **di lavoro** *m* / Arbeitsvertrag *m*

~ **di manutenzione** *m* / Wartungsvertrag *m*

~ **d'impiego** *m* / Anstellungsvertrag *m* · Arbeitsvertrag *m*

~ **di pubblicazione** *m* / Verlagsvertrag *m*

~-**tipo** *m* / Mustervertrag *m*

contrazione *f* [Scritt] *v. abbreviatura per contrazione*

contributo *m* / (in un libro collettivo:) Beitrag *m* · (~ subordinato:) beigefügtes Werk *n* · (stanziamento:) Zuweisung *f* · Zuschuss *m* · (compenso:) Entgelt *n*

contributo *m* / (somma dovuta a un ente pubblico:) Gebühr *f* · (intervento a un convegno:) Tagungsbeitrag *m*

~ **globale** *m* / Pauschalgebühr *f*

~ **protettivo** *m* / Schutzgebühr *f*

contributore *m* (collaboratore di una rivista) / Mitarbeiter *m*

controguardia *f* [Leg] / Spiegel *m*

controllare *v* / kontrollieren *v* · steuern *v*

controllato dall'utente *part pt* / benutzergesteuert *part perf*

~ **da programma** *part pt* [Inform] / programmgesteuert *part perf*

controllo *m* / Prüfung *f* · Überwachung *f* · Kontrolle *f* · Steuerung *f*

~ **a distanza** *m* / Fernsteuerung *f*

~ **a tastiera** *m* [Inform] / Tastensteuerung *f*

~ **automatico** *m* / automatische Steuerung *f*

~ **budgetario** *m* / Haushaltssteuerung *f*

~ **dei fondi** *m* / Bestandsrevision *f*

~ **del bilancio** *m* / Haushaltsüberwachung *f* · Etatüberwachung *f*

~ **del calcolatore** *m* [Inform] / Rechnersteuerung *f*

~ **dell'accesso** *m* [Retr] / Zugriffskontrolle *f* · Zugriffssicherung *f*

~ **delle spese** *m* / Ausgabenüberwachung *f*

~ **del rendimento** / Leistungsüberwachung *f* · Leistungskontrolle *f*

~ **di entrata** *m* [Inform] / Eingabesteuerung *f*

~ **di parità** *m* / Paritätsprüfung *f*

~ **di pass word** *m* / Passwortprüfung *f*

~ **di plausibilità** *m* / Plausibilitätsprüfung *f* · Plausibilitätskontrolle *f*

~ **di qualità** *m* / Qualitätslenkung *f* · Qualitätskontrolle *f*

~ **di ridondanza ciclica** *m* / zyklische Blockprüfung *f*

~ **entrata** *m* / Eingangskontrolle *f*

~ **funzionale** *m* / Funktionsprüfung *f*

~ **ortografico** *m* / Rechtschreibprüfung *f*

~ **per ridondanza** *m* / Redundanzprüfung *f*

~ **preventivo** *m* [Acq] / Vorakzession *f*

~ **terminologico** *m* [Ind] / terminologische Kontrolle *f*

~ **uscita** *m* / Ausgangskontrolle *f*

~ **visivo** *m* / Sichtkontrolle *f*

~ **visuale** *m* / Sichtkontrolle *f*

controsigillo *m* [Arch] / Gegensiegel *n* · Rücksiegel *n*

convegnista *m* / Tagungsteilnehmer *m*

convegno *m* / Versammlung *f* · Tagung *f* ‖ *v.a. atti dei convegni; luogo del convegno*

~ **del personale** *m* / Personalversammlung *f*

convenzioni *pl* / Konventionen *pl*

conversione del catalogo *f* / Katalogkonversion *f*

~ **di dati** *f* ⟨UNI ISO 5127/1⟩ / Datenkonversion *f*
convertire *v* / konvertieren *v*
convertitore *m* [Inform] / Wandler *m* · Konverter *m*
~ **analogico digitale** *m* / Analog-Digital-Konverter *m* · AD-Konverter *m*
~ **di codice** *m* [Inform] / Code-Umsetzer *m* · Code-Umsetzer *m*
~ **di dati** *m* / Datenwandler *m* · Datenumsetzer *m*
cooperazione bibliotecaria *f* / bibliothekarische Zusammenarbeit *f*
coordinate *pl* [Cart] / Koordinaten *pl*
coordinatometro *m* [Cart] / Planzeiger *m*
coordinazione *f* [Ind] / Gleichordnung *f*
~ **concettuale** *f* [Ind] / Begriffsgleichordnung *f*
~ **degli acquisti** *f* / Erwerbungskoordination *f*
coperta *f* [Leg] / Decke *f* · Einband *m* · Umschlag *m*
~ **fittizia** *f* / Einbandimitation *f*
~ **muta** *f* *v. copertina muta*
~ **posticcia** / unechter Einband *m* · falscher Einband *m*
~ **staccata** *f* [Leg] / Buchdecke *f*
copertina *f* [Leg] / Schutzumschlag *m* · Umschlag *m*
copertina *f* ⟨UNI ISO 5127/2⟩ / (copertina di un fascicolo:) Heftumschlag *m* · (parte esterna di un documento:) Umschlag *m* · (involucro di carta; cartella:) Aktendeckel *m* ‖ *v.a. decorazione di copertina; disegno della copertina; prezzo di copertina; sovraccoperta; titolo di copertina*
~ **anteriore** *f* / Vorderumschlag *m*
~ **conservata** *f* / Umschlag mitgebunden
~ **di disco** *f* / Cover *n* · Schallplattenhülle *f* · Plattenhülle *f*
~ **di protezione** *f* [Libri] / Schutzumschlag *m*
~ **muta** *f* / schlichter Einband *m*
~ **originale** *f* / Originalumschlag *m*
~ **protettiva** *f* [Cart] / Schutzschicht *f*
~ **provvisoria** *f* / Interimseinband *m*
~ **trasparente** *f* / Klarsichthülle *f*
copertinatrice *f* [Leg] / Buchdeckenmaschine *f* · Deckenmachgerät *n*
copertura del fabbisogno *f* / Bedarfsdeckung *f*
~ **del piatto** *f* [Leg] / Deckelbezug *m*
~ **di costi** / Kostendeckung *f*
~ **di protezione** *f* [EdilArred] / Abdeckhaube *f*
cop.fitt. *abbr* [Leg] *v. coperta fittizia*
copia *f* / Ausfertigung *f* · Kopie *f* · Abschrift *f* · (esemplare:) Exemplar *n*
~ **abusiva** *f* [Libri] / Raubdruck
~ **a contatto** *f* [Repr] / Kontaktkopie *f*
~ **a tono continuo** *f* [Repr] / Halbtonkopie *f*
~ **a tratto** *f* [Repr] / Strichkopie *f*
~ **campione** *f* / Prüfexemplar *n* · (di una rivista:) Probeheft *n*
~ **carbone** *f* [Uff] / Durchschlag *m*
~ **cianografica** *f* / Lichtpause *f* · Blaupause *f* ‖ *v.a. cianografia*
~ **colorata** *f* / Farbkopie *f*
~ **dell'autore** *f* / Belegexemplar *n* (für den Autor)
~ **difettosa** *f* / Mängelexemplar *n* · Defektexemplar *n*
~ **di lavoro** *f* / Arbeitskopie *f*
~ **di salvataggio** *f* [Inform] / Sicherungskopie *f* · Sicherheitskopie *f*
~ **di sicurezza** *f* / Sicherheitskopie *f* · Sicherungskopie *f*
~ **d'obbligo** *f* [Giur; Acq] / Pflichtexemplar *n*
~ **elettrostatica** *f* / elektrostatische Kopie *f*
~ **fallata** *f* / Mängelexemplar *n*
~ **gratuita** *f* / Gratisexemplar *n* · Freiexemplar *n*
~ **in esame** *f* [Acq] / Prüfexemplar *n*
~ **in omaggio** *f* [Libri] / Freiexemplar *n*
~ **intermedia** *f* [Repr] / Zwischenkopie *f*
~ **manoscritta** *f* / handschriftliche Kopie *f*
~ **multipla** *f* / Mehrfachexemplar *n*
~ **per riflesso** *f* [Repr] / Reflexkopie *f*
~ **pirata** *f* / Raubkopie *f*
~ **positiva** *f* [Repr] / Positivkopie *f*
copiare *v* / kopieren *v* · (trascrivere:) umschreiben *v* ‖ *v.a. licenza di copiare*
~ **per riflesso** *m* / Reflexkopierverfahren *n*
copia saggio *f* / Ansichtsexemplar *n*
~ **secca** *f* / Trockenkopie *f*
~ **su carta** *f* / Papierkopie *f*
~ **su carta lucida** *f* [Repr] / Hochglanzkopie *f* · Hochglanzabzug *m*
copiatrice *f* / Kopiergerät *n*
~ **a carta** *f* / Kartenkopierer *m*
~ **a colori** *f* / Farbkopierer *m*
~ **a gettoni/monete** *f* / Münzkopierer *m*
~ **compatta** *f* / Tischkopierer *m*
~ **da ufficio** *f* / Bürokopierer *m*
copia umida *f* [Repr] / Nasskopie *f*
~ **unica** *f* / Unikat *n*

copie multiple *pl* / Mehrfachexemplare *pl* ‖ *v.a. segnalazione copie*
copione *m* (per un film) / Skript *n*
copista *m* [Scritt] / Abschreiber *m* · Kopist *m*
coprire *v* / (soddisfare:) abdecken *v* ‖ *v.a. copertura del fabbisogno*
co-pubblicazione *f* / Gemeinschaftsausgabe *f*
corale *m* / Choralbuch *n*
cordicella di canapa *f* [Leg] / Hanfschnur *f*
cordoncini di cuoio *pl* [Leg] / Lederbünde *pl*
cordoncino *m* / Schnur *f* · Kabel *n*
cordoni *pl* [Leg] / Bünde *pl* · Schnüre *pl*
~ **cuciti alla greca** [Leg] / eingesägte Bünde *pl*
coreografia *f* / Choreographie *f*
corn. *abbr* [Libri] *v. cornice*
cornice *f* [Libri] / Randleiste *f* · Rahmung · Bordüre *f* ‖ *v.a. incorniciare*
~ **del frontespizio** *f* / Titelbordüre *f*
~ **della carta** *f* [Cart] / Kartenrahmen *m*
cornice di titolo *f* / Titelrahmen *m*
cornice ornamentale *f* / Ornamentrahmung *f*
~ **xilografica** *f* / Holzschnittbordüre *f*
corpino *m* [Leg] / Rückeneinlage *f*
corpo del carattere *m* [Tip] / Schriftkegel *m* · Schriftgrad *m* (corpo sei punti: 6-Punkt-Schrift) ‖ *v.a. sistema di misura tipografica*
~ **della scheda** *m* [Cat] ⟨RICA⟩ / Korpus der Titelaufnahme *m* (bibliographischen Beschreibung)
~ **del libro** *m* [Leg] / Buchblock *m*
~ **docente** *m* / Lehrkörper *m*
corredato *part pt* (di) / ausgestattet *part perf* (mit)
correggere *v* / korrigieren *v*
correlazione *f* / Korrelation *f*
correntista *m* / Kontoinhaber *m* ‖ *v.a. conto corrente*
correttore di bozze *m* [Tip] / Korrektor *m*
correzione *f* / Berichtigung *f* · Korrektur *f* ‖ *v.a. segno di correzione*
~ **d'autore** *f* / Autorkorrektur *f*
~ **di bozze** *f* [Tip] / Korrekturlesen *n*
~ **errori di programmazione** *f* [Inform] / Programmaustestung *f*
~ **interna** *f* [Tip] / Hauskorrektur *f*
correzioni ultime *pl* [Tip] / Schlusskorrektur *f*
corridoio *m* / Gang *m*
~ **centrale** *m* / Mittelgang *m*
~ **laterale** *m* / Seitengang *m*
~ **principale** *m* / Hauptgang *m*
corrispondenza *f* / Schriftverkehr *m* · Korrespondenz *f* · Briefwechsel *m* ‖ *v.a. insegnamento per corrispondenza; studio per corrispondenza*
~ **in arrivo** *f* / eingehender Schriftverkehr *m* · Briefeingang *m*
~ **in partenza** *f* / Briefausgang *m* · ausgehender Schriftverkehr *m*
corrosione da inchiostro *f* [Rest] / Tintenfraß *m*
corrosioni di rilegatura *pl* / Einbandschäden *pl*
~ **d'umido** *pl* [Rest] / Feuchtigkeitsspuren *pl*
corruzione di dati *f* / Datenverfälschung *f*
corsa di macchina *m* [Inform] / Maschinenlauf *m*
~ **di ordinamento** *f* [Inform] / Sortierlauf *m*
~ **di prova** *f* [Inform] / Testlauf *m*
corsia *f* / Gang *m*
~ **di scaffalatura** / Regalgang *m*
corsivo *m* [Tip] / Kursivschrift *f* ‖ *v.a. stampato in corsivo*
corso *m* / Kurs *m*
~ **d'addestramento** *m* / Lehrgang *m* · Ausbildungsgang *m*
~ **di aggiornamento** *m* / Fortbildungslehrgang · Fortbildungskurs *m*
~ **di alfabetizzazione** *m* / Alphabetisierungskurs *m*
~ **di base** *m* / Grundkurs *m*
~ **di cambio** *m* / Wechselkurs *m*
~ **di diploma** *m* / Hochschul-Studiengang *m* (Kurzstudiengang)
~ **di formazione** *m* / Ausbildungslehrgang *f* · Ausbildungsgang *m*
~ **di laurea** *m* / Hochschul-Studiengang *m*
~ **di lingua straniera** *m* / Fremdsprachenkurs *m*
~ **di perfezionamento** *m* / Fortbildungskurs *m* · Fortbildungslehrgang *m*
~ **di ricerca** *m* [Retr] / Suchlauf *m*
~ **di specializzazione post-laurea** *m* / (all'università:) Aufbaustudiengang *m* ‖ *v.a. corso post-laurea*
~ **d'istruzione** *m* / Ausbildungslehrgang *f*
~ **di studio per corrispondenza** *m* / Fernstudiengang *m*
~ **introduttivo** *m* / Einführungslehrgang
~ **post-laurea** *m* / Zusatzstudium *n* ‖ *v.a. corso di specializzazione post-laurea*
~ **post-laurea** *m* / Aufbaustudiengang *m*
~ **universitario** / Studiengang *m* (mit Laurea-Abschluß: corso di laurea)

corte dei conti *f* / Rechnungshof *m*
cortile interno *m* / Innenhof *m*
cortocircuito *m* / Kurzschluss *m*
costi *pl* / Kosten *pl* · Unkosten *pl* ‖ *v.a. a costi elevati; categoria di costi; contenimento dei costi; copertura di costi; diminuzione dei costi; minimizzazione dei costi; risparmio di costi; servizio a costo zero; spese; unità di costi; valutazione dei costi*
~ **aggiuntivi** *pl* / Zusatzkosten *pl*
~ **correnti** *pl* / laufende Kosten *pl*
~ **del lavoro** *pl* / Arbeitskosten *pl*
~ **del trasporto** *pl* / Transportkosten *pl*
~ **d'esercizio** *pl* / Betriebskosten *pl*
~ **di accesso** *pl* [Com] / Zugangsgebühr *f*
~ **di comunicazione** *pl* / Leitungskosten *pl*
~ **di distribuzione** *pl* / Vertriebskosten *pl*
~ **di gestione** *pl* / Betriebskosten *pl*
~ **di spedizione** *pl* / Versandkosten *pl*
~ **fissi** *pl* / Fixkosten *pl* · fixe Kosten *pl*
~ **generali** *pl* / Gemeinkosten *pl*
~ **marginali** *pl* / Grenzkosten *pl*
~ **totali** *pl* / Gesamtkosten *pl*
~ **unitari** *pl* / Stückkosten *pl*
~ **variabili** *pl* / variable Kosten *pl*
costola *f* (di un libro) / Rücken *m* (eines Buches)
costruzione a telai *f* [EdilArred] / Skelettbauweise *f*
~ **modulare** *f* / modulare Konstruktion *f*
coupon internazionale di risposta *m* [Com] / internationaler Antwortschein *m*
crenare *v* [PubblEl] / unterschneiden *v* ‖ *v.a. lettere crenate*
crenatura *f* [PubblEl] / Unterschneidung *f*
crescita esponenziale *f* / exponentielles Wachstum *n*
~ **zero** *f* / Nullwachstum *n*
crestomazia *f* / Chrestomathie *f*
crisi dell'informazione *f* / Informationskrise *f*
crisografia *f* / Chrysographie *f*
criterio di ordinamento *m* [Cat] / Ordnungskriterium *n*
~ **di scelta** *m* / Auswahlkriterium *n*
critica testuale *f* / Textkritik *f*
crittografia *f* / Kryptographie *f* · Geheimschrift *f*
crittogramma *m* / Kryptogramm *n*
crocetta di registro *f* [Repr] / Passkreuz *n*
crocino di riferimento *m* [Repr] / Passkreuz *n*
crollo di programma *m* [Inform] / Programmabsturz *m*
cromo|litografia *f* / Chromolithographie *f* · Farblithographie *f*
~**xilografia** *f* / Farbholzschnitt *m*
cronaca *f* / Chronik *f*
cronista *m* / Chronist *m*
cronogramma *m* / Chronogramm *n*
cucire *v* [Leg] / heften *v*
cucire con doppia nervatura *fd* [Leg] / heften auf doppelte Bünde *v*
cucito *part pt* [Leg] / geheftet *part perf*
~ **a macchina** *part pt* [Leg] / maschinengeheftet *part perf*
~ **a mano** *part pt* [Leg] / handgeheftet *part perf*
cucitrice a filo di refe *f* [Leg] / Fadenheftmaschine *f*
~ **a punti metallici** *f* / Drahtheftmaschine *f*
cucitura a blocco *f* [Leg] / Blockheftung *f*
~ **alla greca** *f* [Leg] / Heften auf eingesägte Bünde *n* ‖ *s.a. dorso cucito alla greca*
~ **a macchina** *f* [Leg] / Maschinenheftung *f*
~ **a mano** *f* [Leg] / Handheftung *f*
~ **a nastro** *f* [Leg] / Bandheftung *f*
cucitura a pieni punti *f* / Durchausheften *n* · Durchausheftung *f*
cucitura a punti metallici *f* [Leg] / Drahtheftung *f*
~ **a refe** *f* [Leg] / (con filo di cotone:) Fadenheftung *f*
~ **a salto** *f* [Leg] / Wechselheftung *f*
~ **a scala** *f* [Leg] / Wechselheftung *f*
~ **difettosa** *f* [Leg] / fehlerhafte Heftung *f* (verheftet)
~ **di traverso a punti metallici** *f* [Leg] / Blockheftung *f* (mit Drahtklammern)
cucitura fine *f* [Leg] / Durchausheftung *f* · Durchausheften *n*
cucitura in pieno *f* [Leg] / Durchausheften *n* · Durchausheftung *f*
~ **su corde indorsate** *f* [Leg] / Rundbogenheftung *f*
cuffia *f* / (sussidio auditivo:) Kopfhörer *m* · (per proteggere il capitello di una legatura:) Häubchen *n*
cultura libraria *f* / Buchkultur *f*
~ **scritta** *f* / Schriftkultur *f*
cumulare *v* / kumulieren *v*
cumulativo *agg* / kumulierend *part praes* ‖ *v.a. volume cumulativo*
cumulazione *f* / Kumulation *f*
~ **quinquennale** *f* / Fünfjahreskumulation *f*
cuoio a grana lunga *m* [Leg] / geradnarbiges Leder *n*

~ **a grana schiacciata** *m* [Leg] / geglättetes Leder *n*
~ **artificiale** *m* / Kunstleder *n*
~ **cesallato** *m* [Leg] *v. legatura in cuoio cesellato*
cuoio cordovano *m* [Leg] / Corduan *n*
~ **crostoso** *m* [Leg] / grobgenarbtes Leder *n*
~ **di Russia** *m* [Leg] / Juchten(leder) *m/n(n)*
~ **di Spagna** *m* [Leg] / Korduanleder *n*
~ **intagliato** *m* [Leg] *v. legatura in cuoio intagliato*
curatela *f* / Herausgeberschaft *f* ‖ *v.a. a cura di*
curato (di) / herausgegeben (von)
curatore *m* [Libri] ⟨RICA⟩ / Herausgeber *m* ‖ *v.a. a cura di; ente curatore*
curatrice *f* / Herausgeberin *f*
curiosare *v* ⟨Libri⟩ / schmökern *v*
curriculo *m* / Curriculum *n*
curriculum di studi *n* / Studienplan *m* · Curriculum *n*
~ **vitae** *m* / Lebenslauf *m*
cursore *m* [Inform] / Cursor *m* · Schreibmarke *f*
curva a campana *f* / Glockenkurve *f*
~ **di distribuzione** *f* / Verteilungskurve *f*
~ **di livello** *f* [Cart] / Höhenlinie *f*
~ **di probabilità** *f* / Wahrscheinlichkeitskurve *f*
cuscinetto *m* / (per timbri:) Stempelkissen *n*
cuscino del doratore *m* [Leg] / Vergoldekissen *n*
custode *m* / (portinaio:) Hausmeister *m*
custodia *f* / Futteral *n* · Schuber *m* · Mappe *f* · Schutzkarton *m* · Umschlag *m* ‖ *v.a. astuccio*
~ **a ribalta** *f* [Arch] / Solander(schuber) *m(m)*

D

dagherrotipia *f* / Daguerrotypie *f*
danneggiato *part pt* / beschädigt *part perf* · lädiert *part perf* · schadhaft *adj*
danni *pl* / Schäden *pl*
~ **a causa d'acqua** *pl* / Wasserschäden *pl* ‖ *v.a. alone d'acqua*
~ **di rilegatura** *pl* / Einbandschäden *pl*
danno *m* / Schaden *m*
~ **al macchinario** *m* / Maschinenschaden *m*
~ **da incendio** *m* / Brandschaden *m*
dantino *m* / eine kleine Danteausgabe*f* (insbes. eine der Divina Commedia)
dare in prestito *v* / verleihen *v* · ausleihen *v*
data *f* / Datum *n* · (termine:) Termin
~ **della consegna** *f* / Ausleihdatum *n* ‖ *v.a. data del prestito; data di consegna*
~ **della consultabilità** *f* [Arch] / Freigabedatum *n*
~ **dell'arrivo** *f* / Eingangsdatum *n*
~ **dell'assunzione** *f* [Pers] / Einstellungsdatum *n*
~ **del prestito** *f* / Verleihdatum *n* · Ausgabedatum · Entleihdatum *n* · Ausleihdatum *n*
~ **di accesso** *f* (a un documento di archivio) / Freigabedatum *n*
~ **di consegna** *f* / Liefertermin *m*
~ **di fattura** *f* / Rechnungsdatum *n*
~ **d'ingresso** *f* / Zugangsdatum *n*
~ **di pubblicazione** *f* ⟨UNI ISO 5127/5⟩ / Erscheinungsjahr *n*
~ **di restituzione** *f* / Rückgabedatum *n*
~ **di ricezione** *f* / Eingangsdatum *n*
~ **di riconsegna** *f* / Rückgabetermin *m*
~ **di rilascio** *f* (di un brevetto ecc.) / Ausgabedatum *n* (eines Patents usw.)
~ **di rilevazione** *f* / Erhebungsstichtag *m*
~ **di scadenza** *f* / Fälligkeitstermin *m* · Verfallsdatum *n* · Fälligkeitsdatum *n*
~ **di stampa** *f* [Cat] / Druckjahr *n*
~ **limite** *f* / Schlusstermin *m*
~**pista** *m/f* / Datentypist/in *m/f*
datare *v* / datieren *v* ‖ *v.a. antidatare*
datario *m* [Uff] / Datumsstempel *m*
datazione *f* / Datierung *f*
dati *pl* / Daten *pl*
~ **anagrafici** *pl* / Personalien *pl* ‖ *v.a. dati personali*
~ **analogici** *pl* / analoge Daten *pl*
~ **confidenziali** *pl* / vertrauliche Daten *pl*
~ **digitali** *pl* [Inform] / digitale Daten *pl*
~ **di ingresso** *pl* / Eingabedaten *pl*
~ **di input** *pl* / Eingabedaten *pl*
~ **di output** *pl* / Ausgabedaten *pl*
~ **di possesso** *pl* / Besitzdaten *pl*
~ **di scadenza dei prestiti** *pl* / Leihfristdaten *pl*
~ **di transazione** *pl* [Inform] / Bewegungsdaten *pl*
~ **di uscita** *pl* [Inform] / Ausgabedaten *pl*
~ **esterni** *pl* / Fremddaten *pl*
~ **gestionali** *pl* / Verwaltungsdaten *pl*
~ **grezzi** *pl* / Rohdaten *pl*

~ **impaccati** *pl* [Inform] / gepackte Daten *pl* ‖ *v.a. decomprimere*
~ **in uscita** *pl* [Inform] / Ausgabedaten *pl*
~ **personali** *pl* / personenbezogene Daten *pl* ‖ *v.a. dati anagrafici*
~ **ponderati** *pl* / gewichtete Daten *pl*
~ **relativi a persone** *pl* / personenbezogene Daten *pl*
~ **sensitivi** *pl* / schutzwürdige Daten *pl*
~ **strutturati** *pl* / strukturierte Daten *pl*
~ **sull'uso** *pl* / Benutzungsdaten *pl*
dato elementare *m* / Datenelement *n*
dattilografa *f* / Schreibkraft *f*
dattiloscritto *m* / Typoskript *n* · maschinenschriftliches Manuskript *n*
D.D.L. *abbr* [Giur] *v. disegno di legge*
deacidificare *v* [Cons] / entsäuern *v* · abpuffern *v*
deacidificazione *f* (di carta) [Cons] / Pufferung *f* · Entsäuerung *f*
~ **con sostanze volatili** *f* / Dampfphasenentsäuerung *f*
~ **di massa** [Cons] / Massenentsäuerung *f*
decano *m* / Dekan *m*
decifrare *v* / dechiffrieren *v* · entschlüsseln *v* · entziffern *v*
decifrazione *f* / Entschlüsselung *f* · Entzifferung *f*
declamazione / Deklamation *f* · Vortrag *m*
declinazione *f* [Cart] / Deklination *f*
decodificare *f* / entschlüsseln *v* · decodieren *v*
decodificatore *m* [Inform] / Decodierer *m*
~ **di istruzioni** *m* [Inform] / Befehlsdecodierer *m*
decomprimere *v* [Inform] / entpacken *v*
decorazione *f* / Musterung *f* · Verzierung *f*
~ **a linee parallele** *f* [Leg] / Verzierung mit Assurélinien *f*
~ **alla trancia** *f* [Leg] / Prägeverzierung *f*
~ **a secco** *f* [Leg] / Blindverzierung *f*
~ **del dorso** *f* [Leg] / Rückenverzierung *f*
~ **del libro** *f* / Buchschmuck *m*
~ **del taglio** *f* [Leg] / Schnittverzierung *f*
~ **di copertina** *f* [Leg] / Einbandschmuck *m*
~ **mitrale** *f* [Leg] / Spitzbogenornamentik *f*
~ **reticolare** *f* / Netzornamentik *f*
decreto *m* / Erlass *m*
ded.aut. *abbr* [Arch] *v. dedica autografa*
dedica *f* [Libri] / Widmung *f* ‖ *v.a. esemplare con dedica*
~ **autografa** *f* [Libri] / eigenhändige Widmung *f*
dedicatoria *f* [Libri] / Widmungsblatt *n*
deduzione *f* / (detrazione:) Abzug *m* · (procedimento logico:) Deduktion *f*
definire *v* / definieren *v*
definizione *f* / Definition *f*
~ **base** *f* / Basisdefinition *f*
~ **degli obiettivi** *f* / Zielbestimmung *f*
~ **generica** *f* / Umfangsdefinition *f*
~ **specifica** *f* / Inhaltsdefinition *f*
deformazione *f* / Verformung *f*
degno di documentazione *agg* / dokumentationswürdig *adj*
~ **di essere letto** *agg* / lesenswert *adj*
delaminare *v* [Rest] / delaminieren *v*
delegata per la tutela dei diritti della donna *f* / Frauenbeauftragte *f*
delegato alla tutela del segreto dei dati *m* / Datenschutzbeauftragter *m*
delegazione *f* / Delegation *f* ‖ *v.a. principio di delegazione*
delimitatore *m* [Inform] / Trennzeichen
~ **di campo** *m* [Inform] / Feldtrennzeichen *n*
~ **di record** *m* / Satztrennzeichen *n*
demoscopia / Demoskopie *f* · Meinungsforschung *f*
demotico *m* [Scritt] / demotische Schrift *f*
denominazione *f* [Ind] / Benennung *f*
~ **ammessa** *f* [Ind] / zugelassene Benennung *f*
~ **del file** *f* / Dateiname *m*
densità *f* [Repr] / Dichte *f* ‖ *v.a. alta densità*
~ **caratteri** *f* [PubblEl] *v. densità dei caratteri*
~ **dei bit** *f* / Bitdichte *f*
~ **dei caratteri** [Inform] / Schriftdichte *f* · Zeichendichte *f*
~ **dei punti** *f* [PubblEl] / Punktdichte *f*
~ **di caratteri** *f* [PubblEl] *v. densità dei caratteri*
~ **di fondo** *f* [Repr] / Hintergrunddichte *f*
~ **di indicizzazione** *f* / Indexierungsbreite *f*
~ **di informazione** *f* / Informationsdichte *f*
~ **di registrazione** *f* [Inform] / Packungsdichte *f* · Speicherdichte *f* · Schreibdichte *f*
~ **di stampa delle righe** *f* [Inform] / Zeilendichte *f*
~ **di trama** *f* [PubblEl] / Rasterdichte *f*
~ **semplice** *f* [Inform] / einfache Schreibdichte *f*
dentellatura *f* [Leg] / Spitzenmuster
depennare *v* [Scritt] / durchstreichen *v*
depositare *v* / deponieren *v* · hinterlegen *v*

deposito *m* ⟨UNI ISO 5127/5⟩ / Lagerraum *m* · (luogo destinato alla custodia di beni archivistici:) Archiv *n* · Depot *n* · (oggetto depositato:) Depositum *n* · hinterlegte Sache *f* ‖ *v.a. esemplare di deposito; luogo di deposito; magazzino; magazzino di deposito*
~ **a garanzia** *m* / hinterlegter Geldbetrag *m*
~ **anticipato** *m* [BilCont] / Vorschusskonto *n*
~ **ausiliare** *m* / Hilfsmagazin *n* · Ausweichmagazin
~ **bagagli** *m* / Gepäckaufbewahrung *f*
~ **cauzionale** *m* / Kaution *f* · hinterlegter Geldbetrag *m*
~ **chiuso** *m* / geschlossenes Magazin *n*
~ **delle carte geografiche** *m* / Kartenmagazin *n* · Kartenablage *f*
~ **di brevetti** *m* / Patentschriftenauslegestelle *f*
~ **di consegna** *m* / Auslieferungslager *n*
~ **di informazioni** *m* / Informationsspeicher *m*
~ **di mobili** *m* / Möbellager *n*
~ **intermedio** *m* / Zwischenlager *n*
~ **legale** *m* [Acq] ⟨UNI ISO 5127/5⟩ / Pflichtabgabe *f* ‖ *v.a. biblioteca del deposito legale; copia d'obbligo; norme relative al deposito legale*
~ **librario** *m* / Buchbestand *m*
~ **materiali** *m* / Materiallager *n*
~ **obbligatorio** *m* / Pflichtabgabe *f*
~ **obbligatorio degli stampati** *m* / Pflichtexemplarabgabe *f* ‖ *v.a. legge sul deposito obbligatorio degli stampati*
~ **succursale** *m* / Nebenmagazin *n*
~ **supplementare** *m* / Außendepot *m* · Ergänzungsdepot *m*
dequalificazione *f* [Pers] / Dequalifizierung *f*
derivazione *f* [Lin] / Ableitung *f*
dermoide *m* [Leg] / Dermatoid *n*
descrittore *m* [Ind] / Deskriptor *m*
~ **ausiliario** *m* / Hilfsdeskriptor *m*
~ **candidato** *m* / Kandidat-Deskriptor *m*
~ **di destinazione** *m* / Zieldeskriptor *m*
~ **d'obiettivo** *m* [Ind] / Zieldeskriptor *m*
descrizione *f* / Beschreibung *f*
~ **a due livelli** *f* [Cat] / Zweistufen-Beschreibung *f*
~ **a più livelli** *f* [Cat] / mehrstufige Titelaufnahme *f* · Stufenaufnahme *f*
~ **a un livello** *f* / einstufige Titelaufnahme *f*
descrizione bibliografica *f* / Titelaufnahme *f* · bibliographische Beschreibung *f*
descrizione bibliografica abbreviata *f* / Kurztitelaufnahme *f*
~ **breve** *f* / Kurztitelaufnahme *f*
~ **dei compiti** *f* [Pers] / Aufgabenbeschreibung *f*
~ **del campo di occupazione** *f* / Arbeitsbeschreibung *f*
~ **delle mansioni** *f* / Aufgabenbeschreibung *f*
~ **del posto di lavoro** *f* / Stellenbeschreibung *f*
~ **di manoscritti** *f* [Cat] / Handschriftenbeschreibung *f*
~ **formale** *f* [Cat] / formale Beschreibung *f* · formale Erfassung *f*
desiderato *m* [Acq] / Desiderat *n* · Beschaffungswunsch *m* ‖ *v.a. lista dei desiderata; registro dei desiderata; schedario dei desiderata*
designazione del foglio *f* [Cart] / Blattbenennung *f*
~ **di funzione** *f* [Cat] / Funktionsbezeichnung *f*
~ **generica del materiale** *f* ⟨ISBD⟩ / allgemeine Materialbezeichnung *f*
~ **specifica del materiale** *f* [Cat] ⟨ISBD⟩ / spezifische Materialbezeichnung *f*
design-grafica *f* / Grafik-Design *n*
destinatari *pl* / Adressaten *pl* · Zielgruppe *f*
destinatario / Empfänger *m* · Adressat *m*
desumere *v* / entnehmen *v*
detentore di brevetto *m* / Patentinhaber *m*
deterioramento *m* [Cons] / Zerfall *m* · Verschleiß *m*
~ **da acido** *m* / Säurezerfall *m* · Säureschaden *n*
deteriorare *v* [Cons] / zerfallen *v*
determinazione *f* / Bestimmung *f* · Festlegung *f*
~ **della rilevanza delle risposte** *f* [Retr] / Trefferbewertung *f*
deumidificazione *f* [Rest] / Entfeuchtung *f*
deviazione *f* (in un programma) [Inform] / Verzweigung *f* · Aufspaltung *f*
~ **standard** *f* (statistica) / Standardabweichung *f*
diaframma *m* / (macchina fotografica:) Blende *f*
diagramma *m* / Diagramm *n* · Schaubild *n*
~ **a barre** *m* / Balkendiagramm *n* · Säulendiagramm *n*
~ **a blocchi** *m* / Blockdiagramm *n*
~ **a colonne** *m* / Säulendiagramm *n*
~ **a curvi** *m* / Kurvendiagramm *n*
~ **a linee** *m* / Liniendiagramm *n*

~ **a nastro** *m* / Banddiagramm *n*
~ **circolare** *m* / Kreisdiagramm *n*
~ **delle relazioni** *m* / Beziehungsdiagramm *n*
~ **di area** *m* / Flächendiagramm *n*
~ **di flusso** *m* / Datenflussplan *m* · Ablaufdiagramm *n* · Flussdiagramm *n*
~ **di flusso del programma** *m* [Inform] / Programmablaufplan *m*
~ **di freccia** *f* [Ind] / Pfeildiagramm *n*
~ **di Venn** *m* [Retr] / Venn-Diagramm *n*
dialogo di consulenza *m* / Beratungsgespräch *n* · Auskunftsinterview *n*
~ **di gruppo** *m* / Gruppendialog *m*
~ **in testo chiaro** *m* / Klartextdialog *m*
~ **uomo – macchina** *m* / Mensch-Maschine-Dialog *m*
diametro *m* / Durchmesser *m*
diapositiva *f* / Dia *n* · Diapositiv *n* ‖ *v.a. presentazione di diapositive sonore; serie di diapositive; telaietto per diapositive; visore per diapositive*
~ **a colori** *f* / Farbdia *n*
~ **da microscopio** *f* / mikroskopisches Präparat *n*
diario *m* ⟨UNI ISO 5127/2⟩ / Tagebuch *n* · Diarium *n*
diarista *m* / Tagebuchschreiber *m*
diascopio *m* / Diaprojektor *m*
diateca *f* / Diasammlung *f*
diazo film *m* [Repr] / Diazofilm *m*
dichiarazione *f* / (espressione:) Erklärung
~ **di autenticità** *f* [Arch] / Echtheitsbestätigung *f*
dicitura *f* / Wortlaut *m*
didascalia *f* / Bildlegende *f* · Bildunterschrift *f* · (film:) Untertitel *m*
dieresi *f* [Lin] / Diärese *f*
difetto *m* / Defekt *m*
~ **di stampa** *m* / Druckfehler *m*
difettoso *agg* / fehlerhaft *adj* · schadhaft *adj*
diffusione *f* / Verbreitung *f* ‖ *v.a. stampato per la diffusione ristretta*
~ **dell'informazione** *f* / Informationsverbreitung *f*
~ **esclusiva** *f* / Alleinvertrieb *m* (diritto di ~ ~:Alleinvertriebsrecht)
~ **radiofonica** *f* / Rundfunksendung *f*
~ **selettiva dell'informazione** *f* / selektive Informationsverbreitung (SDI) *f* · Profildienst *m*
digitale *agg* / digital *adj*
digitalizzabile *agg* / digitalisierbar *adj*
digitalizzare *v* / digitalisieren *v*
digitalizzazione *f* / Digitalisierung *f*
digit binario *m* / Binärzeichen *n*
di imminente pubblicazione / erscheint demnächst
dilatazione da umidità *f* [Rest] / Feuchtdehnung *f*
dimensionare *v* / dimensionieren *v*
dimensione del foglio *f* [Cart] / Blattgröße *f*
~ **di pagina** (f) / Seitengröße *f*
dimensioni *pl* [Cat] / Ausmaße *pl*
diminuzione *f* / Verringerung *f* · Abgang *m*
~ **dei costi** *f* / Kostensenkung *f*
~ **del rendimento** *f* / Leistungsabfall *m*
~ **di valore** *f* / Wertminderung *f* · Wertverlust *m*
diodo luminoso *m* / Leuchtdiode *f*
diorama *m* / Diorama *n*
dipartimento *m* (di un'università) / Abteilung *f* · Fachbereich *m* (einer Universität)
~ **del libro a stampa** *m* / Druckschriftenabteilung *f*
dipendente *m* [Pers] / Unterstellter *m* · Untergebener *m*
dipinto *m* / Gemälde *f* · Bild *n*
diploma *m* / Diplom *n* · Prüfungszeugnis *n*
~ **di maturità** *m* / Reifezeugnis *n*
~ **di scuola** *m* / Schulabschlusszeugnis *n*
~ **di studi universitari** *m* / Studienabschlusszeugnis *n*
diplomatica *f* / Urkundenlehre *f* · Diplomatik *f*
diplomato *m* (di una scuola di biblioteconomia) / Absolvent *m* (einer Bibliotheksschule)
diploma universitario *m* / Hochschuldiplom *n* · Universitätsdiplom *n*
di prossima pubblicazione / erscheint demnächst
direttiva *f* (dell'Unione Europea) / Richtlinie *f* (der europäischen Union)
direttive di bilancio *pl* / Haushaltsvorschriften *pl*
direttore del personale *m* / Personalchef *m*
~ **di biblioteca** *m* / Bibliotheksdirektor *m*
~ **esecutivo** *m* / Geschäftsführer *m*
~ **generale** *m* / Generaldirektor *m*
direttrice *f* / Direktorin *f*
direzione *f* / Richtung *f* · Leitung *f* · Direktion *f* · (di un giornale:) Schriftleitung *f* · Redaktion *f* (einer Zeitung)
~ **del personale** *f* / Personalleitung *f* · Personalführung *f*
~ **di flusso** *f* (in un diagramma di flusso) / Flussrichtung *f* · Ablaufrichtung *f*

~ **di macchina** *f* [Carta] *v. direzione macchina*
~ **generale** *f* [OrgM] / Generaldirektion *f*
~ **macchina** *f* [Carta] / Maschinenlaufrichtung *f*
~ **trasversale** [Carta] / Querrichtung *f* · Dehnrichtung *f*
dirigente *m* [Pers] / leitender Angestellter *m* · Führungskraft *f*
~ **amministrativo** *m* / Verwaltungsleiter *m* · Verwaltungsdirektor *m*
dirigere *v* [OrgM] / leiten
diritti amministrativi *pl* / Bearbeitungsgebühr *f* · Verwaltungsgebühr *f*
~ **d'autore** *pl* / (diritto d'autore:) Urheberrecht *n* · (percentuale dovuta all'autore:) Verfasserhonorar *n* · Autorenhonorar *n* ‖ *v.a. edizione protetta dai diritti d'autore; norme per la tutela dei diritti d'autore; società per la realizzazione dei diritti d'autore; titolare dei diritti d'autore*
~ **di sfruttamento** *pl* / Nutzungsrechte *pl* · Verwertungsrechte *pl*
~ **di utilizzazione** *pl* / Verwertungsrechte *pl*
~ **sussidiari** *pl* [Libri] / Nebenrechte *pl*
diritto alle ferie *m* / Urlaubsanspruch *m*
~ **allo stipendio** *m* / Gehaltsanspruch *m* · Vergütungsanspruch *m*
~ **bibliotecario** *m* / Bibliotheksrecht *n*
~ **d'asta** *m* / Aufgeld *n* (bei einer Auktion)
~ **d'autore** *m* / Urheberrecht *n* ‖ *v.a. diritti d'autore; legge sul diritto d'autore; opera protetta dal diritto d'autore; tutela del diritto d'autore; violazione del diritto d'autore*
~ **del lavoro** *m* / Arbeitsrecht *n*
~ **dell'editoria** *m* / Verlagsrecht *n*
~ **dell'informazione** *m* / Informationsrecht *n*
~ **del prestito** *m* / Ausleihberechtigung *f*
~ **di accesso** *m* [Retr] / Zugriffsrecht *n*
~ **di precedenza** *m* [Acq] / Vorkaufsrecht *n*
~ **di prelazione** *m* [Acq] / Vorkaufsrecht *n*
~ **di restituzione** *m* [Acq] / Rückgaberecht *n*
~ **di riproduzione** *m* / Nachdruckrecht *n* · Vervielfältigungsrecht *n* · (diritto di ristampa:) Abdruckrecht *n*
~ **di ristampa** *m* / Abdruckrecht *n*
~ **di stampa** *m* ⟨UNI ISO 5127/5⟩ / Presserecht *n*
~ **tariffario** *m* / Tarifrecht *n*
discendente *m/f* (di un carattere tipografico) / Unterlänge *f* (einer Drucktype)
dischetto *m* [Inform] / Diskette *f*
~ **di riferimento** *m* / Bezugsdiskette *f* ‖ *v.a. disco*
disciplina ausiliaria *f* / Hilfswissenschaft *f*
~ **di massa** *f* / Massenfach *n*
~ **scientifica** *f* / Wissenschaftsfach *n*
disco *m* [NBM] / Scheibe *f* · Platte *f* ‖ *v.a. dischetto; etichetta del disco*
~ **a 45 giri** *m* / Single-Schallplatte *f*
~ **di gommalacca** *m* / Schellack-Platte *f*
~ **drive** *m* [Inform] / Diskettenlaufwerk *n*
~ **fisso** *m* [Inform] / Festplatte *f*
~ **fonografico** *m* [NBM] / Schallplatte *f*
~**grafia** *f* / Schallplattenverzeichnis *n* · Diskographie *f*
~ **intercambiabile** *m* [Inform] / Wechselplatte *f*
~ **letterario** *m* / Literaturschallplatte *f*
~ **magnetico** / Magnetplatte *f* ‖ *v.a. unità a dischi magnetici*
~ **magnetico flessibile** *m* / flexible Magnetplatte *f*
~ **microsolco** *m* / Langspielplatte *f*
~ **monofonico** *m* / Mono-(Schall-)Platte *f*
disconnettere *v* / zerlegen *v* · abklemmen *v*
disco ottico *m* [Inform] / optische Platte *f* · Bildplatte *f*
~ **ottico cancellabile** *m* / löschbare optische Platte *f*
~ **parlato** / Sprechplatte *f* · Literaturschallplatte *f*
~ **rigido** [Inform] / Festplatte *f*
~ **stereo** *m* / Stereoplatte *f*
~ **stereofonico** *m* / Stereoplatte *f*
discoteca *f* / Diskothek *f* · (raccolta di dischi:) Schallplattenarchiv *n* · Tonträgersammlung *f* · Schallplattensammlung *f*
discreto *agg* [Inform] / diskret *adj*
discrezione *f* / Ermessen *n*
disdetta *f* / Kündigung *f* ‖ *v.a. termine di disdetta*
disdire *v* / kündigen *v* (einen Vertrag ~: disdire un contratto)
disegnare / zeichnen *v*
disegnatore *m* / Zeichner *m*
disegni animati *pl* / Zeichentrickfilm *m*
disegno *m* / Zeichnung *f* ‖ *v.a. disegno tecnico*
~ **a carboncino** *m* / Kohlezeichnung *f*
~ **a china** *m* / Tuschzeichnung *f*
~ **a gessetto** *m* / Kreidezeichnung *f*
~ **a lavaggio** *m* / lavierte Zeichnung *f*
~ **al carbone** *m* / Kohlezeichnung *f*
~ **alla sanguigna** *m* / Rötelzeichnung *f*
~ **a mano** *m* / Handzeichnung *f*

~ **a matita** *m* / Bleistiftzeichnung *f*
~ **a pastello** *m* / Pastellzeichnung *f*
~ **a penna** *m* / Federzeichnung *f*
~ **a pennello** *m* / Pinselzeichnung *f*
~ **a punta d'argento** *m* / Silberstiftzeichnung *f*
~ **a rombi** *m* [Leg] / Rautenmuster *n*
~ **a squame** *m* [Leg] / Schuppenmuster *n*
~ **a tratteggio** *m* / Strichzeichnung *f*
~ **della copertina** *m* [Leg] / Umschlaggestaltung *f*
~ **della legatura** *m* / Einbandgestaltung *f* · Einbandzeichnung *f*
~ **del libro** *m* / Buchgestaltung *f*
~ **di costruzione** *m* / Bauplan *m*
~ **di legatura** *m* v. *disegno della legatura*
~ **di legge** *m* / Gesetzentwurf *m*
~ **di sistemi** *m* / Systementwurf *m*
~ **grafico** *m* / Gebrauchsgrafik *f*
~ **lineare** *m* / Strichzeichnung *f*
~ **tecnico** *m* / technische Zeichnung *f*
disfare *v* [Leg] / vorrichten *v* · auseinandernehmen *v*
disinfestazione *f* [Cons] / Desinfektion *f* · Desinfizierung *f* · Schädlingsbekämpfung *f*
disinfezione *f* [Cons] / Desinfizierung *f* · Desinfektion *f* ‖ *v.a. cella di disinfezione*
disoccupato *agg* / arbeitslos *adj*
disoccupazione *f* / Arbeitslosigkeit *f*
dispendio *m* / Aufwand
~ **di denaro** *m* / Aufwand (in Geldwert berechnet)
~ **di tempo** *m* / Zeitaufwand *m*
dispensa *f* [Libri] ⟨UNI ISO 5127/5⟩ / Fortsetzung *f* · Lieferung (uscire a dispense: in Lieferungen erscheinen) · Ergänzungslieferung *f* ‖ *v.a. pubblicazione a dispense*
~ **universitaria** *f* / Skript *n* (zu einer Vorlesung)
dispersione *f* / Streuung *f*
display *m* / Anzeige *f*
~ **a colori** *m* / Farbdisplay *m*
~ **a cristalli liquidi** *m* / Flüssigkristallanzeige *f*
~ **tutto schermo** *m* [Inform] / Vollbild *n*
disponibile *agg* / vorrätig *adj* · verfügbar *adj*
~ **per prestiti** *agg* / ausleihbar *adj*
disponibilità *f* [Libri] / Lieferbarkeit *f*
disporre a ventaglio *v* [Carta] / auffächern *v*
dispositivo *m* / Vorrichtung *f* · Gerät *n*
~ **a nastro magnetico** *m* [Inform] / Magnetbandgerät *n*
~ **d'arresto di documenti** *m* [Repr] / Vorlagensperre *f*
~ **di allacciamento** *m* / Anschlussgerät *n*
~ **di input** *m* [Inform] / Eingabegerät *n*
~ **di segnalazione** *m* / Anzeigegerät *n*
~ **di terminazione dei circuiti dati** *m* / Datenfernübertragungseinrichtung *f*
~ **di uscita** *m* / Ausgabegerät *n*
disposizione *f* / Verfügung *f* · (prescrizione:) Bestimmung *f*
~ **facoltativa** *f* [Cat] / Kann-Bestimmung *f* · fakultative Bestimmung *f*
disseminazione *f* / Verbreitung *f*
~ **selettiva dell'informazione** *f* / selektive Informationsverbreitung (SDI) *f* · Profildienst *m*
dissertazione accademica *f* ⟨UNI ISO 5127/2⟩ / Dissertation *f* ‖ *v.a. nota di una dissertazione academica*
~ **della libera docenza** *f* / Habilitationsschrift *f*
~ **di dottorato** *f* / Dissertation *f* · Doktorarbeit *f*
dissolvenza incrociata *f* [NBM] / Überblendung *f*
distanza dei caratteri *f* [Inform] / Zeichenzwischenraum *m*
~ **focale** *f* [Repr] / Brennweite *f*
~ **visiva** *f* / Sehabstand *m*
distributore *m* [Libri] / Auslieferer *m* · Vertriebsstelle *f*
~ **automatico di bibite** *m* / Getränkeautomat *m*
~ **di carta** *f* [Repr] / Blattspender *m*
~ **esclusivo** *m* [Libri] / Alleinauslieferer *m*
distribuzione *f* / Vertrieb *m*
~ **di frequenza** *f* / Häufigkeitsverteilung *f*
~ **gaussiana** *f* / Gaußverteilung *f*
~ **normale** *f* / Normalverteilung *f*
distruggidocumenti *m* / Aktenvernichtungsmaschine *f* · Reißwolf *m*
ditate *pl* [Libri] / fingerfleckig *adj*
ditta di software *f* / Softwarefirma *f*
dittafono *m* / Diktiergerät *n*
ditta produttrice *f* / Hersteller *m* · Produktionsfirma *f*
dittico *m* / Diptychon *n*
~ **consolare** *m* / Konsulardiptychon *n*
dittografia *f* / Doppelschreibung *f* · Dittographie *f*
diurnale *m* / Diurnal(e) *n*
divisa *f* (frase scritto sotto uno scudo) / Wahlspruch · Devise *f*
divisione *f* 1 / Teilung *f* · (di un soggetto:) Gliederung *f* · Einteilung *f*

divisione *f* 2 / (in un sistema di classificazione:) Klasse *f* · Abteilung *f*
~ **del lavoro** *f* / Arbeitsteilung *f* · Arbeitsplatzteilung *f*
~ **in sillabe** *f* / Silbentrennung *f*
divoratore di libri *m* / Leseratte *f*
divulgazione *f* / Verbreitung *f* ‖ *v.a. libro di divulgazione scientifica*
dizionario *m* ⟨UNI ISO 5127/2⟩ / (lessico:) Lexikon · (glossario:) Wörterbuch *n*
~ **bilingue** *m* / zweisprachiges Wörterbuch *n*
~ **biografico** *m* / biographisches Lexikon *n*
~ **degli studiosi** *m* / Gelehrtenlexikon *n*
~ **delle abbreviazioni** *m* / Abkürzungswörterbuch *n*
~ **delle parole straniere** *m* / Fremdwörterbuch *n*
~ **di acronimi** *m* / Akronymenverzeichnis *n* · Abkürzungswörterbuch *n*
~ **di frequenza** *f* / Häufigkeitswörterbuch
~ **di sillabazione** *m* / Trennwörterbuch *n*
~ **di traduzione** *m* / Übersetzungswörterbuch *n*
~ **illustrativo** *m* / Bildwörterbuch *n*
~ **letterario** / Literaturlexikon *n*
~ **manuale** *m* / Handwörterbuch *n*
~ **plurilingue** *m* / mehrsprachiges Wörterbuch *n*
~ **poliglotto** *m* / polyglottes Wörterbuch *n* · mehrsprachiges Wörterbuch *n*
~ **specializzato** *m* / Fachwörterbuch *n*
~ **tascabile** *m* / Taschenwörterbuch *n*
docente *m* / Dozent *m* ‖ *v.a. corpo docente; libero docente; organico docente*
~ **ospite** *m* / Gastdozent *m*
~ **universitario** *m* / Hochschullehrer *m*
docenza *f* / Dozentur *f* ‖ *v.a. libera docenza*
documentalista *m* / Dokumentar *m*
documentario *m* (film documentario) / Dokumentarfilm *m*
documentazione *f* ⟨UNI ISO 5127/1⟩ (come campo d'attività e di studio:) Dokumentationswesen *n* · Dokumentation *f*
~ **brevettuale** *f* / Patentdokumentation *f*
~ **di programma** *f* / Programmdokumentation *f*
~ **letteraria** *f* / Literaturdokumentation *f*
documenti di lavoro *pl* / Arbeitsunterlagen *pl*
~ **di pregio** *pl* / Kostbarkeiten *pl*
~ **non librari** *pl* / Nicht-Buch-Materialien *pl*
~ **per una gara d'appalto** / Ausschreibungsunterlagen *pl*
documento *m* ⟨UNI ISO 5127/1⟩ / Urkunde *f* · Dokument *m* · (pratica:) Akte *f*
~ **anonimo** *m* ⟨UNI ISO 5127/5⟩ / anonymes Werk *n*
~ **audiovisivo** *m* / audiovisuelles Dokument *n* · AV-Dokument *n*
~ **autografo firmato** *m* / eigenhändig geschriebene und unterzeichnete Urkunde *f*
~ **brevettuale** *m* / Patentdokument *n*
~ **classificato** *m* / Verschlusssache *f* ‖ *v.a. classificare*
~ **conclusivo** *m* / Schlussdokument *n*
~ **derivato** *m* ⟨UNI ISO 5127/2⟩ / abgeleitetes Dokument *n*
~ **di lavoro** *m* / Arbeitspapier *n*
~ **di pregio** *m* / Zimelie *f*
~ **di riconoscimento** *m* / Personalausweis *m*
~ **di scarto** *m* / Aussonderungsbeleg *m*
~ **elettronico** *m* / elektronisches Dokument *n*
~ **finale** *m* / Schlussdokument *n*
~ **giustificativo** *m* / Beleg *m*
~ **giustificativo della spesa** *m* / Ausgabenbeleg *m*
~ **iconico** *m* ⟨UNI ISO 5237/2⟩ / Bilddokument *n*
~ **indipendente** *m* / selbständiges Dokument *n*
~ **ipertestuale** *m* / Hypertextdokument *n*
~ **non consultabile** *m* [Arch] / Verschlusssache *f*
~ **primario** *m* ⟨UNI ISO 5127/2⟩ / Primärdokument *n*
~ **secondario** *m* ⟨UNI ISO 5127/2⟩ / Folgedokument *n* · Sekundärdokument *n*
~ **segreto** *m* / Geheimdokument *n* (classificare come documento segreto: ein Dokument als geheim einstufen)
~ **SGML** *m* [PubblEl] / SGML-Dokument *n*
~ **sonoro** *m* / Tondokument *n*
~ **video** *m* / Bilddokument *n*
domanda *f* / Frage *f* Anfrage *f* · Antrag *m* (far domanda per un posto libero quale ...:sich für eine freie Stelle als ... bewerben) · Nachfrage *f* ‖ *v.a. modulo di domanda; pubblicazione secondo domanda*
~ **a pronta risposta** *f* / Eilanfrage *f*
~ **d'ammissione** *f* / Zulassungsantrag *m* · Aufnahmeantrag *m*
~ **d'assunzione** *f* / Einstellungsgesuch *n*
~ **di assunzione** *f* / (lettera:) Bewerbungsschreiben *n*

~ **di brevetto** *f* / Patentanmeldung *f*
~ **di immatricolazione** *f* / Immatrikulationsantrag *f*
~ **di letteratura** *f* / Literaturbedarf *m*
~ **d'impiego** *f* / Stellengesuch *n* · (lettera:) Bewerbungsschreiben *n*
~ **di ricerca** *f* / Suchanfrage *f*
domestici *pl* / Hauspersonal *n*
domicilio *m* / Wohnsitz *m*
~ **fisso** *m* / fester Wohnsitz *m*
donatore *m* / Spender *m* · Geber *m* · Stifter *m* · Schenker *m*
donazione *f* [Acq] / Schenkung *f* · Stiftung *f* ‖ *v.a. appello donazioni; contratto di donazione*
dono *m* / Geschenk *n* · Spende *f*
doppia densità *f* [Inform] / doppelte Schreibdichte *f*
~ **numerazione** *f* / Doppelzählung *f*
doppio clic *m* [Inform] / Doppelklick *m*
~ **lavoro** *m* / Doppelarbeit *f*
doppione *m* / Dublette *f*
doppio punto *m* [Scritt] / Doppelpunkt *m*
dorare *v* [Leg] / vergolden *v*
dorato *part pt* [Leg] / vergoldet *part perf* · goldverziert *part perf*
doratore *m* [Leg] / Vergolder *m*
~ **a mano** *f* [Leg] / Handvergolder *m*
doratura *f* [Leg] / Goldprägung *f* · Vergoldung *f*
~ **a mano** *f* [Leg] / Handvergoldung *f*
~ **a stampa** *f* [Leg] / Pressvergoldung *f*
~ **dei piatti** [Leg] / Deckelvergoldung *f*
~ **del taglio** *f* [Leg] / (procedura:) Goldschnittmachen *n* · Schnittvergoldung *f*
dorso *m* (del libro) / Rücken *m* ‖ *v.a. decorazione del dorso; incollatura del dorso; indorsatura*
~ **aderente** *m* [Leg] / fester Rücken *m*
~ **a scatto** *m* [Leg] / Sprungrücken *m*
~ **cucito alla greca** *m* [Leg] / eingesägter Rücken *m*
~ **dorato** *m* / Rückenvergoldung *f*
~ **in rilievo** *m* [Leg] / runder Rücken *m*
~ **in tela** *m* [Leg] / Geweberücken *m* · Leinenrücken *m*
~ **libero** *m* [Leg] / hohler Rücken *m*
~ **liscio** *m* [Leg] / glatter Rücken *m*
~ **piatto** *m* / gerader Rücken *m* · flacher Rücken *m*
~ **staccato** *m* [Leg] / hohler Rücken *m*
dotazione / Schenkung *f* · Ausstattung *f* (Mittelausstattung)
~ **di personale** *f* / Personalausstattung *f*
~ **per gli acquisti** *f* / Erwerbungsetat *m* · Erwerbungsmittel *pl*
dottorando *m* / Doktorand
dottorato *m* / Doktorat *n* ‖ *v.a. regolamento del dottorato*
~ **di ricerca** / Doktorat *n* (mit Nachweis der Forschungsbefähigung)
dramma radiofonico *m* / Hörspiel *n*
drive *m* [Inform] / Laufwerk *n*
~ **floppy disk** *m* [Inform] / Diskettenlaufwerk *n*
DSI *abbr v. disseminazione selettiva dell'informazione*
due punti *pl* [Cat] / Doppelpunkt *m* (als Deskriptionszeichen)
duplicare *v* / duplizieren *v*
duplicato *m* / Dublette *f* · Doppelstück *n* · Duplikat *n* · Zweitexemplar *n* ‖ *v.a. altra copia*
duplicatore *m* / Vervielfältigungsgerät *n*
duplicatrice *f* / Dupliziergerät *n*
duplicazione *f* / Duplizierung *f* · Vervielfältigung *f*
duplice copia *f* / Zweitexemplar *n*
durabilità *f* / Dauerhaftigkeit *f*
durata *f* / Dauer *f*
~ **del contratto** *f* / Vertragsdauer *f*
~ **dell'apertura** *f* / Öffnungsdauer *f*
~ **dello scorrimento** *f* [NBM] / Spieldauer *f*
~ **del periodo di protezione** (di un brevetto) / Schutzdauer *f* (eines Patents)
~ **del prestito** *f* / Leihfrist *f*
~ **di display** *f* / Anzeigedauer *f*

E

e abbreviata *f* (&) [Scritt; Tip] / Et-Zeichen *n*
eccedenza di bilancio *f* / Haushaltsüberschuss *m*
e commerciale *f* (&) / Et-Zeichen *n*
economato *m* / Rechnungsstelle *f* · Verwaltungsbüro *n* · (di un'università:) Universitätskasse *f* ‖ *v.a. ufficio economato*
economia dell'informazione *f* / Informationswirtschaft *f*
economicità *f* / Wirtschaftlichkeit *f*
economico *agg* / wirtschaftlich *adj* · ökonomisch *adj*
economizzare *v* / einsparen *v* · sparen *v* (economizzare sui costi di input:Inputkosten sparen) ‖ *v.a. misure d'economia*
edicola *f* / Zeitungskiosk *m* · Zeitungsstand *m*
edificio *m* / Gebäude *n* · Bau *m* ‖ *v.a. progettazione di un edificio*
~ **a pianta centrale** *m* / Zentralbau *m*
~ **archivistico** *m* / Archivgebäude *n*
~ **bibliotecario** *m* / Bibliotheksbau *m* · Bibliotheksgebäude *n*
~ **polivalente** *m* / Mehrzweckgebäude *n*
edilizia bibliotecaria *f* / Bibliotheksbau *m*
~ **universitaria** *f* / Hochschulbau *m*
editare / (pubblicare:) herausgeben *v* · (informatica:) editieren *v* ‖ *v.a. modo di editare*
editazione *f* [Inform] / Editierung *f* ‖ *v.a. routine di editazione; sistema di editing di ipertesti*
edito *part pt* (da) [Libri] / herausgegeben *part perf* (von)
editor di font *m* [PubblEl] / Fonteditor *m*
~ **di immagini** *m* [PubblEl] / Bildeditor *m*
~ **di tabelle** *m* [PubblEl] / Tabelleneditor *m*
~ **di testo** *m* [Inform] / Texteditor *m*
editore *m* ⟨RICA; UNI ISO 5127/5⟩ / Verlag *m* · Verleger *m*
~ **di musica** *m* / Musikverleger *m*
~ **di riviste** *m* / Zeitschriftenverlag *m*
~ **d'opere d'arte** *m* / Kunstverlag *m*
~ **governativo** *m* / Staatsverlag *m*
~ **in proprio** *m* / Selbstverlag *m*
~ **specializzato** *m* / Fachverlag *m*
~ **su commissione** *m* / Kommissionsverlag *m*
editoria *f* / Publikationswesen *n* · Verlagswesen *n*
~ **elettronica** *f* / elektronisches Publizieren *n*
editoriale *m* (in un giornale) / Leitartikel *m*
editoria musicale *f* / Musikverlagswesen *n*
~ **pirata** *f* / Raubdruck(wesen) *m(n)*
editori congiunti *pl* / Gemeinschaftsverlag *m*
editrice *f* / Verlegerin *f*
editto *m* / Erlass *m* · Edikt *m*

edizione *f* ⟨UNI ISO 5127/5⟩ / Edition *f* · Herausgabe *f* · (complesso di esemplari stampati:) Auflage *f* · (pubblicazione di un'opera a stampa nuova:) Ausgabe *f* · (pubblicazione:) Veröffentlichung *f* ‖ *v.a. indicazione di edizione; nuova edizione*
~ **abbreviata** *f* / gekürzte Ausgabe *f* · Kurzausgabe *f*
~ **a caratteri grandi** *f* / Großdruckbuch *n*
~ **accresciuta** *f* / vermehrte Auflage *f*
~ **aggiornata** *f* / aktualisierte Ausgabe *f*
~ **ampliata** *f* / erweiterte Auflage *f* · vermehrte Auflage *f*
~ **aumentata** *f* / vermehrte Auflage *f*
~ **autografa** *f* [Libri] / signierte Ausgabe *f*
~ **autorizzata** *f* [Libri] / autorisierte Ausgabe *f*
edizione bibliofila *m* / bibliophile Ausgabe *f*
edizione bibliotecaria *f* / Bibliotheksausgabe *f*
~ **clandestina** *f* / Geheimausgabe *f* · illegale Ausgabe *f*
~ **collaterale** *f* (di una rivista) / Nebenausgabe *f*
~ **collettiva** *f* / Sammelausgabe *f*
~ **commerciale** *f* / Buchhandelsausgabe *f*
~ **completa** *f* / Gesamtausgabe *f*
~ **congiunta** *f* [Libri] / Gemeinschaftsausgabe *f*
~ **contraffata** *f* [Libri] / Raubdruck
~ **corretta** *f* / berichtigte Ausgabe *f* · verbesserte Ausgabe *f* · verbesserte Auflage *f*
~ **critica** *f* / historisch-kritische Ausgabe *f*
~ **da amatore** *f* / Liebhaberausgabe *f*
~ **da regalo** *f* / Geschenkausgabe *f*
~ **definitiva** *f* / endgültige Ausgabe *f* · (preparata dall'autore:) Ausgabe letzter Hand *f*
~ **del mattino** *f* (di un giornale) / Morgenausgabe *f*
~ **di giubileo** *f* / Jubiläumsausgabe *f*
~ **di lusso** *f* / Prachtausgabe *f* · Luxusausgabe *f*
~ **di paperback** *f* / Paperback-Ausgabe *f*
~ **diplomatica** *f* / diplomatische Ausgabe *f*
~ **di pregio** *f* / Vorzugsausgabe *f* · Luxusausgabe *f*
~ **di quartiere** *f* (di un giornale) / Stadtteilausgabe *f*
~ **distrettuale** *f* (di un giornale) / Bezirksausgabe *f*
~ **di una tipografia privata** *f* / Privatdruck *m*
~ **emendata** *f* / verbesserte Auflage *f*
~ **facsimilare** / Faksimile(-Ausgabe / -Nachdruck) *n(/f/m)*
~ **figurata** *f* / illustrierte Ausgabe *f*
~ **fittiva** *f* / Geistertitel *m*
~ **fuori commercio** *f* / Privatdruck *m*
~ **illustrata** / illustrierte Ausgabe *f*
~ **in formato ridotto** *f* / Miniaturausgabe *f*
~ **in sottoscrizione** *f* / Subskriptionsausgabe *f*
~ **integrale** *f* / vollständige Ausgabe *f* · Gesamtausgabe *f*
~ **legata** *f* / gebundene Ausgabe *f*
~ **limitata** *f* / beschränkte Auflage *f*
~ **modificata** *f* / veränderte Ausgabe *f*
~ **municipale** *f* (di un giornale) / Stadtausgabe *f*
~ **musicale** *f* / Musikdruck *m*
~ **non-autorizzata** *f* / nichtautorisierte Ausgabe *f* ‖ *v.a. edizione pirata*
~ **non venale** *f* / unverkäufliche Ausgabe *f* ‖ *v.a. fuori commercio*
~ **numerata** *f* / nummerierte Ausgabe *f*
~ **originale** *f* ⟨UNI ISO 5127/5⟩ / Originalausgabe *f*
~ **parallela** *f* (di una rivista) / Parallelausgabe *f*
~ **parziale** *f* / Teilausgabe *f*
~ **pirata** *f* / Raubdruck
~ **popolare** *f* / Volksausgabe *f*
~ **principe** *f* / Erstausgabe *f*
~ **privata** *f* / (edizione di una tipografia privata:) Pressendruck *m*
~ **protetta dai diritti d'autore** *f* / urheberrechtlich geschützte Ausgabe *f*
~ **provvisoria** *f* / vorläufige Ausgabe *f*
~ **purgata** *f* / bereinigte Ausgabe *f* · purgierte Ausgabe *f*
~ **regionale** *f* / Regionalausgabe *f*
~ **rielaborata** *f* / umgearbeitete Auflage *f*
~ **riveduta** *f* / überarbeitete Ausgabe *f* · revidierte Ausgabe · durchgesehene Ausgabe *f* · umgearbeitete Auflage *f*
~ **scolastica** *f* / Schulausgabe *f*
~ **speciale** *f* ⟨UNI ISO 5127/5⟩ / Sonderausgabe *f*
~ **straordinaria** *f* / Extraausgabe *f*
~ **su licenza** *f* / Lizenzausgabe *f*
~ **tascabile** *f* / Taschenbuchausgabe *f*
edizioni musicali *pl* / Musikalien *pl* · Musikdrucke *pl*
educazione alla lettura *f* / Leseerziehung *f*
~ **degli adulti** *f* / Erwachsenenbildung *f*
~ **dell'utente** *f* / Benutzerschulung *f*
efficacia *f* / Wirksamkeit *f* · Effektivität *f*

efficiente *agg* / effizient *adj* · leistungsfähig *adj*
efficientismo *m* / Leistungsorientierung *f*
efficientista *agg/m* / leistungsorientierter Mensch *m* · leistungsorientiert *adj*
efficientistico *agg* / leistungsorientiert *adj*
efficienza *f* / Leistungsfähigkeit *f* · Effizienz *f*
egiziana *f* [Tip] *v. scrittura egiziana*
egloga *f* / Ekloge *f*
elaborare *v* / ausarbeiten *v* · erarbeiten *v* · verarbeiten *v*
elaboratore *m* [Inform] / EDV-Anlage *f* · Rechenanlage *f* · Rechner *m*
~ **analogico** *m* / Analogrechner *m*
~ **asincrono** *m* / Asynchronrechner *m*
~ **attivo** *m* / Arbeitsrechner *m*
~ **centrale** *m* / Zentralrechner *m*
~ **di composizione** *m* [Inform; Tip] / Satzrechner *m*
~ **digitale** *m* / Digitalrechner *m*
~ **di nodo** *m* / Netzknotenrechner *m* · Knotenrechner *m*
~ **di riserva** *m* [Inform] / Reserverechner *m* · Bereitschaftsrechner *m*
~ **elettronico** *m* / EDV-Anlage *f* · Datenverarbeitungsanlage *f*
~ **filtro** *m* [Inform] / Vorrechner *m*
~ **host** *m* [Inform] / Datenbankrechner *m* · Host-Rechner *m*
~ **ibrido** *m* / Hybridrechner *m*
~ **master** *m* [Inform] / Leitrechner *m*
~ **multiuso** *m* / Mehrzweckrechner *m*
~ **ospite** *m* / Dienstleistungsrechner *m* · Host-Rechner *m* · Wirtsrechner *m* ‖ *v.a. elaboratore host*
elaborazione a distanza *f* [Inform] / Fernverarbeitung *f* · Datenfernverarbeitung *f*
~ **a lotti** *f* [Inform] / Batch-Betrieb *m* · Batch-Verarbeitung *f* · Stapelverarbeitung *f*
~ **a lotti a distanza** *f* / Stapelfernverarbeitung *f*
~ **a multiprocessori** *f* / Vielprozessorbetrieb *m*
~ **a priorità** *f* [Inform] / Vorrangverarbeitung *f*
~ **automatica dei dati** *f* / automatische Datenverarbeitung *f*
~ **automatica delle informazioni** / Informationsverarbeitung *f*
~ **batch** *f* / Batch-Betrieb *m* · Stapelverarbeitung *f* ‖ *v.a. elaborazione a lotti*
~ **conversazionale** *f* [Inform] / Dialogbetrieb *m*
~ **dati** *f* ⟨UNI ISO 5127/1⟩ / Datenverarbeitung *f*
~ **d'immagini** *f* / Bildverarbeitung *f*
~ **distribuita dei dati** *f* / verteilte Datenverarbeitung *f*
~ **di testi** / Textverarbeitung *f*
~ **elettronica dei dati** *f* / elektronische Datenverarbeitung *f*
~ **in linea** *f* / Online-Verarbeitung *f*
~ **in tempo reale** *f* [Inform] / Realzeitverarbeitung *f* · Echtzeitverarbeitung *f*
~ **interattiva** *f* / Dialogbetrieb *m*
~ **interattiva dei dati** *f* / Dialogdatenverarbeitung *f*
~ **multi-file** *f* / Mehrdateiverarbeitung *f*
~ **non numerica** *f* / nichtnumerische Datenverarbeitung *f*
~ **offline** *f* / Offline-Verarbeitung *f*
~ **orientata a parole** *f* [Inform] / wortorganisierte Verarbeitung *f*
elementi incorporati *pl* [EdilArred] / Einbauten *pl*
elemento / Baustein *m* · Element *n*
~ **di memoria** *m* / Speicherelement *n*
~ **di ordinamento** *m* [Cat] / Ordnungselement *n*
~ **divisore** *m* [EdilArred] / Raumteiler *m*
elencare *v* [Cat; Bib] / verzeichnen *v* · auflisten *v*
elenco *m* / Verzeichnis *n* · Liste *f*
~ **degli incarichi** *m* [OrgM] / Geschäftsverteilungsplan *m*
~ **delle abbreviazioni** *m* / Abkürzungsverzeichnis *n*
~ **delle presenze** *m* / Anwesenheitsliste *f*
~ **di file** *m* [Inform] / Inhaltsverzeichnis *n*
~ **di indirizzi** *m* / Adressenliste *f*
~ **di scarto** *m* / Aussonderungsnachweis *m*
~ **norme** *m* / Normenverzeichnis *n*
~ **telefonico** *m* / Telefonverzeichnis *n* · Telefonbuch *n*
elettrofotografia *f* / Elektrofotografie *f*
elettronica di consumo *f* / Unterhaltungselektronik *f*
eliminare *v* / aussondern
eliminazione *f* / Aussonderung *f* · Beseitigung *f* · Eliminierung *f*
~ **degli errori** *f* / Fehlerbeseitigung *f*
~ **di ridondanze** *f* / Redundanzbeseitigung *f*
eliogravura *f* / Heliogravüre *f* · Photogravüre *f*
elogio *m* / Lobrede *f* · Laudatio *f*

emanare *v* / (promulgare:) verkünden *v* · herausgeben *v* (von einer Körperschaft) ‖ *v.a. ente di emanazione*
emblema *m* / Sinnbild *n* · Emblem *n*
~ **della biblioteca** *m* / Bibliothekssignet *n*
emeroteca *f* / Zeitungsleseraum *m*
emettere *v* [Inform] / ausgeben *v*
emissione *f* / (radio:) Sendung *f* · (di francobolli ecc.:) Ausgabe *f* ‖ *v.a. ritmo di emissione*
~ **dei dati** *f* / Datenausgabe *f*
~ **radiofonica** *f* / Rundfunksendung *f*
~ **su stampante** *f* [Inform] / Druckerausgabe *f*
emulare *v* [Inform] / emulieren *v*
emulatore *m* [Inform] / Emulator *m*
emulazione *f* [Inform] / Emulation *f* · Emulierung ‖ *v.a. programma emulatore*
emulsione *f* [Repr] / Emulsion *f* ‖ *v.a. lato emulsione; strato di emulsione*
~ **fotografica** *f* / fotografische Schicht *f*
enciclica *f* / Encyclica *f*
enciclopedia *f* ⟨UNI ISO 5127/2⟩ / Enzyklopädie *f* · (antiquato:) Konversationslexikon *n*
ente *m* / Körperschaft *f* · Anstalt *f*
~ **amministrativo** *m* / Behörde *f*
~ **autore** *m* [Cat] / korporativer Verfasser *m* · körperschaftlicher Verfasser *m* · Urheber *m* (RAK)
~ **collettivo** *m* [Cat] ⟨RICA⟩ / Körperschaft *f*
~ **curatore** *m* [Cat] / herausgebende Körperschaft *f*
~ **di emanazione** *m* / herausgebende Körperschaft *f*
~ **di ricerca** *m* / Forschungsanstalt *f*
~ **di standardizzazione** *m* / Normungsinstitut *n*
~ **editore** *m* / herausgebende Körperschaft *f*
~ **intergovernativo** *m* / zwischenstaatliche Körperschaft *f*
~ **normativo** *m* / Normungsinstitut *n*
~ **proprietario** *m* / Trägerinstitution *f* · Unterhaltsträger *m*
~ **pubblico** *m* / Körperschaft des öffentlichen Rechts *f*
~ **subordinato** *m* / untergeordnete Körperschaft *f*
~ **superiore** *m* / übergeordnete Körperschaft *f* · Trägerinstitution *f*
~ **territoriale** *m* / Gebietskörperschaft *f*
entrata *f* / Zugang *m* · (reddito:) Einnahme *f* · (accesso all'interno di un luogo:) Eingang *m* ‖ *v.a. numero d'entrata*
entrate *pl* / (redditi:) Einkünfte *pl*
~ **correnti** *pl* / laufende Einnahmen *pl*
~ **di bilancio** *pl* / Haushaltseinnahmen *pl*
epidiascopio *m* / Epidiaskop *n* · Epidiaprojektor *m*
epigrafe *f* / Inschrift *f* · Epigraph *n*
epigrafia *f* / Inschriftenkunde *f* · Epigraphik *f*
epilogo *m* / Epilog *m* · (postfazione:) Schlusswort *n*
episcopio *m* / Episkop *n*
epistolario *m* / Epistolar *n* · Briefsammlung *f*
epitalamio *m* / Hochzeitsgedicht *n*
epiteto *m* / Epitheton *n*
epitome *f* [Libri] / Auszug *m* · Epitome *f*
equidistanza *f* [Cart] / Äquidistanz *f*
equinozio *m* [Cart] / Äquinoktium *n*
equipaggiamento *m* / Ausstattung *f* · Ausrüstung
equiparazione *f* / Gleichstellung *f* ‖ *v.a. legge della parità*
~ **delle donne** *f* / Frauengleichstellung ‖ *v.a. delegata per la tutela dei diritti della donna*
equivalenza *f* / Äquivalenz *f*
~ **linguistica in un tesauro plurilinguale** *f* [Ind] / fremdsprachige Äquivalenz *f*
~ **parziale** *f* / Teil-Äquivalenz *f*
~ **precisa** *f* / genaue Äquivalenz *f*
era *f* / Zeitrechnung *f*
erbario *m* / Herbarium *n* · Kräuterbuch *n* · Pflanzenbuch *n*
eredità / Erbschaft *f* · Erbe *n*
~ **culturale** *f* / kulturelles Erbe *f*
ergonomia *f* / Ergonomie *f*
errata corrige *m* / Druckfehlerverzeichnis *n*
errore / Irrtum *m* · Fehler *m* ‖ *v.a. eliminazione degli errori; tasso d'errore*
~ **dattilografico** *m* / Tippfehler *m*
~ **di battitura** / Tippfehler *m*
~ **di calcolo** *m* / Rechenfehler *m*
~ **di composizione** *m* [Tip] / Setzfehler *m*
~ **di esposizione** *m* [Repr] / Fehlbelichtung *f*
~ **di lettura** *m* [Inform] / Lesefehler *m*
~ **di penna** *m* / Schreibfehler *m*
~ **di programma** *m* / Programmfehler *m*
~ **di programmazione** / Programmierfehler *m* · Programmfehler *m*
~ **di stampa** *m* / Druckfehler *m* ‖ *v.a. errore di composizione*
~ **di trasmissione** *m* [Com] / Übertragungsfehler *m*

~ **ortografico** / Schreibfehler *m* · Rechtschreibfehler *m*
es. *abbr v. esemplare*
esadecimale *agg* / hexadezimal *adj* ‖ *v.a. sistema esadecimale*
esame *m* / Examen *n* (passare gli esami: die Prüfung bestehen) · Prüfung *f* · (controllo:) Überprüfung *f* ‖ *v.a. esigenze d'esame; fornitura a scopo di esame; invio in esame; materia d'esame; ordine a scopo di esame; prova; regolamento degli esami; tema d'esame*
~ **complementare** *m* / Ergänzungsprüfung *f*
~ **conclusivo** *m* / Abschlussprüfung *f*
~ **d'ammissione** *m* / Zulassungsprüfung *f* · Aufnahmeprüfung *f*
~ **di laurea** *m* / Diplomprüfung *f* · Hochschulabschlussprüfung *f*
~ **di maturità** *m* / Matur *n A; CH* · Abitur *n* · Reifeprüfung *f*
~ **di reparazione** *m* / Nachprüfung *f* · Wiederholungsprüfung *f*
~ **di Stato** *m* / Staatsexamen *n*
~ **intermedio** *m* / Zwischenprüfung *f*
~ **linguistico** *m* / Sprachprüfung *v*
~ **orale** *m* / mündliche Prüfung *f*
~ **preliminare** *m* / Vorprüfung *f* · (in un corso di laurea:) Diplom-Vorprüfung *f*
~ **scritto** *m* / schriftliche Prüfung *f*
~ **supplementare** *m* / Zusatzprüfung *f*
esaminante *m/f* / Prüfer *m*
esaminare *v* / prüfen *v* · (rivedere:) sichten *v*
esaminatore *m* / Prüfer *m*
esaur. *abbr v. esaurito*
esaurito *part pt* [Libri] / vergriffen *part perf*
escludere *v* (dai servizi) / ausschließen *v* (von der Benutzung)
esclusione *f* / (dal prestito:) Sperrung der Ausleihberechtigung *f*
esclusività di vendita *f* [Libri] / Alleinverkaufsrecht *n*
escluso dal prestito *part pt* / nicht ausleihbar *adj* · nicht verleihbar
~ **dal prestito a domicilio** / nur zur Benutzung in der Bibliothek (im Lesesaal)
escursione *f* / Exkursion *f*
esecutore *m* [Arte] / ausübender Künstler *m* · Ausführender *m*
esecuzione del programma *f* / Programmlauf *m*
esemplare *m* [Libri] ⟨RICA⟩ / Exemplar *n*
~ **addizionale** *m* / zusätzliches Exemplar *n*
~ **a pieni margini** *m* / unbeschnittenes Exemplar *n*
~ **con dedica** *m* / Widmungsexemplar *n*
~ **con le barbe** *m* [Leg] / unbeschnittenes Exemplar *n*
~ **con testimoni** *m* / unbeschnittenes Exemplar *n*
~ **da regalo** *m* / Geschenkexemplar *n*
~ **del deposito legale** *m* / Pflichtexemplar *n* ‖ *v.a. consegna obbligatoria*
~ **di dedica** / Widmungsexemplar *n*
~ **di deposito** *m* / Archivexemplar *n*
~ **difettoso** *m* / Defektexemplar *n*
~ **di lancio** *m* / Vorausexemplar *n*
~ **di presentazione** *m* / Widmungsexemplar *n*
~ **di prestito** *m* / Leihexemplar *n*
~ **di riserva** *m* / Reserveexemplar *n*
~ **di saggio** *m* / Ansichtsexemplar · Prüfexemplar *n*
~ **di seconda mano** *m* / antiquarisches Buch *n* (aus zweiter Hand)
~ **d'obbligo** *m* / Pflichtexemplar *n* ‖ *v.a. consegna obbligatoria*
~ **dovuto all'autore** *m* / Autorenexemplar *n*
~ **escluso dal prestito** *m* / Präsenzexemplar *n* · nicht verleihbares Exemplar *n*
~ **gratuito** *m* / kostenloses Exemplar *n*
~ **imbottito** *m* / extra-ausgestattetes Exemplar *n*
~ **ineccepibile** *m* / tadelloses Exemplar *n*
~ **in oggetto** *m* / vorliegendes Exemplar *n*
esemplare in prestito *m* / verleihbares Exemplar *n*
esemplare interfogliato *m* [Leg] / durchschossenes Exemplar *n*
~ **multiplo** *m* / Mehrfachexemplar *n*
~ **nitido** *m* / tadelloses Exemplar *n*
~ **non richiesto** *m* / unverlangtes Exemplar *n*
~ **perfetto** *m* / tadelloses Exemplar *n*
~ **per recensione** *m* ⟨UNIISO 5127/5⟩ / Rezensionsexemplar *n*
~ **sostitutivo** *m* / Ersatzexemplar *n*
esemplari multipli *pl* / Mehrfachexemplare *pl*
esente da IVA / mehrwertsteuerfrei *adj*
esenzione dal servizio *f* / Dienstbefreiung *f*
esercitazione *f* / (universtà:) Übung *f*
esercizio finanziario *m* / Rechnungsjahr *n*
esibire *v* / zeigen *v* ‖ *v.a. esporre*
esigenze *pl* / Bedürfnisse *pl* · Anforderungen *pl* · Erfordernisse *pl*
~ **degli utenti** *pl* / Benutzerbedürfnisse *pl*
~ **d'esame** / Prüfungsanforderungen *pl*

~ **di spazio** *pl* / Platzbedarf *m* · Raumbedarf *m*
~ **di terreno** *pl* / Flächenbedarf *m*
~ **minime** *pl* / Mindestanforderungen *pl*
espandere *v* / erweitern *v*
espandibile *agg* / erweiterbar *adj* · erweiterungsfähig *adj* · ausbaufähig *adj*
espandibilità *f* [EdilArred] / Erweiterungsfähigkeit *f* · Ausbaufähigkeit *f*
espansione / Erweiterung *f*
~ **della memoria di lavoro** *f* [Inform] / Arbeitsspeichererweiterung *f*
~ **di memoria** *f* [Inform] / Speichererweiterung *f*
esperienza di lavoro *f* / Arbeitserfahrung *f*
esperienze professionali *pl* / Berufserfahrung *f*
esperto *m* / Sachverständiger *m* · Fachmann *m* · Experte *m*
esplosione dell'informazione *f* / Informationsexplosion *f*
esponente *m* / Exponent *m*
esporre / (alla luce:) belichten *v* · (porre in mostra:) ausstellen *v* · (presentare in una rastrelliera:) auslegen *v*
esposimetro *m* [Repr] / Belichtungsmesser *m*
espositore *m* / Aussteller *m*
~ **per periodici** *m* / Zeitschriftenregal *n* (zur Auslage von Zeitschriften)
~ **per quoditiani** *m* / Zeitungsregal *n*
esposizione *f* / (di una pellicola:) Belichtung *f* · (di periodici:) Auslage *f* · (mostra:) Ausstellung *f* ‖ *v.a. sala d'esposizione; sistema di esposizione; sottoesposizione; sovr(a)esposizione; superficie dell'esposizione; superficie espositiva; tempo d'esposizione; unità di esposizione*
~ **delle nuove acquisizioni** *f* / Neuerwerbungsauslage *f*
~ **di libri** *f* / Buchauslage *f*
~ **diretta** *f* [Repr] / Direktbelichtung *f*
~ **doppia** *f* [Repr] / Doppelbelichtung *f*
~ **inclinata** *f* / Schrägauslage *f*
espressione *f* / Äußerung *f* · Ausdruck *m*
essicatore *m* [Rest] / Trockengerät *n*
essicazione con congelamento sottovuoto *f* [Rest] / Vakuumtrocknung *f*
essiccatoio rapido *m* [Leg] / Schnelltrockner *m*
estensione *f* [Class; Ind] / Erstreckung *f* · Begriffsumfang *m*
esteso *part pt* / ausgedehnt *part perf* · erweitert *part perf* (significato esteso: erweiterte Bedeutung)
estintore *m* / Feuerlöscher *m*
estr. *abbr v. estratto*
estrapolare *v* / extrapolieren *v*
estratto *m* / Auszug *m* · (tiratura separata di parte di periodico:) Separatum *n* · Sonder(ab)druck *m* · (abstract:) Referat *n* · Kurzreferat *n*
~**-conto** *m* / Kontoauszug *m*
estrazione *f* [Ind] / Extrahierung *f*
~ **dei termini** *f* [Ind] / Stichwortbildung *f*
etica professionale *f* / Berufsethik *f*
etichetta *f* / Etikett *n* · (Cobol:) Kennsatz *m*
~ **del disco** *f* [NBM] / Plattenlabel *n*
~ **del legatore** *f* / Namensstempel *m* (des Buchbinders)
~ **di coda** *f* [Inform] / Dateiendekennsatz *m*
~ **di codice a barre** *f* / Strichcode-Etikett *n*
~ **di immissione** *f* [Inform] / Eingabekennsatz *m*
~ **di input** *f* [Inform] *v. etichetta di immissione*
~ **d'indirizzo** *f* / Adressenaufkleber *m*
~ **di record** *f* [Inform] / Satzkennung *f*
etichettare *v* / etikettieren *f* · beschildern *v*
etichettatrice *f* / Etikettiermaschine *f*
etichettatura *f* / Beschilderung *f* · Etikettierung *f*
evangeliario *m* / Evangeliar *n*
evidenziare *v* [Uff; Tip] / markieren *v* · auszeichnen · hervorheben *v* ‖ *v.a. mettere in evidenza*
evidenziatore *m* [Uff] / Markierstift *m*
ex dono *m* [Libri] / Donatoren-Exlibris *n*
~ **libris** *m* / Exlibris *n*
~ **possessore** *m* / früherer Besitzer *m*

F

fabbisogno *m* / Bedarf *m* ‖ *v.a. adeguato al fabbisogno; analisi dei fabbisogni; copertura del fabbisogno; esigenze; valutazione del fabbisogno*
~ **di manodopera** *m* / Arbeitskräftebedarf *m*
faccetta *f* [Class] / Facette *f*
~ **di distinzione** *f* [Class] / Unterscheidungsfacette *f*
faccettazione *f* [Class] / Facettierung *f* ‖ *v.a. formula delle faccette*
faccia carnosa *f* (della pergamena) / Fleischseite *f* (des Pergaments)
facciata *f* / (superficie di una pagina:) Vorderseite *f* · (di un edificio:) Fassade *f* ‖ *v.a. a doppia facciata*
~ **interna** *f* (del piatto) [Leg] / Deckelinnenseite *f*
facoltà *f* / (università:) Fakultät *f*
facoltativo *agg* / fakultativ *adj* ‖ *v.a. disposizione facoltativa*
facsimile *m* / Faksimile *n* ‖ *v.a. ristampa in facsimile*
~ **di una lettera** *m* / Brief-Faksimile *n*
factoring *m* [Ind] / Begriffszerlegung *f*
~ **semantico** *m* / semantische Begriffszerlegung *f*
falsa attribuzione *f* / falsche Zuschreibung *f*
~ **nervatura** *f* [Leg] / falsche Bünde *pl*
falsificare *v* / fälschen *v*
falso *m* / (risultato della falsificazione:) Fälschung *f*
famiglia di caratteri *f* [Tip] / Schriftfamilie *f*
fantascienza *f* / Science-fiction *f*
fantasma *m* (sostituto per un libro in prestito) / Stellvertreter *m* · Vertreter *m* · Repräsentant *m*
fare lo spoglio *v* [Ind] / auswerten *v* ‖ *v.a. spoglio di periodici*
farmacopea *f* / Pharmakopöe *f* ‖ *v.a. ricettario*
far rientrare *v* [Tip] / einziehen *v*
far scorrere *v* [Inform] / scrollen *v* ‖ *v.a. freccia di scorrimento*
fascetta editoriale *f* / Buchschleife *f* · Buchbinde *f* · Bauchbinde *f* (als Werbeträger um ein Buch gelegt)
~ **pubblicitaria** *f v. fascetta editoriale*
fascicolo *m* ⟨UNI ISO 5127/5⟩ / Faszikel *m* · (parte di una pubblicazione periodica:) Heft *n* · (di un'opera edita in parti:) Lieferung · (opuscolo:) Broschüre *f* · (quinterno:) Lage *f* ‖ *v.a. numero fascicolo; opera in fascicoli*
~ **mensile** *m* / Monatsheft *m*
~ **personale** *m* / Personalakte *f*
~ **singolo** *m* / Einzelheft *n*
fase di costruzione *f* / Bauabschnitt *m*
~ **di lavoro** *f* / Arbeitsgang
~ **di prova** *f* / Probelauf *m*
~ **d'orientamento** *f* / Orientierungsphase *f*
fattibilità *f* / Machbarkeit *f* ‖ *v.a. studio di fattibilità*

fattore d'ingrandimento *m* [Repr] / Vergrößerungsfaktor *m*
~ **di ponderazione** *m* / Gewichtungsfaktor *m*
~ **di riserva** *m* (in un preventivo delle spese) / Sicherheitszuschlag *m*
~ **di zoom** *m* [Inform] / Zoomstufe *f*
~ **produttivo** *m* / Produktionsfaktor *m*
fattorizzazione semantica *f* [Ind] / semantische Begriffszerlegung *f*
fattura *f* / Rechnung *f* ‖ *v.a. conto; data di fattura; importo della fattura; liquidazione della fattura; voce della fattura*
~ **pro-forma** *f* / Vorausrechnung *f*
fatturare *v* / fakturieren *v*
fatturazione *f* / Rechnungslegung *f* · Fakturierung *f*
favola *f* / Fabel *f*
fax *m* / Fax *n* ‖ *v.a. trasmissione di fax*
faxare *v* / faxen *v*
f.c. *abbr v. fuori commercio*
f.c.o, *abbr v. fuori commercio originale*
fedeltà dei colori *f* / Farbtreue *f*
feedback *m* / Rückkoppelung *f*
ferie *pl* / Ferien *pl* · Urlaub *m* ‖ *v.a. diritto alle ferie; programma delle ferie*
ferie pagate *pl* / bezahlter Urlaub *m*
fermacarte *m* / Briefbeschwerer *m*
fermaglio *m* [Libri] / (per fermare i piatti di un codice:) Schließe *f* · (per fermare fogli:) Klammer *f*
fermalibri *m* / Buchstütze *f* · Bücherstütze *f*
fermo macchina *m* / Maschinenstillstand *m* · Systemausfall *m* ‖ *v.a. guasto al calcolatore*
ferri *pl* [Leg] / Stempel *pl*
ferri a ventaglio *pl* [Leg] / Fächermuster *n*
ferro a conchiglia *m* / Rocaille *f*
~ **a freddo** *m* [Leg] / Blindstempel *m*
~ **a secco** *m* [Leg] / Blindstempel *m*
~ **da dorare** *m* [Leg] / Vergoldestempel *m*
~ **di monogramma** *m* [Leg] / Monogrammstempel *m*
fibra *f* / Faser *f*
~ **ottica** *f* / Glasfaser *f*
fiera *f* / Messe *f*
~ **del libro** *m* / Buchmesse *f*
~ **libraria** *f* / Buchmesse *f*
figg. *abbr v. figure*
figura *f* / (in un libro:) Abbildung *f* · Bild *n* ‖ *v.a. edizione figurata*
~ **araldica** *f* / Wappenfigur *f*
figurare *v* / darstellen *v* (bildlich) ‖ *v.a. edizione figurata*
figurato *part pt* / figürlich *adj* ‖ *v.a. opera figurativa*
figure *pl* / Abbildungen *pl*
figurina *f* / Figurine *f* · (cartoncina con una figura acclusa a prodotti commerciali:) Bildchen *n*
fila di scaffali *f* / Regalreihe *f* · Regalachse *f*
filastrocca *f* / Kinderreim *m*
file *m* [Inform] / Datei *f* ‖ *v.a. denominazione del file*
~ **a indici** *m* [Inform] / indexierte Datei *f*
~ **ausiliario** *m* [Inform] / Hilfsdatei *f*
file del server *m* / Serverdatei *f*
file di lavoro *m* [Inform] / Scratch-Datei *f*
~ **di video** *m* / Videodatei *f*
~ **invertito** *m* / invertierte Datei *f*
~ **storico** *m* [Inform] / Archivdatei *m*
~ **testi** *m* / Textdatei *f*
filettatura *f* [Leg] / (filetti:) Fileten *pl*
filetti a curva *pl* [Leg] / Bogensatz *m*
filetto *m* [Leg; Scritt] / Filete *f*
filigrana *f* / Wasserzeichen *n*
film / Film *m*
~ **a colori** / Farbfilm *m*
~ **a fumetti** / Zeichentrickfilm *m*
~ **agli alogenuri d'argento** *m* / Silberfilm *m*
~ **all'argento** *m* / Silberfilm *m*
~ **a passo ridotto** *m* / Schmalfilm *m*
~ **a pellicola continua** *m* / Endlosfilm *m*
~ **cinematografico** *m* / Kinefilm *m* · Film *m*
~ **con cartone animato** *m* / Trickfilm *m*
~ **d'avventura** *m* / Abenteuerfilm *m*
~ **di contatto** *m* / Kontaktfilm *m*
~ **di cortometraggio** *m* / Kurzfilm *m*
~ **didattico** *m* / Unterrichtsfilm *m* · Lehrfilm *m*
~ **di deposito** *m* / Archivfilm *m*
~ **di duplicazione** *m* [Repr] / Duplikatfilm *m*
~ **di finzione** *m* / Spielfilm *m*
~ **di lavoro** *m* / Arbeitsfilm *m*
~ **di lungometraggio** *m* / Langfilm *m*
~ **di sicurezza** *m* / Sicherheitsfilm *m*
~ **documentario** *m* / Dokumentarfilm *m*
~ **giallo** *m* / Krimi *m*
filmina *f* / Filmstreifen *m*
film in bianco e nero m / Schwarzweiß-Film *m*
film-maker *m* / Filmemacher *m*
~ **muto** *m* / Stummfilm *m*
filmoteca *f* / Kinemathek *f*
film pubblicitario *m* / Werbefilm *m*

~ **sonoro** *m* / Tonfilm *m*
filo di refe *m* [Leg] / Heftzwirn *m* · Heftfaden *m*
~ **metallico per cucire** *m* [Leg] / Heftdraht *m*
filoni *pl* [Carta] / Formdrähte *pl*
filtrare *v* / filtrieren *v* · filtern *v*
filtro *m* / Filter *m*
finalino *m* [Tip] ⟨RICA⟩ / Schlussvignette *f* · Schlussstück *n*
finalità *f* / Zielsetzung *f*
finanziamento *m* / Finanzierung *f*
~ **dell'avviamento** *m* / Anlauffinanzierung *f* · Anschubfinanzierung *f*
~ **esterno** *m* / Fremdfinanzierung *f*
~ **iniziale** *m* / Anlauffinanzierung *f* · Anschubfinanzierung *f*
finanziare *v* / finanzieren *v*
finanziatore *m* / Finanzier *m* · Unterhaltsträger *m* · Geldgeber *m*
finca *f* (colonna) / Spalte *f*
fine *f* / Ende *n* · Zweck *m* ‖ *v.a. alla fine*
~ **del file** *f* / Dateiende *f*
~ **nastro** *f* [Inform] / Bandende *f*
finestra *f* (in un giornale, un libro) / Kasten *m*
~ **di anteprima** *f* [PubblEl] / Vorschaufenster *n*
~ **di dialogo** *f* [Inform] / Dialogfenster *n*
~ **di editing** *f* / Editierfenster *n*
~ **interattiva** *f* [Inform] / Dialogfenster *n*
finestre sovrapposte *pl* [Inform] / überlappende Fenster *pl*
fine testo *f* / Ende des Textes *n*
fintapelle *f* [Leg] / Kunstleder *n*
fiordaliso *m* [Leg] / Fleur de lis *m*
fiore della pelle *m* [Leg] / Narbenseite *f*
fioretti *pl* [Tip] / Röschen *pl*
fioritura *f* [Libri] / Blütenornamentik *f*
fiorone *m* / Fleuron *n* · Blumenornament *n*
fiorono *m* / Blütenstempel *m*
firma / Unterschrift *f*
~ **autografa** *f* / eigenhändige Unterschrift *f* · Autogramm *n*
firmare *v* / zeichnen *v* · unterschreiben *v*
fissaggio dell'ordinamento *m* [CDU] / Festlegung der Reihenfolge *f*
fissare *v* [Repr] / fixieren *v*
fissativo *m* / Fixativ *n* ‖ *v.a. mezzi da fissaggio*
fissatore *m* / Fixativ *n*
fisso *part pt* [Pers] / fest angestellt *part perf*
fittizio *agg* / fiktiv *adj* ‖ *v.a. coperta fittizia*
flag *m* [Inform] / Blockbegrenzung *f*
flessibilità *f* / Flexibilität *f*
flessografia *f* / Anilindruck *m* · Flexodruck *m*
floppy disc *m* / Diskette *f*
florilegio *m* [Libri] / Florilegium *n* · Blütenlese *f*
flusso dell'informazione *m* / Informationsfluss *m*
~ **del materiale** *m* / Materialfluss *m*
~ **di dati** *m* / Datenfluss *m*
~ **di programma** *m* / Programmablauf *m*
~ **informativo** *m* / Informationsfluss *m*
fluttuazione *f* / Fluktuation *f*
~ **del personale** *f* / Personalfluktuation *f*
fodera *f* [Leg] / (rivestimento dell'interno del piatto di un coperta:) Spiegel *m* · Dublüre *f* · Doublure *f* ‖ *v.a. facciata interna*
foderare *v* [Leg] / unterfüttern *v* · kaschieren *v* ‖ *v.a. rivestire*
foglia *f* [Leg] / Folie *f*
~ **adesiva** *f* / Klebefolie *f*
~ **d'argento** *f* / Blattsilber *n* · Silberfolie *f*
~ **d'oro** *f* / Goldfolie *f*
foglia d'oro *f* / Blattgold *n*
foglia lucida *f* / Glanzfolie *f*
fogliame *m* [Leg] / Laubwerk *n* ‖ *v.a. motivi a fogliami*
fogliazione *f* / Blattzählung *f* · Foliierung *f*
fogli di guardia *pl* [Leg] / Vorsatz *n*
fogli di prova *pl* [Tip] / Probeabzug *m*
foglio *m* [Carta; Cart] / Blatt *n* ‖ *v.a. a fogli aperti; a fogli chiusi; dimensione del foglio; sistema della divisione in fogli*
~ **adiacente** *m* [Cart] / Anschlussblatt *n* · Anschlusskarte *f*
~ **bianco** *m* (stampa difettosa) [Tip] / Schimmelbogen *m*
~ **contiguo** *m* [Cart] / Anschlusskarte *f*
~ **di alluminio** *m* / Aluminiumfolie *f*
~ **di congedo** *m* / Urlaubsschein *m n*
~ **di copertura** *m* [Leg] / Deckblatt *n*
foglio di guardia *m* [Leg] / fliegendes Blatt *n*
foglio di licenza *m* / Urlaubsschein *m n*
~ **di musica** *m* / Notenblatt *pl*
~ **di pergamena** *m* / Pergamentblatt *n*
~ **di riscontro** *m* / Strichliste *f*
~ **di risguardo** *m* [Leg] / Vorsatzblatt *n*
~ **di stampa** *m* / Druckbogen *m*
~ **d'istruzioni** *m* / Merkblatt *n*
~ **elettronico** *m* [Inform] / Kalkulationsprogramm *n*
~ **intercalato** *m* / eingeschaltetes Blatt *n*
~ **membranaceo** *m* / Pergamentblatt *n*
~**-notizie** *m* / Notizblatt *n*

~ **paga** *m* / Gehaltsliste *f*
~ **parziale** *m* [Cart] / Teilblatt
~ **ritrante** *m* [Leg] / Schrumpffolie *f*
~ **sciolto** *m* [Leg] / fliegendes Blatt *n*
~ **singolo** *m* / Einzelblatt *n*
foglio stampato *m* / Druckbogen *m*
foglio trasparente *m* / Folie *f* · (per il proiettore overhead:) Overhead-Transparent *n*
~ **volante** *m* / (stampa anopistografa:) Einblattdruck *m* · (editoria popolare:) Bilderbogen *m* · Flugblatt *n* · fliegendes Blatt *n*
foliazione *f* ⟨UNI ISO 5127/5⟩ / Blattzählung *f*
fondazione *f* [OrgM] / Stiftung *f* · Gründung *f*
fondere [Tip] / gießen *v*
fonderia di caratteri tipografici *f* / Schriftgießerei *f*
fondi *pl* / (del bilancio pubblico:) Haushaltsmittel *pl* · Mittel *pl* · (consistenza:) Bestände *pl*
~ **a scaffale aperto** *pl* / Freihandbestand *m*
~ **di previdenza** *pl* / Verfügungsmittel *pl*
~ **di viaggio** *pl* / Reisemittel *pl*
~ **donati** *pl* / Spendenmittel *pl*
~ **per gli acquisti** *pl* / Erwerbungsmittel *pl*
~ **pubblici** *pl* / Haushaltsmittel *pl*
fonditore di caratteri *m* [Tip] / Schriftgießer *m* ‖ *v.a. fonderia di caratteri tipografici*
fonditrice *f* [Tip] / (a mano:) Gießinstrument *n* · (macchina:) Gießmaschine *f* ‖ *v.a. fusione dei caratteri*
~ **a mano** *f* [Tip] / Handgießinstrument *n*
fondo *m* ⟨UNI ISO 5127/2⟩ / 1 (insieme di denari:) Fonds *m* · 2 (patrimonio di una biblioteca:) Bestand *m* · 3 (parte al capo estremo:) Hintergrund *m* ‖ *v.a. analisi dei fondi; controllo dei fondi; fondo di cassa; fondo di riserva; gestione dei fondi; lacuna nel fondo; processore di fondo; utilizzazione del fondo; valutazione dei fondi*
~ **antico** *m* / Altbestand *m*
~ **archivistico** *m* / Archivbestand *m*
~ **a scaffali aperti** *m* / Freihandbestand *m*
~ **bibliotecario** *m* / Bibliotheksbestand *m* ‖ *v.a. gestione del fondo documentario*
~ **da dorare** *m* [Leg] / Vergoldegrund *m* · Goldgrund *m* · Vergoldegrund *m*
~ **d'archivio** *m* / Archivbestand *m*
~ **della pagina** *m* [PubblE] / Seitenhintergrund *m*
~ **della sala di lettura** *m* / Lesesaalbestand *m*
~ **di base** *m* / Grundbestand *m*
~ **di cassa** *m* / Kassenbestand *m*
~ **di riserva** *m* / Reservefonds *m*
fondo documentario *m* / Medienbestand *m* ‖ *v.a. gestione del fondo documentario*
fondo immagazzinato *m* / Magazinbestand *m*
~ **librario** *m* / Buchbestand *m*
~ **manoscritti** *m* / Handschriftenbestand *m*
~ **particolare** *m* / Sonderbestand *m*
fono|assorbente *agg* / schalldämmend *part praes*
~**rivelatore** *m* (di un giradischi) / Tonabnehmer *m*
~**teca** *f* ⟨UNI ISO 5127/1⟩ / Phonothek *f* · Schallplattenarchiv *n*
font *f* [Inform] / Schrift *f* · Zeichensatz *m* (einer bestimmten Schrift) ‖ *v.a. altezza di font; gestione delle font*
~ **di schermo** *f* / Bildschirmschrift *f*
fonte di corrente elettrica *m* / Stromquelle *f*
~ **di informazione** *f* / Nachrichtenquelle *f* · Informationsquelle *f*
~ **principale d'informazione** *f* / primäre Informationsquelle *f*
font speciale *f* [PubblEl] / Sonderschrift *f*
forma a mano *f* [Carta] / Schöpfform *f*
~ **da fonderia** *f* [Tip] / Gießform *f*
~ **dell'intestazione** *f* [Cat] / Ansetzungsform *f*
~ **di catalogo** *f* / Katalogform *f*
~ **di stampa** *f* [Tip] / Druckform *f*
~ **tipografica** *f* / Druckform *f*
formato *m* ⟨UNI ISO 5127/1; RICA⟩ / Format *n*
~ **album** *m* / Albumformat *n*
~ **atlantico** *m* / Atlasformat *n*
~ **del foglio** *m* [Cart] / Blattformat *n*
~ **del libro antico** *m* / bibliographisches Format *n*
~ **di carta** *m* / Papierformat *n*
~ **di comunicazione** *m* *v. formato di scambio*
~ **di dati** *m* / Datenformat *n*
~ **di display** *m* [Inform] / Bildschirmformat *n* · Anzeigeformat *n*
~ **di foglio** *m* [Tip] / Bogenformat *n*
~ **di ordinamento** *m* [Inform] / Sortierformat *n*
~ **di output** *m* [Inform] / Ausgabeformat *n*
~ **di record** *m* [Inform] / Satzformat *n*

~ **di scambio** *m* [Bib; Inform] / Austauschformat *n*
~ **di stampa** *m* / Druckformat *n*
~ **di uscita** *m* [Inform] / Ausgabeformat *n*
~ **di visualizzazione** *m* / Bildschirmformat *n* · Anzeigeformat *n*
~ **in-dodicesimo (12°)** *m* [Libri] / Duodezformat *n*
~ **in-folio (2°)** *m* [Libri] / Folioformat *n* ‖ *v.a. in gran folio*
~ **in-ottavo (8°)** *m* [Libri] / Oktavformat *n*
~ **in-quarto (4°)** *m* / Quartformat *n*
~ **in-sedicesimo (16°)** *m* [Libri] / Sedezformat *n*
~ **librario** *m* / Buchformat *n*
~ **misurato** *m* / Messformat *n* · gemessenes Format *n*
~ **musicale** *m* / musikalische Ausgabeform *f*
~ **oblungo** *m* [Libri] / Breitformat *n* · Querformat *n* ‖ *v.a. in-ottavo oblungo*
~ **orizzontale** *m* / Querformat *n*
~ **reale** *m* [Libri] / bibliographisches Format *n*
formatore d'opinione *m* / Meinungsführer *m*
formato verticale *m* / Hochformat *n*
formattare *v* [Inform] / formatieren *v*
formattazione *f* [Inform] / Formatierung *f*
forma variante del nome *f* / abweichende Namensform *f*
formazione *f* / Ausbildung *f* · Schulung *f*
~ **bibliotecaria** *f* / Bibliothekarausbildung *f* · Bibliotheksausbildung *f*
~ **complementare** *f* / Zusatzausbildung *f*
~ **degli utenti** *f* / Benutzerschulung *f*
~ **dei prezzi** *f* / Preisbildung *f*
~ **della segnatura** *f* / Signaturbildung *f*
~ **del patrimonio documentario** *f* / Bestandsaufbau *m*
~ **del personale** *f* / Mitarbeiterschulung *f*
~ **professionale** *f* / Berufsausbildung *f* ‖ *v.a. sussidio per la formazione professionale*
~ **universitaria** *f* / Hochschulbildung *f*
formula delle faccette / Facettenformel *f*
~ **di collazione** *f* [Cat] / Kollationsformel *f*
formulario *m* / Formular *n*
~ **continuo** *m* [Inf] / Endlosformular *n*
formulazione di responsabilità *f* [Cat] / Urheberangabe *f* ‖ *v.a. indicazione d'autore*
fornello *m* [Leg] / Erhitzer *m* · Vergoldeofen *m*
fornire *f* / liefern *v*
fornitore *m* / Lieferant *m* ‖ *v.a. archivio dei fornitori*
~ **di accesso** *m* (Internet) / Anbieter *m* (eines Internetzugangs: Provider)
~ **di banche di dati** *m* / Datenbankanbieter *m*
~ **di biblioteca** *m* / Bibliothekslieferant *m*
~ **di informazioni** *m* / Informationsanbieter *m*
~ **di servizi Internet** *m* / Internetanbieter *m*
fornitura *f* / Lieferung *f* ‖ *v.a. via di fornitura*
~ **a scopo di esame** *f* / Ansichtssendung *f*
~ **di documenti** *f* / Dokumentlieferung *f*
~ **di energia elettrica** *f* / Stromversorgung *f*
~ **di informazioni** *f* / Informationslieferung *f* · Informationsversorgung *f*
fossetta *f* [Leg] / Kerbe *f*
foto *f* / Foto *n*
~**calcografia** *f* [Tip] / Photogravüre *f*
~**carta** *f* [Cart] / Luftbildkarte *f*
~**compositrice** *f* / Fotosetzgerät *n* ‖ *v.a. macchina fotocompositrice*
~**compositrice a laser** *f* / Lasersatzanlage *f*
~**composizione** *f* [Tip] / Fotosatz *m* ‖ *v.a. unità di fotocomposizione*
~**composizione a mano** *f* / Fotohandsatz *m*
~**copia** *f* / Ablichtung *f* · Fotokopie *f*
~**copiare** *v* / fotokopieren *v* ‖ *v.a. servizio fotocopie self-service*
~**copiatrice** *f* / Fotokopiergerät *n* · Kopiergerät *n*
~**copiatura** *f* / Fotokopierverfahren *n*
~**copie multiple** *pl* [Repr] / Mehrfachkopien *pl*
fotografia / Lichtbild *n* · Fotografie *f* · Bild *n*
fotografia aerea *f* / Luftbild *n*
~ **all'infrarosso** *f* / Infrarotfotografie *f*
~ **a mezzatinta** *f* / Halbtonaufnahme *f*
~ **dal satellite** *f* / Satellitenaufnahme *f*
foto|gramma *m* [Repr] / Filmbild *n* · Bildfeld *n*
~**incisione** *f* / Heliogravüre *f* · Photogravüre *f*
~**litografia** *f* / Photolithographie *f*
~**meccanico** *agg* / fotomechanisch *adj*
~**montaggio** *m* [Repr] / Fotomontage *f*
~**mosaico geometrico** *m* [Cart] / Luftbildmosaik *n*
~**piano** *m* [Cart] / Luftbildplan *m*
~**sensibile** *agg* / lichtempfindlich *adj*

~**teca** *f* ⟨UNI ISO 5127/1⟩ / Fotoarchiv *n* · Bildarchiv *n*
~**tipia** *f* / Lichtdruck *m*
~**unità** *f* [Tip] / Fotosetzgerät *n* · (pubblicazioni elettroniche:) Satzbelichter *m*
~**unità di scrivania** *f* [PubblEl] / Tischbelichter *m*
fragile *agg* / brüchig *adj*
fragilità *f* / Brüchigkeit *f* · Sprödigkeit *f*
frammento *m* / Fragment *n*
francobollo *m* / Briefmarke *f*
franco di porto / portofrei *adj*
~ **di spese** *agg* / kostenlos *adj*
fraschetta *f* [Tip] / Rähmchen *n*
frase *f* (gruppo di parole) ⟨UNI ISO 5127/1⟩ / Phrase *f*
fraseonimo *m* / Phraseonym *n*
freccia di scorrimento *f* (sulla tastiera) / Scroll-Pfeil *m*
fregato *part pt* [Leg] / berieben *part perf*
fregio *m* / Zierrat *m* · Fries *m*
~ **di riempimento** *m* [Tip] / Zeilenfüller *m*
~ **di testa** *m* [Libri] / Kopfleiste *f*
frequentatore *m* / Besucher *m* ‖ *v.a. non frequentatore*
frequenza *f* (di una rivista ecc.) / Erscheinungsweise *f* (einer Zeitschrift)
~ **alla biblioteca** *f* / Benutzungsfrequenz *f*
~ **di accesso** *f* [Retr] / Zugriffshäufigkeit *f*
~ **di parole** *f* / Worthäufigkeit *f*
~ **di scansione** *f* / Scanrate *f*
frontespizio *m* ⟨UNI ISO 5127/5⟩ / (foglio:) Titelblatt *n* · (pagina:) Titelseite *f* ‖ *v.a. verso del frontespizio*
~ **figurato** *m* / Frontispiz *n*
~ **illustrato** *m* / Bildertitel *m* ‖ *v.a. frontespizio figurato*
~ **inciso in rame** *m* / Kupfertitel *m*
~ **principale** *m* / Haupttitelseite *f*
~ **tipografico** *m* / typographische Titelseite *f*
frontone *m* (fregio di testata a giustezza piena) / Kopfzierleiste *f*
fruitore *m* / Nutzer *m*
fruizione *f* / Nutzung *f*
f.t. *abbr v. fuori testo*

fulcro *m* / Schwerpunkt *m*
~ **d'acquisizione** *m* / Erwerbungsschwerpunkt *m*
~ **del fondo** *m* / Bestandsschwerpunkt *m*
~ **di ricerca** *m* / Forschungsschwerpunkt *m*
fumetto *m* ⟨UNI ISO 5127/2⟩ / Sprechblase *f* · Comic *m* ‖ *v.a. film a fumetti*
fumigazione *f* / Begasung *f* ‖ *v.a. cella di fumigazione*
fungicida *m* / Fungizid *n*
funzionamento a multiprocessore *m* [Inform] / Multiprozessorbetrieb *m* ‖ *v.a. sistema a multiprocessori*
~ **in parallelo** *m* [Inform] / Parallelbetrieb *m*
~ **multiplex** *m* [Inform] / Multiplexbetrieb *m*
~ **semi duplex** *m* [Com] / Wechselbetrieb *m*
funzione di aiuto [Inform] / Hilfefunktion *f*
~ **di anteprima** *f* [Inform] / Ansichtfunktion *f*
~ **di controllo** *f* [Inform] / Steuerfunktion *f*
~ **di editazione** *f* [Inform] / Editierfunktion *f*
~ **di kerning** *f* [PubblEl] / Unterschneidfunktion *f*
~ **di richiesta** *f* [Inform] / Bestellfunktion *f*
fuori commercio / außerhalb des Buchhandels · nicht im Handel
~ **commercio originale** [Libri] / ursprünglich nicht im Handel
fuori linea [Inform] / offline ‖ *v.a. immissione di dati fuori linea; modo fuori linea*
fuori numerazione / ungezählt *part perf*
~ **testo** / außerhalb des Textes
furgone *m* / Lieferwagen *m*
~ **di libri** *m* / Bücherauto *n*
furto *m* / Diebstahl *m* ‖ *v.a. impianto antifurto; sistema di protezione dai furti*
~ **librario** *m* / Bücherdiebstahl *m*
fusione dei caratteri *f* [Tip] / Schriftguss *m* · Schriftgießen *n* ‖ *v.a. fonditrice*
fuso con *part pt* / zusammengelegt mit *part perf* · vereinigt mit *part perf*

G

gabinetto delle stampe *m* / Kupferstichkabinett *n* ‖ *v.a. stampa artistica*
galleria *f* / Galerie *f* · Empore *f*
galvanotipia *f* / Galvanotypie *f*
gancetto di chiusura *m* [Libri] / Buchschließe *f* · Schließe *f*
gara d'appalto *f* / Ausschreibung *f* ‖ *v.a. documenti per una gara d'appalto*
garza *f* [Leg] / Heftgaze *f* ‖ *v.a. striscia di garza*
gazzetta *f* / Zeitung *f*
~ **ufficiale** *f* / Amtsblatt *n*
~ **ufficiale dei brevetti** *f* / Patentblatt *n*
gelatina *f* / Gelatine *f*
~ **di pergamena** *f* / Pergamentleim *m*
generare *f* / generieren *v*
generatore *m* / Generator *m*
~ **aleatorio** *m* [Inform] / Zufallsgenerator *m*
~ **di caratteri** *m* / Zeichengenerator *m*
~ **di immagini** *m* / Bildgenerator *m*
generazione *f* / Generation *f* · (procedura:) Generierung *f*
genere *m* / (raggruppamento:) Gattung *m* · (linguistica:) Genus *n* ‖ *v.a. nome generico*
~ **letterario** *m* / Literaturgattung *f*
gerarchia *f* [Class] / Hierarchie *f*
~ **dei dati** *f* / Datenhierarchie *f*
geroglifico *m* / Hieroglyphe *f* ‖ *v.a. scrittura geroglifica*
gessetto *m* / Kreidezeichnung *f*
gestione *f* / Bearbeitung *f* · Leitung *f* · Geschäftsführung *f* ‖ *v.a. costi di gestione; procedure di gestione; programma gestionale; sistema della gestione di dati; software di gestione*
~ **biblioteconomica** *f* / Bibliotheksverwaltung *f*
~ **degli abbonamenti** *f* / Abonnementsverwaltung *f*
~ **degli archivi** *f* / (gestione dei file:) Dateiverwaltung *f* · (archiveconomia:) Archivverwaltung *f*
~ **dei colori** *f* [PubblEl] / Farbmanagement *n*
~ **dei compiti** *f* [Inform] / Aufgabenverwaltung *f*
~ **dei documenti** *f* / Schriftgutverwaltung *f*
~ **dei fondi** *f* [BilCont] / Mittelverwaltung *f*
~ **dei lavori** *f* [Inform] / Jobmanagement *n* · Auftragsverwaltung *f*
~ **dei magazzini** / Magazinverwaltung *f*
~ **dei periodici** *f* / Zeitschriftenbearbeitung *f* · Zeitschriftenverwaltung *f* · Zeitschriftenüberwachung *f*
~ **del bilancio** *f* / Haushaltsführung *f*
~ **del catalogo** *f* / Katalogverwaltung *f* · Katalogführung *f*
~ **del file** *f* [Inform] / Dateiverwaltung *f*
~ **del fondo documentario** *f* / Bestandsverwaltung *f*

~ **della biblioteca** *f* / Bibliotheksverwaltung *f* · Bibliotheksleitung *f*
~ **della circolazione dei libri** *f* / Ausleihverwaltung *f*
~ **della contabilità** *f* / Rechnungsführung *f*
~ **della memoria** *f* [Inform] / Speicherverwaltung *f*
~ **delle font** *f* [Inform] / Schriftenverwaltung *f* ‖ *v.a. programma di gestione delle font*
~ **delle informazioni** *f* / Informationsmanagement *n*
~ **del personale** *f* / Personalverwaltung *f* · Personalführung *f*
~ **del prestito** *f* / Ausleihverwaltung *f*
~ **del prestito interbibliotecario** *f* / Leihverkehrsverwaltung *f* · Fernleihverwaltung *f*
~ **di banca dati** *f* / Datenbankmanagement *n* ‖ *v.a. sistema per la gestione di banche dati*
~ **di documenti** *f* / Dokumentverwaltung *f*
~ **di rete** *f* / Netzverwaltung *f*
~ **di sistema** *f* / Systemverwaltung *f*
~ **documentaria** *f* / Buchbearbeitung *f*
~ **finanziaria** *f* / Mittelverwaltung *f*
~ **fondi** *f* [BilCont] / Mittelverwaltung *f*
gestire *v* / verwalten *v* · führen · betreiben *v*
gestore *m* / Betreiber *m* · Geschäftsführer *m*
~ **della rete** *m* [Com] / Netzbetreiber *m*
ghirigoro *m* [Libri] / Schnörkel *m*
giacenza a magazzino *f* / Lagerbestand *m*
giallo / (romanzo giallo:) Kriminalroman *m* · (romanzo/film giallo:) Krimi *m*
giocattolo educativo *m* / Lernspielzeug *n*
gioco *m* / Spiel *n*
~ **di ruolo** *m* / Rollenspiel *n*
~ **educativo** *m* / Lernspiel *n*
~ **elettronico** *m* / Computerspiel *m*
~ **per divertimento** *m* / Unterhaltungsspiel *n*
giornale ⟨UNI ISO 5127/2⟩ / Zeitung *f* · (quotidiano:) Tageszeitung *f* · (diario:) Tagebuch *n*
~ **aziendale** *m* / Firmenzeitschrift *f*
~ **del commercio librario** *m* / Buchhandelszeitschrift *f*
~ **della sera** *m* / Abendzeitung *f*
~ **del mattino** *m* / Morgenzeitung *f*
~ **di annunci** *m* / Anzeigenblatt *n*
~ **di bordo** *m* / Schiffstagebuch *n*
~ **illustrato** *m* / Illustrierte *f*
~ **metropolitano** *m* / Großstadtzeitung
~ **scandalistico** *m* / Boulevardblatt *n* · Sensationsblatt *n*
~ **settimanale** *m* / Wochenblatt *n*
~ **umoristico** *m* / Witzblatt *n*
giorno di riferimento *m* / Stichtag *m*
~ **di seduta** *m* / Sitzungstag *m*
~ **fissato** *m* / Stichtag *m*
giradischi *m* / Plattenspieler *m*
girata del programma *f* [Inform] / Programmlauf *m* · Programmablauf *m*
giri al minuto *pl* (disco fonografico) / U/min *Abk* · Umdrehungen pro Minute *pl*
giro *m* (per la biblioteca) / Rundgang *m* (durch die Bibliothek)
giunta di ateneo *f* / Universitätsleitung *f*
giunta di vigilanza *f* [Amm] / Aufsichtsbehörde *f*
giuntare *v* (pezzi di pellicola) / kleben *v* (Filmstreifen ~)
giuntatrice *f* [Repr] / Klebepresse *f*
giuntura *f* [Repr] / Klebestelle *f*
giuoco *m* [Leg] / Rückenfalz *m*
giuridicamente vincolante *agg* / rechtsverbindlich *adj*
giustificare *v* [Tip] / ausschließen *v* ‖ *v.a. composizione giustificata a destra; composizione giustificata a sinistra*
glassina *f* [Carta] / Pergaminpapier *n*
globo *m* [Cart] / Globus *m* ‖ *v.a. segmento di globo*
globo celeste *m* / Himmelsglobus *m*
~ **terrestre** *m* / Erdglobus *m*
glossa *f* / Glosse *f*
~ **interlineare** *f* / Interlinearglosse *f*
glossario *m* ⟨UNI ISO 5127/2⟩ / Glossar *n*
glutine *m* / Klebstoff *m*
goffraggio *m* [Leg] / Prägedruck *m*
goffrare / mustern *v* (durch Prägung) · prägen *v* · gaufrieren *v* · ziselieren *v*
goffratrice *f* / Prägepresse *f* · Prägeapparat *m*
goffratura *f* / Prägedruck *m* · Musterung (von Papier, Leder oder Gewebe) · Gaufrage *f*
gomma da cancellare *f* / Radiergummi *m*
gora d'acqua *f* / Wasserfleck *m*
gore d'umido *pl* [Rest] / Feuchtigkeitsflecken *pl*
gradazione *f* [Repr] / Gradation *f*
grado *m* / Grad *m* · Rang *m*
~ **accademico** *m* / Hochschulgrad *m*
~ **di collatura** *m* [Carta] / Leimungsgrad *m*
~ **di precisione** *m* [Retr] / Trefferquote *f*
~ **di rilevanza** *f* [Retr] / Relevanzquote *f*
~ **di soddisfazione** *m* / Zufriedenheitsgrad *m*
~ **d'istruzione** *m* / Ausbildungsabschluß *m*

~ **di utilizzazione** *m* / Auslastungsgrad *m*
graduale *m* / Graduale *n*
graduatoria *f* / Rangfolge *f*
graffetta *f* [Uff] / (piccolo fermaglio per tenere uniti fogli di carta:) Büroklammer *f*
graffio *m* / Kratzer *pl*
grafia *f* [Scritt] / Schreibweise *f*
grafica *f* / Grafik *f*
~ **a bassa risoluzione** *f* / niedrig auflösende Grafik *f*
~ **animata** *f* / Animationsgrafik *f*
~ **a vettori** *f* [Inform] / Vektorgrafik *f*
~ **computerizzata** *f* / Computergrafik *f*
~ **d'arte** *f* / künstlerische Grafik *f*
~ **tipo raster** *f* / Rastergrafik *f*
grafico *agg/m* / grafisch *adj* · (rappresentazione grafica:) grafische Darstellung *f* · Grafik *f* · (persona:) Grafiker *m*
grafico a colori *m* / Farbgrafik *f*
~ **a linee** *m* / Strichgrafik *f* · Liniengrafik *f*
~ **al tratto** *f* / Schwarzweiß-Grafik *f*
~ **di presentazione** *m* / Präsentationsgrafik *f*
grammatura *f* [Carta] / Grammgewicht *n*
grana *f* [Rep; Leg] / (pellicola:) Körnigkeit *f* · Körnung *f* · (pelle:) Narbung *f* ‖ *v.a. cuoio a grana lunga; cuoio a grana schiacciata*
granato *part pt* / genarbt *part perf*
granitura *f* [Leg] / Narbung *f*
grassetto *m* [Tip] / halbfette Schrift *f* ‖ *v.a. stampa in grassetto neretto*
gratuità / Gebührenfreiheit *f*
gratuito *agg* / unentgeltlich *adj* · gratis *adj* · kostenlos *adj*
grazie *pl* [Tip] / Serifen *pl* ‖ *v.a. senza grazie*
grecaggio *m* [Leg] ‖ *v. cucitura alla greca*
gridario *m* / Sammlung von gedruckten öffentlichen Bekanntmachungen *f*
grossista di libri *m* / Buchgroßhändler *m*
grotteschi *pl* [Tip] / Grotesk *f* (Drucktypen der ~)
gruppo chiuso di utenti *m* [Com] / geschlossene Benutzergruppe *f*
~ **di controllo** *m* / Kontrollgruppe *f*
~ **di lavoro** *m* / Arbeitsgruppe *f*
~ **di montaggio** *m* / Bausatz *m*
~ **di ordinamento** [Cat] ⟨RICA⟩ / Ordnungsgruppe *f*
~ **di ordinamento secondario** *m* [Cat] ⟨RICA⟩ / weitere Ordnungsgruppe *f*
~ **di parole** *m v. frase*
~ **di progetto** *m* / Projektgruppe *f*
~ **di record** *m* [Inform] / Satzgruppe *f*
~ **di studio** *m* / Studiengruppe *f*
~ **marginale** *m* / Randgruppe *f*
guadagno di informazione *m* / Informationsgewinn *m*
guardaroba *f* / Garderobe *f*
guardia a soffietto *f* [Leg] / Zick-Zack-Falz *m* · Leporellofalz *m*
guardie *pl* [Leg] / Vorsatz *n*
guarnizione *f* / Verzierung *f*
~ **d'angolo** *f* / Eckstück *n*
guastare *v* [Rest] / zerfallen *v*
guasti *pl* [Rest] / Schäden *pl*
~ **d'umido** *pl* [Rest] / Feuchtigkeitsschäden *pl*
guasto *agg/m* / kaputt *adj* · (danneggiato:) schadhaft *adj* · (danno:) Defekt *m* · Ausfall *m* · Schaden *m* ‖ *v.a. segnalazione di guasto; sensibile ai guasti; stallo*
~ **al calcolatore** *m* / Computerstörung *f* · Computerausfall *m*
~ **di macchina** *m* / Maschinenschaden *m*
~ **di programma** *m* [Inform] / Programmabsturz *m*
guazzo *m* / Gouache *f*
guida *f* [Libri] ⟨UNI ISO 5127/2⟩ / Führer *m*
~ **alla biblioteca** *f* / Bibliotheksführer *m*
~ **alla letteratura** *f* / Literaturführer *m*
~ **all'uso** *f* / Benutzungsanleitung *f*
~ **all'uso della biblioteca** *f* / Benutzungsführer *m*
~ **dello studente** *f* / Studienführer *m*
~ **di identificazione** (per piante ecc.) *f* / Bestimmungsbuch *n*
~ **linguistica** *f* / Sprachführer *m*
~ **medica** *f* / medizinischer Ratgeber *m* · Gesundheitsbuch *n*
~ **per l'utente** *f* / Benutzungsführer *m*
guidato da menu *part pt* [Inform] / menügesteuert *part perf*
guida turistica *f* / Reiseführer *m*
~ **utente** *f* / Benutzerhandbuch *n*
gusto di lettura *m* / Lesegeschmack *m*

H

handshaking *m* [Com] / Quittungsbetrieb *m*
hard disk *m v. disco fisso*
hardware *m* / Hardware *f*

I

icona *f* [Inform] / Icon *n*
~ **di freccia** *f* [Inform] / Pfeilsymbol *n*
iconografia *f* / Ikonographie *f*
identificazione utente *f* [Com] / Nutzerkennung *f*
ideogramma *m* / Bildzeichen *n* · Ideogramm *n*
igrometro *m* / Hygrometer *m* · Feuchtigkeitsmesser *m*
igroscopo *m* / Hygroskop *n*
illeggibile *agg* / nicht lesbar *adj* · unleserlich *adj*
illuminazione *f* / Beleuchtung *f*
~ **dall'alto** *f* [Repr] / Auflicht *n*
~ **di sicurezza** *f* / Notbeleuchtung *f*
illustrare *v* / illustrieren *v* · bebildern *v*
illustratore *m* / Illustrator *n*
illustrazione *f* ⟨UNI ISO 5127/5⟩ / Illustration *f* ‖ *v.a. indice delle illustrazioni*
~ **a piena pagina** *f* / Vollbild *n*
~ **colorata** *f* / farbige Abbildung *f*
~ **in bianco e nero** *f* / Schwarzweiß-Abbildung *f*
~ **in colore** *f* / Farbbild *n*
imballaggio *m* / Verpackung *f* · (di materiale fotosensibile:) Konfektionierung *f* ‖ *v.a. locale per l'imballaggio; plastica da imballaggio; spese d'imballaggio*
imballare *v* / verpacken *v*
imbiancamento *m* [Cons] / Bleiche *f*
imbiancare *v* / bleichen *v*
imbiancato *part pt* / gebleicht *part perf*
imbottitura *f* (di libri) / Extra-Ausstattung *f*
imbrachettare *f* [Leg] / fälzeln *v* ‖ *v.a. brachetta*
imbrunimento *m* [Libri] / Stockflecken *pl*
imitazione carta patinata *f* / Naturkunstdruckpapier *n*
immacolato *agg* / fleckenfrei *adj*
immagazzinaggio compatto *m* / Kompaktmagazinierung *f* · Kompaktaufstellung *f*
immagazzinamento *m* / Magazinierung *f* · Lagerung *f*
immagazzinare *v* / magazinieren *v* · speichern *v* (in einem Lager/Magazin)
immagine *f* / Bild *n* ‖ *v.a. generatore di immagini; memorizzazione delle immagini; nitidezza dell'immagine; scansione di immagini*
immagine al tratto *f* [PubblEl] / Strichabbildung *f*
~ **a mezzatinta retinata** *f* / Rasterbild *n* · Halbtonbild *n*
~ **a tono continuo** *f* / Halbtonbild *n*
~ **binaria** *f* [PubblEl] / Binärbild *n*
~ **di telerivelamento** *f* / Fernerkundungsbild *n*
~ **negativa** *f* / Negativbild *n*
~ **nel verso contrario** *f* [Repr; Tip] / seitenverkehrtes Bild *n*
~ **nel verso giusto** *f* [Repr; Tip] / seitenrichtiges Bild *n*

~ **parzialmente a colori** *f* [PubblEl] / Teilfarbenbild *n*
~ **positiva** *f* / Positivbild *n*
~ **riflessa** *f* [Repr] / Spiegelbild *n*
~ **tridimensionale** *f* / räumliches Bild *n*
~ **video** *f* / Videobild *n*
immagini acquisite via scanner *pl* / eingescannte Bilder *pl*
immatricolare *f* / immatrikulieren *v*
immatricolazione *f* / Immatrikulation *f* ‖ *v.a. domanda di immatricolazione*
immettere *v* [Inform] / eingeben *v*
immissione *f* [Inform] / Eingabe *f* ‖ *v.a. maschera di immissione*
~ **dei dati** *f* [Inform] / Dateneingabe *f*
~ **di dati fuori linea** *f* / Offline-Eingabe *f* (von Daten)
~ **di dati in linea** *f* [Inform] / Online-Eingabe *f* (von Daten)
~ **di testo** *f* / Texteingabe *f*
impaccare *v* [Inform] / packen *v* · komprimieren *v* ‖ *v.a. decomprimere*
impaginare *v* [Tip] / umbrechen *v*
impaginato *m* [Tip] / Umbruch *m*
impaginazione *f* [Tip] / Umbruch *m*
~ **a colla** *f* [Tip] / Klebeumbruch *m*
impaginazione a lotti *f* [PubblEl] / Batch-Seitenumbruch *m*
impasso *m* [OrgM] / Engpaß *m*
impastare *v* / kaschieren *v*
impegno *m* / Engagement *n* · Verpflichtung *f*
impianto *m* / Anlage *f* (eines Werkes, einer Bibliographie)
~ **antifurto** *m* / Diebstahlssicherungsanlage *f* ‖ *v.a. sistema di antitaccheggio*
~ **antincendio** *m* / Brandschutzanlage *f*
~ **audio** *m* / Abhöranlage *f*
~ **di altoparlanti** *m* / Lautsprecheranlage *f*
~ **di climatizzazione** *m* / Klimaanlage *f*
~ **di condizionamento** *m* / Klimaanlage *f*
~ **di fotocomposizione** *m* [Tip] / Lichtsetzanlage *f*
~ **di liofilizzazione** *f* [Rest] / Gefriertrocknungsanlage *f*
~ **di registrazione** *m* [Repr] / Aufnahmegerät *n*
~ **di ricetrasmissione** *m* [Com] / Sende-Empfangsgerät *n*
~ **di riproduzione** *m* [NBM] / Abspielanlage *f*
~ **di trasporto** *m* / Transportanlage *f*
~ **per la distribuzione dei libri** *m* / Buchverteilungsanlage *f*
~ **stereo** *m* / Stereoanlage *f*
impiegare *v* [Pers] / (assumere:) einstellen *v*
impiegato *m* / Beschäftigter *m* · Angestellter *m* ‖ *v.a. adetto*
~ **a mezza giornata** *f* / Halbtagskraft *f*
~ **a tempo parziale** *m* / Teilzeitkraft *f*
~ **a tempo pieno** *m* / Ganztagskraft *f*
~ **bibliotecario** *m* / Bibliotheksangestellter *m*
impiego [Pers] / Anstellung *f* · Beschäftigung *f* · (posto di lavoro:) Arbeitsplatz *m* · Einsatzstelle *f* ‖ *v.a. contratto d'impiego; domanda d'impiego; primo impiego*
~ **di personale** *m* / Personaleinsatz *m*
implementazione *f* / Implementierung *f*
imporrare *v* / durch Feuchtigkeit schadhaft werden
imporre *v* [Tip] / ausschießen *v*
importazione di dati *f* / Datenübernahme *f*
importo / Betrag *m*
~ **complessivo** *m* / Gesamtbetrag *m*
~ **della fattura** *m* / Rechnungsbetrag *m*
~ **fatturato** *m* / Rechnungsbetrag *m*
~ **lordo** *m* / Bruttobetrag *m*
~ **netto** *m* / Nettobetrag *m*
~ **sul valore aggiunto** *m* (IVA) / Mehrwertsteuer *f* (MWSt) ‖ *v.a. esente da IVA*
~ **totale** *m* / Gesamtbetrag *m*
imposizione del prezzo *f* / Preisbindung *f*
~ **del prezzo librario** *f* / Buchpreisbindung *f*
impostare *v* [Tip] / ausschießen *v* (impostazione: das Ausschießen) ‖ *v.a. programma di impostazione*
impregnare *v* / imprägnieren *v*
impregnazione sottovuoto *f* / Vakuumtränkung *f*
impresa *f* / (divisa:) Wahlspruch · (economia:) Unternehmung
~ **dell'industria media** *f* / mittelständisches Unternehmen *n*
impressione *f* [Tip] ⟨UNI ISO 5127/5⟩ / Eindruck *m* · (stampa:) Druck *m*
~ **a freddo** *f* [Leg] / Blinddruck *m*
~ **a rotella** [Leg] / Rollendruck *m*
~ **a secco** *f* [Leg] / Blindpressung *f* · Blindprägung *f* · Blinddruck *m*
~ **a secco manuale** *f* [Leg] / Handblinddruck *m*
~ **guastata** *f* [Tip] / Fehldruck *m*
~ **in oro** *f* [Leg] / Golddruck *m*
~ **tabellare** *f* / Holztafeldruck *m*
~ **xilografica** *f* / Holztafeldruck *m*

imprimatur *m* / Imprimatur *n* · Druckerlaubnis *f*
imprimere *v* [Leg; Tip] / prägen *v* · (stampare:) drucken *v*
impronta *f* (libri antichi) / Fingerprint *m*
~ **del rame** *f* / Plattenrand *m*
imputridimento rosso della pelle *m* [Rest] / roter Zerfall *m*
inabile al lavoro *agg* / arbeitsunfähig *adj*
inabilità di lavoro *f* / Arbeitsunfähigkeit *f*
inaridire *v* [Rest] / austrocknen *v*
inc. *abbr v. incisione*
incanto *m* / Versteigerung *f* (mettere all'incanto: versteigern) ‖ *v.a. asta*
incapsulamento *m* / Einkapselung *f*
incapsulare *v* / einkapseln *v*
incaricata delle donne *f* / Frauenbeauftragte *f*
incaricato *m* (insegnante ~) / Lehrbeauftragter *m*
incaricato della protezione dati *m* / Datenschutzbeauftragter *m*
incarico di insegnamento *m* / Lehrauftrag
incartonare *v* [Leg] / kartonieren *v*
incartonato *part pt* [Leg] / kartoniert *part perf*
incartonatura *f* [Leg] / Kartonierung *f*
incassare *v* [Leg] / einhängen *v*
incastellatura *f* (per libri) / Buchständer *m*
incatenare *v* / anketten *v* ‖ *v.a. biblioteca a libri incatenati; libro incatenato*
inceppamento della carta *m* (copiatrice) / Papierstau *m*
inchiesta *f* / Erhebung *f* · Umfrage *f* · Untersuchung *f* · Befragung *f*
~ **degli utenti** *f* / Benutzerbefragung *f*
~ **dei lettori** *f* / Leserbefragung *f*
inchiesta di panel *f* / Panel(umfrage) *n(f)*
~ **di prova** *f* / Probebefragung *f*
~ **scritta** *f* / schriftliche Befragung *f*
~ **sullo stato della tecnica** *f* / Recherche zum Stand der Technik *f*
~ **telefonica** *f* / telefonische Umfrage *f*
~ **tra i lettori** *f* / Leserumfrage *f*
inchiostro *m* / Tinte *f* · (copiatrice:) Toner *m* ‖ *v.a. corrosione da inchiostro*
~ **conduttivo** *m* [Inform] / leitfähige Tinte *f*
~ **da stampa** *m* / Druckfarbe *f*
~ **di china** *m* / Tusche *f*
~ **magnetico** *m* [Inform] / Magnettinte *f*
~ **per stampa** *m* / Druckerschwärze *f*
~ **tipografico** *m* / Druckerschwärze *f* · Druckfarbe *f*
incidere *v* [Arte] / (su legno:) schneiden *v* · (in rame:) stechen *v* · (con mordenti:) ätzen ‖ *v.a. incisione*
incipit *n* / Incipit *n*
incisione *f* [Arte] / Stich *m* (Verfahren und Produkt) ‖ *v.a. gabinetto delle stampe*
~ **all'acquaforte** *f* [Arte] / Radierung *f* ‖ *v.a. acquaforte*
~ **all'acquaforte a colore** / Farbradierung *f*
~ **a pointillé** *f* / Punktiermanier *f*
~ **a puntasecco** [Arte] / Kaltnadelradierung *f*
~ **di riproduzione** *f* / Reproduktionsstich *m* ‖ *v.a. riproduzionista*
~ **discografica** *f* / Schallplattenaufnahme *f*
~ **in acciaio** *f* [Arte] / Stahlstich *m*
~ **in rame** *f* [Arte] / Kupferstich *f* ‖ *v.a. gabinetto delle stampe*
~ **nel piatto** *f* / Deckelkupfer *n*
~ **originale** *f* / Originalgrafik *f* · Originalstich *m*
~ **punteggiata** *f* / Schrotblatt *n*
~ **su disco** *f* / Schallplattenaufnahme *f*
~ **su legno di filo** *f* / Holzschnitt *m*
~ **su legno di testa** *f* / Holzstich *m*
~ **su metallo** *f* / Metallschnitt *m*
~ **ultima** *f* / Schlusskupfer *n*
incisioni di musica *pl* / Notenstiche *pl*
incisore *m* [Arte] / Stecher *m*
incisore di caratteri *m* [Tip] / Schriftschneider *m*
~ **su rame** *m* / Kupferstecher *m*
incollaggio *m* [Leg] / Leimung *f*
~ **a caldo** *m* [Cart] / Heißbügelverfahren *n*
incollare *v* [Leg] / ableimen *v* · anschmieren *v* · leimen *v* · einkleben *v*
incollato *part pt* [Leg] / eingeklebt *part perf* · geklebt *part perf* · geleimt *part perf*
incollatura del dorso *f* [Leg] / Rückenleimung *f*
incompleto *agg* / unvollständig *adj*
incorniciare *v* / einrahmen *v* · rahmen *v*
incrementare *v* [Acq] / vermehren *v*
incunabolista *m* / Inkunabelfachmann *m*
incunabolo *m* ⟨UNI ISO 5127/2⟩ / Wiegendruck *m* · Inkunabel *f* ‖ *v.a. studio degli incunaboli*
indagine *f* / Ermittlung *f* · Nachforschung *f* · Untersuchung *f* ‖ *v.a. metodo d'indagine*
indagine campionaria *f* / Stichprobenerhebung *f* ‖ *v.a. campionamento*
indagine sull'uso della biblioteca *f* / Benutzungsstudie *f*
indagini sugli utenti *pl* / Benutzerforschung *f*

indennità *f* / Entschädigung *f*
~ **di anzianità** *f* / Dienstalterszulage *f*
~ **di rappresentanza** *f* / Aufwandsentschädigung *f*
~ **per lavoro straordinario** *f* / Überstundenzulage *f*
~ **per spese** *f* / Aufwandsentschädigung *f*
indexamento *m* [Inform] / Indexierung *f*
indicare *v* [Cat] / angeben *v*
indicatore *m* / Anzeiger *m* · Indikator *m* · (in un edificio:) Wegweiser *m*
~ **di rendimento** *m* / Leistungsindikator *m*
~ **di ruolo** *m* [Ind] / Funktionsanzeiger *m* · Rollenindikator *m*
~ **d'utilità** *m* / Nutzenindikator *m*
~ **pronto** *m* [Repr] / Bereitschaftsanzeige *f*
indicazione *f* [Cat] / Angabe *f* · Hinweis *m* ‖ *v.a. segnale di indicazione; tabella d'indicazione*
~ **bibliografica** *f* / bibliographischer Hinweis *m* · Literaturangabe *f*
~ **concettuale per fattori** [Ind] / (*f*) Begriffszerlegung *f*
~ **d'autore** *f* [Cat] ⟨RICA⟩ / Verfasserangabe
~ **degli allegati** *f* [Cat] ⟨RICA⟩ / Beigabenvermerk *m*
~ **dei volumi** [Cat] / Bandaufführung *f*
~ **del copyright** *f* ⟨UNI ISO 5127/5⟩ / Urheberrechtsvermerk *m* · Copyright-Vermerk *m*
~ **del foglio** *f* [Cart] / Blattbenennung *f*
~ **del formato** *f* [Cat] / Formatangabe *f*
~ **della collazione** *f* [Cat] / Kollationsvermerk *m*
~ **della collezione** *f* [Cat] / Serienangabe *f* · Reihenangabe *f*
~ **della consistenza** [Cat] / Umfangsangabe *f* · Bestandsangabe *f*
~ **dell'editore** *f* [Cat] / Verlagsangabe *f*
~ **delle fonti** *f* / Quellenangabe *f*
~ **del luogo** *f* [Cat] / Ortsangabe *f*
~ **del materiale illustrativo** (f) / Illustrationsangabe *f*
~ **del posseduto** *f* / Bestandsangabe *f*
~ **del titolo** *f* [Cat] / Titelangabe *f*
~ **del titolo collettivo** *f* [Cat] / Sammlungsvermerk *m*
~ **del titolo comune** / Gesamttitelangabe *f*
~ **di appartenenza** *f* [Cat] / Besitznachweis *m*
~ **di collezione** *f* [Cat] ⟨RICA⟩ / Serienangabe *f*
~ **di edizione** *f* [Cat] ⟨RICA; UNI ISO 5127/5⟩ / Ausgabebezeichnung *f*
~ **di possesso** *f* / Besitzvermerk *m*
~ **di prezzo** *f* / Preisangabe *f*
~ **di responsibilitá** *f* [Cat] ⟨ISBD; UNI ISO 5127/5⟩ / (autori:) Verfasserangabe *f*
~ **di scala** *f* [Cart] / Maßstabsvermerk *m*
~ **specifica del materiale** *f* [Cat] / Materialbenennung *f*
indice *m* ⟨UNI ISO 5127/2⟩ / (~ analitico:) Register *n* · (rapporto tra due entità quantitative:) Quote *f* · Kennzahl *f* · (elenco dei capitoli di un libro:) Inhaltsverzeichnis *n* · (numero posto a fianco di una lettera:) Index *m* ‖ *v.a. indice analitico; indice complessivo; volume degli indici*
~ **ai periodici** *f* / Zeitschrifteninhaltsbibliographie *f*
~ **alfabetico** *m* / alphabetisches Register *n*
~ **analitico** *m* [Libri] ⟨UNI ISO 5127/2⟩ / Register *n*
~ **annuale** *m* / Jahresregister *n*
~ **a permutazione** *m* / Permutationsregister *n*
~ **classificato** *m* / systematisches Register *n*
~ **complessivo** *m* / Gesamtregister *n*
~ **con marginatura a scaletta** / Daumenregister *n*
~ **cumulativo** *m* [Ind] / kumulierendes Register *n*
~ **degli autori** *m* [Ind] / Verfasserregister *n*
~ **dei luoghi** *m* / Ortsregister *n*
~ **dei nomi** *m* [Libri] / Namenregister *n*
~ **dei prezzi** *m* / Preisindex *m*
~ **dei soggetti** *m* [Libri] / Sachregister *n*
~ **delle citazioni** *m* ⟨UNI ISO 5127/2⟩ / Zitierindex *m*
~ **delle illustrazioni** *m* / Abbildungsverzeichnis *n*
~ **delle persone** *m* / Personenregister *n*
~ **di ascolto** *m* (radio/televisione) / Einschaltquote *f*
~ **di copertura** *f* [Retr] / Abdeckungsquote *f*
~ **di esposizione** *m* / Empfindlichkeit *f* (Maßeinheit für die ~)
~ **di riperimento** *m* [Retr] / Trefferquote *f*
~ **generale** *m* / Generalregister *n*
indice KWAC *m* / KWAC-Register *n*
~ **KWIC** *m* / KWIC-Register *n*
~ **KWOC** *m* / KWOC-Register *n*
~ **per argomenti** *m* / Sachregister *n*
~ **per citazioni** *m* / Zitierindex *m*
~ **permutato** *m* / Permutationsindex *m*
~ **per parole chiave** *m* / Stichwortregister *n*

~ **rotativo** / Rotationsregister *n*
~ **sistematico** *m* / systematisches Register *n*
~ **unico** *m* / Gesamtregister *n*
indicizzare *v* / erschließen *v*
indicizzatore *m* [Pers] / Auswerter *m* · Indexierer *m*
indicizzazione *f* 〈UNI ISO 5127/5〉 / Erschließung *f* · Auswertung *f* · Indexierung *f*
~ **a catena** *f* / Kettenindexierung *f*
~ **assegnata** *f*
~ **assistita dal calcolatore** *f* / maschinenunterstützte Indexierung *f*
~ **automatica** *f* / maschinelle Indexierung *f* · automatische Indexierung *f*
~ **coordinata** *f* / gleichordnende Indexierung *f*
~ **derivata** *f* / Indexierung mittels Extraktion *f*
~ **di periodici** *f* / Zeitschriftenindexierung *f* · Zeitschriftenerschließung *f*
~ **per soggetto** *f* / inhaltliche Erschließung *f* · Sacherschließung *f*
~ **postcoordinata** *f* / postkoordiniertes Indexieren *n*
~ **precoordinata** *f* / präkoordiniertes Indexieren *n*
indirizzabile *agg* [Inform] / adressierbar *adj*
indirizzare *v* / adressieren *v*
indirizzario *m* / Adressenvereichnis *n* · Adressbuch *n* · (mailing list:) Versandliste *f*
~ **delle biblioteche** *m* / Bibliotheksadressbuch *n*
~ **municipale** *m* / Stadtadressbuch *n*
indirizzo *m* / Adresse *f*
~ **abituale** *m* / Heimatadresse *f*
~ **assoluto** *m* [Inform] / echte Adresse *f* · absolute Adresse *f* · tatsächliche Adresse *f*
~ **base** *m* [Inform] / Bezugsadresse *f* · Basisadresse *f* · Datenanfangsadresse *f* · Grundadresse *f*
~ **del settore** *m* [Inform] / Sektoradresse *f*
~ **di destinazione** *m* / Zieladresse *f*
~ **di gruppo** *m* [Com] / Gruppenadresse *f*
~ **di macchina** *m* [Inform] / Maschinenadresse *f*
~ **di parola** *m* [Inform] / Wortadresse *f*
~ **di rispedizione** *m* / Nachsendeadresse *f*
~ **di uscita** *m* [Inform] / Ausgangsadresse *f*
~ **effettivo** *m* [Inform] / echte Adresse *f*
~ **fisico** *m* [Inform] / physikalische Adresse *f* · reale Adresse *f*
~ **fisso** *m* [Inform] / wirkliche Adresse *f*
~ **indiretto** *m* [Inform] / indirekte Adresse *f*
~ **inizio programma** *m* / Programmanfangsadresse *f*
~ **Internet** *m* / Internetadresse *f*
~ **logico** *m* [Inform] / logische Adresse *f*
~ **relativo** *m* [Inform] / relative Adresse *f*
~ **semestrale** *m* / Semesteradresse *f*
individuare *v* / ermitteln *v* · identifizieren *v*
individuazione *f* [Bib] / Identifizierung *f* · Ermittlung *f*
indorsatura *f* [Leg] / Rückenrunden *n*
indossare *v* [Leg] / abpressen *v*
industria del libro *f* / Buchgewerbe *n*
~ **d'informazione** *f* / Informationsindustrie *f*
~ **editoriale** *f* / Verlagswesen *n*
~ **tipografica** *f* / grafisches Gewerbe *f* · Druckindustrie *f* · Druckgewerbe *n*
inedito *agg* [Libri] / unveröffentlicht *part perf* (ein unveröffentlichtes Werk: un'opera inedita)
informatica *f* / Informatik *f*
informatico *m* (specialista di informatica) / Informatiker *m*
informazione *f* 〈UNI ISO 5127/1〉 / Information *f* ‖ *v.a. mediatore dell'informazione; necessità di informazione*
~ **al valore aggiunto** *f* / Mehrwertinformation *f*
~ **brevettuale** *f* / Patentinformation *f*
~ **catalografica** *f* / Kataloginformation *f*
~ **di comunità** *f* / Bürgerinformationsdienst *m*
~ **disciplinare** *f* / Fachinformation *f*
~ **e documentazione** *f* · Information und Dokumentation· IuD *ABK*
~ **scientifica** *f* / Wissenschaftsinformation *f*
infrastruttura *f* / Infrastruktur *f*
ing. *abbr* [Rest] *v. ingiallito*
ingiallire *v* [Rest] / vergilben *v*
ingiallito *part pt* / gegilbt *part perf* · gelbfleckig *adj* · (completamente ~:) vergilbt *part perf* ‖ *v.a. lievemente ingiallito*
ingrandimento *m* [Repr] / Vergrößerung *f* ‖ *v.a. fattore d'ingrandimento; lente d'ingrandimento; stampa ingrandita*
ingrandire *v* [Repr] / vergrößern *v*
ingranditore *m* / Vergrößerungsgerät *n*
in gran folio / Großfolio *n*
ingressare *v* [Acq] / akzessionieren *v*
ingresso *m* [Inform] / (input:) Eingabe *f* · (entrata:) Eingang *m*

~ **di dati** *m* [Inform] / Dateneingabe *f*
~ **parallelo** *m* [Infom] / Paralleleingabe *f*
~ **principale** *m* (di un edificio) / Haupteingang *m*
~ **remoto del lavoro** *m* [Inform] / Jobferneingabe *f* · Auftragsferneingabe *f*
~ **secondario** *m* (di un edificio) / Seiteneingang *m*
~ **seriale** *m* [Inform] / serielle Eingabe *f*
~ **video** *m* [PubblEl] / Videoeingang *m*
iniziale *f* / Anfangsbuchstabe *f* · Initial(e) *n(f)* (uso dell'iniziale maiuscola: Großschreibung)
~ **grande** *f* / tiefstehendes Initial *n*
~ **istoriata** *f* / historisiertes Initial *n*
~ **ornata** *f* / ornamentales Initial *n* · Zierinitial(e) *n(f)*
~ **parlante** *f* / historisiertes Initial *n*
inizializzare *v* [Inform] / initialisieren *v*
inizializzazione *f* [Inform] / Initialisierung *f*
iniziare *v* (un nuovo collaboratore) / einarbeiten *v* (einen neuen Mitarbeiter ~)
inizio nastro *m* [Inform] / Bandanfang *m* ‖ *v.a. all'inizio*
in legatoria / zum Binden
in linea *f* [Inform] / online‖ *v.a. modo in linea; servizio in linea; servizio ricerche in linea*
innario *m* / Gesangbuch *n* · Kirchenliederbuch *n* · Hymnenbuch *n*
inoltrare *v* / weiterleiten *v* · nachsenden *v*
in-ottavo oblungo / Quer-Oktav *n* ‖ *v.a. formato oblungo*
in plano [Carta] / Planoformat *n*
input *m* / Dateneingabe *f*
~ **a tastiera** *m* / Tastatur-Eingabe *f*
~ **manuale** *m* / manuelle Eingabe *f*
inquadrato *part pt* / eingefasst *part perf*
inquinamento atmosferico *m* / Luftverschmutzung *f*
insegna *f* / Signet *n*
~ **del tipografo** *f* / Druckermarke *f* ‖ *v.a. marchio editoriale*
insegnamento *m* / Unterricht *m* ‖ *v.a. materia d'insegnamento; obbligazioni d'insegnamento*
~ **di lingue straniere** *m* / Fremdsprachenunterricht *m*
~ **per corrispondenza** *m* / Fernunterricht *m* ‖ *v.a. corso di studio per corrispondenza*
~ **universitario** *m* / Hochschulunterricht *m* · Hochschullehre *f*
insegnante incaricato *m* / Lehrbeauftragter *m*
inserimento dati *m* [Inform] / Dateneingabe *f*
~ **di rappresentazioni grafiche** [PubblEl] / Grafikeinschaltung *f* · Grafikeinblendung *f*
inserire *v* [Cat; Repr] / einfügen *v* · (uno spezzone di microfilm:) eintaschen *v* · (schede:) einordnen *v* · einlegen *v* · zwischenordnen *v*
inseritore per jacket *m* [Repr] / Eintaschgerät *n*
inseritrice *f* [SchPerf] / Kartenmischer *m*
inserto *m* / Einlage *f* · Beilage *f*
~ **corrente** *m* / fortlaufende Beilage *f*
~ **piegato** *m* / gefalzte Beilage *f*
~ **pubblicitario** *m* / Werbebeilage *f*
inserzione *f* / (annuncio pubblicitario:) Anzeige *f* · Inserat *n*
~ **di lavoro** / Stellenanzeige *f*
inserzionista *m* / Inserent *m*
insetticida *f* / Insektizid *n*
insetto *m* / Insekt *n*
insetto nocivo *m* / Schadinsekt *n*
insieme parziale *m* / Teilmenge *f*
~ **totale** *m* / Gesamtmenge *f*
insiemistica *f* / Mengenlehre *f*
insonorizzazione *f* / Schalldämmung *f*
installazione *f* / Installierung *f* · Einbau *m*
~ **chiavi in mano** *f* / schlüsselfertige Installation *f*
instradatore *m* [Com] / Router *m*
insudiciare *f* / beschmutzen *v* ‖ *v.a. lievemente insudiciato*
intaccare *v* [SchPerf] / kerben *v*
intaccatura *f* / (schede perforate:) Kerbung *f* · (scaffali:) Zahnleiste *f*
intagliare *v* / schnitzen *v* · schneiden *v*
intagliatore in legno *m* [Arte] / Holzschneider *m*
intaglio ad acquaforte *m* [Arte] / Radierung *f* ‖ *v.a. acquafortista*
intarsio *m* [Leg] / Intarsie *f* ‖ *v.a. legatura a intarsio*
integrazione di testo e immagini *f* [PubblEl] / Text-Bild-Integration *f*
integrità dei dati *f* [Inform] / Datenintegrität *f*
intelligenza artificiale *f* / künstliche Intelligenz *f*
interasili *m* [Arte] / Schrotblatt *n*
interazione *f* / Interaktion *f*
intercalare *v* (~ figure) [Libri] / einschalten *v* (Abbildungen ~) ‖ *v.a. foglio intercalato*
interconnessione di reti *f* [Com] / Netzverbund *m*

interdisciplinarità *f* / Interdisziplinarität *f*
interfaccia *f* [Inform] / Schnittstelle *f* ‖ *v.a. moltiplicatore d'interfaccia; scheda di interfaccia*
~ **di uscita** *f* [Inform] / Ausgangsschnittstelle *f*
~ **parallela** *f* [Inform] / parallele Schnittstelle *f*
~ **seriale** *f* / serielle Schnittstelle *f*
~ **standard** *f* [Inform] / Standardschnittstelle *f*
~ **uomo – macchina** *f* [Inform] / Mensch-Maschine-Schnittstelle *f*
~ **utente** *f* [Inform] / Benutzerschnittstelle *f* · Benutzeroberfläche *f*
interfogliare *v* [Leg] / einschießen *v* · durchschießen *v* ‖ *v.a. esemplare interfogliato*
interfoglio *m* [Libri] / Zwischenblatt *n*
interlazzi *pl* [Libri] / Bandwerk *n*
inter|linea *f* / (tipografia:) Durchschuss *m* · Zeilenabstand *m*
interlineare *v* [Tip] / durchschießen *v*
interlocutore *m* / Gesprächspartner *m*
intermediario *m* / Vermittler *m* · Ansprechpartner *m*
~ **di informazione** *m* / Informationsvermittler *m*
interpolare *v* / interpolieren *v*
interpretazione della carta *f* [Cart] / Karteninterpretation *f*
interprete *m* 1 [Lin] / Dolmetscher *m*
interprete *m* 2 [Inform] / Interpretierer *m*
interprete *m* 3 / (schede perforate:) Lochschriftübersetzer *m* · (musica:) Interpret *m* · (di caratteri:) Klarschriftübersetzer *m*
interpunzione *f* [Scritt; Tip] / Interpunktion *f* ‖ *v.a. punteggiatura; segno d'interpunzione*
interrogabile *agg* [Retr] / recherchierbar *adj*
interrogare *v* [Retr] / abfragen *v*
interrogazione *f* / Abfrage *f* · Recherche *f*
interrogazione *f* [Retr] / Abfrage *f* ‖ *v.a. linguaggio di interrogazione; maschera di interrogazione*
~ **a distanza** *f* / Fernabfrage *f*
~ **in linea** *f* [Retr] / Online-Recherche *f*
interrompere *v* (un catalogo) / abbrechen *v* (einen Katalog ~)
interrruttore a chiave *m* [Inform] / Schlüsselschalter *m*
interruttore *m* / Schalter *m* · (per la chiusura di un circuito elettrico:) Netzschalter *m*
~ **acceso – spento** *m* / Ein-/ Ausschalter *m*
~ **a pedale** *m* [Repr] / Fußschalter *m*
intersezione *f* / Schnittmenge *f*
intervallo di confidenza *m* (statistica) / Vertrauensbereich *m*
~ **di manutenzione** *m* / Wartungsintervall *n*
intervento *m* / (a un convegno:) Tagungsbeitrag *m* · Stellungnahme *f* · Diskussionsbeitrag · Redebeitrag *m* · Referat *n*
intervista *f* / Interview *n*
~ **di gruppo** *m* / Gruppeninterview *f*
~ **non strutturata** *f* / unstrukturiertes Interview *n*
~ **profonda** *f* / Tiefeninterview *n*
intervistare *v* / interviewen *v*
intervista standardizzata *f* / standardisiertes Interview *n*
intestare *v* [Cat] / ansetzen *v*
intestazione *f* / (di un'immagine:) Bildüberschrift *f*
~ *f* [Cat] / (della scheda catalografica:) Titelaufnahme-Kopf *m* · (di un testo:) Überschrift *f* · (titolo di un testo:) Kopftitel *m* · Ansetzung *f* (eines Namens, eines Schlagwortes usw.; intestazione per autore: Ansetzung unter dem Verfasser) ‖ *v.a. forma dell'intestazione*
~ **a soggetto** *f* [Cat] / Schlagworteintragung *f* ‖ *v.a. scelta dell'intestazione a soggetto*
intestazione autore *f* / Ansetzung unter dem Verfassernamen *f*
intestazione biografica *f* (in un catalogo per soggetti) [Cat] / Personenschlagwort *n*
intestazione comune *f* (in un catalogo per soggetti) / Sachschlagwort *n*
~ **conforme all'authority file** *f* / Normdateiansetzung *f*
~ **cronologica** *f* (in un catalogo per soggetti) / Zeitschlagwort *n*
intestazione del nome *f* [Cat] / Namensansetzung *f*
intestazione di forma *f* [Cat] ⟨UNI ISO 5127/5⟩ / formales Ordnungswort *n*
~ **distinta di soggetto** *f* [Cat] / enges Schlagwort *n*
~ **formale** *f* (in un catalogo per soggetti) / Formschlagwort *n*
~ **generica** *f* (in un catalogo per soggetti) / Sachschlagwort *n*
~ **geografica** *f* (in un catalogo per soggetti) / geographisches Schlagwort *n*
~ **multipla** *f* [Cat] / Mehrfachansetzung *f* · Mehrfacheintragung *f*

~ **per soggetto** *f* [Cat] ⟨UNI ISO 5127/5⟩ / Schlagworteintragung *f* · Schlagwortansetzung *f* ‖ *v.a. stringa delle intestazioni di soggetto*
~ **principale** *f* [Cat] / (in un catalogo per soggetti:) Hauptschlagwort
~ **secondaria** *f* [Cat] / Nebeneintragung *f*
~ **secondaria autore – titolo** *f* [Cat] / zweiteilige Nebeneintragung *f*
intonso *agg* [Libri] / unaufgeschnitten *part perf* · nicht aufgeschnitten *part perf*
intrattenimento *m* / Unterhaltung *f* ‖ *v.a. letteratura di intrattenimento; programma di intrattenimento*
intrecciatura *f* [Libri] / Flechtwerk *n*
intreccio *m* / Bandwerk *n*
introdurre *v* [Inform] / eingeben *v*
introduzione *f* [Libri] ⟨UNI ISO 5127/2⟩ / Einführung *f* · Einleitung *f*
~ **alla biblioteca** *f* / Bibliothekseinführung *f*
~ **all'uso** *f* / Benutzungseinführung *f*
~ **dei dati** *f* [Inform] / Dateneingabe *f*
~ **della carta** *f* (copiatrice) / Papiereinzug *m* · Papierzufuhr *f*
~ **della carta a fogli singoli** *f* (copiatrice) / Einzelblatteinzug *m*
introito *m* / (entrata di denaro:) Einnahme *f* · Eingang *m*
introvabile *agg* / unauffindbar *adj* · vermisst *part perf* · nicht am Standort
inumidire *v* [Rest] / feuchten *v*
invecchiamento *m* / Alterung *f*
~ **accelerato** *m* [Cons] / beschleunigte Alterung *f*
invecchiare *v* / veralten *n*
invecchiato *part pt* / veraltet *part perf*
inventariare *v* / inventarisieren *v*
inventariazione *f* / Inventarisierung *f*
inventario *m* ⟨UNI ISO 5127/5⟩ / Bestandsaufnahme *f* · Bestandsverzeichnis *n* · Inventar(verzeichnis) *n(n)* · Inventur *f* (fare l'~: Inventur machen)
~ **analitico** *m* [Arch] / Findbuch *n*
~ **del lascito** *m* [Arch] / Nachlassverzeichnis *n*
~ **patrimoniale** *m* / Bestandsverzeichnis *n*
inversione / Inversion *f*
invertire *v* / invertieren *v*
investimento *m* / Investition *f*
invetriatura *f* / Verglasung *f*
invio in esame *m* / Ansichtssendung *f*
~ **in visione** *m* [Acq] ⟨UNI ISO 5127/5⟩ / Ansichtssendung *f*
involucro *m* / Hülle *f*
~ **protettivo** *m* / Schutzhülle *f*
i.p. *abbr* [Cat] *v. intestazione principale*
ipertesto *m* / Hypertext *m* ‖ *v.a. sistema di editing di ipertesti; sistema ipertestuale*
ipotesi *f* / Hypothese *f*
~ **di lavoro** *f* / Arbeitshypothese *f*
~ **zero** *f* / Null-Hypothese *f*
irreperibile *agg* / nicht am Standort ‖ *v.a. introvabile*
irrigare *v* [Repr] / wässern *v*
i.s. *abbr* [Cat] *v. intestazione secondaria*
iscrizione / Beschriftung *f* · Inschrift *f* · Einschreibung *f*
~ **dei lettori** *f* / Benutzeranmeldung *f* ‖ *v.a. modulo di iscrizione*
iscurito *part pt* / gedunkelt *part perf*
isoipsa *f* [Cart] / Isohypse *f* · Höhenlinie *f*
isolamento *m* / Isolierung *f*
~ **acustico** *m* / Schalldämmung *f* · Schallisolierung *f*
isolante *m* / Isoliermittel *n* · Isolierung *f*
isolario *m* [Cart] / Inselbuch *n*
isonorizzato *part pt* / schalldicht *adj*
istanza *f* / (uso giuridico:) Instanz *f* · (inchiesta; domanda:) Antrag *m* · Gesuch *n* ‖ *v.a. via delle istanze*
istituto *m* / Anstalt *f* · Institut *n*
~ **di insegnamento superiore** *m* / Hochschule *f*
~ **di ricerca** *m* / Forschungsintitut *n*
~ **di servizi** *m* / Dienstleistungseinrichtung *f*
~ **superiore dello sport** *m* / Sporthochschule *f*
~ **superiore di magistero** *m* / pädagogische Hochschule *f*
istituzione *f* / Institution *f*
istogramma *m* / Histogramm *n*
istruzione *f* / Unterricht *m* · Bildung · Ausbildung *f* · (programmazione:) Anweisung *f* · Befehl ‖ *v.a. decodificatore di istruzioni*
~ **assistita dall' elaboratore** *f* / rechnergestützte Unterweisung *f*
~ **bibliografica** *f* / Benutzerschulung *f*
~ **condizionata** *f* [Inform] / bedingte Anweisung *f*
~ **degli utenti** *f* / Benutzerschulung *f*
~ **di base** *f* [Inform] / Grundanweisung *f*
~ **di controllo** *f* [Inform] / Steuerbefehl *m*
~ **di lettura** *f* [Inform] / Lesebefehl *m*
~ **di macchina** *f* [Inform] / Maschinenbefehl *m*
~ **di procedimento** *f* [Inform] / Prozeduranweisung *f*
~ **di richiamo** *f* [Inform] / Rufanweisung *f*

~ **di salto** *f* / Sprunganweisung *f* · Sprungbefehl *m*
~ **di traduzione** *f* [Inform] / Übersetzungsanweisung *f*
~ **di uscita** [Inform] / Ausgabebefehl *m*
~ **per il rilegatore** *f* / Bindeanweisung *f*
~ **per la composizione** *f* [Tip] / Satzanweisung *f*
~ **programmata** *f* / programmierte Unterweisung *f*
~ **tipografica** *f* / Satzanweisung *f* · Satzbefehl *m*
~ **universitaria** *f* / Hohschulbildung *f* · Hochschulunterricht *m*

istruzioni all'uso della biblioteca *pl* / Benutzerschulung *f*
~ **di impiego** *pl* / Bedienungsanleitung *f*
~ **d'uso** *pl* / Gebrauchsanleitung *f*

iter del libro *m* / Geschäftsgang *m* (der Buchbearbeitung)
~ **del libro integrato** / integrierter Geschäftsgang *m* (des Buches)
~ **di acquisizione** / Geschäftsgang *m* (der Erwerbung)

itinerario [Cart] / Weg *m*. · Wegekarte *f*

IVA *abbr v. importo sul valore aggiunto*

J/K

jacket *m* [Repr] / Mikrofilmjacket *n* · Jacket *n* · Mikrofilmtasche *f*

kit di espansione *m* [Inform] / Aufrüstsatz *m*

L

labbro *m* (di un libro) [Leg] / Stehkante *f*
laboratorio di reprografia *m* / Fotostelle *f* · Reprostelle *f*
~ **di restauro** *m* / Restaurierungswerkstatt *f*
~ **informatico** *m* / EDV-Labor *n*
~ **linguistico** *m* / Sprachlabor *n*
lacerato *part pt* / eingerissen *part perf*
lacerazione *f* / Riss *m*
lacuna nel fondo *f* / Bestandslücke *f*
lacunoso *agg* / lückenhaft *adj*
lama scarnitrice *f* [Leg] / Schärfmesser *n*
lamina *f* / Folie *f*
~ **adesiva** *f* [Leg] / Prägefolie *f*
~ **di acetato di cellulosa** *f* / Zelluloseazetatfolie *f*
~ **d'oro** *f* / Blattgold *n*
laminare *v* [Rest] / foliieren *v* · laminieren *v* · einbetten *v*
laminatrice *f* [Cons] / Heißsiegelpresse *f*
laminazione *f* / Folienkaschierung *f* · (a caldo:) Heißsiegeln *n* · Einbettung *f* · Lamination *f*
~ **a mano** *f* / Handlaminierung *f*
lampada a quarzo *f* / Quarzlampe *f*
~ **a raggi infrarossi** *f* / Infrarotlampe *f*
~ **a raggi ultravioletti** *f* / Quarzlampe *f*
~ **da studio** *f* / Leselampe *f*
~ **da tavolo** *f* / Tischlampe *f*
~ **di proiezione** *f* / Projektionslampe *f*
~ **di Wood** *f* / Quarzlampe *f*
~ **per leggere** *f* / Leselampe *f*
lampeggiare *v* / blinken *v*
lapidario *m* / Lapidarium *n* · Steinbuch *n*
lapis rosso *m* / Rötelzeichnung *f*
larghezza *f* / Breite *f*
~ **della traccia** *f* [Inform] / Spurbreite *f*
~ **di colonna** *f* [Tip] / Spaltenbreite *f*
lascito *m* [Acq] ⟨UNI ISO 5127/5⟩ / Vermächtnis *n* · Nachlass *m* ‖ *v.a. inventario del lascito*
~ **letterario** *m* / literarischer Nachlass *m*
~ **scritto** *m* / schriftlicher Nachlass *m*
lastra a vuoto *f* [Repr] / Ansaugplatte *f*
~ **di copertura** *f* [CollScaff] / Abdeckboden *m*
~ **di memoria** *f* [Inform] / Speicherplatte *f*
~ **di rame** *f* / Kupfer(druck)platte *f* · Kupfertafel *f*
~ **di stampa** *f* / Druckstock *m* · Druckplatte *f*
~ **offset** *f* / Offsetdruckplatte *f*
latinizzare *v* / latinisieren *v*
latitudine geografica *f* / geographische Breite *f*
lato carne *m* (della pergamena) / Fleischseite *f* (des Pergaments)
~ **emulsione** *m* (di una pellicola) [Repr] / Schichtseite *f* (eines Films)
~ **pelo** *m* (della pergamena) / Haarseite *f* (des Pergaments)
laudario *m* / Laudarium *n*
laurea *f* / Hochschulgrad *m* ‖ *v.a. esame di laurea*
laureando *m* / Doktorand *m* · Diplomand *m*

laureato in biblioteconomia *m* / Absolvent eines Bibliotheksstudiums *m*
lavaggio *m* [Arte] / Lavierung *f*
lavagna luminosa *f* / Overhead-Projektor *m*
lavatoio *m* / Waschraum *m*
lavello *m* / Spülbecken *n*
lavorazione / Bearbeitung *f* (essere in ~: in Bearbeitung sein)
lavoro *m* [Inform] / Auftrag *m* · Job *m* ‖ *v.a. gestione dei lavori*
~ **di gruppo** *m* / Gruppenarbeit *f*
~ **organizzativo** *m* / Organisationsarbeit *f*
layout *m* / Layout *n*
legame *m* / Verknüpfung *f*
~ **hypertext** *m* / Hypertextverknüpfung*f* · (nodo:) Hypertextknoten *m*
legare *v* / binden *v* · einbinden *v*
~ **all'americana** *v* / lumbecken *v* ‖ *v.a. legatura a colla; legatura all'americana*
~ **in brossura** *v* / broschieren *v*
legato *m* (disposizione testamentaria) ⟨UNI ISO 5127/5⟩ / Legat *n* · Vermächtnis *n*
legato alla rustica *part pt* / broschiert *part perf*
~ **a mano** *part pt* / handgebunden *part perf*
~ **a spirale** *part pt* / spiralgeheftet *part perf*
~ **con difetti** *part pt* / verbunden *part perf*
~ **in cartone** *part pt* / kartoniert *part perf*
legatore *m* / Buchbinder *m*
~ **artigiano** *m* / Handwerksbuchbinder *m*
~ **di miscellanea** *m* / Sortimentsbuchbinder *m*
legatoria *f* / Buchbinderei *f* (in legatoria: zum Binden)
~ **editoriale** *f* / Verlagsbuchbinderei *f*
~ **interna** *f* / Hausbuchbinderei *f*
legatrice a colla *f* [Leg] / Klebebindemaschine *f*
legatura *f* / (tipografia:) Ligatur *f* · (di un libro:) Einband *m* ‖ *v.a. arte della legatura; materiali di legatura; metodo di legatura; pronto alla legatura; specifiche di legatura*
~ **a borsetta** *f* / Buchbeutel *m*
~ **a cammeo** *f* / Kameeneinband *m*
~ **a cartella** *f* / Deckenband
~ **a colla** *f* / Lumbeckbindung *f* · Klebebindung *f*
~ **a coperta staccata** *f* / Deckenband *m*
~ **a filo saldato** *f* / Fadensiegeln *n*
~ **a filo termosaldante** *f* / Fadensiegeln *n*
~ **a gemelle** *f* / Zwillingsband *m*
~ **a gioielli** / Kleinodienband *m*
~ **a intarsio** *f* / Einlegearbeit *f* · Intarsieneinband *m*
~ **a intarsio di pelle** *f* / Leder-Intarsienband *m*
~ **a la dentelle** *f* / Dentelles-Einband *m* · Spitzenmuster-Einband *m*
~ **al dorso piatto** *f* / Einband mit geradem Rücken
~ **alla Bradel** *f* / Bradel-Einband *m*
~ **alla catedrale** *f* / Einband im Kathedralstil *m*
~ **all'americana** *f* / Lumeckbindung *f* · Klebebindung *f*
~ **alla rustica** *f* / Broschur *f*
~ **alle armi** *f* / Wappeneinband *m*
~ **all'inglese** *f* / Ganzleinen(ein)band *m*
~ **a macchina** *f* / Maschineneinband *m*
~ **a mano** *f* / Handeinband *m*
~ **a merlettatura** / Dentelles-Einband *m*
~ **a merletto** *f* / Dentelles-Einband *m*
~ **a mezza pelle** *f* / Halbleder(ein)band *m*
legatura a mezza tela *f* / Halbleinen(ein)band *m* · Halbgewebe(ein)band *m*
legatura a mosaico *f* / Mosaikeinband *m*
~ **a pelle martellata** *f* / Lederschnittband *m*
~ **a pettine** *f* / Kammbindung *f*
~ **a piena pelle** *f* / Ganzleder(ein)band *m*
~ **a pizzo** *f* / Dentelles-Einband *m*
~ **a placca** *f* / Platteneinband *m*
~ **a placchetta** *f* / Plaketteneinband *m*
~ **architettonica** *f* / Architektureinband *m*
~ **artistica** *f* / Einbandkunst *f*
~ **a spirale** *f* / Spiralheftung *f* · Spiralbroschur *f*
~ **a tutta pelle** / Ganzleder(ein)band *m*
~ **a tutta tela** / Ganzgewebe(ein)band *m* · Ganzleinen(ein)band *m*
~ **a ventaglio** *f* / Einband im Fächerstil *m*
~ **bibliotecaria** *f* / Bibliothekseinband *m*
~ **cartonata** *f* / Pappband *m*
~ **completa** *f* / Ganzband *m*
~ **con ornamento a ripetizione** *f* / Einband mit Repetitionsmuster *m*
~ **contemporanea** *f* / Einband der Zeit *m*
~ **contraffatta** *f* / Einbandfälschung *f*
~ **d'amatore** *f* / Liebhabereinband *m*
~ **d'arte** *f* / Einbandkunst *f*
~ **dell'autore** *f* / Autoreneinband *m*
~ **dell'epoca** *f* / Einband der Zeit *m*
~ **del tempo** *f* / Einband der Zeit *m*
~ **di lusso** *f* / Luxuseinband *m* · Prachteinband *m*
~ **di oreficeria** *f* / Goldschmiedeband *m*
~ **di seta** *f* / Seideneinband *m*

~ **di velluto** / Samteinband *m*
~ **editoriale** *f* / Verlagseinband *m*
~ **en vernis** *f* / Lack(ein)band *m*
~ **flessibile** *f* / flexibler Einband *m* · biegsamer Einband *m*
~ **floscia** *f* / Weichbroschur *f*
~ **giansenista** *f* / Jansenisteneinband *m*
~ **imbottita** *f* / gefütterter Einband *m*
~ **in carta** *f* / Papierband *m*
~ **in cartone** *f* / Papp(ein)band *m*
~ **in cuoio** *f* / Leder(ein)band *m*
~ **in cuoio cesellato** *m* [Leg] / Lederschnittband *m*
~ **in cuoio intagliato** *m* / Lederschnittband *m*
~ **industriale** *f* / industrieller Einband *m*
~ **in pelle** [Tip] / (rilegatura:) Einband *m* ‖ *v.a. legatura*
~ **in pelle** *f* / Leder(ein)band *m* · Leder(ein)band *m*
~ **in pelle di vitello** *f* / Kalbleder(ein)band *m*
~ **in pelle di vitello marmorata** *f* / Einband in Baummarmor *m*
~ **in pergamena** *f* / Pergament(ein)band *m*
~ **in plastica** *f* / Kunststoff(ein)band *m* ‖ *v.a. legatura plastificata*
~ **in quarto** *f* / Halbband *m*
~ **in smalto** *f* / Email(ein)band *m*
~ **in stile a smerletto** *f* / Spitzenmuster-Einband *m*
~ **in tela** *f* / Gewebe(ein)band *m*
~ **laccata** *f* / Lack(ein)band *m*
~ **laminata** *f* / kaschierter Einband *m* · Folien(ein)band *m* · laminierter Einband *m*
~ **lavabile** *f* / abwaschbarer Einband *m*
~ **monastica** *f* / Klostereinband *m* · Mönchsband *m*
~ **mosaicata** *f* / Mosaikeinband *m*
~ **originaria** *f* / Original(ein)band *m*
~ **perfetta** *f* / Lumbeckbindung *f* · Klebebindung *f*
~ **per l'uso frequente** *f* / Gebrauchs(ein)band *m*
~ **plastificata** *f* / Kunststoff(ein)band *m* ‖ *v.a. legatura in plastica*
~ **ricamata** *f* / gestickter Einband *m* · Stickerei(ein)band *m*
~ **rotta** *f* / (nota in un catalogo antiquario:) aus dem Einband
~ **sbalzata** *f* / Reliefpräge(ein)band *m*
~ **sciolta** *f* / (nota in un catalogo antiquario:) lose im Einband
~ **smaltata** *f* / Email(ein)band *m*
~ **stemmata** *f* / Wappeneinband *m*
~ **su fogli perforati** *f* / Fadenblockheftung
~ **tutta tela** *f* / Ganzleinen(ein)band *m*
~ **uniforme** *f* / Einheits(ein)band *m*
legge della parità *f* / Gleichstellungsgesetz *n*
leggenda *f* / Legende *f* · (didascalia:) Bildlegende *f* · Bildunterschrift *f*
leggenda *f* / (racconto pio:) Legende
leggendario *m* / Legendensammlung *f*
legge quadra *f* / Rahmengesetz *n*
~ **sul bilancio** *f* / Haushaltsgesetz *n*
~ **sul deposito obbligatorio degli stampati** *f* / Pflichtexemplargesetz *n*
~ **sul diritto d'autore** *f* / Urheberrechtsgesetz *n*
~ **sulle biblioteche** *f* / Bibliotheksgesetz *n*
~ **sull'editoria** *f* / Verlagsgesetz *n*
leggibile *agg* / lesbar *adj*
~ **alla macchina** *agg* / maschinenlesbar *adj*
leggibilità *f* / Lesbarkeit *f*
leggio *m* / (per uno spartito musicale:) Notenständer · (per un libro:) Lesepult *n* · Pult *n*
legislazione bibliotecaria *f* / Bibliotheksgesetzgebung *f*
legnina *f* / Lignin *n*
legno di filo *m* / Langholz *n* ‖ *v.a. incisione su legno di filo*
~ **di testa** *m* / Stirnholz *n* · Hirnholz *n* ‖ *v.a. incisione su legno di testa*
~ **intagliato** *m* / Holzschnitt *m*
lemma *m* / Lemma *n*
lemmario *m* (di un dizionario) / Wortschatz *m* (eines Wörterbuches)
lente d'ingrandimento *f* / Vergrößerungsglas *n* · Leselupe *f*
lesina *f* [Leg] / Ahle *f*
lessico *m* / Lexikon *n* · (dizionario sui fatti:) Reallexikon *n*
lessicografia *f* / Lexikographie *f*
lessico tecnico *m* / Fachlexikon *n*
lettera *f* / (comunicazione scritta:) Brief *m* · (carattere tipografico mobile:) Letter *f* · (elemento grafico dell'alfabeto:) Buchstabe *m* ‖ *v.a. testata di lettera*
lettera al direttore *f* (giornali) / Leserzuschrift *f*
lettera antiqua *f* / Antiqua *f*
~ **autografa** / Handschreiben *n* (aus der Feder des Autors)
~ **autografa firmata** *f* / eigenhändig geschriebener und unterzeichneter Brief *m*
~ **capitale** *f* / Großbuchstabe *m*
~ **commerciale** *f* / Geschäftsbrief *m*

~ **di accompagnamento** *f* / Begleitschreiben *n*
~ **di accreditamento** *f* / Gutschriftsanzeige *f*
~ **di bassa cassa** *f* [Tip] / Kleinbuchstabe *m*
~ **di sollecitazione** *f* / Mahnschreiben *n*
~ **d'ordine** *f* / Bestellbrief *m*
~ **errata** *f* [Tip] / Zwiebelfisch *m*
~ **guida** *f* / Leitbuchstabe *m*
~ **iniziale** / Anfangsbuchstabe *f*
~ **minuscola** *f* / Kleinbuchstabe *m*
~ **pastorale** *f* / Hirtenbrief *m*
~ **per via aerea** *f* / Luftpostbrief *m*
~ **raccomandata** *f* / Einschreibebrief *m*
~ **standardizzata** *f* / Formbrief *m*
letteratura *f* / Literatur *f* · Schrifttum *n*
~ **amena** *f* / schöne Literatur *f*
~ **balneare** *f* / Bäderliteratur *f*
~ **clandestina** *f* / Untergrundliteratur *f*
~ **commerciale** *f* / Firmenschrifttum *n*
~ **dell'esilio** *f* / Exilliteratur *f*
~ **devozionale** *f* / Erbauungsliteratur *f*
~ **di consumo** *f* / Verbrauchsliteratur *f*
~ **di devozione** *f* / Erbauungsliteratur *f*
~ **difficile da acquistare** *f* / schwer beschaffbare Literatur *f*
~ **di intrattenimento** *f* / Unterhaltungsliteratur *f*
~ **di scadente qualità** *f* / Schundliteratur *f*
~ **di viaggi** *f* / Reiseliteratur *f*
~ **dozzinale** *f* / Trivialliteratur *f*
~ **gialla** *f* / Krimiliteratur *f* ‖ *v.a. giallo*
~ **grigia** *f* / graue Literatur *f*
~ **in prosa** *f* / Prosaliteratur *f*
~ **narrativa** *f* / erzählende Literatur *f*
~ **non-belletristica** / Sachliteratur *f*
~ **non convenzionale** *f* / nichtkonventionelle Literatur *f*
~ **oscena** *f* / Schmutzliteratur *f* · obszöne Literatur *f*
~ **pericolosa per la gioventù** *f* / jugendgefährdende Literatur *f*
~ **per la gioventù** *f* / Jugendliteratur *f*
~ **per le donne** *f* / Frauenliteratur *f*
~ **per ragazzi** *f* / Kinderliteratur *f*
~ **pubblicitaria** *f* / Werbeschrifttum *n*
~ **sgradita** *f* / unerwünschte Literatur *f*
lettere accentate *pl* / Akzentbuchstaben *pl*
~ **crenate** *pl* [PubblEl] / unterschnittene Buchstaben *pl*
letter set *m* [Tip] / Letterset *m*
lettorato / Lektorat *n*
lettore *m* / Leser *m* · (apparechio ottico:) Lesegerät *n* ‖ *v.a. inchiesta tra i lettori; iscrizione dei lettori; non-lettore*
~ **a scansione** *m* / Scanner *m*
~ **di caratteri** *m* [Inform] / Klarschriftleser *m* · Zeichenleser *m* ‖ *v.a. lettura automatica dei caratteri*
~ **di caratteri magnetici** *m* / Magnetschriftleser *m*
~ **di CD-ROM** *m* / CD-ROM-Laufwerk *n*
~ **di codici a barre** *m* / Strichcode-Leser *n*
~ **di compact disc** *m* / CD-Player *m* · Compact-Disc-Spieler *m*
~ **di dischi** *m* [Inform] / Diskettenlaufwerk *n*
~ **di documenti** *m* [Inform] / Belegleser *m*
~ **di marcatura** *m* / Markierungsleser *m*
~ **di microfilm** *m* / Mikrofilm-Lesegerät *n*
~ **di nastro magnetico** *m* / Magnetbandleser *m*
~ **di schede** *m* / (schede perforate:) Lochkartenleser *m* · (tessere:) Ausweiskartenleser *m*
~ **ipovedente** *m* / sehbehinderter Leser *m*
~ **OCR** *m* [Inform] / OCR-Leser *m*
~ **ottico** *m* [Inform] / optischer Klarschriftleser
~ **ottico di marcatura** *m* [Inform] / optischer Markierungsleser *n*
~**-stampante** *m* / Reader-Printer *m* · Lese-Kopiergerät *n*
lettrice *f* / Leserin *f* · (attrezzo:) Lesegerät *n* · (università:) Lektorin *f*
lettura *f* / Lesen *n* · Lektüre *f* ‖ *v.a. abitudini di lettura*
lettura amena *f* / Unterhaltungslektüre *f*
~ **automatica dei caratteri** *f* [Inform] / maschinelle Zeichenerkennung *f*
~ **del tempo libero** *m* / Freizeitlektüre *f*
~ **di caratteri magnetici** *f* [Inform] / magnetische Zeichenerkennung *f*
~ **di marcatura** *f* [Inform] / Markierungslesen *n*
~ **in classe** *f* / Klassenlektüre *f*
~ **in sede** *f* / Präsenzbenutzung *f*
~ **obbligatoria** *f* / Pflichtlektüre *f*
~ **ottica di caratteri** *f* / optische Zeichenerkennung *f*
~ **ricreativa** *f* / Entspannungslektüre *f*
levigare *v* [Leg] / polieren *v*
lezionario *m* / Perikopenbuch *n* · Lektionar *n*

lezione *f* / (università:) Vorlesung *f* · Lehrveranstaltung *f* · (scuola:) Unterricht *m* (zum Unterricht gehen: andare a lezione; (lezione di storia: Geschichtsunterricht) ‖ *v.a. ora di lezione; orario delle lezioni*
lezione obbligatoria *f* / (università:) Pflichtvorlesung *f* · Pflichtveranstaltung *f*
libellista *m* / Pamphletist *m*
libello *m* / Pamphlet *n* · Schmähschrift *f*
libera docenza *f* / Privatdozentur *f* ‖ *v.a. dissertazione della libera docenza*
liberazione dal lavoro *f* / Arbeitsbefreiung *f*
libercolo *m* / Büchelchen *n* · Büchlein *n*
libero docente *m* / Privatdozent *m*
libertà dell' informazione *f* / Informationsfreiheit *f*
~ **di stampa** *f* / Pressefreiheit *f*
libraio *m* / Buchhändler *m*
~ **antiquario** *m* / Antiquar *m*
~ **commissionario** *m* / Kommissionsbuchhändler *m*
~ **itinerante** *m* / Reisebuchhändler *m*
libreria *f* / Buchhandlung *f* · Buchladen *m*
~ **all'ingrosso** *f* / Buchgroßhandlung *f*
~ **antiquaria** *f* / Antiquariatsbuchhandlung *f*
libreria commissionaria *f* / Kommissionsbuchhandlung *f*
libreria dei programmi *f* [Inform] / Programmbibliothek *f*
~ **del metà prezzo** *f* / modernes Antiquariat *n*
~ **di 'varia'** / (avendo un' assortimento generale:) Sortimentsbuchhandlung *f*
~ **di vendite per corrispondenza** *f* / Versandbuchhandlung *f*
~ **editrice** *f* / Verlagsbuchhandlung *f*
~ **per abbonamenti** *f* / Zeitschriftenbuchhandlung *f* · Zeitschriftenagentur *f*
~ **remainder** *f* / modernes Antiquariat *n*
~ **specializzata** *f* / Fachbuchhandlung *f*
librettista *m* / Textdichter *m* · Librettist *m*
libretto *m* [Mus] / Textbuch *n* · Libretto *n*
~ **d'opera** *m* / Opernlibretto *n*
libretto universitario *m* / Studienbuch *n*
libri antichi *pl* / alte Drucke *pl*
~ **antiquari** *pl* / Antiquaria *pl*
~ **d'artista** *pl* / Künstlerbücher *pl*
~ **del metà prezzo** *pl* / (remainders:) Ramsch(bücher) *m(pl)*
~ **di pregio** *pl* / wertvolle Bücher
~ **disponibili** *pl* / lieferbare Bücher *pl*
~ **in commercio** *pl* / lieferbare Bücher *pl*
~ **meno richiesti** *pl* / wenig benutztes Material *n*
~ **proibiti** *pl* / verbotene Bücher *pl*
~ **rari** *pl* / Rara *pl* ‖ *v.a. sezione libri rari*
~ **remainder** *pl* / Ramsch(bücher) *m(pl)* (Restauflagen)
libro *m* ⟨UNI/ISO 5127/2⟩ / Buch *n* ‖ *v.a. scienza del libro*
~ **a borsetta** *m* / Beutelbuch *n*
~ **a chiave** *m* / Schlüsselroman *m*
~ **a cilindro** *m* / Buchrolle *f*
~ **a fisarmonica** *m* / Faltbuch *n*
~ **a foglie di palma** *m* / Palmblattbuch *n*
~ **a fogli mobili** *m* / Loseblattausgabe *f*
~ **animato** *m* / Verwandlungsbuch *n*
~ **antiquario** / antiquarisches Buch *n*
~ **a rotolo** *m* / Buchrolle *f*
~ **a soffietto** *m* / Faltbuch *n*
~ **a stampa** / Druckschrift *f*
~ **Braille** *m* / Punktschriftbuch *n*
~ **contabile** *m* / Rechnungsbuch *n*
~ **corale** *m* [Mus] / Chorbuch *n*
~ **da regalo** *m* / Geschenkbuch *n*
~ **da risma** *m* / Buch zur massenhaften Verbreitung *n* (17.-19. Jahrh.)
~ **d'arte** *m* / Kunstbuch *n*
~ **degli ospiti** *m* / Gästebuch *n*
~ **del colportage** *m* / Kolportagebuch *n*
~ **di caccia** *m* / Jagdbuch *n*
~ **di calligrafia** *m* / Schreibmeisterbuch *n*
~ **di costumi** *m* / Kostümbuch *n* · Trachtenbuch *n*
~ **di cucina** *m* / Kochbuch *n*
~ **di devozione** *m* / Erbauungsbuch *n*
~ **di divulgazione scientifica** *f* / populärwissenschaftliches Buch *n* · Sachbuch *n*
~ **di emblemi** *m* / Emblem-Buch *n*
~ **di fisarmonica** *m* / Leporellobuch *n*
~ **di hobby** *m* / Hobbybuch *n* ‖ *v.a. libro fai da te*
~ **d'insegnamento** *m* / Lehrbuch *n*
~ **di preghiere** *m* / Gebetbuch *n*
~ **di soluzioni** *m* / Lösungsbuch *n*
~ **di successo** *m* / Erfolgsbuch *n*
~ **di testo** *m* ⟨UNI ISO 5127/2⟩ / Lehrbuch *n*
~ **di viaggio** *f* / Reisebeschreibung *f*
~ **d'ore** *m* / Stundenbuch *n*
~ **fai da te** *m* / Heimwerkerbuch *n*
~ **illustrato per l'infanzia** *m* / (per bambini:) Bilderbuch *n*
~ **in brossura** *m* / Broschüre *f*
~ **incatenato** *m* / Kettenbuch *n*
~ **in miniatura** *m* / Miniaturbuch *n*
~ **in scrittura Braille** *m* / Blindenschriftbuch *n*

~ **invendibile** *m* / Ladenhüter *n*
~ **in visione** *m* [Acq] / Ansichtsexemplar
~ **lilipuziano** *m* / Liliputbuch *n*
~ **liturgico** *m* / liturgisches Buch *n*
~ **mastro** *m* [Arch] / Hauptbuch *n*
~ **microscopico** *m* / Liliputbuch *n*
~ **parocchiale** *m* / Kirchenbuch *n*
~ **per i giovani** *m* / Jugendbuch *n*
~ **per l'infanzia** *m* / Kinderbuch *n*
~ **protetto dal diritto d'autore** *m* / urheberrechtlich geschütztes Werk *n*
~ **scolastico** *m* / Schulbuch *n*
~ **specializzato** *m* / Fachbuch *n*
~ **tabellare** *m* / Blockbuch *n*
~ **tascabile** *m* / Taschenbuch *n*
~ **tecnico** *m* / Fachbuch *n*
~ **xilografico a blocco** *m* / Blockbuch *n*
licenza *f* / (permesso di assentirsi dal servizio:) Dienstbefreiung *f* · Urlaub *m* (chiedere una breve ~: einen kurzen Urlaub erbitten) · Berechtigung *f* · Lizenz *f* (senza licenza: lizenzfrei) · Erlaubnis *f* ‖ *v.a. edizione su licenza; senza licenza; tassa di licenza*
~ **di copiare** *f* / Kopierlizenz *f*
~ **edilizia** *f* / Baugenehmigung *f*
~ **gratuita** *f* / gebührenfreie Lizenz *f*
~ **liceale** *f* / Abschlusszeugnis *n* (einer höheren Schule)
~ **staordinaria** *f* / Sonderurlaub *m*
licenziamento *m* / Kündigung *f* · Entlassung *f*
licenziare *v* / beurlauben *v* · kündigen *v* · entlassen *v* · lizenzieren *v*
liceo *m* / Gymnasium *n*
lievemente ammaccato *part pt* / leicht bestoßen *part perf* · angeschlagen *part perf*
~ **colorato** *part pt* / ankoloriert *part perf*
~ **impolverato** *part pt* / angestaubt *part perf*
~ **ingiallito** *part pt* / angegilbt *part perf*
~ **insudiciato** *part pt* / angeschmutzt *part perf*
~ **macchiato** *part pt* / angefleckt *part perf*
~ **macchiato sui margini** / angerändert *part perf*
limitazione della consultabilità *f* [Arch] / Benutzungsbeschränkung *f*
limite d'età *m* / Altersgrenze *f*
linea dedicata *f* [Com] / Standleitung *f*
~ **di flusso** *f* (in un diagramma di flusso) / Flusslinie *f*
~ **di selezione** *f* [Com] / Wählleitung *f*
linea di testo *f* [Inform] / Textzeile *f*
linea di trasmissione *f* [Com] / Übertragungsleitung *f*
linea finissima *f* [Tip] / Haarstrich *m*
linea-guida *f* / Richtlinie *f*
~ **punteggiata** *f* / punktierte Linie *f*
~ **telefonica** *f* / Telefonleitung *f* · Fernsprechleitung *f*
~ **video** *f* [Inform] / Bildschirmzeile *f*
linee direttive per gli acquisti *pl* / Erwerbungsrichtlinien *pl*
~ **segnalatori** *pl* [Libri] / Anstreichungen *pl*
lineetta *f* [Scritt] / Strich *m*
~ **di divisione** *f* [Scritt] / Trennungsstrich
~ **d'unione** *f* [Scritt] / Bindestrich *m*
lingua d'arrivo *f* / Zielsprache *f*
~ **di lavoro** *f* / Arbeitssprache *f*
~ **di partenza** *f* [Inform] / Quellsprache *f* · Ausgangssprache *f*
~ **dominante** *f* (in un thesaurus plurilingue) / vorrangige Sprache *f*
linguaggio *m* ⟨UNI ISO 5127/1⟩ / Sprache *f*
~ **artificiale** *m* ⟨UNI ISO 5127/1⟩ / Kunstsprache *f*
~ **assemblativo** [Inform] / Assemblersprache *f*
~ **assemblatore** *m* / Assemblersprache *f*
~ **avanzato di programmazione** *m* / höhere Programmiersprache *f*
~ **comune** / Gemeinsprache *f*
~ **d'arrivo** *m* [Ind; Inform] / Zielsprache *f*
~ **descrittori** *m* [Ind] / Deskriptorsprache *f*
~ **di banca dati** *m* / Datenbanksprache *f*
~ **di basso livello** [Inform] / niedrige Programmiersprache *f*
~ **di comando** *m* / Kommandosprache *f*
~ **di controllo** *m* [Inform] / Steuersprache *f* · Betriebssprache *f*
~ **di descrizione della pagina** *m* [PubblEl] / Seitenbeschreibungssprache *f*
~ **di descrizione di documenti** *m* [Inform] / Dokumentbeschreibungssprache *f*
~ **di documentazione** *m* / Dokumentationssprache *f*
~ **di indicizzazione** *m* / Indexierungssprache *f*
~ **di interrogazione** *m* [Retr] / Retrievalsprache *f* · Recherchesprache *f*
~ **di macchina** *m* / Maschinensprache *f*
~ **di mark up** *m* [PublEl] / Auszeichnungsprache *f*
~ **di programmazione** *f* [Inform] / Programmiersprache *f*

~ **generale standardizzato di descrizione di documenti** *m* / allgemeine standardisierte Dokumentbeschreibungssprache *f*
~ **interattivo** *m* [Inform] / Dialogsprache *f*
~ **naturale** *m* [Inform] ⟨UNI ISO 5127/1⟩ / natürliche Sprache *f*
~ **oggetto** *m* / objektorientierte Programmiersprache *f*
~ **orientato ai problemi** *m* [Inform] / problemorientierte Programmiersprache *f*
~ **orientato alla macchina** *m* / maschinenorientierte Programmiersprache *f*
~ **orientato alle procedure** *m* / verfahrensorientierte Programmiersprache *f*
~ **sorgente** *m* [Inform] / Quellsprache *f* · Primärsprache *f* · Ursprungssprache *f*
~ **standardizzato di comando** *m* / Standardisierte Kommandosprache *f*
~ **tecnico** *m* / Fachsprache *f*
lingua principale *f* (in un thesaurus plurilingue) / Hauptsprache *f*
linguetta *f* (di una scheda cartacea) / Tab *m*
linguistica *f* / Linguistik *f*
~ **computazionale** *f* / Computerlinguistik *f*
linkare *v* / verknüpfen *v*
link di trasmissione dati *m* [Com] / Übermittlungsabschnitt *m*
~ **gerarchico** *m* / hierarchische Verknüpfung *f*
~ **ipertestuale** *m* / Hypertextverknüpfung
~ **multiplo** *m* / Mehrfachverknüpfung *f*
~ **semantici** *pl* [ipertesto] / semantische Verweise *pl*
linoleografia *f* / Linolschnitt *m*
linotipia *f* / Linotypesatz *m*
linotype *f* / Linotype *f* · Zeilensetz- und -gießmaschine *f*
liofilizzazione *f* / Gefriertrocknung *f*
liquidazione della fattura *f* / Rechnungsbezahlung *f*
lisciare *v* [Carta] / satinieren *v*
lisciatura *f* [Carta] / Satinage *f*
lista *f* / Liste *f*
~ **da scambio** *f* / Tauschliste *f*
~ **d'attesa** *f* / Warteliste *f*
~ **dei desiderata** *f* / Desideratenliste *f*
~ **del rilegatore** *f* / Buchbinderliste *f*
~ **di accessioni** *f* / Neuerwerbungsliste *f*
~ **di autorità** *f* [Cat] ⟨UNI ISO 5127/5⟩ / Standardliste *f* · (authority file:) Normdatei *f*
~ **di esclusione** *f* [Ind] / Stoppliste *f*
~ **di istruzioni** *f* [Inform] / Befehlsliste *f*
~ **di mailing** *f* / Versandliste *f*
~ **di presenza** *f* / Anwesenheitsliste *f*
~ **di ricerca** *f* [Libri] / Suchliste
~ **standard di soggetti** *f* / Standardschlagwortliste *f* ‖ *v.a. soggettario*
listello *m* [Libri] / Leiste *f*
listino dei prezzi *m* / Preisliste *f* ‖ *v.a. prezzo di listino*
litografia *f* / Steindruck *m* · Lithographie *f*
~ **su alluminio** *f* / Aluminiumdruck *m*
livelli di grigio *pl* [PubblEl] / Grauwerte *pl*
livello *m* (Com) / Schicht *f*
~ **del rumore** *m* / Geräuschpegel *m*
~ **d'età** *m* / Altersstufe *f*
~ **di applicazione** *m* / Anwendungsebene *f* · (OSI:) Anwendungsschicht *f*
~ **di descrizione** m / Beschreibungsstufe *f*
~ **di grigio** *m* [PubblEl] / Graustufe *f* · Grauwert *m*
~ **di indice** *m* [Ind] / Indexstufe *f*
~ **di management** *m* / Führungsebene *f*
~ **di presentazione** *m* [Com] / Darstellungsschicht *f*
~ **di prestazioni** *m* / Leistungsniveau *n*
~ **di rete** *m* (OSI) / Netzwerkschicht *f*
~ **di riferimento** *m* [Cart] / Normalnull *n*
~ **di sicurezza** *m* [Arch] / Geheimhaltungsgrad *m*
~ **di stipendio** *m* / Gehaltsniveau *n*
~ **di trasporto** *m* [Com] / Transportschicht *f*
~ **educativo** *m* / Ausbildungsstufe *f*
~ **mare** *m* [Cart] / Meeresspiegel *m* · Meereshöhe *f* · Normalnull *n* · N.N. *Abk* ‖ *v.a. sul livello mare*
livres de peintre *pl* / Malerbücher *pl*
locale *m* / (stanza:) Raum *m* ‖ *v.a. assegnazione dei locali; pianta dei locali*
~ **amministrativo** *m* / Verwaltungsraum *m*
~ **della biblioteca** *m* / Bibliotheksraum *m*
~ **di pronto soccorso** *m* / Sanitätsraum *m*
~ **di riposo** *m* / Ruheraum *m*
~ **per l'imballaggio** *m* / Packraum *m*
localizzazione *f* (per un libro) / Standortnachweis *m* · Besitznachweis *m* (für ein Buch)
locazione di memoria *f* [Inform] / Speicherplatz *m*
~ **di memoria protetta** *f* [Inform] / geschützter Speicherplatz *m*
logica booleana *f* / Boole'sche Logik *f*
~ **di ricerca** *f* [Retr] / Suchlogik *f*
~ **predicativa** *f* / Prädikatenlogik *f*
logo *m* / Logo *n*
logoramento / Abnutzung *f*
logorato *part pt* / abgenutzt *part perf*

logoro *agg* / abgenutzt *part perf*
logotipo *m* / Logotype *f*
longitudine geografica *f* / geographische Länge *f*
long play *m* [NBM] / Langspielplatte *f*
losanga *f* [Leg] / Raute *f* ‖ *v.a. a forma di losanga*
lotta contro l'incendio *f* / Brandbekämpfung *f*
lotto *m* (all'asta) / Los *n*
~ **edificabile** *m* / Baugrundstück *n*
luce di composizione *f* [Tip] / Satzspiegel *m*
~ **diurna** *f* / Tageslicht *n*
~ **parassita** *f* [Repr] / Streulicht *n*
lucernaio *m v. lucernario*
lucernario *m* [EdilArred] / Oberlicht *n*
ludoteca *f* / Spielesammlung *f*
lunghezza della riga *f* / Zeilenlänge *f*
~ **del record** *f* [Inform] / Satzlänge *f*
~ **di campo** *f* [Inform] / Feldlänge *f*
luogo del convegno *m* / Tagungsort *m*
~ **di deposito** *m* / Aufbewahrungsort *m*
~ **di distribuzione** *m* / Vertriebsort *m*
~ **di edizione** *m* / Verlagsort *m*
~ **di lavoro** *m* / (als Örtlichkeit:) Arbeitsplatz *m*
~ **di pubblicazione** *m* ⟨UNI ISO 5127/5⟩ / Verlagsort *m* · Erscheinungsort *m*
~ **di stampa** *m* ⟨UNI ISO 5127/5⟩ / Druckort *m* ‖ *v.a. luogo di stampa falso; luogo di stampa inventato*
~ **di stampa falso** *m* / falscher Druckort *m*
~ **di stampa inventato** *m* / fingierter Druckort *m*

M

maccchina offset a quattro colori *f* / Vierfarben-Bogenoffsetmaschine *f*
maccchinario *m* / Maschinenausrüstung *f* ‖ *v.a. danno al macchinario*
macchia corrosiva *f* [Rest] / Rostfleck *m*
~ **d'acqua** *f* / Wasserfleck *m*
~ **di grasso** *f* [Rest] / Fettfleck *m*
~ **di marciume** *f* / modriger Fleck *m*
macchia di muffa *f* / Schimmelfleck *m*
macchia d'inchiostro *f* / Tintenfleck *m*
~ **di ruggine** *f* / Rostfleck *m*
~ **di umidità** / Feuchtfleck *m*
macchiato *part pt* / fleckig *adj* ‖ *v.a. lievemente macchiato*
~ **ai margini** *part pt* / Anrandungen *pl*
macchiato d'acqua *part pt* / wasserfleckig *adj*
macchiato d'unto *part pt* / fettfleckig *adj*
macchie di ruggine *pl* / Rostflecken *pl* · rostfleckig *adj*
~ **di umidità** *pl* [Rest] / Feuchtigkeitsflecken *pl*
~ **d'uso** *pl* / Gebrauchsflecken *pl*
macchiettare *v* [Leg] / sprenkeln *v*
macchina accoppiatrice *f* [Leg] / Kaschiermaschine *f*
~ **compositrice** *f* [Tip] / Setzmaschine *f*
~ **da presa** *f* [Repr] / Aufnahmegerät *n* · Filmkamera *f*
~ **da raffilare** *f* [Leg] / Beschneidemaschine *f*
~ **da scrivere** *f* / Schreibmaschine *f*
~ **da scrivere a display** *f* / Display-Schreibmaschine *f*
~ **da scrivere con memoria** / Speicherschreibmaschine *f*
~ **da stampa** *f* / Druckmaschine *f*
~ **da stampa offset da foglio** *f* / Bogenoffsetmaschine *f*
~ **da stampa rapida** *f* [Tip] / Schnellpresse *f*
~ **di esposizione** *f* [PubblEl] / Belichtermaschine *f*
~ **d'incollatura** *f* [Leg] / Ableimmaschine *f*
~ **di sviluppo** *f* [Repr] / Entwicklungsmaschine *f*
~ **fotocompositrice** *f* [Tip] / Fotosetzmaschine *f*
~ **fotografica** *f* / Kamera *f*
~ **offset** *f* / Offset(druck)maschine *f*
~ **offset monocolore** *f* / Einfarben-Offsetmaschine *f*
~ **rotativa** *f* / Rotations(druck)maschine *f*
~ **rotativa ad alta pressione** *f* / Hochdruck-Rotationsmaschine *f*
~ **stampa-indirizzi** *f* / Adressiermaschine *f*
~ **tagliacarte** *f* [Leg] / Papierschneidemaschine *f*
macchioline *pl* / (catalogo di antiquariato:) angefleckt *part perf*
macerare *v* [Carta] / makulieren *v*
maceratoio *m* [Carta] / Stampfwerk *n*
macerazione *f* [Carta] / Makulierung *f*

macero *m* [Carta] / Einstampfen *n* · Makulierung *f* (mandare al ~: zum Makulieren geben)
macro *m* [Inform] / Makro *m*
~**istruzione** *f* [Inform] / Makrobefehl *m*
~**thesaurus** *m* / Dachthesaurus *m*
maculato *part pt* / stockfleckig *adj*
maculazioni *pl* / Stockflecken *pl*
maestro calligrafo *m* / Schreibmeister *m*
magazzinaggio *m* / Magazinierung *f* · Lagerung *f* ‖ *v.a. qualità di magazzinaggio*
~ **a lungo termine** / Langzeitlagerung *f*
~ **intermedio** *m* / Zwischenlagerung *f*
magazziniere *m* / Magazinbediensteter *m* · Magaziner *m*
magazzino *m* / Magazin *n* ‖ *v.a. accesso al magazzino; adetto al magazzino; biblioteca a magazzino chiuso; gestione dei magazzini; giacenza a magazzino; scorta di magazzino*
~ **al piano sotteraneo** *m* / Kellermagazin *n*
~ **aperto** *m* / offenes Magazin *n*
~ **a torre** *m* / Turmmagazin *n*
~ **dei manoscritti** *m* / Handschriftenmagazin *n*
~ **di deposito** *m* / Speichermagazin *n*
~ **di informazioni** *m* / Informationsspeicher *m*
~ **di riserva** / Reservemagazin *n*
~ **in libero accesso** *m* / Freihandmagazin *n*
~ **librario** *m* / Buchmagazin *n* · Magazin *n*
~ **periferico** *m* / Außenmagazin*n*
~ **speciale** *m* / Sondermagazin *n*
~ **sussidiario** *m* / Hilfsmagazin *n*
maggior offerente *m* / Meistbieter *m*
magnetizzare *v* / magnetisieren *v*
magnetizzazione *f* / Magnetisierung *f*
magnetofono *m* / Tonbandgerät *n*
maiuscola *f* (lettera maiuscola) / Großbuchstabe *m* (scrivere con l'iniziale maiuscola:großschreiben) · Majuskel *f*
maiuscoletti *pl* [Tip] / Kapitälchen *pl*
maiuscolo *m* (carattere maiuscolo) / Majuskel *f* · (tipografia:) Versal *m* ‖ *v.a. stampare in maiuscoli*
malfunzione *f* / fehlerhafte Funktion *f*
mallevadore *m* / Bürge *m*
malleveria *f* / Bürgschaft *f*
manca *v* / fehlt *v* · nicht vorhanden
mancanza di spazio *f* / Raummangel *m*
mancata consegna *f* / Nichtlieferung *f*
manchette *f* (fascetta pubblicitaria) / Buchschleife *f* · Buchbinde *f* · Bauchbinde *f*
mandato di pagamento *m* / Zahlungsanweisung *f*
maneggevole *agg* / handlich *adj* · benutzerfreundlich *adj*
maneggiare *v* / handhaben *v*
mania di leggere *f* / Lesewut *f*
maniera a matita *f* / Crayonmanier *f*
maniera nera *f* / Schabkunst *f*
manifestazione *f* / Veranstaltung *f* ‖ *v.a. calendario delle manifestazioni*
manifesto *m* / Plakat *n*
manifesto volantino *m* / Flugschrift *f* ‖ *v.a. volantino*
manina *f* [Tip] / Handzeichen *n*
manodopera *f* / Arbeitskräfte *pl* ‖ *v.a. carenza di manodopera; fabbisogno di manodopera; risparmio di manodopera*
manoscritto *agg/m* ⟨UNI ISO 5127/2⟩ / handschriftlich *adj* · (documento scritto o copiato a mano:) Manuskript *n* · (documento scritto prima dell'invenzione della stampa:) Handschrift *f* · copia pronta per la stampa / composizione:) Satzvorlage *f* · Manuskript *n* ‖ *v.a. descrizione di manoscritti; sezione manoscritti*
manoscritto *agg* / handgeschrieben *adj* · handschriftlich *adj*
~ **cartaceo** *m* / Papierhandschrift *f*
~ **composto** *m* / Sammelhandschrift *f*
~ **di musica** *m* / Notenhandschrift *f*
~ **in pergamena** *m* / Pergamenthandschrift *f*
~ **membranaceo** *m* / Pergamenthandschrift *f*
~ **miniato** *m* / illuminierte Handschrift *f* · Bilderhandschrift *f*
~ **pronto per la ripresa fotografica** *m* [Tip] / kamerafähiges Manuskript *n*
mantenimento dell'edificio *m* / Gebäudeunterhaltung *f*
~ **del patrimonio documentario** *m* / Bestandspflege *f*
manuale *m* ⟨UNI ISO 5127/2⟩ / Handbuch *n*
~ **operativo** *m* / Betriebshandbuch *f*
manualetto *m* / Leitfaden *m*
~ **tascabile** *m* / Vademecum *n*
manufatto *m* / Artefakt *n*
manutenzione *f* / Instandhaltung *f* · Wartung *f* · (mantenimento:) Unterhaltung *f* ‖ *v.a. contratto di manutenzione; intervallo di manutenzione; spese di manutenzione*
~ **del catalogo** *f* / Katalogpflege *f*
~ **del file** *f* [Inform] / Dateipflege *f*

~ **della casa** *f* / Hausverwaltung *f*
~ **del programma** *f* / Programmpflege *f*
mappa *f* [Cart] ⟨UNI ISO 5127/2⟩ / Karte *f*
~ **catastale** *f* [Cart] / Katasterkarte *f*
~ **catastale/particellare** *f* / Flurkarte *f*
~**luna** *f* / Mondkarte *f*
~ **lunare** *f* [Cart] / Mondkarte *f*
~**mondo** *m* [Cart] / Erdkarte *f* · Weltkarte *f* · (globo terrestre:) Erdglobus
~ **terrestre** *f* [Cart] / Erdkarte *f*
marca *f* (tag) [Inform] / Feldkennung *f*
~ **di collazionamento** *f* [Tip] / Flattermarke *f*
~ **di fine nastro** *f* [Inform] / Bandendemarke *f* · Endemarke *f*
~ **di inizio nastro** *f* [Inform] / Bandanfangsmarke *f*
~ **di nastro** *f* [Inform] / Bandmarke *f* · Abschnittsmarke *f*
~ **di record** *f* [Inform] / Satzmarke *f*
marcare *v* / markieren *v*
marca tipografica *f* / Druckermarke *f*
marcatura *f* / Markierung *f* ‖ *v.a. lettore di marcatura*
marche di proprietà *pl* [Libri] / Eigentumsvermerke *pl*
marchio editoriale *m* / Verlagssignet *n*
~ **industriale** *m* / Warenzeichen *n*
marcire *v* / vermodern *v*
marcitoio [Carta] / Stampfwerk *n*
marciume *m v. macchia di marciume*
marezzare *v* [Leg] / sprenkeln *v*
marginatura *f* [Tip] / Steg *m*
margine *m* / Rand *m* (a pieni margini: mit ganzen Rändern) ‖ *v.a. a grandi margini; allineamento di margine; esemplare a pieni margini; lievemente macchiato sui margini*
~ **della carta** *m* [Cart] / Kartenrand *m*
~ **di cucitura** *m* [Libri] / Bundsteg *m*
~ **di piede** *m* [Libri] / Fußsteg *m*
~ **di taglio** *m* [Libri] / Außensteg *m*
~ **di testa** *m* [Libri] / Kopfsteg *m*
~ **esterno** *m* [Libri] / Außensteg *m* · Außenrand *m*
~ **inferiore** *m* [Libri] / Fußsteg *m*
~ **interno** *m* [Libri] / Bundsteg *m*
~ **superiore** *m* [Libri] / Kopfsteg *m*
marmo agata *m* / Achatmarmor *m*
marmorizzare *v* [Leg] / marmorieren *v*
marmorizzatura *f* [Leg] / Marmorierung *f*
marmorizzazione *f* / Marmorierung *f*
marocchino *m* [Leg] / Maroquin *n* · Saffian *n*
~ **a grana schiacciata** *m* [Leg] / gepresstes Maroquin *n* · geglättetes Maroquin *n*
maschera *f* / (reprografia:) Abdeckung *f* · (informatica:) Maske *f*
~ **di immissione** *f* [Inform] / Eingabemaske *f*
~ **di interrogazione** *f* [Retr] / Abfragemaske *f*
~ **di ricerca** *f* / Suchmaske *f*
~ **di richiesta** *f* / Bestellmaske *f*
~ **di stampa** *f* [Inform] / Druckmaske *f*
mascheramento *m* [Retr] / Maskierung *f* ‖ *v.a. troncamento*
~ **a destra** *m* [Retr] / Rechtsmaskierung *f*
~ **a sinistra** *m* [Retr] / Linksmaskierung *f*
~ **di fronte** *m* [Retr] / Frontmaskierung *f*
~ **finale** *m* [Retr] / Endmaskierung *f*
~ **interno** *m* [Retr] / Innenmaskierung *f*
maschera per l'introduzione dati *f* [Inform] / Eingabemaske *f*
mascherare *v* [Repr] / abdecken *v* · maskieren *v*
mascheratura *f* [Repr] / Abdeckung *f*
mass media *pl* / Massenmedien *pl*
master negativo *m* [Repr] / Originalfilm *m* · Masterfilm *m*
materia complementare *f* [AddestrIstr] / Ergänzungsfach *n*
~ **d'esame** *f* / Prüfungsfach *n*
~ **d'insegnamento** *f* / Unterrichtsfach *n*
~ **di scelta** (in un esame) / Wahlfach *n*
~ **di studio** *f* / Studienfach *n*
~ **facoltativa** *f* / Wahlfach *n*
~ **facoltativa obbligatoria** *f* / Wahlpflichtfach *n*
~ **fondamentale** *f* [IstrAddestr] / Pflichtfach *n*
materiale allegato *m* [Cat] ⟨UNI ISO 5127/5⟩ / Begleitmaterial *n*
~ **archivistico** *m* / Archivmaterial *n* · Schriftgut *n*
~ **audiovisivo** *m* / audiovisuelles Material *n*
~ **cartografico** *m* / kartographisches Material *n*
~ **da decorazione** *m* / Dekorationsmaterial *n*
~ **di copertina** *m* [Leg] / Bezugsstoff *m*
~ **didattico linguistico** *m* / Sprachlehrmittel *pl*
~ **di facile consumo** *m* / Verbrauchsmaterial *n*
~ **di largo uso** *m* / viel benutztes Material *n*
~ **di pregio** *m* / Kostbarkeiten *pl*
~ **di rivestimento** *m* / Überzugsmaterial *n*

~ **di sbalzatura** *m* [Leg] / Prägematerial *n*
~ **di supporto** *m* [Repr] / Trägermaterial *n*
~ **effemero** *m* / ephemeres Material *n* · Ephemera *pl*
~ **fonoassorbente** *m* / schalldämmendes Material *n*
~ **iconografico** *m* / Bildmaterial *n*
~ **illustrativo** *m* / Bildmaterial *n*
~ **minore** *m* / Kleinschrifttum *n*
~ **non librario** / Nicht-Buch-Materialien *pl*
~ **raro** *m* / Rara *pl*
materiali didattici *pl* / Lehrmaterialien *pl* ‖ *v.a. mezzi didattici; strumenti didattici*
~ **di legatura** *pl* / Einbandmaterialien *pl* · Einbandstoffe *pl*
~ **di test** *pl* / Testmaterialien *pl*
~ **in lingue straniere** *pl* / fremdsprachige Materialien *pl*
~ **non prestabili** *pl* / nichtverleihbare Materialien *pl*
materia obbligatoria *f* [IstrAddestr] / Pflichtfach *n*
~ **scrittoria** *f* / Beschreibstoff *m*
~ **secondaria** [IstrAddestr] / Nebenfach *n*
matrice *f* [Tip; Repr] / Matrize *f* · Master *m* · (foglio di carta cerata:) Wachsmatrize *f* · Schablone *f* · Kopiervorlage *f*
~ **negativa** *f* [Repr] / Originalnegativ *n*
matricola *f* / Matrikel *f* · Studienanfänger/in *m/f*
maturità *f* [AddestrIstr] / Hochschulreife *f*
~ **quadriennale** *f* / fachgebundene Hochschulreife *f*
~ **quinquennale** *f* / allgemeine Hochschulreife *f*
media audiovisivi *pl* / audiovisuelle Materialien *pl*
~ **dei voti** *f* [AddestrIstr] / Notendurchschnitt *m*
mediateca *f* / Medienzentrum *n* · Mediothek *f*
mediatore dell'informazione *m* / Informationsvermittler *m*
medium *m* (pl:i media) / Medium *n* (pl: Medien)
membranaceo *agg* / membranartig *adj* · Pergament-‖ *v.a. codice membranaceo*
membro *m* / Mitglied *n*
~ **del consiglio municipale** *m* / Ratsmitglied *n*
memorandum *n* / Denkschrift · Memorandum *n*
memoria *f* [Inform] / Speicher *m* ‖ *v.a. espansione di memoria; gestione della memoria; lastra di memoria; locazione di memoria; supporto di memoria*
~ **a bolle** *f* [Inform] / Blasenspeicher *m*
~ **a bolle magnetiche** *f* / Magnetblasenspeicher *m*
~ **a condensatore** *f* / Kondensatorspeicher *m*
~ **ad accesso casuale** *f* [Inform] / Speicher mit wahlfreiem Zugriff *m*
~ **ad accesso diretto** *f* [Inform] / Direktzugriffsspeicher *m*
~ **ad accesso sequenziale** *f* [Inform] / Speicher mit sequentiellem Zugriff *m*
~ **ad accesso seriale** *m* [Inform] / Speicher mit seriellem Zugriff *n*
~ **a dischi magnetici** *f* / Magnetplattenspeicher *m*
~ **a disco** *f* [Inform] / Plattenspeicher *m*
~ **a film sottile** *f* [Inform] / Dünnschichtspeicher *m*
~ **aggiuntiva** *f* [Inform] / Hilfsspeicher *m*
~ **a matrice** *f* [Inform] / Matrixspeicher *m*
~ **a nastro magnetico** *f* / Magnetbandspeicher *m*
~ **a nuclei** *f* [Inform] / Kernspeicher *m*
~ **a nuclei magnetici** *f* [Inform] / Magnetkernspeicher *m*
~ **a scheda magnetica** *f* [Inform] / Magnetkartenspeicher *m*
~ **a semiconduttori** *f* [Inform] / Halbleiterspeicher *m*
~ **a sola lettura** *f* [Inform] / Nur-Lese-Speicher *m* · ROM *Abk* · Festwertspeicher *m*
~ **associativa** *f* [Inform] / Assoziativspeicher *m*
~ **a tamburo** *f* [Inform] / Trommelspeicher *m*
~ **a tamburo magnetico** *f* / Magnettrommelspeicher *m*
~ **ausiliaria** *f* [Inform] / Hilfsspeicher *m* · Zubringerspeicher *m* · Hintergrundspeicher *m* · Ergänzungsspeicher *m*
~ **cancellabile** *f* / löschbarer Speicher *m*
~ **capacitiva** *f* [Inform] / kapazitiver Speicher *m*
~ **centrale** *f* / Zentralspeicher *m* · Hauptspeicher *m*
~ **complementare** *f* / Ergänzungsspeicher *m*
~ **di accesso casuale** *f* / Random-Speicher *m*
~ **di controllo** *f* [Inform] / Steuerspeicher *m*

~ **di lavoro** *m* / Arbeitsspeicher *m* ‖ *v.a. espansione della memoria di lavoro*
~ **di lettura-scrittura** [Inform] / Lese-Schreib-Speicher *m*
~ **di massa** *f* [Inform] / Massenspeicher *m*
~ **dinamica** *f* / dynamischer (Schreib-/Lese-) Speicher *m*
~ **di transito** *f* [Inform] / Zwischenspeicher *m* · Puffer(speicher) *m(m)* · Eingabepuffer *m*
~ **esterna** *f* / externer Speicher *m*
~ **intermedia** *f* / Zwischenspeicher *m*
~ **interna** *f* / Internspeicher *m*
~ **non volatile** *f* / nichtflüchtiger Speicher *m*
~ **olografica** *f* [Inf] / holografischer Speicher *m*
~ **operativa** *f* / Arbeitsspeicher *m*
~ **organizzata a parole** *f* / wortorganisierter Speicher *m*
~ **periferica** *f* / peripherer Speicher *m*
~ **permanente** *f* / Permanentspeicher *m* · Festwertspeicher *m*
memoria principale *f* [Inform] / Hauptspeicher *m* · Zentralspeicher *m*
memoria rapida *f* [Inform] / Schnell(zugriffs)speicher *m*
~ **secondaria** *f* / Sekundärspeicher *m*
~ **stack** *f* [Inform] / Kellerspeicher *m* · Stapelspeicher *m*
~ **statica** *f* / statischer Speicher *m*
~ **tampone** *f* [Inform] / Notizblockspeicher *m*
~ **volatile** *f* / energieabhängiger Speicher *m* · flüchtiger Speicher *m*
memorie *pl* ⟨UNI ISO 5127/2⟩ / (opera autobiografica:) Memoiren *pl* · (atti:) Sitzungsberichte *pl*
memorizzare *v* [Inform] / speichern *v* (in einem Computer)
memorizzazione *f* [Inform] / Speicherung *f*
~ **delle immagini** *f* [Inform] / Bildspeicherung *f*
~ **di dati** *m* / Datenspeicherung *f*
~ **di massa** *f* [Inform] / Massenspeicherung *f*
~ **temporanea** *f* [Inform] / Zwischenspeicherung *f*
menabò *m* (del libro) / Musterband *m* · Probeband *m* ‖ *v.a. modello*
~ **bianco** *m* / Blindband *m*
mensa *f* / Mensa *f*
mensola *f* [CollScaff] / Seitenwange *f* · Konsole *f*
~ **laterale** *f* [CollScaff] / Seitenkonsole *f*
menu *m* [Inform] / Menü *n* ‖ *v.a. guidato da menu*
~ **di apertura** *m* [Inform] / Eröffnungsmenü *n*
~ **iconico** *m* / Iconmenü *n*
~ **iniziale** *m* / Anfangsmenü *n*
~ **principale** *m* / Hauptmenü *n*
mercato antiquario *m* / Antiquariatsmarkt *m*
~ **del lavoro** *m* / Arbeitsmarkt *m*
~ **del libro** *m* / Buchmarkt *m*
~ **dell'informazione** *m* / Informationsmarkt *m*
~ **di fornitura** *m* / Beschaffungsmarkt *m*
~ **di sbocco** *m* / Absatzmarkt *m*
~ **interno** *m* / Binnenmarkt *m*
~ **librario** *m* / Buchmarkt *m*
~ **unico europeo** *m* / europäischer Binnenmarkt *m*
meridiano *m* [Cart] / Meridian *m*
~ **zero** *m* [Cart] / Nullmeridian *m*
merlettatura *f* [Leg] / Spitzenmuster *n*
mese precedente *m* / Vormonat *m*
messaggio *m* [Com] ⟨UNI ISO 5127/1⟩ / Botschaft *f* · Nachricht *f*
~ **di pronto** *m* [Inform] / Eingabeaufforderung *f*
messa in musica *f* / Vertonung *f*
messale *m* / Messbuch *n* · Missale *n*
mesticare *v* [Leg] / grundieren *v*
metalinguaggio *m* / Metasprache *f*
metodo COM *m* / COM-Aufnahmeverfahren *n*
~ **del campione** *m* / Stichprobenverfahren *n*
~ **Delfi** *m* / Delphi-Methode *f*
~ **dell'accesso sequenziale** *m* [Inform] / sequentielle Zugriffsmethode *f*
~ **di lavoro** *m* / Arbeitsmethode *f*
~ **di legatura** *m* / Bindeverfahren *n*
~ **d'indagine** *m* / Untersuchungsmethode *f*
~ **di stampa** *m* / Druckverfahren *n*
~ **duplex** *m* [Repr] / Duplexverfahren *n*
~ **simplex** *m* [Repr] / Simplexverfahren *n*
metro corrente *m* / laufender Meter *m*
~ **lineare** *m* / laufender Meter *m* · (scaffalatura:) Regalmeter *m*
mettere in evidenza *v* [Tip] / auszeichnen
mezza legatura *f* / Halbband *m*
mezzanino *m* [Edil] / Mezzanin *n* · Zwischengeschoss *n* · Halbgeschoss *n*
mezza pelle *f* [Leg] / Halbfranzband *m*
mezzatinta *f* / Halbton *m* · (arte:) Schabkunst *f* · Schabkunstblatt *n* ‖ *v.a. immagine a mezzatinta retinata; procedimento a mezza tinta*

mezzatinto *m* / Schabkunst *f*
mezzi *pl* / Mittel *pl*
~ **audiovisivi** *pl* / audiovisuelle Materialien *pl*
~ **da fissaggio** *m* / Fixiermittel *pl*
~ **di comunicazione** *pl* / Kommunikationsmittel *pl* · Medien *pl*
~ **didattici** *pl* / Lehrmittel *pl*
~ **di esecuzione** *pl* [Mus] / Besetzung *f*
~ **di trasporto pubblici** *pl* / öffentliche Verkehrsmittel *pl*
~ **finanziari** *pl* / Haushaltsmittel *pl* · Finanzmittel *pl*
~ **finanziari residui** *pl* / Haushaltsreste *pl*
mezzo di trasporto *m* / Versandweg *m*
~ **pubblicitario** *m* / Werbemittel *n*
microcopia *f* / Mikrokopie *f*
microelaboratore *m* / Kleinrechner *m* / Mikrocomputer *m*
microfiche *f* / Microfiche *m* · Mikrofiche *m*
~ **a colori** *f* / Farbmicrofiche *m*
microfilm *m* / Mikrofilm *m* ‖ *v.a. rotolo di microfilm*
microfilmare *v* / verfilmen *v*
microfilmatura *f* / Verfilmung *f*
~ **di conservazione** *f* / Sicherheitsverfilmung *f*
~ **di documenti** *f* / Belegverfilmung *f*
~ **di sicurezza** *f* / Sicherheitsverfilmung *f*
~ **di sostituzione** *f* / Ersatzverfilmung *f*
~ **planetaria** *f* [Repr] / Schrittaufnahmetechnik *f* (bei der Mikroverfilmung)
microfilm in rotoli *m* / Rollfilm *m*
micro|forma *f* / Mikroform *f*
~**grafia** *f* / Mikrographie *f*
~**immagine** *f* / Mikrobild *n*
~**istruzione** *f* [Inform] / Mikrobefehl *m*
~**processore** *m* / Mikroprozessor *m*
~**programma** *m* / Mikroprogramm *n*
~**riproduzione** *f* / Mikrokopie *f*
~**scheda** *f* / Planfilm *m* · Mikroplanfilm *m*
microscheda opaca *f* [Repr] / Mikrokarte *f*
~ **trasparente** *f* / Microfiche *m*
micro|stampa offset *f* / Kleinoffset(druck) *m*
~**thesaurus** *m* / Mikrothesaurus *m*
miglioramento della qualità *m* / Qualitätsverbesserung *f*
mimeografo *m* [Repr] / Schablonendrucker *m*
miniare *v* / illuminieren *v*
miniatore *m* / Miniator *m*
miniatura *f* (di un codice) / Illuminierung *f* (eines Kodexes) · (dipinto miniato:) Miniatur *f* · (l'arte di ~:) Buchmalerei *f*
miniaturizzare *v* / miniaturisieren *v*
minicomputer *m* / Kleinrechner *m*
minimizzazione dei costi *f* / Kostenminimierung *f* · Kostensenkung *f*
ministero *m* / Ministerium *n*
~ **di cultura** *m* / Kulturministerium *n*
ministro *m* / Minister *m*
ministro delle finanze *m* / Finanzminister *m*
minuscola *f* / Minuskel *f* ‖ *v.a. carattere minuscolo*
minuta *f* / Entwurf *m* · Konzept *n*
mira *f* [Repr] / (a cura dell'ISO:) ISO-Testzeichen *n*
mira ISO *f* [Repr] / ISO-Testzeichen *n*
miscelare *v* / mischen *v*
miscelazione di colori *f* / Farbmischung *f*
miscellanea *f* / Sammelschrift *f* · Miszellensammlung *f*
~ **di omaggio** *f* / Festschrift *f*
misura delle prestazioni *f* / Leistungsmessung *f*
misure d'economia *pl* / Sparmaßnahmen *pl*
mittente *m* [Com] / Sender *m*
mobile *m* / Möbel *n*
mobilia *f v. mobilio*
mobilio *m* / Mobiliar *n* ‖ *v.a. ammobiliare*
mobili per ufficio *pl* / Büromöbel *pl*
mobilità *f* (di programma) / Übertragbarkeit *f* (des Programms) · Portabilität *f* (des Programms)
modalità di pagamento *pl* / Zahlungsbedingungen *pl* · Zahlungsweise *f*
modello *m* / Modell *n* · (della legatura:) Probeband *m*
~ **di dati** *m* [Inform] / Datenmodell *n*
~ **di dati relazionale** *m* [Inform] / relationales Datenmodell *n*
~ **di flusso** *m* / Ablaufplan *m*
~ **di riferimento OSI** *m* / OSI-Referenzmodell *n*
~ **di utilità** *m* / Gebrauchsmuster *n*
modem *m* [Com] / Modem *m/n*
~ **a scheda** *m* [Inform] / Modemkarte *f*
modificatore *m* [Ind] / Modifikator *m*
modo *m* [Inform] / Modus *m*
~ **conversazionale** *m* [Inform] / interaktiver Betrieb *m*
modo di acquisizione *m* / Erwerbungsart *f*
modo di comando *m* [Inform] / Kommandomodus *m*
~ **di concorrenza** *f* [Com] / Konkurrenzbetrieb *m*
~ **di editare** *m* [Inform] / Editiermodus *m*
~ **di entrata** *m* [Inform] / Eingabemodus *m*
~ **di inserimento** *m* / Einfügemodus *m*

~ **di interrogazione** *m* [Com] / Aufrufbetrieb *m*
~ **di pagamento** *m* / Zahlungsweise *f*
~ **di prova** *m* [Inform] / Testbetrieb *m*
~ **di ricerca** *m* [Retr] / Suchmodus *m*
~ **di ricezione** *m* [Com] / Empfangsbetrieb *m*
~ **di scrivere** *m* / Schreibweise *f* ‖ *v.a. variante nel modo di scrivere*
~ **di selezione** *m* [Inform] / Anforderungsbetrieb *m*
~ **di spooling** *m* [Inform] / SPOOL-Betrieb *m*
~ **di stampa** *f* [Inform] / Druckmodus *m*
~ **di stand-by** *m* [Inform] / Reservebetrieb *m* · Wartezustand *m* · Stand-by-Betrieb *m*
~ **di trasmettere** *m* [Com] / Sendebetrieb *m*
~ **di uscita** *m* [Inform] / Ausgabemodus *m*
~ **fuori linea** *m* / Offline-Betrieb *m*
~ **grafico** *m* / Grafikmodus *m*
~ **iniziale** *m* [Retr] / Einleitungsmodus *m*
~ **in linea** *m* / Online-Betrieb *m*
~ **interattivo** *m* [Inform] / Dialogbetrieb *m* · interaktiver Betrieb *m*
~ **operativo on-line** *m* [Inform] / Online-Betrieb *m*
modulario *m* [Uff] / Formularsatz *m*
modulazione a codice d'impulso *f* [Com] / Pulscodemodulation *f*
moduli continui *pl* / Tabellierpapier *n* · Endlosformular *n* · Zick-Zack-Papier *n* · Leporellopapier *n* ‖ *v.a. tabulato*
modulistica *f* / Formularwesen *n*
modulo 1 *m* [EdilArred] / Modul *n* ‖ *v.a. sistema modulare*
modulo 2 [Uff] / Formblatt *n* · Vordruck *m* · Formular *n* (riempire un ~: ein Formular ausfüllen)
~ **del prestito** *m* / Leihschein *m*
~ **del prestito interbibliotecario** *m* / Fernleihschein *m*
~ **del prestito internazionale** *m* / internationaler Leihschein *m*
~ **di desiderata** *m* / Wunschzettel *m* (als Formular)
~ **di domanda** *m* / Antragsformular *n*
~ **di iscrizione** *m* / Anmeldeformular *n*
~ **di lavoro** *m* / Arbeitsblatt *n*
~ **di programma** *m* / Programmbaustein *m*
~ **di richiesta** *m* / Bestellschein *m*
~ **di schedatura** *f* [Cat] / Aufnahmebogen *m*
~ **di testo** *m* [Inform] / Textbaustein *m*
~ **d'ordine** / (nel commercio librario tedesco:) Bücherzettel *m* · (acquisizioni bibliotecari:) Bestellzettel *m* · Bestellformular *n*
~ **in più copie** *m* / Mehrfachformular *n*
moltiplicare *v* / vervielfältigen *v*
moltiplicatore d'interfaccia *m* [Inform] / Schnittstellenvervielfältiger *m*
monitor *m* / Monitor *m*
~ **a colori** *m* / Farbmonitor *m*
monitoraggio *m* / Überwachung *f*
~ **dei processi** *m* [Inform] / Prozessüberwachung *f*
~ **della rete** *m* / Netzüberwachung *f*
monocromo *agg* / einfarbig *adj*
monofonico *agg* / monophonisch *adj*
monogerarchia *f* / Monohierarchie *f*
monografia *f* (pubblicazione monografica) ⟨ISBD; UNI/ISO 5127/2⟩ / Monographie *f*
~ **di un volume** *f* / einbändige Monographie *f*
~ **in più volumi** *f* / mehrbändige Monographie *f*
monogramma *m* / Monogramm *n* ‖ *v.a. ferro di monogramma*
monotipia *f* [Tip] / Monotype *f* · Monotypie *f*
montacarichi *m* / Lastenaufzug *m*
~ **per libri** / Bücheraufzug *m*
montaggio *m* / Montage *f*
~ **della pagina** [PubblEl] / Seitenmontage *f*
montalibri *m* / Bücheraufzug *m*
montante *m* / (di uno scaffale:) Pfosten *m*
~ **centrale** / (di una scaffalatura:) Mittelpfosten *m*
montare *v* / (legatura:) aufziehen *v* · montieren *v*
mordente *m* / ätzendes Mittel *n*
morso *m* [Leg] / Rückenfalz *m*
morsura *f* (sulla lastra di metallo da incidere) / Ätzung *f*
mosaico di pelle *m* [Leg] / Ledermosaik *n*
mostra *f* / Ausstellung *f* ‖ *v.a. catalogo di mostra; esposizione di libri*
~ **bibliografica** *f* / Buchausstellung *f*
~ **del libro per ragazzi** *f* / Kinderbuchausstellung *f*
~ **itinerante** *f* / Wanderausstellung *f*
~ **libraria** *f* / Buchausstellung *f*
~**-mercato** *f* / Verkaufsausstellung *f*
motivi a fogliami *pl* [Leg] / Ranken *pl*
motore banca dati *m* / Datenbankmaschine *f*
~ **di ricerca** *m* (Internet) / Suchmaschine *f*
motto *m* / Motto *n*

mouse *m* [Inform] / Maus *f*
movimento *m* [Mus] / Satz *m*
m.p. *abbr* [Leg] *v. mezza pelle*
muffa *f* / Schimmel *m* ‖ *v.a. ammuffire*
mulino da carta *m* / Papiermühle *f* ‖ *v.a. cartiera*
multa *f* / (per un libro richiamato:) Mahngebühr *f* · (per un libro scaduto:) Versäumnisgebühr *f* ‖ *v.a. sanzione pecuniaria*
multi|disciplinarità *f* / Multidisziplinarität *f* ‖ *v.a. interdisciplinarità*
multielaborazione *f* [Inform] / Multiprocessing *n* · Teilhaberbetrieb *m* · Mehrprozessorbetrieb *m* · Mehrfachverarbeitung *f*
multi|media *pl* / Multimedia *pl*
~plessore *m* / Multiplexer *m*
~plexer di dati *m* / Datenmultiplexer *m*
~processore *m* [Inform] / Mehrprozessorsystem *n* ‖ *v.a. funzionamento a multiprocessore*
~programmazione *f* [Inform] / Multiprogrammbetrieb *m* · Mehrprogrammbetrieb *m*
muro portante *m* / tragende Wand *f*
museo *m* ⟨UNI ISO 5127/1⟩ / Museum *n*
~ **del libro** *m* / Buchmuseum *n*
~grafia *f* ⟨UNI ISO 5127/1⟩ / Museumskunde *f*
museologia *f* ⟨UNI ISO 5127/1⟩ / Museologie *f* · Museumskunde *f*
musica a stampa *f* [Mus] / Musikalien *pl* · Musikdrucke *pl*
~ **colta** *f* / E-Musik *f* (ernsthafte Musik)
~ **di film** *f* / Filmmusik *f*
~ **leggera** *f* / U-Musik *f* (Unterhaltungsmusik)
musicassetta *f* / Musikkassette *f*
mussola *f* / Musselin *n*
mussolina *f* [Leg] / Musselin *n*
mutamento di prezzo *m* / Preisänderung *f*
~ **semantico** *m* / Bedeutungswandel *m*
mutilato *part pt* / verstümmelt *part perf* · beschädigt *part perf*
mutilo *agg* / verstümmelt *part perf*

N

nastrino *m* [Libri] / (segnalibro:) Lesezeichen *n*
nastro *m* / Band *n*
~ **adesivo** *m* / Klebeband *n*
~ **base** *m* [Inform] / Stammband *n*
~ **di carta** *m* / Papierbahn *f*
~ **di cucitura** *m* [Leg] / Heftband *n*
~ **di riferimento** *m* [Inform] / Bezugsband *n*
~ **d'uscita** *m* [Repr] / Nachlauf *m*
~ **inchiostrato** *m* / (per la macchina da scrivere:) Farbband
~ **magnetico** *m* [Inform,] / Magnetband *n* ‖ *v.a. dispositivo a nastro magnetico; unità a nastro magnetico*
~ **ornamentale** *m* [Libri] / Zierleiste *f*
~ **perforato** *m* / Lochstreifen *m*
~ **perforato a lunga durata** *m* / Dauerlochstreifen *m*
~ **sonoro** *m* / Tonband *n*
~ **sonoro a bobina** *m* / Spulentonband *n*
~ **trasportatore** *m* / Förderband *n*
~ **video** *m* / Videoband *n*
navigante *m* (Internet) / Surfer *m*
navigare *v* / navigieren *f* · (Internet:) surfen *v*
navigazione *f* / (Internet:) Surfen *n* ‖ *v.a. software di navigazione in un ipertesto*
~ **in ipertesto** *f* / Hypertext-Browsing *n*
necessità *pl* / Bedürfnisse *pl* · Erfordernisse *pl*
~ **di informazione** *pl* / Informationsbedürfnisse *pl*
necrologio *m* / Nekrolog *m* · Nachruf *m*
negativo *m* [Repr] / Negativ *n*
neretto *m* (grassetto) [Tip] / halbfette Schrift *f* (stampare in neretto/grassetto: fett drucken) ‖ *v.a. stampa in neretto*
nervatura *f* [Leg] / Bünde *pl* ‖ *v.a. cucire con doppia nervatura; falsa nervatura*
nervature piatte *pl* / flache Bünde *pl*
nervature sprofondate *pl* [Leg] / eingesägte Bünde *pl* ‖ *v.a. grecaggio*
nervi *pl* [Leg] / Bünde *pl*
~ **esposti** *pl* [Leg] / echte Bünde *pl*
~ **falsi** *pl* [Leg] / falsche Bünde *pl*
~ **finti** *pl* [Leg] / falsche Bünde *pl*
~ **in cuoio** *pl* [Leg] / Lederbünde *pl*
~ **reali** *pl* [Leg] / echte Bünde *pl*
~ **rialzati** *pl* [Leg] / erhabene Bünde *pl* · echte Bünde *pl*
~ **veri** *pl* [Leg] *v. nervi reali*
nicchia di studio *f* / Arbeitskabine *f* · Carrel *n*
nitidezza dei contorni *f* [Repr] / Randschärfe *f*
~ **dell'immagine** *f* [Repr] / Bildschärfe *f*
n.n. *abbr v. non numerato*
nodo *m* [Inform] / Knoten *m*
~ **da tessitore** *m* [Leg] / Weberknoten *m*
~ **di rete** *m* [Inform] / Netzknoten *m*
~ **ipertestuale** *m* / Hypertextknoten *m*
nolo aereo *m* / Luftfracht *f*

nome costantemente/prevalentemente usato *m* ⟨RICA⟩ / gebräuchlicher Name *m*
~ **del campo** *m* [Inform] / Feldname *m*
~ **del file** *m* / Dateiname *m*
~ **dell'archivio** *m* [Inform] / Dateiname *m*
~ **di battesimo** *m* / Taufname *m*
~ **di persona** *m* / Personenname *m*
~ **fittizio** *m* / fingierter Name *f*
~ **generico** *m* / Gattungsname *m*
nomenclatura *f* ⟨UNI ISO 5127/1⟩ / Nomenklatur *f*
nome proprio *m* / Eigenname *m*
~ **reale** *m* / wirklicher Name *m*
nominare *v* [Cat] / nennen *v*
nompariglia *f* [Tip] / Nonpareille *n*
non-adesivo *agg* / nicht-klebend
~ **ancora pubblicato** *part pt* / noch nicht erschienen *part perf*
~**-descrittore** *m* [Ind] / Nicht-Deskriptor *m*
~ **disponibile** [Libri] / nicht lieferbar · nicht am Lager *n*
~ **formattato** *part pt* [Inform] / nicht formatiert *part perf*
~ **frequentatore** *m* / Nicht-Benutzer *m*
~ **in vendita** / nicht zum Verkauf
~**-lettore** *m* / Nichtleser *m*
~ **numerato** *part pt* / ungezählt *part perf*
~**-numerico** *agg* / nicht-numerisch *adj*
~ **più pubblicato** / nicht mehr erschienen
~ **pubblicato** *part pt* / unveröffentlicht *part perf*
~ **rilegato** *part pt* / ungebunden *part perf*
~ **trovato al suo posto** / nicht am Standort
~ **una nostra pubblicazione** / nicht bei uns erschienen
~ **utente** *m* / Nicht-Nutzer *m* · Nicht-Benutzer *m*
~ **verificato** / nicht ermittelt
norma *f* ⟨UNI ISO 5127/2⟩
~ **di controllo** *f* / Prüfnorm *f*
~ **di materiali** *f* / Stoffnorm *f*
~ **di qualità** *f* / Qualitätsnorm *f*
~ **di terminologia** *f* / Terminologienorm *f*
~ **edilizia** *f* / Bauvorschrift *f*
~ **giuridica** *f* / Rechtsvorschrift *f*
normalizzare / normieren *v* · (standardizzare:) standardisieren *v*
normalizzazione *f* / Normierung *f* ‖ *v.a. standardizzazione*
norma per metodi di prova *f* / Prüfnorm *f*
normativa *f* / Vorschrift *f*
norme di sicurezza *pl* / Sicherheitsbestimmungen *pl*
~ **edilizie** *pl* / Bauvorschriften *pl*
~ **per la tutela dei diritti d'autore** / Urheberrechtsbestimmungen *pl*
~ **per l'ordinamento** *pl* [Cat] / Ordnungsregeln *pl*
~ **relative al deposito legale** *pl* / Pflichtexemplarbestimmungen *pl*
nota *f* / Bemerkung *f* · Notiz *f* · Vermerk *m* · (a piè di pagina:) Fußnote *f*
~ **autografa** *f* / eigenhändige Notiz *f*
~ **d'ambito** [Ind] / scope note *f* · Erläuterung (zum Gebrauch eines Deskriptors/Schlagworts)
~ **di addebito** *f* / Lastschriftanzeige *f*
~ **di consegna** *f* / Lieferschein *m*
~ **di consistenza** *f* / Bestandsangabe *f*
~ **di copyright** *f* / Copyright-Vermerk *m*
~ **di credito** *f* / Gutschrift *f*
~ **di traduzione** *f* [Cat] / Übersetzungsvermerk *m*
~ **di una dissertazione accademica** *f* / Hochschulschriftenvermerk *f*
~ **d'orientamento** *f* [Ind] / Erläuterung (zum Gebrauch eines Schlagworts) · scope note *f*
~ **dorsale** *f* [Arch] / Dorsualvermerk *m* · Rückvermerk
~ **marginale** *f* / Randbemerkung *f* · Randnotiz *f* · Marginalie *f*
~ **sugli atti** *f* / Aktennotiz *f* · Aktenvermerk *m*
notazione *f* / (classificazione:) Notation *f* · (musica:) Notation *f* · (annotazione:) Bemerkung *f*
~ **a lettere** *f* [Class] / Buchstabennotation *f*
~ **a margine** *f* / Randnotiz *f* · Randbemerkung
~ **binaria** *f* [Class] / binäre Notation *f*
~ **decimale** *f* / Dezimalnotation *f*
~ **gerarchica** *f* / hierarchische Notation *f*
~ **lineare** *f* / lineare Notation *f*
~ **mista** *f* / gemischte Notation *f*
~ **mnemonica** *f* [Class] / mnemotechnische Notation *f*
~ **musicale** *f* / Notenschrift *f* · musikalische Notation *f*
~ **parlante** *f* [Class] / sprechbare Notation *f*
~ **sequenziale** *f* [Class] / sequentielle Notation *f*
~ **strutturata** *f* / strukturierte Notation *f*
note *pl* (nella descrizione bibliografica) [Cat] / ergänzende Angaben *pl*
~ **a matita** *pl* / Bleistiftanmerkungen *pl*
~ **musicali** *pl* / Noten *pl*
~ **tipografiche** *pl* / Impressum *n* · Druckvermerk *m* · Erscheinungsvermerk *m*

~ **tironiane** *pl* / tironische Noten *pl*
notificazione *f* / Bekanntmachung *f*
notizia analitica *f* ⟨UNI ISO 5127/5⟩ / annotierte Eintragung *f*
~ **catalografica** *f* ⟨UNI ISO 5127/5⟩ / Katalogeintragung *f*
notiziario *m* ⟨UNI ISO 5127/2⟩ / Informationsblatt *n*
novità *f* / (nuova accessione:) Neuerwerbung *f* · (pubblicazione nuova:) Neuerscheinung *f*
~ **editoriale** *f* / Verlagsneuheit *f*
nozione di base *f* / Grundbegriff *m*
nucleo *m* / (di un patrimonio:) Kernbestand *m*
numerare *v* / nummerieren *v* · zählen *v*
numeratore meccanico *m* / Nummerierungsapparat *m*
numeratrice *f* / (per numerare pagine:) Paginiermaschine *f*
numerazione *f* / Zählung *f* · Nummerierung
~ **arabica** *f* / arabische Zählung *f*
~ **dei fogli** *f* [Cart] / Blattzählung *f*
~ **dei tomi** *f* / Bandzählung *f*
~ **dei volumi** *f* / Bandzählung *f*
~ **delle righe** *f* [Libri] / Zeilennummerierung *f*
~ **di colonna** *f* / Kolumnenzählung *f*
~ **in forma inclusiva** / (pagine:) zusammenfassende Seitenzählung *f*
~ **lacunosa** *f* / springende Zählung *f*
~ **pari** *f* / gerade Zählung *f*
~ **progressiva** *f* [Libri] / fortlaufende Zählung *f*
~ **romana** *f* / römische Zählung *f*
~ **varia** *f* / getrennte Zählung *f*
numerico *agg* / numerisch *adj* ‖ *v.a. non-numerico*
numeri dispari *pl* / ungerade Zählung *f*
~ **pari** *pl* / gerade Zählung *f*
numero *m* / (edizione indicata con un numero:) Ausgabe *f* · Nummer *f* · (rivista:) Heft *n* · (ente matematico:) Zahl *f*
numero arabo *m* / arabische Zahl *f* · arabische Ziffer *f*
~ **arretrato** *m* / ältere Ausgabe *f* (einer Zeitschrift; back issue)
~ **ausiliario** *m* [CDU] / Ergänzungszahl *f*
~ **ausiliario non indipendente** *n* [CDU] / unselbständige Ergänzungszahl *f*
~ **ausiliario speciale** *m* [CDU] / besondere Ergänzungszahl *f*
~ **binario** *m* / Dualzahl *f* · Binärzahl *f*
~ **casuale** *m* / Zufallszahl *f*
~ **chiuso** *m* / Numerus clausus *m*
~ **corrente** *m* / laufende Nummer *f*
~ **decimale** *m* / Dezimalzahl *f*
~ **dei fogli** *m* [Cart] / Blattzahl *f*
~ **della CDU** *m* / DK-Zahl *f*
~ **della traccia** *m* [Inform] / Spurnummer *f*
~ **delle pagine** *m* / Seitenzahl *f*
~ **dell'utente** *m* / Benutzernummer *m*
~ **d'entrata** *m* / Zugangsnummer *f*
~ **di accessione** *m* / Zugangsnummer *f*
~ **di catena** *m* / laufende Nummer *f*
~ **di controllo** *m* [Inform] / Prüfziffer *f*
~ **di ingresso** *m* [Acq] / Zugangsnummer *f*
~ **di inventario** *m* / Inventarnummer *f* · Zugangsnummer *f*
~ **di lastra** *m* [Mus] / Druckplattennummer *f* · Plattennummer *f*
~ **di rapporto** *m* / Reportnummer *f* · Berichtsnummer *f*
~ **di record** *m* [Inform] / Satznummer *f*
~ **diretto** *m* (telefono) / Durchwahlnummer *f*
~ **di saggio** *m* (di un rivista) / Probeheft *n*
~ **d'opera** *f* [Mus] / Opus-Zahl *f*
~ **d'ordine** *m* [Acq] / Bestellnummer *f* (eines Kaufauftrags usw.)
~ **fascicolo** *m* / Heftnummer *f*
~ **identificativo** *m* / Kennung *f*
~ **internazionale normalizzato delle pubblicazioni in serie** *m* ⟨UNI ISO 5127/5⟩ / ISSN *Abk f*
~ **internazionale normalizzato del libro** *m* ⟨UNI ISO 5127/5⟩ / Internationale Standard-Buchnummer *f* (ISBN) *f*
numero inventario *m v. numero di inventario*
~ **progressivo** *m* / fortlaufende Nummer *f*
~ **protocollare** *m* / Aktenzeichen *n*
~ **richiesta** *m* [ServPubbl] / Bestellnummer *f*
~ **romano** *m* / römische Zahl *f* · römische Ziffer *f*
~ **sequenziale** *m* / laufende Nummer *f*
~ **speciale** *m* (di una rivista) ⟨UNI ISO 5127/2⟩ / Sonderheft *n*
~ **telefonico** *m* / Telefonnummer *f* · Rufnummer *f*
~ **volume** *m* / Bandzahl *f*
~ **zero** *m* (di una rivista) / Nullnummer *f* · Nullausgabe *f*
numerus currens *m* / numerus currens *m* (ordinamento per ~ ~: Numerus-currens-Ordnung)
nuova accessione *f* / Neuerwerbung *f*
~ **edizione** *f* ⟨UNI ISO 5127/5⟩ / Neuausgabe *f* · Neuauflage *f*

nuova pubblicazione *f* / Neuerscheinung *f*
nuove accessioni *pl* / Neuerwerbungen *pl*
nuove acquisizioni *pl* / Neuerwerbungen *pl* ‖ *v.a. esposizione delle nuove acquisizioni*

O

obbligatorio *agg* / obligatorisch *adj* ‖ *v.a. copia d'obbligo*
obbligazione *f* / Verpflichtung *f*
obbligazioni d'insegnamento *pl* / Lehrverpflichtungen *pl*
obbligo *m* / Verpflichtung *f* ‖ *v.a. copia d'obbligo*
~ **al deposito legale** *m* / Abliefe-rungspflicht *f* (in Bezug suf das Pflichtexemplar)
~ **di acquisto** *m* / Kaufverpflichtung *f*
~ **di frequenza** *m* / Teilnahmepflicht *f*
obiettivo *m* / (scopo che si vuole raggiungere:) Ziel *n* · (reprografia:) Objektiv *n* ‖ *v.a. fine*
~ **grandangolo** *m* [Repr] / Weitwinkelobjektiv *n*
~ **intercambiabile** *m* [Repr] / Wechselobjektiv *n*
~ **Zoom** *m* [Repr] / Vario-Objektiv *n* · Zoom-Objektiv *n*
obsoleto *agg* / obsolet *adj* · veraltet *part perf*
occhiello *m* (occhietto) [Libri] ⟨UNI ISO 5127/5⟩ / Vortitel *m* · Schmutztitel *m* · (premesso a sezioni, parti o capitoli:) Zwischentitel *m*
occhietto *m* [Libri] *v. occhiello*
~ **intermedio** *m* [Libri] / Zwischentitel *m*
occhio *m* (del carattere) [Tip] / Punze *f* (Innenfeld einer Drucktype)
occorenza personale *f* / Personalbedarf *m*
occupare *v* [Pers] / beschäftigen *v*
occupazione *f* [Pers] / Beschäftigung *f* ‖ *v.a. prospettive di occupazione*
~ **a mezza giornata** *f* [Pers] / Halbtagsbeschäftigung *f*
~ **a tempo pieno** *f* [Pers] / Ganztagsbeschäftigung *f*
offerente *m/f* / (asta:) Bieter *m* ‖ *v.a. maggior offerente*
offerta *f* [Acq] / Angebot *n* · (asta:) Gebot *n*
~ **di lavoro** *f* / Stellenangebot *n* · Stellenanzeige *f*
~ **di prezzo** *f* / Preisangebot *n*
~ **speciale** *f* / Sonderangebot *n*
officina *f* [Tip] / Offizin *f*
~ **grafica** *f* / Druckerei
~ **tipografica** *f* / Druckerei
offrire *v* / anbieten *v* · (asta:) bieten *v*
offset *m* / Offsetdruck *m* ‖ *v.a. lastra offset; macchina offset; microstampa offset*
~ **di piccolo formato** *m* / Kleinoffset(druck) *m*
oggetti di cancelleria *pl* [Uff] / Büromaterial *n* · Geschäftsbedarf *m*
oggetto *m* / Gegenstand *m* · Objekt *n* · (di una lettera:) Betreff *m* ‖ *v.a. esemplare in oggetto*
~ **della richiesta** *m* [Retr] / Recherchezie1 *n*

~ **d'esposizione** *m* / Exponat *n* · Ausstellungsstück *n*
~ **di ricerca** *m* / Forschungsgegenstand *m*
~ **di valore** *m* / Wertgegenstand *m*
oleografia *f* / Ölfarbendruck *m* · Oleographie *f*
olio di piede di bue *m* [Leg] / Klauenöl *n*
olografia *f* / Holographie *f*
olografo *m* / eigenhändiges Schreiben *n* · Autograph *n* · eigenhändig geschriebener Text *m*
ologramma *m* [Repr] / Hologramm *n*
omaggio *m* [Acq] / Geschenk *n* ‖ *v.a. copia in omaggio*
ombreggiatura *f* [Cart] / Schummerung *f* · Schattierung *f*
omettere *v* / weglassen *v*
omiliario *m* / Homiliar *n*
omofonia *f* ⟨UNI ISO 5127/1⟩ / Homophonie *f*
omografia *f* ⟨UNI ISO 5127/1⟩ / Homographie *f*
omografo *m* / Homograph *n*
omonimia *f* ⟨ISO 5127/1⟩ / Homonymie *f*
omonimo *m* / Homonym *n*
onciale *f* / Unziale *f* ‖ *v.a. semionciale*
onorario *m* / Honorar *n*
OPAC *m* / Online-Benutzerkatalog *m* · OPAC *m*
opera *f* ⟨RICA⟩ / Werk *n*
~ **a libera disposizione** *f* [ServPubbl] / Freihandbuch *n*
~ **allegata** *f* / beigebundenes Werk *n*
~ **anonima** *f* / anonymes Werk *n*
~ **a stampa** *f* / Druckschrift *f*
~**-base** *f* / Grundwerk *n*
~ **basilare** *f* / grundlegendes Werk
operabile *agg* / funktionsfähig *adj*
opera collettiva *f* / Gemeinschaftswerk *n* · Sammelband *m* · Sammelwerk *n*
~ **commissionata** *f* [Arte] / Auftragswerk *n*
~ **complessiva** *f* / Gesamtwerk *n*
~ **con autore** *f* / Verfasserwerk *n* · Verfasserschrift *f*
~ **congiunta** *f* / gemeinschaftliches Werk *n*
~ **d'arte** *f* / Kunstwerk *n* ‖ *v.a. editore d'opere d'arte*
~ **d'arte originale** *f* / Originalkunstwerk *n*
~ **di consultazione** *f* ⟨UNI ISO 5127/2⟩ / Nachschlagewerk *n*
~ **diffettosa** *f* / Mängelexemplar *n* · Defektexemplar *n*
~ **di grande formato** *f* / Großformat *n*
~ **di più autori** *f* / Mehrverfasserwerk *n*
~ **di premio** *f* / Preisschrift *f*
~ **di pubblico dominio** *f* [Libri; Giur] / gemeinfreies Werk *n*
~ **edita a intervalli** *f* / Lieferungswerk *n*
~ **figurativa** *f* / Bildwerk *n*
~ **fondamentale** *f* / grundlegendes Werk *n* · Grundwerk *n*
~ **fotografica** *f* / Fotoband *m* · Lichtbildwerk *n*
~ **in continuazione** *f* / Fortsetzungswerk *n*
~ **indipendente** *f* / selbständig erschienenes Werk *n*
~ **in fascicoli** *f* / Lieferungswerk *n*
~ **introduttiva** *f* / einführendes Werk *n*
operando *m* [Inform] / Operand *m*
opera omnia *pl* / sämtliche Werke *pl*
~ **pasticcio** *f* [Mus] / Pasticcio *n*
~ **postuma** *f* / nachgelassenes Werk *n* · postumes Werk *n* ‖ *v.a. lascito letterario*
~ **principale** *f* / Hauptwerk *n*
~ **protetta dal diritto d'autore** *f* / urheberrechtlich geschütztes Werk *n*
~ **singola** *f* [Cat] / Einzelwerk *n*
~ **stampata** *f* / Druckwerk *n*
~ **su commissione** *f* [Arte] / Auftragswerk *n*
operatore *m* [Pers] / Bediensteter · Operateur *m*
~ **booleano** *m* / Boole'scher Operator *m*
~ **di adiacenza** *m* [Retr] / Nachbarschaftsoperator *m* · Kontextoperator *m*
~ **di intersezione** *m* / Schnittstellenoperator *m*
~ **di ruolo** *m* (PRECIS) / Rollenoperator *m*
~ **di unione** *m* [Retr] / Verknüpfungsoperator *m*
~ **logico** *m* / logischer Operator *m*
~ **relazionale** *m* / Vergleichsoperator *m*
opera universitaria *f* / Studentenwerk *n*
operazione AND *f* / UND-Verknüpfung *f*
~ **in tempo reale** *f* [Inform] / Echtzeitbetrieb *m*
~ **manuale** *f* / Handbetrieb *m*
~ **NOT** *f* [Retr] / Negationsverknüpfung *f* · NICHT-Verknüpfung *f*
~ **OR** *f* [Retr] / ODER-Verknüpfung *f*
~ **seriale** *f* [Inform] / serieller Betrieb *m*
~ **simultanea** *f* / Simultanbetrieb *m*
operazioni di routine *pl* / Routinetätigkeiten *pl*
opere anonime con titoli tradizionali *pl* / klassische Anonyma *pl*
~ **complete** *pl* / sämtliche Werke *pl*
~ **varie** *pl* [Cat] / Sammlung *f* · Teilsammlung *f* · gesammelte Werke *pl*

opistografo *agg* / opisthographisch *adj*
opuscoli *pl* / Kleinschrifttum *n*
opuscolo *m* / Broschüre *f*
~ **pubblicitario** *m* / Werbebroschüre *f*
opzionale *agg* [Cat] / fakultativ *adj*
opzione *f* / Option *f*
ora di lezione *f* / Unterrichtsstunde *f*
~ **di punta** *f* / Stoßzeit *f*
~ **di racconto** *f* / Vorlesestunde *f*
orario *m* / Zeitplan *m* · (scuola; università:) Stundenplan *m*
~ **delle lezioni** *m* / (università:) Vorlesungsplan *m*
~ **di apertura** *m* / Öffnungszeiten *pl* ‖ *v.a. ampliamento degli orari*
~ **di servizio** *m* / Dienstplan *m* · Arbeitszeit *f*
~ **d'ufficio** / Dienststunden *pl*
~ **ferroviario** *m* / Eisenbahnfahrplan *m*
~ **flessibile** *m* [Pers] / gleitende Arbeitszeit *f*
~ **lavorativo** *m* / Arbeitszeit *f*
ora-uomo *f* / Arbeitsstunde *f*
orchestrazione *f* [Mus] / Orchestrierung *f*
ordinamento *m* / (disposizione ordinata:) Anordnung *f* · Ordnung *f* · (elaborazione dati:) Sortierung *f* ‖ *v.a. chiave di ordinamento; corsa di ordinamento; criterio di ordinamento; formato di ordinamento; norme per l'ordinamento; procedura di ordinamento; programma di ordinamento; qualificatore di ordinamento; unità di ordinamento*
ordinamento alfabetico *m* / alphabetische Ordnung *f*
~ **degli studi** *m* / Studienordnung *f*
~ **delle colonne** *m* / Spaltenanordnung *f*
~ **delle immagini** *m* [Repr] / Bildanordnung *f*
~ **didattico** *m* / (università:) Studienordnung *f*
~ **lettera per lettera** *m* / Ordnung Buchstabe für Buchstabe *f*
~ **nella scaffalatura** *m* / Regalordnung *f*
~ **parola per parola** *m* / Wort-für-Wort-Ordnung *f* · Ordnung Wort für Wort *f*
~ **per numerus currens** *m* / Numerus-currens-Ordnung *f*
~ **per soggetto** *m* / sachliche Ordnung *f*
ordinanza *f* / (atto normativo:) Erlass *m* · Verordnung *f* · Rechtsverordnung *f*
ordinare *v* / (elaboratore:) sortieren *v* · (mettere in ordine:) ordnen *v* · (commissionare:) bestellen *v* ‖ *v.a. ordinato dalla macchina*
~ **in più** *v* / nachbestellen *v*
ordinato dalla macchina *part pt* [Inform] / maschinell sortiert *part perf*
ordinazione / (procedimento:) Bestellung *f* · Auftragserteilung *f* ‖ *v.a. procedura per l'ordinazione*
~ **successiva** *f* [Acq] / Folgebestellung *f* · Nachbestellung *f*
ordine *m* ⟨UNI ISO 5127/5⟩ · (sistemazione razionale:) Ordnung *f* · (commissione, ordinazione:) Auftrag *m* · Bestellung *f* · (direttiva:) Befehl ‖ *v.a. archivio degli ordini; lettera d'ordine; modulo d'ordine; numero d'ordine; scheda d'ordine*
~ **alfabetico** *m* / alphabetische Ordnung *f*
~ **ascendente** *m* / aufsteigende Reihenfolge *f*
~ **a scopo di esame** [Acq] / Ansichtsbestellung *f*
~ **continuo** *m* [Acq] / laufende Bestellung *f*
~ **del giorno** *m* / Tagesordnung *f* ‖ *v.a. punto dell'ordine del giorno*
~ **di acquisto** *m [Acq]* / Kaufbestellung *f*
~ **di citazione** *m* [Class] / Facettenordnung *f* · Zitierordnung *f*
~ **di priorità** *m* / Prioritätenfolge *f*
~ **di prova** *m* [Acq] / Probebestellung *f*
~ **diretto** *m* [Acq] / Direktbestellung *f*
~ **discendente** *m* / absteigende Reihenfolge *f*
~ **doppio** *m* [Acq] / Doppelbestellung *f*
~ **fisso** *m* / Festbestellung *f*
~ **globale** *m* / Pauschalbestellung *f*
~ **in anticipo** *m* [Acq] / Vorausbestellung *f* · Vorbestellung *f*
~ **in continuazione** *m* / Fortsetzungsbestellung *f* · ff-Bestellung *f*
~ **permanente** *m* [Acq] ⟨UNI ISO 5127/5⟩ / Fortsetzungsbestellung *f* · Standing order *n* · Dauerauftrag *m* · Pauschalbestellung *f*
~ **sistematico** *m* / systematische Ordnung *f*
~ **urgente** *m* [Acq] / Eil-Bestellung *f*
orecchia *f* (alla pagina di un libro) / Eselsohr *n*
ore del prestito *pl* / Ausleihzeiten *pl*
~ **di lavoro straordinario** *pl* / Überstunden *pl*
~ **di servizio** *pl* / Dienststunden *pl*
~ **operative** *pl* / Betriebsstunden *pl*
ore straordinarie *pl* / Überstunden *pl*
organico *m* / Personal *n* (gemäß Stellenplan) · Personalbestand · Stellenplan *m*
~ **docente** *m* / Lehrkörper *m* (gemäß Stellenplan)

organigramma *m* / Organisationsplan *m* · Organigramm *n*
organizzatore *m* / Organisator *m*
organizzazione a matrice *f* / Matrixorganisation *f*
~ **dei dati** *f* / Datenorganisation *f*
~ **dei libri nei depositi** *f* / Bestandsorganisation *f*
~ **del file** *f* [Inform] / Dateiorganisation *f*
~ **della memoria** *f* / Speicherorganisation *f*
~ **del lavoro** *f* / Arbeitsorganisation *f*
~ **delle procedure** *f* / Ablauforganisation *f*
~ **procedurale** *f* *v. organizzazione delle procedure*
organo amministrativo *m* / Verwaltungsbehörde *f* · Behörde *f*
~ **giustiziario** *m* / Justizbehörde *f*
~ **superiore** *m* [Amm] / vorgesetzte Behörde *f*
orientamento al mercato *m* / Marktorientierung *f*
~ **dell'utente** *m* / Benutzerschulung *f*
~ **di una carta** *m* [Cart] / Kartenorientierung *f*
orientato ai problemi *part pt* / problemorientiert
~ **al cliente** *part pt* / kundenorientiert *adj*
~ **al consumatore** *part pt* / verbraucherorientiert *part perf*
~ **al fine** / zielorientiert*adj*
~ **all'utente** *part pt* / benutzerorientiert *part perf*
originale *m* / Original *n* · (scritto dall'autore:) Urschrift *f* · (reprografia:) Vorlage *f*
originale *m* [Tip] / (testo originale pronto per la stampa:) Satzvorlage *f* · Druckvorlage *f*
~ **a linee** *m* [Repr] / Strichvorlage *f*
~ **al tratto** / Strichvorlage *f*
origine dei dati *f* [Inform] / Datenursprung · Datenquelle *f*
ornamento *m* / Ornament *n*
~ **a ripetizione** *m* [Leg] / rapportierendes Muster *n*
~ **a squama di pesce** *m* [Leg] / Fischschuppenmuster *n*
~ **dorato** *m* / Goldverzierung *f*
~ **floreale intrecciato** *m* / Blumenrankenornament *n*
ornare *v* / verzieren *v*
oro in conchiglia *m* [Leg] / Muschelgold *n*
~ **in foglie** *m* / Blattgold *n*
orologio *m* [Inform] / Taktgeber *m*
~ **di controllo** *m* [Pers] / Stempeluhr *f*
oro sbalzato *m* [Leg] / getriebenes Gold *n*
ortofotografia *f* [Cart] / Ortholuftbild *n* · Orthophoto *n*
ortofotopiano *m* [Cart] / Orthophotokarte *f*
ortografia *f* / Rechtschreibung *f* · Orthographie *f*
ospitalità *f* / Hospitalität *f*
ospitante *m* (di un libro) / Standort *m* (eines Buches)
ottenere in prestito *v* / entleihen *v*
ottimizzare *v* / optimieren *v*

P

pacchetto *m* / Paket *n* ‖ *v.a. pacchetto di commutazione*
~ **di multimedia** *m* / Medienpaket *n*
~ **di programmi** *m* / Programmpaket *n*
~ **di software** *m* / Softwarepaket *n*
pacchetto multimediale *m v. pacchetto di multimedia*
pacco assicurato *m* [Com] / Wertpaket *n*
~ **per posta aerea** *m* / Luftpostpaket *n*
pachetto di dati *m* [Com] / Datenpaket *n*
padiglione *m* / Pavillon *m*
paese di pubblicazione *m* / Erscheinungsland *n*
pagamento addizionale *m* / Zuzahlung *f* ‖ *v.a. mandato di pagamento*
~ **anticipato** *m* / Vorauszahlung *f*
~ **in contanti** *m* / Barzahlung *f*
~ **rateale** *m* / Ratenzahlung *f* · Teilzahlung *f*
~ **supplementare** *m* / Zuzahlung *f*
pagella *f* [AddestrIstr] / Schulzeugnis *n*
pagina *f* [Libri] ⟨RICA; UNI ISO 5127/5⟩ / Seite *f* ‖ *v.a. a doppia pagina; a mezza pagina; a piena pagina; dimensione di pagina*
~ **a fronte** *f* / Vorderseite *f*
~ **bianca** *f* / Vakat-Seite *f*
~ **dei sommari** *f* (in una rivista) / Inhaltsfahne *f*
~ **di benvenuto** *f* [Inform] / Begrüßungsseite *f*
~ **di prova** *f* / Probeseite *f* · Musterseite *f*
~ **di riassunti analitici** *f* ⟨UNI ISO 5127/2⟩ / Inhaltsfahne *f*
~ **di scambio** *f* [Tip] / Austauschseite *f*
~ **di titolo** *f* / Titelseite *f*
~ **dopo pagina** / seitenweise
~ **home** *f* [Internet] / Home page *f*
~ **iniziale** *f* / Anfangsseite *f*
~ **numerata** *f* / gezählte Seite *f*
paginatura *f* / Paginierung *f*
pagina video *f* [Inform] / Bildschirmseite *f*
~ **vuota** *f* / Leerseite *f*
paginazione *f* / Paginierung *f* · Seitenzählung *f*
~ **continua** *f* [Cat] ⟨UNI ISO 5127/5⟩ / durchlaufende Seitenzählung *f*
~ **doppia** *f* ⟨UNI ISO 5127/5⟩ / doppelte Seitenzählung *f*
~ **inclusiva** *f* / zusammenfassende Seitenzählung *f*
~ **multipla** *f* [Cat] ⟨UNI ISO 5127/5⟩ / getrennte Seitenzählung *f*
~ **varia** *f* / springende Zählung *f*
pagine di prova *pl* [Tip] / Umbruchkorrekturabzüge *pl*
~ **interfogliate** *pl* / eingeschossene Leerseiten *pl*
~ **non numerate** *pl* / ungezählte Seiten *f*
~ **preliminari** *pl* [Libri] ⟨UNI ISO 5127/5⟩ / Titelei *f* ‖ *v.a. pretitolo*
~ **pubblicitarie** *pl* (di un giornale) / Anzeigenteil *m*
~ **unite** *pl* / zusammengeklebte Seiten *pl*

palchetto *m* [CollScaff] / Fach *n* · Fachboden *m* (in einem Regal) ‖ *v.a. casella*
~ **inclinato** *m* [CollScaff] / Schrägboden *m* · Auslagefachboden *m*
~ **movibile** *m* [CollScaff] / verstellbarer Fachboden *m*
paleografia *f* / Paläographie *f*
paleografo *m* / Paläograph *m*
palinsesto *m* / Palimpsest *n*
pamphlet *m* (scritto polemico) / Pamphlet *n*
panflettista *m* / Pamphletist *m*
pannello *m* / Platte *f* · Brett *n* · (per l'esposizione di periodici:) Auslagefachboden · (elettrotecnica:) Schaltfläche *f*
~ **d'affissione** *m* / Anschlagbrett *n* · Pinnwand *f*
~ **d'affissione magnetica** *m* / Magnethafttafel *f*
~ **di controllo** *m* [Inform] / Bedienungsfeld *n* · Schaltfeld *n*
panorama *m* / Rundbild *n* · Panorama *n*
~ **bibliotecario** *m* / Bibliothekslandschaft *f*
papiro *m* / Papyrus *m* ‖ *v.a. rotolo di papiro*
papirologia *f* / Papyrologie *f*
papirologo *m* / Papyrologe *m*
parafrasi *f* / Paraphrase *f*
paragrafo *m* / Paragraph *m*
parallelo *m* [Cart] / Breitenkreis *m*
paraluce *m* (di un lettore) / Schirmblende *f* (eines Lesegeräts)
parametro *m* / Parameter *m*
parapetto *m* / Geländer *n* · Brüstung *f*
paravento *m* / Paravent *m*
pareggiamento *m* / Gleichstellung *f*
~ **delle donne** *m* / Frauengleichstellung *f*
pareggio di bilancio *m* / Haushaltsausgleich *m*
parentesi *f* [Scritt] / Klammer *f* (mettere tra parentesi: einklammern)
~ **ad angolo** *pl* / Winkelklammern *pl*
~ **a graffa** *pl* [Scritt] / geschweifte Klammern *pl*
~ **quadre** *pl* [Scritt; Tip] / eckige Klammern *pl*
~ **tonde** *pl* / runde Klammern *pl*
~ **uncinate** *pl* / Spitzklammern *pl* ‖ *v.a. parentesi ad angolo*
parere consultativo *m* / Gutachten *n*
parete divisoria *f* / Trennwand *f*
~ **scorrevole** *f* / Schiebewand *f*
parificazione delle donne *f* / Frauengleichstellung *f*
pari opportunità *pl* / Chancengleichheit *f*
~ **opportunità per le donne** *pl* / Frauengleichstellung *f*
parità *f* [Inform] / Parität *f*
parola *f* ⟨UNI ISO 5127/1⟩ / Wort *n*
~ **artificiale** / Kunstwort *n*
~ **chiave** *f* / Schlüsselwort *n* · Stichwort *n* ‖ *v.a. indice per parole chiave; titolo a parole chiave*
~ **chiave** *f* / (password:) Passwort *n*
~ **chiave del titolo** *f* / Titelstichwort *n*
~ **composta** *f* / Kompositum *n* · zusammengesetztes Wort *n* · Wortzusammensetzung *f*
~ **derivata** *f* / abgeleitetes Wort *n*
~ **di esclusione** *f* [Ind] / Stoppwort *n*
~ **di macchina** *f* [Inform] / Maschinenwort *n*
~ **di riconoscimento** *f* [Retr] / Passwort *n*
~ **d'istruzione** *f* [Inform] / Befehlswort *n*
parola d'ordine *f* [Cat] ⟨RICA⟩ / Ordnungswort *n*
~**-indice** *f* / Index-Terminus *m*
~ **soggetto** *f* / Schlagwort *n* ‖ *v.a. voce a soggetto*
~ **straniera** *f* / Fremdwort *n*
parte *f* / (di un libro in più volumi:) Abteilung *f* · Teil *m* · (di un'opera musicale:) Stimme *f*
partecipante *m* / Teilnehmer *m*
partecipazione dei collaboratori *f* / Mitarbeiterbeteiligung *f*
parte componente *f* [Cat] ⟨ISBD/CP)⟩ / unselbständiges Dokument *n* · unselbständig erschienenes Werk *n*
~ **contraente** *f* / Vertragspartner *m*
~ **del pianoforte conduttore** *f* / Direktionsstimme *f*
~ **finale** *f* (di un film) / Nachspann *m*
~ **indirizzo** *f* [Inform] / Adressteil *m*
~ **redazionale** *f* (di un giornale) / redaktioneller Teil *m*
particella *f* [Mus] / Particell *n*
partitura *f* / Partitur *f*
~ **del direttore** *f* / Dirigierpartitur *f*
~ **di studio** *f* / Studienpartitur *f*
~ **per coro** *f* / Chorpartitur *f*
~ **tascabile** *f* / Taschenpartitur *f*
~ **vocale** *f* / Singpartitur *f* · Gesangspartitur *f*
partizione dei compiti *f* / Aufgabenteilung *f*
pasquinata *f* / Spottschrift *f* · Pasquill *n*
passaggio *m* / Durchgang *m*
~ **di scaffalatura** *m* / Regalgang *m*
passe-partout *m* / Passepartout *n*

passionario *m* / Passionar *n*
passo di fotogramma *m* [Repr] / Bildschritt *m*
pass word *m* / Passwort *n*
pasta *f* / (carta:) Halbstoff *m* · (legatura:) Kleister *m*
~ **meccanica di legno** *f* / (produzione di carta:) Holzschliff *m*
pastorale *m* / Pastorale *n* · Schäferspiel *n*
patente *f* / Patent *n* (Erlaubnisschein)
paternità *f* / (appartenenza di un'opera a un autore:) Verfasserschaft *f*
~ **controversa** *f* / strittige Verfasserschaft *f*
paternoster *m* / Paternoster *m*
patina anti-abrasiva *f* [Repr] / Schutzschicht *f*
patinato *f* [Carta] *v. carta patinata*
patrimonio bibliografico *m* / Buchbestand *m*
~ **complessivo** *m* / Gesamtbestand *m*
~ **documentario** *m* / Medienbestand *m* · Bestand *m* ‖ *v.a. mantenimento del patrimonio documentario*
patrimonio librario *m* / Buchbestand *m* ‖ *v.a. salvaguardia del patrimonio librario*
patrimonio storico *m* / historischer Bestand *m* · Altbestand *m*
patrocinio *m* / Schirmherrschaft *f*
patronimico *m* / Vatersname *m* · Patronymikon *n*
pattumiera *f* / Abfallbehälter *m*
pausa *f* / Pause *f*
pavimento *m* / Fußboden *m* ‖ *v.a. rivestimento del pavimento*
pece greca *f* / Kolophonium *n*
pegamoide *m/f* / Kunstleder *n*
pegno *m* / Pfand *m*
pelle a grana lunga *f* [Leg] / langnarbiges Leder *n*
~ **artificiale** *f* / Kunstleder *n*
~ **bastarda** *f* [Leg] / Bastardleder *n*
~ **d'agnello** *f* / Lammleder *n*
~ **di camoscio** *f* / Wildleder *n* · Sämischleder *n*
~ **di capra** *f* / Ziegenleder *n*
~ **di daino** *f* / Wildleder *n*
~ **di elefante** *f* [Leg] / Elefantenhaut *f*
~ **di foca** *f* [Leg] / Seehundleder *n*
~ **di montone** *f* / Schafleder *n*
~ **di pecora** *f* / Schafleder *n*
~ **di porco** *f* / Schweinsleder *n*
~ **di scrofa** *f* / Schweinsleder *n*
~ **di vacca** *f* / Rindleder *n*
~ **di vitello** *f* [Leg] / Kalbleder *n*
~ **écrasé** *f* / Ecrasé-Leder *n*
~ **incrociata** *f* [Leg] / Bastardleder *n*
~ **martellata** *f* [Leg] *v. legatura a pelle martellata*
~ **scamosciata** *f* [Leg] / Sämischleder *n*
~ **spaccata** *f* / Spaltleder *n*
pellicola *f* / Film *m*
~ **a colori** / Farbfilm *m*
~ **cinematografica** *f* / Kinefilm *m*
~ **diazo** *f* / Diazofilm *m*
~ **greggia** *f* [Repr] / Rohfilm *m*
~ **invertibile** / Umkehrfilm *m*
~ **negativa** *f* [Repr] / Negativfilm *m*
~ **positiva** *f* / Positivfilm *m*
~ **vesicolare** *f* / Vesikularfilm *m*
penna *f* / Feder *f*
~ **di canna** *f* / Rohrfeder *f*
~ **di lettura** *f* [Inform] / Lesestift *m*
~ **d'oca** *f* [Scritt] / Gänsefeder *f*
~ **in fibra** *f* / Faserschreiber *m*
~ **luminosa** *f* / Lichtgriffel *m*
~ **ottica** *f* / Lichtgriffel *m* · Lichtstift *m*
pennarello *m* / Filzstift *m*
penna stilografica *f* / Füllfederhalter *m*
pennello *m* / Pinsel *m*
~ **per dorare** *m* / Auftrager *m*
pennino *m* [Scritt] / Schreibfeder *f*
~ **d'acciaio** *m* / Stahlfeder *f*
pensionamento *m* / Pensionierung *f*
pensionare *v* / pensionieren *v*
pensione *f* / Ruhestand *m* · Pension *f* · (pagamento periodico:) Ruhegehalt *n* · Rente *f*
percento *m* / Prozent *n*
percentuale *f* / Prozentsatz *m* · Quote *f*
~ **delle richieste soddisfatte** *f* / Prozentsatz der positiv erledigten Bestellungen *m* ‖ *v.a. quota di soddisfazione*
~ **di risposta** *f* [Retr] / Antwortquote *f*
percorso *m* [Inform] / Pfad *m*
~ **a lato** *m* [EdilArred] / Seitengang *m*
perdita *f* / Verlust *m* ‖ *v.a. tasso di perdita*
~ **d'informazioni** *f* / Informationsverlust *m*
~ **di testo** *f* / Textverlust *m*
perfezionamento *m* / Fortbildung *f*
perforare *v* / lochen *v* · ablochen *v*
perforatore *m* / Locher *m*
~ **di banda** *m* / Lochstreifenstanzer *m*
~ **di nastro** *m* / Streifenlocher *m*
~ **di schede** *m* / Kartenlocher *m* · Lochkartenstanzer *m*
perforazione *f* / Lochung *f*
~ **multipla** *f* [SchPerf] / Mehrfachlochung *f*

pergamena *f* / Pergament *n* ‖ *v.a. faccia carnosa; lato carne; lato pelo; legatura in pergamena; manoscritto in pergamena; rotolo di pergamena*
~ **di vitello** *f* / Kalbspergament *n*
~ **vegetale** *f* / Pergamentpapier *n*
~ **vergine** *f* / Jungfernpergament *n*
pericoli ambientali *pl* / Umweltgefahren *pl*
pericolo d'incendio *m* / Brandgefahr *f*
periferica *f* [Inform] / periphere Einheit *f* · Peripheriegerät *n*
periferica di input *f* / Eingabegerät *n*
periferica di output *f* / Ausgabegerät *n*
periferiche *pl* [Inform] / Peripheriegeräte *pl*
periodicità *f* (di un periodico ecc.) / Erscheinungsweise *f*
~ **annuale** *f* / jährliche Erscheinungsweise *f*
periodico *m* ⟨UNI ISO 5127/2⟩ / Zeitschrift *f* · Periodikum *n* ‖ *v.a. gestione dei periodici*
~ **di analisi** *m* [Bib; Ind] / Referateblatt *n*
~ **femminile** *m* / Frauenzeitschrift *f*
~ **trimestrale** *m* / Dreimonatsschrift *f*
periodo delle lezioni *m* (università) / Vorlesungszeit *f*
~ **di addestramento** *m* / Ausbildungsdauer *f*
~ **di interruzione** *m* [Com] / Abschaltzeit *f*
~ **d'inattività** *m* (di un elaboratore ecc.) / Ausfallzeit *f*
~ **di pratica** *m* / Praktikum *n* (Zeit des Praktikums)
~ **di pratica aziendale** *m* / Betriebspraktikum *n*
~ **di prestito** / Leihfrist *f*
~ **di prova** *m* / Probezeit *f*
periodo di rilevazione *m* / Erhebungszeitraum *m*
periodo di ripensamento *m* / Rücktrittsfrist *f*
~ **di rodaggio** *m* / Einarbeitungszeit *f*
~ **di studio** *m* / Studienzeit *f*
~ **di validità** *m* / Gültigkeitsdauer *f*
~ **iniziale** *m* [Pers] / Einarbeitungszeit *f* ‖ *v.a. tirocinio*
~ **minimo di conservazione** *m* [Arch] / Aufbewahrungsfrist *f*
~ **morto** *m* (di un elaboratore ecc.) / Ausfallzeit *f* (eines Rechners)
perizia *f* / Gutachten *n*
permanenza *f* [Cons] / Dauerhaftigkeit *f*
permeabilità all'aria *f* / Luftdurchlässigkeit *f*
permesso *m* / Erlaubnis *f*
~ **d'accesso** *m* [Retr] / Zugangsberechtigung *f*
~ **di costruzione** *m* / Baugenehmigung *f*
~ **di lavoro** *m* / Arbeitserlaubnis *f*
~ **di soggiorno** *m* / Aufenthaltserlaubnis *f*
~ **di stampare** *m* / Druckerlaubnis *f*
permutare *v* / permutieren *v*
permutazione *f* [Ind] / Permutation *f*
personale *m* / Personal *n* ‖ *v.a. a corto di personale; dotazione di personale; risparmio sul personale; scarsità di personale; selezione del personale*
~ **adetto alla sorveglianza** *m* / Aufsichtspersonal *n*
~ **amministrativo** *m* / Verwaltungspersonal *n*
~ **a servizio pieno** *m* / Vollzeitpersonal *n*
~ **a tempo** *m* / Zeitpersonal *n*
~ **a tempo parziale** *m* / Teilzeitpersonal *n*
~ **a tempo pieno** *m* / Vollzeitpersonal *n*
~ **ausiliario** *m* / Hilfspersonal *n*
~ **bibliotecario** *m* / Bibliothekspersonal *n*
~ **della sala di lettura** *m* / Lesesaalpersonal *n*
~ **delle pulizie** *m* / Raumpflegepersonal *n* · Reinigungspersonal *n*
~ **di consulenza** *m* / Auskunftspersonal *n*
~ **di ruolo** *m* / planmäßiges Personal *n*
~ **d'ufficio** *m* / Büropersonal *n*
~ **impiegato a tempo determinato** *m* / befristet eingestelltes Personal *n*
~ **navigante** *m* / fliegendes Personal *n*
~ **non professionale** *m* / nichtfachliches Personal *n*
~ **non tecnico** *m* / nichtfachliches Personal *n*
~ **saltuario** *m* / Aushilfspersonal *n*
~ **tecnico** *m* / Fachpersonal *n*
perspettive professionali *pl* / Berufsaussichten *pl*
pertinenza *f* / Pertinenz *f*
pesce *m* (omissione di una o più parole) [Tip] / Leiche *f*
pesciolino d'argento *m* / (insetto nocivo:) Silberfischchen *n*
peso carta *m* / Flächengewicht *n* · Papiergewicht *n* ‖ *v.a. grammatura*
pezza d'appoggio *f* / Beleg *m*
pezzo d'esposizione *m* / Exponat *n* · Ausstellungsstück *n*
ph metro *m* / pH-Indikator *m*
pianificare *v* / planen *v*
pianificazione *f* / Planung *f*
~ **aziendale** *f* / Unternehmensplanung *f*
~ **bibliotecaria** *f* / Bibliotheksplanung *f*

~ **degli acquisti** *f* / Erwerbungsplanung *f*
~ **degli spazi** *f* / Raumplanung *f*
~ **territoriale** *f* / Raumplanung *f*
piano *m* / (edificio:) Geschoss *n* · Stockwerk *n* · (programma:) Plan ‖ *v.a. altezza del piano; a più piani; a un solo piano*
~ **d'azione** *m* / Aktionsplan *m*
~ **di acquisizione** *m* / Erwerbungsplan *m*
~ **di emergenza** *m* / Notstandsplan *m* · Katastrophenplan *m*
~ **di lavoro** *m* / (programma:) Arbeitsplan *m* · (superficie:) Arbeitsfläche *f*
~ **di salvataggio** *m* / Bergungsplan *m*
~ **di studi** *m* / Lehrplan *m*
~ **sotterraneo** *m* / Untergeschoss *m*
pianta *f* [Cart] ⟨UNI ISO 5127/2⟩ / (piano:) Plan · (di una casa ecc.:) Grundriss *m*
~ **aperta** *f* [EdilArred] / offene Raumaufteilung *f*
~ **architettonica** *f* / Architekturplan *m*
~ **dei locali** *f* / Raumplan *m* · Gebäudeplan *m*
~ **dei posti a sedere** *f* / Sitzplan *m*
~ **della città** *f* / Stadtplan *m*
~ **del piano** *f* / Geschossplan *m* · Stockwerksplan *m*
~ **organica del personale** *f* / Stellenplan *m*
~ **topografica** *f* (pianta dei locali) / Gebäudeplan *m*
pianterreno *m* / Erdgeschoss *n*
piantina *f* (di una casa) / Plan *m* · Grundriss *m*
~ **dei locali** *f* / Raumverteilungsplan *m*
piastra *f* / Platte *f*
~ **di protezione** *f* / Abdeckplatte *f*
~ **principale** *f* [Inform] / Hauptplatine *f*
piastrina *f* [Inform] / Platine *f*
~ **principale** *f* [Inform] / Grundplatine *f*
piatti lignei *pl* [Leg] / Holzdeckel *pl*
piatto *m* [Leg] / Deckel *m* ‖ *v.a. doratura dei piatti*
~ **anteriore** *m* / Vorderdeckel *m*
~ **del giradischi** *m* / Plattenteller *m*
~ **di cartone** *m* [Leg] / Pappdeckel *pl*
~ **in avorio** *m* [Leg] / Elfenbeindeckel *m*
~ **in tela** *m* [Rileg] / Leinendeckel *pl*
~ **interno** *m* [Leg] / Innendeckel *m*
~ **posteriore** *m* / Hinterdeckel *m*
pick-up *m* (di un giradischi) / Tonabnehmer *m*
piede *m* / (legatura:) Schwanz *m* · (carattere tipografico:) Fuß *m*
piedistallo *m* / Sockel *m* · Untergestell *n* · Podest *m*
piega *f* [Leg] / Falz *m*
~ **morta** *f* [Leg] / Überfalz *n*
piegare *f* / falzen *v* · falten *v* ‖ *v.a. inserto piegato*
piegato *part pt* / gefalzt *part perf* · gefaltet *part perf*
piegatrice *f* [Leg] / Falzmaschine *f*
piegatura *f* [Leg] / Falzung *f*
~ **a soffietto** *f* [Leg] / Zick-Zack-Falzung *f* · Leporellofalzung *f*
~ **del foglio** *f* [Cart] / Kartenfalzung *f*
pieghettatrice delle lettere *f* / Brieffalzmaschine *f*
pieghevole *m* / Faltblatt *n* · gefalzte Beilage *f*
pieghevole *agg* / faltbar *adj*
pieno di lacune *agg* / lückenhaft *adj*
pietra agata *f* / Achatstein *m*
pigmentato *part pt* / pigmentiert *part perf*
pila di dischi *f* [Inform] / Plattenstapel *m*
pinzatrice *f* [Leg] / Drahtheftmaschine *f*
pinze per nervature *pl* [Leg] / Bündezange *f*
pista *f* [Inform; NBM] / Spur *f*
~ **magnetica** *f* / Magnetspur *f*
pitch *m* / Zeichenabstand *m*
pittogramma *m* / Bildsymbol *n* · Piktogramm *n*
pixel *m* / Pixel *n* · Bildelement *n*
placca *f* [Leg] / Plattenstempel *m*
placcare *v* [Rest] / einbetten *v*
plagiario *m* / Plagiator *m*
plagio *m* / Plagiat *n*
planetario *m* / Planetarium *n* · (camera per microfilm:) Schrittkamera *f*
plastica da imballaggio *f* / Verpackungsfolie *f*
plastico *m* [Cart] / Geländemodell *n* · Kartenrelief *n*
plastificare (~ carte geografiche) / einbetten *v*
plastificazione a caldo *f* / Heißsiegeln *n*
platina tipografica *f* / Tiegel(druck)presse *f*
pleonasmo *m* / Pleonasmus *m*
plotter *m* / Plotter *m* · Kurvenschreiber *m*
pluteo *m* / Pult *n* · (leggio:) Lesepult *n*
polarità *f* [Repr] / Polarität *f*
policopiare *v* / vervielfältigen *v*
policromia *f* / Mehrfarbendruck *m*
poligerarchia *f* / Polyhierarchie *f*
poliglotta *f* [Libri] / Polyglotte *f*
poligono di frequenza *m* / Frequenzpolygon *n*
poligrafare / hektographieren *v*
poligrafia *f* / Vervielfältigung *f*

poligrafo / Hektograph *m*
polisemia *f* [Lin] / Polysemie *f*
polisemo *m* / Polysem *n*
politecnico *m* / technische Hochschule *f*
politica bibliotecaria *f* / Bibliothekspolitik *f*
~ **delle acquisizioni** *f* / Erwerbungspolitik *f*
~ **dell'informazione** *f* / Informationspolitik *f*
~ **del servizio pubblico** *f* / Benutzungspolitik *f*
politipo *m* [Tip] / Polytype *f*
polittico *m* / Polyptichon *n*
polvere *m* / Pulver *n* · Staub *m* ‖ *v.a. spolverare*
~ **da dorare** *m* / Vergoldepulver *n*
ponderare *v* / (statistica:) gewichten *v*
ponitore di fibre *m* [Rest] / Anfasergerät *n*
pontificale *m* / Pontifikale *n*
popolazione *f* / Population *f* · (statistica:) Grundgesamtheit *f*
pornografia *f* / Pornographie *f*
porta *f* [Inform] / Ausgang *m* · Ausgabekanal *m* · Port *m*
~ **a soffietto** *f* / Falttür *f*
~**carte** *m* / (per documenti, libri ecc.:) Mappe *f* · (per carte geografiche:) Kartentasche *f*
~**cartellino** *m* / Schildträger *m*
~ **d'inserimento** *f* [Inform] / Steckplatz *m*
porta|documenti *m* / Aktenmappe *f* · Aktentasche
~**giornale** *m* / Zeitungshalter *m*
~ **girevole** *f* / Drehtür *f*
~**libro** *m* [Repr] / Buchwippe *f*
~**manoscritti** *m* / Manuskripthalter *m*
~**negativi** *m* [Repr] / Filmbühne *f*
~**ombrelli** *m* / Schirmständer *m*
~**punzoni** *m* / Vergoldeofen *m*
~**riviste** *m* / Zeitschriftenständer *m* · Zeitschriftenbox *f*
~ **scorrevole** *f* / Schiebetür *f*
portatore dell'informazione *f* / Informationsträger *m*
portfolio *m* [Arte] / Mappenwerk *n*
portinaio *m* / Hausmeister *m* · Pförtner *m*
porto *m* / Postgebühr *f*
portolano *m* [Cart] / Portolankarte *f* · Rumbenkarte *f* · Windstrahlenkarte *f*
porto pagato *m* / portofrei *adj*
positivo *m* [Repr] / Positiv *n*
posizionamento *m* / Positionierung *f*
posizionare *v* / positionieren *v*
posizione *f* [OrgM] / Stellung *f* · Position *f* · Stelle *f*
~ **binaria** *f* / Bitstelle *f*
~ **del carattere** *f* / Zeichenstelle *f*
~ **dell'immagine** *f* / Bildlage *f*
~ **di memoria** / Speicherzelle *f*
~ **dirigenziale** *f* / Führungsposition *f*
~ **orizzontale** *f* [Repr] / horizontale Bildlage *f*
~ **verticale dell'immagine** *f* [Repr] / vertikale Bildlage *f*
possessore *m* / Besitzer *m* ‖ *v.a. ex possessore*
~ **precedente** *m* / Vorbesitzer *m*
posta *f* / Post *f*
posta aerea *f* / Luftpost *f*
~ **comune** *f* / gewöhnliche Post
~ **elettronica** *f* / E-Mail *f* · elektronische Post *f*
~ **pneumatica** *f* / Rohrpost *f* ‖ *v.a. spedizione pneumatica*
postazione di lavoro / Arbeitsplatz *m*
~ **di lavoro individuale** *f* / Einzelarbeitsplatz *m*
postcoordinazione *f* [Ind] / Postkoordination *f*
postdatare *v* / nachdatieren *v*
poster *m* / Poster *n* · Plakat *n*
postfazione *f* / Nachwort *n*
posticcio *agg* / unecht *adj* · künstlich *adj* ‖ *v.a. coperta posticcia*
postilla *f* / Marginalie *f* · Randbemerkung *f* (postillare: mit Anmerkungen versehen)
post-incunabolo *m* / Post-Inkunabel *f*
posto a sedere *m* / Sitzplatz *m*
~ **a tempo pieno** *m* / Ganztagsstelle *f*
~ **di controllo** *m* / Aufsichtsplatz *m*
~ **di lavoro** *m* / Arbeitsplatz *m* · Stelle *f* ‖ *v.a. titolare di un posto di lavoro; valutazione del posto di lavoro*
~ **di lavoro al computer** *m* / Bildschirmarbeitsplatz *m*
~ **di lettura** *m* / Leseplatz *m*
~ **di ruolo organico** *m* / Planstelle *f*
~ **di sorveglianza** *m* / Aufsichtsplatz *m*
~ **di studio** *m* / Studienplatz *m*
~ **libero** *m* / offene Stelle *f* · freie Stelle · unbesetzte Stelle *f*
~ **per un principante** *m* / Anfängerstelle *f*
postscritto *m* / Postskriptum · Nachschrift *f*
postumo *agg* / nachgelassen *part perf* · postum *adj* ‖ *v.a. opera postuma*
potere d'acquisto *m* / Kaufkraft *f*
~ **risolvente** *m* [Inform; Repr] / Auflösungsvermögen *n*
prassi bibliotecaria *f* / Bibliothekspraxis *f*
prassi lavorativa *f* / Arbeitspraxis *f*

pratica *f* / Praxis *f* · (atto:) Akte *f* ‖ *v.a. pratiche d'ufficio; scaffale per le pratiche*
praticante *m* / Praktikant *m*
pratiche *pl* / Akten *pl*
~ **d'ufficio** *pl* / Dienstakten *pl*
pratico *m* [Pers] / Praktiker *m*
precoordinazione *f* [Ind] / Präkoordination *f*
predecessore *m* (di un'opera) / Vorgänger *m* (eines Werkes)
predica funebre *f* / Leichenpredigt *f*
prefatore *m* / Vorredner *m*
prefazione *f* ⟨UNI ISO 5127/2⟩ / Vorwort *n* ‖ *v.a. autore della prefazione*
prefisso *m* / (telefono:) Ortskennzahl *f* · Vorwahlnummer *f* · Ortsnetzkennzahl *f* · (linguistica:) Präfix *n* · Vorsilbe *f*
pregiato *part pt* / geschätzt *part perf*
pregio *m* / Wert *m* (di pregio: kostbar; wertvoll) · Vorzug *m* ‖ *v.a. libri di pregio; materiale di pregio*
prelievo di campioni *m* / Stichprobenentnahme *f* · Stichprobenauswahl *f*
premere *v* / (un tasto ecc.:) drücken *v*
premessa *f* / Vorwort *n*
premiato *part pt* / prämiiert *part perf*
premio di rendimento *m* / Leistungszulage *f* · Leistungszuschlag *m*
Premio Nobel *m* / Nobelpreis *m*
prendere in prestito *v* / entleihen *v* · ausleihen *v*
prenome *m* / Vorname *m*
prenotare *v* / vormerken *v*
prenotazione *f* / (di prestito:) Vormerkung *f* · Vorausbestellung *f*
preparazione dei dati *f* / Datenaufbereitung *f*
~ **dei libri** *f* / Buchbearbeitung *f*
~ **del lavoro** *f* / Arbeitsvorbereitung *f*
~ **del testo** *f* [PubblEl] / Textaufbereitung *f*
~ **tecnica dei libri** *f* / technische Buchbearbeitung *f*
preprint *m* / Vorabdruck *m*
prepubblicazione *f* / Vorveröffentlichung *f* ‖ *v.a. preprint*
presa di corrente *f* / Steckdose *f*
prescrizione *f* / Vorschrift *f* · Bestimmung *f*
presentazione *f* / Präsentation *f* · Vorstellung *f* · (di un'opera:) Geleitwort *n* ‖ *v.a. esemplare di presentazione*
~ **autografa** *f* / eigenhändige Widmung *f*
~ **di diapositive sonore** *f* / Tonbildschau *f*
presenza nei mass media *f* / Medienpräsenz *f*
preside *m* / (scuola:) Schulleiter *m* · Schuldirektor *m* · (di una dissertazione academica:) Präses *m*
~ **di facoltà** *m* / Dekan *m* (einer Fakultät)
presidente *m* / Präsident *m* · Vorsitzender *m*
pressa *f* [Leg] / Presse *f*
~ **a dorare** *f* / Vergoldepresse *f*
~ **a ginocchiera** *f* [Leg] / Kniehebelpresse *f*
~ **a mano** *f* [Tip] / Handpresse *f*
~ **a vite** *f* [Leg] / Spindelpresse *f*
~ **da doratura** *f* [Leg] / Vergoldepresse *f*
~ **da stampa** *f* / Druckerpresse *f*
pressatura *f* [Leg] / Pressen *n*
pressa verticale *f* [Leg] / Stockpresse *f* · Schlagpresse *f*
prestabile *agg* / verleihbar *adj* ‖ *v.a. materiali non prestabili*
prestampa *f* [PubblEl] / Druckvorstufe *f*
prestare *v* / ausleihen *v* · verleihen *v* ‖ *v.a. prestito*
prestazione *f* / Leistung *f* ‖ *v.a. misura delle prestazioni*
~ **di lavoro** *f* / Arbeitsleistung *f*
prestito *m* / Ausleihe *f* · Verleihung *f* (in prestito: verliehen; documenti concessi in prestito: verliehene Dokumente) ‖ *v.a. archivio dei prestiti in corso; banco prestiti; dare in prestito; diritto del prestito; disponibile per prestiti; durata del prestito; escluso dal prestito; gestione del prestito; modulo del prestito; ore del prestito; ottenere in prestito; prendere in prestito; procedura del prestito; prolungamento del prestito; scadenza del prestito; registrazione del prestiti; servizio del prestito pronto; tessera d'ammissione al prestito; ufficio prestiti*
~ **a casa** *f* / Ausleihe nach Hause *f*
~ **a distanza** *m v. prestito esterno*
~ **a domicilio** *m* / Ausleihe nach Hause *f*
~ **a lungo termine** *m* / langfristige Ausleihe *f*
~ **a scadenza abbreviata** *m* / Kurzausleihe *f*
~ **diretto** *m* / Direktausleihe *f*
~ **esterno** *m* / Fernleihe *f*
~ **immediato** *m* / Sofortausleihe *f*
~ **in città** *m* / Ausleihe außer Haus *f*
~ **interbiblioteca** *m* / Leihverkehr der Bibliotheken *m* ‖ *v.a. modulo del prestito interbibliotecario; sezione del prestito interbibliotecario*

~ **interbibliotecario** *m* / auswärtiger Leihverkehr *m* · Fernleihe *f* ‖ *v.a. ammissione al prestito interbibliotecario; gestione del prestito interbibliotecario*
~ **interbibliotecario internazionale** *m* / internationaler Leihverkehr *m* ‖ *v.a. modulo del prestito internazionale*
~ **interbibliotecario nazionale** *m* / nationaler Leihverkehr *m*
~ **interbibliotecario regionale** *m* / regionaler Leihverkehr *m*
~ **interno** *m* / interner Leihverkehr *m*
~ **lessicale** *m* [Lin] / Lehnwort *n*
~ **locale** *m* / Ortsleihe *f*
~ **permanente** *m* / Dauerleihgabe *f*
~ **per una notte** *m* / Ausleihe über Nacht *f*
~ **scaduto** / Leihfristüberschreitung *f*
~ **tra biblioteche** *m* / Leihverkehr der Bibliotheken *m*
pre-tiratura *f* / Vorauflage *f*
pretitolo *m* / Titelvorspann *m* · Vortitel *m*
preventivo delle spese *m* / Kostenvoranschlag *m*
prevenzione degli infortuni *f* / Unfallverhütung *f*
~ **di furti** *f* / Diebstahlsverhütung *f* ‖ *v.a. taccheggio*
previsualizzazione *f* [Inform] / Vorschau *f*
~ **della stampa** *f* [Inform] / Druckvorschau *f*
preziosità *pl* / Kostbarkeiten *pl* ‖ *v.a. cimeli*
prezioso *m* / Wertgegenstand *m*
prezzo *m* / Preis *m* ‖ *v.a. imposizione del prezzo; indicazione di prezzo; listino dei prezzi; mutamento di prezzo*
~ **al consumatore finale** *m* / Endverbraucherpreis *m*
~ **al dettaglio** *m* / Einzelhandelspreis *m*
~ **all'ingrosso** *m* / Großhandelspreis *m*
~ **al minuto** *m* / Einzelhandelspreis *m*
~ **al pubblico** *m* / Ladenpreis *m*
~ **complessivo** *m* / Inklusivpreis *m* · Gesamtpreis *m*
~ **d'abbonamento annuale** *m* / Jahresbezugspreis *m*
~ **d'acquisto** *m* / Kaufpreis *m* · Ankaufspreis *m*
~ **di abbonamento** *m* / Abonnementspreis *m*
~ **di catalogo** *m* / Katalogpreis *m*
~ **di copertina** *m* / Verlagspreis *m* (auf dem Bucheinband vermerkt)
~ **di costo** *m* / Selbstkostenpreis *m*
~ **di favore** *m* / Vorzugspreis *m*
~ **differenziato** *m* / Staffelpreis *m*
~ **di fornitura** *m* / Beschaffungskosten *pl*
~ **di listino** *m* / Listenpreis *m*
~ **d'ingresso** *m* / Eintrittspreis *m* · Eintrittsgebühr *f*
~ **di sottoscrizione** *f* / Subskriptionspreis *m*
~ **di stima** *m* / Schätzpreis *m*
~ **di vendita** *m* / Verkaufspreis *m* · Ladenpreis *m*
~ **domestico** *m* / Inlandspreis *m*
~ **editoriale** *m* / Verlagspreis *m*
~ **globale** *m* / Pauschalpreis *m*
~ **lordo** *m* / Bruttopreis *m*
~ **massimo** *m* / Höchstpreis *m*
~ **netto** *m* / Nettopreis *m*
~ **per contanti** *m* / Barpreis *m*
~ **speciale** *m* / Sonderpreis *m*
~ **stimato** *m* / Schätzpreis *m* · Zirkapreis *m*
prima edizione *f* / Erstausgabe *f*
~ **impressione** *f* / Erstdruck *m*
~ **stesura** *f* (di un' opera) / Erstfassung *f* (eines Werkes)
primo impiego *m* [Pers] / Anfangsstelle (erste Arbeitsstelle)
principante *m* [Pers] / Anfänger *m*
principio di delegazione *m* [OrgM] / Delegationsprinzip *n*
~ **di provenienza** *m* / Provenienzprinzip *n*
~ **modulare** *m* [EdilArred] / Baukastenprinzip *n*
priorità *f* [Inform] / Priorität *f* · Rangfolge *f*
privilegio *m* [Libri] / Privileg *n*
~ **di stampa** *m* / Druckprivileg *n*
procedimento *m* / Verfahren *n* · Prozedur *f*
~ **agli alogenuri d'argento** *m* [Repr] / Trockensilberverfahren *n*
~ **a mezza tinta** *m* [PubblEl] / Halbtonverfahren *n*
~ **di ricerca** *m* [Retr] / Rechercheablauf *m* · Suchvorgang *m*
~ **di stampa** *m* / Druckverfahren *n*
~ **recursivo** *m* [Inform] / rekursive Prozedur *f*
~ **umido** [Repr] / Nassverarbeitung *f*
procedura *f* / Vorgang *m* · Prozedur *f* · Verfahren *n* · (di lavoro:) Arbeitsablauf *m* ‖ *v.a. procedura di indicizzazione*
~ **accelerata** *f* [OrgM] / Eil-Geschäftsgang *m* · Eil-Verfahren *n*
~ **amministrativa** *f* / Verwaltungsverfahren *n*
~ **conversazionale** *f* [Inform] / Dialogbetrieb *m*
~ **del prestito** *f* / Ausleihvorgang *m*
~ **di indicizzazione** *f* / Indexierungsverfahren *n*

~ **di installazione** *f* / Installationsprozedur *f*
~ **di ordinamento** *f* [Inform] / Sortiervorgang *m*
~ **d'ordinazione** *f* [Acq] / Bestellvorgang *m*
~ **empty slot** *f* [Inform] / Empty-Slot-Verfahren *n*
~ **login** *f* [Com] / Eingangsdialog *m*
~ **per l'ordinazione** *f* [Acq] / Bestellvorgang *m*
procedure di gestione *pl* [OrgM] / Betriebsabläufe *pl*
~ **di prestito** *pl* / Ausleihverfahren *n*
~ **operative** *pl* / Betriebsabläufe *pl*
processo *m* / Prozess *m*
~ **applicativo** *m* / Anwendungsprozess *m*
~ **decisionale** *m* / Entscheidungsfindung *f*
~ **di comunicazione** *m* / Kommunikationsprozess *m*
~ **d'immagine** *m* / Bildverarbeitung *f*
~ **di stampa** *m* / Druckvorgang *m*
~ **lavorativo** *m* / Arbeitsprozess *m*
processore *m* [Inform] / Prozessor *m* ‖ *v.a. sistema per il controllo di processo*
~ **di dati** *m* [Inform] / Datenprozessor *m*
~ **di fondo** *m* / Hintergrundrechner *m*
~ **di ingresso /uscita** *m* [Inform] / Ein-/Ausgabeprozessor *m*
~ **di priorità** *m* / Vordergrundrechner *m*
~ **master** *m* / Leitrechner *m*
prodotto a stampa / Druckerzeugnis *n*
~ **finale** *m* / Endprodukt *n*
produttività *f* / Produktivität *f*
~ **di lavoro** *f* / Arbeitsproduktivität *f*
produttivo *agg* / produktiv *adj* · leistungsfähig *adj*
produttore *m* / Hersteller *m* · Produzent *m*
~ **di banche dati** *m* / Datenbankhersteller *m*
produzione del libro *f* / Buchherstellung *f*
~ **di testi** *f* / Textproduktion *f* · Texterstellung *f*
~ **editoriale** *f* / Verlagsproduktion *f*
~ **libraria** *f* / Buchproduktion *f*
professore ordinario *m* / ordentlicher Professor *m*
~ **ospite** *m* / Gastprofessor *m*
~ **straordinario** *m* / außerordentlicher Professor *m*
profilo *m* [Cart] / Profil *n*
~ **degli utenti** *m* / Benutzerprofil *n*
~ **del patrimonio** *m* / Bestandsprofil *n*
~ **d'interesse** *m* / Interessenprofil *n*
~ **di ricerca** *m* [Retr] / Suchprofil *n*
~ **professionale** *m* / Berufsbild *m*
profitto *m* / Gewinn *m*
profondità di campo *f* [Repr] / Tiefenschärfe *f*
~ **di indicizzazione** *f* / Indexierungstiefe *f*
progettare *v* / planen *v* · projektieren *v*
progettazione *f* / Projektierung *f* · Planung *f*
~ **degli spazi** / Raumplanung *f*
~ **di software** *f* / Softwareentwicklung *f*
~ **di un edificio** *f* / Gebäudeplanung *f* · Bauplanung *f*
progetto *m* / Projekt *n* · (piano:) Plan ‖ *v.a. gruppo di progetto*
~ **di bilancio** *m* / Haushaltsentwurf *m*
~ **di legge** *m* / Gesetzentwurf *m*
~ **pilota** *m* / Modellversuch *m* · Pilotprojekt *n*
prognostico *m* / Prognostikum *n*
programma m / Programm *n* ‖ *v.a. controllato da programma; crollo di programma; girata del programma; guasto di programma; linguaggio di programmazione; manutenzione del programma; modulo di programma*
~ **a bassa priorità** *m* [Inform] / Hintergrundprogramm *n*
~ **antivirale** *m* [Inform] / Antivirusprogramm *n*
~ **applicativo** *m* [Inform] / Anwenderprogramm *n*
~ **bibliotecario** *m* / Bibliotheksplan *m*
programmabile *agg* / programmierbar *adj*
programma chiamante *m* [Inform] / Abrufprogramm *n*
~ **compilativo** *m* [Inform] / Compiler *m*
~ **delle ferie** *m* / Urlaubsplan *m*
~ **di aggiornamento** *m* / Aktualisierungsprogramm *n*
~ **diagnostico** *m* / Diagnoseprogramm *n*
~ **di calcolazione** *m* [Inform] / Kalkulationsprogramm *n*
~ **di caricamento** *m* [Inform] / Ladeprogramm *n*
~ **di controllo grammaticale** *m* [Inform] / grammatisches Prüfprogramm *n*
~ **di controllo ortografico** *m* / Rechtschreib-Prüfprogramm *n*
~ **di conversione** *m* [Inform] / Konversionsprogramm *n* · Umsetzprogramm *n*
~ **di correzione** *m* / Korrekturprogramm *n*
~ **di elaborazione** *m* [Inform] / Verarbeitungsprogramm *n*
~ **di gestione delle font** *m* [Inform] / Schriftenverwaltungsprogramm *n*

~ **di impostazione** *m* [PubblEl] / Ausschießprogramm *n*
~ **di intrattenimento** *m* / Unterhaltungsprogramm *n*
~ **di lavoro** *m* [OrgM] / Arbeitsprogramm *n* · Arbeitsplan *m*
~ **di macchina** *m* [Inform] / Maschinenprogramm *n*
~ **di ordinamento** *m* [Inform] / Sortierprogramm *n*
~ **di produzione** *m* / Produktionsplan *m*
~ **di prova** *m* / Prüfprogramm *n* · Testprogramm *n*
~ **di revisione** *m* [Inform] / Änderungsprogramm *n*
~ **di servizio** *m* / Dienstprogramm *n*
~ **di sillabazione** *m* / Silbentrennungsprogramm *n*
~ **di stampa** *m* / Druckprogramm
~ **di studi** *m* / Studienplan *m* · Lehrplan *m*
~ **di sviluppo** *m* / Entwicklungsprogramm *n*
~ **di unione** *m* / Binder *m*
~ **di uscita** *m* [Inform] / Ausgabeprogramm *n*
~ **di utilità** *m* / Dienstprogramm *n*
~ **editore** *m* / Editor *m*
~ **eliminazione errori** *f* [Inform] / Fehlersuchprogramm *n*
~ **emulatore** *m* / Emulator *m*
~ **gestionale** *m* / Verwaltungsprogramm *n*
~ **quadro** *m* [OrgM] / Rahmenprogramm *n*
programmare *v* / planen *v* · (informatica:) programmieren
programma scolastico *m* / Schulprogramm *n*
~ **simulatore** *m* / Simulator *m*
~ **sorgente** *m* [Inform] / Primärprogramm *n* · Quellprogramm *n*
~ **teatrale** *m* / Theaterzettel *m* · Theaterprogramm *n*
~ **televisivo** *m* / Fernsehprogramm *n*
programmatore *m* / Programmierer *m*
programmazione *f* / (informatica:) Programmierung *f* · (pianificazione:) Planung *f* ‖ *v.a. linguaggio di programmazione*
~ **bibliotecaria** *f* / Bibliotheksplanung *f*
~ **del lavoro** *f* [OrgM] / Arbeitsplanung *f*
~ **delle spese** *f* [OrgM] / Ausgabenplanung *f*
~ **non lineare** *f* [Inform] / nichtlineare Programmierung *f*
progresso *m* / Fortschritt *m*
proiettore *m* / Projektor *m*
~ **cinematografico** *m* / Filmprojektor *m*
~ **diapositive** *m* / Dia-Projektor *m*
~ **overhead** *m* / Tageslichtprojektor *m* · Overhead-Projektor *m* · Arbeitsprojektor *m*
proiezione *f* / Projektion *f* · Bildprojektion *f* ‖ *v.a. superficie di proiezione*
~ **cartografica** *f* / Kartenprojektion *f*
~ **cilindrica** *f* [Cart] / Zylinderprojektion *f*
~ **conica** *f* [Cart] / Kegelprojektion *f*
~ **di diapositive** *f* / Dia-Projektion *f*
~ **ferma** *f* / Stehbildprojektion *f*
prolungamento del prestito *m* / Leihfristverlängerung *f* ‖ *v.a. avviso del prolungamento del prestito*
prolungare *v* / verlängern *v*
promemoria *f* / Notiz *f* · (nota nelle pratiche:) Aktenvermerk *m*
promozione *f* [Pers] / Förderung *f* · (avanzamento:) Beförderung *f*
~ **dei collaboratori** *f* / Mitarbeiterförderung *f*
~ **della letteratura** *f* / Literaturförderung *f*
~ **della lettura** *f* / Leseförderung *f*
~ **della ricerca** *f* / Forschungsförderung *f*
~ **delle donne** *f* / Frauenförderung *f*
~ **delle vendite** *f* / Verkaufsförderung *f*
promuovere *v* [Pers] / (avanzare di grado:) befördern *v*
pronto alla legatura *agg* / bindefertig *adj*
~ **a operare** *agg* / einsatzbereit · arbeitsbereit *adj*
~ **per la riproduzione** *agg* [PubblE] / reproreif *adj*
~ **per la stampa** / druckfertig! *adj* · druckreif *adj*
~ **per l'esercizio** *agg* / betriebsfertig *adj*
prontuario *m* [Libri] / Leitfaden *m* · Handbuch *n* (zur kurzen und schnellen Orientierung)
proposta d'acquisto *f* / Anschaffungsvorschlag *m*
~ **d'ordine** *f* / Bestellwunsch *m*
proprietà intellettuale *f* / geistiges Eigentum *n*
proprietario *m* / Eigentümer *m*
prorettore *m* / Prorektor *m*
proseguito da *part pt* / fortgesetzt von *part perf*
proseminario *m* / Proseminar *n*
prospettiva aerea *f* / Vogelschaubild *n*
prospettive di occupazione *pl* / Beschäftigungsaussichten *pl*
prospetto *m* [EdilArred] / Prospekt *m* · Schnitt, Ansicht *m,f*
~ **editoriale** *m* / Verlagsprospekt *m*

protetto dai diritti d'autore *part pt* / urheberrechtlich geschützt *part perf*
protezione antincendio *f* / Brandschutz *m* ‖ *v.a. sistema di estinsione automatica a pioggia*
~ **contro acidi** *f* [Cons] / Säureschutz *m*
~ **contro il sole** *f* [EdilArred] / Sonnenschutz *m*
~ **contro le catastrofi** *f* / Katastrophenschutz *m*
~ **dai furti** / Diebstahlssicherung *f*
~ **dai rumori** *f* / Lärmschutz *m*
~ **dati** *f* / Datenschutz *m* ‖ *v.a. incaricato della protezione dati*
~ **dei fondi** *f* / Bestandssicherung *f*
~ **del file** *f* [Inform] / Dateischutz *m*
~ **della memoria** *f* [Inform] / Speicherschutz *m*
~ **del patrimonio edilizio** *f* / Denkmalschutz *m*
~ **giuridica della proprietà industriale** *f* / gewerblicher Rechtsschutz *m*
protocollare *v* / protokollieren *v*
protocollo *m* / Protokoll *n*
~ **del prestito interbibliotecario** *m* / Fernleihprotokoll *n*
~ **di comunicazione** *m* / Kommunikationsprotokoll *n*
~ **di link** *m* [Com] / Übermittlungsvorschrift *f*
~ **di macchina** *m* / Maschinenprotokoll *n*
~ **di trasmissione** *m* / Kommunikationsprotokoll *n*
prova 1 *f* / (tipografia:) Probeabzug *m* · Probedruck *m*
~ 2 *f* / (cimento:) Probe *f* (mettere in prova:ausprobieren,prüfen) · (tentativo:) Versuch *m* · (esame:) Prüfung *f* · (testimonianza:) Beweis *m* ‖ *v.a. fase de prova*
~ **attitudinale** *f* [Pers] / (esame di abilitazione:) Befähigungsprüfung *f* · Eignungstest *m*
~ **contraria** *f* / Gegenbeweis *m*
~ **d'artista** *f* / Künstlerdruck *m*
~ **di accettazione** *f* [EdilArred] / Abnahmeprüfung *f*
~ **di collaudo** *f* [EdilArred] / Abnahmeprüfung *f*
~ **di esattezza** *f* [Retr] / Genauigkeitsprüfung *f*
~ **di funzionamento** *f* / Funktionsprüfung *f* · Probelauf *m*
~ **di laboratorio** *f* / Labortest *m* · Laborversuch *m*
~ **di registrazione** *f* [NBM] / Probeaufnahme *f*
~ **di scrittura** *f* / Schriftprobe *f*
~ **di stampa** *f* / Probeabzug *m* · Probedruck *m* ‖ *v.a. bozza*
~ **di stato** *f* [Arte] / Zustandsdruck *m*
~ **finale** *f* / Hauptprobe *f* · Schlussprobe *f*
~ **generale** *f* / Generalprobe *f*
~ **orale** *f* / mündliche Prüfung *f*
~ **pregiata** *f* [Tip] / Vorzugsdruck *m*
~ **preliminare** *f* / Vorprüfung *f* · Vorversuch *m*
provare *v* / erproben *v* · prüfen *v* · (un programma:) austesten *v*
prova scritta *f* / schriftliche Prüfung *f* · (sotto sorveglianza:) Klausur *f*
prova sul campo *f* / Feldversuch *m*
provenienza *f* / Provenienz *f* ‖ *v.a. principio di provenienza*
provvista di informazioni *f* / Informationsversorgung *f*
pseudonimo *m* ⟨UNI ISO 5127/5⟩ / Pseudonym *n*
psicologia dell'informazione *f* / Informationspsychologie *f*
~ **di apprendimento** *f* / Lernpsychologie *f*
pubblicare *v* / publizieren *v* · herausgeben *v* · veröffentlichen *v* · edieren *v* · verlegen *v* ‖ *v.a. non pubblicato*
pubblicazione *f* [Libri] ⟨UNI ISO 5127/2⟩ / Publikation *f* · Veröffentlichung *f* ‖ *v.a. imminente pubblicaziane*
pubblicazione accademica *f* / Hochschulschrift *f*
~ **a dispense** *f* / Lieferungswerk *n*
~ **a fogli mobili** *f* / Loseblattausgabe *f*
~ **a stampa** *f* / Druckschrift *f*
~ **biennale** *f* / Zweijahresschrift *f*
~ **bisettimanale** *f* / Zweiwochenschrift *f*
~ **clandestina** *f* / Untergrundpublikation *f*
~ **commemorativa** *f* / Gedenkschrift *f*
~ **cross-media** *f* / Cross-Media-Produktion *f*
~ **di giubileo** *f* / Jubiläumsschrift *f*
~ **di occasione** *f* / Gelegenheitsschrift *f*
~ **di società** *f* / Gesellschaftsschrift *f*
~ **elettronica** *f* / elektronisches Publizieren *n* · elektronische Veröffentlichung *f*
~ **fuori commercio** *f* / Veröffentlichung außerhalb des Buchhandels *f*
~ **giubilare** *f* / Jubiläumsschrift *f*
~ **giudiziaria** *f* / Gerichtsveröffentlichung *f*
~ **in onore** *f* / Festschrift *f*
~ **in più volumi** *f* / mehrbändige Publikation *f*

~ **in serie** *f* ⟨UNI ISO 5127/2⟩ / fortlaufendes Sammelwerk *n D* ‖ *v.a. seriale*
~ **plurilingue** *f* / mehrsprachige Veröffentlichung *f*
~ **primaria** *f* / Primärpublikation *f*
~ **scolastica** *f* / Schulschrift *f*
~ **secondo domanda** *f* / Publizieren bei/nach Bedarf *n*
~ **seriale** *f* / Reihenwerk *n*
~ **su richiesta** *f* / Publizieren bei/nach Bedarf *n*
~ **ufficiale** *f* / amtliche Druckschrift *f*
pubblicità *f* / Werbung *f*
pubblico *m* / Publikum *n*
~ **dominio** *m* [Giur] *v. opera di pubblico dominio*
pugillario *m* / Pugillarium *n*
pulizia *f* / Reinigung *f*
~ **a secco** *f* [Rest] / Trockenreinigung *f*
~ **a ultrasuoni** *f* [Repr] / Ultraschallreinigung *f*
pulsante *m* / Schalter *m* · Schaltknopf *m*
~ **avvio** *m* / Startschalter *m*
punta di aquaforte *f* / Radiernadel *f*
puntare a colla *v* / einkleben *v*
puntasecca *f* / Kaltnadelradierung *f*
puntata *f* ⟨UNI ISO 5127/5⟩ / (dispensa:) Lieferung
punteggiare *v* [Leg] / punktieren *v*
punteggiatura *f* [Cat] / Interpunktion *f* ‖ *v.a. segni di punteggiatura*
punteruolo *m* [Leg] / Locheisen *n* · Lochpfeife *f* · Ahle *f*
punti di sospensione *pl* [Scritt; Tip; Cat] / Weglassungspunkte *pl*
puntina *f* (di un giradischi) / Abtastnadel *f* · Abspielnadel *f*
puntini di omissione *pl* [Cat] / Auslassungspunkte *pl*
puntino *m* [Scritt; Tip] / Pünktchen *n*
punto *m* [Scritt; Tip] / Punkt *m*
~ **d'accesso** [Retr] / Sucheinstieg *m* · Einstiegspunkt *m*
~ **d'ascolto** *m* / Abhörplatz *m*
~ **decimale** *m* / Dezimalpunkt *m*
~ **dell'ordine del giorno** *m* / Tagesordnungspunkt *m*
~ **del prestito** *m* / Ausleihtisch *m*
~ **di accesso** *m* [Retr] / Zugriffspunkt *m*
~ **d'inserimento** *m* [Cat] / Einordnungsstelle *f*
~ **di retino** *m* [Tip] / Rasterpunkt *m*
~ **di ricevimento** *m* / (banco prestiti:) Bücherausgabe *f*
~ **di richiesta** / Bestellannahme *f* (Ort der ~)
~ **di riferimento** *m* / Bezugspunkt *m*
~ **di servizio** *m* / Dienstleistungsstelle *f*
~ **di vista** *m* [Class] / Gesichtspunkt *m*
~ **esclamativo** *m* / Ausrufezeichen *n*
~ **e virgola** (;) / Semikolon *n*
~ **focale** *m* / Brennpunkt *m*
~ **interrogativo** *m* / Fragezeichen *n*
~ **metallico** *m* [Leg] / Metallklammer *f* · Klammer *f*
~ **tipografico** *m* / Punkt *m* · typographischer Punkt *m*
~**-vendita** *f* / Verkaufsstelle *f*
puntuale *adj* / termingerecht *adj* (pünktlich)
puntura *f* (in un manoscritto medioevale) / Punktur *f*
punzonare *v* [Tip] / punzen *v*
punzonatore *m* [Tip] / Schriftschneider *m* · Stempelschneider *m*
punzonatrice *f* [Tip] / Stempelschneidemaschine *f*
punzonatura *f* [Tip] / Stempelschnitt *m*
punzone *m* / (tipografia:) Patrize *f* · Schriftstempel *m* · Stempel *m* · Punze *f* · (schede perforate:) Lochstanzer *m*
~ **d'acciaio** *m* / Stahlstichel *m*
punzonista *m* [Tip] / Schriftschneider *m* · Stempelschneider *m*
purificazione dell'aria *f* / Luftreinhaltung *f*

Q

quaderno *m* [Leg] / Heft *n* · (quinterno:) Lage *f*
~ **a fogli mobili** *m* / Ringbuch *n*
~ **di musica** *m* / Notenheft *n*
quadricomia *f* [Tip] / Vierfarbendruck *m*
quadrifoglio *m* [Leg] / Vierpaß *m*
quadrifonico *agg* / quadrophonisch *adj*
quadrilatero geografico *m* [Cart] / Gradfeld *n*
quadrimestrale *agg* / viermonatlich *adj*
quadro *n* / (pittura su tavola o su tela:) Gemälde *f* · Bild *n*
~ **di riferimento** *m* / Bezugsrahmen *m*
qualificatore *m* [Ind] / qualifizierender Zusatz *m* · Qualifikator *m*
~ **di ordinamento** *m* [Cat] / Ordnungshilfe *f*
qualificazione *f* [Cat] / qualifizierender Zusatz *m*
qualificazione cronologica *f* (aggiunta a un'intestazione di soggetto) [Cat] / Zeitschlagwort *n* (als Unterschlagwort)
qualità *f* / Qualität *f* ‖ *v.a. miglioramento della qualità; norma di qualità; scadenza della qualità*
~ **di magazzinaggio** *f* / Lagerfähigkeit *f*
~ **di riproduzione** *f* [NBM] / Wiedergabequalität *f*
~ **di stampa** *f* / Druckqualität *f*
~ **per archivio** *f* / Archivfähigkeit *f*
quasi-sinonimia *f* [UNI ISO 5127/1] / Quasi-Synonymie *f*
~**-sinonimo** *m* [Lin] / Quasi-Synonym *n*
quaternione *m* / Quatern(e) *m(f)*
quaterno *m* [Leg] / Lage *f*
quesito a scelte multiple *m* / Mehrfach-Auswahlfrage *f* · Auswahlfrage *f* (Multiple-Choice-Verfahren)
questionario / Fragebogen *m* (einen ~ ausfüllen: riempire un ~)
~ **di rilevazione** *m* / Erhebungsbogen *m*
questione di scelte multiple *f* / Mehrfach-Auswahlfrage *f* (Multiple-choice-Verfahren)
quinterno *m* [Leg] / Lage *f* · Quintern(e) *m(f)*
quota *f* / Anteil *m* · Quote *f*
~ **di crescita** *f* / Wachstumsrate *f*
~ **di errori** *f* / Fehlerquote *f*
~ **di mercato** *f* / Marktanteil *m*
~ **d'iscrizione** *f* / Einschreibgebühr *f* · (a un convegno:) Tagungsgebühr *f*
~ **di servizio** *f* / Leistungsentgelt *n* · (acquisizione:) Besorgungsgebühr *f*
~ **di soddisfazione** *f* / Erledigungsrate *f*
~ **di taccheggio** *f* / Diebstahlsquote *f*
~ **mensile** *f* / Monatsbeitrag *m*
~ **minima** *f* / Mindestbeitrag *m* · Mindestquote *f* · Mindestanteil *m*
~ **zero** *f* [Cart] / Normalnull *n*
quotidiano *m* / Tageszeitung *f*

R

raccogliere *f* / erfassen *v* · versammeln *v* · sammeln *v* · (legatura:) zusammentragen *v*
raccoglitore / Sammler *m* · (custodia per documenti:) Schnellhefter *m* · (di opuscoli:) Konvolut *n* ‖ *v.a. registratore*
~ **ad anelli** *m* [Uff] / Ringordner *m*
~ **delle lettere** *m* / Briefordner *m* · Briefablage *f*
~ **delle riviste** *m* / Zeitschriftenordner *m*
~ **di fogli mobili** *m* / Loseblatt-Ordner *m*
~ **di periodici** *m* / Zeitschriftenordner *m*
~ **per la corrispondenza** *m* / Briefordner *m*
raccolta *f* ⟨UNI ISO 5127/2⟩ / Sammlung *f*
~ **a scaffale aperto** *f* / Freihandbestand *m*
~ **d'arte e di meraviglie** *f* / Kunst- und Wunderkammer *f*
~ **dei dati** *f* / Datensammlung *f* · (informatica:) Datenerfassung *f*
~ **dei libri per il prestito** *f* / Ausleihbestand *m*
~ **di brevetti** *f* / Patentschriftensammlung *f*
~ **di casi** *f* / Fallsammlung *f*
~ **di fogli mobili** *f* / Loseblattausgabe *f*
~ **di fondi** *f* / Mittelbeschaffung *f*
~ **di fonti** *f* / Quellenwerk *n*
~ **di informazioni** *f* / Informationssammlung *f*
~ **di leggi** *f* / Gesetzessammlung
~ **di letteratura commerciale** *f* / Firmenschriftensammlung *f*
~ **di libri di consultazione** *f* / Präsenzbestand *m*
~ **di prediche** *f* / Predigtsammlung *f*
~ **di testi universitari** / Lehrbuchsammlung *f*
~ **libraria** *f* / Büchersammlung *f*
racconto di viaggio *m* / Reiseerzählung *f*
radice *f* (di una parola) [Lin] / Wortstamm *m*
radio|ascoltatore *m* / Rundfunkhörer *m*
~**commedia** *f* / Hörspiel *n*
~**diffusione** *f* / Hörfunk *m*
~**dramma** *m* / Hörspiel *n*
~-**scuola** *f* / Schulfunk *m*
~**telefonia** *f* / Sprechfunk *m*
radiotrasmissione *f* / Rundfunksendung *f*
~ **via cavo** *f* / Kabelrundfunk *m*
raffilare *v* [Leg] / beschneiden *v*
raffilatoio *m* [Leg] / Beschneidemaschine *f*
raffilatrice *f* [Leg] / Beschneidemaschine *f*
raffilatura *f* [Leg] / Beschnitt *m*
ragioneria *f* / Buchhaltung *f*
rammendare *v* [Rest] / ausflicken *v* · flicken *v* · ausbessern *v*
rampa *f* / Rampe *f*
randomizzazione *f* / Zufallsstreuung *f* · Randomisierung *f*
rapidità di trasmissione *f* / Übertragungsgeschwindigkeit *f*
rappezzare *v* / ausbessern *v*

rapporto *m* ⟨UNI ISO 5127/2⟩ / (resoconto:) Bericht *m* · (connessione:) Beziehung *f* · Verhältnis *n*
~ **annuale** / Jahresbericht *m*
~ **conclusivo** *m* / Abschlussbericht *m*
~ **costi/efficacia** *m* / Kosten-Leistungs-verhältnis *n* ‖ *v.a. analisi costi-benefici*
~ **degli errori** *m* [Inform] / Fehlerprotokoll *n*
~ **dei lati** *m* [Repr] / Seitenverhältnis *n*
~ **dello stato dell'arte** *m* ⟨UNI ISO 5127/2⟩ / Übersichtsbericht *m* (State-of-the-art-Bericht) · Wissenstandsbericht *m* · Literaturbericht *m*
~ **di falli** *m* [Retr] / Abfallquote *f*
~ **di ricerca** *m* ⟨UNI ISO 5127/2⟩ / Forschungsbericht *m*
~ **di servizio** *m* [Pers] / Dienstverhältnis *n*
~ **di sintesi critica** / Fortschrittsbericht *m*
~ **finale** *m* / Schlussbericht *m* · Endbericht *m*
~ **interinale** *m* / Zwischenbericht *m*
rappresentante per la biblioteca *m* / Bibliotheksbeauftragter *m*
rappresentanza del personale *f* / Personalvertretung *f*
rappresentare *v* [Inform] / darstellen *v* · repräsentieren *v*
rappresentazione dei caratteri *f* [Inform] / Zeichendarstellung *f*
~ **dei dati** *f* [Inform] / Datendarstellung *f*
~ **figurata** *f* / bildliche Darstellung *f*
~ **numerica** *f* / numerische Darstellung *f*
~ **orientata ai caratteri** *f* [Inform] / zeichenweise Darstellung *f*
~ **stereoscopica** *f* [Cart] / raumbildliche Darstellung *f*
~ **su una carta geografica** *f* / Kartierung *f*
raschiare *v* / radieren *v*
raschiato *part pt* / beschabt *part perf* · ausradiert *part perf*
raschietto *m* [Rest] / Schabklinge *f*
rassegna *f* [Bib] / Übersichtsbericht *m* · Rundschau *f* · Übersicht *f*
~ **annuale** *f* [Bib] / Fortschrittsbericht *m* (jährlich erscheinend)
~ **bibliografica** / Fortschrittsbericht *m*
~ **stampa** *f* / Presseschau *f*
rassodare *v* / straffen *v*
rastrelliera / (per esibire libri ecc.:) Ausstellungsregal *n*
rastrelliera *f* / (per libri:) Büchergestell *n* · Buchständer *m*
~ **per biciclette** *f* / Fahrradständer *m*
rata *f* / Rate *f*

rattoppare *v* [Rest] / flicken *v*
rattoppato *part pt* / geflickt *part perf*
razionalizzare *v* / rationalisieren *v*
realizzazione *f* / (~ scenica:) Realisation *f* · Realisierung *f*
recare *v* [Cat] / wiedergeben *v*
recensione *f* / Buchbesprechung · Rezension *f* ‖ *v.a. esemplare per recensione*
recensione collettiva *f* / Sammelbesprechung *f*
recensire *v* / rezensieren *v*
recensore *m* / Rezensent *m*
reclamare *v* [Acq] / (sollecitare:) mahnen · reklamieren *v*
reclamo *f* [Acq] / Reklamation *f* · Mahnung *f*
reclutamento *m* [Pers] / Rekrutierung *f*
~ **del personale** *m* / Personalbeschaffung *f*
record *m* [Inform] / Satz *m* ‖ *v.a. etichetta di record; lunghezza del record*
~ **a lunghezza fissa** *m* [Inform] / Satz fester Länge *m*
~ **a lunghezza variabile** *m* [Inform] / Satz variabler Länge *m*
~ **bloccato** *m* [Inform] / geblockter Datensatz *m* · geblockter Satz *m*
~ **di dati** *m* / Datensatz *m*
~ **logico** *m* [Inform] / logischer Satz *m*
~ **matrice** *m* [Inform] / Stammsatz *m* · Stammeintrag *m* · Hauptsatz *m*
~ **segmentato** *m* / segmentierter Satz *m*
recto *m* / Rektoseite *f* · Rekto *n* · Vorderseite *f* (eines bedruckten Blattes)
recto-verso *m* [Tip] / Schön- und Widerdruck *m*
recuperare *v* (ricuperare) / übernehmen *v* (Daten ~) · nachweisen *v* (bibliographische Daten ~) · ausheben *v* (Bücher ~; aus dem Regal heraussuchen) · (dati bibliografici:) ermitteln *v* · auffinden *v*
recupero *m* (di dati, informazioni) / Ermittlung *f* · Retrieval *n* · Wiedergewinnung *f* · Übernahme *f* (von Daten, Informationen) ‖ *v.a. sistema di recupero/ricupero dell'informazione*
recupero dei costi *m* / Kostenübernahme *f*
~ **di documenti** *m* (reperimento di documenti) ⟨UNI ISO 5127/1⟩ / Literaturbeschaffung *f* · Dokumentbeschaffung
~ **di errori** *m* / Fehlersuche *f*

~ **di informazioni** *m* (reperimento dell'informazione) ⟨UNI ISO 5127/1⟩ / Informationsbeschaffung *f* · Retrieval *n* · Wiederauffinden von Informationen *n*
~ **spese** *m* / Ausgabenersatz *m*
recursione *f* [Inform] / Rekursion *f*
redattore *m* / (in un giornale:) Redakteur
~ **capo** *m* / Chefredakteur *m*
redazione *f* / Redaktion *f*
redditi *pl* / Einkünfte *pl* ‖ *v.a. entrate*
redditività *f* / Rentabilität *f*
reddito *m* / Einkommen *n*
~ **lordo** *m* / Bruttoeinkommen *n*
~ **netto** *m* / Nettoeinkommen *n*
redigere *v* / redigieren *v*
refe *m* [Leg] / Zwirn *m*
referenza bibliografica / Literaturangabe *f*
refilare *v* [Leg] / beschneiden *v*
refilo *m* [Leg] / Beschnitt *m* ‖ *v.a. taglio*
refuso *m* [Tip] / Zwiebelfisch *m* · Druckfehler *m* (falscher Buchstabe) · Setzfehler *m* ‖ *v.a. errore di composizione*
regalo *m* / Geschenk *n* ‖ *v.a. esemplare da regalo*
regesti *pl* [Arch] / Regesten *pl*
reggilibri *m* / Buchstütze *f* · Bücherstütze *f*
regione del prestito interbibliotecario *m* / Leihverkehrsregion *f*
regista *m* / Regisseur *m*
registrare *v* / (catalogazione:) angeben *v* · verzeichnen *v* · aufführen *v* · vermerken *v* · (suoni:) aufzeichnen *v* · (prestiti:) verbuchen *v*
registratore *m* [Uff] / (per la raccolta di documenti:) Ordner *m* · Büroordner *m* · Aktenordner *m*
~ **a cassetta** *m* / Kassettenrecorder *m*
~ **a nastro** *m* / Tonbandgerät *n*
~ **di cassa** *m* / Registrierkasse *f*
~ **verticale** *m* [Uff] / Hängeordner *m*
registratura / (archivistica:) Registratur *f* ‖ *v.a. archivio 2*
registrazione *f* [Cat; NBM] / (schedatura:) Aufnahme *f* · Titelaufnahme *f* · (di una trasmissione:) Mitschnitt *m* · Aufzeichnung *f* (einer Sendung) ‖ *v.a. impianto di registrazione; schema di registrazione*
registrazione bibliografica *f* / bibliographischer Nachweis *m*
~ **catalografica** *f* / Katalogeintragung *f*
~ **dati** *f* / Dateneingabe *f* · Datenerfassung *f*
~ **degli ordini** *f* [Acq] / Bestellnachweis *m*
~ **del prestito** *f* / Ausleihverbuchung *f*
~ **del suono** *f* / Tonaufzeichnung *f* · Schallspeicherung *f*
~ **elettronica di immagini** *f* / Bildaufzeichnung *f*
~ **magnetica** *f* / Magnetaufzeichnung *f*
~ **sonora** *f* / Tonaufzeichnung *f*
~ **televisiva** *f* / Fernsehaufzeichnung *f*
registro *m* [Inform] / Register *n*
~ *m* [Arch] / Register *n* · Geschäftsbuch *n* · Amtsbuch *n*
~ *m* [Tip] / Register *n* (essere a registro: Register halten)
~ **degli ordini** / (archivio:) Bestelldatei *f* · (schedario:) Bestellkartei *f*
registro degli utenti *m* / (archivio:) Benutzerdatei *f*
registro dei desiderata *m* / Desideratenbuch *n* · (archivio:) Wunschdatei · Desideratendatei *f*
~ **dei legatori** *m* / Buchbinderjournal *n* · (schedario:) Buchbinderkartei *f*
~ **dei librai** *m* / (schedario:) Buchhändlerkartei *f*
~ **dei periodici** *m* [Acq] / Zeitschriftenzugangsnachweis *m*
~ **dei prestatori** *m* / Entleiherregister *n*
~ **dei regali** *m* / Geschenkjournal *n*
~ **delle imprese** *m* [Arch] / Handelsregister *n*
~ **delle operazioni del prestito interbibliotecario** *m* / (archivio:) Fernleihdatei *f*
~ **delle prenotazioni** *m* / (archivio:) Vormerkdatei
~ **delle spese** *m* / Ausgabennachweis *m*
~ **dello stato civile** *m* [Arch] / Standesregister *n*
~ **del prestito** *m* / Leihregister *n*
~ **d'entrata** *m* / Zugangsverzeichnis *n*
~ **di cassa** *m* / Kassabuch *n*
~ **di controllo per la corrispondenza** *f* / Brieftagebuch *n*
~ **di entrata** *m* / Zugangsnachweis *m*
~ **di frequenza** *m* / Besucherbuch *n*
~ **di istruzioni** *m* [Inform] / Befehlsregister *n*
~ **d'ingresso** / Akzessionsjournal
~ **indice** *m* [Inform] / Indexregister *n*
~ **indirizzi** *m* [Inform] / Adressenregister *n*
~ **parocchiale** *m* / Kirchenbuch *n*
~ **per le proposte d'acquisto** *m* / Wunschbuch *n*
~ **scadenziario** *m* / (archivio:) Fristdatei *n*
~ **visivo** *m* [Ind] / Sichtregister *n*

regolamenti antincendio *pl* / Brandschutzbestimmungen *pl*
regolamento *m* / Regelung *f* · Vorschrift *f* · (statuto:) Satzung *f*
~ **degli esami** *m* / Prüfungsordnung *f*
~ **degli stipendi** *m* / Besoldungsordnung *f* · Vergütungsordnung *f*
~ **del bilancio** *m* / Haushaltsordnung *f*
~ **del dottorato** *m* / Promotionsordnung *f*
~ **della biblioteca** *m* / Bibliotheksordnung *f*
~ **del lavoro** *m* / Arbeitsordnung *f*
~ **delle tasse** *m* / Gebührenordnung *f*
~ **del prestito** *m* / Ausleihordnung *f* · Ausleihbestimmungen *pl*
~ **del prestito interbibliotecario** *m* / Leihverkehrsordnung *f*
~ **del servizio** *m* / Dienstordnung *f*
~ **di contabilità** *m* / Rechnungsordnung *f*
~ **didattico** *m* / Studienordnung *f*
~ **d'uso** *m* / Benutzungsordnung *f*
~ **edilizio** *m* / Bauvorschriften *pl* · Baurechtsvorschriften *pl*
~ **interno** / Geschäftsordnung *f*
~ **per gli utenti** *m* / Benutzerordnung *f*
~ **per l'uso** *m* / Benutzungsordnung *f*
~ **quadro** *m* / Rahmenordnung *f*
~ **tecnico** *m* / technische Vorschrift *f*
regolare *v* / (mettere a punto:) einstellen · regulieren *v*
regola tecnica *f* / technische Regel *f*
regole della biblioteca *pl* / Bibliotheksordnung *f*
~ **di catalogazione** *pl* / Katalogisierungsregeln *pl*
~ **di catalogazione per autori** *pl* / Regeln für die alphabetische Katalogisierung *pl*
~ **di citazione bibliografica** *pl* / Zitierregeln *pl*
regole di prestito *pl* / Leihbestimmungen *pl* · Ausleihbestimmungen *pl*
regole di procedura *pl* / Verfahrensregeln *pl*
~ **per l'ordinamento alfabetico** *m* / alphabetische Ordnungsregeln *pl*
regoletto *m* [Tip] / Setzlinie *f* · Reglette *f*
regressione *f* / Regression *f*
reincollare *v* [Leg] / nachleimen *n*
relatore *m* / (simbolo di una relazione:) Relator *m* · (chi fa una relazione su un tema:) Referent *m* · (chi fa una relazione:) Berichterstatter *m*
relazione 1 *f* [Ind] / Verhältnis *n* · Beziehung *f*
~ 2 *f* / Bericht *m*
~ **annuale** *f* / Jahresbericht *m*
~ **antonima** *f* / Gegensatzrelation *f*
~ **associativa** *f* (Ind) / Assoziationsrelation *f*
~ **concettuale** *f* / Begriffsbeziehung *f*
~ **coordinata** *f* [Ind] / gleichordnende Beziehung *f*
~ **della seduta** *m* / Sitzungsbericht *m*
~ **di appartenenza** *f* [Ind] / Zugehörigkeitsrelation *f*
~ **di concetto** *f* [Ind] / Begriffsbeziehung *f*
~ **di destinazione** *f* [Class] / Richtungsbeziehung *f*
~ **di equivalenza** *f* / Äquivalenzrelation *f*
~ **di viaggio** *f* / Reisebericht *m*
~ **formale** *f* [Ind] / formale Beziehung *f*
~ **generale** *f* [CDU] / allgemeine Beziehung *f*
~ **genere – specie** *f* [Ind] / Genus-species-Beziehung *f*
~ **generica** *f* / Abstraktionsrelation *f* · generische Relation *f*
~ **gerarchica** *f* [Ind] / Hierarchierelation *f*
relazione partitiva *f* [Ind; Class] / partitive Relation *f* · Bestandsbeziehung *f*
~ **semplice** *f* (segno: due punti) [CDU] / einfache Beziehung *f* (segno : Doppelpunkt)
relazioni pubbliche *pl* / Öffentlichkeitsarbeit *f*
rendiconti di congressi *pl* / Kongressberichte *pl*
rendiconto *m* / Bericht *m* · Abrechnung *f* · Rechenschaftsbericht *m* (presentare il ~: den Rechenschaftsbericht vorlegen) · Geschäftsbericht *m*
~ **finanziario** *m* / Kassenbericht *m*
~ **sul lavoro svolto** *m* / Arbeitsbericht *m*
rendimento *m* [OrgM] / Leistung *f* ‖ *v.a. aumento del rendimento; controllo del rendimento; diminuzione del rendimento; indicatore di rendimento*
~ **del lavoro** *m* / Arbeitsleistung *f*
reparto *m* / Abteilung *f*
~ **antiquario** *m* / Antiquariatsabteilung *f*
~ **consulenti** *m* / Auskunftsabteilung *f*
~ **dell'informazione** *m* / Informationsabteilung *f*
~ **del trattamento** *m* / Buchbearbeitungsabteilung *f*
~ **di catalogazione** *m* / Katalogabteilung *f*
~ **produzione** *m* / (in una casa editrice:) Herstellungsabteilung *f*
~ **speciale** *m* / Fachabteilung *f*
reperimento dell'informazione *m* [Retr] *v. recupero (ricupero) dell'informazione*

repertorio *m* [Libri] ⟨UNI ISO 5127/2⟩ / Repertorium *n* (~ contenente indirizzi: Adressbuch) *n* · Verzeichnis · (teatro:) Repertoire *n*
repertorio annuale *m* / Jahresverzeichnis *n*
~ **dei fornitori** *m* / Bezugsquellennachweis *m*
~ **dei giornali** *m* / Zeitungsadressbuch *n*
~ **dei luoghi** *m* / Ortsadressbuch *n*
~ **dei nomi delle località di ...** / Ortsnamenverzeichnis *n*
~ **dei periodici** *m* / Zeitschriftenadressbuch *n* · Zeitschriftenverzeichnis *n*
~ **del commercio** *m* / Handelsadressbuch *n*
~ **del commercio librario** *m* / Buchhandelsadressbuch *n*
~ **delle biblioteche** *m* / Bibliotheksadressbuch *n*
~ **delle gazzette** / Zeitungsadressbuch *n*
~ **delle imprese** *m* / Firmenadressbuch *n*
~ **delle imprese delle branche d'industria** *m* / Branchenadressbuch *n*
~ **delle riviste** *m* / Zeitschriftenverzeichnis *n*
~ **di caratteri** *m* [Inform; Tip] / Zeichenvorrat *m* · Typenbestand *m*
~ **di indirizzi** *m* / Adressbuch *n*
~ **di libri** / Bücherverzeichnis *n*
~ **di periodici** *m* / Zeitschriftenverzeichnis *n* · Zeitschriftenbibliographie *f*
~ **di ritratti** *m* / Bildniskatalog *m* · Porträtverzeichnis *n*
~ **di temi musicali** *m* / Themenverzeichnis *n*
~ **istruzioni** *m* [Inform] / Befehlsvorrat *m*
~ **quinquennale** *m* / Fünfjahresverzeichnis *n*
~ **selettivo** *m* / Auswahlverzeichnis *n*
reponsabilità generale *f* / Gesamtverantwortung *f*
reprografia *f* / Reprographie *f* ‖ *v.a. laboratorio di reprografia*
requisiti *pl* / Erfordernisse *pl* · Anforderungen *pl*
~ **di qualità** *pl* / Qualitätsanforderungen *pl*
requisiti professionali *pl* / fachliche Anforderungen *pl*
requisito *m* / Erfordernis *n*
resa *f* [Libri] / (libri restituiti perchè invenduti:) Remittenden *pl* · (restituzione:) Rückgabe *f* · (rendimento:) Leistung *f*
residuo alcalino *m* / alkalische Reserve *f*
~ **di acido** *m* / Säurerest *m*
resistente agli acidi *agg* / säurefest *adj*
~ **all'abrasione** *agg* / abriebfest *adj*
~ **all'acqua** *agg* / wasserfest *adj*
~ **alla luce** *agg* / lichtecht *adj*
resistenza all'abrasione *f* [Carta] / Abriebfestigkeit *f*
~ **alla luce** *f* / Lichtechtheit *f*
~ **alla trazione** *f* [Carta] / Zugfestigkeit *f* (von Papier)
~ **all'ossidazione** *f* / Oxidationsbeständigkeit *f*
~ **allo strappo** *f* [Carta] / Reißfestigkeit *f* (von Papier)
~ **di carta** *f* / Altersbeständigkeit (von Papier)
resoconti di congressi *pl* / Kongressberichte *pl*
resoconto *m* / Rechenschaftsbericht *m*
responsabile della sicurezza *m* / Sicherheitsbeauftragter *m*
~ **della tutela della segretezza dei dati** *m* / Datenschutzbeauftragter *m*
responsabilità *f* / Verantwortung *f*
responsoriale *m* / Responsorial *n*
restaurare *v* / restaurieren *v*
restauratore *m* / Restaurator *m*
restauratrice *f* / Restauratorin *f*
restauro *m* / Restaurierung *f* ‖ *v.a. laboratorio di restauro*
~ **librario** *m* / Buchrestaurierung *f*
restituzione *f* / (di spese:) Rückerstattung *f* · (di libri:) Rückgabe *f* ‖ *v.a. sollecito di restituzione; tempestiva restituzione; termine per la restituzione*
restrizione dell'uso *f* / Benutzungsbeschränkung *f*
~ **del prestito** *f* / Ausleihbeschränkung *f*
rete *f* / Netz *n* · Netzwerk *n* ‖ *v.a. gestione di rete; gestore della rete; interconnessione di reti; livello di rete; monitoraggio della rete; nodo di rete; utente della rete*
~ **a commutazione di pacchetto** *f* [Com] / Paketvermittlungsnetz *n*
~ **a pacchetto** *f* / Paketnetz *n*
~ **a stella** *f* [Com] / Sternnetz *n*
~ **a valore aggiunto** *f* [Com] / Mehrwertnetz *n*
~ **aziendale** *f* [Com] / betriebsinternes Netz *n*
~ **bibliotecaria** *f* / Bibliotheksnetz *n*
~ **dedicata** *f* [Com] / dediziertes Netz *n*
~ **di accesso** *f* [Com] / Zubringernetz *n*
~ **di biblioteche** *f* ⟨UNI ISO 5127/1⟩ / Bibliotheksnetz *n*
~ **di calcolatori** *f* / Rechnerverbund *m*
~ **di collegamento** *f* / Verbundnetz *n*

~ **di dati** *f* / Datennetz *n*
~ **di descrittori** *f* / Beziehungsgraph *m* (zur Darstellung der logischen Beziehungen zwischen Deskriptoren)
~ **di distribuzione** *f* / Vertriebsnetz *n*
~ **di informazione** *f* / Informationsnetz *n*
~ **di PC** *f* / PC-Netz *n*
~ **di telecomunicazione** *f* / Telekommunikationsnetz *n* · Fernmeldenetz *n*
~ **di trasmissione** *f* / Übertragungsnetz *n*
~ **elettrica** *f* / Stromnetz *n*
~ **gerarchica** *f* [Com] / hierarchisches Netz *n*
~ **in banda larga** *f* [Com] / Breitbandnetz *n*
~ **informativa** *f* / Informationsnetz *n*
~ **locale** *f* [Inform] / lokales Netz *n* · Ortsnetz *n*
~ **multiprotocollare** *f* / Multiprotokollnetz *n*
~ **radiale** *f* [Com] / Sternnetz *n*
~ **scientifica** *f* / Wissenschaftsnetz *n*
~ **sopraregionale** *f* / überregionales Netz *n*
~ **telefonica** *f* / Telefonnetz *n*
~ **WAN** *f* / überregionales Netz *n* · Weitverkehrsnetz *n*
reticolato *m* [Cart] / Kartennetz *n*
~ **cartografico** *m* / Kartengitter *n*
reticolo *m* [Tip] / Raster *m*
~ **di contatto** *m* [Tip] / Kontaktraster *m*
reticolo geografico *m* [Cart] / Kartennetz *n* · Gradnetz *n*
retinare *v* [Tip] / rastern *v*
retinatura *f* / Rasterung *f*
retino *m* [Tip] / Raster *m* ‖ *v.a. punto di retino*
retribuzione / Vergütung *f*
retrospettivo *agg* / retrospektiv *adj*
rettore *m* / Rektor *m*
reversibilità *f* / Reversibilität *f*
revisione *f* / Revision *f*
~ **dei conti** *f* / Rechnungsprüfung *f*
~ **del catalogo** *f* / Katalogrevision *f*
~ **del collocamento dei libri negli scaffali** *f* / Bestandsdurchsicht *f* · Kontrolle der Bestandsaufstellung *f*
~ **del materiale documentario** *f* / Bestandsrevision *f*
~ **parziale** *f* / Teilrevision *f*
revisore dei conti *m* / Kassenprüfer *m* · Rechnungsprüfer *m*
revoca della qualifica di segretezza *f* [Arch] / Freigabe *f* (von Verschlusssachen)
riassicurare *v* / versichern *v*
riassumere *v* [Ind] / referieren *v*
riassunto *m* / Inhaltszusammenfassung *f* · Resümee *n* · Zusammenfassung *f* · (abstract:) Referat *n* · (riassunto breve:) Kurzfassung *f* ‖ *v.a. riassunto analitico; riassunto indicativo; riassunto informativo*
riassunto analitico *m* / (abstract:) Kurzreferat *n* · Referat *n*
riassunto indicativo *m* [Ind] ⟨UNI ISO 5127/5⟩ / indikatives Referat *n*
riassunto informativo *m* [Ind] ⟨UNI ISO 5127/5⟩ / informatives Referat *n*
riassunto selettivo *m* [Ind] ⟨UNI ISO 5127/5⟩ / auswählendes Referat *n*
riavvolgere *v* [NBM] / zurückspulen *v* · umspulen
ribasso *m* / Preisnachlass · Abzug *m* · Rabatt *m* ‖ *v.a. sconto*
~ **preferenziale** *m* / Vorzugsrabatt *m*
ricalco a matita *m* / Abreibung *f*
ricatalogazione *f* / Neukatalogisierung *f*
ricerca *f* / Forschung *f* · Recherche *f* (eseguire una ricerca: eine Recherche durchführen) ‖ *v.a. ente di ricerca; maschera di ricerca; modo di ricerca; motore di ricerca; oggetto di ricerca; procedimento di ricerca; risultato di ricerca*
~ **assistita dall'elaboratore** *f* [Retr] / rechnergestütztes Recherchieren *n*
~ **a tutto testo** *f* / Volltextrecherche *f*
~ **bibliografica** *f* / Literaturrecherche *f*
~ **bibliotecaria** *f* / Bibliotheksforschung *f*
ricercabile *agg* / recherchierbar *adj*
ricerca binaria *f* / Binärsuche *f*
~ **contestuale** *f* [Retr] / Kontextsuche *f*
~ **dei guasti** *f* / Fehlersuche *f*
ricerca di adiacenza *f* / Ähnlichkeitssuche *f*
ricerca di brevetti / Patentrecherche *f*
~ **di dati** *f* / Datenrecherche *f*
~ **di informazione** *f* / Informationssuche *f*
~ **di prossimità** *f* [Retr] / Näherungssuche *f*
~ **di stringhe** *f* [Retr] / Stringsearch *n*
~ **di testo qualsiasi** *f* [Retr] / Freitextsuche *f*
~ **di vicinanza** *f* [Retr] / Nachbardatensatzsuche
~ **e sviluppo** *f* / Forschung und Entwicklung *f*
~ **in linea** *f* [Retr] / Online-Recherche *f* · Online-Recherchieren *n*
~ **nel catalogo** *f* / Katalogrecherche *f*
~ **nel testo intero** *f* [Retr] / Volltextrecherche *f*

~ **online** *f* / Online-Recherchieren *n* ‖ *v.a. ricerca in linea*
~ **per argomento** *f* / Sachrecherche *f*
~ **per soggetto** *f* / Sachrecherche *f*
ricercare *v* / recherchieren *v*
ricerca sequenziale *f* / lineare Suche *f*
~ **su banche dati** *f* / Datenbankrecherche *f*
~ **su Internet** *f* / Internetrecherche *f*
~ **tematica** *f* / thematische Suche *f*
ricercato *part pt* / gesucht *part perf*
ricercatore *m* / Searcher *m*
ricerche degli utenti *pl* / Benutzerrecherchen *pl*
ricettario *m* / Rezeptbuch *n*
ricevente *m* / Empfänger *m* · Rezipient *m*
ricevimento *m* [Acq] / Empfang *m*
ricevitore *m* [Com] / Empfangsgerät *n* · Empfänger *m*
ricevuta *f* / Quittung *f* · Empfang *m* · (dichiarazione scritta:) Empfangsbestätigung
ricevuta di versamento *f* / Einzahlungsbeleg *m*
ricezione *f* / Empfang *m*
richiamare *v* / aufrufen *v* · zurückfordern *v*
richiamo *m* / Rückruf *m* · Ruf *m* · Rückforderung (eines ausgeliehenen Buches) · (rimando:) Hinweis *m* · (catalogazione:) Siehe-auch-Verweisung *f* ‖ *v.a. scheda di richiamo*
richiamo *m* / (fantasma:) Stellvertreter *m* · Vertreter *m*
richiamo *m* / (in un libro antico:) Kustos *m* · (in un manuscritto:) Reklamante *f*
~ **bibliografico** *m* / bibliographischer Hinweis *m*
~ **di pagina** *m* / Seitenhinweis *m* · Seitenverweis *m*
~ **di v.a.** *m* / siehe-auch-Hinweis *m*
~ **tipografico** *m* / Anmerkungszeichen *n*
~ **visivo** *m* [EdilArred] / Blickfang *m*
richiedente *m* / Nachfrager *m* · Besteller *m* · (chi fa istanza:) Antragsteller *m*
~ **di brevetto** *m* / Patentanmelder *m*
~ **di lavoro** / Arbeitssuchender *m*
~ **d'impiego** *m* / Stellenbewerber *m*
richiedere *v* / anfordern · verlangen *v* · erbitten *v* ‖ *v.a. esemplare non richiesto*
richiesta *f* / Nachfrage *f* · Anfrage *f* · Bestellung *f* · (istanza:) Antrag *m* ‖ *v.a. esemplare non richiesto; maschera di richiesta; modulo di richiesta; numero richiesta; oggetto della richiesta*
~ **d'assunzione** *f* / Bewerbung *f* (um Einstellung)
~ **dell'utente** *f* / Benutzerbestellung *f* · (domanda:) Benutzeranfrage *f*
~ **di acquisto** *f* / Beschaffungswunsch *m* · Bestellwunsch *m*
~ **di brevetto** *f* / Patentanmeldung *f*
~ **di letteratura on-line** *f* / Online-Literaturbestellung *f*
~ **di prestito** *f* / Leihbestellung *f*
~ **di prestito esterno** *f* / Fernleihbestellung *f*
~ **di prezzo** *f* / Preisanfrage *f*
~ **di ricerca** *f* [Retr] / Rechercheauftrag *m* · Abfrageanforderung *f* · Suchanfrage *f* · Suchauftrag *m*
~ **di tariffe** *f* / Gebührenerhebung *f*
~ **non soddisfatta** *f* / negativ erledigte Bestellung *f*
~ **soddisfatta** *f* / positiv erledigte Bestellung *f*
richieste in arrivo *pl* (prestito interbibliotecario) / eingehende Bestellungen *pl*
~ **in partenza** *pl* (prestito interbibliotecario) / ausgehende Bestellungen *pl*
ricollocare *v* (libri) / zurückstellen *v* (Bücher ~)
ricollocazione *f* (di fondi) / Umstellung *f* (von Beständen)
ricompensa *f* / Entgelt *n* · Leistungsentgelt *n*
ricomposizione *f* [Tip] / Neusatz *m*
riconoscimento di caratteri *m* [Inform] / Zeichenerkennung *f*
~ **di voce** *m* [Inform] / Spracherkennung *f*
riconsegna *f* / Rückgabe *f* ‖ *v.a. termine di riconsegna*
riconsegnare *v* / zurückgeben *v*
ricoprire *v* / bedecken *v* · (sovrascrivere:) überschreiben *v*
ricordi / Erinnerungen *pl* · Memoiren *pl*
ricuperare *v v. recuperare*
ricupero *m v. recupero*
ridondanza *f* [Com] / Redundanz *f* ‖ *v.a. eliminazione di ridondanze*
ridontante *agg* / redundant *adj*
riduzione *f* [Repr] / Verkleinerung *f*
~ **dei costi** *f* / Kostensenkung *f*
~ **dell'orario lavorativo** *f* / Arbeitszeitverkürzung *f*
~ **del personale** *f* / Personalabbau *m* · Personaleinsparung *f*
~ **del prezzo** *f* / Preisermäßigung *f* ‖ *v.a. ribasso*
~ **di prezzo** *f* / Nachlass *m*

~ **per pianoforte** *f* [Mus] / Klavierauszug *m*
riedizione *f* / Neuausgabe *f* · Neuauflage *f*
rielaborare *v* / nacharbeiten *v*
rielaborazione *f* / Umarbeitung *f* · (elaborazione successiva:) Nachbearbeitung *f* · Bearbeitung · (nuova elaborazione:) Neubearbeitung *f* ‖ *v.a. rifacimento*
riempire *v* / ausfüllen *v* (ein Formular ~: riempire un modulo)
rientranza *f* [Tip] / Einzug *m*
rientrare *v* [Tip] *v. far rientrare*
rifacimento *m* / Neubearbeitung *f* · Umarbeitung *f* ‖ *v.a. rielaborazione*
rifare / umarbeiten *v* · bearbeiten *v*
riferimento bibliografico *m* / Literaturangabe *f*
~ **di taglio** *m* [Repr] / Schneidemarke *f*
rifilare *v* [Leg] / beschneiden *v*
rifilatrice *f* [Leg] / Beschneidehobel *m* · Buchbinderhobel *m*
rifilatura *f* [Leg] / Beschnitt *m* (der Vorgang des Beschneidens)
rifilo *m* / Beschnitt *m*
rifioriture *pl* / (maculazioni sulla carta:) Stockflecken *pl*
riflesso *m* / Reflex *m* ‖ *v.a. superficie di poco riflesso*
riga *f* / Zeile *f* (a doppia ~: doppelzeilig; di una ~: einzeilig) · (striscia di legno/metallo:) Lineal *n* ‖ *v.a. a doppia riga; lunghezza della riga; numerazione delle righe*
~ **d'intestazione** *f* / Titelzeile *f*
~ **di scheda** *f* [SchPerf] / Lochreihe *f*
~ **di stampa** *f* [Tip] / Druckzeile *f*
rigare *v* [Scritt] / lin(i)ieren *v*
rigenerare *v* / regenerieren *v*
righino *m* (sulla pagina prima) [Tip] / Hurenkind *n*
rigo *m* / Zeile *f*
rigo bianco *m* / Leerzeile *f*
~ **musicale** *m* / Notenlinie *f*
rilascio di brevetto *m* / Patenterteilung *f* ‖ *v.a. data di rilascio*
rilegare *v* / umbinden *v* · einbinden *v* · neu binden *v* · binden *v* · aufbinden *v* ‖ *v.a. a rilegare; legare; non rilegato*
~ **in brossura** *v v. legare in brossura*
rilegato *part pt* / gebunden *part perf*
rilegatore *m* / Buchbinder *m*
rilegatura rigida *f* / fester Einband *m*
~ **rinforzata** *f* / verstärkter Einband *m*
rilevamento degli errori *m* / Fehlererkennung *f*
rilevazione *f* / Erhebung *f* ‖ *v.a. data di rilevazione; periodo di rilevazione; questionario di rilevazione*
~ **dei dati** *f* / Datenerhebung *f* ‖ *v.a. data di rilevazione; periodo di rilevazione*
rilievo *m* / Relief *n*
rimandare *v* [Ind] / verweisen *v*
rimando *m* / Verweis *m* (von einer Textstelle auf eine andere)
rimanenza *f* [Libri] / Restbestand *m* · Restauflage(n) *f(pl)*
rimboccatura *f* [Leg] / Einschlag *m*
rimbocco *m* [Leg] / Einschlag *m*
rimborsare *v* / zurückerstatten *v*
rimborso *m* (d spese) / Rückerstattung *f* (von Ausgaben) · Erstattung *f* (von Ausgaben)
~ **delle spese di viaggio** *m* / Reisekostenerstattung *f*
~ **spese** *m* / Kostenübernahme *f* · Kostenerstattung *f*
rimessa degli attrezzi *f* / Gerätelagerraum *m*
rimettere *v* (~ un libro) / zurückstellen *v* (ins Regal)
rimunerazione *f* / (dei funzionari statali:) Besoldung *f*
rincaro *m* / Preiserhöhung *f* · Aufschlag *m*
rindorsatura *f* [Leg] / Rückenerneuerung *f*
rinf. *abbr v. rinforzato*
rinforzare *v* [Leg] / verstärken *v*
rinforzato *part pt* [Leg] / verstärkt *part perf*
rinforzo [Leg] / Verstärkung *f* · (velatura:) Einbettung *f*
~ **d'angolo** *m* [Leg] / Eckstück *n*
~ **del dorso** *m* [Leg] / Rückenverstärkung *f*
ringraziamento *m* / Danksagung *f*
rinnovo dell'abbonamento *m* / Abonnementserneuerung *f*
~ **del periodo di prestito** *m* / Verlängerung *f* (der Leihfrist) · Leihfristverlängerung *f*
rinviare *v* [Cat] / verweisen *v*
rinvio *m* ⟨UNI ISO 5127/5⟩ / Rückweis *m* *CH* · Verweisung *f* *D* ‖ *v.a. scheda di rinvio*
rinvio associativo *m* [Cat] / assoziative Verweisung
rinvio collettivo *m* [Cat] / Sammelverweisung *f*
rinvio gerarchico *m* [Cat] / hierarchische Verweisung *f*

rinvio reciproco *m* / Rückverweisung *f* · Siehe-auch-Verweisung *f* · gegenseitige Verweisung *f*
riordinare *v* / umordnen *v*
riorganizzazione *f* / Reorganisation *f*
riparare *v* / reparieren *v*
riparazione *f* / Reparatur *f*
riparo *m* / Abschirmung *f* · Blende *f*
ripartizione *f* (di un soggetto) [Class] / Gliederung *f* (eines Sachgebiets)
~ **dei fondi** *f* / Mittelaufteilung *f*
~ **di tempo** *f* [Inform] / Teilnehmerbetrieb *m* (Time sharing)
ripetibile *agg* / wiederholbar *adj*
ripiano *m* [CollScaff] / Einlegeboden *m* · Fachboden *m* (in einem Regal)
ripiegare *f* [Leg] / nachfalzen *v*
ripolpaggio *m* [Rest] / Anfasern *n*
riporre *v* / zurückstellen *v*
riportare *v* [Cat] / wiedergeben *v*
riposo *m* / Ruhe *f*
riposo *m* [Pers] / Ruhe *f* · Ruhestand *m* (mettere a ~: in den Ruhestand versetzen; andare a ~: in den Ruhestand gehen)
ripostiglio per il personale *m* / Personalraum *m*
ripresa *f* [Repr] / Aufnahme *f*
~ **d'indice** *f* [Repr] / Indexaufnahme *f*
riprodotto *part pt* [Repr] / abgebildet *part perf*
riproducibilità *f* (di un esperimento) / Reproduzierbarkeit *f* (eines Experiments)
riprodurre *v* / reproduzieren *v* · vervielfältigen *v*
riproduzione *f* / (di suoni, colori:) Wiedergabe *f* · (di un opera:) Vervielfältigung *f* ‖ *v.a. diritto di riproduzione; pronto per la riproduzione; qualità di riproduzione; scala di riproduzione; servizio riproduzioni*
~ **a ciclostile** *f v. ciclostilato*
~ **d'arte** *f* / Kunstblatt *n*
~ **dei detagli** *f* [Repr] / Detailwiedergabe *f*
~ **facsimilare** *f* ⟨UNI ISO 5127/5⟩ / Faksimile(-Ausgabe / -Nachdruck) *n(/f/m)*
riproduzionista *m* [Arte] / Reproduktionsstecher *m*
riquadratura *f* / Rahmung · Umrahmung *f*
~ **del titolo** *f* / Titeleinfassung *f*
riquadro *m* / Bordüre *f* · Randleiste *f*
riquadro di dialogo *m* [Inform] / Dialogfenster *n* · Dialogbox *f*
risanamento *m* / Sanierung *f*
risarcimento meccanico *m* [Rest] / Anfasern *n*
risarcitore meccanico *m* [Rest] / Anfasergerät *n*
rischio d'incendio *m* / Feuergefahr *f*
riscrivibile *agg* [Inform] / wieder beschreibbar *adj*
riserva legale *f* / Rechtsvorbehalt *m*
riservare *v* (~ un libro dato in prestito) / vormerken *v* (ein ausgeliehenes Buch ~)
risma *f* [Carta] / Ries *n* ‖ *v.a. libro da risma*
risoluzione *f* [Inform; Repr] / Auflösung *f* ‖ *v.a. grafica a bassa risoluzione; schermo ad alta risoluzione; televisione ad alta risoluzione*
~ **del contratto** *f* / Vertragsauflösung *f*
~ **di conflitti** *f* / Konfliktlösung *f*
~ **grafica** *f* / Grafikauflösung *f*
~ **in puntini** *f* (lavorazione elettronica dell'immagine) / Pixelierung *f* · Pixelauflösung *f*
risorse *pl* / Ressourcen *pl* ‖ *v.a. condivisione delle risorse; utilizzazione delle risorse*
~ **di bilancio** *pl* / Haushaltsmittel *pl*
~ **finanziarie** *pl* / Finanzmittel *pl* · Mittel *pl*
risparmiare *v* / einsparen *v* · sparen *v*
risparmio di costi *m* / Kosteneinsparung *f*
~ **di lavoro** *m* / Arbeitsersparnis *f*
~ **di manodopera** *m* / Arbeitskräfteeinsparung *f*
~ **di tempo** *m* / Zeitersparnis *f*
~ **sul personale** *m* / Personaleinsparung *f* · Personalersparnis *f*
rispedire *v* [Com] / nachsenden *v*
rispondente *m* / Respondent *m*
risposta *f* [Retr] / Treffer *m* ‖ *v.a. determinazione della rilevanza delle risposte*
~ **interlocutoria** *f* / Zwischenbescheid *m*
ristampa *f* ⟨UNI ISO 5127/5⟩ / Abdruck *f* · Reprint *m* · Nachdruck *m* · Neudruck *m* · Nachauflage *f*
~ **anastatica** *f* / anastatischer Nachdruck *m*
~ **facsimilare** *f* / Faksimile(-Ausgabe / -Nachdruck) *n(/f/m)*
~ **in facsimile** *f* ⟨UNI ISO 5127/5⟩ / Faksimile(-Ausgabe / -Nachdruck) *n(/f/m)*
ristampare *v* / abdrucken *v* · nachdrucken *v*
ristampato *part pt* / abgedruckt *part perf* (nochmals gedruckt)
ristrutturazione *f* [EdilArred] / Umbau *m*
risultato di ricerca *m* [Retr] / Recherche-Ergebnis *n* · Suchergebnis *n*

risvolto *m* [Libri] / (di copertina:) Umschlagklappe *f* ‖ *v.a. aletta; testo del risvolto*
ritaglio *m* / Ausschnitt *m*
~ **di giornale** *m* / Zeitungsausschnitt *m* ‖ *v.a. servizio ritaglio giornali*
~ **di stampa** *m* / Zeitungsausschnitt *m*
ritardo nella riconsegna *m* / (di un libro dato in prestito:) Leihfristüberschreitung *f*
ritmo di emissione *m* [Inform] / Ausgabegeschwindigkeit *f*
~ **di trasferimento** *m* [Com] / Transferrate *f*
ritoccare *v* [Repr] / retuschieren *v*
ritocco del colore *m* [Repr] / Farbretusche *f*
ritr. *abbr v. ritratto*
ritratto *m* / Bildnis *n* · Porträt *n*
riunione *f* / Sitzung *f* (Zusammenkunft) · Versammlung *f*
~ **di lavoro** *f* / Arbeitssitzung *f* · Arbeitstagung *f*
rivedere / durchsehen *v* · revidieren *v* ‖ *v.a. edizione riveduta*
rivelatore d'incendio *m* / Feuermeldeanlage *f*
rivendicazione di brevetto *f* / Patentanspruch *m*
riversare *v* [NBM] / überspielen *v*
rivestimento del pavimento *m* / Fußbodenbelag *m*
rivestire *f* [Leg] / kaschieren *v* · überziehen *v*
rivista *f* / Zeitschrift *f*
~ **aziendale** *f* / Hauszeitschrift ‖ *v.a. rivista di azienda*
~ **di abstract** *f* / Referateblatt *n*
~ **di azienda** *f* / Firmenzeitschrift *f*
~ **di consumo** *f* / Publikumszeitschrift *f*
~ **di critica** *f* / Rezensionsorgan *n*
~ **di informazione** *f* / Nachrichtenmagazin *n*
~ **di moda** *f* / Modezeitschrift *f*
~ **di programmi radiotelevisivi** *f* / Programmzeitschrift *f*
~ **di recensioni** *f* / Rezensionsorgan *n*
~ **femminile** *f* / Frauenzeitschrift *f*
~ **illustrata** *f* / Illustrierte *f*
~ **mensile** *f* / Monatsschrift *f*
~ **per le donne** *f* / Frauenzeitschrift *f*
~ **quindicinale** *f* / Zweiwochenschrift *f*
rivista semestrale / Halbjahresschrift *f*
rivista specializzata *f* / Fachzeitschrift *f*
~ **tecnica** *f* / Fachzeitschrift *f*
rogo librario *m* / Bücherverbrennung *f* (auf dem Scheiterhaufen)
romanzetto a quattro soldi *m* / Groschenroman *m*
romanziere *m* / Romancier *m*
romanzo *m* / Roman *m*
~ **a sfondo regionale** *m* / Heimatroman *m*
~ **cavalleresco** *m* / Ritterroman *m*
romanzo d'amore *m* / Liebesroman *m*
romanzo d'avventura *m* / Abenteuerroman *m*
~ **del colportage** *m* / Kolportageroman *m*
~ **dell'orrore** *m* / Schauerroman *m*
~ **di cavalleria** *m* / Ritterroman *m*
~ **di famiglia** *m* / Familienroman *m*
~ **di guerra** *m* / Kriegsroman *n*
~ **di spionaggio** *m* / Spionageroman
~ **dozzinale** *m* / Trivialroman *m*
~ **educativo** *m* / Bildungsroman *m*
~ **giallo** *m* / Sensationsroman *m* · Kriminalroman *m*
~ **leggero** *m* / Unterhaltungsroman *m*
~ **picaresco** *m* / Schelmenroman *m*
~ **poliziesco** *m* / Detektivroman *m*
~ **primo** *m* / Erstlingsroman *m*
rombo *m* [Leg] / Raute *f*
rosicchiamenti *pl* / Mäusefraß *m*
rosicchiato *part pt* / angefressen *part perf* · benagt *part perf*
rosone *m* [Leg] / Rosette *f*
rotativa *f* [Tip] / Rotations(druck)maschine *f*
~ **flessografica** *f* / Flexodruckmaschine *f*
rotazione delle cariche *f* / Arbeitsplatzrotation *f*
~ **di lavoro** *f v. rotazione delle cariche*
rotazioni per minuto *pl* (rpm) [NBM] / Umdrehungen pro Minute *pl* (UpM)
rotella *f* [Leg] / Rollstempel *m* · Rolle *f* · Dessinrolle *f*
~ **a linee** *f* [Leg] / Linienrolle *f*
roto|calcografia *f* / Rotationstiefdruck *m*
rotolo *m* / (matricola, lista:) Rotulus *m*
rotolo *m* / (documento arrotolato:) Rolle *f* ‖ *v.a. libro a rotolo*
~ **di cartone** *m* / Papprolle *f*
~ **di microfilm** *m* / Filmrolle *f* · Mikrofilmrolle *f*
~ **di papiro** *m* / Papyrusrolle *f*
~ **di pergamena** *m* / Pergamentrolle *f*
rotonda *f* [Scritt] / Rotunda *f*
roto-offset *m* / Offset-Rotationsmaschine *f* · Rollenoffsetdruck *m* · Rollenoffsetmaschine *f*
~**-offset a quattro colori** *m* / Vierfarben-Rollenoffsetmaschine *f*
~**-tipografica** *f* / Rotationsbuchdruckmaschine *f*

rotto *part pt* [Leg] / ausgebrochen *part perf*
routine *f* [Inform] / Routine *f* ‖ *v.a. operazioni di routine*
~ **di aborto** *f* [Inform] / Abbruchroutine *f*
~ **di editazione** *f* [Inform] / Editierroutine *f*
~ **riutilizzabile** *f* [Inform] / mehrfach aufrufbare Routine *f*
rpm *abbr* [NBM] *v. rotazioni per minuto*
rubrica *f* / Rubrik *f*
~ **delle lettere al direttore** *f* (in un giornale) / Leserbriefspalte *f*
rubricare *v* / rubrizieren *v*
rubricatore *m* / Rubrikator *m*
rubricazione *f* / Rubrizierung *f*
rullo *m* [Leg] / Rolle *f* · Rollstempel *m* · Dessinrolle *f*
~ **da dorare** *m* [Leg] / Vergolderolle *f*
~ **della macchina da scrivere** *m* / Schreibwalze *f*
~ **di trascinimento a pin** *m* / Stachelrad *n*
~ **inchiostratore** *m* [Tip] / Farbwalze *f*
~ **stampante** *m* (offset) / Druckwerk
rumore *m* [Com] / Rauschen *n* · Ballast *m*
runa *f* [Scritt] / Rune *f*
ruolo *m* [Pers] / (ruolo organico:) Stellenplan *m* · (funzione, parte:) Rolle *f* ‖ *v.a. personale di ruolo*
ruota libraria *f* / Bücherrad *n*
~ **per decorazioni** *f* [Leg] / Dessinrolle *f*

S

s.d. *abbr* [Cat] *v. senza data*
s.e. *abbr* [Cat] *v. senza editore*
s.l.m. *abbr* [Cart] *v. sul livello mare*
s.l.s.d. *abbr* [Cat] *v. senza luogo e senza data*
s.n.t. *abbr* [Cat] *v. senza note tipografiche*
sacco postale *m* / Postbeutel *m*
sacramentario *m* / Sakramentar *n*
Sacra Scrittura *f* / Heilige Schrift *f*
saggio *m* / (prova:) Probe *f* · Muster/ *n* · (breve trattazione:) Essay *m* · (esame:) Prüfung *f* · (articolo:) Aufsatz *m* · Abhandlung *f* ‖ *v.a. esemplare di saggio; numero di saggio; volume di saggio*
saggistica *f* / Essayistik *f*
sagomare *v* [Rest] / nadeln *v*
sagomatura *f* [Rest] / Nadeln *n* (mit Nadelstichen markieren)
sala *f* / Saal *m* · Raum *m*
~ **bibliotecaria** *f* / Bibliothekssaal *m*
~ **cataloghi** *f* / Katalogsaal *m*
~ **dei calcolatori** *f* / Rechnerraum *m*
~ **delle carte geografiche** *f* / Kartenlesesaal *m*
~ **delle conferenze** *f* / Konferenzraum *m* · Vortragssaal *m*
~ **delle riunioni** *f* / Versammlungsraum *m*
~ **delle sedute** *f* / Sitzungszimmer *n*
~ **d'esposizione** *f* / Ausstellungsraum *m* · Schauraum *m*
~ **di composizione** *f* [Tip] / Setzerei *f* (Setzerraum)
~ **di consulenza** *f* / Informationszentrum *n*
~ **di consultazione** *f* / Informationszentrum *n*
~ **di distribuzione** *f* / Ausleihraum *m*
~ **di lettura** *f* / Lesesaal *m* ‖ *v.a. fondo della sala di lettura*
~ **di lettura dei periodici** *f* / Zeitschriftenlesesaal *m*
~ **d'ingresso** *f* / Eingangshalle *f*
~ **di proiezione** *f* / Vorführraum *m*
~ **di scrittura** *f* / Schreibraum *m* · Schreibmaschinenzimmer *n*
~ **manoscritti** *f* / Handschriftenlesesaal *m*
~ **mostre** *f* / Ausstellungsraum *m* ‖ *v.a. sala d'esposizione*
~ **multiuffici** *f* / Großraumbüro *n*
~ **musica** *f* / Musiklesesaal *m*
~ **per i laureandi** *f* / Doktorandenzimmer *n*
~ **periodici** *f* / Zeitschriftenlesesaal *m*
~ **pluriuso** *f* / Mehrzweckraum *m*
salariato *m* / Lohnempfänger *m*
salario *m* / Lohn *m*
sala tematica *f* / Fachlesesaal *m*
salterio *m* / Psalterium *n*
salto *m* [Inform] / Sprung *m*
~ **condizionato** *m* [Inform] / bedingter Sprung *m*
~ **di riga** *m* [Inform] / Zeilenvorschub *m*

~ **incondizionato** *m* [Inform] / unbedingter Sprung *m*
saluto di benvenuto *m* (ai partecipanti di un convegno) / Begrüßung *f* (der Teilnehmer einer Tagung)
salvaguardare *v* / sichern *v*
salvaguardia del patrimonio librario *f* / Bestandssicherung *f* · Bestandsschutz *m*
salvare *v* / sichern *v*
salvaschermo *m* [Inform] / Bildschirmschoner *m*
salvataggio *m* [Inform] / Sicherung *f*
~ **dei dati** *m* [Inform] / Datensicherung *f*
sanguigna *f* / Rötelzeichnung *f*
sanzione pecuniaria *f* / Geldbuße *f*
sapone inglese *m* / Sattelseife *f*
~ **per sellaio** *m* / Sattelseife *f*
satellite *m* / Satellit *m*
~ **per telecomunicazioni** *m* / Fernmeldesatellit *m* · Nachrichtensatellit *m*
satinare *v* [Carta] / satinieren *v*
sbaglio / Fehler *m* (Versehen)
~ **di composizione** *m* [Tip] / Satzfehler *m*
sbalzatura *f* [Leg] / Reliefprägung *f* · (di pelle:) Ledertreibarbeit *f*
sbalzo *m* [Leg] / (di pelle:) Ledertreibarbeit *f*
sbarbato *part pt* [Leg] / berauft *part perf*
sbavatura *f* [Carta] / Schöpfrand *m* · Büttenrand *m*
sbiadire *v* / verblassen *v*
sbiadito *part pt* / verblasst *part perf*
scadenza *f* / Frist *f* · Fristablauf *m* (a breve ~ :kurzfristig: a lunga ~ :langfristig) · Verfall *m* · Ablauf *m* ‖ *v.a. data di scadenza; termine di scadenza*
~ **della qualità** *f* / Qualitätsminderung *f*
~ **del prestito** *f* / Leihfrist *f*
~ **di consegna** *f* / Lieferfrist *f*
~ **di pagamento** *f* / Zahlungsfrist
~ **residua** *f* / Restlaufzeit *f*
scadenzario *m* / Terminkalender *m* · (schedario dei prestiti per data:) Fristkartei *f*
scaffalatura *f* / Regalausstattung *f* · Regalanlage *f* ‖ *v.a. accessori di scaffalatura; ordinamento nella scaffalatura; segnaletica della scaffalatura; spazio di scaffalatura; unità di scaffalatura*
~ **a compactus** *f* / Kompaktregalanlage *f*
~ **a muro** *f* / Wandregal(e) *n(pl)*
~ **aperta** / Freihandregal *n* (Ausstattung mit~en)
~ **autoportante** *f* / selbsttragende Regalanlage *f*
~ **bilaterale** *f* / doppelseitige Regaleinheit *f* · Doppelregal *n*
~ **di legno** *f* / Holzregal(e) *n(pl)*
~ **girevole** *f* / Drehständer *m*
~ **metallica** *f* / Metallregale *n(pl)*
~ **mobile** *f* / Regale mit verstellbaren Fachböden *pl*
~ **rigida** *f* / Regale mit nichtverstellbaren Fachböden *f*
scaffale *m* / Regal *n* ‖ *v.a. biblioteca a scaffale aperto; fila di scaffali*
~ **a doppia faccia** *m* / Doppelregal *n*
~ **aggiunto** *m* / Anbauregal *n*
~ **a muro** / Wandregal *n*
~ **a parete** *m* / Wandregal *n*
~ **aperto** *m* / Freihandregal *n* ‖ *v.a. fondi a scaffale aperto; zona a scaffali aperti*
~ **a scorrimento** *m* / Fahrregal *n*
~ **a una faccia** *m* / einseitiges Regal
~ **di acciaio** *m* / Stahlregal *n*
~ **di base** *m* / Grundregal *n*
~ **doppio** *m* / Doppelregal *n*
~ **pensile** *m* / Hängeregal *n*
~ **per giornali** *m* / Zeitungsregal *n* ‖ *v.a. espositore per periodici*
~ **per le pratiche** *m* / Aktenregal *n*
~ **riviste** *m* / Zeitschriftenregal *n*
~ **scorrevole** *m* / Fahrregal *n*
~ **singolo** *m* / Einzelregal *n*
~ **unilaterale** *m* / einseitiges Regal
scaffali metallici *pl* / Metallregale *pl*
scala / Treppe *f* · Leiter *f* · (cartografia:) Maßstab *m* · (sequenza di valori:) Skala *f*
~ **a libretto** / Treppenleiter *f*
~ **altimetrica** *f* [Cart] / Höhenmaßstab *m*
~ **di colori** *f* / Farbskala *f*
~ **di riproduzione** *f* [Repr] / Abbildungsmaßstab *m*
~ **di scaffale** *f* / Regalleiter *f*
scalamento di font *m* [Inform] / Schriftskalierung *f*
scala mobile *f* [EdilArred] / Rolltreppe *f*
scalazione *f* / Skalierung *f*
scaletta *f* / Trittleiter *f*
scambio *m* [Acq] ⟨UNI ISO 5127/5⟩ / Tausch *m* · Tauschgabe *f*
~ **a compensazione** *m* / Verrechnungstausch *m*
~ **delle informazioni** *f* / Informationsaustausch *m*
~ **di dati** *m* / Datentausch *m* · Datenaustausch *m*
~ **di duplicati** *m* / Dublettentausch *m*

~ **di informazioni** *m* / Informationsaustausch *m*
~ **di pubblicazioni** *m* / Schriftentausch *m*
~ **di studenti** *m* / Studentenaustausch *m*
~ **epistolare** *m* / Briefwechsel *m*
scandire *v* [Com] / abtasten *v* ‖ *v.a. scannerizzare*
scanner *m* / Scanner *m* ‖ *v.a. immagini acquisite via scanner*
~ **a colori** *m* / Farbscanner *m*
~ **a tamburo** *m* / Trommelscanner *m*
scannerizzare *v* / scannen *v*
scanner piano *m* / Flachbettscanner *m*
scansione *f* / Abtastung *f* ‖ *v.a. frequenza di scansione; lettore a scansione*
~ **di immagini** *f* [PubblEl] / Bildabtastung *f*
scantinato *m* / Kellergeschoss *n* · Untergeschoss *m*
scarafaggio *m* (insetto nocivo) / Küchenschabe *f* · Kakerlak *m*
scaricare *v* / entladen *v* · entlasten *v* · aussondern · (EDV:) herunterladen *v*
scarico *m* / (discarico:) Entlastung *f*
scarnire *v* [Leg] / schärfen *v*
scarnitrice *f* [Leg] / Schärfmaschine *f*
scarsità di personale *f* / Personalmangel *m* ‖ *v.a. a corto di personale*
scartare *v* / aussondern
scarto *m* / Aussonderung *f* · ausgesonderter Band *m* ‖ *v.a. documento di scarto; elenco di scarto*
scatola *f* / Schachtel *f* · Karton *m*
~ **di cartone** *f* / Pappschachtel *f*
~ **nera** *f* / schwarzer Kasten *m* (Black Box)
~ **protettiva** *f* / Schutzkarton *m*
scegliere *v* / auswählen *v*
scelta dei campioni *f* / Stichprobenauswahl *f*
~ **dell'intestazione a soggetto** *f* / Schlagwortwahl *f*
~ **di banca dati** *f* [Retr] / Datenbankwahl *f*
~ **di documenti** *f* ⟨UNI ISO 5127/5⟩ / Dokumentenauswahl *f* · (scelta di letteratura:) Literaturauswahl *f*
sceneggiatore *m* / Drehbuchverfasser *m*
sceneggiatura *f* / Drehbuch *n*
scheda *f* / Zettel *m* · (cartoncino:) Karte *f* · Kärtchen *n* · (catalogazione:) Titelaufnahme *f* · (personal computer:) Steckkarte *f* ‖ *v.a. modem a scheda*
~ **a finestra** *f* / Fensterkarte *f* · Filmlochkarte *f*
~ **a fori oblunghi** *f* [SchPerf] / Schlitzlochkarte *f*
~ **a perforazione marginale** *f* [SchPerf] / Kerblochkarte *f* · Randlochkarte *f*
~ **aperta** *f* [Cat] / offene Aufnahme *f*
~ **audio** *f* [Inform] / Soundkarte *f* · Audiokarte *f*
~ **autore** *f* [Cat] / Verfassereintragung *f*
~ **base** *f* / Einheitsaufnahme *f*
~ **bibliografica** *f* / Schrifttumskarte *f*
~ **cartacea** *f* / Karteikarte *f*
~ **catalografica** *f* / Titelaufnahme *f* · Katalogeintragung *f* · Katalogkarte *f* · Katalogzettel *m*
~ **chip** *f* [Inform] / Chipkarte *f*
~ **chiusa** *f* [Cat] / abgeschlossene Aufnahme *f*
~ **CIP** *f* [Cat] / CIP-Aufnahme *f*
~ **da camera** *f* [Repr] / Kamerakarte *f*
~ **del libro** *f* [ServPubbl] / Buchkarte
~ **del prestito** *f* / Buchkarte (zum Zwecke der Ausleihverbuchung)
~ **di collezione** *f* [Cat] ⟨RICA⟩ / Serienaufnahme *f*
~ **di compressione** *f* [PubblEl] / Komprimierungskarte *f*
~ **di continuazione** *f* [Cat] / Fortsetzungszettel *m*
~ **di controllo** *f* / (per un orologio di controllo:) Stempelkarte *f* · (personal computer:) Steuerkarte *f*
~ **di espansione** *f* [Inform] / Erweiterungssteckkarte *f*
~ **digitalizzatrice** *f* / Digitalisierungskarte *f*
~ **di interfaccia** *f* [Inform] / Schnittstellenkarte *f*
~ **di memoria** *f* [Inform] / Speicherkarte *f*
~ **di richiamo** *f* [Cat] / Nebeneintragung *f*
~ **di richiesta** *f* [ServPubbl] / Bestellschein *m*
~ **di rinvio** *f* / Verweisung *f* (als Katalogeintragung) · Verweisungskarte *f*
~ **di rinvio reciproco** / Siehe-auch-Verweisung *f* (als Katalogeintragung)
~ **di scadenza** *f* / Fristblatt *n*
~ **di segnalazione** *f* / Anzeigetafel *f*
~ **di serie** *f* [Cat] / Serienaufnahme *f*
~ **di sogetto** *m* [Cat] / Schlagwortzettel *m* · Schlagwortkarte *f*
~ **di spoglio** *f* [Cat] / Aufnahme für ein unselbständiges Werk *f* ‖ *v.a. spoglio di periodici*
~ **d'ordine** *f* [Acq] / Bestellkarte *f*
~ **duale** *f* [SchPerf] / Verbundkarte *f*
~ **grafica** *f* [Inform] / Grafikkarte *f*
~ **grafica a colori** *f* [Inform] / Farbgrafikkarte *f*

~ **guida** *f* / (schedario:) Leitkarte *f*
~ **integrale** *f* [Cat] / Gesamtaufnahme *f*
~ **magnetica** *f* [Inform] / Magnetkarte *f*
~ **nulla** *f* / (schedario:) Karteileiche *f*
~ **peek-a-boo** *f* [SchPerf] / Sichtlochkarte *f*
~ **perforata nel campo interiore** *f* / Binnenlochkarte *f*
~ **perforata** *f* / Lochkarte *f*
~ **perforata a selezione meccanica** *f* / Maschinenlochkarte *f*
~ **perforata a selezione per ago** *f* / Nadellochkarte *f*
~ **perforata per la selezione manuale** *f* / Handlochkarte *f*
~ **principale** *f* [Cat] / Haupteintragung *f* · Hauptaufnahme *f*
~ **provvisoria** *f* [Cat] / Interimsaufnahme *f*
schedare *v* [Cat] / aufnehmen *v* · ansetzen *v* (schedare sotto: ansetzen unter; aufnehmen unter)
schedario *m* / Kartei *f* · Karteischrank *m*
~ **dei desiderata** (m) / Desideratenkartei *f*
~ **dei periodici** *m* / Zeitschriftenkartei *f*
~ **dei prestiti** *m* / Ausleihkartei *f* · Leihkartei *f*
~ **delle continuazioni** *f* / Fortsetzungskartei *f*
~ **di accesso** *m* / Zugangskartei *f*
~ **indirizzi** *m* / Adressenkartei *f*
~ **periodici** *m* / Zeitschriftenkartei *f*
~ **per la consultazione rapida** *m* / Handkartei *f*
~ **rotativo** *m* / Karteilift *m*
~ **utenti** *m* / Benutzerkartei *f*
~ **verticale** *m* / Steilkartei *f*
scheda secondaria *f* [Cat] / Nebeneintragung *f*
~ **secondaria autore-titolo** *f* / zweiteilige Nebeneintragung *f* (unter dem Verfasser)
~ **soggetto** *f* [Cat] / Schlagworteintragung *f*
~ **sonora** *f* [Inform] / Soundkarte *f* · Audiokarte *f*
~ **tecnica** [Repr] / Testkarte *f*
~ **tipo** *f* [Cat] / Einheitsaufnahme *f* · Einheitsaufnahme *f*
~ **titolo** *f* [Cat] / Titeleintragung *f*
schedatore *m* [Cat] / Titelaufnehmer *m*
scheda transitoria *f* / Interimskarte *f*
schedatura *f* [Cat] / Aufnahme *f* · Titelaufnahme *f* (als Tätigkeit und Vorgang) ‖ *v.a. modulo di schedatura*
scheda vedetta *f* / Leitkarte *f*
~ **VGA** *f* [Inform] / VGA-Karte *f*
~ **video** *f* / Videokarte *f*
schede a stampa *pl* [Cat] / Titeldrucke *pl* · Zetteldrucke *pl*
schedina *f* / Kärtchen *n*
schedone amministrativo *m* / Karteiblatt *n*
schedulazione dei compiti 1 *f* / Aufgabenplanung *f*
~ **dei lavori** *f* [Inform] / Joborganisation *f*
schema di classificazione *m* / Klassifikationstafel *f* · Klassifikationsschema *f* · Systematik *f*
~ **di registrazione** *m* [Inform] / Datenerfassungsschema *n* · Kategorienschema *n*
~ **elettrico** *m* / Schaltbild *n*
schermata *f* [Inform] / Bildschirminhalt *m* · Bildschirm *m*
~ **di apertura** *f* / Begrüßungsbildschirm *m*
~ **iniziale** *f* / Begrüßungsbildschirm *m*
schermatura *f* / Störlichtblende *f* · Abschirmung *f*
schermo *m* / (televisione; computer:) Bildschirm *m* · (riparo:) Sichtblende *f*
~ **a colori** *m* / Farbbildschirm *m* · farbiger Bildschirm *m*
~ **ad alta risoluzione** *m* / hochauflösender Bildschirm *m*
~ **cinematografico** *m* / Kinoleinwand *f*
~ **di apertura** *m* [Inform] / Eröffnungsbildschirm *m*
~ **di proiezione** *m* / Projektionswand *f*
~ **divisibile** *m* [Inform] / teilbarer Bildschirm *m*
~ **diviso** *m* [Inform] / geteilter Bildschirm *m*
~ **iniziale** *m* [Inform] / Eröffnungsbildschirm *m*
~ **monocromatico** *m* / einfarbiger Bildschirm *m*
~ **piano** *m* / Flachbildschirm *m*
~ **sensibile al tatto** *m* [Inform] / berührungsempfindlicher Bildschirm *m*
~ **sensitivo** *m* / Sensor-Bildschirm *m*
schizzo *m* / Skizze *f* ‖ *v.a. album di schizzi*
~ **altimetrico** *m* [Cart] / Geländekroki *n*
~ **cartografico** [m] / Kartenskizze *f*
scientificità *f* / Wissenschaftlichkeit *f*
scienza del libro / Buchwissenschaft *f* · Buchkunde *f*
~ **dell'informazione** *f* ⟨UNI ISO 5127/1⟩ / Informationswissenschaft *f*
scienzato *m* / Wissenschaftler *m*
scienze umane *pl* / Geisteswissenschaften *pl*
scioglimento (di un'abbreviazione) / Auflösung *f* (einer Abkürzung)
scisso in *part pt* / aufgeteilt in *part perf*

sciupato *part pt* [Libri] / zerlesen *adj* · abgenutzt *part perf*
scivolo *m* / Rutsche *f*
scodelletta [Leg] / Kerbe *f*
scolorare *v* / verblassen *v*
scolorirsi *v* / verblassen *v* · ausbleichen *v*
scolorito *part pt* / ausgebleicht *part perf* · entfärbt *part perf*
scompattare *v* [Inform] / entpacken *v*
scompleto *agg* / unvollständig *adj*
sconto / Abzug *m* · Skonto *m/n* · Preisnachlass · Rabatt *m*
~ **minimo** *m* / Mindestrabatt *m*
~ **per le biblioteche** *m* / Bibliotheksrabatt *m*
~ **per pagamento in contanti** / Barzahlungsrabatt *m*
~ **sulla quantità** *m* / Mengenrabatt *m*
scontrino *m* / Kupon *m*
scoordinato *part pt* / unkoordiniert *part perf*
scopo *m* / Zweck *m*
~ **di studio** *m* / Studienzweck *m*
scoppiato *part pt* [Leg] / geplatzt *part perf*
scorrere *v* / (~ un libro: ein Buch schnell durchlesen; ~ la posta: die Post durchsehen; far scorrere a video: scrollen:) fließen *v* ‖ *v.a. far scorrere; freccia di scorrimento; velocità di scorrimento*
scorta *f* / Vorrat *m* (avere in scorta:auf Lager haben ; vorrätig sein)
scorta di magazzino *pl* / Lagerbestand *m*
scotch *m* [Uff] / Tesafilm *m*
scrematura *f* (di documenti) / Durchsicht *f* (von Dokumenten)
screpolatura *f* (in carta satinata) / Krakelee *f*
screziare *v* [Leg] / sprenkeln *v*
scriba *m* / Schreiber *m* (im Mittelalter)
scrigno librario *m* / Buchschrein *m*
scritta *f* / Aufschrift *f* · (frase scritta su un foglio, un cartello ecc.:) Beschriftung *f*
scritto *m* / (opera letteraria:) Schrift *f* (scritti scelti:ausgewählte Schriften) · (testo universitario per studenti:) Skript *n* · (comunicazione scritta:) Schreiben *n*
~ **di istruzione superiore** *m* / Hochschulschrift *f*
~ **polemico** *m* / Streitschrift *f*
scrittore *m* / Schriftsteller *m*
~ **di viaggio** *m* / Reiseschriftsteller *m*
scrittorio *m* / Skriptorium *n*
scrittrice *f* / Schriftstellerin *f*
scrittura *f* / Schriftart *f*
~ **alfabetica** *f* / Buchstabenschrift *f*
~ **anglosassone** *f* / angelsächsische Schrift *f*
~ **a stampatello** *f* / Blockschrift *f*
~ **bastarda** *f* / Bastarda *f*
~ **binaria** *f* / Binärschreibweise *f*
~ **Braille** *f* / Punktschrift *f* · Braille-Schrift *f* ‖ *v.a. libro in scrittura Braille*
~ **bustrofedica** *f* / Bustrophedon *n*
~ **cancelleresca** *f* / Kanzleischrift *f* · (per l'uso amministrativo/legale:) Urkundenschrift *f*
~ **capitale quadrata** *f* / Kapitalis *f* · Quadrata *f*
~ **carolina minuscola** *f* / karolingische Minuskel *f*
scrittura cartografica *pl* / Kartenbeschriftung *f*
scrittura cirillica *f* / kyrillische Schrift *f*
~ **con spaziatura proporzionale** *f* [Inform] / Proportionalschrift *f*
~ **corrente** *f* / Kurrentschrift *f*
~ **corsiva** *f* / Kursivschrift *f*
~ **cuneiforme** *f* / Keilschrift *f*
scrittura egiziana *f* [Tip] / Egyptienne *f*
scrittura elettronica *f* / Textverarbeitung *f*
~ **fonetica** *f* / Lautschrift *f*
~ **geroglifica** *f* / Hieroglyphenschrift *f*
~ **gotica** *f* / Fraktur *f* · Textur(a) *f(f)*
~ **gotica stampata** *f* / gotische Druckschrift *f*
~ **hieratica** *f* / hieratische Schrift *f*
~ **ideografica** *f* / Begriffsschrift *f* · ideographische Schrift *f*
~ **insulare** *f* / insulare Schrift *f*
~ **irlandese** *f* / irische Schrift *f*
~ **lapidaria** *f* / Steinschrift *f*
~ **libraria** *f* [Tip] / Werkschrift *f* · Buchschrift *f*
~ **magnetica** *f* [Inform] / Magnetschrift *f*
~ **merovingica** *f* / merowingische Schrift *f*
~ **nazionale** *f* / Nationalschrift *f*
~ **non latina** *f* / nichtlateinische Schrift *f*
~ **per i ciechi** *f* / Blindenschrift *f*
~ **pittografica** *f* / Bilderschrift *f*
~ **runica** *f* / Runenschrift *f*
~ **sillabica** *f* / Silbenschrift *f*
~ **umanistica** *f* / humanistische Schrift *f*
~ **visigotica** *f* / westgotische Schrift *f*
scrivania *f* / Schreibtisch *m*
scrivibile *agg* / beschreibbar *adj*
scudo araldico *m* / Wappenschild *m/n*
scultura *f* / Skulptur *f* · Plastik *f*
scuola dell'obbligo *f* / Pflichtschule *f*
~ **di biblioteconomia** *f* / Bibliotheksschule *f*
~ **elementare** *f* / Grundschule *f*
~ **media** *f* / Realschule *f*

~ **professionale** *f* / Berufsschule *f*
~ **scrittoria** *f* / Schreibschule *f*
sdrucitura *f* [Rest] / Riss *m*
seccativo *m* / Sikkativ *n*
secolarizzazione *f* / Säkularisierung *f*
sedia girevole *f* / Drehstuhl *m*
seduta *f* / Sitzung *f* ‖ *v.a. giorno di seduta; verbale*
~ **d'acquisto** *f* / Kaufsitzung *f*
segmento di globo *m* / Globussegment *n*
~ **di record** *m* [Inform] / Satzsegment *n*
segnalare *v* / (annunciare:) melden *v* · (bibliografia:) nachweisen *v* · anzeigen
segnalazione *f* / Meldung *f* · (annuncio:) Anzeige *f* · (segnale:) Signal *n* · (riferimento:) Nachweis *m* · (abstract:) Kurzreferat *n* · Referat *n* ‖ *v.a. bollettino segnaletico; scheda di segnalazione; sistema di segnalazione*
segnalazione copie *f* [Cat] / Exemplarvermerk *m*
~ **di conferma** *f* [Com] / Rückmeldung *f*
~ **di guasto** *f* [Inform] / Fehlermeldung *f*
~ **visiva** *f* / optische Anzeige *f*
segnale *m* / Signal *n*
segnale *m* / (segnalibro:) Lesezeichen *n*
segnale acustico *m* / akustisches Signal *n*
~ **audio** *m* / Tonsignal *n*
~ **di arresto** *m* / Stoppsignal *n*
~ **di indicazione** *m* / Hinweisschild *n*
~ **di libero** *m* [Com] / Freizeichen *n*
~ **di occupato** *m* [Com] / Besetztzeichen *n*
~ **di selezione** *m* [Com] / Wählzeichen *n* · Wählton *m*
segnaletica *f* / Beschilderung *f*
~ **della scaffalatura** *f* / Regalbeschilderung *f*
segnaletto *m* (segnalibro) / Lesezeichen *n*
segnale video *m* / Videosignal *n*
segnalibro *m* / Lesezeichen *n*
segnalino *m* [OrgM] / Steuerstreifen (zur Steuerung des Ablaufs der Buchbearbeitung) ‖ *v.a. striscia di accompagnamento*
segnatura *f* [CollScaff] ⟨UNI ISO 5127/5⟩ / Signatur *f* · Standnummer *f* · Standortnummer *f*
~ **ragionata** *f* [Tip] / Bogensignatur *f*
~ **semplice** *f* [Tip] / Bogennorm *f*
segni di punteggiatura *pl* [Cat] ⟨ISBD; RICA⟩ / Interpunktionszeichen *pl* ‖ *v.a. segno di descrizione*
~ **di ripetizione** *pl* („ ") [Scritt; Tip] / Wiederholungszeichen *pl*
segno *m* ⟨UNI ISO 5127/1⟩ / Zeichen *n* ‖ *v.a. carattere; spiegazione dei segni*
~ **d'estensione** *m* (barra /) [CDU] / Erstreckungszeichen *n* (/bis)
~ **diacritico** *m* / diakritisches Zeichen *n*
~ **di addizione** *m* (+) [CDU] / Beiordnungszeichen *n* · Pluszeichen *n*
~ **di cancellazione** *m* [Tip] / Tilgungszeichen *n*
~ **di correzione** *m* [Tip] / Korrekturzeichen *n*
~ **di descrizione** *m* [Cat] / Deskriptionszeichen *n*
~ **di nota di piede** / Fußnotenzeichen *n*
~ **d'interpunzione** *m* [Scritt; Tip] / Satzzeichen *n* · Interpunktionszeichen *n*
~ **di più** *m* (+) [Scritt; Tip] / Pluszeichen *n*
~ **di relazione** (: due punti) [CDU] / Beziehungszeichen *n* (:Doppelpunkt)
~ **di riferimento** *m* [Repr] / Passkreuz *n*
~ **di ripetizione** *m* (~) [Scritt; Tip] / Tilde *f*
~ **di uguale** (=) / Gleichheitszeichen *n*
~ **di uguglianza** *m* (=) / Gleichheitszeichen *n*
~ **pittografico** *m* / Bildzeichen *n* ‖ *v.a. pittogramma*
segretare *v* / sekretieren *v*
segretaria *f* / Sekretärin
segretariato *m* / Sekretariat *n*
segreteria *f* / Sekretariat *n*
~ **per studenti stranieri** / akademisches Auslandsamt *n*
~ **studenti** *f* / Studentensekretariat *n*
~ **telefonica** *f* / telefonischer Anrufbeantworter *m*
seguente / folgend *part praes*
seguito *m* (di un'opera) [Libri] / Fortsetzung *f* (eines Werkes)
selezionare *v* [Inform] / wählen *v* · ansteuern *v*
~ **per ago** *v* [SchPerf] / nadeln *v*
selezionatrice *f* [SchPerf] / Sortierer *m* · Sortiermaschine *f* · Sortiergerät *n*
selezione *f* [Com] / Empfangsaufruf *m*
~ **del personale** *f* / Personalauswahl *f*
~ **diretta** *f* (telefono) / Durchwahl *f*
semantica *f* / Semantik *f*
semestrale *m* / halbjährlich *adj* · halbjährig *adj* ‖ *v.a. rivista semestrale*
semestre *m* / Semester *n*
~ **di pratica** *m* / Praxissemester *n*
semiautomatico *agg* / halbautomatisch *adj*
semimensile *agg/m* / halbmonatlich *adj*
seminario *m* / Seminar *n*

~ **superiore** *m* / Hauptseminar *n*
semionciale *f* / Halbunziale *f*
semiperiodo *m* / Halbwertszeit *f*
sensibile ai guasti *agg* / störanfällig *adj*
~ **alla luce** *agg* / lichtempfindlich *adj*
sensibilità *f* [Repr] / Empfindlichkeit *f*
sensibilizzazione *f* [Repr] / Sensibilisierung *f*
senso delle frecce *m* / Pfeilrichtung *f*
senza data *f* (s.d.) [Cat] / ohne Jahr *n*
~ **editore** (s.e.) [Cat] / ohne Verlagsangabe
~ **fissa dimora** *f* / ohne festen Wohnsitz *m*
~ **grazie** [Tip] / serifenlos *adj*
~ **lavoro** / arbeitslos *adj*
~ **licenza** / lizenzfrei *adj*
~ **luogo e senza data** (s.l.s.d.) / o.O.u.J. *Abk* · ohne Ort und Jahr
~ **note tipografiche** (s.n.t.) [Cat] / ohne Erscheinungsvermerk
separato da (rivista) / hervorgegangen aus *part perf*
sequenza *f* / Kette *f* · Folge *f*
sequenza di caratteri *f* [Inform] / Zeichenfolge *f*
~ **di istruzioni** *f* [Inform] / Befehlsfolge *f*
~ **di ordinamento** *f* / Ordnungsfolge *f*
sequestrare *v* / beschlagnahmen *v*
serbatoio di sviluppo *m* [Repr] / Entwicklungstank *m*
seriale *m* / fortlaufende Publikation *f* *CH* · fortlaufendes Sammelwerk *n* *D* · (periodico:) Zeitschrift *f*
serializzatore *m* [Inform] / Parallelserienumsetzer *m*
serie *f* / Serie *f* · Schriftenreihe *f*
serie di caratteri *f* [Tip] / Schriftfamilie *f*
~ **di diapositive** *f* / Dia-Reihe *f*
~ **editoriale** *f* [Libri] / Verlegerserie *f*
serigrafia *f* / Siebdruck *m*
serratoio *m* [Libri] / Schließe *f* · Buchschließe *f*
server di file *m* [Inform] / Datei-Server *m*
~ **gateway** *m* / Gateway-Server *m*
~ **stampante** *m* [Inform] / Drucker-Server *m*
~ **su Internet** *m* / Internetserver *m*
servizio *m* / Dienstleistung *f* · Dienst *m*
~ **a costo zero** *m* / Dienstleistung zum Nulltarif *f* · gebührenfreie Dienstleistung *f* ‖ *v.a. servizio gratuito*
~ **agli utenti** *m* / Dienst am Benutzer *m*
~ **bibliotecario a pagamento** *m* / gebührenpflichtige bibliothekarische Dienstleistung *f*
~ **clienti** *m* / Kundendienst *m*
~ **continuo** *m* / Dauerbetrieb *m*
~ **del prestito pronto** *m* / Sofortausleihe *f*
~ **di abstract** *m* [Bib; Ind] / Referatedienst *m*
~ **di aggiornamento corrente** *m* / Schnellinformationsdienst *m* ‖ *v.a. servizio di informazione immediata*
~ **di analisi** *m* [Ind] / Referatedienst *m*
~ **di consulenza** *m* / Auskunftsdienst *m*
~ **di corriere** *m* / Kurierdienst *m*
~ **di fotoriproduzione** *m* / Kopierdienst *m*
~ **di informazione bibliografica** / bibliographischer Nachweisdienst *m*
~ **di informazione immediata** *f* / Sofortinformationsdienst *m* · Schnellinformationsdienst *m*
~ **di orientamento** / Benutzerschulung *f*
~ **di recensioni** *m* / Besprechungsdienst *m*
~ **di reference** *m* / Auskunftsdienst *m*
~ **di sera** *m* / Abenddienst *m*
~ **di telex** *m* / Fernschreibverkehr *m* · Telexdienst *m*
~ **fotocopie self-service** *m* / Kopierdienst *m* (mit Selbstbedienung) ‖ *v.a. copiatrice a carta*
~ **gratuito** *m* / gebührenfreie Dienstleistung *f* ‖ *v.a. servizio a costo zero*
~ **informazioni** *m* / Informationsdienst *m*
~ **informazioni al valore aggiunto** *m* / Mehrwert-Informationsdienst *m*
~ **in linea** *m* / Online-Dienst *m*
~ **per l'utenza** *m* / Benutzungsdienst *m*
~ **pubblico** *m* / (dello Stato:) öffentlicher Dienst *m* · (in una biblioteca:) Benutzungsdienst *m* · Benutzung *f* ‖ *v.a. zona servizi al pubblico*
~ **ricerche in linea** *m* / Informationsvermittlung *f* (als Dienstleistungsangebot)
~ **riproduzioni** *m* / Kopierdienst *m*
~ **ritaglio giornali** *m* / (agenzia:) Zeitungsausschnittbüro *n*
~ **senza canone** *m* / gebührenfreie Dienstleistung *f*
sesternio *m* [Leg] / Sextern(io) *m(m)*
set di caratteri *m* / Zeichenvorrat *m* · Zeichensatz *m*
settimana del libro per la gioventù *f* / Jugendbuchwoche *f*
settimanale *agg/m* / wöchentlich *adj* · (giornale settimanale:) Wochenblatt *n*
settore *m* [OrgM] / (sezione:) Abteilung *f* · Sektor *m*
~ **acquisizioni** *m* / Erwerbungsabteilung *f*

~ **amministrativo** *m* / Verwaltungsabteilung *f*
~ **operativo** / Betriebsabteilung *f*
~ **reference** *m* / Auskunftsabteilung *f*
sezione *f* / Abteilung *f* · (classificazione:) Unterklasse *f* · (classe:) Klasse *f* · (organizzazione:) Sektion *f* · Sachgebiet *n*
~ **accessionamento** *f* / Zugangsstelle *f* · Akzession *f*
~ **aurea** *f* / goldener Schnitt *m*
~ **catalogazione descrittiva** *f* [OrgM] / Titelaufnahme(stelle) *f(f)*
~ **cataloghi** *f* [OrgM] / Katalogabteilung *f*
~ **del prestito interbibliotecario** *f* / Fernleihstelle *f*
~ **deposito obbligatorio** *f* / Pflichtstelle *f*
~ **di consultazione** *f* / Auskunftsabteilung *f*
~ **di file** *f* [Inform] / Dateiabschnitt *m*
~ **legatura** *f* / Einbandstelle *f*
~ **libri rari** *f* / Rara-Sammlung *f*
~ **manoscritti** / Handschriftenabteilung *f*
~ **periodici** *f* / Zeitschriftenstelle *f* · (nel settore acquisizioni:) Zeitschriftenakzession *f*
~ **regionale** *f* / Regionalreferat *n*
sezione speciale *f* / Fachreferat *n*
sezione ultima *f* [OrgM] / Schlussstelle *f*
sfaldare *v* [Carta] / spalten *v*
sfaldatura della carta *f* [Cons] / Papierspalten *n*
sfasciare *v* [Leg] / lösen *v* (den Einband ~)
sfasciare *v* (~ un volume) / auseinandernehmen *v* (einen Band ~)
sfera armillare *f* [Cart] / Armillarsphäre *f*
~ **di competenza** *f* / Zuständigkeitsbereich *m*
~ **privata** *f* / Privatsphäre *f*
sfibramento *m* [Carta] / Zerfaserung *f*
sfilacciare *v* [Leg] / aufschaben *v*
s finale *m* [Scritt; Tip] / Schluss-s *n*
sfogliare *v* [Libri] / durchblättern *v*
sfoltimento *m* (dei fondi) / Bestandsdurchsicht *f* (mit dem Ziel der Aussonderung entbehrlicher Dokumente)
sforzo di programmazione *m* / Programmieraufwand *m*
sfragistica *f* / Sphragistik *f* · Siegelkunde *f*
sfrangiamento *m* (della carta a mano) / Büttenrand *m*
sfrangiato *part pt* / ausgefranst *part perf*
sgabello *m* / Schemel *m* · Tritt *m*
sguardia *f* [Leg] / Vorsatz *n*
siccità *f* / Trockenheit *v*
sicurezza *f* / Sicherheit *f* ‖ *v.a. a sicurezza intrinseca; norme di sicurezza*
~ **dei dati** *f* / Datensicherheit *f*
~ **del lavoro** *f* / Arbeitssicherheit *f*
siderografia *f* / Stahlstich *m*
sigillo *m* / Siegel *n*
sigillografia *f* / Sphragistik *f* · Siegelkunde *f*
sigla *f* / Abkürzung *f* · (di una biblioteca:) Bibliothekssigel *n* · Signet *n*
siglario *m* / Abkürzungswörterbuch *n* · Sigelverzeichnis *n*
significato *m* [Lin] ⟨UNI ISO 5127/1⟩ / Bedeutung *f*
sillabario *m* / Syllabar *n*
sillabazione *f* / Silbentrennung *f* ‖ *v.a. dizionario di sillabazione; programma di sillabazione*
silografia *f v. xilografia*
silografo *m v. xilografo*
simbolo *m* ⟨UNI ISO 5127/5⟩ / Symbol *n*
~ **cartografico** *m* / Kartenzeichen *n*
~ **grafico** *m* [Repr] / Bildzeichen *n* ‖ *v.a. ideogramma*
~ **monetario** *m* / Währungszeichen *n*
~ **per la correzione di bozze** *m* / Korrekturzeichen *n*
similpelle *f* [Leg] / Kunstleder *n*
simplificazione del lavoro *f* / Arbeitsvereinfachung *f*
simulazione *f* / Simulation *f*
sincronizzare *f* / synchronisieren *v*
sincrono *agg* / synchron *adj*
sinonimia *f* [UNI ISO 5127/1] / Synonymie *f*
sinonimo *m* / Synonym *n*
sinossi *f* / Synopse *f*
sintagma lessicale *m* [Lin] / Wortverbindung *f*
sintassi *f* [Ind] / Syntax *f*
si stampi [Tip] / druckfertig! *adj* · imprimatur!
sistema *m* ⟨UNI ISO 5127/1⟩ / System *n* ‖ *v.a. gestione di sistema*
~ **a multiprocessori** *m* [Inform] / Mehrprozessorsystem *n* ‖ *v.a. funzionamento a multiprocessore*
~ **automatico di prestito** *m* / maschinelles Ausleihverbuchungssystem *n*
~ **bibliotecario** *m* (sistema di biblioteche) ⟨UNI ISO 5127/1⟩ / Bibliothekssystem *n*
~ **bibliotecario integrato** *m* / integriertes Bibliothekssystem *n*
~ **chiavi in mano** *m* / schlüsselfertiges System *n*
~ **cooperativo** *m* / Verbundsystem *n* · Verbund *m*
~ **d'allarme** *m* / Alarmanlage *f*

~ **decimale** *m* / Dezimalsystem *n*
~ **della divisione in fogli** *f* [Cart] / Blatteinteilung *f*
~ **della gestione di dati** *m* / Datenverwaltungssystem *n*
~ **di antitaccheggio** *m* / Diebstahlssicherungssystem *n*
~ **di banca dati** *m* / Datenbanksystem *n*
~ **di calcolatori** *m* / Rechnersystem *n*
~ **di catalogazione partecipata** *m* / Verbundkatalogisierungssystem *n*
~ **di circolazione** *m* / Ausleihsystem *n*
~ **di classificazione** *m* / Klassifikationssystem *n*
~ **di collegamento** *m* / Verbundsystem *n*
~ **di comunicazione** *m* ⟨UNI ISO 5127/1⟩ / Kommunikationssystem *n*
~ **di editing di ipertesti** *m* / Hypertext-Editiersystem *n*
sistema di elaborazione dati *m* / Datenverarbeitungssystem *n* · Rechensystem *n*
sistema di elaborazione dedicato *m* / dediziertes Datenverarbeitungsssystem *n*
~ **di esposizione** *m* [Repr] / Belichtungssystem *n*
~ **di estinsione automatica a pioggia** *m* / Sprinkleranlage *f*
~ **di indicizzazione** *m* / Indexierungssystem *n*
~ **di interrogazione** *m* [Retr] / Abfragesystem *n*
~ **di misura tipografica** *m* / typographisches Maßsystem *n*
~ **d'informazione** *m* ⟨UNI ISO 5127/1⟩ / Informationssystem *n*
~ **d'informazione per il management** *m* / Managementinformationssystem *n*
~ **d'informazione senza carta** *f* / papierloses Informationssystem *n*
~ **di prestito** *m* / Ausleihverbuchungssystem *n* · Ausleihsystem *n*
~ **di programmazione** *m* [Inform] / Programmiersystem *n*
~ **di protezione dai furti** *m* / Diebstahlssicherungssystem *n* ‖ *v.a. sistema di antitaccheggio*
~ **di quotazione** *m* / Quotensystem *n* · Quotierungssystem *n*
~ **di recupero/ricupero dell'informazione** *m* / System der Informationswiedergewinnung *n* · Retrievalsystem *n* · Informationsretrievalsystem *n*
~ **di registrazione dei prestiti** *m* / Ausleih-Verbuchungssystem *n*
~ **di richiesta in linea** *m* [Retr] / Online-Recherchesystem *n* · Online-Abfragesystem *n*
~ **di scaffalatura** *f* / Regalsystem *n*
~ **di segnalazione** *m* / optisches Leitsystem *n*
~ **di segnaletica** *m* / Beschilderungssystem *n*
~ **esadecimale** *m* / Sedezimal(zahlen)system *n* · Hexadezimalsystem *n*
~ **esperti** *m* [Inform] / Expertensystem *n*
~ **finale** *m* / Endsystem *n*
~ **informativo** *m* / Informationssystem *n*
~ **in linea** *m* / Online-System *n*
~ **interattivo** *m* [Inform] / interaktives System *n*
~ **interno** *m* / hausinternes System *n* · innerbetriebliches System *n*
~ **ipertestuale** *m* / Hypertext-System *n*
~ **modulare** *m* / Modularsystem *n* · Baukastenprinzip *n*
~ **monoutente** *m* [Inform] / Einbenutzersystem *n* · Einplatzsystem *n*
~ **multimediale** *m* / Multimediasystem *n*
~ **multiuso** *m* [Inform] / Mehrbenutzersystem *n* · Mehrplatzsystem *n*
~ **operativo** *m* [Inform] / Betriebssystem *n*
~ **operativo a dischi** *m* / Diskettenbetriebssystem *n*
~ **operativo di rete** *m* / Netzbetriebssystem *n*
~ **operativo su disco** *m* / Platte-Betriebssystem *n*
~ **per il controllo di processo** *m* [Inform] / Prozessrechner *m* · Prozesssteuersystem *n*
~ **per la gestione di banche dati** *m* / Datenbank-Management-System *n*
sistemare *v* / (libri sullo scaffale ecc.:) unterbringen *v*
sistema 'token passing' *m* [Com] / Token-Passing-Verfahren *n*
sistemazione *f* (di libri) / Unterbringung *f* (von Büchern in Regalen,Schränken usw.) · Aufstellung *f* (von Büchern)
sito *m* / Lage *f*
~ **web** *m* / Website *f*
slegare *v* [Leg] / auseinandernehmen *v* · lösen *v* (den Einband ~)
slegato *part pt* / ohne Einband *m* · aus dem Einband
slitta a croce *f* [Repr] / Kreuzschlitten *m*
smaltare *v* / emaillieren *v* · glasieren *v*
smarginare *v* [Leg] / beschneiden *v*
smarginato *part pt* / beschnitten *part perf*

smarginatura *f* [Cart] / Randüberzeichnung *f* · Randbeschnitt *m*
smarrito *part pt* / vermisst *part perf* ‖ *v.a. non trovato al suo posto*
smistamento / Sortierung *f* (von Briefen usw.) ‖ *v.a. bancone di smistamento*
~ **dei compiti** *m* [Inform] / Aufgabensteuerung *f*
smontaggio *m* (di una legatura) / das Auseinandernehmen *n* · die Zerlegung *f* (eines Einbandes)
smussare *f* [Leg] / ausschärfen *v* · abschrägen
società a responsabilità limitata *f* (s.r.l.) / Gesellschaft mit beschränkter Haftung *f* (G.m.b.H.)
~ **assicuratrice** *f* / Versicherungsgesellschaft *f*
~ **dell'informazione** *f* / Informationsgesellschaft
~ **editrice** *f* / Verlagsgesellschaft *f*
~ **efficientista** *f* / Leistungsgesellschaft *f*
~ **per la realizzazione dei diritti d'autore** *f* / Verwertungsgesellschaft *f*
socio *m* / (di un'associazione:) Mitglied *n*
~ **effettivo** *m* (di un'associazione) / ordentliches Mitglied *n*
soffito *m* / Decke *f*
~ **sospeso** *m* [EdilArred] / abgehängte Decke *f*
software *m* / Software *f* ‖ *v.a. ditta di software; progettazione di software; supporto di software*
~ **antivirus** *m* / Anti-Virus-Software *f*
~**applicativo** *m* / Anwendersoftware *f*
~ **autore** *m* / Autorensystem *n*
~ **di accesso** *m* / Zugriffssoftware *f*
~ **di animazione** *m* / Animationssoftware *f*
~ **di gestione** *m* [Inform] / Betriebssoftware *f*
~ **di navigazione in un ipertesto** / Hypertext-Browser *m*
~ **di ricerca** [Retr] / Recherchesoftware *f*
soggettare *v* [Cat; Ind] / verschlagworten *v*
soggettario *m* [Cat] / Standardschlagwortliste *f* · Schlagwortverzeichnis *n* ‖ *v.a. authority file soggeti*
soggettatore *m* [Pers] / Schlagwortreferent *m*
soggettazione *f* [Cat] / Verschlagwortung *f* · Schlagwortvergabe *f* · Schlagwortgebung *f*
soggetto / (voce di ~; intestazione di ~:) Schlagwort *n* · (tema, argomento di un documento:) Gegenstand *m* · Sachverhalt *m* · Inhalt *m* ‖ *v.a. catalogazione per soggetti; catalogo per soggetto; intestazione a soggetto; intestazione per soggetto; lista standard di soggetti; ordinamento per soggetto; scheda di soggetto; stringa di soggetto; voce di soggetto*
~ **ampio** *m* [Cat] / weites Schlagwort *n*
~ **composto** *m* [Cat] / mehrgliedriges Schlagwort *n*
~ **formale** [Cat] / Formschlagwort *n*
~ **libero** *m* [Cat] / ungebundenes Schlagwort *n*
~ **specifico** *m* [Ind] / enges Schlagwort *n*
solco *m* / (di una legatura:) Rückenfalz *m* · (di un disco:) Rille *f*
solidità del colore *f* / Farbechtheit *f*
sollecitare *v* / mahnen
sollecitazione *f* / Erinnerung *f* · Mahnung *f* ‖ *v.a. lettera di sollecitazione*
~ **del pagamento** *f* / Zahlungserinnerung *f*
sollecito *m* / (lettera:) Mahnschreiben *n* · Mahnung *f*
~ **di restituzione** *f* / Rückgabeaufforderung *f*
~ **ripetuto** *m* / wiederholte Mahnung *f*
solvente *m* [Rest] / Lösungsmittel *n*
somma forfettaria *f* / Pauschalsumme *f* · Pauschalsatz *m*
sommario *m* / (abstract:) Referat *n* · (riassunto:) Zusammenfassung *f* · Inhaltszusammenfassung *f*
~ **d'autore** *m* [Ind] / Autorreferat *n*
sondaggio *m* / Umfrage *f* · Sondierung *f* · Befragung *f*
soppressione *f* [Inform] / Unterdrückung *f*
~ **degli zeri** *f* / Nullenunterdrückung *f*
sopprimere *v* / unterdrücken *v*
sopraccoperta *f* [Libri] / Schutzumschlag *m*
soprannome *m* / Beiname *m*
soprascritta *f* / Überschrift *f*
sorveglianza *f* / Aufsicht *f* · Überwachung *f* ‖ *v.a. personale adetto alla sorveglianza; posto di sorveglianza*
~ **con videocamere** *f* / Videoüberwachung *f*
~ **di servizio** *f* / Dienstaufsicht *f*
~ **giuridica** *f* / Rechtsaufsicht *f*
~ **tecnica** *f* / Fachaufsicht *f*
sorvegliare *v* / beaufsichtigen *v* · überwachen *v*
sospendere *v* / unterbrechen *v*

sospensione *f* (della pubblicazione) / Unterbrechung *f* (des Erscheinens einer Veröffentlichung)
sostanza di carica *f* [Carta] / Füllstoff *m*
sostentamento *m* / Unterhalt *m* · Unterhaltung *f*
sostegno *m* / (per libri:) Buchständer *m* · (tipografia:) Bedruckstoff *m*
~ **per carte** *m* / Kartenständer *m*
sostituto del frontespizio *m* / Titelblattersatz *m*
sotto|campo *m* [Inform] / Unterfeld *n* · Teilfeld *n*
~**collana** *f* [Cat] / Unterreihe *f*
~**collezione** *f* [Cat] / Unterreihe *f*
~**comitato** *m* / Unterausschuss *m*
~**esposizione** *f* [Repr] / Unterbelichtung *f*
~**finestra** *f* [Inform] / Teilfenster *m*
~**gruppo** *m* [Clsss] / Untergruppe *f*
~**intestazione** *f* (aggiunta a un'intestazione di soggetto) [Cat] ⟨UNI ISO 5127/5⟩ / Unterschlagwort *n*
~**lineare** *v* [Scritt] / unterstreichen *v*
~**lineatura** *f* / Unterstreichung *f*
~**lineature** / Anstreichungen *pl* (Unterstreichungen)
~**menu** *m* / Untermenü *n*
~**programma** *m* [Inform] / Subroutine *f* · Unterprogramm *n*
~**rete** *f* [Com] / Teilnetz *n*
~**scrittore** *m* [Libri] / Subskribent *m*
~**scrivere** *v* / (firmare:) unterschreiben *v* · (un'opera in corso di attuazione:) subskribieren
~**scrivere** *v* / unterzeichnen *v* · zeichnen *v*
~**scrizione** *f* / Unterzeichnung *f* · (firma:) Unterschrift *f*
~**scrizione** 1 *f* / Unterschrift *f* · Unterzeichnung *f* (sottoscrizione autografa: eigenhändige Unterschrift)
~**scrizione** 2 *f* ⟨UNI ISO 5127/5⟩ / (colofone:) Impressum *n* · (come impegno d'acquisto:) Subskription *f* ‖ *v.a. edizione in sottoscrizione; prezzo di sottoscrizione*
~**serie** *f* / Unterreihe *f*
~**sezione** *f* [Class] / Unterabteilung *f*
~**sistema** *m* / Untersystem *n*
~**sistema** *m* / Subsystem *n*
~**titolo** *m* ⟨UNI ISO 5127/5⟩ / Untertitel *m*
~**voce** *f* (aggiunta a una voce di soggetto) [Cat] / Unterschlagwort *n*
sottrarre *v* / aussondern
sovra|ccarico di lavoro *m* / Arbeitsüberlastung
~**ccoperta** *f* ⟨UNI ISO 5127/2⟩ / Schutzumschlag *m*
sovr(a)esporre *v* [Repr] / überbelichten *v*
sovr(a)esposizione *f* [Repr] / Überbelichtung *f*
sovranità culturale *f* / Kulturhoheit *f*
sovra|pprezzo *m* / Aufpreis *m*
~**scrivere** *v* [Inform] / überschreiben *v*
sovvenzionare *v* / subventionieren *v* · fördern *v*
sovvenzione *f* / Förderung *f* (durch finanzielle Unterstützung) · Subvention *f* · Beihilfe *f*
~ **per un viaggio di studio** *f* / Reisestipendium *n*
spaccato *m* (rappresentazione di un edificio mediante sezione verticale) [Edil] / Aufriss *m*
spalla *f* (di un carattere tipografico) / Achselfläche *f*
spartito *m* [Mus] / Auszug aus einer Partitur *m* · Partitur *f* ‖ *v.a. spartito per pianoforte*
~ **per orchestra** *m* / Orchesterpartitur *f*
~ **per pianoforte** *m* [Mus] / Klavierauszug *m*
spatola termostatica *f* [Rest] / Lötkolben *m* · Heizstift *m* (thermostatisch regelbar)
spaziare *v* [Tip] / ausschließen *v*
spaziatura *f* [Tip; Repr] / (distribuzione degli spazi nella composizione:) Ausschluß *m* · (su un microfilm:) Bildsteg *m* ‖ *v.a. stampa a doppia spaziatura*
~ **verticale** *f* [Tip] / Zeilenabstand *m*
spazieggiare *v* [Tip] / sperren *v*
spazieggiato *part pt* [Tip] / gesperrt gedruckt *part perf*
spazieggiatura *f* [Tip] / Sperrung *f*
spazio *m* / Raum *m* ‖ *v.a. esigenze di spazio; mancanza di spazio; progettazione degli spazi; utilizzazione dello spazio; utilizzo dello spazio*
~ **di memoria** *m* [Inform] / Speicherplatz *m*
~ **di riserva** *m* / Reservefläche *f*
~ **di scaffalatura** *m* / Regalfläche *f*
specialista *m* / Fachkraft *f* · Spezialist *f* · Fachmann *m*
~ **d'area** *m* / Regionalreferent *m*
~ **di informazione** *m* / Informationsfachkraft *f* · Informationsspezialist *m*
~ **di lingue** *m* / Sprachenreferent *m*
specifica di gestione del lavoro *f* / Betriebsanweisung *f*

~ **di programma** *f* [Inform] / Pflichtenheft *n*
specificazione *f* / Spezifikation *f*
~ **tecnica** *f* ⟨UNI ISO 5127/2⟩ / technische Spezifikation *f* · technische Beschreibung *f*
specifiche di legatura *pl* / Einbandanforderungen *pl*
specifità di indicizzazione *f* / Indexierungsspezifität *f*
spedizione *f* / Zusendung *f* · Lieferung ‖ *v.a. costi di spedizione; ufficio spedizioni*
~ **contrassegno** *f* (spedizione in contrassegno) / Nachnahmesendung *f*
~ **pneumatica** *f* / Rohrpostsendung *f* ‖ *v.a. posta pneumatica*
spegnere *v* / ausschalten *v* · abschalten *v*
spegnimento automatico *m* / Abschaltautomatik *f*
spesa *f* / (versamento di una somma di denaro:) Ausgabe *f* · (compenso:) Entgelt · (tassa:) Gebühr *f* ‖ *v.a. documento giustificativo della spesa*
~ **di accesso** *f* [Retr] / Zugangsgebühr *f*
spese *pl* / Kosten *pl* · Ausgaben *pl* · Unkosten *pl* ‖ *v.a. assunzione delle spese; preventivo delle spese; recupero spese*
~ **accessorie** *pl* / Nebenkosten *pl*
~ **d'esercizio** *pl* / Betriebsausgaben *pl* · Betriebskosten *pl*
~ **di assicurazione** *pl* / Versicherungskosten *pl*
~ **di avviamento** *pl* / Anlaufkosten *pl*
~ **di bilancio** *pl* / Haushaltsausgaben *pl*
~ **di contrassegno** *pl* [Com] / Nachnahmegebühr *f*
~ **di costruzione** *pl* / Baukosten
spese di fornitura *pl* / Beschaffungskosten *pl*
spese di lancio *pl* / Anlaufkosten *pl*
~ **di manutenzione** *pl* / Instandhaltungskosten *pl* · Unterhaltskosten *pl* · Wartungskosten *pl*
~ **d'imballaggio** *pl* / Verpackungskosten *pl*
~ **d'investimento** *pl* / Investitionskosten *pl* · Investitionsaufwendungen *pl*
~ **di rappresentanza** *pl* / Repräsentationsaufwendungen *pl*
~ **di sostentamento** *pl* / Unterhaltskosten *pl*
~ **di spedizione** *pl* / Versandkosten *pl*
~ **di stampa** *pl* / Druckkosten *pl*
~ **di trasporto** *pl* / Transportkosten *pl*
~ **di viaggio** *pl* / Reisekosten *pl* ‖ *v.a. sussidio per le spese di viaggio*
~ **fisse** *pl* / fixe Kosten *pl* · feste Kosten *pl*
~ **impersonali** *pl* / Sachausgaben *pl* · Sachkosten *pl*
~ **iniziali** *pl* / Anlaufkosten *pl* · Startkosten *pl*
~ **noncorrenti** *pl* / nichtlaufende Kosten *pl* · einmalige Kosten *pl*
~ **per il personale** *pl* / Personalausgaben *pl* · Personalkosten *pl*
~ **postali** *pl* / Portokosten *pl*
~ **variabli** *pl* / variable Kosten *pl*
spessore *m* (di un carattere tipografico) / Dickte *f* (einer Drucktype)
~ **della carta** *m* / Papierstärke *f*
spettacolo televisivo *m* / Fernsehspiel *n*
spettatore *m* / Zuschauer *m*
spezzone di microfilm *m* / Filmstreifen *m*
spiegazione *f* / Erläuterung
spiegazione dei segni *f* / Zeichenerklärung *f*
spigolo *m* [Leg] / Flügelfalz *m* · Ansatzfalz *m* · Rückenfalz *m* · tiefer Falz *m* · Ansetzfalz *m*
spillatrice [Uff] / Heftmaschine *f* · Hefter *m*
spillatura *f* [Leg] / Blockheftung *f*
~ **a punti metallici** *f* [Leg] / Drahtheftung *f* (Blockheftung mit Draht)
spina *f* / (elettrotecnica:) Stecker *m* · Steckverbindung *f*
~ **multipla** *f* / (elettrotecnica:) Mehrfachstecker *m*
spogliare *v* (fare lo spoglio di periodici) [Ind] / auswerten *v* (Zeitschriften ~)
spoglio di periodici *m* / Zeitschriftenauswertung *f* ‖ *v.a. fare lo spoglio; scheda di spoglio*
spolverare *v* [Cons] / entstauben *v*
sponsor *m* / Sponsor *m*
sporcato *part pt* / beschmutzt *part perf*
sportello *m* / Schalter *m*
~ **di consegna** *m* / Ausleihschalter *m* ‖ *v.a. banco di consegna*
spostamento *m* (del fondo) / Umstellung *f* (des Bestands)
spostare *v* / umstellen *v* · verlagern *v* · auslagern *v*
spuntare *v* (in un questionario) / ankreuzen *v*
squalificazione *f* [Pers] / Dequalifizierung *f*
ss. *abbr* (seguenti) / ff *Abk* (folgende)
stabilità *f* (di una copia ecc.) / Haltbarkeit *f* (einer Kopie usw.)
~ **del valore** *f* / Wertbeständigkeit *f*
stabilizzare *v* / stabilisieren *v*
stabilizzazione *f* [Repr] / Stabilisierung *f*
staccare *v* / lösen *v* · abschalten *v*
staccato *part pt* [Leg] / abgelöst *part perf*

Staderini *m* [Cat] *v. catalogo a fogli mobili (Staderini)*
sta in: / in: · enthalten in:
stallo *m* / Störung *f* · Stillstand *m* ‖ *v.a. guasto*
~ **di sistema** *m* / Systemausfall *m* ‖ *v.a. guasto*
stampa *f* / Druck *m* ‖ *v.a. diritto di stampa; maschera di stampa; metodo di stampa; modo di stampa; opera a stampa; pronto per la stampa; supporto per la stampa; sussidio per la stampa*
stampa 1 *f* ⟨UNI ISO 5127/5⟩ / Druck *m* (essere in corso di ~: im Druck sein) · Abdruck *f* ‖ *v.a. arte della stampa; velocità di stampa*
stampa 2 (in riferimento ai giornali in generale) / Presse *f*
~ **a colori** *f* / Farbdruck *m*
~ **a doppia spaziatura** / zweizeiliges Drucken *n*
~ **al bromuro d'argento** *f* [Repr] / Bromsilberdruck *m*
~ **anopistografa** *f* / Einblattdruck *m*
~ **a più colori** *f* / Mehrfarbendruck *m*
~ **a quattro colori** *f* / Vierfarbendruck *m*
~ **a rilievo** / Hochdruck *m*
~ **artistica** *f* / Grafik *f* · Kunstblatt *n* ‖ *v.a. gabinetto delle stampe*
~ **a un colore** *f* / Einfarbendruck *m*
stampabile / druckreif *adj* · druckfertig! *adj*
stampa cartacea *f* / Printmedien *pl*
stampa commerciale *f* / Akzidenzdruck *m*
~ **d'arte** *f* / Kunstblatt *n* · Kunstdruck *m*
~ **da un lato** *f* / Einblattdruck *m*
~ **del verso** *f* / Widerdruck *m*
~ **difettosa** *f* / Fehldruck *m*
~ **di libri** *f* / Werkdruck *m*
~ **di prova** *f* [Druck] / Andruck *m* · Probedruck *m*
~ **di tessuti** *f* / Zeugdruck *m*
~ **flessografica** *f* / Flexodruck *m*
~ **fotografica** *f* / Fotoabzug *m*
~ **gialla** *f* / Boulevardpresse *f* · Skandalpresse *f*
~ **in bianco** *f* / (stampa difettosa:) Schimmelbogen *m*
~ **in cavo** *f* / Tiefdruck *m*
~ **ingrandita** *f* [Repr] / Rückvergrößerung *f*
~ **in grassetto** / Fettdruck *m*
~ **in neretto** *f* / Fettdruck *m*
~ **in piano** *f* / Flachdruck *m*
~ **in volta** *f* [Tip] / Widerdruck *m*
~ **monocromatica** *f* / Einfarbendruck *m*
stampante *f* / Drucker *m* ‖ *v.a. emissione su stampante*
~ **a catena** *f* / Kettendrucker *m*
~ **a colori** *f* / Farbdrucker *m*
~ **ad aghi** *f* / Nadeldrucker *m*
~ **a getto d'inchiostro** *f* / Tintenstrahldrucker *m*
~ **a impatto** *f* / Anschlagdrucker *m* · mechanischer Drucker *m* ‖ *v.a. stampante senza impatto*
~ **a laser** *f* [Inform] / Laserdrucker *m*
~ **a margherita** *f* / Typenraddrucker *m*
~ **a matrice** *f* [Inform] / Matrixdrucker *m*
~ **a punti** *f* / Rasterdrucker *m*
~ **a trasferimento termico** *f* / Thermotransferdrucker *m*
~ **di caratteri** *f* / Zeichendrucker *m*
~ **di pagina** *f* / Seitendrucker *m*
~ **grafica** *f* / Grafikdrucker *m*
~ **laser** *f* / Laserdrucker *m*
~ **parallela** *f* [Inform] / Zeilendrucker *m*
~ **parallela** *f* / Paralleldrucker *m*
~ **senza impatto** *f* / anschlagfreier Drucker *m*
~ **seriale** *f* / Seriendrucker *m* · serieller Drucker *m*
~ **termica** *f* / Thermodrucker *m* · Thermotransferdrucker *m*
~ **veloce** *f* / Schnelldrucker *m*
stampa offset *f* / Offsetdruck *m*
~ **originale** *f* [Arte] / Originalgrafik *f* · Künstlerdruck *m*
~ **quotidiana** *f* / Tagespresse *f*
stampare *v* / prägen *v* · (Legatura, tipografia:) drucken *v* · (elaborazione dati:) ausdrucken *v* ‖ *v.a. si stampi*
~ **a caratteri piccoli** *v* / kleindrucken *v*
~ **in maiuscoli** *v* / großdrucken *v*
stampa rotativa *f* / Rotationsdruck *m*
~ **su carta** *f* [Repr] / Papierabzug *m* · Papierkopie *f*
~ **su pietra** *f* / Steindruck *m*
stampatello *m* / Blockschrift *f* ‖ *v.a. scrittura a stampatello*
stampa tipografica *f* / Hochdruck *m* · Buchdruck *m*
~ **tipografica indiretta** *f* / indirekter Hochdruck *m*
stampato *m/part pt* / Druck *m* (das Gedruckte) · abgedruckt *part perf* · Drucksache *f* · (printout:) Ausdruck *m* · (pubblicazione a stampa:) Druckschrift *f* ‖ *v.a. tabulato*
~ **a mano** *part pt* [Tip] / handgedruckt *part perf*

~ **in corsivo** *part pt* [Tip] / kursiv gedruckt *part perf*
~ **per la diffusione ristretta** *part pt* / als Manuskript gedruckt *part perf*
stampatore *m* [Pers] ⟨UNI ISO 5127/5⟩ / Drucker *m*
stampatrice *f* [Repr] / Filmkopiermaschine *f* · Kopiermaschine *f*
~ **a contatto** [Repr] / Kontaktkopiergerät *n*
~ **elettrostatica** *f* / elektrostatischer Drucker *m*
~ **rapida** *f* / Schnelldrucker *m*
stampatura *f* [Leg] / Stempeldruck *m*
stampa xilografica *f* / Holztafeldruck *m* · Blockdruck *m*
stamperia / Druckerei (als Abteilung in einer Bibliothek usw.)
~ **clandestina** *f* / Untergrunddruckerei *f*
~ **privata** *f* / Privatpresse *f*
~ **segreta** *f* / Geheimdruckerei *f*
stampiglia *f* [Uff] / Stempel *m*
stampigliare *v* / stempeln *v*
stampino *m* / Schablone *f*
stampo *m* / (forma da fonderia:) Gießform *f*
stand *m* / (riservato a un espositore:) Ausstellungsstand *m* · (in una fiera:) Messestand *m*
standard *m* / Standard *m* · Norm *f*
~ **internazionale di descrizione bibliografica** *m* / Internationale Standardisierte Bibliographische Beschreibung *f* (ISBD)
standardizzare / standardisieren *v*
standardizzazione *f* / Standardisierung *f* ‖ *v.a. normalizzazione; ente di standardizzazione*
stanza da lavoro *f* / Arbeitszimmer *n* · Arbeitsraum *m*
~ **di lettura** *f* / Lesezimmer *n*
stanziamento *m* / Bereitstellung *f* (von Geldmitteln) · Zuweisung *f* · Bewilligung *f*
~ **finanzario** *m* / Mittelzuweisung *f*
~ **globale** *m* / Globalbewilligung
stanziare v / bewilligen *v* · bereitstellen (~ fondi di bilancio:Hauhaltsmittel bereitstellen)
statistica *f* / Statistik *f*
statistica analitica *f* / analytische Statistik *f*
~ **bibliotecaria** *f* / Bibliotheksstatistik *f*
~ **del prestito** *f* / Ausleihstatistik *f*
~ **del prestito interbibliotecario** *f* / Fernleihstatistik *f*
~ **descrittiva** *f* / deskriptive Statistik *f*
~ **sull'uso della biblioteca** *f* / Benutzungsstatistik *f*
~ **utenti** *f* / Benutzerstatistik *f*
stato *m* / Zustand *m* · (tipografia:) Druckzustand *m* ‖ *v.a. prova di stato*
~ **dell'arte** / Stand der Technik *m*
~ **della tecnica** *m* / Stand der Technik *m* ‖ *v.a. inchiesta sullo stato della tecnica; rapporto dello stato dell'arte*
~ **di conservazione** *f* / Erhaltungszustand *m*
~ **di nuovo** / wie neu
~ **di record** *m* [Inform] / Satzstatus *m*
statuto *m* / Statut *n* · Satzung *f*
~ **della biblioteca** *m* / Bibliotheksordnung *f* · Bibliotheksstatut *n*
stazione chiamante *f* [Com] / rufende Station *f*
~ **chiamata** *f* [Com] / gerufene Station *f*
~ **dei dati** *f* / Datenstation *f*
~ **di lavoro** *f* [Inform] / Workstation *f* · Arbeitsplatz *m* (mit EDV-Ausstattung)
~ **di trasmissione** *f* [Com] / Sendestation *f*
~ **ibrida** *f* [Com] / Hybridstation *f*
~ **ricevente** *f* [Com] / Empfangsstation *f*
~ **secondaria** *f* [Com] / Trabantenstation *f*
~ **televisiva** *f* / Fernsehsender *m*
stecca d'osso *f* [Leg] / Falzbein *n*
stemma *m* / Wappen *n*
stenditoio *m* [Rest] / Trockengestell *n* (zum Trocknen von feuchtem Papier)
stenografia *f* / Kurzschrift *f* · Stenographie *f*
stereo *m* / (impianto stereofonico:) Stereoanlage *f* · (tipografia:) Stereo *n* · (disco stereo:) Stereoplatte *f*
stereofonia *f* / Stereophonie *f*
stereogramma *m* / (diagramma in tre dimensioni:) Blockdiagramm *n*
stereoscopia *f* / Stereoskopie *f* · Stereobild *n*
stereotipia *f* / Stereotypie *f*
sterofonico *agg* / stereophonisch *adj*
stesura *f* (di un testo) / Fassung *f* (stesura definitiva: endgültige Fassung) ‖ *v.a. prima stesura*
stile alla fanfara *m* [Leg] / Fanfarenstil *m*
~ **a seminato** *m* [Leg] / Semis-Stil *m*
~ **a smerletto** *m* [Leg] *v. legatura in stile a smerletto*
~ **a ventaglio** *m* [Leg] / Fächerstil *m*
~ **direzionale** *m* / Führungsstil *m*
~ **direzionale orientato ai collaboratori** *m* / mitarbeiterorientierter Führungsstil *m*
~ **pointillè** *m* [Leg] / Pointillé-Stil *m*
stilo *m* / Griffel *m*
stima / Schätzung *f* · (valutazione:) Bewertung ‖ *v.a. prezzo di stima*
stimare *v* / schätzen *v*
stipendiato *m* / Gehaltsempfänger *m*

stipendio *m* / Vergütung *f* · Gehalt *n* ‖ *v.a. diritto allo stipendio; livello di stipendio; regolamento degli stipendi*
~ **iniziale** *m* / Anfangsgehalt *n*
~ **lordo** *m* / Bruttoeinkommen *n* · Bruttogehalt *n*
~ **netto** *m* / Nettogehalt *n*
stipulazione del contratto *f* / Vertragsabschluss *m*
storia della biblioteca *f* / Bibliotheksgeschichte *f*
~ **della legatura** *f* / Einbandgeschichte *f*
~ **della stampa** *f* / Druckgeschichte *f*
~ **della tipografia** *f* / Druckgeschichte *f*
~ **del libro** *f* / Buchgeschichte *f*
~ **dell'orrore** *f* / Gruselgeschichte *f*
strappato *part pt* [Leg] / aufgerissen *part perf* · abgerissen *part perf* · gerissen *part perf* · herausgerissen *part perf*
strappetto *m* / Einriss *m*
strappo *m* [Rest] / Riss *m*
strategia di accesso *f* [Retr] / Zugriffsstrategie *f*
~ **di ricerca** *f* / Recherchestrategie *f* · Suchstrategie *f*
stratificare *v* / schichten *v*
stratificazione *f* / Schichtung *f*
strato *m* [Com] / Schicht *f*
~ **di emulsione** *m* [Repr] / Emulsionsschicht *f*
~ **di vernice** *m* (acquaforte) / Ätzgrund *m*
~ **fotosensibile** *m* / strahlungsempfindliche Schicht *f*
stringa delle intestazioni di soggetto / Schlagwortkette *f*
~ **di caratteri** *f* / Zeichenkette *f*
~ **di soggetto** *f* [Cat] / Schlagwortkette *f*
~ **di termini** *f* [Ind] / Begriffsleiter *f*
striscia *f* / Streifen *m*
~ **bibliografica** *f* / Ordnungsleiste *f* · bibliographische Ordnungsleiste *f*
~ **di accompagnamento** *f* / Laufzettel *m* ‖ *v.a. segnalino*
~ **di cuoio** *f* [Leg] / Lederriemchen *n*
~ **di film** *f* / Filmstreifen *m*
~ **di garza** *f* [Leg] / Gazestreifen *m*
~ **di microfilm** *f* / Mikrofilmstreifen *m*
~ **magnetica** *f* / Magnetstreifen *m*
striscione *m* / Spruchband *n*
stropicciato *part pt* [Leg] / berieben *part perf*
strumentazione *f* [Mus] / Instrumentierung *f*
strumenti didattici *pl* / Lehrmittel *pl* ‖ *v.a. materiali didattici*
~ **per scrivere** *pl* / Schreibwerkzeug *n*
strumento bibliografico *m* / bibliographisches Hilfsmittel *n*
~ **di lavoro** *m* / Arbeitsmittel *n*
~ **informativo** *m* / Informationsmittel *n*
struttura ad albero *f* / Baumstruktur *f*
~ **del file** *f* [Inform] / Dateiaufbau *m*
~ **del personale** *f* / Personalstruktur *f*
~ **del record** *f* [Inform] / Satzstruktur *f*
struttura organizzativa *f* / Aufbauorganisation *f*
stucco *m* [Carta] / Füllstoff *m*
studente di biblioteconomia *m* / Bibliotheksstudent *m*
studentessa *f* / Studentin *f*
studi di lavoro *pl* / Arbeitsstudien *pl*
~ **fondamentali** *pl* / (università:) Grundstudium *n*
studio *m* / Studium *n* · (stanza da studio:) Studio *n* · Arbeitszimmer *n* · Studierraum *m* · (indagine:) Studie *f* ‖ *v.a. sussidio di studio; viaggio di studio*
~ **all'estero** *m* / Auslandsstudium *n*
~ **degli incunaboli** *m* / Inkunabelkunde *f*
~ **di fattibilità** *m* / Durchführbarkeitsstudie *f* · Machbarkeitsstudie *f*
~ **di un caso** *m* / Fallstudie *f*
~ **di un caso singolo** *m* / Einzelfallstudie *f*
studiolo *m* / Carrel *n* · Arbeitskabine *f*
studio per corrispondenza *m* / Fernstudium *n*
~ **per il lavoro di gruppo** *m* / Gruppenarbeitsraum *m*
~ **pilota** *m* / Pilotstudie *f*
~ **preliminare** *m* / Vorstudie *f*
studioso *m* / Gelehrter *m* · Wissenschaftler *m*
~ **della bibliologia** *m* / Buchwissenschaftler *m* · Buchkundler *m*
studi principali *pl* / (università:) Hauptstudium *n*
~ **sulle donne** *pl* / Frauenforschung *f*
subordinazione *f* / Unterordnung *f*
successiva elaborazione *f* [Inform] / Weiterverarbeitung *f*
succinto *agg* / kurzgefaßt *part perf*
suchiellatore *m* (insetto nocivo) / Totenuhr *f*
suddividere *v* [Class] / unterteilen *v*
suddivisione 1 *f* [Class] / Untergliederung *f* · Gliederung *f*
~ 2 *f* (di un'intestazione di soggetto) [Cat] / Unterschlagwort *n*
~ **alfabetica** *f* [Class] / alphabetische Gliederung *f* · alphabetische Unterteilung *f*
~ **biografica** *f* [Cat] / Personenschlagwort *n* (als Unterschlagwort)

~ **comune dei gruppi razziali, etnici, nazionali** *f* ((=...) parentesi segno di uguale) [CDU] / allgemeine Ergänzungszahl der Völker und Rassen *f* (=)
~ **comune dei materiali** *f* (trattino zero -0) [CDU] / allgemeine Ergänzungszahl der Materialien *f* (Strich 0)
~ **comune delle persone e delle caratteristiche personali** *f* [CDU] / allgemeine Ergänzungszahl der Personen und persönlichen Merkmale *f*
~ **comune di forma** *f* (parentesi 0 (0..)) [CDU] / allgemeine Ergänzungzahl der Form *f* (Klammer 0(0..))
~ **comune di lingua** *f* (segno di uguale =) [CDU] / allgemeine Ergänzungszahl der Sprache *f*
~ **comune di luogo** *f* ((1/9)parentesi da 1a 9) [CDU] / allgemeine Ergänzungszahl des Ortes *f*
~ **comune di punto di vista** (.00 punto zero zero) [CDU] / allgemeine Ergänzungszahl des Gesichtspunkts *f* ((.00 Punkt 00))
~ **comune di tempo** *f* [CDU] / ((virgolette „..."):) allgemeine Ergänzungszahl der Zeit *f*
~ **decimale** *f* [Class] / Dezimaluntertei-lung *f*
~ **di forma** *f* [CDU] / allgemeine Ergänzungszahl der Form *f*
~ **generica** *f* [Cat] / (soggettazione:) sachliches Unterschlagwort *n*
suddivisione geografica *f* [Cat] / (soggettazione:) geographisches Unterschlagwort *n*
suddivisione standardizzata *f* [CDU] / allgemeine Anhängezahl *f* · (Classificazione Decimale-Universale:) allgemeine Ergänzungszahl *f* · Allgemeingruppe *f* (als allgemein geltende Facette in einem Klassifikationsssystem)
suggerimento d'acquisto *m* / Anschaffungsvorschlag *m*
sul livello mare *m* [Cart] / über dem Meeresspiegel *m*
suonare *v* (far ~ un disco) / abspielen *n* (eine Schallplatte abspielen)
superficie *f* (di un edificio) / Grundfläche *f*
~ **cartografica** *f* / Kartenfeld *n*
~ **dell'esposizione** *f* / Ausstellungsfläche *f*
~ **di appoggio** *f* / Standfläche *f*
~ **di circolazione** *f* [EdilArred] / Verkehrsfläche *f*
~ **di poco riflesso** *f* / reflexionsarme Oberfläche *f*
~ **di proiezione** *f* / Projektionsflächc *f* · Bildwand *f*
~ **espositiva** *f* / Ausstellungsfläche *f*
~ **lorda** *f* (di un edificio) / Brutto-Grundfläche *f* (eines Gebäudes)
~ **murale** *f* / Wandfläche *f*
~ **usabile** *f* (di un edificio) / Nutzfläche *f*
~ **utile** *f* (di un edificio) / Nutzfläche *f* (eines Gebäudes)
superiore *m* [Pers] / Vorgesetzter *m*
super libros *m* / Supralibros *n*
supervisore [Pers] / Vorgesetzter *m*
supplemento *m* / Supplement *n* · (di una rivista:) Beiheft *n* · (a un'opera:) Ergänzungsband *m*
~ **letterario** *m* / (di un giornale:) Literaturbeilage *f*
supporto *m* / (reprografia:) Schichtträger *m* · (di una scritta:) Beschriftungsträger *m*
~ **adesivo** *m* / Haftfolie *f*
~ **angolare** *m* [CollScaff] / Winkelstütze *f*
~ **di dati** *m* ⟨UNI ISO 5127/1⟩ / Datenträger *m*
~ **di input** *m* / Eingabemedium *n*
~ **di memoria** *m* [Inform] / Speichermedium *n*
~ **d'informazione** *m* / Informationsträger *m*
~ **di software** *m* / Softwareunterstützung *f*
~ **fisico** *m* / physischer Datenträger *m*
~ **per la stampa** *m* / Druckträger *m*
~ **scrittorio** *m* / (di un documento scritto:) Beschreibstoff *m* · Schriftträger *m*
supra libros *m* / Supralibros *n*
surplus nel bilancio *m* / Haushaltsüber-schuss *m*
sussidio *m* / Beihilfe *f* · Zuschuss *m*
~ **di studio** *m* / Studienbeihilfe *f*
~ **per la formazione professionale** *m* / Ausbildungsbeihilfe *f*
~ **per la stampa** *m* / Druckkostenzu-schuss *m* · Druckbeihilfe *f*
~ **per le spese di viaggio** *m* / Reisekostenbeihilfe *f* · Reisekostenzuchuss *m*
svecchiamento delle raccolte *m* / Bestandserneuerung *f* (durch Aussonderung veralteter Bestandsteile)
svendere *v* [Libri] / verramschen *v*
sviluppare *v* / entwickeln *v*
sviluppatore *m* [Repr] / Entwickler *m* ‖ *v.a. serbatoio di sviluppo*

sviluppo *m* [Repr] / Entwicklung *f*
~ **a secco** *m* [Repr] / Trockenentwicklung *f*
~ **del patrimonio bibliografico** *m* / Bestandsentwicklung *f*
~ **del personale** *m* / Personalentwicklung *f*

~ **termale** *m* [Repr] / Wärme-Entwicklung *f*

T

tabella *f* ⟨UNI ISO 5127/2⟩ / Tabelle *f*
~ **cronologica** *f* / Zeittafel *f*
~ **dei percorsi** *f* [PubblEl] / Pfadtabelle *f*
~ **di marcia** *f* [OrgM] / Zeitplan *m* · Terminplan *m*
~ **d'indicazione** *f* / Hinweistafel *f*
tabellone *m* / Anschlagtafel *f* · Plakattafel *f*
tabellone didattico *m* / Schautafel *f*
tabulato *m* [Inform] / Listenausdruck *m* · Tabellierpapierausdruck *m* · Endlosformularausdruck *m* ‖ *v.a. stampato*
tabulatore *m* (di una macchina da scrivere) / Tabulator *m*
tabulatrice *f* [SchPerf] / Tabelliermaschine *f*
tacca *f* (di un carattere tipografico) / Kerbe *f* · Signatur *f*
tacca agli angoli *f* [Repr] / Eckenkerbe *f*
taccheggio *m* / Diebstahl *m* (im Freihandbereich) ‖ *v.a. quota di taccheggio; sistema di antitaccheggio*
tag *m* [Inform] / Identifizierungskennzeichen *n* · Tag *m* · (ipertesto:) Feldkennung *f*
taglia|carte *m* / Papiermesser *n* · Papierschneider *m*
~**cartone** *m* / Pappschere *f*
tagliare *v* / schneiden *v* · beschneiden *v* · aufschneiden *v* ‖ *v.a. a fogli aperti*
~ **ai piatti** *v* [Leg] / in Deckeln beschneiden *v*
~ **sbieco** *v* / abschrägen
tagliato *part pt* [Leg] / beschnitten *part perf*
tagliatrice *f* [Leg] / Papierschneider *m* · Schneidemaschine *f*
~ **di film** *f* [Repr] / Filmschneidegerät *n*
tagli dorati *pl* / Goldschnitt *m*
taglierina *f* [Leg] / Schnellschneider *m* · Papierschneidemaschine *f*
taglio *m* / (legatura:) Schnitt *m* · (statistica:) Zählstrich *m* ‖ *v.a. decorazione del taglio; doratura del taglio*
~ **a camaleonte** *m* [Leg] / verschobener Schnitt *m*
~ **al bilancio** *pl* / Haushaltskürzung *f*
~ **al vivo** [Cart] / Kartenausschnitt *m*
~ **anteriore** *m* [Leg] / Vorderschnitt *m*
~ **brunito** *m* [Leg] / Glanzschnitt *m*
~ **cesellato dorato** *m* [Leg] / ziselierter Goldschnitt *m*
~ **colorato** *m* [Leg] / Farbschnitt *m*
~ **colorato al guazzo** *m* [Leg] / Kleisterschnitt *m*
~ **concavo** *m* [Leg] / Hohlschnitt *m* · Vorderschnitt *m*
~ **concavo dorato** *m* [Leg] / Hohlgoldschnitt *m*
~ **d'angolo** *m* [Repr] / Ecken(ab)schnitt *m*
~ **davanti** *m* [Leg] / Vorderschnitt *m*
~ **decorato alla colla** *m* [Leg] / Stärkeschnitt *m*
~ **decorato alla creta** *m* [Leg] / Kreideschnitt *m*
~ **della carta** *m* [Cart] / Blattschnitt *m*

~ **di piede** *m* [Leg] / Unterschnitt *m* · Schwanzschnitt *m*
~ **dipinto** *m* [Leg] / gemalter Schnitt *m*
~ **di testa** *m* [Leg] / Kopfschnitt *m*
~ **dorato** *m* [Leg] / Goldschnitt *m*
~ **dorato colorato** *m* [Leg] / unterfärbter Goldschnitt *m*
~ **goffrato dorato** *m* [Leg] / ziselierter Goldschnitt *m*
~ **granito** *m* [Leg] / Körnerschnitt *m*
~ **inferiore** *m* [Leg] / Schwanzschnitt *m* · Fußschnitt *m*
taglio levigato *m* / glatter Schnitt *m*
taglio liscio *m* [Leg] / glatter Schnitt *m*
~ **marezzato** *m* / Sprengschnitt *m*
~ **marmorizzato** *m* [Leg] / Marmorschnitt *m*
~ **rosso** *m* [Leg] / Rotschnitt *m*
~ **sbarbato** *m* [Leg] / Rauhschnitt *m*
~ **scolpito dorato** *m* [Leg] / ziselierter Goldschnitt *m*
~ **spruzzato** *m* [Leg] / Sandschnitt *m* · Sprengschnitt *m*
~ **superiore** *m* [Leg] / Oberschnitt *m* · Kopfschnitt *m*
~ **superiore dorato** *m* [Leg] / Kopfgoldschnitt *m*
talco *m* / Talkum *n*
tamburino magnetico *m* [Inform] / Magnettrommel *f*
tamponare *v* [Inform] / puffern *v*
tamponatura *f* [Inform] / Pufferung *f*
tampone *m* [Tip; Uff] / Druckerballen *m* · Farbballen *m* · Einschwärzballen *m* · Ballen *m* · Tampon *m* · (per timbri:) Stempelkissen *n*
tannino *m* / Gerbstoff *m*
target *m* [Com] / Zielgruppe *f*
targhetta *f* / (sulla porta:) Türschild *n*
~ **della collocazione** *m* / Signaturschild *n*
targhettario / Adressenliste *f* (mit vorgefertigten Adressaufklebern)
tariffa *f* / Gebühr *f* · Tarif *m* ‖ *v.a. richiesta di tariffe*
~ **gratuita** *f* / Nulltarif *m*
~ **notturna** *f* / Nachttarif *m*
~ **per l'accesso** *f* / Benutzungsgebühr *f* (bei einer Datenbank)
tariffario *agg/m* / 1 tariflich *adj* · 2 Tariftabelle *f*
tarlato *part pt* [Rest] / wurmstichig *adj*
tarlature *pl* [Rest] / Holzwurmlöcher *pl*
tarletti *pl* [Rest] / Wurmstiche *pl*
tarlo *m* / Holzwurm *m* · Bücherwurm *m*
tartaruga *f* [Leg] / Schildpatt *n*
tascabile *m* [Libri] / Taschenbuch *n*
taschetta *f* [ServPubbl] / Buchkartentasche *f*
tassa *f* / Gebühr *f*
~ **di allacciamento** *f* / Anschlussgebühr *f*
~ **di iscrizione** *f* / Anmeldegebühr *f* · Einschreibgebühr *f* · Benutzungsgebühr *f* · (università:) Studiengebühr *f*
~ **di licenza** *f* / Lizenzgebühr *f*
~ **di partecipazione** *f* / Teilnahmegebühr *f*
~ **di prestito** *f* / Leihgebühr *f*
~ **globale** *f* / Pauschalgebühr *f*
~ **minima** *f* / Mindestgebühr *f*
~ **per il prestito** *f* / Leihgebühr *f*
~ **per l'uso** *f* / Nutzungsgebühr *f*
~ **postale** *f* / Postgebühr *f*
tassello *m* / Rückenetikett *n*
tasso *m* / Quote *f* · Rate *f* · Anteil *m*
~ **d'errore** *m* / Fehlerquote *f*
~ **di cambio** *m* / Wechselkurs *m*
~ **di crescita** *m* / Zuwachsrate *f* · Wachstumsrate *f*
~ **di perdita** *m* / Verlustrate *f*
~ **di riduzione** *m* [Repr] / Verkleinerungsfaktor *m*
~ **di rinfresco** *m* [Inform] / Bildwiederholfrequenz *f*
~**percentuale** *m* / Prozentsatz *m*
tassonomia *f* / Taxonomie *f*
tastiera *f* [Uff] / Tastatur *f* (immettere mediante ~: eintasten)
tastierino numerico *m* [Inform] / Ziffernteil *m* (der Tastatur)
tasto *m* / Taste *f*
~ **di arresto** *m* / Stopptaste *f*
~ **di cancellazione** *m* [Inform] / Löschtaste *f*
~ **di comando** *m* / Bedienungstaste *f*
~ **di controllo** *m* [Inform] / Steuerungstaste *f*
~ **di funzione** *m* / Funktionstaste *f*
~ **di immissione** *m* / Eingabetaste *f*
~ **di input** *m* / Eingabetaste *f*
~ **di invio** *m* / Eingabetaste *f*
~ **di ritorno** *m* / Rücktaste *f*
~ **di spaziatura** *m* / Leertaste *f*
~ **di spostamento** *m* / Umschalttaste *f*
~ **freccia** *m* / Pfeiltaste *f*
~ **funzionale** *m* [Inform] / Funktionstaste *f*
tasto invio *m* / Enter-Taste *f* · Eingabetaste *f*
tasto return *m* / Returntaste *f* · (macchina da scrivere:) Wagenrücklauf(taste) *m(f)*
~ **speciale** *m* / Sondertaste *f*
tavola *f* ⟨UNI ISO 5127/5⟩ / Tafel *f*
~ **a colori** / Farbtafel *f*
~ **a piena pagina** *f* [Libri] / Ganztafel *f*

~ **ausiliaria** *f* [CDU] / Hilfstafel *f* · Ergänzungstafel *f*
~ **complementare** *f* [CDU] / Ergänzungstafel *f* · Hilfstafel *f*
~ **da pressa** *f* [Leg] / Pressbrett *n*
tavola d'arte *f* / Kunstdrucktafel *f*
tavola decisionale *f* [OrgM] / Entscheidungstabelle *f*
~ **delle abbreviazioni** *f* / Abkürzungsverzeichnis *n*
~ **delle illustrazioni** *f* / Abbildungsverzeichnis *n*
~ **delle scadenze** *f* / Termintafel *f*
~ **di classificazione** *f* / Systematik *f* · Klassifikationsschema *f* · Klassifikationstafel *f*
tavola di colori *f* [Repr] / Farbtafel *f*
tavola di concordanza *f* / Konkordanztafel *f*
~ **di consultazione** *f* (a uno scaffale) / Anlesebrett *n*
~ **di raffronto** *f* [Arch] / Konkordanz *f*
~ **genealogica** *f* / Stammtafel *f*
~ **illustrativa** *f* / Bildtafel *f*
~ **incisa** *f* [Arte] / Kupfertafel *f*
~ **principale** *f* [Class] / Haupttafel *f*
~ **ribaltabile** *f* [Libri] / Ausklapptafel *f*
~ **ripiegata** *f* / Falttafel *f*
~ **xilografica** *f* / Holzschnitttafel *f*
tavole allegate *pl* [Cat] / Bildbeigaben *pl*
tavoletta *f* [Leg] / Abpressbrett *n*
~ **cerata** *f* / Wachstafel *f*
~ **di argilla** *f* / Tontafel *f*
~ **grafica** *f* [Inform] / Grafiktablett *n*
tavolo da lavoro *m* / Arbeitstisch *m*
~ **di lettura** *m* / Lesetisch *m*
~ **di missaggio** *m* / Mischpult *n*
~ **luminoso** *m* / Leuchttisch *m*
~ **per la macchina da scrivere** *m* / Schreibmaschinentisch *m*
~ **singolo** *m* / Einzeltisch *m*
tecnica a finestra *f* [Inform] / Fenstertechnik *f*
~ **a menu** *f* [Inform] / Menütechnik *f*
~ **della legatura** *f* / Buchbindetechnik *f*
~ **della stampa** *f* / Drucktechnik *f*
~ **di commutazione** *f* [Com] / Vermittlungstechnik *f*
~ **informatica** *f* / Rechentechnik *f*
~ **reticolare** *f* / Netzplantechnik *f*
~ **xilografica** *f* / Holzschnitttechnik *f*
tecnico *m* [Pers] / Fachmann *m*
~ **assistenza clienti** *m* / Kundendiensttechniker *m*
tecnologia dell'informazione *f* / Informationstechnik *f*
~ **di stampa** *f* / Drucktechnik *f*
tela *f* [Leg] / Leinwand *f* · Leinen *n* ‖ *v.a. dorso in tela*
~ **buckram** *m* [Leg] / Buckram-Leinen *n*
~ **fine** *f* [Leg] / Feinleinen *n*
telaietto per diapositive *m* / Diarähmchen *n*
telaio *m* [Leg] / (per la cucitura:) Heftlade *f*
~ **serraforma** *m* [Tip] / Schließrahmen *m*
tela olona *f* [Leg] / Segeltuch *n*
tele|carta *f* / Telefonkarte *f*
~**comando** *m* / Fernsteuerung *f* · Fernbedienung *f*
~**composizione** *f* [PubblEl] / Fernbelichtung *f*
~**comunicazione** *f* / Telekommunikation *f*
~**conferenza** *f* / Telekonferenz *f*
~**fax** *m* / Faxgerät *n* · Telefax *n*
telefonata *f* / Telefonat *n* · Telefongespräch *n*
~ **interurbana** *f* / Ferngespräch *n* ‖ *v.a. teleselezione*
telefonino *m* / Handy *n* · Funktelefon *n* · Mobiltelefon *n*
telefono a carta *m* / Kartentelefon *n*
~ **a monete** *m* / Münzfernsprecher *m*
~ **a tastiera** *m* / Tastentelefon *m*
~ **cellulare** *m* / Funktelefon · Mobiltelefon *n* ‖ *v.a. telefonino*
~ **di emergenza** *f* / Notrufmelder *m*
~ **per chiamata di soccorso** *m* / Notrufmelder *m*
tele|laborazione dati *f* / Datenfernverarbeitung *f*
~**matica** *f* / Telematik *f*
~**ordinazione** *f* [Acq; Inform] / Fernbestellung *f*
~**scrivente** *m* / Fernschreiber *m*
~**selezione** *f* (telefono) / Selbstwählfernsprechdienst *m*
~**spettacolo** *m* / Fernsehspiel *n*
~**text** *m* / Videotext *m*
~**video** *m* / Videotext *m*
televisione *f* / Fernsehen *n*
~ **ad alta risoluzione** *f* / hochauflösendes Fernsehen *n*
~ **educativa** *f* / Bildungsfernsehen *n*
~ **via cavo** *f* / Kabelfernsehen *n*
televisore *m* / Fernsehgerät *n*
telex *m* / Fernschreiben *n* · Fernschreibverkehr *m*
tema *m* [Ind] / Thema *n*
~ **d'esame** *m* / Prüfungsaufgabe *f* · Prüfungsthema *n*
temperalapis *m* / Bleistiftspitzer *m*
temperatura ambiente *f* / Raumtemperatur *f*

temperino *m* / Federmesser *n*
tempestiva restituzione *f* / fristgerechte Rückgabe *f*
tempestivo *agg* / fristgerecht *adj* · termingerecht *adj*
tempo ciclo *m* [Inform] / Zykluszeit *f*
~ **d'esposizione** *m* [Repr] / Belichtungszeit *f*
~ **di accesso** *m* [Retr] / Zugriffszeit *f*
~ **di accesso indirizzi** [Inform] / Adressenzugriffszeit *f*
~ **di arresto** *m* [Inform] / Haltezeit *f* · Stillstandszeit *f*
~ **di attesa** *m* / Wartezeit *f*
~ **di calcolo** *m* [Inform] / Rechenzeit *f*
~ **di collegamento** *m* [Retr] / Verbindungszeit *f* · Anschaltzeit *f*
~ **di commutazione** *m* [Com] / Schaltzeit *f*
~ **di connessione** *m* / Anschaltzeit *f*
~ **di dimezzamento** *m* / Halbwertszeit *f*
~ **di elaborazione** *m* [Inform] / Verarbeitungszeit *f*
~ **di esecuzione** *m* [Inform] / Durchlaufzeit *f* · Operationszeit *f*
~ **di latenza** *m* [Inform] / Latenzzeit *f*
~ **di processore** *m* / Prozessorzeit *f*
~ **di punta** *m* [ServPubbl] / Spitzenzeit *f*
~ **di reazione** *m* / Reaktionszeit *f*
~ **di risposta** *m* [Inform] / Antwortzeit *f*
~ **di uscita** *m* [Inform] / Ausgabezeit *f*
~ **libero** *m* / Freizeit *f* ‖ *v.a. bisogni del tempo libero; lettura del tempo libero*
~ **operativo** *m* / Betriebszeit *f*
temporizzatore *m* [Inform] / Zeitgeber *m*
tenaglie da perforazione *pl* [SchPerf] / Lochzange *f*
~ **di intaccatura** *pl* [SchPerf] / Kerbzange *f*
~ **per tagliare fessure** *pl* [SchPerf] / Schlitzzange *f*
tensione di rete *f* / Netzspannung *f*
tentativo *m* / Versuch *m*
teoria degli insiemi *f* / Mengenlehre *f*
~ **delle code** *f* / Warteschlangentheorie *f*
~ **di comunicazione** *f* [UNI ISO 5127/1] / Kommunikationstheorie *f*
tergo *m* / Rückseite *f* ‖ *v.a. a tergo*
terminale di entrata *m* / Eingabeterminal *n* · Datenerfassungsgerät *n*
~ **di interrogazione** *m* [Retr] / Abfrageterminal *n* · Abfrageeinheit *f*
~ **di trattamento dati** *m* / Datenendgerät *n* · Terminal *n* · Endgerät *n*
~ **intelligente** *m* / intelligentes Terminal *n*
~ **remoto** *m* / abgesetztes Endgerät *n* · entferntes Endgerät *n*
~ **scrivente** *m* / Schreibterminal *n*
~ **utente** *m* / Benutzerterminal *n* · Benutzerstation *f*
~ **video** *m* / Bildschirmterminal *n* · Bildschirm *m* · Datensichtgerät *n*
termine *m* [UNI ISO 5127/1] / (parola:) Terminus *m* · (fine:) Ende *n* · (periodo di tempo compreso fra due limiti:) Frist *f* · (parola specifica:) Ausdruck *m* · Benennung *f* · Bezeichnung *f* · (limite di tempo; data:) Termin *m*
~ **ammessa** *f* / zugelassene Benennung *f*
~ **collettivo** *m* [Ind] / Sammelbezeichnung *f*
~ **composto** *m* / zusammengesetzte Benennung *f*
~ **correlato** *m* [Ind] / verwandter Begriff *m*
~ **del linguaggio naturale** *m* / natürlichsprachige Bezeichung *f*
~ **di approccio** *m* [Retr] / Suchwort *n*
~ **di categoria** *m* / Gattungsbegriff *m*
~ **di disdetta** / Kündigungsfrist *f*
termine di indicizzazione *m* / Index-Terminus *m*
termine di pagamento *m* / Zahlungsfrist
~ **di protezione** *m* / Schutzfrist *f*
~ **di ricerca** *m* [Retr] / Suchbegriff *m*
~ **di riconsegna** *m* / Rückgabedatum *n*
~ **di riferimento** *m* [Ind] / Bezugsbegriff *m*
~ **di scadenza** *m* / Fälligkeitstermin *m* · Frist *f* · Fälligkeitsdatum *n*
~ **equivalente** *m* [Ind] / Äquivalenzbenennung *f*
~ **finale** *m* / Schlusstermin *m*
~ **generale** *m* [Ind] / übergeordneter Begriff *m*
~ **generale generico** *m* [Ind] / Oberbegriff *m*
~ **generale partitivo** *m* [Ind] / Verbandsbegriff *m*
~ **il più comune** *m* [Ind] / gebräuchlichste Benennung *f*
~ **indice** *m* / Index-Terminus *m*
~ **partitivo** *m* [Ind] / partitive Benennung *f*
~ **per la restituzione** *m* / Rückgabedatum *n*
~ **più generale** *m* [Ind] / Kopfbegriff *m*
~ **preferito** *m* [Ind] / Vorzugsbenennung *f*
~ **specifico** *m* / untergeordneter Begriff *m*
~ **specifico generico** *m* [Ind] / Unterbegriff *m*
~ **specifico partitivo** *m* [Ind] / Teilbegriff *m*

~ **subordinato** *m* / untergeordneter Begriff *m*
~ **tecnico** *m* / Fachbegriff *m* · Fachausdruck *m*
~ **ultimo** *m* / Schlusstermin *m*
terminologia *f* ⟨UNI ISO 5127/1⟩ / Terminologie *f* ‖ *v.a. norma di terminologia*
~ **controllata** *f* [Ind] / kontrollierter Wortschatz *m*
~ **specializzata** *f* / Fachterminologie *f*
termocopia *f* [Repr] / Wärmekopie *f*
termografia *f* [Repr] / Wärmekopierverfahren *n* · Thermokopierverfahren *n*
termosigillare *v* [Leg] / einschweißen *v*
terreno *m* / Grundstück *n* ‖ *v.a. esigenze di terreno*
terza pagina *f* (in un giornale) / Feuilleton *n*
tesauro *m* [Ind] / Thesaurus *m*
tesi *f* ⟨UNI ISO 5127/2⟩ / Arbeit *f* (zur Erlangung eines akademischen Grades)
~ **di diploma** *f* / Diplomarbeit *f*
~ **di dottorato** / Doktorarbeit *f* · Dissertation *f*
~ **di laurea** *f* / Dissertation *f* · Hochschulschrift *f*
tesoriere comunale *m* / Stadtkämmerer *m*
tessera *f* / Ausweis
~ **annuale di frequenza** *f* / Jahreskarte *f*
~ **d'ammissione al prestito** *f* / Leihkarte *f*
~ **di riconoscimento** *f* / Personalausweis *m*
~ **d'iscrizione** *f* / Benutzerkarte *f*
~ **di studente** *f* / Studentenausweis *m*
tessuto *m* [Leg] / Gewebe *n*
~ **di legatura** *m* / Einbandgewebe *n*
testa *f* (di un libro legato) / Kopf *m*
~ **di pagina** / toter Kolumnentitel *m*
test a distanza *m* [Inform] / Ferntest *m*
testata *f* / (di una pagina, tabella ecc.:) Überschrift *f* · (di un periodico:) Zeitschriftentitel · (di una microforma:) Titelfeld *n* · (di una microforma:) Kopfzeile *f*
testata *f* [Libri] / (fregio di testa:) Kopfleiste *f*
testata del capitolo *f* / Kapitelüberschrift *f*
~ **di lettera** *f* / Briefkopf *m*
~ **di pagina** *f* / Seitenüberschrift *f*
test attitudinale *m* / Eignungstest *m*
testimoni *pl* [Leg] / unbeschnittene Ränder *pl* ‖ *v.a. esemplare con testimoni*
testina di cancellazione *f* [Inform] / Löschkopf *m*
~ **di lettura** *f* / (computer:) Lesekopf *m*
~ **di lettura-scrittura** *f* / (computer:) Lese-Schreib-Kopf *m*
~ **di scrittura-lettura** *f* [Inform] / Schreib-Lese-Kopf *m*
~ **magnetica** *f* [Inform] / Magnetkopf *m*
testo continuo *m* [Tip] / Fließtext *m*
~ **del risvolto** *m* [Libri] / Klappentext *m*
~ **in chiaro** *m* / Klartext *m*
~ **inciso** *m* / gestochener Text *m*
~ **scientifico** *m* [Libri] / Hochschullehrbuch *n*
~ **scolastico** / Schulbuch *n* · Lehrbuch *n* (für den Schulunterricht)
~ **sul dorso** *m* / Rückenbeschriftung *f*
testo universitario *m* / Hochschullehrbuch *n* ‖ *v.a. raccolta di testi universitari*
textura *f* / Textur(a) *f(f)*
thesaurus di destinazione *m* / Zielthesaurus *m*
~ **faccettato** *m* / facettierter Thesaurus *m*
~ **monolingue** *m* / einsprachiger Thesaurus *m*
~ **orientato a mansioni** / aufgabenbezogener Thesaurus *m*
~ **plurilingue** *m* / mehrsprachiger Thesaurus *m*
~ **sorgente** *m* / Quellenthesaurus *m*
~ **speciale** *m* / Fachthesaurus *m*
~ **tematico** *m* / Querschnittsthesaurus *m*
tilde *m/f* (segno di ripetizione:~) [Scritt; Tip] / Tilde *f*
timbrare *v* / stempeln *v*
timbratura *f* / Stempelung *f*
timbro *m* / Stempel *m* ‖ *v.a. cuscinetto*
~ **a rulli** *m* [Leg] / Rollstempel *m* · Dessinrolle *f*
~ **a secco** *m* / Trockenstempel *m* · Prägestempel *m*
~ **d'arrivo** *m* / Eingangsstempel *m*
~ **di appartenenza** *f* / Besitzstempel *m*
~ **di biblioteca** *m* / Bibliotheksstempel *m*
~ **di gomma** *m* / Gummistempel *m*
~ **di metallo** *m* / Metallstempel *m*
~ **di proprietà** *m* / Eigentumsstempel *m* · Besitzstempel *m*
~ **postale** *m* / Poststempel *m*
~ **ufficiale** *m* / Dienstsiegel *n*
tina *f* (o tino) [Carta] / Bütte *f*
tingere *v* / färben *v*
tino *m* (o tina) [Carta] / Bütte *f* ‖ *v.a. carta al tino*
tipo *m* (carattere tipografico) / Drucktype *f*
tipo di biblioteca *m* / Bibliothekstyp *m*
tipo di carattere *m* [Tip] / Schriftart *f*
~ **di catalogo** *m* / Katalogart *f*

~ **di documento** *m* / Dokumentart *f*
~ **di legatura** *m* / Bindeart *f* · Einbandart *f*
~ **di opera** *m* / Publikationsart *f*
~ **di pubblicazione** *m* / Publikationsart *f*
tipografia *f* / (officina:) Druckerei *f* · (sistema di stampa:) Typographie *f* · Buchdruck *m*
~ **privata** *f* / Privatpresse *f*
tipografo *m* ⟨UNI ISO 5127/5⟩ / Drucker *m* · Buchdrucker *m* · Typograph *m* ‖ *v.a. insegna del tipografo*
~ **pirata** *m* / Raubdrucker *m*
tiratura *f* [Tip] ⟨UNI ISO 5127/5⟩ / (numero di copie di un libro:) Auflage *f* · Auflagenhöhe *f*
~ **limitata** / begrenzte Auflage *f*
~ **venduta** *f* / verkaufte Auflage *f*
tirocinio *m* / Lehrzeit *f* · Probezeit *f*
titolare *m* (di una cattedra) / Lehrstuhlinhaber *m*
~ **dei diritti d'autore** *m* / Urheberrechtsinhaber *m*
~ **di brevetto** *m* / Patentinhaber *m*
~ **di un posto di lavoro** *m* / Stelleninhaber *m*
titolario *m* [Arch] / Aktenplan *m*
titoli di testa *pl* (di un film) / Vorspann *m*
titolo *m* / Titel *m* · Sachtitel *m* ‖ *v.a. variante del titolo; variazione del titolo*
titolo al piede del foglio [Cart] / Fußtitel *m*
~ **alternativo** *m* ⟨UNI ISO 5127/5⟩ / Alternativ(sach-)titel *m*
~ **anteriore** *m* / früherer Titel *m*
~ **a parole chiave** *m* / Stichworttitel *m*
~ **chiave** *m* ⟨UNI ISO 5127/5⟩ / Schlüsseltitel *m*
~ **chiave dell'ISSN** *m* / ISSN-Titel *m*
~ **collettivo** *m* / Sammeltitel *m* · gemeinsamer Sachtitel *m*
~ **comune** *m* ⟨UNI ISO 5127/5⟩ / Gesamttitel *m*
~ **corrente** *m* ⟨UNI ISO 5127/5⟩ / lebender Kolumnentitel *m*
~ **cubitale** *m* (in un giornale) / Schlagzeile *f*
~ **del dorso** *m* / Rückentitel *m*
~ **della carta** *m* [Cart] / Kartentitel *m*
~ **della colonna** / Kolumnentitel *m*
~ **della serie** *m* [Libri] / Reihentitel *m*
~ **della sezione** *m* / Abteilungstitel *m*
~ **del volume di una collana** *m* / Stücktitel *m*
~ **di bilancio** *m* / Haushaltstitel *m*
~ **di citazione** *m* / Zitiertitel *m*
~ **di collezione** *m* / Serientitel *m*
~ **di copertina** *m* / Umschlagtitel *m*
~ **di legatura** *m* / Einbandtitel *m*
~ **d'insieme** *m* [Cat] / Gesamttitel *m*
~ **dipendente** *m* / abhängiger (Sach-)Titel *m*
~ **di ragruppamento** *m* ⟨UNI ISO 5127/5⟩ / Sammeltitel *m*
~ **distintivo** *m* [Cat] / spezifischer (Sach-) Titel *m*
~ **formale** *m* / Formal(sach)titel *m*
~ **generico** *m* / genereller Sachtitel *m*
~ **gentilizio** *m* / Adelstitel *m*
~ **inciso in legno** *m* / Titelholzschnitt *m*
~ **intermedio** *m* / Zwischentitel *m*
~ **inventato** *m* / fingierter Titel *m*
~ **marginale** *m* / Randüberschrift *f*
titolone *m* / Balkenüberschrift *f*
titolo originale *m* ⟨UNI ISO 5127/5⟩ / Original(sach)titel *m*
~ **parallelo** *m* / Nebentitel *m*
~ **particolare** *m* (titolo del volume in una collana) / Stücktitel *m*
~ **plurilingue** *m* / mehrsprachiger Titel *m*
~ **precedente** *m* / früherer Titel *m*
~ **principale** *m* / Haupttitel *m* · übergeordneter (Sach-)Titel *m*
~ **proprio** *m* ⟨UNI ISO 5127/5⟩ / Hauptsachtitel *m*
~ **specifico** *m* (del volume di una collana) / Stücktitel *m*
~ **successivo** *m* / Folgetitel *m*
~ **uniforme** *m* [Cat] ⟨RICA; UNI ISO 5127/5⟩ / Einheitssachtitel *m*
token passing *m* [Com] *v. sistema 'token passing'*
tomo *m* ⟨UNI ISO 5127/5⟩ / Band *m* (Unterteilung eines Werkes; Teil) ‖ *v.a. numerazione dei tomi*
tonalità *f* / (gradazione di colore:) Farbton *m*
~ **di grigio** *f* / Grauwerte *pl*
toner *m* [Repr] / Toner *m*
toni di grigio *pl* / Grauwerte *pl*
tono continuo *m* [Repr] / Halbton *m*
topo di biblioteca *m* / Bücherwurm *m* · Leseratte *f*
topologia ad anello *f* / Ringnetz *n*
~ **a stella** *f* / Sternnetz *n*
~ **di rete** *f* / Netztopologie *f*
~ **reticolare** *f* [Inform] / Netztopologie *f*
toponimo *m* / Ortsname *m*
torchietto *m* [Leg] / Klotzpresse *f*
torchio *m* / (legatura:) Stockpresse *f*
~ *m* / (tipografia:) Presse *f* · (macchina da stampa:) Druckerpresse *f*

~ **a braccio** *m* [Tip] / Handpresse *f*
~ **a mano** *m* [Tip] / Handpresse *f*
~ **di amatore** *m* [Tip] / Liebhaberpresse *f*
~ **privato** *m* [Tip] / Privatpresse *f*
~ **tipografico** *m* / Druckerpresse *f*
tornello *m* [EdilArred] / Drehkreuz *n*
torre di magazzino *f* / Magazinturm *m*
~ **girevole** *f* / Drehsäule *f*
~ **libraria** *f* / Bücherturm *m*
~ **PC** *f* / PC-Turm *m*
t.p. *abbr v. tutta pelle*
tracce di invecchiamento *pl* / Altersspuren *pl*
~ **di rottura** *pl* [Leg] / Bruchspuren *pl*
~ **di sudicio** *pl* / Schmutzflecken *pl*
~ **d'umidità** *pl* / Feuchtigkeitsspuren *pl*
~ **d'uso** *pl* / Gebrauchsspuren *pl* · Benutzungsspuren *pl*
traccia *f* [NBM; Inform] / Spur *f* ‖ *v.a. numero della traccia*
~ **di dati** *f* / Datenspur *f* ‖ *v.a. larghezza della traccia*
~ **di indice** *f* [Inform] / Indexspur *f*
tracciato *m* / (cartografia:) Riss *m* · (catalogazione:) Nebeneintragungsvermerk *m* · (tecnica:) technische Zeichnung *f*
tracciatore grafico *m* [Inform] / Kurvenschreiber *m*
tradurre *v* / übersetzen *v*
traduttore *m* [Inform] / Übersetzer *m*
traduzione *f* ⟨UNI ISO 5127/2⟩ / Übersetzung *f* ‖ *v.a. nota di traduzione*
~ **abbreviata** *f* / Kurzübersetzung *f*
~ **automatica** *f* / maschinelle Übersetzung *f*
~ **grezza** *f* / Rohübersetzung *f*
~ **interlineare** *f* / Interlinearübersetzung *f*
trancia *f* [Leg] / Prägepresse *f* · Vergoldepresse *f*
trapano di carta *m* [Leg] / Papierbohrer *m*
trascinamento a cinghia *m* [NBM] / Riemenantrieb *m*
trascrivere *v* / transkribieren *v* · abschreiben *v* · (di dati:) übernehmen *v* · umschreiben *v* · übertragen *v*
trascrizione *f* [Scritt] ⟨UNI ISO 5127/5⟩ / Transkription *f* · (di dati:) Übernahme *f* (von Daten)
~ **fonetica** *f* / phonetische Schrift *f* · Lautschrift *f*
trasferimento dei dati *m* / Datenübertragung *f* ‖ *v.a. velocità di trasferimento*
~ **dell'informazione** *f* / Informationstransfer *m*
~ **di acido** *m* [Cons] / Säurewanderung *f*
trasferimento di file *m* / Dateiübertragung *f*
trasformazione di dati *f* ⟨UNI ISO 5127/1⟩ / Datentransformation *f*
~ **di informazioni** *f* / Informationstransformation *f*
traslitterare *v* [Scritt] / transliterieren *v*
traslitterazione *f* ⟨UNI ISO 5127/5⟩ / Transliteration *f*
trasloco *m* / Umzug *m*
trasmettere *v* [Com] / übermitteln *v* · übertragen *v* · (radio:) senden
trasmissione *f* / Übertragung *f* · Übermittlung *f*
~ **a distanza** *f* [Com] / Fernübertragung *f*
~ **asincrona** *f* [Com] / asynchrone Übertragung *f*
~ **dati** *f* [Inform] / Datenübertragung *f*
~ **dati in start-stop** *f* / Start-Stop-Übertragung *f*
~ **dei diritti** *f* / Rechtsübertragung *f*
~ **delle immagini** *f* / Bildübertragung *f*
~ **del testo** *f* / Textüberlieferung *f*
~ **di fax** *f* / Faxübermittlung *f*
~ **duplex** *f* [Com] / Gegenbetrieb *m*
~ **parallela** *f* [Com; Inform] / Parallelübertragung *f*
~ **radiofonica** *f* / Rundfunksendung *f*
~ **seriale** *f* [Com] / serielle Übertragung *f* · Serienübertragung *f*
~ **simplex** *f* [Com] / Richtungsbetrieb *m* · Simplexübertragung *f*
~ **sincrona** *f* [Com] / synchrone Übertragung *f*
~ **televisiva** *f* / Fernsehsendung *f*
trasparente *m* / Arbeitstransparent *n* · Transparent *n* · Folie *f* · Overhead-Transparent *n*
~ **di base** *m* / Grundtransparent *n*
~ **successivo** *m* / Folgetransparent *n*
trasportatore *m* [EdilArred] / Förderanlage *f* · Transportanlage *f*
~ **a catena** *m* / Kettenförderanlage *f*
~ **con alimentazione a caduta** *m* / Schwerkraftförderer *m*
~ **librario** *m* / Buchförderanlage *f*
trasporto pellicola *m* / Filmtransport *m*
trattamento / Bearbeitung *f* · Verarbeitung *f*
trattamento del film *m* / Filmbearbeitung *f*
~ **del lavoro** *m* [Inform] / Jobabwicklung *f*
~ **di conservazione** *m* / konservierende Behandlung *f*
~ **di massa** *m* [Cons] / Massenkonservierung
~ **in superficie** *m* / Oberflächenbehandlung *f*

~ **testi** *l* [Inform] / Textverarbeitung *f*
trattare *v* / behandeln *v* · bearbeiten *v* · verarbeiten *v*
trattative contrattuali *pl* / Vertragsverhandlungen *pl*
~ **tariffarie** *pl* / Tarifverhandlungen *pl*
trattato *m* / Traktat *n* · Abhandlung *f*
~ **di controversia** *m* / Streitschrift *f*
~ **di scrittura** *m* / Schreibmeisterbuch *n*
tratteggiato *part pt* [Cart] / schraffiert *part perf*
tratteggiatura *f* [Cart] / Schraffen *pl*
tratteggio *m* [Cart] / Schraffierung *f*
trattino *m* [Scritt; Tip] / Gedankenstrich *m* · Strich *m*
tratto d'unione *m* [Scritt] / Bindestrich *m*
travestimenti letterari *pl* / verkleidete Literatur *f*
trazione a tamburo *f* / Trommelantrieb *m*
trema *m* [Scritt; Tip] / Trema *n*
tribunale del lavoro *m* / Arbeitsgericht *n*
tricr. *abbr* [Tip] *v. tricromia*
tricromia *f* [Tip] / Dreifarbendruck *m*
trilobo *m* [Leg] / Dreipass *m*
trimestrale *agg/m* / vierteljährlich *adj* · (rivista trimestrale:) Vierteljahresschrift *f*
trincetto *m* [Leg] / Schustermesser *n*
trittico *m* / Triptychon *n*
trogolo *m* / Trog *m*
troncamento *m* [Retr] / Trunkierung *f* · Wortmaskierung *f*
~ **a destra** *l* / Rechtsmaskierung *f*
~ **a sinistra** / Linksmaskierung *f*
troncare *v* [Inform] / abschneiden *v* · (un programma:) abbrechen *v* · (una parola:) trunkieren *v*
t.t. *abbr* [Leg] *v. legatura a tutta tela*
tubo a raggi catodici *m* / Kathodenstrahlröhre *f*
~ **catodico** *m* / Bildröhre *f*
tutela dei monumenti *f* / Denkmalschutz *m*
~ **del diritto d'autore** / Urheberrechtsschutz *m*
~ **della segretezza dei dati** *f v. tutela del segreto dei dati*
~ **del segreto dei dati** *f* / Datenschutz *m* ‖ *v.a. dati confidenziali; dati sensitivi; delegato alla tutela del segreto dei dati*
tutta pelle *f v. legatura a tutta pelle*
tutti i diritti riservati *pl* / alle Rechte vorbehalten
tutto il pubblicato / mehr nicht erschienen
tutto pubblicato / alles Erschienene *n*

U

ubicazione *f* / (sito; località:) Lage *f* · (posizione di un edificio:) Standort *m*
udienza *f* [Com] / Einschaltquote *f*
uditore *m* / Zuhörer *pl*
ufficiale aste pubbliche *m* [Pers] / Auktionator *m*
ufficio *m* / Geschäftszimmer *n* · Büro *n* · Amt *n* · Dienstzimmer *n* ‖ *v.a. mobili per ufficio*
~ **accessioni** *m* / Zugangsstelle *f*
~ **acquisti** *m* / Zugangsstelle *f*
~ **brevetti** *m* / Patentamt *n*
~ **consulenza** *m* / Auskunftsabteilung *f* ‖ *v.a. servizio di consulenza*
~ **contabilità** *m* / Rechnungsstelle *f*
~ **del personale** *m* / Personalabteilung *f*
~ **deposito legale** *m* / Pflichtstelle *f*
~ **di catalogazione** *f* / Titelaufnahme(stelle) *f(f)*
~ **di collocamento** *m* / Arbeitsamt *n*
~ **d'informazione** *m* / Informationsbüro *n*
~ **di protocollo** *m* / Registratur *f*
~ **di ricezione** *m* / Empfangsbüro *n* · Besucheranmeldung *f*
~ **doni e scambi** *m* / Geschenk- und Tauschstelle *f*
~ **economato** *m* / Verwaltungsbüro *n* · Rechnungsstelle *f*
~ **oggetti smarriti** *m* / Fundbüro *n*
~ **personale** *m* / Personalbüro *n*
~ **postale** *m* / Poststelle *f*
~ **prestiti** *m* / Leihstelle *f*
~ **ragioneria** *m* / Buchhaltung *f*
~ **ricerche in linea** *m* / Informationsvermittlungsstelle *f*
~ **scambi** / Tauschstelle *f*
~ **sottoposto** *m* [Amm] / nachgeordnete Dienststelle *f*
~ **spedizioni** *m* / Versandstelle *f*
~ **stampa** *m* / Pressestelle *f*
~ **stranieri** *m* / Ausländerbehörde *f*
~ **telex** *m* / Fernschreibstelle *f*
~ **vendite** *m* [Libri] / Vertriebsabteilung *f*
ultime bozze *pl* [Tip] / Schlusskorrektur *f*
umidificazione *f* / Befeuchtung *f*
umidità *f* / Feuchtegehalt *m* · Feuchtigkeit *f* · Feuchtigkeitsgrad *m* ‖ *v.a. alone d'umido; dilatazione da umidità; gore d'umido; guasti d'umido; imporrare*
~ **dell'aria** *f* / Luftfeuchtigkeit *f*
unghiatura *f* [Leg] / Deckelkanten *pl*
unghie *pl* [Leg] *v. unghiatura*
unità *f* (dispositivo) / Gerät *n*
~ **a dischi magnetici** *f* [Inform] / Magnetplattenlaufwerk *n*
~ **a disco** *f* / Plattenlaufwerk *n*
~ **amministrativa** *f* / Verwaltungseinheit *f*
~ **a nastro** *f* [Inform] / Bandlaufwerk *n*
~ **a nastro magnetico** *f* [Inform] / Magnetbandeinheit *f* · Magnetbandlaufwerk *n*
~ **aritmetica** *f* [Inform] / Rechenwerk *n*

~ **bibliografica** *f* / bibliographische Einheit *f*
~ **bibliografica di scambio** *f* / bibliographische Austauscheinheit *f*
~ **centrale di elaborazione** *f* [Inform] / Zentraleinheit *f*
~ **dei dati** *f* [Inform] / Dateneinheit *f*
~ **di CD-ROM** *f* / CD-ROM-Laufwerk *n*
~ **di controllo** *f* [Inform] / Leitwerk *n* · Steuerwerk *n*
~ **di costi** *f* / Kostenträger *m*
~ **didattica** *f* / Unterrichtseinheit *f* · Lehreinheit *f*
~ **di documentazione** *f* / Dokumentationseinheit *f*
~ **di elaborazione** *f* [Inform] / Verarbeitungseinheit *f*
~ **di esposizione** *f* [Repr] / Belichtungseinheit *f*
~ **di fotocomposizione** *f* / Fotosatzanlage *f*
~ **di funzione** *f* [Inform] / Funktionseinheit *f*
~ **di ingresso** *f* [Inform] / Eingabeeinheit *f*
~ **di ingresso / uscita** *f* [Inform] / Ein-/Ausgabeeinheit *f*
~ **di input** *f* [Inform] / Eingabeeinheit *f*
~ **di memoria** *f* [Inform] / Speicher *m*
~ **d'informazione** *f* / Informationseinheit *f*
~ **di ordinamento** *f* [Cat] / Ordnungseinheit *f*
~ **di output** *f* / Ausgabeeinheit *f*
~ **di posti a sedere** *f* / Sitzgruppe *f*
~ **di scaffalatura** *f* / Regaleinheit *f*
~ **disco** *f* [Inform] / Diskettenlaufwerk *n*
~ **di sincronizzazione** *f* / Synchronisiereinheit *f*
~ **di telecomposizione** *f* / Teletypesetter *m*
~ **di trasporto** *f* [Inform] / Laufwerk *n*
~ **di uscita** *f* [Inform] / Ausgabeeinheit *f*
~ **documentaria** *f* / Medieneinheit *f*
~ **fisica** *f* / Baueinheit *f* · physische Einheit *f*
~ **nastro** *f* / Bandlaufwerk *n*
~ **periferica** *f* [Inform] / Peripheriegerät *n*
~ **periferiche** *pl* [Inform] / Peripheriegeräte *pl*
~ **video** *f* / Bildschirm *m*
unito a *part pt* [Leg] / angebunden *part perf* · angebunden (an) *part perf*
università *f* / Universität *f* ‖ *v.a. istituto di insegnamento superiore*
~ **campus** *f* / Campus-Universität *f*
~ **popolare** *f* / Volkshochschule *f*
~ **tecnica** *f* / technische Universität *f*
usare *v* / benutzen *v*
uscire *v* / verlassen *v*
uscita *f* [Edil; Inform] / Ausgang *m* · Ausgabe *f* ‖ *v.a. archivio di uscita; dati di uscita; istruzione di uscita; modo di uscita; programma di uscita; unità di uscita*
~ **di dati** *f* [Inform] / Datenausgabe *f*
~ **di sicurezza** *f* / Notausgang *m*
~ **parallela** *f* [Inform] / Parallelausgabe *f*
~ **seriale** *f* / serielle Ausgabe *f*
~ **tipografica** *f* [PubblEl] / Satzausgabe *f*
~ **video** *f* / Videoausgang *m*
uso *m* / Benutzung *f* · Nutzung *f* · Benützung *f A; Ch* ‖ *v.a. dati sull'uso; guida all'uso; materiale di largo uso*
~ **della biblioteca** *m* / Bibliotheksbenutzung *f* · Benutzung *f*
~ **ufficiale** / Dienstgebrauch *m* (riservato all'~: nur für den Dienstgebrauch)
usura *f* / Verschleiß *m*
utensili per scrivere *pl* / Schreibgerät *n*
utente / Benützer *m A; CH* · Nutzer *m* · Benutzer *m* ‖ *v.a. esigenze degli utenti; gruppo chiuso di utenti; inchiesta degli utenti; servizio agli utenti*
~ **del catalogo** *m* / Katalogbenutzer *m*
~ **della rete** *m* / Netzteilnehmer *m*
~ **dell'informazione** *m* / Informationsnutzer *m*
~ **esterno** *m* / externer Benutzer *m* · auswärtiger Benutzer *m*
~ **finale** *m* / Endbenutzer *m*
~ **handicappato** *m* / behinderter Benutzer *m*
~ **iscritto** *m* / eingeschriebener Benutzer *m*
~ **locale** *m* / Ortsbenutzer *m*
~ **moroso** *m* / säumiger Benutzer *m*
~ **potenziale** *m* / potenzieller Benutzer *m*
~ **registrato** *m* / eingeschriebener Benutzer *m*
utenza *f* / Benutzerschaft *f*
utilità *f* / Nutzen *m*
utilizazzione dell'informazione *f* / Informationsnutzung
utilizzatore *m* / Nutzer *m* · Anwender *m*
utilizzazione *f* / Nutzung *f* ‖ *v.a. grado di utilizzazione*
~ **del fondo** *f* / Bestandsnutzung *f*
~ **della carta** *f* [Cart] / Kartenauswertung *f*
~ **delle risorse** *f* / Ressourcennutzung *f*

~ **dello spazio** *f* / Raumnutzung *f*
~ **multipla** *f* / Mehrfachnutzung *f* · Mehrfachverwertung *f*

utilizzo *m* / Nutzung *f*
~ **dello spazio** *m* [EdilArred] / Raumnutzung *f*

V

v. *abbr v. vedi*

v.a. *abbr v. vedi anche*

vacanza *f* / (vacanza di un posto di lavoro:) offene Stelle *f*

vacanze *pl* / Ferien *pl* · Urlaub *m* · Urlaub *m*

vacanze semestrali *pl* / Semesterferien *pl*

vacchetta *f* [Leg] / Rindleder *n*

vademecum *m* / Vademecum *n*

vaglio sgocciolatore *m* [Carta] / Sieb *n*

validità *f* / Validität *f* · Gültigkeit *f* ‖ *v.a. periodo di validità*

valore *m* / Wert *m* ‖ *v.a. diminuzione di valore; oggetto di valore*

valore aggiunto *m* / Mehrwert *m* ‖ *v.a. importo sul valore aggiunto; informazione al valore aggiunto; servizio informazioni al valore aggiunto*

valore archivistico *m* / Archivwert *m*

~ **del colore** *m* [Tip] / Farbwert *m*

~ **indicativo** *m* / Richtwert *m*

~ **medio** *m* / Mittelwert *m*

~ **pH** *m* / pH-Wert *m*

~ **stimato** *m* / Schätzwert *m*

~ **tonale** *m* / Tonwert *m*

valori di grigio *pl* / Grauwerte *pl*

valutare *v* / bewerten *v* · (stimare:) schätzen *v*

valutazione *f* / (stima:) Schätzung *f* · (votazione:) Benotung *f* · Leistungsbewertung *f* · (determinazione del valore:) Bewertung *f* · Evaluierung *f* · Evaluation *f*

~ **complessiva** *f* / Gesamtbeurteilung *f*

~ **dei costi** *f* / Kostenschätzung *f*

~ **dei fondi** *f* / Bestandsbewertung *f*

~ **del fabbisogno** *f* / Bedarfsschätzung

~ **del personale** *f* / Personalbeurteilung *f*

~ **del posto di lavoro** *f* / Arbeitsplatzbewertung *f* · Arbeitsbewertung *f*

~ **di informazioni** *f* / Informationsbewertung *f*

~ **di qualità** *f* / Qualitätsbewertung *f*

vantaggio *m* [Tip] / Satzschiff *n*

variabile *f* (statistica) / Variable *f*

variante *f* / Variante *f*

~ **del titolo** *f* [Cat] / abweichende Titelfassung *f*

~ **nel modo di scrivere** *f* / abweichende Schreibweise *f*

varianti *pl* (di un testo) / Lesarten *pl* (eines Textes)

varianza *f* / Varianz *f*

variazione del titolo *f* [Cat] *v. variante del titolo*

~ **di titolo** *f* / (cambiamento del titolo:) Titeländerung *f*

variopinto *agg* / bunt *adj*

vassoio raccogli-copia *m* / Kopienauffangbehälter *m*

vedi (v.) / siehe(s.)
vedi anche *v* (v.a.) / siehe auch *v* (s.a.)
veduta *f* [Arte] / Vedute *f*
~ **frontale** *f* / Vorderansicht *f*
~ **posteriore** *f* / Rückansicht *f*
veicolo pubblicitario *m* / Werbeträger *m*
velare *v* / lasieren *v*
velatura *f* / Lasur *f* · Einbettung *f* (~ in seta:Einbettung mit Seidengaze) · (annerimento di uno strato fotografico:) Schleier *m*
~ **di margine** *f* [Repr] / Randschleier *m*
velina *f* *v. carta velina*
velocità del nastro *f* [Inform] / Bandgeschwindigkeit *f*
~ **di copiare** *f* / Kopiergeschwindigkeit *f*
~ **di elaborazione** *f* [Inform] / Verarbeitungsgeschwindigkeit *f*
~ **di input** *f* [Inform] / Eingabegeschwindigkeit *f*
~ **di introduzione** *f* [Inform] / Eingabegeschwindigkeit *f*
~ **di ordinamento** [Inform] / Sortiergeschwindigkeit *f*
~ **di riproduzione** *f* [NBM] / Abspielgeschwindigkeit *f*
~ **di rotazione** *f* (di un disco) / Drehzahl *f* (einer Schallplatte)
~ **di scorrimento** *f* / (nastro magnetico ecc.:) Abspielgeschwindigkeit *f* · Laufgeschwindigkeit *f* · (schermo di un PC:) Scrollgeschwindigkeit *f*
~ **di stampa** *f* / Druckgeschwindigkeit *f*
~ **di trasferimento** *f* [Com] / Übertragungsrate *f* · Transferrate *f* · Übertragungsgeschwindigkeit *f* · Transfergeschwindigkeit *f*
~ **di trasferimento bit** *f* / Bit-Geschwindigkeit *f*
~ **di uscita** *f* [Inform] / Ausgabegeschwindigkeit *f*
velo di seta *m* / Seidengaze *f*
vendere all'asta *v* / versteigern *v* ‖ *v.a. asta*
vendita *f* / Verkauf *m* ‖ *v.a. non in vendita; prezzo di vendita*
~ **a contanti** *f* / Barverkauf *m*
~ **all'asta** *f* / Auktionsverkauf *m*
~ **diretta** *f* / Direktverkauf *m*
~ **per commissione** *f* / Kommissionsverkauf *m*
~ **rateale** *f* / Ratenverkauf *m*
ventaglio *m* / Fächer *m* ‖ *v.a. disporre a ventaglio; ferri a ventaglio; legatura a ventaglio; stile a ventaglio*
ventilazione *f* / Be- und Entlüftung *f*
verbale *m* (di una seduta) / Niederschrift *f* (einer Sitzung) · Sitzungsprotokoll *n* · Protokoll *n* (einer Sitzung)
~ **di collaudo** *m* / Abnahmeprotokoll *n*
vergatura *f* [Carta] / Rippung *f* · Ripplinien *pl*
vergella *f* / Steglinie *f* · Bogendraht *m* · Formdraht *m* ‖ *v.a. vergatura*
verifica bibliografica *f* [Carta] / bibliographische Ermittlung *f* · bibliographische Überprüfung *f*
~ **dei conti** *f* / Rechnungsprüfung *f*
verificare *v* / verifizieren *v* · überprüfen *v* · ermitteln *v* ‖ *v.a. non verificato*
verificatore dei conti *m* / Rechnungsprüfer *m*
verificazione *f* (di dati) / Verifizierung *f* · Überprüfung *f* (von Daten)
vernice molle *f* [Arte] / Weichgrundradierung *f*
versione abbreviata *f* / Kurzfassung *f*
~ **originale** *f* / Originalfassung *f*
verso *m* / Rückseite *f* · Verso *n* · Versoseite *f* ‖ *v.a. al verso; tergo*
~ **del frontespizio** *m* / Titelblattrückseite *f*
veste *f* (di un libro) / Ausstattung *f* (eines Buches) · Aufmachung *f* (eines Buches)
vestibolo *m* / Vestibül *n* · Eingangshalle *f* · Vorhalle *f*
vetrina *f* / Vitrine *f*
vetro smerigliato *m* [Repr] / Mattscheibe *f*
via delle istanze *f* / Dienstweg *m*
~ **di fornitura** *f* / Versandweg *m* · Lieferweg *f* · Beschaffungsweg *m*
~ **di fuga** *f* / Fluchtweg *m*
~ **di scampo** *f* / Fluchtweg *m*
~ **gerarchica** *f* / Dienstweg *m*
viaggio di studio *m* / Studienfahrt *f* · Studienreise *f* ‖ *v.a. sovvenzione per un viaggio di studio*
~ **per servizio** *m* / Dienstreise *f*
vicedirettore *m* (di una biblioteca) / stellvertretender Bibliotheksdirektor *m*
videata *f* [Inform] / Bildschirmseite *f* ‖ *v.a. schermata*
video *m* / Bildschirm *m* · Monitor *m*
~ **a colori** *m* / farbiger Bildschirm *m* · Farbbildschirm *m*
~**camera** *f* / Videokamera *f* ‖ *v.a. sorveglianza con videocamere*
~**cassetta** *f* / Videokassette *f*
~ **d'artista** *m* / Kunstvideo *m*
~**disco** *m* / Videoplatte *f* · Bildplatte *f*
~**gioco** *m* / Videospiel *n*
~**nastro** *m* / Videoband *n*

~registratore *m* / Videorecorder *m*
~registrazione *f* / Videoaufzeichnung *f*
~tape *m* / Videoband *n*
~teca *f* / Videothek *f*
~tel *m* / Bildschirmtext *m*
~terminale *m* / Bildschirmterminal *n*
~tex *m* / Bildschirmtext *m*
vignetta *f* [Leg] / Vignette *f* · Fleuron *n*
violazione del diritto d'autore *f* / Urheberrechtsverletzung *f*
~ **di brevetto** *f* / Patentverletzung *f*
virgola *f* (,) [Scritt; Tip] / Komma *n*
virgolette *pl* („) [Scritt; Tip] / Anführungszeichen *pl*
virtuale *agg* / virtuell *adj*
visione *f* [Acq] / Ansicht *f* · Einsicht *f* ‖ *v.a. a scopo di esame; invio in visione; libro in visione*
visita guidata *f* (della biblioteca) / Bibliotheksführung *f*
visore *m* [NBM] / Lesegerät *n* · Bildbetrachter *m*
~ **per diapositive** *m* / Dia-Betrachter *m*
~ **portatile** *m* [Repr] / Leselupe *f* · Hand-Betrachtungsgerät *n*
~**-stampante** *m* / Reader-Printer *m* · Lese-Kopiergerät *n*
~**-stampatore** *m* / Reader-Printer *m*
vista a volo d' uccello *f* / Vogelschaubild *n*
~ **tipografica** *f* / Satzbild *n*
visto *m* (visto consolare) / Visum *n*
~ **d'entrata** *m* / Einreisevisum *n*
visualizzare / anzeigen (auf dem Bildschirm)
visualizzatore *m* / Sichtgerät *n*
visualizzazione *f* (di dati sullo schermo) [Inform] / Anzeige *f* (von Daten auf dem Bildschirm) · Visualisierung *f* · Bildschirmanzeige *f*
~ **a critalli liquidi** *f* / Flüssigkristallanzeige *f*
vita media *f* / Halbwertszeit *f*
vocabolario *m* / Vokabular *n* · Wortschatz *m*
~ **controllato** *m* [Ind] / kontrollierter Wortschatz *m*
voce *f* ⟨UNI ISO 5127⟩ / (catalogo; lessico:) Eintragung *f* · (dizionario:) Stichwort
~ **a soggetto** *f* [Cat] / Schlagworteintragung *f* ‖ *v.a. intestazione per soggetto*
~ **bibliografica** *f* / Titelaufnahme *f*
~ **catalografica** *f* / Katalogeintragung *f*
~ **collettiva** *f* [Cat] / Sammeleintragung *f*
~ **composta** *f* (soggettario) / zsammengesetztes Schlagwort *n*
~ **della fattura** *f* / Rechnungsposten *m*
~ **di accesso** *f* [Cat; Retr] / Einstiegspunkt *m*
~ **di bilancio** *f* / Haushaltstitel *m* ‖ *v.a. voce di spesa*
~ **di indice** *f* / Registereintrag *m*
~ **di soggetto** *f* [Cat] / Schlagworteintragung *f*
~ **di spesa** *f* [BilCont] / Ausgabentitel *m*
~ **formale** *f* (in un catalogo per soggetti) / Formschlagwort *n*
~ **principale** *f* [Cat] / Haupteintragung *f*
volantino *m* / Flugblatt *n* · Handzettel *m*
~ **pubblicitario** *m* / Werbezettel *m*
volta *f* [Tip] / Widerdruck *m* ‖ *v.a. recto-verso*
voltaggio *m* / Stromspannung *f*
volume *m* ⟨UNI ISO 5127/5⟩ / Band *m*
~ **bibliografico** *m* / bibliographischer Band *m*
~ **campione** *m* [Leg] / Probeband *m* · Musterband *m*
~ **cumulativo** *m* / Kumulationsband *m*
~ **decennale** *m* / Zehnjahresband *m*
~ **degli indici** *m* / Registerband *m*
~ **di accompagnamento** *m* / Begleitband *m*
~ **di aggiornamento** *m* / Ergänzungsband *m*
~ **di continuazione** *m* / Fortsetzungsband *m*
~ **di dispersione** *m* (statistica) / Streuungsbreite *f*
~ **di manoscritti** *m* / Handschriftenband *m*
~ **di saggio** *m* / Probeband *m*
~ **doppio** *m* / Doppelband *m*
~ **fuori misura** *m* / Überformat *n*
~ **in-dodicesimo (12°)** *m* / Duodezband *m*
~ **in-folio (2°)** *m* / Folioband *m* · Foliant *m*
~ **in-ottavo (8°)** *m* / Oktavband *m*
~ **in-quarto (4°)** *m* / Quartband *m*
~ **parziale** *m* / Teilband *m*
~ **spalato** *m* / abgetrennter Band · Einzelband *m*
~ **successivo** *m* / Folgeband *m*
volumetto *m* / Bändchen *n*
voluta *f* [Leg] / Volute *f*
votazione *f* [AddestrIstr] / Benotung *f*
voto *m* (scuola ecc.) / Note *f* (dare un voto: benoten) ‖ *v.a. media dei voti; votazione*
voto complessivo *m* / Gesamtnote *f*
~ **consultivo** [OrgM] / beratende Stimme *f*
~ **finale** *m* (scuola ecc.) / Endnote *f*
vulgata *f* / Vulgata *f*

X

xerocopia *f* / Xerokopie *f* · elektrostatische Kopie *f*
xerografia *f* / Xerographie *f*
xilografia *f* / Xylographie *f* · Holzschnitt *m* ‖ *v.a. impressione xilografica*
xilografia *f* / Holzschnitt *m*
xilografo *m* / Formschneider *m*

Z

zero binario *m* / Binärnull *f*
~ **non significativo** *m* [Inform] / führende Null *f*
zigrino *m* [Leg] / Chagrin *n*
zincografia *f* [Tip] / Zinkdruck *m* · Zinkographie *f* · Zinkätzung *f*
zona a scaffali aperti *f* / Freihandbereich *m*
~ **del browsing** *f* / Anlesezone *f*
~ **descrittiva** *v* [SchPerf] / Schreibfeld *n*
~ **di lettura speciale** *f* / Fachlesebereich *m*
~ **d'ingresso** *f* / Eingangsbereich *m*
~ **di testo** *f* [PubblEl] / Textbereich *m*
~ **servizi al pubblico** *f* / Benutzungsbereich *m*
~ **silenziosa** *f* / Ruhezone *f*
zoom *m* / Varioobjektiv *n* · Zoom-Objektiv *n* ‖ *v.a. fattore di zoom*
zoomare *v* [Inform] / zoomen *v*

Anhang – Appendice

Definitionsnachweise
Riferimenti a definizioni

Das Wörterbuch ist ein Übersetzungswörterbuch, kein Glossar. Definitionen sind daher in den Einträgen nicht enthalten. Um dem Benutzer dennoch Hinweise auf bestehende Definitionen zu geben, werden in den Einträgen ggf. Quellen für Definitionen in Terminologienormen und Regelwerken nachgewiesen.
Die darin benutzen Kurzformen sind unten aufgeführt. Soweit die Definitionen in selbständigen Werken enthalten sind, sind deren vollständige bibliographische Angaben dem Literaturnachweis zu entnehmen.
Il Dizionario è un dizionario di traduzione; non è un glossario. Perciò non sono contenute definizioni. Per offrire informazioni su definizioni esistenti sono inclusi eventualmente riferimenti a definizioni in norme oppure codici di regole.
Segue un elenco delle abbreviazioni adoperate. Per definizioni contenute in opere indipendenti si consulti la *bibliografia delle opere consultate.*

A	ÖNORM. Österreichisches Normungsinstitut
DIN	Normen des Deutschen Instituts für Normung (V = Vornorm; E = Norm-Entwurf)
ISBD	International Standard Bibliographic Description
ISBD(A)	... for Older Monographic Publications (Antiquarian)
ISBD(M)	... for Monographic Publications
ISBD(S)	... for Serials
ISBD(CM)	... for Cartographic Materials
ISBD(NBM)	... for Non-Book Materials
ISBD(PM)	... for Printed Music
ISBD(G)	General International Standard Bibliographic Description
ISBD (dt. Ausg.)	Internationale standardisierte bibliographische Beschreibung
ISBD(M)	... für Monographien
ISBD(S)	... für fortlaufende Publikationen
ISBD(CM)	... für Kartenmaterialien
ISBD(NBM)	... für Non-Book-Materialien
ISBD(PM)	... für Musikdrucke
ISO	Standards of the International Organization forStandardization
PI	Instruktionen für die alphabetischen Kataloge der preußischen Bibliotheken (Preußische Instruktionen)
RAK	Regeln für die alphabetische Katalogisierung
RAK-AV	Sonderregeln für audiovisuelle Materialien
RAK-Karten	Sonderregeln für kartographische Materialien
RAK-UW	Sonderregeln für unselbständig erschienene Werke
RICA	Regole italiane di catalogazione per autori

TGL	DDR-Standard
UNI	Ente nazionale di Unificazione

Sachgebietsschlüssel
Codici dei soggetti

Vorbemerkung: Wenn der Wortlaut der Eintragung die sachliche Zugehörigkeit des Stichworts klar erkennen lässt, wird auf den Vermerk des Sachgebietsschlüssels verzichtet.
Nota: Se la dicitura della voce è inequivocabile rispettivo alla sua appartenenza tematica l'indicazione del codice è omessa.

1. Deutsch

Arch	Archivwesen	archivistica
Ausb	Ausbildung, Unterricht	addestramento/istruzione
Ausk	Auskunftsdienst	servizio di consulenza
BauEinr	Bau/Einrichtung	edilizia/arredamento
Bch	Buchwesen, Buchhandel, Publikationswesen	libri: tipologia, storia, editoria, commercio
Ben	Benutzung	servizio pubblico
Best	Bestand	fondi librari
BestAufstReg	Bestandsaufstellung/ Regale	collocazione/scaffalatura
BestErh	Bestandserhaltung	conservazione
Bib	Bibliographie	bibliografia
Bind	Buchbinden/Einband	legatura
Büro	Bürowesen	ufficio
DK	Dezimalklassifikation	Classificazione Decimale Universale
Druck	Drucktechnik	tipografia
EDV	elektronische Datenverarbeitung	informatica
ElPubl	elektronisches Publizieren	pubblicazione elettronica
HhRech	Haushalts- und Rechnungswesen	bilancio/contabilità
I&D	Informations- und Dokumentationswesen	informazione e documentazione
Ind	Indexierung	indicizzazione
Kart	Kartographie	cartografia
Kat	Katalogwesen	catalogazione
Klass	Klassifikation	classificazione
Komm	Kommunikationswesen	comunicazioni
Kunst		arte

Jur	Recht	giurisprudenza
Lin	Linguistik	linguistica
Lochk	Lochkarten	schede perforate
Mus	Musik	musica
NBM	Nicht-Buch-Materialien	materiale non librario, nonbook material
OrgM	Organisation u.Management	organizzazione e management
Pp	Papier	carta
PR	Öffentlichkeitsarbeit, Public Relations	pubbliche relazioni
Repr	Reprographie, Fotografie	reprografia, fotografia
Rest	Restaurierung	restauro
Retr	Retrieval	recupero d'informazioni
Schr	Schriftwesen	scrittura
Verw	Verwaltung	amministrazione

2. Italiano

Arch	archivistica	Archivwesen
AddestrIstr	addestramento/istruzione	Ausbildung/Unterricht
Amm	amministrazione	Verwaltung
Arte		Kunst
Bib	bibliografia	Bibliographie
BilCont	bilancio/contabilità	Haushalts-/Rechnungswesen
Cart	cartografia	Kartographie
Carta		Papier
Cat	catalogazione	Katalogisierung
CDU	Classificazione Decimale Universale	Dezimalklassifikation
Class	classificazione	Klassifikation
CollScaff	collocazione/scaffalatura	Bestandsaufstellung/Regale
Com	comunicazioni	Kommunikationswesen
Cons	conservazione	Bestandserhaltung
EdilArred	edilizia/arredamento	Bau/Einrichtung
Giur	giurisprudenza	Recht
Inform	informatica	elektronische Datenverarbeitung
Ind	indicizzazione	Indexierung
IstrAddestr	*vedi* :AddestrIstr	
Leg	legatura	Einband/ Buchbinden
Libri	libri:tipologia, storia,editoria, commercio	Buchwesen,Publikationswesen
Lin	linguistica	Linguistik
Mus	musica	Musik
NBM	nonbook material/materiale non librario	Nicht-Buch-Materialien
OrgM	organizzazione e management	Organisation und Management
PR	pubbliche relazioni	Öffentlichkeitsarbeit

PubblEl	pubblicazione elettronica	elektronisches Publizieren
Retr	recupero d'informazioni information retrieval	Informationsretrieval
Repr	reprografia, fotografia	Reprographie, Fotografie
Scritt	scrittura	Schriftwesen
SchPerf	schede perforate	Lochkarten
ServCons	servizio di consulenza	Auskunftsdienst
ServPubbl	servizio pubblico	Benutzung
Tip	tipografia	Drucktechnik
Uff	ufficio	Bürowesen

Abkürzungen
Abbreviazioni

Hier nur Abkürzungen, die integraler und formaler Teil der Einträge sind.(Vgl. dazu *Benutzungshinweise: Abschn.* 3 . Abkürzungen von Fachbegriffsbezeichnungen sind im *Wörterbuch enthalten.* Die Sachgebietsschlüssel sind in *Anh.* 2 aufgeführt.(*Vgl. auch die Definitionsnachweise* in *Anh. 1.)*
Sono elencate soltanto le abbreviazioni che fanno parte delle voci (vedi anche le avvertenze per la consultazione). Abbreviazioni di termini tecnici sono contenute nel Dizionario.
Per i codici dei soggetti *vedi App.2.*
Per le fonti di definizioni vedi App. 1.

1. Deutsch

A	Österreich	Austria
Abk	Abkürzung	abbreviazione
adj	Adjektiv	aggettivo
betr.	betreffend	riguardante
bzw.	beziehungsweise	rispettivamente
CH	Schweiz	Svizzera
D	Deutschland	*Germania*
dass.	dasselbe	lo stesso
DDR	Deutsche Demokratische Republik	Repubblica Tedesca Democratica
d.i.	das ist	cioè.
dt .	deutsch	tedesco
f	Femininum	femminile
ggf.	gegebenenfalls	eventualmente
i.e.S.	im engeren Sinne	in senso ristretto
insbes.	insbesondere	particolarmente
in Verb. mit	in Verbindung mit	in congiunzione con
m	Maskulinum	maschile
n	Neutrum	neutro
obs	obsolet	obsoleto
Part praes	Präsenzpartizip	participio presente
Part perf	Perfektpartizip	participio passato
pl	Plural	plurale
s.	*siehe*	vedi

s.a.	siehe auch	vedi anche
Süddt.	süddeutsch	uso nella Germania meridionale
syn	synonym	sinonimo
u.dgl.	und dergleichen	e simili
usw.	und so weiter	eccetera ecc.
Verf.	Verfasser	autore
vgl.	vergleiche	confronta cfr.

2.Italiano

abbr	abbreviazione	Abkürzung
agg	aggettivo	Adjektiv
cfr.	confronta	vgl. vergleiche
ecc.	eccetera	usw. und so weiter
f	femminile	Femininum
m	maschlle	Maskulinum
n	neutro	Neutrum
part pt	participio passato	Perfektpartizip
pl	plurale	Plural
v.	vedi	s. siehe
v.a.	vedi anche	s.a. siehe auch

Bei Fragen zur Produktsicherheit wenden Sie sich bitte an:
If you have any questions regarding product safety,
please contact:

Walter de Gruyter GmbH
Genthiner Straße 13
10785 Berlin
productsafety@degruyterbrill.com